Introduction au calcul scientifique

Brigitte Lucquin
Olivier Pironneau

역자소개

창연 **신흥교** (滄淵 辛興敎)

- 한양대학교 학사, 석사, 공학박사(전기기기 해석)
- 한양대학교 조교, 강사
- 대한전기학회 전기기기 및 에너지변환시스템 부문회 회장
- 대한전기학회 부회장, 감사
- 현 경상대학교 공과대학 전기공학과 교수

전기기기에서의 유한요소법 1

공학 계산 입문

Brigitte Lucquin
Olivier Pironneau 저 | 신흥교 편역

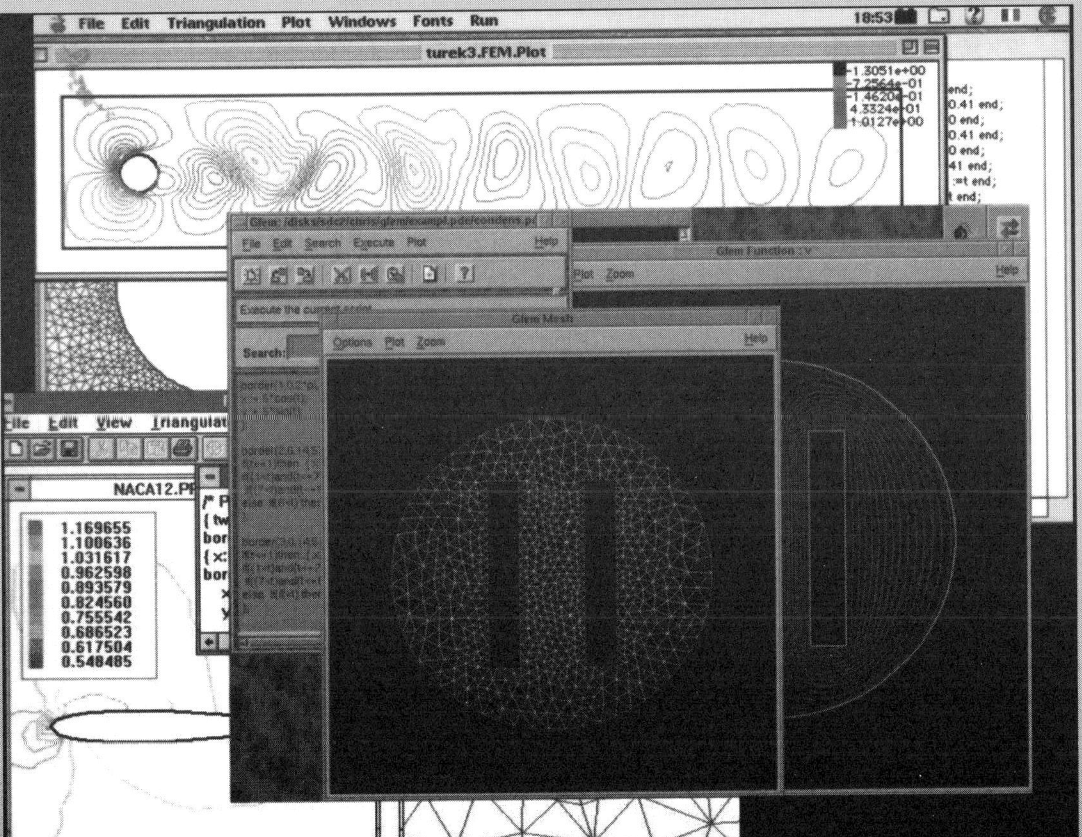

도서출판 홍릉

전기기기에서의 유한요소법 1

공학 계산 입문

인　쇄: 2022년 6월　3일 초판 1쇄
발　행: 2022년 6월 10일 초판 1쇄

역　자: 신흥교
발행인: 송 준
발행처: 도서출판 홍릉
주　소: 01093 서울시 강북구 인수봉로 50길 10
등　록: 1976년 10월 21일 제5-66호

전　화: 02-999-2274~5
팩　스: 02-905-6729
e-mail: hongpub@hongpub.co.kr
http://www.hongpub.co.kr
ISBN: 979-11-5600-042-6(93560)

정　가: 32,000원

낙장 및 파본은 구입처나 본사에서 교환하여 드립니다.

Translator's Foreword

편미분 방정식의 수치해법인 유한요소법이 항공역학에 적용된 이래 지금은 공학의 전 분야에 걸쳐 거의 만능인 해석 도구로 자리매김하였다. 전기공학에서도 마찬가지로 전기기기의 해석에 유한요소법이 필수 도구로 사용되고 있다. 그런데 지금의 전기기기의 특성 해석에 관련된 상당수의 연구자들이 유한요소법 이론의 이해는 도외시하고, 소프트웨어 패키지의 사용법에만 익숙해 있다는 문제점이 있다. 더욱이, 전자장 이론에 대한 이해가 부족하여 유한요소 해석 결과에 대한 전자기적 및 물리적 의미의 이해에 어려움을 겪는 연구자도 상당히 많다고 느끼고 있다.

이러한 유한요소법을 이용한 전기기기의 해석에 대하여 다룬 우리 말로 된 저서가 고 임달호 교수님의 집필에 의해 "전기계의 유한요소법"이란 제명으로 35년 전인 1985년에 출판되었다. 하지만 그 저서는 관련 수학 이론이 너무 어렵게 표현된 듯하여 지금 수학하는 연구자들이 읽고 내용을 이해하기에는 어렵거나 불편하다고 느끼는 것 같아 읽어서 비교적 쉽게 이해할 수 있는 우리 말로 된 전기기기에서의 유한요소법 응용에 관한 내용을 다룬 교재의 필요성을 절감하고 있었다.

그러던 중 이탈리아 Padova 대학의 N. Bianchi 교수가 2005년에 출판한 저서 "유한 요소를 사용한 전기기기 해석(Electrical Machine Analysis Using Finite Elements)"을 약 5년 전에 발견하였다. 이에 이 저서를 본 역자가 재직하고 있는 경상대학교에서 전기기기 해석 전공의 대학원생용 교재로 수년간 사용하며 내용을 검토한 바 있다. 이 저서는 유한요소법과 전자장 이론에 관한 내용은 최소한의 기본적인 사항만을 비교적 간략하게 다루고, 유한요소법을 적용한 전기기기의 해석을 위주로 설명하고 있다. 더구나 이 저서는 출판된 지 이미 15년 정도가 되었는데도 불구하고, 내부 (내장, 매립, 매입) 영구자석 동기전동기(Interior Permanent Magnet Synchronous Motor, IPMSM), 자기저항형 (릴럭턴스) 동기전동기(Reluctance Synchronous Motor, RSM), 표면 장착 영구자석 전동기(Surface-Mounted Permanent Magnet Motor, SMPMM), 스위치드 릴럭턴스 전동기(Switched Reluctance Motor, SRM) 등 요즈음 많이 연구되고 응용되고 있는 전기기기 모델들을 다양하게 다루고 있다. 이에 이 저서가 전기공학과 대학원의 초급 유한요소법 응용 교재 또는 전기공학과 학부 고학년의 전자장 수치해석 교재로 적당하다고 생각되어 차제에 번역서의 출판을 마음먹게 되었다.

그런데 이 저서는 유한요소법에 의한 전기기기의 해석을 다루고는 있지만, 해석 결과의 기기 특성 검토에만 너무 치중되어 있고 전기기기의 해석에 있어서 필수적으로 포함되어야 하는 비선형 자기 특성, 영구자석의 처리, 와류의 계산, 시변 문제의 모델링 등과 같은 전자기적 특성의 처리 방법에 대한 설명은 모두 참고문헌으로 미루고 있다. 이로 인해 번역을 완료한 후 유한요소법에 의한 전기기기 및 전자장 해석에 관한 전반적인 이해를 위해서는 이 저서만으로는 상당히 부족함을 크게 느꼈다.

한편, MAGSOFT사의 유명한 전자장 수치해석 소프트웨어인 FLUX2D의 개발에 크게 기여한 미국 Rensselaer Polytechnic Institute: RPI)의 S. J. Salon 교수가 1995년에 출간한 "전기기계의 유한요소 해석(Finite Element Analysis of Electrical Machines)"도 Bianchi 교수의 저서가 출간되기 전 수년간 대학원생용 교재로 사용하였지만 실제 전기기계 모델에 적용한 예가 상당히 부족하다고 느껴 번역서의 출판은 생각하지 않고 있었다. 하지만 이 저서는 유한요소법 이론은 Galerkin 법 만을 매우 간략하게 소개하고, 비선형 자기 특성, 영구자석의 처리, 손실, 저항, 인덕턴스 및 힘과 토크의 계산, 시간 영역 모델링, 공극 요소 기법, 그리고 축대칭 문제 등 자계형 에너지 변환 장치에서 필수적으로 다루어야 하는 내용을 간략하면서도 쉽게 설명하고 있다. 따라서 Bianchi 교수의 저서를 접한 후 이 두 저서가 전기기기의 유한요소 해석이라는 같은 주제에 대해 서로 부족한 점을 보완할 수 있다고 느꼈다. 물론, 동기기 및 유도기의 해석에 관한 내용은 두 저서의 내용이 중복되는 것처럼 보인다. 하지만 Bianchi 교수는 주로 해석 결과로부터 유추되는 기계 특성을 검토하고 있는 반면, Salon 교수는 이들 기계의 해석에 유한요소법을 적용하는 기법에 대한 설명을 주로 하고 있어 실제로 내용이 중복되는 부분은 거의 없다고 해도 과언이 아니다.

이에 본 역자는 두 교수의 저서를 하나의 시리즈 번역서로 묶어 Bianchi 교수의 저서를 "전기기기에서의 유한요소법: I 기기 특성 해석", Salon 교수의 저서를 "전기기기에서의 유한요소법: II 자기 특성 해석"이라는 제명으로 2권의 책으로 2020년에 출간하여 일반 대학원 및 산업체 종사자를 위한 융합과학 대학원의 "FEM 응용론"과 "전기기기 해석 특론"의 교재로 사용하였다. 강의를 진행하면서 느낀 소감은 이 2권의 교재가 전기공학 또는 전기기기 전공 학생들이 유한요소법 응용에 관련된 내용을 습득을 위해서는 괜찮아 보이지만, 유한요소법을 적용한 전기기기나 전자장 해석을 위한 알고리즘의 개발이나 프로그램 작성을 원하는 연구자들에게는 유한요소법 이론에 대한 이해가 우선되어야 하는데 이에 대한 내용이 상당히 부족하다고 생각되었다.

그리고, 프랑스 Pierre et Marie Curie University(Paris VI)의 Brigitte Lucquin과 Olivier Pironneau 교수가 1998년에 출간한 "과학계산 입문(Introduction to Scientific Computation)"은 유한요소법의 수학적 기초 내용을 비교적 간단하게 잘 설명하고 있을 뿐만 아니라, 유한요소법 적용에서 가장 중요하다고 생각될 수 있는 matrix solver를 위한 알고리즘의 상세한 설명과 함께 이로부터 프로그램을 작성하는 기법도 다루고 있다. 그리고 이 프로그램을 이용하는 무료 소프트웨어 패키지인 FreeFEM 또는 Gfem에 의한 해석 예도 보여주고 있다. 더구나, 이 저서는 유한요소법의 기본 이론과 함께 비대칭 해석 알고리즘과 시간 영역에 대한 차분 근사 알고리즘을 상당히 상세하게 설명하고 있으며, 경계적분법과 병렬 계산에 관한 알고리즘도 소개하고 있다. 특히, FreeFEM과 Gfem에서 사용하는 matrix solver 프로그램의 원천 코드(source code)를 알고리즘의 해설과 더불어 제공하고 있어 유한요소법을 이용한 장 문제 해석을 위한 알고리즘의 개발이나 프로그램의 작성에 크게 도움이 될 수 있는 저서라고 생각되었다. 다만, 이 저서는 전기공학 전공자 만을 위한 책이 아니고 일반 이공학 전공자들을 위한 책이라고 할 수 있어 전자장 해석을 위한 유한요소법의 응용이라는 관점에서는 조금 미흡하다는 느낌이 들었다. 또한, Control Data Corporation(CDC)의 수석 기술 고문이었던 Charles W. Steele가 1987과 1997년에 각각 초판과 2판으로 출판한 "전계와 자계의 수치 계산(Numerical Computation of Electric and Magnetic Fields)"은 전자장 해석에의 응용에 초점을 맞추어 유한요소법 이론을 잘 설명하고 있다, 다만, 이 저서에서는 알고리즘의 수학적 설명을 위주로 하고, 실제 응용 가능한 프로그래밍에 관한 내용은 다루지 않고 있다. 하지만 그러한 부분은 Lucquin 교수의 저서에서 충분히 도움을 받을 수 있어 Lucquin 교수의 저서에서 미흡하다고 생각되는 전자장 해석에의 응용 부분에 대한 매우 좋은 보완 자료라고 생각된다.

이에 따라 본 역자는 이미 출간한 2권의 역서와 지금 소개하고 있는 2권의 번역서를 시리즈로 묶어 "전기기기에서의 유한요소법"으로 출간하기로 하였다. 그런데 이미 출간한 2권과 Steele의 저서는 모두 그 내용이 전기공학 또는 전기기기 전공자를 위한 것이지만, Lucquin 교수의 저서는 이학 또는 공학 전공자를 위한 내용으로 구성되어 있어, "전기기기에서의 유한요소법"이라는 제목이 이 시리즈의 주제목으로는 적절하지 않다고 판단하여, 이 번역서 시리즈의 부제로 "전기기기에서의 유한요소법"을 사용하고, 각 권의 제목은 원서의 제목을 그대로 사용하기로 하였다. 또한 여기에서 소개하는 내용을 습득하기 위해서는 유한요소법 이론의 이해가 먼저 필요하며, 이를 이용한 전자장 해석 기법을 습득한 후, 전기기기 특성 해석에 적용하는 순서가 적절하다고 생각되어, 각 권의 제목을 Lucquin 교수의 저서를 "전기기기에서의 유한요소법 1 공학 계산 입문", Steele의 저서를 "전기기기에서의 유한요소법 2 전계와 자계의 수치 계산", Salon 교수의 저서를 "전기기기에서의 유한요소법 3 전기기기의 유한요소 해석", 그리고 Bianchi 교수의 저서를 "전기기기에서의 유한요소법 4 유한요소를 사용한 전기기기 해석"으로 하여 "전기기기에서의 유한요소법" 번역서 시리즈를 마무리짓기로 하였다. 이 번역서 시리즈의 1, 2권은 전자장 수치해석, 그리고 3, 4권은 전기기기 해석이나 FEM응용론의 교재로 활용하면 좋을 것으로 생각된다.

원서에 포함된 오류나 부정확한 표현은 적절하게 수정하여 번역하였다. 또한 원저자의 서술 의도를 그대로 살리고자 가능한 한 의역은 피하고 직역하려고 노력하였다. 문맥이 매끄럽지 못하거나 내용 속에 포함되었을지도 모를 잘못되었거나 부정확한 번역은 전적으로 본 역자의 부족한 능력 탓이다. 혹시 그런 부분이 있더라도 독자 여러분들의 너그러운 이해를 바라며, 아낌없는 지도를 부탁드린다.

그리고 이 역서는 당초 국한문 혼용으로 집필하여 출판하고자 하였다. 우리는 지금 한글 전용의 시대에 살고 있기는 하다. 하지만, 본 역자의 사견으로는, 우리말 단어의 70% 정도가 한자어에서 유래되었는데도 불구하고, 한자를 아예 배우지 않고 사용하지 않음으로 인해 한자를 모르는 일반인들이 일상 생활에서 사용하는 말에서 조차 단어의 의미를 잘 몰라 많이들 어려워하고 있다는 점을 절실히 느끼고 있다. 비근한 예가 될지는 모르겠지만, 상대방의 아들을 높여 부르는 '영식(令息)'이라는 단어가 '대통령의 자식(자녀)'을 뜻하는 것으로 이해하고 있는 젊은이들이 많은 것 같아, 이러다간 상대방의 딸을 높여 부르는 '영애(令愛)' 마저도 '대통령의 아이(자녀)'의 줄임 말로 인식하게 되지 않을까 심히 걱정된다. 특히, 전공 용어의 경우에는 한자의 의미를 생각하지 않으면 용어 자체를 이해하지 못하여 내용의 파악이 불가능하게 될 수도 있어, 한자의 사용이 반드시 필요하다고 생각한다. 하지만 국한문 혼용으로 작성된 원고를 학생들에게 읽어보도록 한 결과, 이해는 차치하고 한자를 몰라 읽을 수 없어 매우 난감해 함을 보고 하는 수 없이, 한글로 다시 작성하고 중요한 전공 용어와 의미의 이해를 위해 필요하다고 생각되는 단어는 괄호 속에 한자를 병기한 형태로 원고를 다시 만들었다.

이 역서가 전기기기 해석, 설계 및 제어를 다루는 학생, 연구자 및 산업체 종사자들에게 다소나마 도움이 되는 좋은 참고 자료가 되기를 바란다.

끝으로, 이 교재가 학부생을 위한 기초 또는 필수 교재가 아니어서 출판 부수가 많지 않을 것임에도 불구하고 흔쾌히 출판을 결정해 주신 도서출판 홍릉에게 깊은 감사를 드린다.

2022년 2월

편역자 창연 신 흥 교

Contents

Lucquin, Pironneau's Foreword

'A Little Point Revealed the Infinitudes'
Sri Aurobindo's Savitri

이 책에서는 편미분 방정식의 풀이를 위한 몇 가지 기본적인 과학(이학, 공학) 계산법(Scientific Computing Method)을 소개한다. 응용 분야는 주로 공학과 물리학이지만, 몇 가지 예는 재정학, 경제학, 생물학, 기타 분야에도 적용 가능하다.

이 책의 내용은 높은 수준에서 프로그래밍을 훈련하는 것이 목표인 학생들이 가지는 과정으로 피에르와 마리 퀴리 대학교(Pierre et Marie Curie University)(파리 6대학, Paris VI)에서 이학사 수준(BS level)의 수리공학(Mathematical Engineering)에서 가르쳐 졌던 것이다. 따라서 그것은 모두 실습 과정을 넘어선다; 학생 평가는, C 또는 Fortran을 사용한, 프로그래밍 숙제에 의한다.

(여전히) 산업 표준이며, 집약 계산과 벡터화에 잘 채택되기 때문에, Fortran 77을 프로그래밍 언어로 선택하였다. 하지만 전- 및 후-처리(pre- and post-processing)에 더 적합한 C 언어를 공부하는 것도 추천되었다. 두 언어 모두로 모든 프로그램을 주는 것은 혼란스럽게 할 것이어서, C 기법에 대해서는 약간의 힌트만을 준다.

이 책에 대한 반려로서, 유한요소로 편미분 방정식을 풀기 위한 통합된 소프트웨어 패키지도 준다: FreeFEM. 이 소프트웨어는 인터넷(Internet)*†상에서 ftp를 통하여 접근할 수 있으며, 특히 1장을 설명하기 위해, 그것을 얻을 것을 강하게 권한다. 이 소프트웨어는 전용의 언어(그리고 따라서 컴파일러)를 사용한다: ᴳfem. 더욱이, 이 책의 목표가 독자들이 ᴳfem 같은 성과를 쓰게 하는 기법을 준비하는 것이기 때문에, 소프트웨어는 모든 과제의 의도를 설명한다.

크게 감사하고 싶은 두 동료의 도움으로 은혜를 입는 행운을 맞았다: D. Bernardi와 F. Hecht. 또한 이 책의 원판(original version)의 출판을 허락해준 것에 대해서 Ph.D. P. G. Ciarlet과 P. L. Lions에게도 감사하고 싶을 뿐만 아니라, 컴퓨터 프로그램을 작성하는 부분을 맡아 많은 수고를 한 University Pierre et Marie Curie의 학생

* Mosaic 또는 Netscape server: //http:/www.ann.jussieu.fr/
ftp server: ftp://ftp.ann.jussieu.fr/pub/soft/freefem.tar.gz

† 역자 주: 지금의 인터넷 homepage는 https://freefem.org/, 그리고 https://www.ljll.math.umpc.fr/~lehyaric/ffcs/index.htm이다.

들에게도 고마움을 전한다.

Introduction

1 *WHAT DO WE MEAN BY SCIENTIFIC COMPUTING?*

'과학(이학, 공학) 계산(科學(理學, 工學) 計算, Scientific Computing)'이라는 용어는 과학(이학, 공학)에 유용한 임의의 계산을 나타낸다; 실제로 이 책에서는 물리학 또는 공학에서의 응용에 한정될 것이다. 또한 이 책에 '컴퓨터 원용(援用) 공학(Computer Aided Engineering)' 또는 CAE라는 제목을 주었을 수도 있다. 사실상, CAE는 이제 공학에서 응용되는 CAM('*Computer Aided Manufacturing*') 및 CAD ('*Computer Aided Design*')와 동의어(同義語)가 되었다. 어구(語句) '과학(이학, 공학) 계산'은 보통 공학자의 작업(항공기(航空機, aircraft)의 형상 최적화(形狀 最適化, shape optimization), 원자력 안전 문제(原子力 安全 問題, nuclear safety question), …) 또는 물리학자의 작업(기후 예측(氣候 豫測, weather forecasting), 환경 오염(環境 汚染, pollution), …)의 부분인 모든 수치 모사(數値 模寫, 수치 시뮬레이션, numerical simulation)에 관련된다.

공학은 유체(流體, fluid) 또는 구조 역학(構造 力學, structural mechanics), 전자기학(電磁氣學, electromagnetism)과 같은 분야뿐만 아니라 많은 다른 분야를 망라한다; 과학 계산의 모든 응용 분야의 목록(目錄, listing)은 여기에 포함시키기에는 너무 길 것이다.

현재에는, 대부분의 산업체들이 이러한 형태의 문제를 풀 수 있는 자유롭게 사용할 수 있는 큰 컴퓨터 코드(large computer code)를 갖고 있다. 이 책은 그러한 프로그램(program)의 작성(作成, construction)에 관한 입문서이다.

2 *OUR APPROACH FOR A SIMPLE EXAMPLE*

과학 계산이 무엇인가에 관한 이해를 돕기 위하여, 간단한 예제로써 그것을 설명하자.

주어진 온도(溫度, temperature)에서 실내에 놓여져 있으며 양쪽 끝이 가열되는 금속 봉(金屬 棒, metallic rod)의 온도를 알고 싶다. 이 봉(棒)은 그 끝 단(extremity)이 a와 b로 나타내어지는 직선 선분(直線 線分, line segment)과 등가(等價)로(equivalent) 고려되며, 목표는 (폐)구간((閉)區間, (closed) interval) $[a, b]$ 내의 임의

의 점 x에서의 온도를 계산하는 것이다: 이것을 $\theta(x)$로 나타낼 것이다. 문제의 자료(資料, 데이터, data)는 다음과 같다: θ_0로 나타낸 실온(室溫, room temperature)과 각각 θ_a와 θ_b로 나타낸 양(兩) 끝 단의 온도.

이 문제에서는, 함수(函數, function) α에 의해 모델링될 수 있는 공기 대류(空氣對流, air convection)에 기인한 열의 손실(損失, loss)이 있다; 온도는 식 (1)의 상미분 방정식(常微分 方程式, ordinary differential equation)을 풀어 구한다.

$$-\kappa \frac{d^2\theta}{dx^2} + \alpha(x)(\theta - \theta_0) = 0, \quad a < x < b. \tag{1}$$

여기서 κ는 봉의 열확산 계수(熱擴散 係數, thermal diffusion coefficient)를 나타낸다. 이 방정식에 식 (2)와 같은 경계조건(境界條件, boundary conditions)을 덧붙인다.

$$\theta(a) = \theta_a, \quad \theta(b) = \theta_b. \tag{2}$$

수학자들은 κ가 엄밀하게 양(陽, positive)이라면, 그리고 α가 정치 함수(正値 函數, positive valued function)라면 문제 (1)-(2)는 그것이 특별히 유일해(唯一解, unique solution) ($x \to \theta(x)$)를 갖는다는 것을 의미하는 '*잘 주어진 (well posed)*' 문제라고 한다. 이것은 이중(二重)으로(doubly) 중요한 정보(情報, information)이다: 우리는 이 해(解, solution)를 (근사적(近似的)으로(approximately)) 계산하기를 원하며, 작성한 프로그램(program)이 동작하지 않는다면 잘못은 필연적(必然的)으로 프로그래머(programmer)에게 있을 것이다!

이러한 간단한 문제에 대한 컴퓨터 프로그램(computer program)을 세우는 것은 많이 어렵지는 않다. 미분 방정식을 유한차분(有限差分, finite difference)으로 이산화(離散化, discretizing)하는 것에서 시작한다. 계차(階差, difference quotient)에 의한 미분(微分, derivative)의 근사화(近似化, approximating)로 이루어진, 6장(章)에서 더 많은 길이(greater length)를 할애(割愛)해 설명할, 이 방법은 작은 h에 대하여:

$$\frac{df}{dx}(x) + \alpha(x)(\theta - \theta_0) \simeq \frac{f(x+h) - f(x)}{h}$$

와 같이 쓰는 미분의 정의(定義, definition)에서 시작한다. 2계 항(二階 項, second order term)은 다음과 같다:

$$\frac{d^2f}{dx^2}(x) \simeq \frac{f(x+h) - 2f(x) + f(x-h)}{h^2}.$$

구간 $[a, b]$는 길이 $h = \delta x = (b-a)/(M-1)$의 $M-1$개의 구간으로 분해(分解)되며

(decomposed) (그림 1 참조), 해(解)는 각 세분 점(細分 點, subdivision point) $x_m = a + (m-1)h,\ m \in \{1, \cdots, M\}$에서 보여진다; 이 값을 $\theta_m \simeq \theta(x_m)$으로 나타내자. 근사 문제(近似 問題, approximate problem)는 다음의 식 (3), (4)와 같은 선형 계(線形 系, linear system)의 해(解)와 등가이다.

$$-\frac{\kappa}{h^2}[\theta_{m+1} - 2\theta_m + \theta_{m-1}] + \alpha_m(\theta_m - \theta_0) = 0, \quad m = 2, \cdots, M-1, \tag{3}$$

$$\theta_1 = \theta_a, \quad \theta_M = \theta_b. \tag{4}$$

이론(理論, theory)은 더 잘게 된 망(網)(finer mesh) (즉, 더 작은 h)은 더 좋은 근사가 됨을 말한다: h가 0으로 감에 따라 오차(誤差, error) $\theta_m - \theta(x_m)$는 0으로 간다.

이 계(系)를 풀기 위한 가능한 알고리즘(algorithm)은 Gauss-Seidel 반복법(反復法)(Gauss-Seidel iterative method)을 사용하는 것이다. 그 기본 원리를 간단히 설명하자. 선형 계 $Ax = b$를 풀기 위하여, Gauss-Seidel법은

$$(D - E)x^{k+1} = Fx^k + b$$

를 풂으로써 귀납적(歸納的)으로 정의되는 값 x^k의 수열(數列, sequence)로 이루어진다. 여기서 다음과 같은 A의 분할이 사용되었다: D는 그것의 요소(要素, entry)가 A의 대각(對角, diagonal) 요소인 대각 행렬(對角 行列, diagonal matrix), $-E$는 그것의 0이 아닌 요소(non-zero entries)가 A의 엄밀 하삼각(嚴密 下三角) 부분(strictly lower triangular part)의 0이 아닌 요소인 엄밀 하삼각 행렬(strictly lower triangular matrix), 그리고 $-F = A - D + E$는 A의 엄밀 상삼각(上三角) 부분(strictly upper triangular part)인 $A = D - E - F$이다. 이론은 행렬 A가 내싱(對稱, symmetric)이며 정정(正定, positive definite)이라면 (여기에서의 경우에는 정확히 그렇다) 이 방법은 수렴(收斂)한다(convergent)는 것을 말한다. 그 의미는 반복 회수(反復 回數, number of iteration) k가 매우 커짐에 따라, 완전해(完全解, exact solution) x와 근사해(近似解, approximate solution) x^k 사이의 오차가 0으로 된다는 것이다.

계(系) (3)-(4)의 풀이를 위한 이 알고리즘의 프로그래밍은 식 (5), (6)과 같이 방정식 m으로부터 θ_m의 값을 얻어내는 것으로 이루어진다:

$$\forall m \in \{2, \cdots, M-1\},\ \theta_m = \left\{\frac{\kappa}{h^2}[\theta_{m+1} + \theta_{m-1}] + \alpha_m\theta_0\right\} \Big/ \left[\alpha_m + 2\frac{\kappa}{h^2}\right], \tag{5}$$

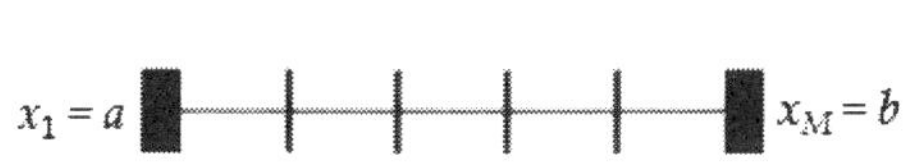

Figure 1 A subdivision of the rod into $M-1$ intervals.

$$\theta_1 = \theta_a, \quad \theta_M = \theta_b. \tag{6}$$

Gauss-Seidel 반복 지표(反復 指標, iteration index) k가 이 표기(表記, notation)에는 나타나 있지 않음에 유의하자. 실제로, 두 연속적(連續的)인 반복(two successive iterations)에 대응되는 벡터(vectors)는 기억 장소(記憶 場所, 메모리, memory)에 저장할 필요가 없다. 계산 결과(computation proceeds)로서 (즉, m이 증가할 때), 반복 k에서의 θ_m의 값은 반복 $k+1$에서의 새로운 값으로 대체(代替)된다.

이 알고리즘은 필요에 따라, 즉 두 연속 반복에서의 θ_m의 값이 거의 같을 때까지, 많은 횟수(many times)로 반복된다.

알고리즘을 요약(要約, summarize)하자:

1. *데이터를 읽음(Read the data)*
2. *Gauss-Seidel 반복의 초기화(Initialize the Gauss-Seidel iterations),* 예를 들어 다음과 같은 경계치 사이의 선형 보간(線形 補間, linear interpolation)에 의한:

$$\theta_m = \theta_a \frac{(M-m)}{M-1} + \theta_b \frac{(m-1)}{(M-1)}.$$

3. *반복(Iterations)*

   1부터 $kMax$까지의 k에 대하여 다음의 연산을 수행함:

   2부터 $M-1$까지 바뀌는 m에 대하여 다음에 의하여 θ_m을 대체함

$$\theta_m := \left\{\frac{\kappa}{h^2}[\theta_{m+1} + \theta_{m-1}] + \alpha_m \theta_0\right\} \Big/ \left[\alpha_m + 2\frac{\kappa}{h^2}\right].$$

4. *결과를 가시화(可視化)함(Visualize the results).*

포트란 프로그램(Fortran program)은 다음과 같다 (M과 m 사이의 혼동을 피하기 위해, 프로그램에서 m은 im으로 대체되었다).

```
      PROGRAM Heat
      PARAMETER (M=10)      !  {number of x points}
      PARAMETER (dx=0.1)    !  {mesh size}
      PARAMETER (kMax=20)   !  {nb. Gauss Seidel iters}
      DIMENSION teta(M), alpha(M)
      CALL datainput(xkappa,tetaa,tetab,teta0,alpha,M)
      CALL init(teta,M,tetaa,tetab)
      DO 1 k=1,kMax
1     CALL relax(teta,alpha,M,dx,xkappa,teta0)
      write (*,*)'plot'
      pause
      CALL plotresult(teta,M)
```

```
      pause
      END

      SUBROUTINE relax(teta,alpha,M,dx,xkappa,teta0)
      DIMENSION teta(*), alpha(*) ! {Gauss-Seidel iters}
      xkappadx2= xkappa/dx/dx
      DO 1 im=2, M-1
1       teta(im)=(xkappadx2*(teta(im+1)+teta(im-1))
     >  +alpha(im)*teta0)/(alpha(im)+2*xkappadx2)
      END

      SUBROUTINE init(teta,M,tetaa,tetab)
      DIMENSION teta(*)
      DO 1 im=1, M
1       teta(im)=tetaa*(M-im)/(M-1.)+tetab*(im-1.)/(M-1.)
      END

      SUBROUTINE datainput(xkappa,tetaa,tetab,teta0,alpha,M)
      DIMENSION alpha(*)
      write(*,*)'kappa?'
      read(*,*)xkappa
      write(*,*)'teta0?'
      read(*,*)teta0
      write(*,*)'tetaa?'
      read(*,*)tetaa
      write(*,*)'tetab?'
      read(*,*)tetab
      DO 1 im=1,M
        write(*,*)'alpha[', im, ']?'
1       read(*,*)alpha(im)
      END

      SUBROUTINE plotresult(teta,M)
      DIMENSION teta(*)
      iteta=teta(1)*10         !  {change scale}
      CALL moveto(100,iteta)  !  {moves cursor}
      DO 1 im=2,M
        iteta=teta(im)*10
        im10=100+im*10
1     CALL lineto(1m10,iteta)  !  {plot and move cursor}
      END

      include graphic.for  !  {contains moveto and lineto}
```

이 간단한 예제는 과학 계산 소프트웨어(scientific computation software)에 있어서의 4가지 단계(段階)(four steps)를 보인다.

1. 방정식을 쓰고, 이산화 알고리즘을 선택한다;
2. 데이터를 입력(入力)한다(input) (전-처리기(前-處理器, pre-processor));

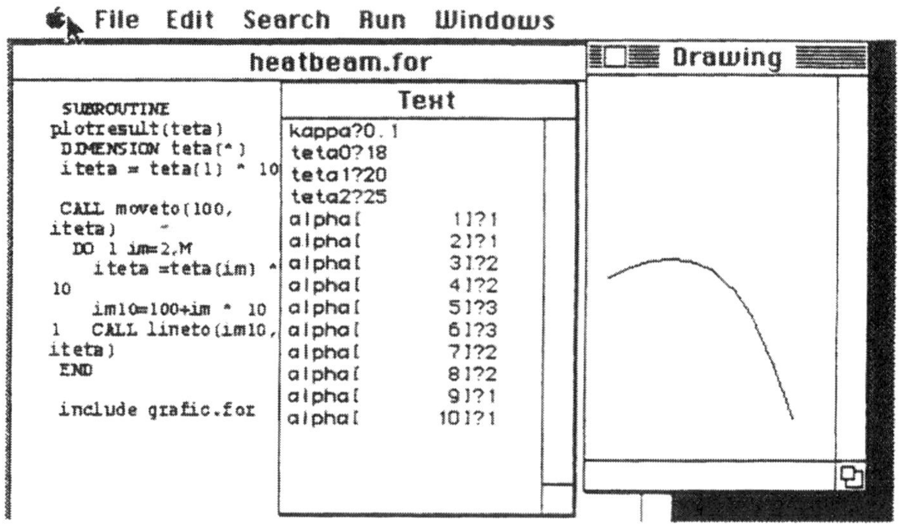

Figure 2 Results; screen dump after executing the program.

3. 계산한다;
4. 시각화(視覺化)한다(visualize) (후-처리기(後-處理器, post-processor)).

프로그래밍하는 단계는 단계 2-4이며, 단계 1은 모델링(modeling)과 수치해석(數値解析, numerical analysis) 단계이다. 이런 간단한 예제에서 조차도, 전- 및 후-처리기 부분에서의 명령(命令, instruction)의 수(數)가 계산 부분에서의 명령의 수보다 훨씬 더 많다. 이것은 프로그래머(programmer)가 전- 및 후-처리기를 작성하는데 훨씬 더 많은 시간을 들임을 의미한다. 이러한 상황은 과학 계산에서 오히려 일반적(一般的, general)이며, 이것이 프로그래머들이 그들 자신의 데이터 입력 또는 도식적 시각화(圖式的 視覺化, graphical visualization) 프로그램을 작성하기 보다는 상용(商用) 소프트웨어(commercial software)를 사용하는 이유이다.

마지막으로, 여기서 작성한 프로그램은 몇 가지 이유로 매우 '사용하기 쉬운(user-friendly)' 것은 아님에 유의하자:

1. 데이터 입력은 고정된 순서로 이루어져야 하며, 거기에는 오류(誤謬, error)를 수정(修正)하는 가능성이 없다. 현재에는, 더 사용하기 쉬운 프로그램이 메뉴(menu)를 갖고 있으며, 사용자가 데이터가 맨 먼저 입력될 프로그램에게 (마우스(mouse)의 도움을 받아) 명령한다.
2. 데이터가 입력되는 방식(方式, way)은 최적(最適, optimal)이 아니다. 실은, 정밀도(精密度, accuracy)를 증가시키기 위해 $M = 10$을 $M = 100$으로 변화시킨다고

가정하자. 사용자는 그러면 손(hand)에 의해 배열(配列, array) α를 정의(定義, define)한 순서로 100개의 값을 넣을 필요가 있을 것이다. 이러한 단조롭고 지루한 일을 피하기 위해, 파일(file)로부터 값을 읽거나, 예를 들어 다음에 써놓은 것과 같이, 함수를 통하여 그것들을 정의(定義)하고:

$$alpha = x * x + 1,$$

배열을 스스로 처리(處理)하는 전-처리기를 갖는 것이 더 좋다.

3. 마지막으로, 후-처리기는 상당히 초보적(初步的, rudimentary)이다. 거기에는 함수의 비례 축소(比例 縮小, 스케일링, scaling)가 없어, 어떤 값이 너무 크다면, 도식적 표현(圖式的 表現, graphical representation)의 부분이 화면(畵面, screen)을 벗어날 것이다. 또한, 축(軸, axis)이 그려지지 않고, 그림에 설명(說明, legend)이 없는 등 …

EXERCISE $\alpha = 1$일 때의 해석해(解析解, analytical solution)을 찾아라. □

3 THE OBJECTIVES OF THE BOOK

이 책에서는 주로 이산화 단계와 적절한 계산 단계로 한정할 것이며, 그리고 몇 가지 다른 방법으로 편미분 방정식(偏微分 方程式, partial differential equation)을 풀기 위한 프로그램을 작성하는 것을 시도할 것이다. 앞으로 다룰 기본적인 예제는, 실수 공간(實數 空間) $\mathbb{R}^n$ ($n = 2$ 또는 3) 내에 있는 영역(領域, domain) Ω에서 식 (7)과 같이 라플라시안(Laplacian)이 성립하며, Ω의 경계 Γ에서 식 (8)과 같은 디리끌레 경계조건(Dirichlet boundary condition)을 가지는 '*모델 문제(model problem)*' 라고 부르는 문제의 풀이이다.

$$-\Delta\varphi(x) = f(x), \ \forall x \in \Omega \tag{7}$$

$$\varphi(x) = g(x), \ \forall x \in \Gamma \tag{8}$$

여기서 Laplacian은 식 (9)와 같이 정의된다:

$$(\Delta\varphi)(x) = \sum_{i=1}^{i=n} \frac{\partial^2\varphi}{\partial x_i^2}(x), \quad x = \begin{pmatrix} x_1 \\ x_2 \\ \vdots \\ x_n \end{pmatrix} \tag{9}$$

사실, 다른 편미분 방정식을 풀기 위한 몇 가지 알고리즘은 이런 간단한 방정식의 풀이(해, 解)를 요구함을 1장(章)에서 볼 것이다. 또한 방법을 더 일반적인 미분 방정식(줄여서 PDE)으로 확장(擴張)하는 것이 쉽다는 것을 5장과 6장에서 볼 것이다.

전- 및 후-처리기를 다루지는 않지만, 한 시스템에서 다른 시스템(Unix, DOS-Windows, Mac-OS)으로 전환(轉換)하기 쉬우며, 사용 용이성(使用 容易性, user-friendliness)의 최소 수준(最小 水準, minimum level)을 제공하기 위해 시도된 프로그램을 주기 위해 노력할 것이다.

오늘날에는, 계산의 크기와 복잡성(複雜性, complexity)이 빠르게 증가할 때, 벡터(vector) 또는 병렬 구조(竝列 構造, parallel architecture)로 다른 '호스트' 컴퓨터('host' computer)에서 프로그램을 돌리는 것을 원할 수 있다. 그러면 프로그래밍(programming) 또는 연산 방식의 변화(algorithmic change)가 필요할 것이다: 이에 대해서는 마지막 장(章)에서 논의(論議)할 것이다.

이 책의 구성(構成, organization)은 다음과 같다. 첫 번째 장에서는, 실생활에서 편미분 방정식이 어떻게 나타나는 지를 보이는 다수의 예를 제공하고 그 풀이를 위하여 설계된 프로그래밍 환경을 제안(提案)한다. 그 다음에 책은 세 부분으로 나누어 진다.

첫째 부분에서는, 차원(次元, dimension) $n = 2$에서 모델 문제를 풀기 위한 *유한요소법(有限要素法, finite element method)*을 설명한다. 몇 가지 다른 정식화(定式化, formulation)와 풀이 방법(solution method)을 자세히 다루고, 부록(附錄, appendix)에 체계적으로 프로그램을 제공한다.

이에 대한 공부를 다른 미분 연산자(微分 演算子, differential operator) (반드시 대칭(對稱, symmetric)은 아닌 계(系)를 이끌어 내는)의 수준에서, 그리고 경계조건의 수준에서, 더 일반적인 편미분 방정식을 다루는 두 번째 부분에서 완료한다. 물리학(物理學, physics)에서의 방정식은 대부분 시간(時間, time)에 대한 진전(進展) 방정식(evolution equation)으로서, 이 방정식의 *시간 유한차분(finite difference in time)* 이산화를 이 부분의 7장에서 제안할 것이다. 공간 변수(空間 變數, space variable)에 관한 이산화는 유한차분, 유한요소 또는 *유한체적(有限體積, finite volume)* 형(形)이 될 수 있다: 이 맨 나중의 방법은 간단히 소개할 것이다.

마지막 부분은 경계가 없는 영역에서의 문제를 위한 약간의 수치 해법(8장)은 물론, 다중(多重) 프로세서 기계(multiprocessor machine)를 위한 프로그래밍(9장)도 포함할 것이다. 8장에서는 *경계적분법(境界積分法, boundary integral method)*에 대해 말하는 것으로 선택하였는데, 이 방법은 공간 3차원(three space dimensions)에서 경계가 없는 영역(좀 더 정확하게는 경계가 있는 영역의 여집합(餘集合, complement)인 영역) 내에서의 문제를 풀기 위해 보통 사용되는 방법이다. 또한, 그것은 수치 문제의 해를 2차원으로 축약(縮約, reduce)하기 때문에, (표)면((表)面, surface)

이산화 만을 요구한다.

한 권의 책으로, 현재 사용되는 모든 수치해법을 다 다룰 수는 없다. 1차원(시간변수)에서의 유한차분법, 2차원에서의 유한요소법, 그리고 3차원에서의 경계적분법을 소개하는 것으로 선택하였다. 따라서 입자법(粒子法, particle method), 분광법(分光法, 스펙트럼법, spectral method), 파동법(波動法, wavelets), … 같은 다른 방법은 무시하는 것으로 선택하였다.

또한 문제의 이론적인 검토에 대비(對比)하여 수치해와 프로그래밍을 강조(强調)하려고 하였다. 이 책에 주어진 프로그램 중 어떤 것은 더 큰 수치 알고리즘의 핵심(核心)으로 통합될 수 있다; 또는 하다못해 여기서 설명된 방법이 기존(旣存)의 프로그램(existing program)을 분명하게 하고/하거나 개선(改善)하는데 도움이 되기를 바란다.

또한 원서(原書)에는 없는 내용이지만 본 역자(譯者)가 Fortran으로 작성해서 사용한 2차원 해석용 요소 분할도(要素 分割圖, element subdivision diagram) 및 장(계) 분포도(場(界) 分布圖, field distribution diagram)를 컴퓨터 모니터에 나타내고, X-Y 플로터(X-Y plotter)로 출력하는 프로그램을 Appendix B에 수록(收錄)하니 연구자들께서 참고 자료로 활용하기 바란다.

APPENDIX A

The Program for Solving the Heat Equation, Translated into C++

```
#include <iostream.h>
#include <stdlib.h>
#include <math.h>

const int M=100;
const float dx=0.1;
const int kmax=20;

class data
   {
     public:
     float kappa, theta0, theta1, theta2;
     float alpha[M];
     void read();
   };

data d;

void data::read()
{
cout<<"enter kappa:";
```

```
cin>>kappa;
cout<<"enter theta0:";
cin>>theta0;
cout<<"enter theta1:";
cin>>theta1;
cout<<"enter theta2:";
cin>>theta2;
for(int i=0; i<M; i++)alpha[i]=i*i/(M-1.)/(M-1,);
}

void init(float* theta, data& d)
{  for(int i=0; i<M; i++)
   theta[i]=d.theta1*(M-1-i)/(M-1.)+d.theta2*i/(M-1.);
}

void relax(float* theta, data& d)
{
   const float kappadx2=d.kappa/dx/dx;
   for(int i=1; i<M-1; i++)
      theta[i]=(kappadx2*(theta[i+1]+theta[i-1])
                 +d.alpha[i]*d.theta0)/(d.alpha[i]+2*
                  kappadx2);
}

void plotresult(float* theta)
{
   MoveTo(0, (int)(theta[0]));
   for(int i=1; i<M; i++)
      LineTo(I, (int)(theta[i]));
}

void main()
{
float* theta=newfloat[M];
data d;
d.read();
init(theta, d);
for(int k=0; k<kmax; k++)
   relax(theta, d);
plotresult(theta);
}
```

APPENDIX B

The Fortran Program for Monitor Display and X-Y Plotter Printout of Element Subdivision and Field Distribution Diagrams

```
C
C     PROGRAM GRAPH
C
```

```
      DIMENSION X(425),Y(425),A(425),IE(425),JE(425,10),
     1         GX(3),GY(3),GP(3),NN(741,3),IEP(741),LO(123,2)
      CHARACTER*6 P$
C
      OPEN(1,FILE='GRAPH1.DAT')
      REWIND(1)
      READ(1,900)NTN,NTE,NL
      DO 910 I=1,NTN
      READ(1,911)N,X(N),Y(N),A(N)
      X(I)=X(I)*1000.
910    Y(I)=Y(I)*1000.
      CLOSE(1)
      OPEN(1,FILE='GRAPH2.DAT')
      REWIND(1)
      DO 920 I=1,NTE
920    READ(1,921)N,(NN(N,J),J=1,3),IEP(N)
      DO 930 I=1,NL
930    READ(1,931)N,(LO(N,J),J=1,2)
      CLOSE(1)
900    FORMAT(3(5X,I5))
911    FORMAT(I4,1X,3(1X,E14.7))
921    FORMAT(5(5X,I5))
931    FORMAT(3(5X,I5))
C
      IN=0
      DO 10 I=1,NTN
      IE(I)=0
      DO 10 J=1,10
10    JE(I,J)=0
      XS=X(1)
      XL=XS
      YS=Y(1)
      YL=YS
      PS=A(1)
      PL=PS
      DO 20 I=2,NTN
      IF(XS.GT.X(I))XS=X(I)
      IF(XL.LT.X(I))XL=X(I)
      IF(YS.GT.Y(I))YS=Y(I)
      IF(YL.LT.Y(I))YL=Y(I)
      IF(PS.GT.A(I))PS=A(I)
      IF(PL.LT.A(I))PL=A(I)
20    CONTINUE
      SX=XL-XS
      SY=YL-YS
      FS=SX*.7
      IF(FS.GE.SY)THEN
      FS=10./SX
      ELSE
      FS=7./SY
      ENDIF
```

```
      CALL PLOTS(0,1,0)
      CALL NEWPEN(14)
      CALL GTEXT(7,24,"WELCOME TO FEM GRAPHIC PROGRAM !")
      I=IXKEY()
      CALL PLOT(0,0,-999)
      CALL NEWPEN(7)
      WRITE(*,30)PS
      CALL GTEXT(8,25,"MINIMUM POTENTIAL : ")
      WRITE(*,40)PL
      CALL GTEXT(9,25,"MAXIMUM POTENTIAL : ")
      CALL GTEXT(11,23,"INPUT POTENTIAL DIFFERENCE :  ")
      READ(*,50)PG
30     FORMAT(44X,F10.5)
40     FORMAT(44X,F10.5)
50     FORMAT(F10.5)
      CALL GTEXT(13,24,"MAGNETIC VECTOR POTENTIAL : M")
      CALL GTEXT(14,24,"ELECTRIC SCALAR POTENTIAL : E")
      CALL GTEXT(15,24,"CURRENT  VECTOR POTENTIAL : C")
60     CALL GTEXT(17,26,"INPUT KIND OF POTENTIAL :")
      I=IXKEY()
      IF((I.EQ.77).OR.(I.EQ.109))THEN
      P$="[Wb/m]"
      ELSEIF((I.EQ.69).OR.(I.EQ.101))THEN
      P$="[Volt]"
      ELSEIF((I.EQ.67).OR.(I.EQ.99))THEN
      P$="[A/m]"
      ELSE
      GO TO 60
      ENDIF
      CALL GTEXT(19,17,"WATER BASE(W) : OIL BASE(O) : INK PEN(I)")
70     CALL GTEXT(21,29,"INPUT KIND OF PEN :")
      I=IXKEY()
      IF((I.EQ.87).OR.(I.EQ.119))THEN
      IVS=42
      ELSEIF((I.EQ.79).OR.(I.EQ.111))THEN
      IVS=10
      ELSEIF((I.EQ.73).OR.(I.EQ.105))THEN
      IVS=20
      ELSE
      GO TO 70
      ENDIF
80     CALL GTEXT(23,24,"INPUT PLOTTING SIZE : A3 OR A4")
      I=IXKEY()
      IF(I.EQ.51)THEN
      PM=8000.
      PC=2000.
      ELSEIF(I.EQ.52)THEN
      PM=6000.
      PC=1400.
      ELSE
      GO TO 80
```

```
      ENDIF
      IF(SX.GE.SY)THEN
      FP=PM/SX
      ELSE
      FP=PM/SY
      ENDIF
      CALL PLOT(0,0,999)
90    CALL PLOTS(0,1,0)
      DO 110 I=1,NTE
      IF(IEP(I).EQ.0)IP=7
      IF(IEP(I).EQ.1)IP=12
      IF(IEP(I).EQ.2)IP=9
      CALL NEWPEN(IP)
      DO 100 J=1,3
      GX(J)=(X(NN(I,J))-XS)*FS+.5
100   GY(J)=(Y(NN(I,J))-YS)*FS+1.
      CALL FILL(3,GX,GY)
110   CONTINUE
      CALL NEWPEN(10)
      DO 270 I=1,NTE
      N1=NN(I,1)
      N2=NN(I,2)
      N3=NN(I,3)
      IF(IE(N1).EQ.0)GO TO 210
      N=IE(N1)
      DO 200 J=1,N
      IF(JE(N1,J).EQ.N2)GO TO 220
200   CONTINUE
210   X1=(X(N1)-XS)*FS+.5
      Y1=(Y(N1)-YS)*FS+1.
      CALL PLOT(X1,Y1,3)
      X2=(X(N2)-XS)*FS+.5
      Y2=(Y(N2)-YS)*FS+1.
      CALL PLOT(X2,Y2,2)
      N=IE(N1)+1
      IE(N1)=N
      JE(N1,N)=N2
      N=IE(N2)+1
      IE(N2)=N
      JE(N2,N)=N1
220   N=IE(N1)
      DO 230 J=1,N
      IF(JE(N1,J).EQ.N3)GO TO 240
230   CONTINUE
      X1=(X(N1)-XS)*FS+.5
      Y1=(Y(N1)-YS)*FS+1.
      CALL PLOT(X1,Y1,3)
      X3=(X(N3)-XS)*FS+.5
      Y3=(Y(N3)-YS)*FS+1.
      CALL PLOT(X3,Y3,2)
      N=IE(N1)+1
```

```
      IE(N1)=N
      JE(N1,N)=N3
      N=IE(N3)+1
      IE(N3)=N
      JE(N3,N)=N1
240   IF(IE(N2).EQ.0)GO TO 260
      N=IE(N2)
      DO 250 J=1,N
      IF(JE(N2,J).EQ.N3)GO TO 270
250   CONTINUE
260   X2=(X(N2)-XS)*FS+.5
      Y2=(Y(N2)-YS)*FS+1.
      CALL PLOT(X2,Y2,3)
      X3=(X(N3)-XS)*FS+.5
      Y3=(Y(N3)-YS)*FS+1.
      CALL PLOT(X3,Y3,2)
      N=IE(N2)+1
      IE(N2)=N
      JE(N2,N)=N3
      N=IE(N3)+1
      IE(N3)=N
      JE(N3,N)=N2
270   CONTINUE
      CALL NEWPEN(15)
      DO 280 I=1,NL
      X1=(X(LO(I,1))-XS)*FS+.5
      Y1=(Y(LO(I,1))-YS)*FS+1.
      CALL PLOT(X1,Y1,3)
      X2=(X(LO(I,2))-XS)*FS+.5
      Y2=(Y(LO(I,2))-YS)*FS+1.
      CALL PLOT(X2,Y2,2)
280   CONTINUE
290   CALL GTEXT(28,24,"PRINT HARD COPY ? (INPUT Y OR N)")
      I=IXKEY()
      IF((I.EQ.89).OR.(I.EQ.121))GO TO 300
      IF((I.EQ.78).OR.(I.EQ.110))GO TO 500
      GO TO 290
300   DO 310 I=1,NTN
      IE(I)=0
      DO 310 J=1,10
310   JE(I,J)=0
      OPEN(UNIT=11,FILE='LPT1',FORM='FORMATTED',
     1      ACCESS='SEQUENTIAL')
      WRITE(11,*)'IN;SP3;PA;PT0.1;VS',IVS
      DO 390 I=1,NTE
      N1=NN(I,1)
      N2=NN(I,2)
      N3=NN(I,3)
      IF(IE(N1).EQ.0)GO TO 330
      N=IE(N1)
      DO 320 J=1,N
```

```
      IF(JE(N1,J).EQ.N2)GO TO 340
320   CONTINUE
330   LX1=INT((X(N1)-XS)*FP+PC)
      LY1=INT((Y(N1)-YS)*FP+PC)
      WRITE(11,*)'PU',LX1,LY1
      LX2=INT((X(N2)-XS)*FP+PC)
      LY2=INT((Y(N2)-YS)*FP+PC)
      WRITE(11,*)'PD',LX2,LY2,'PU;'
      N=IE(N1)+1
      IE(N1)=N
      JE(N1,N)=N2
      N=IE(N2)+1
      IE(N2)=N
      JE(N2,N)=N1
340   N=IE(N1)
      DO 350 J=1,N
      IF(JE(N1,J).EQ.N3)GO TO 360
350   CONTINUE
      LX1=INT((X(N1)-XS)*FP+PC)
      LY1=INT((Y(N1)-YS)*FP+PC)
      WRITE(11,*)'PU',LX1,LY1
      LX3=INT((X(N3)-XS)*FP+PC)
      LY3=INT((Y(N3)-YS)*FP+PC)
      WRITE(11,*)'PD',LX3,LY3,'PU;'
      N=IE(N1)+1
      IE(N1)=N
      JE(N1,N)=N3
      N=IE(N3)+1
      IE(N3)=N
      JE(N3,N)=N1
360   IF(IE(N2).EQ.0)GO TO 380
      N=IE(N2)
      DO 370 J=1,N
      IF(JE(N2,J).EQ.N3)GO TO 390
370   CONTINUE
380   LX2=INT((X(N2)-XS)*FP+PC)
      LY2=INT((Y(N2)-YS)*FP+PC)
      WRITE(11,*)'PU',LX2,LY2
      LX3=INT((X(N3)-XS)*FP+PC)
      LY3=INT((Y(N3)-YS)*FP+PC)
      WRITE(11,*)'PD',LX3,LY3,'PU;'
      N=IE(N2)+1
      IE(N2)=N
      JE(N2,N)=N3
      N=IE(N3)+1
      IE(N3)=N
      JE(N3,N)=N2
390   CONTINUE
      WRITE(11,*)'SP1;PA;PT0.3;'
      DO 400 I=1,NL
      LX1=INT((X(LO(I,1))-XS)*FP+PC)
```

```
      LY1=INT((Y(LO(I,1))-YS)*FP+PC)
      WRITE(11,*)'PU',LX1,LY1
      LX2=INT((X(LO(I,2))-XS)*FP+PC)
      LY2=INT((Y(LO(I,2))-YS)*FP+PC)
      WRITE(11,*)'PD',LX2,LY2,'PU;'
400   CONTINUE
      WRITE(11,*)'SP0;'
      CLOSE(11)
410   CALL GTEXT(28,23,"CONTINUE DRAWING ? (INPUT Y OR N)")
      I=IXKEY()
      IF((I.EQ.89).OR.(I.EQ.121))GO TO 500
      IF((I.EQ.78).OR.(I.EQ.110))GO TO 800
      GO TO 410
500   CALL PLOT(0,0,-999)
      DO 520 I=1,NTE
      IF(IEP(I).EQ.0)IP=7
      IF(IEP(I).EQ.1)IP=12
      IF(IEP(I).EQ.2)IP=9
      CALL NEWPEN(IP)
      DO 510 J=1,3
      GX(J)=(X(NN(I,J))-XS)*FS+.5
510   GY(J)=(Y(NN(I,J))-YS)*FS+1.
      CALL FILL(3,GX,GY)
520   CONTINUE
      CALL NEWPEN(10)
      DO 580 I=1,NTE
      DO 530 J=1,3
      N=NN(I,J)
      GX(J)=(X(N)-XS)*FS+.5
      GY(J)=(Y(N)-YS)*FS+1.
530   GP(J)=A(N)/PG
      DO 540 J=1,2
      DO 540 K=1,2
      IF(GP(K+1).GT.GP(K))THEN
      G=GX(K)
      GX(K)=GX(K+1)
      GX(K+1)=G
      G=GY(K)
      GY(K)=GY(K+1)
      GY(K+1)=G
      G=GP(K)
      GP(K)=GP(K+1)
      GP(K+1)=G
      ENDIF
540   CONTINUE
      K1=INT(GP(1))
      K2=INT(GP(2))+1
      IF(GP(1).LT.0.)K1=K1-1
      IF(GP(2).LT.0.)K2=K2-1
      IF(K1.LT.K2)GO TO 560
      DO 550 J=K2,K1
```

```
      P1=(REAL(J)-GP(2))/(GP(1)-GP(2))
      X1=GX(2)+P1*(GX(1)-GX(2))
      Y1=GY(2)+P1*(GY(1)-GY(2))
      CALL PLOT(X1,Y1,3)
      P2=(REAL(J)-GP(3))/(GP(1)-GP(3))
      X2=GX(3)+P2*(GX(1)-GX(3))
      Y2=GY(3)+P2*(GY(1)-GY(3))
      CALL PLOT(X2,Y2,2)
550   CONTINUE
560   K1=INT(GP(2))
      K2=INT(GP(3))+1
      IF(GP(2).LT.0.)K1=K1-1
      IF(GP(3).LT.0.)K2=K2-1
      IF(K1.LT.K2)GO TO 580
      DO 570 J=K2,K1
      P1=(REAL(J)-GP(2))/(GP(3)-GP(2))
      X1=GX(2)+P1*(GX(3)-GX(2))
      Y1=GY(2)+P1*(GY(3)-GY(2))
      CALL PLOT(X1,Y1,3)
      P2=(REAL(J)-GP(1))/(GP(3)-GP(1))
      X2=GX(1)+P2*(GX(3)-GX(1))
      Y2=GY(1)+P2*(GY(3)-GY(1))
      CALL PLOT(X2,Y2,2)
570   CONTINUE
580   CONTINUE
      CALL NEWPEN(15)
      DO 590 I=1,NL
      X1=(X(LO(I,1))-XS)*FS+.5
      Y1=(Y(LO(I,1))-YS)*FS+1.
      CALL PLOT(X1,Y1,3)
      X2=(X(LO(I,2))-XS)*FS+.5
      Y2=(Y(LO(I,2))-YS)*FS+1.
      CALL PLOT(X2,Y2,2)
590   CONTINUE
600   CALL GTEXT(28,24,"PRINT HARD COPY ? (INPUT Y OR N)")
      I=IXKEY()
      IF((I.EQ.89).OR.(I.EQ.121))GO TO 700
      IF((I.EQ.78).OR.(I.EQ.110))GO TO 800
      GO TO 600
700   OPEN(UNIT=11,FILE='LPT1',FORM='FORMATTED',
     1      ACCESS='SEQUENTIAL')
      WRITE(11,*)'IN;SP2;PA;PT0.2;VS',IVS
      DO 760 I=1,NTE
      DO 710 J=1,3
      N=NN(I,J)
      GX(J)=(X(N)-XS)*FP+PC
      GY(J)=(Y(N)-YS)*FP+PC
710   GP(J)=A(N)/PG
      DO 720 J=1,2
      DO 720 K=1,2
      IF(GP(K+1).GT.GP(K))THEN
```

```
      G=GX(K)
      GX(K)=GX(K+1)
      GX(K+1)=G
      G=GY(K)
      GY(K)=GY(K+1)
      GY(K+1)=G
      G=GP(K)
      GP(K)=GP(K+1)
      GP(K+1)=G
      ENDIF
720   CONTINUE
      K1=INT(GP(1))
      K2=INT(GP(2))+1
      IF(GP(1).LT.0.)K1=K1-1
      IF(GP(2).LT.0.)K2=K2-1
      IF(K1.LT.K2)GO TO 740
      DO 730 J=K2,K1
      P1=(REAL(J)-GP(2))/(GP(1)-GP(2))
      LX1=INT(GX(2)+P1*(GX(1)-GX(2)))
      LY1=INT(GY(2)+P1*(GY(1)-GY(2)))
      WRITE(11,*)'PU',LX1,LY1
      P2=(REAL(J)-GP(3))/(GP(1)-GP(3))
      LX2=INT(GX(3)+P2*(GX(1)-GX(3)))
      LY2=INT(GY(3)+P2*(GY(1)-GY(3)))
      WRITE(11,*)'PD',LX2,LY2,'PU;'
730   CONTINUE
740   K1=INT(GP(2))
      K2=INT(GP(3))+1
      IF(GP(2).LT.0.)K1=K1-1
      IF(GP(3).LT.0.)K2=K2-1
      IF(K1.LT.K2)GO TO 760
      DO 750 J=K2,K1
      P1=(REAL(J)-GP(2))/(GP(3)-GP(2))
      LX1=INT(GX(2)+P1*(GX(3)-GX(2)))
      LY1=INT(GY(2)+P1*(GY(3)-GY(2)))
      WRITE(11,*)'PU',LX1,LY1
      P2=(REAL(J)-GP(1))/(GP(3)-GP(1))
      LX2=INT(GX(1)+P2*(GX(3)-GX(1)))
      LY2=INT(GY(1)+P2*(GY(3)-GY(1)))
      WRITE(11,*)'PD',LX2,LY2,'PU;'
750   CONTINUE
760   CONTINUE
      WRITE(11,*)'SP1;PA;PT0.5;'
      DO 770 I=1,NL
      LX1=INT((X(LO(I,1))-XS)*FP+PC)
      LY1=INT((Y(LO(I,1))-YS)*FP+PC)
      WRITE(11,*)'PU',LX1,LY1
      LX2=INT((X(LO(I,2))-XS)*FP+PC)
      LY2=INT((Y(LO(I,2))-YS)*FP+PC)
      WRITE(11,*)'PD',LX2,LY2,'PU;'
770   CONTINUE
```

```
      WRITE(11,*)'SP1;'
      IF(PC.LE.1500.)THEN
      WRITE(11,*)'PA 1400, 900;'
      ELSE
      WRITE(11,*)'PA 3000, 1500;'
      ENDIF
      WRITE(11,*)'LBPOTENTIAL DIFFERENCE :',PG,P$,CHAR(3)
      WRITE(11,*)'SP0;'
      CLOSE(11)
      I=IXKEY()
800    CALL PLOT(0,0,999)
      STOP
      END
```

1 Some Partial Differential Equations

Summary

편미분 방정식의 수치해석은 과학 계산의 주(主) 부분(major part)을 구성한다. 사실, 이 장에서는 물리학에서의 많은 문제가 어떻게 편미분 방정식(PDE)에 의해 모델링될 수 있는지를 설명한다. 또한 PDE의 유한요소 해(finite element solution)를 위한 프로그래밍 환경(環境)(programming environment)인 ^{G}fem 언어(^{G}fem language)로 수치해를 얻는다. 뒤따르는 장(章)의 목표(目標, aim)는 그러한 프로그램의 이론적 근거(理論的 根據, theoretical basis), 다른 가능한 선택, 그리고 ^{G}fem과 같은 프로그램 라이브러리(program library)를 어떻게 세우는 가를 설명하는 것이 될 것이다.

1.1 MEMBRANES

1.1.1 The Problem

탄성 막(彈性 膜, elastic membrane) Ω가 평면 강체 지보(平面 剛體 支保, planar rigid support) Γ에 접착(接着)되어 있지만, 힘 $f(x)dx$가 각 표면 요소(表面 要素, surface element) $dx = dx_1dx_2$를 누른다. 수직 막 변위(垂直 膜 變位, vertical membrane displacement) $\varphi(x)$는 라플라스 방정식(Laplace's equation)으로 해석한다:

$$-\Delta\varphi = f \text{ in } \Omega. \tag{1.1}$$

막이 평면 지지(平面 支持, planar support)에 접착되어 있으므로, 다음이 성립한다:

$$\varphi|_\Gamma = 0. \tag{1.2}$$

이것은 라플라스 연산자(演算子)(Laplace operator)에 대한 제차(齊次) 디리끌레 문제(homogeneous Dirichlet problem)이다.

Laplace 연산자 Δ는 다음과 같이 정의됨을 상기하자:

$$\Delta\varphi = \frac{\partial^2 \varphi}{\partial x_1^2} + \frac{\partial^2 \varphi}{\partial x_2^2}. \tag{1.3}$$

문제 (1.1)–(1.2)는 유일해(唯一解, unique solution)를 허용한다; 이에 대한 설명은 다른 서적(書籍), 예를 들어 Brezis (1987), Dautray와 Lions (1990), Strang (1986) 및 Brenner와 Scott (1994)의 저서(著書)등으로 돌린다.

1.1.2 Example

타원체(楕圓體, ellipse)가 주 반경(主 半徑, principal radius) $a = 2$와 2차 반경(二次 半徑, secondary radius) $b = 1$을 가지며, 표면력(表面力, surface force)이 1과 같다고 하자. ᴳfem*에 의한 이 경우의 프로그래밍은 다음과 같다:

```
border(1,0,2*pi,40) /* The number 1 boundary */
  begin              /* parametrized from 0 to 2pi */
    x:=2*cos(t);    /* has 40 vertices. We recognize */
    y:=sin(t)        /* the equation of an ellipse */
  end;

buildmesh(800);      /* call the mesh generator */
                     /* with maximum of 800 vertices */
solve(v) begin       /* PDE: definition + solution */
  onbdy(1) v=0;
  pde(v) -laplace(v)=1
end;
plot(v); save('v.dta',v);
```

삼각화(三角化, triangulation)는 중심어(中心語, 키워드, keyword) *buildmesh*에 의해 수립된다. 키워드는, 처음에는 경계점(境界點, boundary point)들만으로 삼각화하고, 그 다음에 여기서는 최대(最大) 800으로 지시된 수를 넘지 않게 변(邊, edge)의 분할에 의해 내부점(內部點, internal point)을 추가하는, 들로니 검사(檢査)(Delaunay test)에 기초를 둔 삼각화 서브루틴(subroutine)을 부른다. 어떻게 삼각형이 세분화(細分化)되는가 하는 것은, 정점(頂點, vertex, 절점(節點), node)의 수가 최대치에 이르렀을 때를 제외하고는, 경계에 가장 가까운 변의 크기에 의해 조절(調節)된다.

PDE는 그러면 삼각화에 의한 삼각형(三角形, triangular) 1차(first order) 유한요소법을 사용하여 이산화(離散化)된다(discretized); 3장에서 보여줄 바와 같이, 크기가 삼각화에서의 정점의 수(數)인 선형 계(방정식)(線形 系(方程式), 선형 연립 방정식(聯立 方程式), linear system)을 얻는다. 계 방정식은 가우스 LU 인수분해(因數分解)

* ᴳfem은 PDE를 위해 공개된 언어로 된 프로그래밍 환경이다; 그것의 핵심인 FreeFEM은 기계와 무관하며, 자유롭게 이용할 수 있다. 다음에 나오는 프로그램은 FreeFEM에 의해 읽히고 실행되며, 결과가 가시화되고 디스크(disk)에 저장된다. 이 장(章)에서 그림을 만들기 위해 사용된 도해(圖解) 부분은 마련되지 않았다; FreeFEM은 PDE를 풀기 위해 이 책에서 설명된 기법을 사용한다.

(Gauss LU factorization)에 의해 풀어진다(그것은 또한 비대칭(非對稱, non-symmetric) 계 방정식을 푸는 것도 가능하기 때문에 콜레스키 인수분해(Cholesky factorization)보다는 더 많이 택해진다).

그림 1.1에서 삼각화와 수직력에 의해 휘어진(deflected) 막에 대해 얻어진 등-φ 선(等-φ線, iso-φ lines)을 본다.

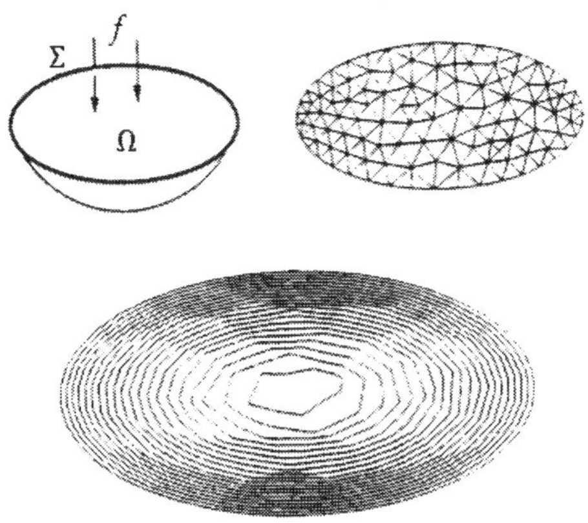

Figure 1.1 Membrane deflected by a vertical force.

1.2 *ELECTROSTATICS*

1.2.1 *The Problem*

$\{C_i\}_{i=1,\cdots,N}$을 울타리(enclosure) C_0 내에 있는 N개의 도체(導體, conductor)라 하지. 그 각각은 정전위(靜電位, electrostatic potential) φ_i를 갖고 있다. 울타리 C_0는 전위 0을 갖고 있다고 가정(假定)한다.

영역 Ω의 임의의 점 x에서의 $\varphi(x)$를 알기 위해서는, 식 (1.4)를 풀어야 한다.

$$\Delta\varphi = 0 \text{ in } \Omega, \ \varphi|_\Gamma = g. \tag{1.4}$$

여기서, Ω는 도체 C_i를 뺀 C_0의 내부이며, Γ는 Ω의 경계, 즉 $\cup_0^N C_i$이다. 여기서 g는 C_i에서는 φ_i, C_0에서는 0과 같은 값을 갖는 x의 임의의 함수(函數, function)이다. 두 번째 식은 다음과 같은 축약형(縮約形, reduced form)이 된다:

$$\varphi = \varphi_i \text{ on } C_i, \ i = 1,\cdots,N, \ \ \varphi = 0 \text{ on } C_0. \tag{1.5}$$

1.2.2 *The ^{G}fem Program*

```
/* a circle with center at (0,0) and radius 5 */
border(1,0,2*pi,60) begin
  x:=5*cos(t); y:=5*sin(t);
end;

/* Right rectangle */
border(2,0,1,4)   begin x:=1+t; y:=3      end;
border(2,0,1,24)  begin x:=2;   y:=3-6*t   end;
border(2,0,1,4)   begin x:=2-t; y:=-3     end;
border(2,0,1,24)  begin x:=1;   y:=-3+6*t  end;

/* Left rectangle */
border(3,0,1,4)   begin x:=-2+t; y:=3      end;
border(3,0,1,24)  begin x:=-1;   y:=3-6*t   end;
border(3,0,1,4)   begin x:=-1-t; y:=-3     end;
border(3,0,1,24)  begin x:=-2;   y:=-3+6*t  end;

buildmesh(800);      /* call the mesh generator */

solve(v) begin       /* PDE: definition + solution */
  onbdy(1) v=0; /* input Dirichlet boundary conditions */
  onbdy(2) v=1;
  onbdy(3) v=-1;
  pde(v) -laplace(v)=0   /* input PDE */
end;                     /* solution */
plot(v);                 /* visualization */
```

프로그램의 시작 부분은 망(網, mesh)에 의해 요구되는 기하학적 정보(幾何學的情報, geometrical information), 그리고 논리적(論理的, logical) 경계의 수, 각 경계 부분에 있는 정점의 수와 같은 추가(追加) 정보를 담고 있다. 규약(規約, convention)에 의해, 경계가 계산 영역이 경계의 왼쪽(left)이 되도록 방향지어져야 하기 때문에, 원(圓, circle)은 반시계 방향(反時計 方向, counterclockwise)으로 묘사(描寫)된 반면, 직사각형(直四角形, rectangle)은 시계 방향으로 묘사되었음에 유의하라.

마지막으로, 위의 프로그램에서, +1 volt 및 −1 volt와 같은 Dirichlet 경계조건이 전극(電極, electrode)에 부과된 반면, 울타리에서는 0 전위(電位, (electric) potential)가 주어졌다. 그림 1.2는 두 개의 직사각형으로 만들어진 모델 커패시터(model capacitor)에 대한 삼각화와 등(等) 포텐셜(equipotential) 선을 보인다.

EXERCISE 문제의 축(軸, axis)에 관한 대칭성을 사용하라; 영역의 4분의 1만을 삼각화하고, 수직축(垂直軸, vertical axis)에는 Dirichlet 조건을, 그리고 수평축(水平軸, horizontal axis)에는 노이만 조건(Neumann condition)을 두어라. □

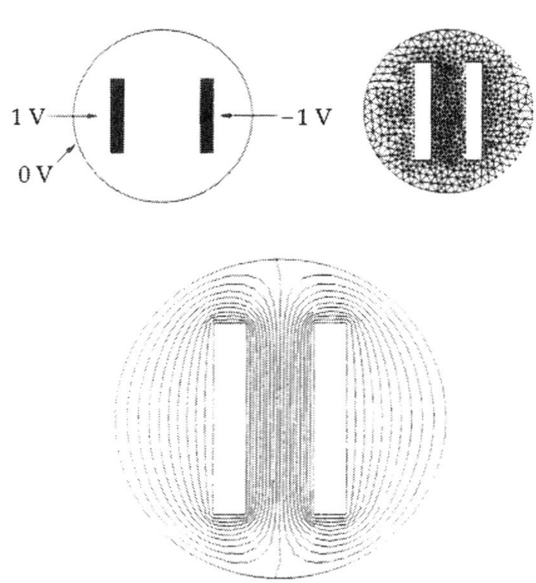

Figure 1.2 A model capacitor.

1.3 THERMAL CONDUCTION

1.3.1 Rod with Rectangular Section

양 끝이 일정 온도 t_0와 $t_1 > t_0$으로 유지되는 직사각 봉(直四角 棒, rectangular rod) 내에서의 온도 분포(溫度 分布, temperature distribution)를 찾는다; 거기에는 주위 매질(周圍 媒質, surrounding medium)로의 대류(對流, convection)와 복사(輻射, 방사(放射), radiation)를 통한 열의 손실(損失, loss)이 있어, 온도 $t_e < t_1$에서 유지된다.

판(板, plate)의 중심(中心, center)을 통해 지나가는 수직 대칭면(垂直 對稱面, vertical plane of symmetry)에서는, 문제가 2차원적(二次元的, bi-dimensional)이다; 대류를 통한 손실은 $t_0 + t_1 - 2t_e$에 비례(比例)하는(proportional) 소산(消散, 방산(放散), dissipation) 계수(係數, coefficient) α에 의해 모델링된다. 식 (1.6)을 풀어야 한다.

$$
\begin{aligned}
&-\Delta u + \alpha u = 0 \text{ in } \Omega, \\
&u|_{\Gamma_1} = t_0, \quad u|_{\Gamma_2} = t_1, \quad \left.\frac{\partial u}{\partial n}\right|_{\Gamma_3} = 0.
\end{aligned}
\tag{1.6}
$$

여기서 $\Gamma = \partial\Omega$이고, Γ_1과 Γ_2는 말단(末端, extremity)이며 $\Gamma_3 = \partial\Omega - \Gamma_1 - \Gamma_2$는 옆 테두리(side edge)이다.

길이(length) 10인 봉의 경우, ^{G}fem 프로그램은 다음과 같다*:

```
border(2,0,1,4)    begin x:=10;    y:=t    end;
border(4,0,1,4)    begin x:=0;     y:=1-t  end;
border(1,0,10,40)  begin x:=t;    y:=0     end;
border(3,0,10,40)  begin x:=10-t; y:=1     end;

t0:=10; t1:=100; te:=25;
alpha=0.05*(t0+t1-2*te);

solve(v){
  onbdy(4) v=t0;
  onbdy(2) v=t1;
  onbdy(1,3) dnu(v)=0; /* the 2 horizontal edges */
  pde(v) -laplace(v)+id(v)*alpha=0;
};
plot(v);
```

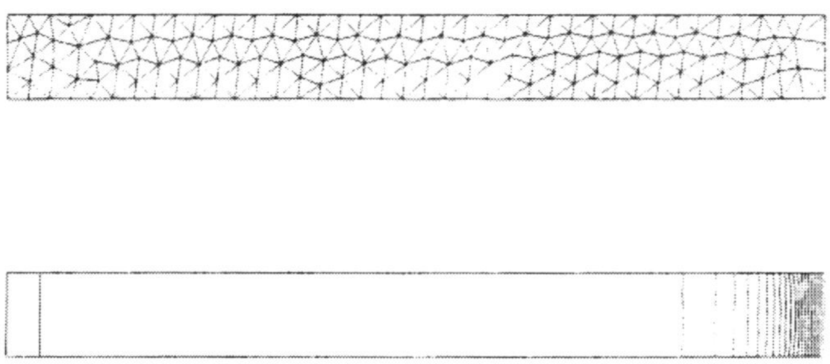

Figure 1.3 Thermal equilibrium in a plate.

EXERCISE 해가 x_2에 무관함을 조사(調査)하고, 그것을 해석해(解析解, analytical solution)와 비교(比較)하라. □

1.3.2 *Rod with Circular Section*

대칭은 이제 원통형(圓筒形)이다(cylindrical). 원통좌표계(圓筒座標系, cylindrical coordinates)에서, Laplace 연산자는 다음과 같이 된다(r은 축(軸)에서의 거리(距離, distance), z는 축 방향 거리(軸 方向 距離), θ는 축에 수직(垂直, perpendicular)인 고정 평면(固定 平面, fixed plane)에서 극좌표 각도(極座標 角度, polar angle)):

$$\Delta u = \frac{1}{r}\partial_r(r\partial_r u) + \frac{1}{r^2}\partial^2_{\theta\theta}u + \partial^2_{zz}u. \tag{1.7}$$

* '='로 부여된 것(함수에 대한)과 ':='로 부여된 것(스칼라(scalar)에 대한) 사이의 차이(差異, difference)는 n_v 곱하기 같은 수(n_v = 정점의 수)를 내포하는 배열(配列, array)의 선언(宣言, declaring)을 피하는 것이다. 사실, ^{G}fem에서 모든 함수는 연속(連續, continuous)이며 구간 선형(區間 線形, piecewise linear)이고, 따라서 (2장 참조) 삼각화 정점에서의 값에 의해 정해진다. 상수(常數, constant)는, 오직 하나의 기억 장소(記憶 場所, memory location) 만을 필요로 하는, 그러한 함수의 특별한 형태이다.

대칭성은 θ에 관한 의존성(依存性, dependence)이 없어짐을 함축(含蓄)한다; 문제는 따라서 다음과 같이 된다:

$$\begin{aligned} &-\partial_r(r\partial_r u) - \partial_z(r\partial_z u) + r\alpha u = 0 \text{ in } \Omega, \\ &u|_{\Gamma_1} = t_0, \quad u|_{\Gamma_2} = t_1, \quad \left.\frac{\partial u}{\partial n}\right|_{\Gamma_3} = 0. \end{aligned} \tag{1.8}$$

방정식을 '발산'형('發散'形, 'divergence' form) $-\nabla \cdot (r\nabla u)$으로 정리(整理)하기 위하여 r이 곱해졌음에 유의하라.

다음과 같은 Gfem* 프로그램을 얻는다:

```
t0:=10; t1:=100; te:=25;
alpha=0.1*((t0+t1)/2-te);

solve(v){
  onbdy(4) v=t0;
  onbdy(2) v=t1;
  onbdy(1,3) dnu(v)=0; /* see footnote */
  pde(v) -laplace(v)*y+id(v)*alpha*y=0;
};
plot(v);
```

Figure 1.4 Thermal equilibrium in an axisymmetric rod.

1.3.3 Convection and Radiation

대류(對流)와 복사(輻射)를 통한 소산은, 지금까지는, 손실 α에 의해 꽤 조잡(粗雜)하게 모델링되었다. 더 좋은 방식(方式, way)은, 대류에 대해서는:

$$\frac{\partial u}{\partial n} = -b(u - t_e), \tag{1.9}$$

그리고 복사에 대해서는, 손실이 온도의 4승(四乘, fourth power)에 비례한다는, 흑체(黑體)의 법칙(法則)(law of black body):

$$\frac{\partial u}{\partial n} - c[(u + 273)^4 - (t_e + 273)^4] = 0 \tag{1.10}$$

*Gfem 언어에서, laplace(u)*f는 실제로 $\nabla \cdot (f\nabla u)$를 의미한다.

을 사용하는 것이다.

결합(結合)되는 조건은 따라서 다음과 같다:

$$\frac{\partial u}{\partial n} + b(u - t_e) - c[(u + 273)^4 - (t_e + 273)^4] = 0. \tag{1.11}$$

문제는 비선형(非線形, non-linear)이며, 반복적(反復的)으로(iteratively) 풀려야 한다. m이 반복 지표(反復 指標, iteration index)를 나타낸다면, 조건 (1.11)의 반-선형화(半-線形化, semi-linearization)는, 항등식(恒等式, identity) $a^4 - b^4 = (a-b)(a+b)(a^2+b^2)$ 때문에,

$$\frac{\partial u^{m+1}}{\partial n} + b\left(u^{m+1} - t_e\right) - c[u^{m+1} - t_e][u^m + t_e + 546][(u^m + 273)^2 + (t_e + 273)^2] = 0$$

을 준다. 반복 과정(iterative process)은 0으로 초기화(初期化)된(initialized) $v = u - t_e$를 대상(對象)으로 할 것이다.

```
t0:=10; t1:=100; te:=25; tk:==273;
b=0.1; c=-5.0e-9;
u=(t0*(10-x)+t1*x)/10;
iter(10) begin
  w=b-c*(u+te-2*tk)*((u-tk)^2+(te-tk)^2);
  solve(v){
    onbdy(4) v=t0-te;
    onbdy(2) v=t1-te;
    onbdy(1,3) id(v)*w+dnu(v)=0;
    pde(v) -laplace(v)=0;
  };
  u=v+te;
  plot(u);
end;
```

Figure 1.5 Thermal equilibrium with radiation.

1.3.4 Non-Homogeneous Plate

직사각 봉으로 되돌아가지만, 지금은 서로 용접(鎔接)된(welded) 두 개의 서로 다른 물질로 된 판으로 만들어져 있다고 가정하자(항온기(恒溫器, thermostat, 열전대(熱電對), 열전쌍(熱電雙), thermocouple, 바이메탈, bimetal)와 같이). Ω_i를 열 확산

(熱 擴散, thermal diffusion) κ_i인 물질 i에 의해 점유(占有)되는 영역이라 하자. 계산 영역 Ω는 $\bar{\Omega}_1 \cup \bar{\Omega}_2$의 내부(內部, interior)이다.

소산과 함께, 그리고 열 평형(熱 平衡, thermal equilibrium)에서, 온도 방정식은 다음과 같다:

$$\alpha u - \nabla \cdot (\kappa \nabla u) = 0 \text{ in } \Omega. \tag{1.12}$$

발산(發散, divergence, div)과 구배(勾配, 경도(傾度), gradient, grad)의 정의(定義, definition)를 상기(想起)한다:

$$\operatorname{div} v = \nabla \cdot v = \frac{\partial v_1}{\partial x_1} + \frac{\partial v_2}{\partial x_2}, \quad \operatorname{grad} u = \nabla u = \begin{pmatrix} \dfrac{\partial u}{\partial x_1} \\ \dfrac{\partial u}{\partial x_2} \end{pmatrix}. \tag{1.13}$$

분포의 관념(觀念)(distribution sense)이 고려된 식 (1.12)는 Ω_1과 Ω_2 사이의 접촉면(接觸面, interface) Σ에서의 도약(跳躍) 조건(jump condition)을 포함한다:

$$\operatorname{div} v = \nabla \cdot v = \kappa_1 \frac{\partial u}{\partial n}\Big|_{\Sigma \cap \bar{\Omega}_1} = \kappa_2 \frac{\partial u}{\partial n}\Big|_{\Sigma \cap \bar{\Omega}_2}. \tag{1.14}$$

이 조건은 유한요소법이 문제의 변분 정식화(變分 定式化, variational formulation)를 대상으로 하기 때문에 유한요소법에 의해 자동적(自動的)으로(automatically) 고려된다.

h_0와 h_1을 두 판의 두께(thickness)라 하자.

그러한 영역을 삼각화하기 위하여, 접촉면 Σ를 묘사하는 내부 경계(內部 境界, internal boundary)가 필요하다. 그것을 수(數) 0으로 지정(指定)할 것이다. 또한 그것의 말단(末端, extremity)은 외부 경계(外部 境界, outer boundary)의 정점 임을 점검(點檢)해야 한다. 이것을 확인하는 가장 좋은 방법(best way)은 외부 경계를 내부 경계와의 교점(交點, intersection point)에 의해 2개로 쪼개는(split) 것이다.

```
h0:=1.0; h1:=1.0;
border(2,0,1,4)   begin x:=10;    y:=h0*t        end;
border(2,0,1,4)   begin x:=10;    y:=h0+h1*t     end;
border(4,0,1,4)   begin x:=0;     y:=h0+h1*(1-t) end;
border(4,0,1,4)   begin x:=0;     y:=h0*(1-t)    end;
border(1,0,10,40) begin x:=t;     y:=0           end;
border(3,0,10,40) begin x:=10-t;  y:=h0+h1       end;
border(0,0,10,40) begin x:=t;    y:=h0           end;
```

```
buildmesh(800);

t0:=10; t1:=100; alpha:=1;
kappa:=0.01+one(y>h0);

solve(v){
  onbdy(4) v=t0;
  onbdy(2) v=t1;
  onbdy(1) dnu(v)=0;
  onbdy(3) dnu(v)=0;
  pde(v) -laplace(v)*kappa+id(v)*alpha=0;
};
plot(v);
```

그림 1.6에서는 열 확산이 Ω_1에서는 $\kappa = 0.01$이고 Ω_2에서는 $\kappa = 1.01$이며, 소산이 $\alpha = 1$인 경우에 대해 얻어진 결과를 보인다.

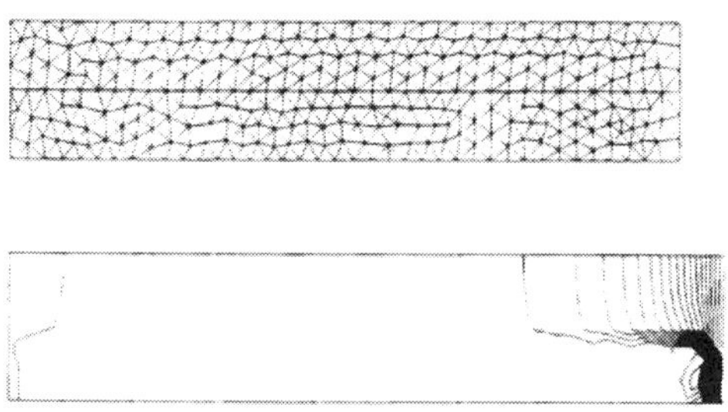

Figure 1.6 Thermics in a non-homogeneous plate.

1.4 ACOUSTICS

정지 공기(靜止 空氣, air at rest)에서의 압력 변화(壓力 變化, pressure variation)는 파동 방정식(波動 方程式, wave equation)에 의해 지배(支配)된다(governed):

$$\frac{\partial^2 u}{\partial t^2} - c^2 \Delta u = f. \tag{1.15}$$

해 파동(解 波動, solution wave)이 단일 파장(單一 波長, monochromatic)일 때, u는 $u(x, t) = v(x)e^{jkt}$의 형태(形態)이며, 여기서 v는 식 (1.16)과 같은 헬름홀츠의 방정식(Helmholtz's equation)의 해이다:

† 역자 주: 허수 단위(虛數 單位, imaginary unit) $\sqrt{-1}$의 수학적 표기는 i이지만, 공학, 특히 전기공학에서는 전류(電流, current)의 순시치(瞬時値, instantaneous value)를 i로 나타내기 때문에 허수 단위를 보통 j로 나타낸다.

$$k^2 v + c^2 \Delta v = f \ \text{ in } \Omega,$$
$$\left.\frac{\partial v}{\partial n}\right|_{\Gamma} = 0. \tag{1.16}$$

Laplacian의 앞이 '+' 부호(符號, sign)임에 유의하라. 이 부호는 문제를 계수(係數, coefficient)의 어떤 값에 따라, '공진(共振, resonance)'이라 불리는, 좋지 않게 주어진(ill posed) 문제로 만든다.

식 (1.16)의 임의의 해는 식 (1.15)의 해의 진폭(振幅, amplitude)이지만 그 역(逆, converse)은 참(진(眞), true)이 아니다: 해가 단일 파장으로 되기 위해서는 특별히 선택된 초기(初期, initial) 및 경계조건이 필요하다.

소리(음(音), sound)의 속력(速力, speed)은 c, k는 주파수(周波數, frequency)이며 f는 원천(源泉, 음원(音源), source)을 포함한다.

다음의 작은 예제는 무대(舞臺, stage)에 집중(集中)된(centered) 지수적(指數的)으로 감소(減少)하는 원천(exponentially decreasing source)이 있는 다각형(多角形) 콘서트 홀(polygonal concert hall)의 수직 단면(垂直 斷面, vertical section)에서의 음의 전파(傳播)(sound propagation)를 시뮬레이션한 것이다.

```
border(1,0,1,20) begin x:=5;      y:=1+2*t  end;
border(1,0,1,20) begin x:=5-2*t;  y:=3      end;
border(1,0,1,20) begin x:=3-2*t;  y:=3-2*t  end;
border(1,0,1,10) begin x:=1-t;    y:=1      end;
border(1,0,1,10) begin x:=0;      y:=1-t    end;
border(1,0,1,10) begin x:=t;      y:=0      end;
border(1,0,1,20) begin x:=1+4*t;  y:=t      end;

buildmesh(1000);

f=exp(-10*((x-0.5)*(x-0.5)+(y-0.5)*(y-0.5)));

solve(v){
  onbdy(1) dnu(v)=0;
  pde(v) -laplace(v)+id(v)*0.8=f;
};
plot(v);
```

EXERCISE $va + \partial v/\partial n = g$ 와 같은 형태의 경계조건에 의해 흡수 벽(吸收 壁, absorbing wall)을 시뮬레이션하라. 여기서 a는 복소(複素, complex)일 수 있다. □

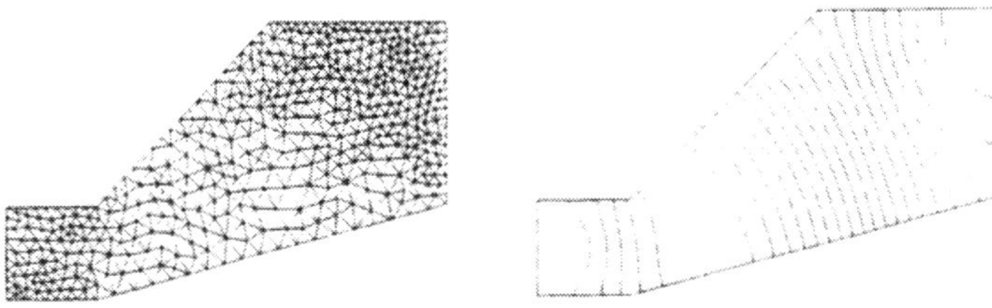

Figure 1.7 Acoustics in a concert hall (vertical section).

1.5 *IRROTATIONAL FLOW*

1.5.1 *Incompressible Flow*

점성(粘性, viscosity)과 소용돌이(vorticity)가 없는, 비압축 유동(非壓縮 流動, incompressible flow)은 다음과 같이 주어지는 속도(速度, velocity)를 갖는다:

$$u = \left(\frac{\partial \psi}{\partial x_2}, -\frac{\partial \psi}{\partial x_1}\right), \text{ where } \psi \text{ is a solution of } \Delta\psi = 0. \tag{1.17}$$

이 방정식은 비압축성(非壓縮性, incompressibility)($\nabla \cdot u = 0$)과 소용돌이(vortex)의 결여(缺如, absence)($\nabla \times u = 0$) 둘 다를 나타낸다.

유체(流體, fluid)가 벽(壁, wall)을 흘러내림으로써, 법선 속도(法線 速度, normal velocity)는 0이고, 이는 ψ가 다음을 만족함을 의미한다:

$$\psi \text{ constant on the walls.} \tag{1.18}$$

선속(線束, flux)(법선 속도의 적분(積分, integral)) 또한 줄 수 있으며, 이것은 ψ 또는, 법선 속도가 일정(一定)하다면, ψ에 대한 선형 Dirichlet 조건을 이끄는 법선 속도에 대한 Dirichlet data로 변환(變換)된다. 주어진 유입(流入, inflow)과 유출(流出, outflow)이 있는 도관(導管, 덕트, duct) 내에서의 유동은 유입과 외부의 힘을 받지 않는 유출(free outflow)이 있는 곳에서는 선형 ψ, 벽에서는 일정 ψ와 함께 식 (1.19)로 표현된다.

$$-\Delta\psi = 0 \text{ in } \Omega, \ \psi|_\Gamma = g, \tag{1.19}$$

모든 축에 대하여 대칭이고, 수직 경계를 가지며 직각(直角)을 이루는 합류점(合流點)(right-angled junction)이 있는 점(點, point) $(0, 1)$과 $(a, 1 + b)$을 통하여 통과하는 노즐(nozzle)을 고려하자. 경계의 방정식은 다음과 같다:

$$y = \pm b\left(\frac{x}{a}\right)^2\left(2-\left(\frac{x}{a}\right)^2\right)+1, \quad -a < x < a. \tag{1.20}$$

유입(流入)이 단일(單一, 일원(一元), unitary)이라면, 아래와 같이 풀어야 한다:

```
a:=6; b:=1;
border(1,0,1,8)   begin x:=-a; y:=1+b-2*(1+b)*t  end;
border(2,0,1,16)  begin
   x:=-a+2*a*t;
   y:=-1-b*(x/a)*(x/a)*(2-(x/a)*(x/a))            end;
border(3,0,1,8)   begin x:=a;  y:=-1-b+2*(1+b)*t end;
border(4,0,1,16)  begin
   x:=a-2*a*t;
   y:=1+b*(x/a)*(x/a)*(2-(x/a)*(x/a))             end;

buildmesh(800);

t0:=10; t1:=100; alpha:=1;
kappa:=0.01+one(y>h0);

solve(psi){
  onbdy(1) psi=y;
  onbdy(2) psi=-1-b;
  onbdy(3) dnu(psi)=0;  /* free outflow */
  onbdy(4) psi=1+b;
  pde(psi) -laplace(psi)=0;
};
plot(psi);
```

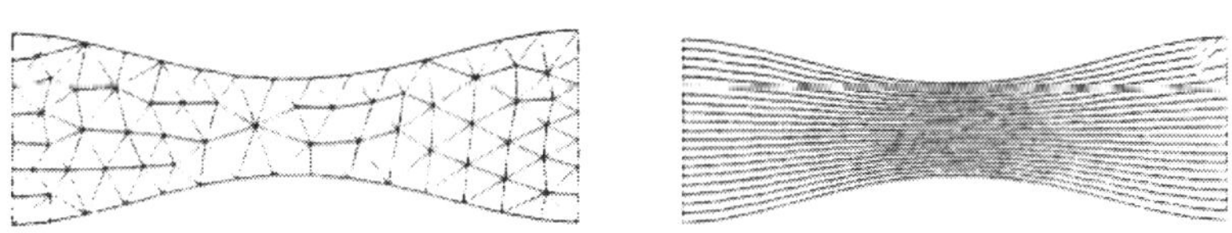

Figure 1.8 Potential flow: stream lines.

EXERCISE 대칭성의 사용에 의해 영역의 4분의 1 만에 대하여 같은 문제를 풀어라. □

1.5.2 *Airfoil with Lift*

좀 더 복잡(複雜)한 상황(狀況)(complex situation)에서는 벽에서의 일정한 ψ의 값이 알려지지 않을 수 있다. 이것은 날개골(날개, 익(翼), 에어포일, airfoil)의 경우이다.

균일 유동(均一 流動, uniform flow) 내에 있는 날개 측면(側面)(wing profile) S를 고려하자. 무한원(無限遠, 무한대(無限大), infinity)은 큰 원(圓)(large circle) Γ_∞에 의

해 나타내어질 것이다. 앞에서와 같이, 식 (1.21)을 풀어야 한다.

$$\begin{aligned} &\Delta\psi = f \quad \text{in } \Omega, \\ &\psi|_S = c, \\ &\psi|_{\Gamma_\infty} = u_{\infty 1} y - u_{\infty 2} x. \end{aligned} \tag{1.21}$$

여기서 Ω는 유체에 의해 점유된 면적(面積, area), u_∞는 무한원에서의 공기 속력(空氣 速力, air speed), c는 $\partial_n\psi$가 S의 후단(後端, trailing edge) P에서 연속(連續, continuous)이 되도록 결정되는 상수이다(이는 Kutta-Joukowki 조건이라 불린다). 양력(揚力, lift)은 c에 비례한다.

c를 찾기 위해 중첩법(重疊法, superposition method)을 사용한다. 식 (1.21) 내의 모든 방정식이 선형으로서, 해 ψ_c는 c의 선형 함수(線形 函數, linear function)

$$\psi_c = \psi_0 + c\psi_1 \tag{1.22}$$

이다. 여기서 ψ_0는 $c = 0$에 대한 식 (1.21)의 해이며, ψ_1은 $c = 1$과 무한원에서 0의 속도에 대한 해이다. 이 두 개의 장(場, 계(界), field)이 계산됨으로써, 날개 후단에서의 $\partial\psi/\partial n$의 연속성(連續性, continuity) 요구에 의해 c를 결정할 것이다.

EXAMPLE NACA0012의 양력.
NACA0012(이것은 항공역학(航空力學, 공기역학(空氣力學), aerodynamics)에서 고전적(古典的)인 날개 측면(wing profile)이다; 날개의 후미(後尾, rear)는 날개 후단(trailing edge)이라 불린다)의 위 표면(upper surface)에 대한 방정식은 다음과 같다:

$$y := 0.17735\sqrt{x} - 0.075597x - 0.212836x^2 + 0.17363x^3 - 0.06254x^4. \tag{1.23}$$

$\tan\alpha = 0.1$인 입사각(入射角, incidence angle) α를 취하면, 식 (1.24)를 풀어야 한다.

$$-\Delta\psi = 0 \ \text{in } \Omega, \ \psi|_{\Gamma_1} = y - 0.1x, \ \psi|_{\Gamma_2} = c. \tag{1.24}$$

여기서 Γ_1은 날개 측면이며 Γ_2는 무한원의 근사(近似, approximation)이다. 다음 식을 풂으로써 c를 찾는다:

$$-\Delta\psi_0 = 0 \ \text{in } \Omega, \ \psi_0|_{\Gamma_1} = y - 0.1x, \ \psi_0|_{\Gamma_2} = 0, \tag{1.25}$$

$$-\Delta\psi_1 = 0 \ \text{in } \Omega, \ \psi_1|_{\Gamma_1} = 0, \ \psi_1|_{\Gamma_2} = 1. \tag{1.26}$$

해 $\psi = \psi_0 + c\psi_1$은 $\partial_n\psi$가 날개 후단 $P = (1, 0)$에서 도약(jump)하지 않음을 씀으로

써 c를 찾는 것을 허용(許容)한다. $\partial_n \psi \approx -\big(\psi(P^+) - \psi(P)\big)/\delta$인데 여기서 P^+는 거리(距離, distance) δ에서 측면에 법선 방향으로 P 바로 위(just above)의 점이다. 따라서 표면의 위와 아래 사이에서 법선의 부호가 바뀌기 때문에 $\partial_n \psi$의 도약(jump)은 $\big(\psi_0|_{P^+} + c(\psi_1|_{P^+} - 1)\big) + (\psi_0|_{P^-} + c(\psi_1|_{P^-} - 1))$을 δ로 나눈 것이다. 따라서

$$c = -\frac{\psi_0|_{P^+} + \psi_0|_{P^-}}{\psi_1|_{P^+} + \psi_1|_{P^-} - 2} \tag{1.27}$$

이고, 다음과 같이 프로그래밍될 수 있다:

$$c = -\frac{\psi_0(0.99,\ 0.01) + \psi_0(0.99,\ -0.01)}{\psi_1(0.99,\ 0.01) + \psi_1(0.99,\ -0.01) - 2}. \tag{1.28}$$

```
border(1,0,2*pi,40) begin
  x:=5*cos(t); y:=5*sin(t) end;

border(2,0,2,71) begin
 if(t<=1) then  /* upper surface */
 begin x:=t; y:=0.17735*sqrt(t)-0.075597*t
                  -0.212836*(t^2)+0.17363*(t^3)-0.06254*(t^4);
 end
 else begin  /* lower surface */
   x:=2-t; y:=-(0.17735*sqrt(2-t)-0.075597*(2-t)
                -0.212836((2-t)^2)+0.17363*((2-t)^3)
                -0.06254*(2-t)^4)
       end;
 end;

buildmesh(1800);

solve(psi0) {
  onbdy(1) psi0=y-0.1*x;
  onbdy(2) psi0=0;
  pde(psi0) -laplace(psi0)=0;
};

solve(psi1,-1)  /* -1 => matrix already factored */
  onbdy(1) psi1=0;
  onbdy(2) psi1=1;
  pde(psi1) -laplace(psi1)=0;
};

beta:=-(psi0(0.99,0.01)+psi0(0.99,-0..1))
       /(psi1(0.99,0.01)+psi1(0.99,-0..1)-2);
psi=beta*psi1+psi0;
cp=-dx(psi)^2-dy(psi)^2;  /* Pressure */
plot(cp);
```

그림 1.9에서는, $-|\nabla\psi|^2$와 같은 압력(壓力, pressure)을 상수(常數, constant)인 값까지 나타내도록 선택하였다.

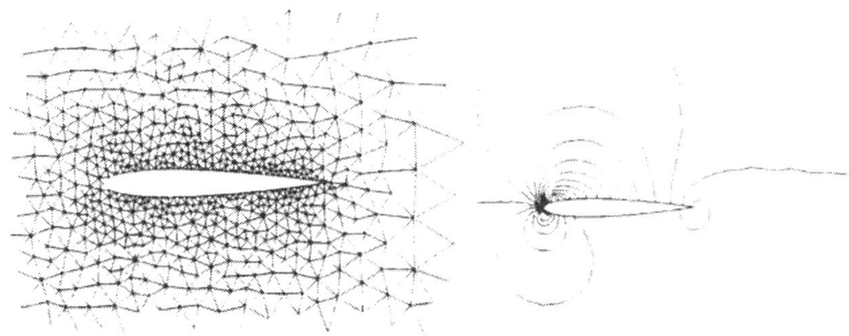

Figure 1.9 Triangulation and pressure lines around a NACA0012.

□

1.6 CONVECTION

1.6.1 Numerical Approximation

$u(x)$를 속도장(速度場, velocity field), 그리고 $c(x, t)$를 초기 시간(初期 時間, initial time)에 농도(濃度, concentration) $c^0(x)$를 나타내거나, 원천(源泉, source) f 아니면 경계 원천(境界 源泉, boundary source) g에 의해 생성되는 오염 물질(汚染 物質, pollutant)의 농도라 하자. c에 대한 대류-확산 방정식(對流-擴散 方程式, convection-diffusion equation)은 식 (1.29)로 쓰여진다.

$$\frac{\partial c}{\partial t} + u \cdot \nabla c - \nu \Delta c = f \quad \text{in} \quad \Omega \times]0, T[. \tag{1.29}$$

여기서 ν는 확산 계수(擴散 係數, diffusion coefficient)이다. 여기에서는 유체가 비압축(非壓縮, incompressible)인데, 그렇지 않으면 $u \cdot \nabla c$를 $\nabla \cdot (uc)$로 대체(代替)해야 한다.

다음의 초기 및 경계조건은 유일(唯一)한(unique) c를 정의(定義)한다(define):

$$c(x, 0) = c^0(x), \quad \forall x \in \Omega, \tag{1.30}$$

$$c|_{\Gamma_1} = c_\Gamma, \quad \frac{\partial c}{\partial n}|_{\Gamma_2} = g, \quad \text{with} \quad \Gamma_1 \cup \Gamma_2 = \Gamma, \quad \overline{\dot{\Gamma_1 \cap \Gamma_2}} = \emptyset. \tag{1.31}$$

식 (1.29)를 시간에 대해 이산화하는 데에는 몇 가지 방법이 있다. 크랭크-니콜슨 책략(策略)(Crank-Nicholson scheme)은 정밀도(精密度, accuracy)와 안정성(安定性,

stability)을 아울러 갖는다(7장 참조):

$$\frac{1}{\delta t}[c^{m+1} - c^m] + \frac{1}{2}u \cdot \nabla(c^{m+1} + c^m) - \frac{\nu}{2}\Delta(c^{m+1} + c^m) = f. \tag{1.32}$$

보조 변수(補助 變數, auxiliary variable) $w = \left(c^{m+1} + c^m\right)/2$를 도입(導入)함으로써 책략을 다음과 같이 다시 쓸 수 있다:

$$\frac{2}{\delta t}[w - c^m] + u \cdot \nabla w - \nu \Delta w = f, \quad c^{m+1} = 2w - c^m. \tag{1.33}$$

이것을 다음과 같이 프로그래밍할 수 있다:

```
iter(...)
begin...
  solve(w){
    ...
    pde(w)  id(w)*2/dt+dx(w)*u1+dy(w)*u2
             -laplace(w)*nu=f+c*2/dt;
  };
  c=2*w-c;
end
```

ν가 매우 작다면 이 방법은 진동(振動, oscillation)을 생성할 수 있으며, 그 이유는 다음과 같다:

우선, $\nu = 0$인 곳의 경우가 물리적으로 가능하다(예를 들면, c가 물(water) 속에 있는 기름(oil)의 농도라면, 두 유체가 혼화(混和)될(섞일, miscible) 수 없기 때문에). 그러면 대류-확산 방성식은 순 내류 방정식(純 對流 方程式, pure convection equation)으로 된다:

$$\frac{\partial c}{\partial t} + u \cdot \nabla c = f \text{ in } \Omega \times]0, T[. \tag{1.34}$$

이것은 식 (1.31)과의 결합(結合, conjunction)에서 잘 주어진(well-posed) 문제가 아니다. 그 대신에, 다음의 조건이 필요하다:

$$c(x, 0) = c^0(x), \ \forall x \in \Omega, \tag{1.35}$$

$$c|_{\Gamma_1} = c_\Gamma, \quad \frac{\partial c}{\partial n}|_{\Gamma_2} = g, \text{ with } \Gamma_1 \cup \Gamma_2 = \Gamma^-, \quad \overline{\Gamma_1 \dot{\cap} \Gamma_2} = \emptyset. \tag{1.36}$$

여기서 Γ^-는 유체가 Ω로 들어가는 경계의 부분:

$$\Gamma^- = \{x \in \Gamma : u(x) \cdot n(x) < 0\} \tag{1.37}$$

이며, $n(x)$는 점(點, point) x에서 Γ에 대한 외향 법선(外向 法線, outer normal)이다.

이것은 아래로 흐르는 정보(downstream information)를 사용해야 하며, 따라서 중앙(中央)이 아닌 책략(Crank-Nicholson 책략이 아닌)을 사용해야 함을 제시(提示)한다. 예를 들면, 다음과 같은 특성법(特性法, method of characteristics):

$$\partial_t c + u \cdot \nabla c = \frac{Dc}{Dt}(x,t) \approx \frac{c^{m+1}(x) - c^m(x - u(x)\delta t)}{\delta t} \quad \text{at} \quad t = t^{m+1}. \tag{1.38}$$

이것을 프로그래밍하기 위해 ^{G}fem은 c로부터 $c(x - u(x)dt)$를 세우는 함수 *convect*를 제공한다; *convect*는

```
convect(c,u1,u2,dt)
```

와 같이 부른다. 여기서 $u1$, $u2$는 속도의 두 성분(成分, component)이며 dt는 시간 단계(時間 段階, time step)이다.

따라서 다른 책략은 아래와 같다:

```
iter(...)
begin...
  solve(w){...
    pde(w) id(w)*2/dt-laplace(w)*nu
             =f+c/dt+convect(c,u1,u2,dt)/dt;
  };
  c=2*w-c;
end
```

이상을 설명하기 위하여, 유동이 비회전(非回轉, irrotational)이며 비점성(非粘性, inviscid)인 노즐을 고려하자. 노즐은 두 개의 가지(branch)로 나뉘며, 초기에는 점(點) $(0.8a, 0)$ 주위에 집중되어 있던 오염 물질이 어디로 가는지 알기를 원한다.

```
nowait; a:=6; b:=1; c:=0.5;
border(1,0,1,8) {x:=-a; y:=1+b-2*(1+b)*t};
border(2,0,1,46) {x:=-a+2*a*t;
   y:=-1-b*(x/a)*(x/a)*(3-2*abs(x)/a) end};
border(3,0,1,8) {x:=a;  y:=-1-b+(1+b)*t};
border(4,0,1,20) {x:=a-a*t; y:=0 end};
border(4,0,pi,8) {x:=-c*sin(t)/2; y:=c/2-c*cos(t)/2};
border(4,0,1,30) {x:=a*t; y:=c};
border(3,0,1,8) {x:=a; y:=c+(1+b-c)*t};
border(5,0,1,55) {x:=a-2*a*t;
   y:=1+b*(x/a)*(x/a)*(3-2*abs(x)/a)};

buildmesh(800);
```

```
solve(psi){
   onbdy(1) psi=y;
   onbdy(2) psi=-1-b;
   onbdy(3) dnu(psi)=0;
   onbdy(4) psi=0;
   onbdy(5) psi=1+b;
   pde(psi) -laplace(psi)=0;
};

u1=dy(psi); u2=-dx(psi);
dt=0.4; plot(psi); nu=0.01; j:=1;
yy=(x+a*0.8)^2+y^2;
phi=exp(max((-4.0*yy),-10));

iter(10) begin
   f=convect(phi,u1,u2,dt)/dt;
   solve(w,j) {
      onbdy(1,2,4,5) w=0;
      onbdy(3) dnu(w)=0;
      pde(w) id(w)*2/dt-laplace(w)*nu
         =phi/dt+f;
   }
   phi=2*w-phi; plot(phi); j:=-1;
end;
```

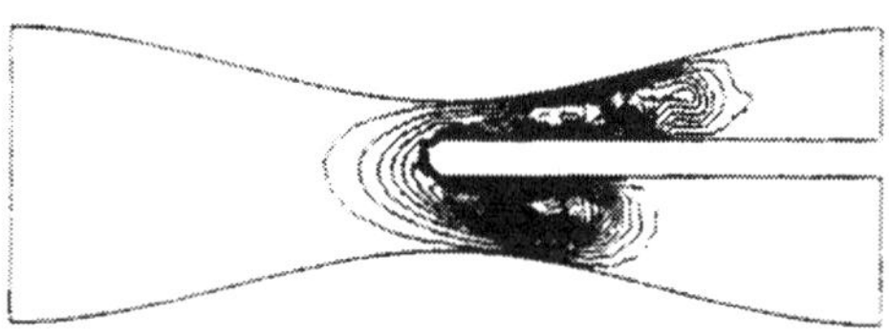

Figure 1.10 Convection in a nozzle.

1.6.2 *The Rotating Bell*

고전적인 대류 문제는 '회전 종(回轉 鐘, rotating bell)'의 대류이다.

Ω를, 중심(中心, center)이 식 (1.39)의 속력(速力, speed)으로 회전하는, 중심이 0 인 단위 원판(單位 圓板, unit disk)이라 하자.

$$u_1 = y,\ u_2 = -x. \tag{1.39}$$

다음과 같은 문제를 고려한다:

$$\partial_t c + u \cdot \nabla c = 0 \text{ in } \Omega, \tag{1.40}$$

$$c(t = 0) = c^0. \tag{1.41}$$

완전해(完全解, exact solution)는 $c(x, y, t) = c^0(X(t), Y(t))$인데, 여기서 (X, Y)는 원점(原點, origin) 주위로 각도(角度, angle) $\theta = t$ 만큼 회전된 (x, y)와 같다. 따라서, c^0가 종(鐘, bell)을 3차원 투시(三次元 透視, 3D perspective)로 본 것이라면, c는 완전히 같은 모양(模樣, shape)이지만, 같은 양(量, amount) 만큼 회전될 것이다.

판국(판局, game)은 $T = 2\pi$, 즉 완전한 1회전(一回轉)까지 방정식을 풀고 마지막 해(final solution)를 초기해와 비교(比較하는데 있다; 그들은 서로 같아야 할 것이다.

```
nowait; twopi:=2*pi;
border(1,0,twopi,100)
   {x:=cos(t); y:=sin(t)};

buildmesh(800);

r2=(x-0.3)^2+(y-0.3)^2;
v=exp(-10*r2);  /* initial condition */
plot(v); dt:=0.3; u1=y; u2=-x; i:=1;

iter(20) begin
   solve(v,i) {
      pde(v) id(v)=convect(v,u1,u2,dt);
   }
   i:=-1; plot(v);
end;
```

Remark 1.1 이 예제의 경우, 프로그램의 시작 부분에 보간 함수(補間 函數, interpolation function)의 차수(次數, degree)가 증가하는 결과가 되는 명령(命令, instructtion) 'precise'를 추가(追加, add)하면 결과가 매우 많이 개선될 것이다. □

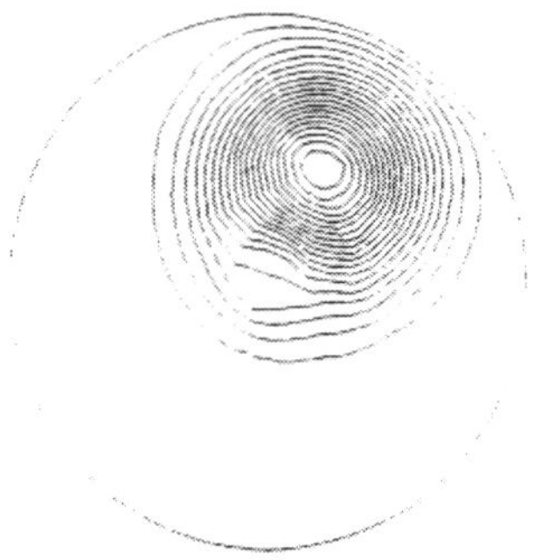

Figure 1.11 Rotating bell after one circuit; its height went from 1. to 0.9.

1.7 NAVIER-STOKES' EQUATION

1.7.1 Generalities

비압축 점성 유체(非壓縮 粘性 流體, incompressible viscous fluid)는 다음을 만족한다:

$$\partial_t u + u \cdot \nabla u + \nabla p - \nu \Delta u = 0, \ \nabla \cdot u = 0 \ \text{ in } \ \Omega \times]0, T[, \tag{1.42}$$

$$u|_{t=0} = u^0, \quad u|_\Gamma = u_\Gamma. \tag{1.43}$$

가능한 알고리즘은 식 (1.44), (1.45)이다.

$$\frac{1}{\delta t}[u^{m+1} - u^m \circ X^m] + \nabla p^m - \nu \Delta u^m = 0, \ \ u|_\Gamma = u_\Gamma, \tag{1.44}$$

$$-\Delta p^{m+1} = -\nabla \cdot u^m \circ X^m, \ \partial_n p^{m+1} = 0, \tag{1.45}$$

여기서 $u \circ X(x)$는 $\partial_t u + u \cdot \nabla u$가 식 (1.38)에서처럼 특성법(method of characteristics)에 의해 근사화되기 때문에 $u \circ X(x) = u(x - u(x)\delta t)$이다.

Remark 1.2 원(圓, circle)을 무한대(無限大, infinity)로 근사화하는 외부 문제(外部問題, exterior problem)의 경우, $u, \partial_n p$를 규정(規定, stipulate)할 들어오는 경계(incoming boundary)와 $\partial_n u, p$를 규정할 나가는 경계(outgoing boundary) 사이를 구별해야 할 것이다. (투영(投影) 알고리즘(projection algorithm)은 p에 대한 경계조건을 허용한다.) □

1.7.2 Example of the Backward Facing Step

기하(幾何, geometry)는 유입 단면(流入 斷面, inflow section)이 유출 단면(流出 斷面, outflow section)보다 작은 후향 계단(後向 階段, backward facing step)을 가진 도관(導管, channel)이다. 이 기하는 옳게 구해져야 하는 유체 재순환 구역(流體 再循環 區域, fluid recirculation zone)을 생성한다.

이것은 삼각화가 충분히 잘게(fine), 또는 유동(流動, flow)에 잘 적응(適應)되었을 때만 될 수 있다.

```
border(1,0,1,6)  begin x:=0;            y:=1-t     end;
border(2,0,1,15) begin x:=2*t;          y:=0       end;
border(2,0,1,10) begin x:=2;            y:=-t      end;
border(2,0,1,20) begin x:=2+3*t;        y:=-1      end;
border(2,0,1,35) begin x:=5+15*t;       y:=-1      end;
border(3,0,1,10) begin x:=20;           y:=-1+2*t  end;
border(4,0,1,35) begin x:=5+15*(1-t);   y:=1       end;
border(4,0,1,40) begin x:=5*(1-t);      y:=1       end;
```

```
buildmesh(1500);

nu:=0.001; dt:=0.4;  /* initial values */
u=y*(1-y)*one(y>0); v=0; p=2*nu*x*one(y>0);
un=u; vn=v; i:=1; j:=2; k:=3;

iter(180) begin
   f=convect(un,u,v,dt); g=convect(vn,u,v,dt);
   solve(u,i){     /* Horizontal velocity */
      onbdy(1) u=y*(1-y);
      onbdy(2,4) u=0;
      onbdy(3) dnu(u)=0;
      pde(u) id(u)/dt-laplace(u)+nu=f/dt-dx(p);
      }; plot(u);

   solve(v,j){     /* Vertical velocity */
      onbdy(1,2,3,4) v=0;
      pde(v) id(v)/dt-laplace(v)+nu=g/dt-dy(p);
      };

   solve(p,k){     /* Pressure */
      onbdy(1,2,4) dnu(p)=0; onbdy(3) p=0;
      pde(p) -laplace(p)=-(dx(f)+dy(g))/dt;
      };
 un=u; vn=v; i:=-1; j:=-2; k:=-3;
 end;
```

그림 1.12에서 250의 레이놀즈 수(數)(Reynolds number)에 대해 얻어진 수치 결과(數値 結果, numerical result)를 본다.

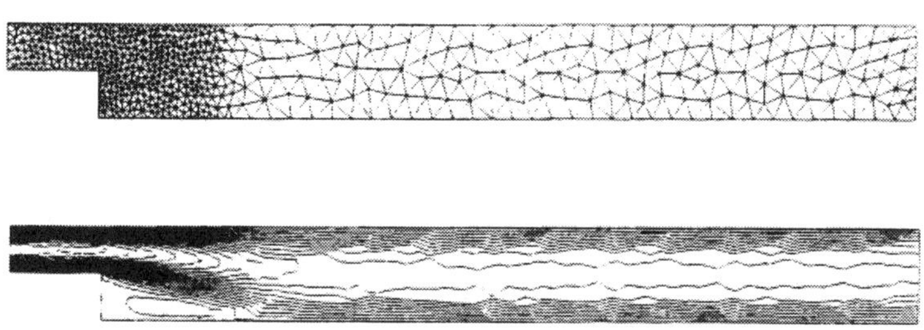

Figure 1.12 Level lines of horizontal velocity.

1.8 EXAMPLES WITH SYSTEMS

1.8.1 Elasticity

고체(固體, solid object)는 인가력(印加力, applied force)에 의해 변형(變形, deform)된

다: 원래 (x, y, z)에 있는 고체 내의 점(點)이 약간의 시간 후에 (X, Y, Z)로 될 것이다; 벡터(vector) $U = (u, v, w) = (X - x, Y - y, Z - z)$는 변위(變位, displacement)라 불린다. 변위가 작으며 고체가 탄성(彈性, elastic)이라면, 후크의 법칙(法則)(Hooke's law)은 응력(應力) 텐서(stress tensor) σ와 변형(變形) 텐서(strain tensor) ϵ 사이의 관계

$$\sigma_{ij} = \lambda \delta_{ij} \nabla \cdot U + \mu \epsilon_{ij} \tag{1.46}$$

를 준다. 여기서

$$\epsilon_{ij} = \frac{1}{2}\left(\frac{\partial U_i}{\partial x_j} + \frac{\partial U_j}{\partial x_i}\right) \tag{1.47}$$

와 함께 $i = j$라면 $\delta_{ij} = 1$, 그렇지 않으면 0이며, λ, μ는 고체의 기계적 성질을 나타내는 2개의 상수로서 잘 알려진 상수들과 관련된다: 영 탄성계수(彈性係數, 탄성률)(Young's modulus, 세로 탄성계수) E; 그리고 포아송 비(比)(Poisson's ratio) ν:

$$\mu = \frac{E}{1 + \nu}, \quad \lambda = \frac{E\nu}{(1 + \nu)(1 - 2\nu)}. \tag{1.48}$$

1.8.2 Lamé's System

축(軸, axis) Oz를 가지며 단면 Ω에 수직인(perpendicular) 들보(빔, beam)를 고려하자. 축에 수직인 힘 $\mathbf{f}$에 종속하는(subject) 단면 Ω에서의 변형 $\mathbf{u}(x)$의 x와 y를 따르는 성분은 식 (1.49)에 의해 지배된다:

$$-\lambda \Delta \mathbf{u} - \mu \nabla (\nabla \cdot \mathbf{u}) = \mathbf{f} \text{ in } \Omega. \tag{1.49}$$

여기서 λ, μ는 위에서 소개(紹介)된 라미 계수(Lamé's coefficient)이다.

EXAMPLE 1.1
그 중심에 균열(龜裂, fracture)이 있으며 그 수평 단부(水平 端部, horizontal edge)를 따른 수직 견인(垂直 牽引, vertical traction)의 지배(支配)를 받는(subjected) 직사각 단면을 가진 들보에 의해 이것을 설명하자. 수직 단부는 자유로이 움직일 수 있다(free). 대칭성의 덕택(德澤)으로 영역의 4분의 1에 대해서만 방정식을 푼다. Γ_1, Γ_2, Γ_3, Γ_4 및 Γ_5에 의해 균열부(龜裂部), 아래쪽 단부(lower edge)의 나머지, 오른쪽 수직 단부(right vertical edge), 위쪽 수평 단부(upper horizontal edge) 및 왼쪽 수직 단부(left vertical edge)를 각각 나타낸다. 경계조건은 식 (1.50)이다.

$$
\begin{aligned}
&\lambda \frac{\partial \mathbf{u}}{\partial n} + \mu(\nabla \cdot \mathbf{u})\mathbf{n} = \mathbf{0} \ \text{ on } \ \Gamma_1, \\
&v = 0, \ \lambda \frac{\partial u}{\partial n} + \mu \nabla \cdot \mathbf{u} = 0 \ \text{ on } \ \Gamma_2, \\
&u = 0, \ \lambda \frac{\partial v}{\partial n} + \mu \nabla \cdot \mathbf{u} = 0 \ \text{ on } \ \Gamma_3, \ \Gamma_5, \\
&u = 0 \ \text{ on the left vertical edge}, \\
&\lambda \frac{\partial \mathbf{u}}{\partial n} + \mu(\nabla \cdot \mathbf{u})\mathbf{n} = (0, 1)^T \ \text{ on } \ \Gamma_4.
\end{aligned}
\tag{1.50}
$$

여기서 $\mathbf{u} = (u, v)$는 두 개의 성분을 가진다. Lamé의 방정식은 다음과 같다:

$$
\begin{aligned}
-\lambda \Delta u - \mu \frac{\partial^2 u}{\partial x^2} - \mu \frac{\partial^2 v}{\partial x \partial y} &= f_1, \\
-\lambda \Delta v - \mu \frac{\partial^2 v}{\partial y^2} - \mu \frac{\partial^2 u}{\partial x \partial y} &= f_2.
\end{aligned}
\tag{1.51}
$$

위의 두 방정식은 그들의 혼합 미분(混合 微分, mixed derivative)에 의해 강하게 연결(連結)되며, 따라서 각 성분에 대한 임의의 반복해(反復解, iterative solution)는 위험하다(risky). ^{G}fem 시스템 접근(接近)(^{G}fem's system approach)을 사용하는 것이 더 좋을 것이며, 그것은 다음과 같다:

```
border(1,0,1,20) begin x:=1-(t-1)^2;  y:=0    end;
border(2,1,2,20) begin x:=(t-1)^2+1;  y:=0    end;
border(3,0,1,5)  begin  x:=2;          y:=t    end;
border(4,0,2,10) begin x:=2-t;         y:=1    end;
border(5,0,1,5)  begin  x:=0;          y:=1-t  end;

buildmesh(500);

E:=2.15; sigma:=0.29; lambda:=E/(2*(1+sigma));
nu:=E*sigma/((1+sigma)*(1-2*sigma));
mu:=nu+sigma;

solve(u,v)
   begin
      onbdy(3,5) u=0;
      onbdy(2) v=0;
      onbdy(4) dnu(v)=1;
      pde(u) -laplace(u)*mu-dxx(u)*nu-dxy(v)*nu=0;
      pde(v) -laplace(v)*mu-dyx(u)*nu-dyy(v)*nu=0;
   end;
plotmesh;
x=x+0.1*u;
y=y+0.1*v
plotmesh;
```

수치 결과가 그림 1.13에 보여졌다.

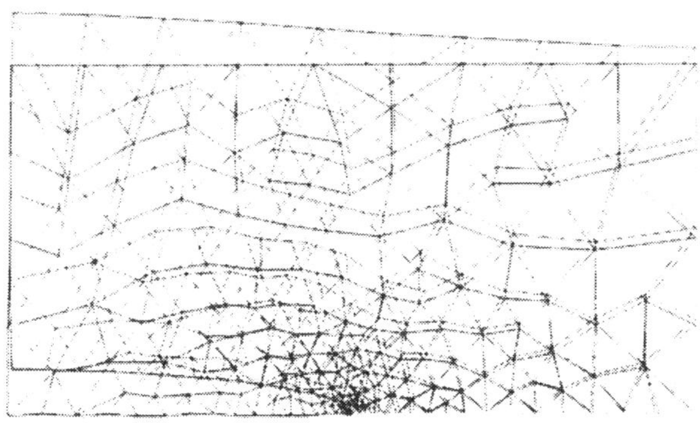

Figure 1.13 Displacements in a quarter of a beam with a fracture.

□

EXAMPLE 1.2

고전적인 예제[Zienkiewicz (1971)]는 수평 일정 압축(水平 一定 壓縮, horizontal constant compression) $\sigma_x = -1$을 받는 무한 평판(無限 平板, infinite plate)을 고려하는 것이다. 평판은 구멍(hole)을 갖고 있다.

계산을 위하여 큰 직사각형 판을 취하며, 대칭성은 판의 4분의 1만을 고려하는 것을 허용한다. 축에 대해서는 대칭 조건을 적용하며, 구멍에 대해서는 그렇지 않다. 따라서 다음과 같은 프로그램이 된다:

```
border(1,0,1.8,10) begin x:=0;      y:=2-t  end;
border(2,pi/2,0,10) begin
   x:=0.2*cos(y); y:=0.2*sin(t)              end;
border(3,0,1.8,20) begin x:=0.2+t; y:=0     end;
border(4,0,2,10)    begin x:=2;      y:=t    end;
border(5,0,2,20)    begin x:=2-t;   y:=2    end;

buildmesh(800);

E:=1;
nu:=0.29
mu:=E/(1+nu);
lambda:=E*nu/((1+nu)*(1-2*nu));

solve(u,v)
   begin
      onbdy(1) u=0;
      onbdy(1) v=0;
      pde(u) -laplace(u)*lambda-dxx(u)*mu-dxy(v)*mu=-1;
      pde(v) -laplace(v)*lambda-dyx(u)*nu-dyy(v)*nu=0;
```

```
   end;
 plot(u); plot(v);
```

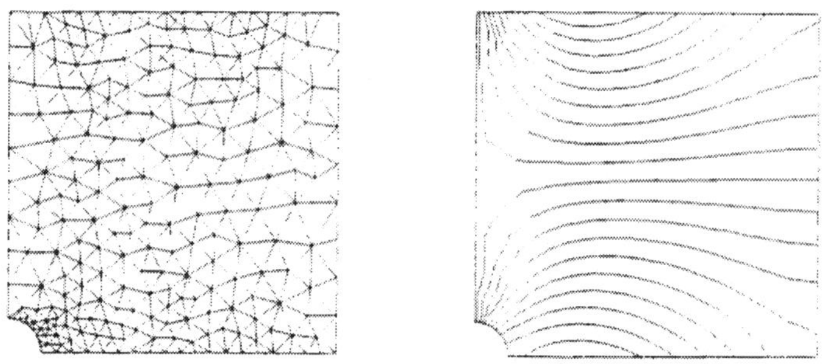

Figure 1.14 Triangulation and vertical iso-displacements of the pierced plate.

□

1.8.3 *Stokes' Problem*

세 번째 좌표에 대해서는 변하지 않는 유동(2차원 유동)의 경우에는, 낮은 레이놀즈 수(Reynolds number)를 가진 흐름(예를 들면 미생물(微生物, micro-organism))은 흐름 함수(stream function) ψ, 속도 $u = (u_1, u_2)^T$ 및 소용돌이도(度)(vorticity) ω에 대해 다음을 만족한다:

$$u_1 = \partial_y \psi, \quad u_2 = -\partial_x \psi, \tag{1.52}$$

$$-\Delta\psi = \omega, \quad -\Delta\omega = 0. \tag{1.53}$$

경계조건은 다음과 같다:

$$\psi = \psi_\Gamma, \quad \frac{\partial\psi}{\partial n} = g \text{ on } \Gamma. \tag{1.54}$$

여기서 ψ_Γ와 g는 단부(端部, edge)에서의 속도로부터 결정된다. ψ에 대해서는 2가지 조건이 있으며 ω에 대해서는 없음을 상기하자. 이 계(系, system)는 사실 4계(四階, fourth order)이다. $\epsilon << 1$과 함께 식 (1.54)를 다음 식으로 대체한다면 벌칙(罰則, penalization)에 의해 2계 계(二階 系, second order system)로 줄일 수 있다:

$$\psi + \epsilon\frac{\partial\omega}{\partial n} = \psi_\Gamma, \quad \frac{\partial\psi}{\partial n} = g \text{ on } \Gamma. \tag{1.55}$$

아래의 예제에서는, 영역이 윗면(upper face)이 속력 $(1,0)^T$로 평행이동(平行移動, 병진(竝進), translation)하는 공강(孔腔, cavity)이다.

```
border(1,0,1,20) {x:=t;    y:=0};
border(1,0,1,20) {x:=1;    y:=t};
border(2,0,1,20) {x=:1-t; y:=1};
border(1,0,1,20) {x:=0;    y:=1-t};

buildmesh(1000);

eps=0.00001;

solve(p,o) begin
   onbdy(1,2) id(p)/eps+dnu(o)=0;
   onbdy(1) dnu(p)=0;
   onbdy(2) dnu(p)=1;
   pde(o) -laplace(o)=0;
   pde(p) id(o)+laplace(p)=0;
end;
plot(o); plot(p);
```

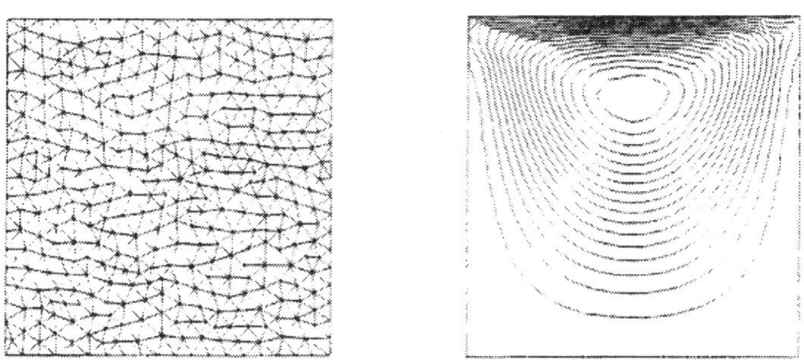

Figure 1.15 The Stokes cavity problem.

1.9 AN EXAMPLE WITH COMPLEX NUMBERS

전자(電子) 레인지(마이크로웨이브 오븐, microwave oven)에서는, 열(熱, heat)이 전자장(電磁場, 전자계(電磁界), electromagnetic field)에 의한 분자 여기(分子 勵起, molecular excitation)로부터 온다. 단일 파장 평면파(單 波長 平面波, plane monochromatic wave)의 경우, 진폭(振幅, amplitude)은 헬름홀츠의 방정식(Helmholtz's equation)에 의해 주어진다:

$$\beta v + \Delta v = 0. \tag{1.56}$$

파(波, wave)가 상부 벽(上部 壁, upper wall)의 일부분(一部分)에 의해 방사(放射)되는(emitted) 직사각 오븐을 고려한다. 따라서 영역의 경계는 $v = 0$인 Γ_1 부분과 예를 들어 $v = \sin\left(\pi \frac{y-c}{c-d}\right)$인 다른 부분 $\Gamma_2 = [c, d]$로 이루어진다.

물체(物體, object)가 요리(料理)되는(cooked) 내부에서, B로 나타내어지는 열원(熱源, heat source)은 v^2에 비례(比例)한다. 평형 상태(平衡 狀態, equilibrium)에서,

$$-\Delta\theta = v^2 I_B, \quad \theta_\Gamma = 0 \tag{1.57}$$

이 성립한다. 여기서 I_B는 물체 내에서는 1이며 다른 곳에서는 0이다.

아래의 프로그램에서 공기(空氣, air) 중(中)에서는 $\beta = 1/(1 - I/2)$이며 물체 내에서는 $2/(1 - I/2)$이다($I = \sqrt{-1}$):

```
complex; a:=20; b:=20; c:=15; d:=8;
border(1,0,6,81){
   if(t<=1)then x:=a*t; y:=0};
   if((t>1) and (t<=2))then {x:=a; y:=b*(t-1)};
   if((t>2) and (t<=3))then {x:=a*(3-t); y:=b};
   if((t>3) and (t<=4))then {x:=0; y:=b-(b-c)*(t-3)};
   if((t>4) and (t<=5))then {x:=0; y:=c-(c-d)*(t-4)}; ib:=2;
   if(t>5)then {x:=0; y:=d*(6-t)};
};
e:=2; l:=12; f:=2; g:=2;
border(3,0,8,63){
   if(t<=1)then x:=a-f+e*(t-1); y:=g};
   if((t>1) and (t<=4))then {x:=a-f; y:=g+l*(t-1)/3};
   if((t>4) and (t<=5))then {x:=a-f-e*(t-4); y:=l+g};
   if(t>5)then {x:=a-e-f; y:=l+g-l*(t-5)/3};
};

buildmesh(2000);

solve(v) begin
   onbdy(1) v=0;
   onbdy(2) v=sin(pi*(y-c)/(c-d));
   pde(v) id(v)*(1+region)+laplace(v)*(1-0.5*I)=0;
end;
plot(v); plot(Im(v));   save('v.dta',v);
f=(v*v+Im(v)*Im(v))*region; save('f.dta',f);
plot(f);

solve(temp) begin
   onbdy(1,2) temp=0;
   pde(temp) -laplace(temp)=f;
end; plot(temp); save('temp.dta',temp);
```

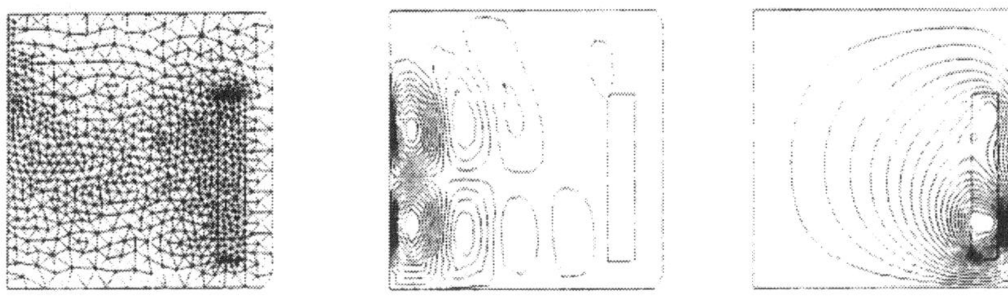

Figure 1.16 A microwave oven: wave (left) and temperature (right).

1.10 CLASSIFICATION OF THE EQUATIONS

1.10.1 Elliptic, Parabolic and Hyperbolic Equations

편미분 방정식(偏微分 方程式, partial differential equation, PDE)은 여러가지 변수의 함수와 그 미분 사이의 관계식이다:

$$F\left(\varphi(x), \frac{\partial \varphi}{\partial x_1}(x), \cdots, \frac{\partial \varphi}{\partial x_d}(x), \frac{\partial^2 \varphi}{\partial x_1^2}(x), \cdots, \frac{\partial^m \varphi}{\partial x_d^m}(x)\right) = 0, \ \forall x \in \Omega \subset \mathbb{R}^d. \quad (1.58)$$

방정식이 취해지는 전체 영역은, 여기서는 Ω는, PDE의 영역(領域, domain)이라 불린다. 식 (1.58)에서 최고 계 미분 지수(最高 階 微分 指數, highest derivation index)는, 여기서는 m은, 계수(階數, order)라 불린다. F와 φ가 벡터 값 함수(vector valued function)라면, 그러면 PDE는 사실 편미분 방정식 *계(系)*(*system* of PDEs)이다.

달리 지적(指摘)하지 않는 한, 여기서는 관례(慣例)에 따라(by convention) *한 개의(one)* PDE는 한 개의 스칼라 값의(scalar valued) F와 φ에 대응된다. F가 그 독립 변수(獨立變數, argument)에 대하여 선형이라면, 그러면 PDE는 *선형(linear)*이라고 한다.

2계, 선형 스칼라 PDE의 일반형(一般形, general form)은*

$$\alpha\varphi + a \cdot \nabla\varphi + B : \nabla \cdot (\nabla\varphi) = f \ \text{ in } \ \Omega \subset \mathbb{R}^d \quad (1.59)$$

이다. 여기서 $f(x), \alpha(x) \in \mathbb{R}, a(x) \in \mathbb{R}, B(x) \in \mathbb{R}^{d\times d}$ 는 편미분 방정식의 *계수(係數)* (PDE *coefficient*)이다. 계수가 x에 독립(獨立, independent)이라면, PDE는 *상수 계수(常數 係數, constant coefficient)*를 갖는다고 한다.

식 (1.59)와 같은 PDE에서, z가 $\mathbb{R}^d$에서의 벡터로서, φ를 1로, $\partial\varphi/\partial x_i$를 z_i로, 그리

* $\nabla \cdot (\nabla\varphi)$는 요소(要素, element) $\frac{\partial^2 \varphi}{\partial x_i \partial x_j}$를 갖는 2계(二階) 텐서(second order tensor)(즉, 행렬(行列, matrix)로 표현되는)이며 $A : B$는 $\sum_{i,j=1}^d a_{ij}b_{ij}$를 의미한다.

고 $\partial^2\varphi/\partial x_i\partial x_j$를 z_iz_j로 대체함으로써 2차 형식(二次 形式, quadratic form)과 결부(結付)시킨다(associate):

$$\alpha + a\cdot z + z^TBz = f. \tag{1.60}$$

식 (1.60)이 타원(楕圓, ellipse)의 방정식이라 하면 ($d \geq 2$이면 타원체(楕圓體)의 면(面)(ellipsoid)), PDE는 *타원적(楕圓的, elliptic)*이라 불린다; 그것이 포물선(抛物線, parabola) 또는 쌍곡선(雙曲線, hyperbola)의 방정식이라면, PDE는 *포물적(抛物的, parabolic)* 또는 *쌍곡적(雙曲的, hyperbolic)*이라 불린다. $B \equiv 0$이라면, 이제는 차수(次數, degree)가 2가 아닌 1이며, 뒤에서 더 확실히 나타낼 이유(理由, reason)로, PDE는 여전히 쌍곡적이라 불린다.

이러한 개념(槪念, concept)은, PDE 계에 관련된 다항식 계(多項式 系, polynomial system)가 무한원(無限遠, infinity)에서 가지(분지(分枝), branch)를 가지는지 어떤지를 조사(調査, studying)함으로써(타원체의 면은 무한원에서 가지를 갖지 않고, 포물면(抛物面, paraboloid)은 1개를 가지며, 쌍곡면(雙曲面, hyperboloid)은 몇 개를 갖는다), 계(系, system)에 대해 일반화될 수 있다.

PDE가 선형이 아니라면, 그것은 *비선형(非線形, non-linear)*이라 불린다. 그것들은 선형화 방정식(線形化 方程式, linearized equation)의 형태에 따라 국부적(局部的)으로(locally) 타원적, 포물적, 또는 쌍곡적이라 불린다. 예를 들어,

$$\frac{\partial^2\varphi}{\partial t^2} - \frac{\partial\varphi}{\partial x}\frac{\partial^2\varphi}{\partial x^2} = 1 \tag{1.61}$$

와 같은 비선형 방정식의 경우 $d = 2,\ x_1 = t,\ x_2 = x$이며 그 선형화 형(線形化 形, linearized form)은 다음과 같다:

$$\frac{\partial^2 u}{\partial t^2} - \frac{\partial u}{\partial x}\frac{\partial^2\varphi}{\partial x^2} - \frac{\partial\varphi}{\partial x}\frac{\partial^2 u}{\partial x^2} = 0. \tag{1.62}$$

식 (1.62)는 미지(未知, unknown)의 u에 대하여, $\frac{\partial\varphi}{\partial x} < 0$이라면 국부적으로 타원적이며 $\frac{\partial\varphi}{\partial x} > 0$이라면 국부적으로 쌍곡적이다.

1.10.2 Examples

라플라스 방정식(Laplace's equation)은 타원적이다:

$$\Delta\varphi \equiv \frac{\partial^2\varphi}{\partial x_1^2} + \frac{\partial^2\varphi}{\partial x_2^2} + \cdots + \frac{\partial^2\varphi}{\partial x_d^2} = f,\ \forall x \in \Omega \subset \mathbb{R}^d. \tag{1.63}$$

열(熱) 방정식(*heat* equation)은 $Q = \Omega \times]0, T[\subset \mathbb{R}^{d+1}$에서 포물적이다:

$$\frac{\partial \varphi}{\partial t} - \mu \Delta \varphi = f, \ \forall x \in \Omega \subset \mathbb{R}^d, \ \forall t \in]0, T[. \tag{1.64}$$

$\mu > 0$라면, *파동(波動)* 방정식(*wave* equation)은 쌍곡적이다:

$$\frac{\partial^2 \varphi}{\partial t^2} - \mu \Delta \varphi = f \ \text{ in } Q. \tag{1.65}$$

대류-확산(對流-擴散) 방정식(*convection-diffusion* equation)은 $\mu \neq 0$라면 포물적이며 그렇지 않으면 쌍곡적이다:

$$\frac{\partial \varphi}{\partial t} + a\nabla \varphi - \mu \Delta \varphi = f. \tag{1.66}$$

2중-조화(二重-調和) 방정식(*bi-harmonic* equation)은 타원적이다:

$$\Delta(\Delta \varphi) = f \ \text{ in } \Omega. \tag{1.67}$$

1.10.3 Boundary Conditions

식 (1.58)과 같은 관계는 φ를 정의(定義)하기(define)에는 충분하지 않다. Ω의 경계 $\Gamma = \partial\Omega$, 또는 Γ의 부분에서의 추가적인 정보가 필요하다.

그러한 정보는 경계조건(境界條件, boundary condition)이라 불린다. 예를 들어,

$$\varphi(x) \ \text{ given}, \ \forall x \in \Gamma \tag{1.68}$$

은 *디리끌레 경계조건(Dirichlet boundary condition)*이라 불린다. *노이만(Neumann)* 조건은

$$\frac{\partial \varphi}{\partial n}(x) \ \text{ given on } \Gamma \ \text{ for (1.63) and } n \cdot B\nabla\varphi \ \text{ given for (1.59)} \tag{1.69}$$

이다. 여기서 n은 Ω의 외부(外部, exterior)로 향하는 방향의 $x \in \Gamma$에서의 법선(法線, normal)이다(정의(定義, definition) $\frac{\partial \varphi}{\partial n} = \nabla\varphi \cdot n$에 의해).

Robin 조건 (또는 *푸리에* 경계조건(*Fourier* boundary condition))이라 불리는 다른 고전적인 조건은 다음과 같이 써진다:

$$\varphi(x) + \beta(x)\frac{\partial \varphi}{\partial n}(x) \ \text{ given on } \Gamma. \tag{1.70}$$

유일한 φ를 찾기 위한 식 (1.58)에 대한 일련(一連)의 경계조건(a set of boundary conditions)을 찾는 것은 여기서는 일반적인 방향(general direction) 만을 줄 수 있는 어려운 기술(技術)(difficult art)이다.

일반적으로, 타원 방정식은 그 조건들의 한 개만이 각 경계 점(境界 點, boundary point)에 주어지는 한, Ω의 전 경계(全 境界, whole boundary) 또는 그 일부에 대한 식 (1.58), (1.69) 또는 (1.70)과 함께 잘 주어진(well-posed)(즉, φ가 유일한) 문제이다.

따라서, Laplace 방정식 (1.63)은 식 (1.68) 또는 (1.69)와 함께 잘 주어진 문제이지만, 식 (1.71)에 대해서도 그러하다.

$$\varphi \text{ given on } \Gamma_1, \quad \frac{\partial \varphi}{\partial n} \text{ given on } \Gamma_2, \quad \Gamma_1 \cup \Gamma_2 = \Gamma, \quad \dot{\Gamma}_1 \cap \dot{\Gamma}_2 = \emptyset. \tag{1.71}$$

포물 및 쌍곡 방정식은 $\Gamma \times]0, T[$의 모두에 대한 경계조건을 요구하지는 않는다. 예를 들면, 열 방정식 (1.64)는 식 (1.72)와 함께 잘 주어진 문제이다.

$$\varphi \text{ given at } t = 0 \text{ and (1.68) or (1.69) or (1.70) or (1.71) on } \partial\Omega. \tag{1.72}$$

파동 방정식은 식 (1.73)과 함께 잘 주어진 문제이다.

$$\varphi \text{ and } \frac{\partial \varphi}{\partial t} \text{ given at } t = 0 \text{ and (1.68) or (1.69) or (1.70) or (1.71) on } \partial\Omega. \tag{1.73}$$

Part A

PROGRAMMING THE MODEL PROBLEM BY A FINITE ELEMENT METHOD

2 Introduction to the Finite Element Method: Energy Minimization

Summary

Dirichlet 경계조건을 가진 Laplacian의 해를 위한 1차(一次) 유한요소법을 검토한다. 문제는 에너지 최소화(最小化)(energy minimization)의 항(項)으로 표현된 다음, 공액구배(共軛勾配, conjugate gradient)에 의해 수치적으로 풀어진다. 이 접근에서는 행렬 저장(行列 貯藏, matrix storage)이 요구되지 않는다.

2.1 STATEMENT OF THE PROBLEM

문제의 데이터의 첫번째 명기(明記, specifying)에 의해 '모델 문제(model problem)', 즉 Dirichlet 경계조건을 가진 Laplacian이 무엇인가를 설명한다. 단순화(單純化)를 위하여(for simplicity's sake), 공간(空間) 2차원(two space dimension)에서 다루지만, 방법은 3차원(three dimension)으로 쉽게 일반화될 수 있다.

DATA OF THE PROBLEM 문제의 데이터는 다음과 같다:

- Ω: 충분히 매끄러운(smooth) 경계 Γ를 가진 $\mathbb{R}^2$ 내의 유계 영역(有界 領域, bounded domain)(그림 2.1 참조),
- f: 실수 값이며 2중 적분(二重 積分) 가능한(square integrable), Ω에서 정의된(defined) 힘수[실가(實價, 실수(實數) 값) 함수(real valued function)],
- g: 실수 값이며 적어도(at least) 2중 적분 가능한, Γ에서 정의된 함수.

OBJECTIVES φ를 모델 문제

$$-\Delta\varphi(\vec{x}) = f(\vec{x}),\ \ \forall\vec{x} \in \Omega, \tag{2.1}$$

$$\varphi(\vec{x}) = g(\vec{x}),\ \ \forall\vec{x} \in \Gamma \tag{2.2}$$

의 해(解, solution)라 하자. 여기서 Laplacian은 다음과 같이 정의된다:

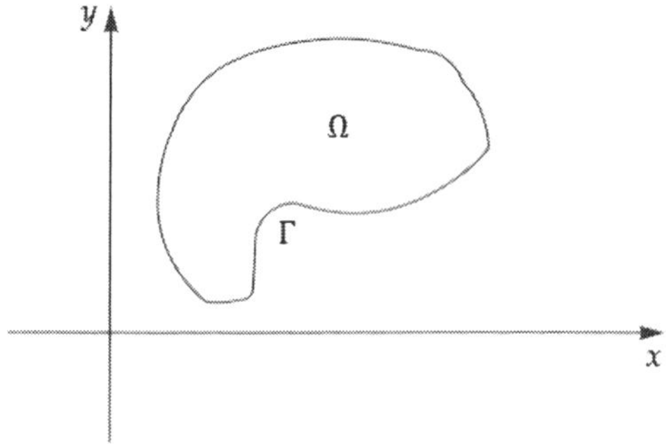

Figure 2.1 A bi-dimensional domain Ω and its boundary Γ.

$$(\Delta\varphi)(\vec{x}) = \left(\frac{\partial^2\varphi}{\partial x^2} + \frac{\partial^2\varphi}{\partial y^2}\right)(\vec{x}), \quad \vec{x} = \binom{x}{y}.$$

φ의 근사(近似, approximation) φ_h를 구할 예정(豫定)이다.

IDEA OF THE METHOD 앞 장(章)의 목적에서 정리했던 것처럼, 상술(詳述)함은 없이, 사용하는 방법을 짧게 설명하자. 먼저 문제 (2.1)-(2.2)는 경계 Γ에서 g와 '일치(一致)하는(coincide)', '충분히 매끄러운(sufficiently smooth)' 함수를 의미하는 함수 공간(函數 空間, function space) H에서 정의(定義)된 2차 범함수(二次 汎函數, quadratic functional)

$$E(\varphi) = \frac{1}{2}\int_{\Omega} |\nabla\varphi(\vec{x})|^2 d\vec{x} - \int_{\Omega} f(\vec{x})\varphi(\vec{x})d\vec{x} \tag{2.3}$$

에 대한 최소화 문제(最小化 問題, minimization problem)와 등가(等價, equivalent)임을 보인다. 이 정식화(定式化, formulation)에서는 문제가 다음과 같이 된다:

$$\min_{\varphi\in H} E(\varphi).$$

그 다음, 가장 큰 크기 h(h는 0으로 가게 될 작은 매개 변수(媒介 變數, parameter)이다)의 작은 삼각형에 의해 영역 Ω가 망라되도록 한 후, 각 삼각형에서 선형(線形)이며, Γ에서 g와 일치하는, 전 계산 영역(全 計算 領域, whole computational domain)에서 연속인 함수로 구성된 근사함수 공간(近似函數 空間(approximate function space) H_h를 정의한다. 이 공간 H_h내에서 함수는 삼각형의 형태를 이루는 각 내부 정점(internal vertex)(즉, 그것들은 경계에 위치하지 않는다)에서의 값 ϕ_i에 의해 완전히 결정되고, 따라서 근사화 문제는 다음과 같은 형태의 유한 차원 최적화 문제(有限 次元 最適化 問題, optimization problem of finite dimension)로 축약된다:

$$\min_{\Phi \in R^N} E_h(\Phi)\,.$$

여기서 Φ는 성분(成分, component) ϕ_i를 가진 벡터(vector)이다. 이 범함수 E_h가 어떻게 계산되는지를 보이며, 이 문제를 수치적으로 풀기 위한 반복법(反復法, iterative method)을 제안(提案)한다(propose). 제안하는 방법은, 거의 계산 시간(計算 時間, computation time) 때문에 최적은 아니지만, 행렬 저장(行列 貯藏, matrix storage)을 요구하지 않기 때문에 실행(實行)이 단순(單純)하다. 이 행렬 저장 문제는 문제 (2.1)-(2.2)를 변분형(變分形, variational form)으로 다루는 다음 장(章, chapter)에서 고려할 것이다. 그것을 하기 전에, 문제의 수학적 양상(數學的 樣相, mathematical aspect), 즉 사용하는 함수 공간뿐만 아니라 최소화해야 하는 2차 범함수를 정밀하게 나타낼 것이다. 다음의 2개의 절(節, section)은 처음 읽을 때에는 생략(省略)될 수도 있는 기술적인 어려움(technical difficulty)(예를 들면 Remark 2.3)이 나타날 수 있다.

2.2 *TRANSFORMATION OF THE PROBLEM*

다음의 함수 공간을 고려한다.

$$H_g^1(\Omega) = \{w : \Omega \to \mathbb{R},\ w \in H^1(\Omega), \quad \text{and} \quad w(\vec{x}) = g(\vec{x}),\ \forall \vec{x} \in \Gamma\}. \tag{2.4}$$

여기서 $H^1(\Omega)$는, 2중 적분 가능하며, 각 변수에 대한 1계 미분(一階 微分, first derivative)도 2중 적분 가능한, 바꾸어 말하면:

$$H^1(\Omega) = \left\{ w \in L^2(\Omega), \quad \frac{\partial w}{\partial x}, \ \frac{\partial w}{\partial y} \in L^2(\Omega) \right\} \tag{2.5}$$

인, Ω에서 정의된 실함수(實函數, real function)의 공간이다. 식 (2.3)에 나타난 적분에 의미를 부여(附與)하기 위하여, 이 공간에서 함수 φ를고려하는 것이 참으로 필요하다. 사실, $H^1(\Omega)$는 '충분히 매끄러운(sufficiently smooth)' 함수의 집합(集合, set)을 나타낼 것이다. 공간 $H_g^1(\Omega)$는 일반적인 경우 유사(類似, 의사(擬似), 아핀) 공간(affine space)임을 주목하자.

또한 $g = 0$인 식 (2.4)로 정의된, 벡터 공간(vector space)인, 공간 $H_0^1(\Omega)$를 사용할 것이다. 그것은 다음과 같이 정의된다:

$$H_0^1(\Omega) = \{w \in H^1(\Omega) \quad \text{and} \quad w(\vec{x}) = 0,\ \forall \vec{x} \in \Gamma\}. \tag{2.6}$$

이제 문제 (2.1)-(2.2)의 두 가지 정식화(定式化, formulation)를 쓸 것이다.

E로 식 (2.7)에 의해 공간 $H_g^1(\Omega)$에서 정의된 *에너지 범함수(energy functional)*를 나타내자.

$$E(\varphi) = \frac{1}{2}\int_\Omega |\nabla\varphi(\vec{x})|^2 d\vec{x} - \int_\Omega f(\vec{x})\varphi(\vec{x})d\vec{x}. \tag{2.7}$$

$\nabla\varphi(\vec{x})$는 점 $\vec{x}$에서 취한 φ의 구배(勾配, 경도(傾度), gradient), 즉 성분 $(\partial\varphi/\partial x)(\vec{x})$와 $(\partial\varphi/\partial y)(\vec{x})$를 가진 벡터이다; 당연히, $|\nabla\varphi(\vec{x})|^2 = \left(\frac{\partial\varphi}{\partial x}(\vec{x})\right)^2 + \left(\frac{\partial\varphi}{\partial y}(\vec{x})\right)^2$이다.

최소화 문제(最小化 問題)

$$\text{find } \varphi \in H_g^1(\Omega) \text{ such that } \forall\psi \in H_g^1(\Omega), \quad E(\varphi) \le E(\psi)$$

에 관심이 있는데, 이는 보통 다음과 같은 방식(方式, way)으로 기호적(記號的)으로(symbolically) 써진다:

$$\min_{\varphi \in H_g^1(\Omega)} E(\varphi)\,. \tag{2.8}$$

문제 (2.1)-(2.2)는, 문제 (2.1)-(2.2)의 변분 정식화(變分 定式化, variational formulation)라 불리는, 식 (2.9)와 같이 쓰는 중간(中間) 문제(intermediate problem)를 사용함으로써, 문제 (2.8)과 등가(어떤 부가 평활화 가정(附加 平滑化 假定, additional smoothness assumption) 아래에서)임을 보인다.

$$\begin{aligned} &\text{find } \varphi \in H_g^1(\Omega) \text{ such that} \\ &\forall w \in H_0^1(\Omega), \quad \int_\Omega \nabla\varphi(\vec{x}) \cdot \nabla w(\vec{x})d\vec{x} = \int_\Omega f(\vec{x})w(\vec{x})d\vec{x}. \end{aligned} \tag{2.9}$$

여기서 표기(表記, notation) $\nabla\varphi(\vec{x}) \cdot \nabla w(\vec{x})$는 벡터 $\nabla\varphi(\vec{x})$와 $\nabla w(\vec{x})$의 $\mathbb{R}^2$내에서의 내적(內積, inner product, 스칼라 적, scalar product, dot product), 즉 다음을 나타낸다:

$$\nabla\varphi(\vec{x}) \cdot \nabla w(\vec{x}) = \frac{\partial\varphi}{\partial x}(\vec{x})\frac{\partial w}{\partial x}(\vec{x}) + \frac{\partial\varphi}{\partial y}(\vec{x})\frac{\partial w}{\partial y}(\vec{x}).$$

첫 번째 결과는 문제 (2.1)-(2.2)가, 어떤 부가적인 매끈함의 가정을 법(法)으로 하여(modulo), 변분 문제 (2.9)와 결부(結付)되는 것을 허용한다. 이 의도(意圖, aim)에 따라 모든 2계 편미분(二階 偏微分, second order partial derivative)이 Ω에서 2중 적

분 가능한 $H^1(\Omega)$내에 있는 함수의 집합으로써 공간 $H^2(\Omega)$를 정의하자. 즉

$$H^2(\Omega) = \left\{ w \in H^1(\Omega), \quad \frac{\partial^2 w}{\partial x^2}, \ \frac{\partial^2 w}{\partial x \partial y}, \ \frac{\partial^2 w}{\partial y^2} \in L^2(\Omega) \right\}. \tag{2.10}$$

Theorem 2.1 만약 $\varphi \in H^2(\Omega)$라 하면, φ가 식 (2.9)의 해(解)이면 또 그 때에 한해서 (필요충분(必要充分), if and only if) φ는 식 (2.1)-(2.2)의 해이다.

PROOF w를 공간 $H_0^1(\Omega)$에서의 임의의 함수라 하자. φ가 식 (2.1)의 해(解)이고 $\Delta\varphi \in L^2(\Omega)$라 하면, 식 (2.11)을 얻기 위해 식 (2.1)에 $\Delta\varphi \in L^2(\Omega)$를 곱할 수 있다.

$$\int_\Omega -(\Delta\varphi w)(\vec{x})d\vec{x} = \int_\Omega (fw)(\vec{x})d\vec{x}. \tag{2.11}$$

별건 아니지만 1차원에서의 부분적분 공식(部分積分 公式, integration by parts formula)의 일반화(一般化, generalization)인 그린의 공식(Green's formula)

$$\int_\Omega -(\Delta\varphi w)(\vec{x})d\vec{x} = \int_\Omega (\nabla\varphi \cdot \nabla w)(\vec{x})d\vec{x} - \int_\Gamma \left(\frac{\partial\varphi}{\partial n} w\right)(\vec{x})d\gamma(\vec{x}) \tag{2.12}$$

를 상기하자. 이 공식에서, $\frac{\partial\varphi}{\partial n}(\vec{x}) = \nabla\varphi(\vec{x}) \cdot n(\vec{x})$인데, 여기서 $n(\vec{x})$는 Ω의 외부로 향하는 방향의 Γ의 점 $\vec{x}$에서의 법선(法線, normal)이다. 식 (2.12)의 사용은 식 (2.11)을 다음과 같은 방식으로 변환하는 것을 허용한다:

$$\int_\Omega (\nabla\varphi \cdot \nabla w)(\vec{x})d\vec{x} - \int_\Gamma \left(\frac{\partial\varphi}{\partial n} w\right)(\vec{x})d\gamma(\vec{x}) = \int_\Omega (fw)(\vec{x})d\vec{x}. \tag{2.13}$$

w가 $H_0^1(\Omega)$에 속함에 따라, $w|_\Gamma = 0$이기 때문에, 이 방정식의 좌변(左邊, left hand side)에 있는 두 번째 적분(second integral)은 0이고, 식 (2.9)를 준다.

역(逆, converse)은 범함수 해석(汎函數 解析, functional analysis)의 약간의 지식(知識, knowledge)을 요구한다. 식 (2.9)가 $H_0^1(\Omega)$ 내의 임의의 함수 w를 취한다면, 그것은 특히 Ω에서 집약 지원(集約 支援, compact support)을 가진, 이체(二體, 쌍대(雙對, dual))가 Ω에서 분포(分布, distribution)의 공간 $D'(\Omega)$인, 집합(集合, class) C^∞의 함수 공간 $D(\Omega)$에 있는 임의의 함수를 취한다. $\Delta\varphi \in L^2(\Omega)$이고, $< \cdot, \cdot >$로 이 두 공간 사이의 쌍대 괄호(雙對 括弧, duality bracket)를 나타낸다면, 식 (2.9)를 다음과 같이 쓸 수 있고(식 (2.12) 참조),

$$< -\Delta\varphi - f, \ w > \ = 0;$$

그러면 $-\Delta\varphi - f$는 $L^2(\Omega)$내의 함수이고, 이로부터 추론(推論, deduce)하면, 고전 범함수 해석 결과[Brezis (1987)]에 따라, 그것은 거의 모든 곳에서(almost everywhere) 0이다. □

다음의 정리(定理, theorem)는 정식화 (2.8)과 (2.9) 둘 다를 연결(連結, link)하는 것을 가능하게 한다.

Theorem 2.2 문제 (2.8)은 문제 (2.9)와 등가이다.

PROOF 정의에 의해 φ가 식 (2.1)의 해(解)라면 또 그 때에 한해서 (필요충분(必要充分), if and only if), 임의의 함수 $w \in H_0^1(\Omega)$와 임의의 실수(實數, real number) λ에 대하여, 다음의 부등식(不等式, inequality)

$$E(\varphi) \le E(\varphi + \lambda w) \tag{2.14}$$

가 입증(立證)된다; 이것은 다음과 같은 사실에 기인한다:

$$\varphi \in H_g^1(\Omega), \quad w \in H_0^1(\Omega) \Rightarrow \quad \forall\lambda \in \mathbb{R}, \quad \varphi + \lambda w \in H_g^1(\Omega). \tag{2.15}$$

이제, E의 정의에 의해, 표기를 간단하게 하기 위해 적분 변수를 숨겨서 나타내면†,

$$\begin{aligned} E(\varphi + \lambda w) &= \frac{1}{2}\int_\Omega |\nabla(\varphi + \lambda w)|^2 d\Omega - \int_\Omega f(\varphi + \lambda w) d\Omega \\ &= \frac{1}{2}\int_\Omega |\nabla\varphi|^2 d\Omega + \lambda\int_\Omega (\nabla\varphi \cdot \nabla w) d\Omega + \frac{\lambda^2}{2}\int_\Omega |\nabla w|^2 d\Omega \\ &\quad - \int_\Omega (f\varphi) d\Omega - \lambda\int_\Omega fw d\Omega \\ &= E(\varphi) + \lambda\left(\int_\Omega (\nabla\varphi \cdot \nabla w) d\Omega - \int_\Omega (fw) d\Omega\right) + \frac{\lambda^2}{2}\int_\Omega |\nabla w|^2 d\Omega \end{aligned} \tag{2.16}$$

가 되고, 식 (2.14)는 다음과 같이 된다:

$$\lambda\left(\int_\Omega (\nabla\varphi \cdot \nabla w) d\Omega - \int_\Omega (fw) d\Omega + \frac{\lambda^2}{2}\int_\Omega |\nabla w|^2 d\Omega\right) \ge 0. \tag{2.17}$$

$\lambda = \lambda_n$으로 취하자. 여기서 $(\lambda_n)_n$은 $n \to \infty$에 따라 0으로 가는 양(陽)의 실수(*positive* real number)의 수열(數列, sequence)이다. λ_n으로 나눈 후, 부등식 (2.17)을 극한

† 역자 주: 적분 변수를 생략하면 수학적 표기의 오류로 보일 수 있어, 본 역서에서는 모든 적분식(積分式)을 영역 적분의 경우에는 $d\Omega$를, 그리고 경계 적분의 경우에는 $d\Gamma$를 포함하여 나타내었다.

(極限, limit) $n \to \infty$에서 다시 쓴다:

$$\int_{\Omega} (\nabla\varphi \cdot \nabla w) d\Omega - \int_{\Omega} (fw) d\Omega \geq 0. \tag{2.18}$$

비슷한 방식으로, 먼저 $\lambda = -\lambda_n$으로 취함으로써, 역 부등식(逆 不等式, converse inequality)

$$\int_{\Omega} (\nabla\varphi \cdot \nabla w) d\Omega - \int_{\Omega} (fw) d\Omega \leq 0 \tag{2.19}$$

를 얻어, 식 (2.9)가 만족된다. 역(逆, converse)은 식 (2.16) 때문에 직각적(直覺的)이다(immediate). □

Remark 2.3 이 이론적인 부분에 대한 약간의 주석(註釋, comment).

(i) *Theorem 2.1에 대한 설명(說明, remark)*

정리 2.1의 결론(結論, conclusion)은, $\varphi \in H^2(\Omega)$의 가정 대신에, $\varphi \in H^1(\Omega)$와 $\Delta\varphi \in L^2(\Omega)$ 만을 갖더라도 정당한 채로 남는다. 이를 증명(證明)하기 위해서는, Green의 공식 (2.12)의 Γ에 대한 적분을 $H^1(\Omega)$ 함수의 Γ에서의 자취(trace)의 공간 $H^{1/2}(\Gamma)$

$$H^{1/2}(\Gamma) = \{w|_{\Gamma}, \quad w \in H^1(\Omega)\} \tag{2.20}$$

과 그것의 쌍대 공간(雙對 空間, dual space) $H^{-1/2}(\Gamma)$ 사이의 쌍대 괄호로 대체하면 충분하다. $\varphi \in H^1(\Omega)$라면 한 가지를 보일 수 있으며, 한 가지는 $\frac{\partial\varphi}{\partial n} \in H^{-1/2}(\Gamma)$ 만을 갖는다.

(ii) *변분 문제(變分 問題, variational problem)에서의 해의 존재성(存在性, existence), 자취(trace)와 확장(擴張, extension)*

존재성은 경계 조건 g를 g가 $L^2(\Gamma)$보다 조금 더 매끈하다고(a little smoother) 가정한 공간 $H^1(\Omega)$에 있는 함수로 확장한 후 증명된다; 사실, g는 공간 $H^{1/2}(\Gamma)$내에 있어야 한다.

수학적으로 상당히 기교적(技巧的)인 이런 관념(觀念)은 여기서는 더 상세하게 설명하지는 않을 것이다; 이 논제(論題, topic)에 관한 많은 문헌(文獻)[Raviart와 Thomas (1987), Brenner와 Scott (1994), Brezis (1987), Dautray와 Lions (1990)]을 참조하라. 보통 *'자취 사상(寫像)(trace mapping)'*이라 불리며 γ_0로 나타내어지는, $H^1(\Omega)$로부터 핵(核, 영공간(零空間), kernel)이 공간 $H_0^1(\Omega)$이며 치역(値域, range)이 정확히 $H^{1/2}(\Gamma)$인 $L^2(\Gamma)$로 사상하는 연속 선형 사상(連續 線形 寫像, continuous linear mapping)이 존재한다는 것을 상기하는 것에 만족할 것이다. 역으로, $H^{1/2}(\Gamma)$ 내의 임의의 함수 g는 $H^1(\Omega)$내의 함수 u로 확장될 수 있다.

(iii) *에너지 최소화 문제(energy minimization problem) 에서의 해의 존재성*
또한 최소화 수열(minimizing sequence)을 고려하고 범함수 E와 공간 $H_g^1(\Omega)$의 볼록성(convexity)은 물론 이 공간이 약한 위상(位相)(weak topology)에 대해 닫혀 있다는(is closed for) 사실을 사용함으로써 최소화 문제 (2.8)의 해의 존재성을 직접 보일 수 있다. □

2.3 APPROXIMATION BY THE GALERKIN METHOD

식 (2.8)을 이산화하기 위하여, $N_h \to \infty$일 때 공간 $H_g^1(\Omega)$로 (어떤 점에서는 정의라고 할) '근사화(近似化, approximating)'하는 *유한 차원(有限 次元, finite dimension)* N_h의 공간 $\left(H_{gh}^1\right)_h$의 수열(數列)을 도입하는 것으로 이루어진 *갈러킨 법(Galerkin's method)*이라 불리는 방법을 사용한다. (그것의 차원 보다는, 0으로 가는 망(網, mesh)의 '크기(size)' h를 가진 공간을 지표(指標, index)로 나타내는 것이 더 편리하다).

더 일반적으로, H를 놈(norm)

$$\|\varphi\|_1 = \left(\int_\Omega \left(\varphi(\vec{x})\right)^2 d\vec{x} + \int_\Omega |\nabla\varphi(\vec{x})|^2 d\vec{x}\right)^{\frac{1}{2}} \tag{2.21}$$

로 주어진 $H^1(\Omega)$의 부분 공간(部分 空間, subspace), $(H_h)_h$를 유한 차원 공간(有限 次元 空間, finite dimensional space)의 수열(數列, sequence)이라 하고, 다음의 정의를 사용할 것이다:

Definition 2.4 수열 $(H_h)_h$는

(i) $\forall\psi \in H, \quad \exists\phi_h \in H_h$ such that $\|\phi - \phi_h\|_1 \to 0$ when $h \to 0$,
(ii) $\forall h, \ H_h \subset H$

이면 H의 내부 근사(內部 近似, internal approximation)이다.

증명을 더 간단하게 하기 위하여, 이 절(節, section)에서는 함수 g가 Ω의 모든 점에서 정의되며 $g \in H^1(\Omega)$이라고 가정할 것이다(그렇지 않으면, 다음의 증명은 g를 그것의 임의의 확장으로 대체한다면 정당한 채로 남는다). $H^1(\Omega)$의 내부 근사의 수열 $\left(H_h^1\right)_h$가 주어졌다고 하자; (i)에 따라, $h \to 0$일 때 $\|g_h - g\|_1 \to 0$인 $g_h \in H_h^1$가 존재한다. 이제 다음의 공간을 고려한다:

$$H^1_{gh} = \{w_h \in H^1_h,\ w_h(\vec{x}) = g_h(\vec{x}),\ \forall \vec{x} \in \Gamma\}, \tag{2.22}$$

$$H^1_{0h} = \{w_h \in H^1_h,\ w_h(\vec{x}) = 0,\ \forall \vec{x} \in \Gamma\}. \tag{2.23}$$

식 (2.24)와 같음을 주목하자:

$$H^1_{0h} \subset H^1_0(\Omega); \tag{2.24}$$

한편으로는, 이와 같은 포괄(包括, inclusion)은 일반적인 경우, 즉 임의의 g에 대해서는 거짓(false)이다.

먼저 공간 H^1_{gh}로 제한되는 앞의 최소화 문제, 즉

$$\min_{\varphi_h \in H^1_{gh}} E(\varphi_h) \tag{2.25}$$

는 한 개의 그리고 오직 한 개의 해 만을 허용한다. 이를 확인하기 위해서는, 1차원에서는 쉽게 증명되며, 일반적인 경우에 대한 증명은 Necas (1967), Dautray와 Lions (1990)에서 찾아질 수 있는 *포앙카레의 부등식(不等式)(Poincaré's inequality)*이라 불리는 보조 정리(補助 定理, lemma)가 필요하다.

Lemma 2.5 (Poincaré's inequality) Ω가 유계 영역(有界 領域, bounded domain)이라면, 식 (2.26)과 같은 순양 상수(純陽 常數, strictly positive constant) $C(\Omega)$가 존재한다:

$$\forall w \in H^1_0(\Omega), \quad \int_\Omega w^2(\vec{x})d\vec{x} \leq C(\Omega) \int_\Omega |\nabla w(\vec{x})|^2 d\vec{x}. \tag{2.26}$$

EXERCISE 이 부등식을 1차원에서 증명하라; 증명은 간단하지만, 다음의 두 가정의 기본적인 성질(fundamental nature)을 나타내는데 도움이 되는 것처럼 유익(有益)하다: 유계(有界)된(bounded) Ω와 $w|_\Gamma = 0$. □

Theorem 2.6 문제 (2.25)는 한 개의 그리고 오직 한 개의 해 만을 갖는다.

PROOF $(w^i)_1^{N_h}$를 H^1_{0h}의 기저(基底, basis)라 하자(임의의 유한 차원 벡터 공간은 기저를 갖는다). 그러면

$$H^1_h = \left\{ \varphi_h : \exists(\varphi_1, \cdots, \varphi_{N_h}) \in \mathbb{R}^{N_h},\ \varphi_h(\vec{x}) = g_h(\vec{x}) + \sum_{i=1}^{N_h} \varphi_i w^i(\vec{x}) \right\} \tag{2.27}$$

이며 $E(\varphi_h)$는

$$E(\varphi_h) = \frac{1}{2}\int_\Omega \left|\nabla\left(g_h + \sum_{i=1}^{N_h}\varphi_i w^i\right)\right|^2 d\Omega - \int_\Omega f\left(g_h + \sum_{i=1}^{N_h}\varphi_i w^i\right)d\Omega = E_h(\Phi)$$

와 같이 다시 쓴다. 여기서 E_h는 식 (2.28)과 같이 정의되는 변수(變數, variable) $\Phi = \left(\varphi_1, \cdots, \varphi_{N_h}\right) \in \mathbb{R}^{N_h}$의 2차 범함수(二次 汎函數, quadratic functional)이다:

$$E_h(\Phi) = \frac{1}{2}\sum_{i,j=1}^{N_h}\varphi_i\varphi_j\int_\Omega \nabla w^i \nabla w^j d\Omega + \sum_{i=1}^{N_h}\varphi_i\left(\int_\Omega \nabla g_h \cdot \nabla w^i d\Omega - \int_\Omega f w^i d\Omega\right) + \frac{1}{2}\int_\Omega |\nabla g_h|^2 d\Omega - \int_\Omega f g_h d\Omega. \tag{2.28}$$

여기서 표기를 간단하게 하기 위해 적분 변수는 생략하였다†. 이제 최소화 문제 (2.25)는 간단한 유한 차원 최소화 문제로 축약되어, 증명할 바와 같이 E_h의 2계 편미분(二階 偏微分, second partial derivative) $A = \partial^2 E_h / \partial\varphi_i \partial\varphi_j$의 행렬(行列, matrix)이 정정(正定, positive definite)이기만 하면, 또 그 때에 한해서(필요충분, if and only if) 해(解)를 가질 것이다. 식 (2.28)에 따라 식 (2.29)가 된다:

$$A_{ij} = \int_\Omega \nabla w^i \cdot \nabla w^j d\Omega. \tag{2.29}$$

$z = \left(z_1, \cdots, z_{N_h}\right)$를 $\mathbb{R}^{N_h}$에서의 임의의 벡터라 하자; 식 (2.30)이 된다:

$$z^T A z = \sum_{i,j=1}^{N_h} z_i A_{ij} z_j = \sum_{i,j=1}^{N_h}\int_\Omega \nabla w^i \cdot \nabla w^j z_i z_j d\Omega = \int_\Omega |\nabla z_h|^2 d\Omega. \tag{2.30}$$

여기서 집합(集合, set) $z_h(\vec{x}) = \sum_{i=1}^{N_h} z_i w^i(\vec{x})$가 된다. 해석(解析, construction)에 의해, z_h는 공간 H^1_{0h} 내에 있으며, 따라서 또한, 식 (2.24)에 의해 $H^1_0(\Omega)$ 내에 있다.

식 (2.30)에 따라, 임의의 z에 대하여, $z^T A z$는 양(陽)의 양(量)(positive quantity)으로서, ∇z_h가 거의 모든 곳에서(almost everywhere) 0일 때만 0으로 될 수 있다; 하지만 이것은 z_h가 $H^1_0(\Omega)$ 내에 있기 때문에, Poincaré의 부등식으로 인해, z_h가 거의 모든 곳에서 0, 즉 z가 0일 때에만 일어날 수 있고, A가 정정(正定, positive definite)임을 증명한다. □

† 역자 주: 적분 변수를 생략하면 수학적 표기의 오류로 보일 수 있어, 본 역서에서는 모든 적분식(積分式)을 영역 적분의 경우에는 $d\Omega$를, 그리고 경계 적분의 경우에는 $d\Gamma$를 포함하여 나타내었다.

연속인 경우(continuous case)에서와 같이, 앞의 최소화 문제를 *이산 변분 정식화 (離散 變分 定式化, discrete variational formulation)*와 연결한다; 좀 더 정확히 Theorem 2.2의 이산 상사(離散 相似, discrete analogue)인 다음의 결과를 가진다:

Theorem 2.7 (discrete variational formulation) 문제 (2.25)는 식 (2.31)과 등가이다:

$$\begin{aligned} &\text{find } \varphi_h \in H^1_{gh} \quad \text{such that} \\ &\forall w_h \in H^1_{0h}, \quad \int_\Omega \nabla\varphi_h(\vec{x}) \cdot \nabla w_h(\vec{x}) d\vec{x} = \int_\Omega f(\vec{x}) w_h(\vec{x}) d\vec{x}. \end{aligned} \tag{2.31}$$

PROOF 증명을 요약하는데, 그것은 Theorem 2.2의 증명과 같다. λ를 임의의 실수라 하고 w_h를 공간 $H^1_0(\Omega)$로 부터의 임의의 함수라 하자; 관계 (2.14)와 (2.16)은 다음과 같이 된다:

$$\begin{aligned} 0 &\le E(\varphi_h + \lambda w_h) - E(\varphi_h) \\ &= \lambda\left(\int_\Omega \nabla\varphi_h \cdot \nabla w_h d\Omega - \int_\Omega f w_h d\Omega\right) + \frac{\lambda^2}{2}\int_\Omega |\nabla w_h|^2 d\Omega\,. \end{aligned} \tag{2.32}$$

$\lambda = -\lambda_n, \lambda_n > 0 \to 0$으로 취하고, λ_n으로 나누면, 극한 $(n \to \infty)$에서 다음을 찾는다:

$$\int_\Omega \nabla\varphi_h \cdot \nabla w_h d\Omega = \int_\Omega f w_h d\Omega \ge 0., \tag{2.33}$$

그 다음에, 식 (2.32)에서 $\lambda = -\lambda_n \to 0$으로 취하면, 반대 부호(反對 符號, opposite sign)를 가진 식 (2.33)을 찾아, 식 (2.31)이 주어진다; 역(逆, converse)은 직각적(直覺的)이다(immediate). □

식 (2.25)의 해 φ_h는 처음 문제(initial problem) (2.8)의 해 φ의 좋은 근사인가? 바꾸어 말하면, 망(網)의 크기(mesh size)가 매우 작아진다면($h \to 0$), $\varphi_h \to \varphi$가 되는가? 해답(解答, answer)은, 단순화를 위하여 제차(齊次, homogeneous)의 경우, 즉 $g = 0$인 경우에 대해서만 증명할, 아래의 Theorem 2.8에 있다.

Theorem 2.8

$$\|\varphi - \varphi_h\|_1 \to 0, \ \text{when } h \to 0.$$

더 정확히, 제차(齊次)의 경우에는, (즉 $g = 0$), 식 (2.34)와 같은 φ와 h에 독립(獨立, independent)인 상수(常數) $C > 0$가 존재한다:

$$\|\varphi - \varphi_h\|_1 \;\leq\; C \inf_{w_h \in H^1_{0h}} \|\varphi - \psi_h\|_1 . \tag{2.34}$$

PROOF $g = 0$인 경우에 대한 증명을 상술(詳述)한다.

식 (2.24)의 덕택으로 허용될 수 있는 $w = w_h$로 식 (2.9)에서 (2.31)을 뺌으로써, 식 (2.35)를 얻는다:

$$\int_\Omega \nabla(\varphi - \varphi_h) \cdot \nabla w_h d\Omega = 0, \;\; \forall w_h \in H^1_{0h}. \tag{2.35}$$

이 등식(等式, equality)은, 공간 H^1_{0h}에 걸쳐, 범함수

$$F(\psi_h) = \frac{1}{2}\int_\Omega |\nabla(\varphi - \psi_h)|^2 d\Omega \tag{2.36}$$

의 최소를 이룬다는 것을 의미한다; 사실, 여전히 Theorem 2.7에서 사용된 인수 상사(因數 相似, argument analogous)에 의해, 식 (2.37)을 가진다.

$$\begin{aligned} F(\varphi_h + \lambda w_h) &= F(\varphi_h) + \lambda \int_\Omega \nabla(\varphi - \varphi_h) \cdot \nabla w_h d\Omega + \frac{\lambda^2}{2}\int_\Omega |\nabla w_h|^2 d\Omega \\ &\geq F(\varphi_h) \quad \text{if and only if (2.35) holds.} \end{aligned} \tag{2.37}$$

$\|\cdot\|_1$의 정의를 사용함으로써, 따라서 식 (2.38)을 추론(推論)한다(deduce).

$$\forall \psi_h \in H^1_{0h}, \quad F(\varphi_h) \leq F(\psi_h) \leq \frac{1}{2}\|\varphi - \psi_h\|_1^2. \tag{2.38}$$

Poincaré의 부등식 (2.26)을 $\varphi - \varphi_h \in H^1_0(\Omega)$에 적용하면

$$\|\varphi - \varphi_h\|_1^2 = \int_\Omega |\varphi - \varphi_h|^2 d\Omega + \int_\Omega |\nabla(\varphi - \varphi_h)|^2 d\Omega \leq 2\big(1 + C(\Omega)\big)F(\varphi_h) \tag{2.39}$$

의 관계가 얻어지고, 식 (2.38)과 결합하면 $C = \big(1 + C(\Omega)\big)^{1/2}$와 함께 식 (2.34)를 증명하는

$$\forall \psi_h \subset H^1_{0h}, \quad \|\varphi - \varphi_h\|_1^2 \leq \big(1 + C(\Omega)\big)\|\varphi - \psi_h\|_1^2 \tag{2.40}$$

을 준다. Lucquin-Pironneau (1977)에서 주어진 다음의 결과를, 증명은 연습 문제(演習 問題, exercise)로 남기며, 당연한 것으로 받아들이자:

Lemma 2.9 공간 H^1_{0h}은 $H^1_0(\Omega)$의 내부 근사(內部 近似, internal approximation)이다.

$\varphi \in H_0^1(\Omega)$로서, Definition 2.4 (i)에 의해, 다음과 같이 H_{0h}^1 내의 함수 ϕ_h와 결합할 수 있다:

$$\|\varphi - \phi_h\|_1 \to 0, \text{ when } h \to 0.$$

$\psi_h = \phi_h$에 대하여 관계 (2.40)을 사용하면 정리의 증명이 끝난다. □

ORIENTATION 이제 컴퓨터에서 식 (2.25)를 풀 수 있다. 이 과업(課業, task)을 위하여, 표준 최적화(標準 最適化) 프로그램(standard optimization program)을 사용할 수 있다; 남은 유일한 것은 φ_i가 알려져 있을 때 $E(\varphi_h)$를 계산하는 서브루틴(subroutine)을 작성하는 일일 것이다. 그것을 하기 위해, 수행하는 여러 가지 적분이 어떻게 계산되는 지를 지정함으로써, 범함수의 형태 식 (2.28)을 사용할 수 있다.

이것은 정확하게 다음 절(節, paragraph)에서 행할 내용이지만, 식 (2.28)에서 수행하는 적분의 대부분이 0으로 될, 기저 함수(基底 函數, basis function) $w^i(x)$의 매우 특별한 선택의 경우에 대해 행할 것이다.

2.4 FIRST ORDER FINITE ELEMENTS: TRIANGULATION, INTERPOLATION, QUADRATURE FORMULAE

2.4.1 Triangulation; Approximation by P^1 Finite Elements

먼저 영역 Ω를 작은 요소(要素, element)로 분해(分解, decompose)한다. 그것을 삼각형 형상(三角形 形狀, triangular shape)으로 선택하지만, 예를 들어, 작은 직사각형(直四角形, rectangle)으로의 Ω의 분해를 고려할 수도 있다. 고려하는 삼각형은 다음 정의(定義, definition)에서 나타내는 약간의 제약(制約, constraint)을 만족해야 한다.

Definition 2.10 다음의 성질을 가진 삼각형 $T_k, k = 1, \cdots, n_t$의 족(族, family) $\mathcal{T}_h$를 Ω에서의 *삼각화(三角化, triangulation)*라 부른다:

(i) 두 개의 별개의 삼각형 사이의 공통부(共通部, intersection)는 없거나 하나의 전체 변(全體 邊)(a whole edge) 또는 한 개의 점(a point)으로 한정된다(그림2.2 참조);

(ii) 경계 $\Gamma = \partial\Omega$의 모든 모퉁이(corner)는 $\mathcal{T}_h$의 삼각형의 정점(頂點, vertex)이다;

(iii) 역(逆)으로, $\Omega_h = \cup_{k=1}^{k=n_t} T_k$라 하면($\Omega_h$는 닫혔음에(closed) 주목(注目)하라), $\Gamma_h = \partial\Omega_h$의 모든 모퉁이는 Γ 내에 있어야 한다(그림 2.2 참조);

(iv) 모든 삼각형은 비축퇴(非縮退, non-degenerate), 즉 그들 모두는 0이 아닌 면적

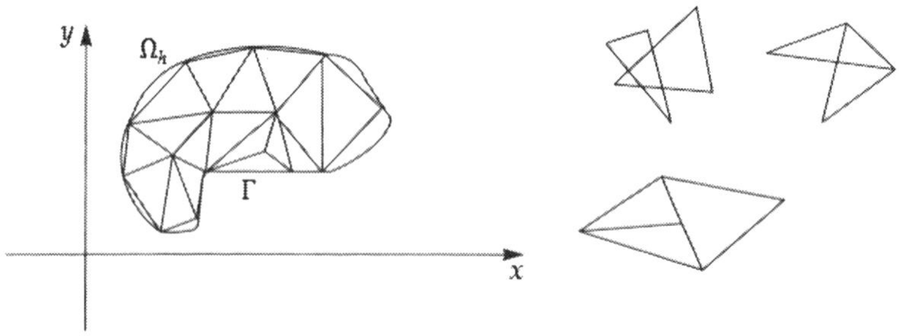

Figure 2.2 A triangulation of Ω and some examples of forbidden triangles.

(面積, area)을 갖는다.

때때로 이러한 삼각화를 설명하는 용어(用語, terminology) *적정 삼각화(適正 三角化, admissible triangulation)*를 만난다. $\mathcal{T}_h$의 모든 삼각형의 정점은 삼각화의 *정점(頂點, vertex)*이다. 이것은 P^1 유한요소 근사로서, 이 정점은 또한 삼각화의 *절점(節點, node)*, 즉 이산화 문제의 해를 계산할 점(點)임을 뒤(Proposition 2.14)에서 볼 것이다. 따라서 정점과 절점의 개념은, 임의 차수(次數)(arbitrary order)의 유한요소 근사에서는 그렇지 않을 것임에도 불구하고, 여기에서는 같은 것이다. 위에서 정의된 삼각화는 n_t 삼각형으로 구성되었다. 또한 n_v로 이 삼각화에서의 총(總) 정점의 수(total number of vertices)를, 그리고 n_b로 수치 경계(數値 境界, numerical boundary) Γ_h에 위치(位置)하는(located) 정점의 수를 나타낼 것이다; 후자(後者, latter)의 정점은 *경계 정점(境界 頂點, boundary vertex)*이라 불림에 반하여, 다른 것은 보통 망(網, mesh)의 *내부 정점(內部 頂點, internal vertex)*이라 불린다.

이 삼각화로 만들어진 모든 삼각형에서 가장 큰 변(邊)(largest edge)의 길이인 h가 삼각화의 지표(指標, index)가 된다. $h \to 0$에 따라, 삼각화의 수열 $(\mathcal{T}_h)_h$를 갖는다고 가정한다.

Remark 2.11 Ω가 다각형 경계(多角形 境界, polygonal boundary)를 가진 영역이라면 또 그때에 한해서(필요충분) $\bar{\Omega} = \Omega_h$임을 주목하자(그림 2.2와 2.3 참조). □

이제 문제 (2.25)를 실제로 푸는데 있어서의 이산 범함수 공간(離散 汎函數 空間, discrete functional space)의 선택에 대하여 정확하게 말하자. 식 (2.41)과 같이 두자:

$$
\begin{aligned}
H_h^1 &= \{\varphi_h : \Omega_h \to \mathbb{R},\ \varphi_h \text{ continuous on } \Omega_h, \text{ and} \\
&\qquad \forall k \in \{1, \cdots, n_t\},\ \varphi_h|_{T_k} \text{ linear function}\}, \\
H_{gh}^1 &= \{\varphi_h \in H_h^1 \text{ and } \forall q^i \text{ vertex of } \Gamma_h,\ \varphi_h(q^i) = g(q^i)\}.
\end{aligned}
\tag{2.41}
$$

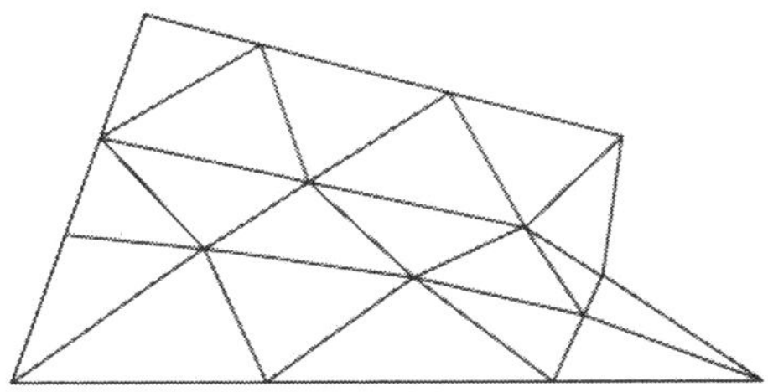

Figure 2.3 Triangulation of a polygonal domain.

공간 H^1_{gh}에서 식 (2.25)의 근사해 φ_h를 찾을 것이다; 각 삼각형에서, φ_h는 따라서 변수(x와 y)의 집합에서 1보다 작거나 같은 차수(次數, degree)의 다항식(多項式, polynomial)의 집합 $P^1(T_k)$ 내에 있을 것이고, 이것이 용어 P^1 *유한요소 근사*(P^1 *finite element approximation*)의 유래(由來)이다.

Remark 2.12 H^1_{gh} 내에서의 함수는 Ω_h의 모두 안에서 전역 선형(全域 線形, globally linear)이 아니고, 구분 선형(區分 線形, piecewise linear)일 뿐이다; 하지만 그것들은 전역 연속(全域 連續, globally continuous)이다. 마지막으로, 표기법(表記法, notation)은 앞의 절(節)에서 사용된 것과 시종일관적(始終一貫的)인데, 왜냐하면, H^1_{gh} 내에서의 함수는 각 삼각형에서 선형이며, 그것들이 무한 미분가능(無限 微分可能, infinitely differentiable)이기 때문이다; 더욱이, 분포의 의미(distribution sense)에서 그 1계 미분은, 함수가 전역 연속이기 때문에, 디랙 치수(측도(測度))(Dirac measure)가 아니다. 따라서 새로운 이산 공간(離散 空間, discrete space)에서의 함수는 실제로 $H^1(\Omega_h)$ 내에 있다. □

Remark 2.13 (analogy in one dimension) 1차원에서는, Ω는 (개)구간((開)區間, (open) interval) $]a, b[$ 이며 이 구간의 삼각화는 $q^1 = a$, $q^{n_v} = b$ 인 분할(分割, partition) $[a, b] = \cup_{i=1}^{n_v-1}[q^i, q^{i+1}]$이다.
H^1_{gh} 내에서의 함수는 직선 조각(straight line segment)의 도식적(圖式的) 모양(graphic form)을 갖는다(그림 2.4 참조). 이 그림에서 φ_h는 삼각화의 각 내부 정점(內部 頂點, internal vertex) $(q^i)_2^{n_v-1}$에서의 값에 의해 완전히 결정됨이 명백하다. □

이 성질은 2차원에서도 역시 참(진(眞), true)이며, 이것이 Proposition 2.14의 목적(目的, object)이다.

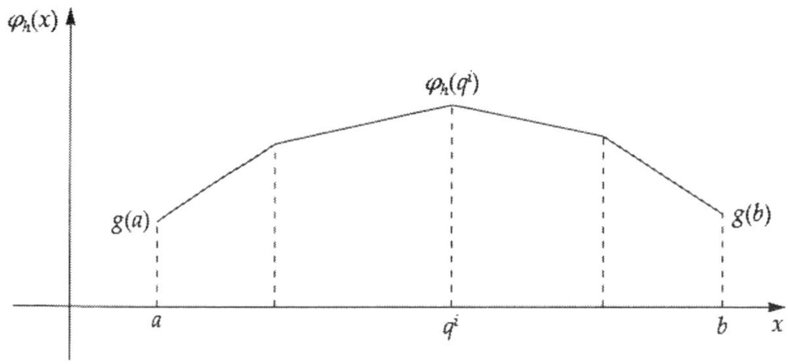

Figure 2.4 The one-dimensional analogue.

Proposition 2.14 *H_h^1 내에서의 함수는 망(網, mesh)의 각 정점에서의 값에 의해 완전히 결정된다. 공간 H_h^1의 차원(次元, dimension)은 삼각화의 정점의 수(數) n_v와 같으며 공간 H_{0h}^1의 차원은 $N_h = n_v - n_b$와 같다. 여기서 n_b는 경계 정점(境界 頂點, boundary vertex)의 수(數)이다.*

Proof 명제(命題, proposition)의 첫 번째 논점(論點, point)을 증명하는 것에서 시작하여, 공간 H_h^1에 있는 함수 φ_h를 고려하자. T_k를 $j = 1, 2, 3$인 $q^{i_j} = \left(q_x^{i_j}, q_y^{i_j}\right)$에 의해 나타내어진 정점을 가진 삼각형이라 하자(그림 2.5 참조). $\varphi_{i_j} = \varphi_h\left(q^{i_j}\right)$로 두자. 정의에 의해, $\varphi_h|_{T_k}$는, 식 (2.42)와 같이 3개의 스칼라(scalar) α, β, γ가 있음을 뜻하는, $\vec{x}$의 선형 함수(線形 函數, linear function)이다:

$$\forall \vec{x} = (x, y) \in T_k, \quad \varphi_h(\vec{x}) = \alpha x + \beta y + \gamma. \tag{2.42}$$

식 (2.42)를 특히 $j = 1, 2, 3$인 $\vec{x} = q^{i_j}$에 대해 쓰면, 3개의 미지수(未知數, unknown) α, β, γ가 있는 3개의 방정식의 계(系, system)를 얻는다:

$$\begin{aligned} \alpha q_x^{i_1} + \beta q_y^{i_1} + \gamma &= \varphi_{i_1}, \\ \alpha q_x^{i_2} + \beta q_y^{i_2} + \gamma &= \varphi_{i_2}, \\ \alpha q_x^{i_3} + \beta q_y^{i_3} + \gamma &= \varphi_{i_3}. \end{aligned} \tag{2.43}$$

이 계(系)의 행렬식(行列式, determinant)은, 그 정점 (i_1, i_2, i_3)이 정방향(正方向, positive direction)(즉, 반시계 방향(反時計 方向, counterclockwise))으로 매겨졌다면, 삼각형 T_k의 면적(面積, area) $|T_k|$의 2배(二倍, twice)와 같다; 일반적인 경우, 식 (2.44)가 된다:

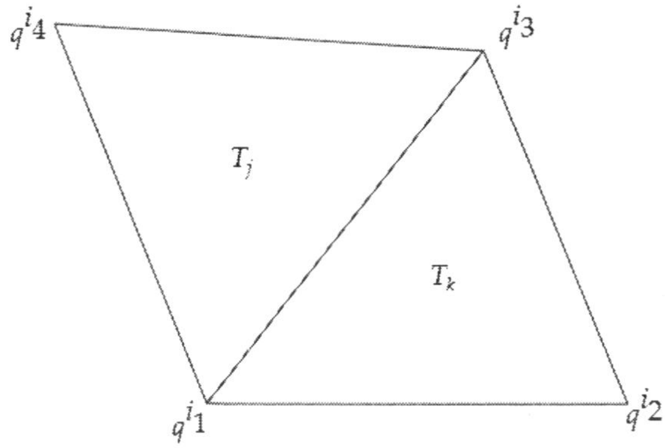

Figure 2.5 Two contiguous triangles.

$$\begin{vmatrix} q_x^{i_1} & q_y^{i_1} & 1 \\ q_x^{i_2} & q_y^{i_2} & 1 \\ q_x^{i_3} & q_y^{i_3} & 1 \end{vmatrix} = \left(q_x^{i_2} - q_x^{i_1}\right)\left(q_y^{i_3} - q_y^{i_1}\right) - \left(q_y^{i_2} - q_y^{i_1}\right)\left(q_x^{i_3} - q_x^{i_1}\right) = \pm 2|T_k|. \qquad (2.44)$$

삼각화가 인정될 수 있다고 가정하였기 때문에, 삼각형 T_k는 비축퇴(非縮退, non-degenerate)이며 계(系) (2.43)은 그러면 유일해(唯一解, unique solution)를 갖는다. 삼각형 T_k에서 φ_h의 제한(制限, restriction)은 T_k의 세 정점 각각에서의 이 함수로 취해진 값에 의해 완전히 결정되어, 명제(命題)의 첫 번째 논점을 증명한다.

앞의 결과는 공간 H_h^1의 차원이 n_v보다 작거나 같음을 보인다. 그것이 실제로 n_v와 같음을 보이기 위해서는, 공식(公式, formula) (2.42)와 (2.43)에 의해, 삼각형마다에 대해 위에서 세운(construct) 함수가 Ω_h의 모두에서 전역 연속(全域 連續, globally continuous), 또는 바꾸어 말하면 두 삼각형 사이의 접촉면(接觸面, interface)에서 연속이라는 것을 보이면 충분하다.

삼각형 T_k와 공통(共通, common)인 변(邊, edge) $[q^{i_1}, q^{i_3}]$를 가진 삼각형을 T_j로 나타내자(그림 2.5 참조). 그러면, 식 (2.42), (2.43)에 따라, φ_h는, 변 $[q^{i_1}, q^{i_3}]$에서, '왼쪽(left)' 값(T_j에서 계산된)과 '오른쪽(right)' 값(T_k에서 계산된)을 가지며, 이 2개의 값이 같음을 보여야 한다.

이것을 하기 위해서는, $[q^{i_1}, q^{i_3}]$에서의 φ_h의 제한이 q^{i_1}과 q^{i_3}에서 취한 값 $\varphi_{i_1}, \varphi_{i_3}$에만 종속(從屬)하며(depend), q^{i_2} 또는 q^{i_4}에서 취한 값과는 무관함을 보이면 충분하다. 실로, $\vec{x} \in [q^{i_1}, q^{i_3}]$라면, $\vec{x}$는 $\vec{x} = \lambda q^{i_1} + (1-\lambda)q^{i_3}$의 형태로 써질 수 있으며 변 $[q^{i_1}, q^{i_3}]$에서의 φ_h의 제한이 선형이기 때문에, 이것이 참(진(眞), true)이어서, 필연적(必然的)으로

$$\varphi_h(\vec{x}) = \lambda\varphi_{i_1} + (1-\lambda)\varphi_{i_3} \tag{2.45}$$

를 가져 결과를 간단히 증명한다.

이제 φ_h가 H^1_{0h} 내에 있다면, 각 경계 정점에서의 값은 완전히 결정되어(그것은 0이다), 이 공간의 차원이 $n_v - n_b$와 같음을 본다. □

이제 공간 H^1_h의 기저(基底, basis)를 세울 것이다.

Definition 2.15 다음과 같은 방식으로 절점(節點, node) i에 관련된 i번째 *모자 함수(帽子 函數, hat function)* w^i를 정의하자:

$$\begin{aligned}
&\text{(i) } w^i \text{ is continuous from } \Omega_h \text{ into } \mathbb{R};\\
&\text{(ii) } w^i \text{ is linear on } T_k, \text{ for each index } k \in \{1, \cdots, n_t\};\\
&\text{(iii) } w^i(q^j) = \delta_{ij} \ (1 \text{ if } i = j, \ 0 \text{ otherwise}).
\end{aligned} \tag{2.46}$$

Remark 2.16 위 정의의 논점 (i)은 사실은 필요없다; 사실, Proposition 2.14에 따라, (ii)와 (iii)에 의해 정의된 함수 w^i는 Ω_h의 어디에서든 정의되며 연속이다. □

그림 2.6으로부터, 명칭(名稱, name) '모자 함수'를 쉽게 이해할 수 있다; 그림은 또한, 그물눈 배경(背景)(crosshatched background)에서, 함수 w^i의 지주(支柱, support)를 본다. 이 '모자 함수'가 H^1_h의 기저를 형성한다; 좀 더 정확히는, 다음의 결과를 가진다:

Proposition 2.17 *집합 $\{w^i\}_{i\in\{1,\cdots,n_v\}}$는 H^1_h의 기저를 형성하며 집합 $\{w^i\}_{i\in I_\Omega}$는, I_Ω가 망(網, mesh)의 모든 내부 절점의 지표(指標, index) $i(q^i \notin \Gamma$인 $i)$의 집합일 때, H^1_{0h}의 기저이다.*

Proof 공간 H^1_h이 차원 n_v를 갖기 때문에, n_v개의 함수 w^i가 독립이라는 것을 증명하면 충분하다. 하지만, w^i가 점 q^i에서 0이 아닌 유일한 함수이기 때문에 이것은 자명하게 명백하다. 같은 논거(論據, argument)가 H^1_{0h}에 대해서도 타당하다. □

표기를 간단하게 하기 위하여, 이제부터는 프로그래밍(programming)을 위해 확실히 필요하지는 않은 가정(假定, assumption)을 만들 것이다: 망 정점(網 頂點, mesh vertex)의 첫 번째 지표는 내부 정점에 관련되고, 영역 경계(領域 境界, domain boundary)에 위치하는 정점은 그 다음에 매겨지는 것으로 가정할 것이다. 이런 식으로, 집합 I_Ω는 $I_\Omega = \{1, \cdots, N_h\}$와 같이 써질 수 있다.

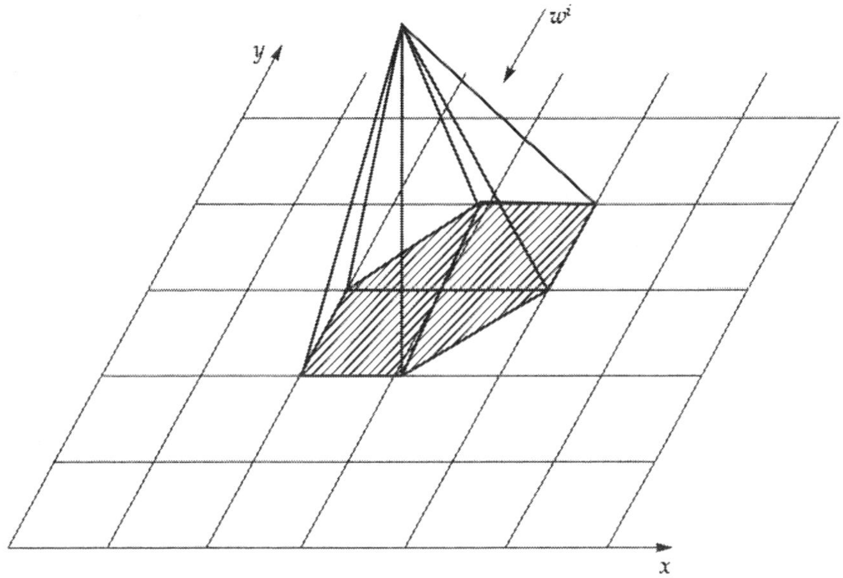

Figure 2.6 Support of the hat function associated with the ith node.

이와 같은 규약(規約, convention)으로, 앞의 명제는 식 (2.25)의 해(解) $\varphi_h \in H^1_{gh}$를 식 (2.47)의 형태로 볼 수 있는 가능성을 준다:

$$\varphi_h(\vec{x}) = \sum_{i=1}^{N_h} \varphi_i w^i(\vec{x}) + \sum_{i=N_h+1}^{n_v} g(q^i) w^i(\vec{x}) \,. \tag{2.47}$$

이 표현에서는, 공간 H^1_{gh}의 정의 (2.41)에 포함된 $q^i \in \Gamma$, $(i \in \{N_h + 1, \cdots, n_v\})$에 대한 경계조건 $\varphi_h(q^i) = g(q^i)$가 고려되었다. 최소화 문제 (2.25)는 Theorem 2.6의 증명(공식 (2.28))에서처럼 변환(變換)되고, 식 (2.48)과 같이 된다:

$$\min_{\varphi_h \in H^1_{gh}} E(\varphi_h) = \min_{\Phi \in \mathbb{R}^{N_h}} E_h(\Phi) \,. \tag{2.48}$$

여기서 Φ와 $E_h(\Phi)$는 식 (2.49)와 같다:

$$\Phi = \left(\varphi_1, \cdots, \varphi_{N_h}\right) \in \mathbb{R}^{N_h}, \text{ and } E_h(\Phi) = E(\varphi_h). \tag{2.49}$$

2.4.2 *Quadrature Formulae*

앞의 최소화 문제에서는 보통 정확히 계산할 수 없는 적분이 있다. 이러한 적분을 근사적으로 계산하는 것으로 이루어진 구적 공식(求積 公式, quadrature formula)

도입에서부터, 한편으로는 오차(誤差, error)의 정확한 개념(槪念)(precise idea)의 취급(取扱, keeping)이라는 착상(着想, idea)이 도입되었다. 나중에 영역 Ω의 경계 Γ에서의 적분을 구하는 것이 필요하기 때문에, 이 개념(槪念, notion)을 2차원 보다는 좀 더 일반적인 관점(觀點, framework)에서 간단히 상기(想起)하는 것으로 시작한다. 더 상세한 내용과 증명은, Crouzeix와 Mignot (1984), Zienkiewicz (1971) 등을 참조하라.

$\mathbb{R}^n$의 유계 영역(有界 領域, bounded domain) D에서 정의된 임의의 함수 f의 적분 값을 D 내에 있는 특정 점(特定 點, particular point) ξ^m, $m \in \{1, \cdots, M\}$에서 취해진 함수 값의 유한 선형 결합(有限 線形 結合, finite linear combination)에 의해 근사화하기를 원한다. 기본적인 개념은 예제(例題, example)를 사용하면 이해하기 쉽다: 적분 영역(積分 領域, integration domain)을 점 ξ^m 근처에 중심이 있는 작은 조각(elementary cell)으로 나누고, 함수 f가 이 조각 각각에서 일정하다고 가정한다면, (이 절(節)에서는 적분 변수를 $x = (x_1, \cdots, x_n)$; $dx = (dx_1, \cdots, dx_n)$으로 나타낸다) 그러면 정확하게

$$\int_D f(x)dx = \sum_{m=1}^{M} \omega_m f(\xi^m) \tag{2.50}$$

을 가진다. 여기서 ω_m은 점 ξ^m을 둘러싸는 작은 조각의 치수(측도(測度), measure)이다($n = 2$의 경우 면적, $n = 1$의 경우 길이). 임의의 함수 f로 일반화한다면, 식 (2.51)을 가질 뿐이다:

$$\int_D f(x)dx \simeq \sum_{m=1}^{M} \omega_m f(\xi^m)\,. \tag{2.51}$$

이 관계는 가우스의 *구적 공식*(Gaussian *quadrature formula*)이라 불린다; 점 ξ^m은 *구적 점(求積 點, quadrature point)*이며 실수 ω_m은 구적 공식 (2.51)의 *가중치(加重値, weight)*이다. 특정 함수 f에 대하여 식 (2.51)이 등식(等式, equality)일 때, 구적 공식은 f에 대하여 *정확하다(exact)*고 한다. 증명은 Crouzeix와 Mignot (1984)에서 찾을 수 있는 다음의 결과를 상기함으로써, 이 근사에 의해 도입되는 오차를 추정(推定, estimate)하자.

Proposition 2.18 *구적 공식 (2.51)이 차수(次數, degree) r의 다항식(多項式, polynomial)에 대해 정확하다면, 그러면 D 내에서 $r+1$번 연속 미분가능한(continuously differentiable) 임의의 함수 f에 대해 식 (2.52)가 성립하는 순양 상수(純陽 常數, strictly* *positive constant) C가 존재한다:*

$$\left| \int_D f(x)dx - \sum_{m=1}^{M} \omega_m f(\xi^m) \right| \le C|D|h^{r+1}. \tag{2.52}$$

여기서 h는 D의 직경(直徑, diameter)이며 |D|는 그 치수(측도(測度), measure)이다.

이제 1차원에서 시작하여, 구적 공식의 몇 가지 예를 들자. $[a, b]$를 $\mathbb{R}$ 내에서의 (폐)구간((閉)區間, (closed) interval)이라 하자; $[a, b]$ 에서의 가장 통상적(通常的)인 (common) 구적 공식은 다음과 같다:

직사각형 공식(rectangle formula)

$$\int_a^b f(x)dx \simeq (b-a)f(a) \quad \big(\text{or } (b-a)f(b)\big); \tag{2.53}$$

중점(中點) 공식(midpoint formula)

$$\int_a^b f(x)dx \simeq (b-a)f\left(\frac{a+b}{2}\right); \tag{2.54}$$

사다리꼴 공식(trapezoidal formula)

$$\int_a^b f(x)dx \simeq (b-a)\frac{f(a)+f(b)}{2}; \tag{2.55}$$

$\lambda = (\sqrt{3}-1)/(2\sqrt{3})$로 $\xi^1 = a + \lambda(b-a)$와 $\xi^2 = b - \lambda(b-a)$를 사용하는 다른 2점 공식(another two points formula)

$$\int_a^b f(x)dx \simeq (b-a)\frac{f(\xi^1)+f(\xi^2)}{2}; \tag{2.56}$$

심프슨의 공식(Simpson's formula)

$$\int_a^b f(x)dx \simeq (b-a)\frac{f(a)+4f\left(\frac{a+b}{2}\right)+f(b)}{6}. \tag{2.57}$$

구적 공식 (2.53)이 상수 다항식(常數 多項式, constant polynomial)에 대해 정확하고, 구적 공식 (2.54)와 (2.55)는 1차 다항식(一次 多項式, first degree polynomial)에 대해 정확하며, 마지막 구적 공식 (2.56)은 2차 다항식(二次 多項式, degree 2 polynomial)에 대해 정확한 반면, (2.57)은 3차 다항식(三次 多項式, degree 3 polynomial)

에 대해 정확함을 보이는 것은 쉽다; 더욱이, 각 경우에 있어서 그 결과가 최적(最適)이다(optimal). $D = [a, b]$로 Proposition 2.16을 사용하면, 다음의 결과를 얻는다:

Proposition 2.19 (one-dimensional case) *Proposition 2.18의 결론(結論, conclusion)은 식(2.53)은 $r = 0$에 대해, 식 (2.54)와 (2.55)는 $r = 1$에 대해, 식 (2.56)은 $r = 2$에 대해, 그리고 식 (2.57)은 $r = 3$에 대해 타당(妥當)하다(valid).*

삼각형의 경우로 제한하여, 2차원에서의 구적 공식의 몇 가지 예를 들자. T를 정점 q^1, q^2, q^3을 가진 삼각형이라 하자; 가장 통상적인 구적 공식은 다음과 같다($|T|$는 T의 면적을 나타낸다):

삼각형의 질량 중심(質量 中心, 무게 중심, 중심(重心), center of mass) $G = (q^1 + q^2 + q^3)/3$에 중심(中心)을 둔(centered) 공식

$$\int_T f(x)dx \simeq |T|f(G); \tag{2.58}$$

삼각형의 정점을 포함하는 공식

$$\int_T f(x)dx \simeq \frac{|T|}{3}\left(f(q^1) + f(q^2) + f(q^3)\right); \tag{2.59}$$

삼각형의 변(邊, edge)의 중점(中點, midpoint) $\bar{q}^k$를 포함하는 공식

$$\int_T f(x)dx \simeq \frac{|T|}{3}\left(f(\bar{q}^1) + f(\bar{q}^2) + f(\bar{q}^3)\right). \tag{2.60}$$

2차원에서의 구적 공식이 r차 다항식(degree r polynomial)에 대해 정확함을 증명하기 위하여, 삼각형 T를 '기준 삼각형(基準 三角形, reference triangle)' 또는 '단위 삼각형(單位 三角形, unit triangle)'이라 불리는 삼각형으로 변환(變換)하는(transform) 변수(變數, variable)의 변경(變更, change)으로 시작한다; 그것은 $\mathbb{R}^2$의 각 좌표 축(座標 軸, coordinate axis)에서 길이(length) 1을 갖는 2등변 삼각형(二等邊 三角形, isosceles triangle)이다. 그러면 계산을 더 쉽게 만드는 이 삼각형에 대한 결과를 증명하면 충분함을 본다. 이렇게 하여, 구적 공식 (2.28)과 (2.59)는 1차 다항식에 대하여 정확하고, 구적 공식 (2.60)은 2차 다항식(second degree polynomial)에 대해 정확하며, 이 결과가 최적임을 알게 된다; 그러면 다음의 결과를 가진다:

Proposition 2.20 (two-dimensional case) *Proposition 2.18의 결론(結論, conclusion)은 식(2.58)과 (2.59)는 $r = 1$에 대해, 그리고 식 (2.60)은 $r = 2$에 대해 타당(妥當)하다.*

Remark 2.21 행렬 계수(行列 係數 matrix coefficient) $I = ((I_{ij}))$를

$$I_{ij} = \int_\Omega w^i(x)w^j(x)dx$$

로 계산할 때 공식 (2.59)를 적용(適用)한다면, 다음을 찾는다:

$$I_{ij} \simeq \delta_{ij}\frac{1}{3}\sum_{\{k,q^i\in T_k\}}|T_k|\,. \tag{2.61}$$

행렬 I는 편미분 방정식에서 상수 항(常數 項, constant term)을 이산화한 후에 유한 요소법에서 나타난다. 정확하지 않은 공식 (2.61)은 질량(質量) 묶음(mass lumping)이라 불린다; 그것은 대각행렬(對角行列, diagonal matrix)에 의한 I의 근사를 허용(許容)한다. 이 근사가 사용되는 예(例, example)가 있는 9장(章)(9.3.2절)에서 만날 기회를 가질 것이다. □

2.4.3 *Interpolation*

위의 수치적분(數値積分, numerical integration) 공식은 다항식에 의한 함수의 보간(補間, interpolation)의 개념과 단단히 연결되어(tightly linked) 있다. 경계가 다각형(多角形, polygonal)($\Omega_h = \overline{\Omega}$를 갖도록)으로 가정되며, 삼각화 $\mathcal{T}_h$가 준비(準備)된 $\mathbb{R}^2$ 내의 유계 영역 Ω로 되돌아가자.

Definition 2.22 Ω에서 정의된 함수 f의 P^1 보간함수(補間函數, interpolant, interpolation function)는, 각 망 정점(網 頂點, mesh vertex)에서 f와 일치(一致)하여, Ω_h에서 연속이며, 삼각화의 각 삼각형에서 선형이다.

구적 공식 (2.58)과 (2.59)가 모두 f의 P^1 보간함수에 대해 정확하기 때문에, 그런 공식을 사용하는 것은 실제로 f가 그 P^1 부간함수에 의해 근사화되었음을 의미한다. 좀 더 일반적으로, 함수 f의 P^M 보간함수를 국부적(局部的)으로(locally)(즉 각 삼각형 T에 대해) 정의할 수 있다. 여기서 P^M은 모든 변수 $x_1, \cdots, x_n$에 대해 M보다 작거나 같은 차수(degree)의 다항식의 집합이다. 예를 들어, T에서 정의된, T의 변(edge)의 중점(midpoint)에서 f와 일치하는 함수는 f의 P^2 보간함수이다; 그러면 구적 공식 (2.60)을 사용하는 것은 f를 이 보간함수로 대체(代替)한 것이나 매한가지이다.

2.5 *PROGRAMMING THE METHOD*

2.5.1 *Orientation*

이제 남은 할 일을 요약(要約)하자; 다음을 해야 한다:

- 다각형 경계를 가지는 것으로 가정된(그러면 $\Omega_h = \bar{\Omega}$를 갖는다) Ω의 삼각화를 세운다.
- '모자 함수' w^i를 세운다,
- 식 (2.48)과 (2.49)의 해(solution)를 찾는다.

첫째 항에 관련해서는, 2.5.2절에서 삼각화의 예제를 준다; 거기에서, 데이터 구조(構造)(data structure)는 일반적인 방법으로 상세히 설명된다. 둘째 항은, 배열(配列, array)에 기저 함수 w^i를 저장(貯藏)할 필요가 없기 때문에, 상술(詳述)하지 않을 것이다; 실로, 기저 함수는 직접 수행(遂行)될 적분의 계산에서만 나타난다. 셋째 항에 대해서는, 문제 (2.48)을 풀기 위한 수치 방법(數値 方法, numerical method)을 선택해야 한다. 다음의 두 가지 계산 모두가 필요한 최적화 문제에서 보통 사용되는 방법은 *구배법(勾配法, gradient method)*이다:

(a) 주어진 $\Phi = (\varphi_1, \cdots, \varphi_{N_h})$에 대해, $E_h(\Phi)$를 계산한다(즉 E_h를 계산한다);

(b) 주어진 $\Phi = (\varphi_1, \cdots, \varphi_{N_h})$에 대해, $\frac{\partial E_h}{\partial \varphi_i}(\Phi)$를 계산한다(즉 $\text{grad}_\Phi E_h$를 계산한다).

예를 들면, 식 (2.48)을 풀기 위한 최적 단계 구배법(最適 段階 勾配法, optimal step gradient method)[Ciarlet (1989), Lascaux와 Théodor (1987), Schatzman (1991)]은, 컴퓨터에서, 다음과 같은 형태의 모든 정수(整數, integer) m에 대한 반복(反復, iteration)으로 바꾼다:

Algorithm 1 (Optimal Step Gradient Method):

0. Φ에 대한 초기화(初期化, initialization) $\Phi^0 = (\Phi_1^0, \cdots, \Phi_{N_h}^0)$와 정밀도(精密度, accuracy) ϵ을 선택함; $m = 0$으로 둠;

1. $i \in \{1, \cdots, N_h\}$에 대하여 $G_i^m = \frac{\partial E_h}{\partial \varphi_i}(\Phi^m)$으로 둠. 여기서 $\Phi^m = (\Phi_1^m, \cdots, \Phi_{N_h}^m)$;

2. 변수 $\rho \in \mathbb{R}$에 관해 함수 $E_h(\Phi^m - \rho G^m)$(식 (2.77) 참조)를 최소화(最小化)하는 minimize) 실수(實數, real number) ρ^m을 결정함. 여기서 $G^m = (G_1^m, \cdots, G_{N_h}^m)$;

3. $\Phi^{m+1} = \Phi^m - \rho^m G^m$으로 둠;

4. 중단 검사(中斷 檢査, stopping test)를 수행함: 만약 $\sum_{i=1}^{N_h} |G_i^m|^2 < \epsilon$이면, 중단함; 그렇지 않으면, m을 1 증가시키고 단계 1로 되돌아 감.

범함수 E_h가 '좋은 성질(good property)'을 갖기 때문에(2계 미분 행렬이 정정(positive definite)인 2차 범함수), 스칼라(scalar) ρ^m이 항상 양(陽, 정(正), positive)임을 쉽게 볼 수 있다; Φ^{m+1}이 Φ^m으로부터 구배(勾配, 경도(傾度), gradient)의 반대 방향으로 향하는 반직선(半直線, halfline) 위에 있기 때문에, 용어 *강하법(降下法, descent method)*은 이 성질로부터 온다.

이제 삼각화를 위해 사용할 데이터 구조를 설명한다

2.5.2 *Data Structure for a Triangulation*

계산의 관점에서, 망(mesh)에 속하는 정보(情報, information)를 저장하기 위한 3개의 Fortran 배열(array)(한 개의 실수 배열(real array) q, 두 개의 정수 배열(integer array) me와 ng)과 두 개의 정수(integer)(nv와 nt)를 사용할 것이다; 그 정보는 다음과 같다:

nv = 망 정점의 총 수(總 數);

nt = 삼각형의 수;

$q(i, j)$ = j번째 정점의 i번째 좌표(座標, coordinate);

$me(j, k)$ = 배열 q에서, 지표(指標, index) k인 삼각형의 j번째 정점의 저장 지표(貯藏 指標, storage index)(이것은 각 삼각형에서 정점의 '국부' 번호 부여('局部' 番號 附與, 'local' numbering)를 떠맡는다;

$ng(i)$ = i번째 삼각형이 영역 경계 위에 있는지($ng(i) \neq 0$) 또는 아닌지($ng(i) = 0$)를 가리킨다;

$ngT(k)$ = k번째 삼각형이 놓여있는 영역(domain)이 속하는 부분(region)의 지표; 사실, 어떤 문제에서는, 서로 다른 물질이 있을 수 있으며, 주어진 삼각형이 위치하는 부분을 빠르게 알 필요가 있다. 지금으로서는, 이 배열을 사용하지 않을 것이다.

C에서는 다음의 데이터 구조를 채용(採用)할 수 있다:

```
typedef struct{float x,y}; point;
typedef int triangle[3];
typedef int edge[2]; /* optional */
typedef struct{
int nv, nt;       /* number of vertices and triangles */
point *q;         /* vertex coordinates */
triangle *me;     /* triangles connectivity */
int* ngt;         /* triangle kind index */
int* ng           /* vertex kind index */
                  /* the following is optional */
Int ne;           /* number of edges */
```

```
Int* nde;        /* edge array */
edge* edtr;      /* indices of triangles neighboring edge */
triangle* tred; /*indices of 3 edges of triangle */
                 /* end optional */
}Triangulation;
```

예를 들어, 다음의 Fortran 프로그램에 의해 '*작은 삼각화(tiny triangulation)*'라 불리는 그림 2.7의 삼각화를 나타낼 수 있다. 그림에서, 굵은 표시(bold index)는 망 정점에 대한 것이며, 이탤릭체 표시(italic index)는 삼각형 번호이다. 가독성(可讀性, readability)을 위하여, '국부' 번호 부여, 즉 각 삼각형 내에 있는 세 정점의 번호 부여는 보이지 않았는데, 그것은 주(主) 프로그램(main program)에서 정의된 배열 *me*로부터 추단(推斷)될 수 있다.

삼각화 또는 문제의 데이터 *f*와 *g*를 저장하기 위한 파일(file)의 이름은 실행 시간(實行 時間, run time)에 사용자(使用者, user)에 의해 정의된다. 서브루틴(subroutine) 'writeT'는 file에 삼각화를 저장하기 위해 사용되었음에 반하여, subroutine 'writeF'는 file에 크기 *nv*의 배열을 저장할 수 있게 한다; 각 삼각형에서 선형인 것으로 가정된 식 (2.1)의 우변(右邊, right hand side) f 또는 Dirichlet 경계조건 g 양쪽은 배열 *phi*에 저장될 거이며, 그것은 또한, 계산의 끝에서, 망의 각 정점에서의 ϕ_h의 값을 저장하는데 에도 사용될 것이다(여기서는 g가, 내부이든 아니든, 망의 모든 절점에서 정의된다고 가정한다).

```
C  File: TinyTri.for
C
      PROGRAM MeshTiny
C     ----------------
C
C  This program builds the tiny triangulation mesh and
C  stores the model problem data.
C
C
```

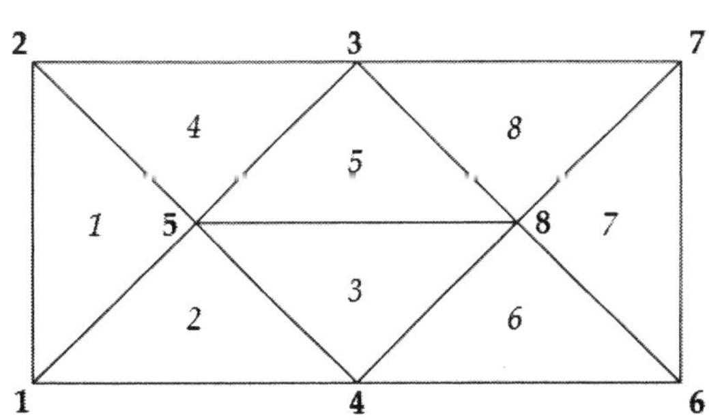

Figure 2.7 A tiny triangulation.

```
C arrays:
C -------
C mesh:
C   q: coordinates of the mesh vertices;
C   me: numbering of the triangles;
C   ng: arrays indicating whether a vertex is
C     internal (ng(i)=0) or on the boundary.
C
C data:
C   f: Laplacian right hand side;
C   phi: on startup, Dirichlet boundary conditions.
C
C files:
C ------
C   TinyTri.dta: name of file for storing the
C     triangulation;
C   filnam: name of file for storing f or phi
C     (the name of this file is given by the
C     user at program run time).
C
C subroutines:
C ------------
C   writeT: writes the mesh to a file whose
C     name is provided by the user at run time,
C     we suggest to call it TinyTri.dta;
C   writeF: writes array tab to a file whose
C     name is provided by the user at run time.
C
C
      PARAMETER (nvMax=30,ntMax=60)
      DIMENSION f(nvMax),phi(nvMax)
C
      CHARACTER*20 filnam
C
      nv=8
      nt=8
      DATA q/3*0.,4*1.,0.,2*.5,2.,0.,2.,1.,1.5,.5/
      DATA me/1,5,2, 1,4,5, 5,4,8, 3,2,5,
     >        8,3,5, 4,6,8, 6,7,8, 8,7,3/
      DATA ng/4*1,0,2*1,0/
      DATA f/nv*0./
      DATA phi/nv*0./
C
      write(*,*)'file name for mesh'
      write(*,*)'(example treated: TinyTri.dta)'
      read(*,'(a)')filnam
      CALL writeT(filnam,nv,nt,q,ng,me,ngt)
      write(*,*)'file name for storing f'
      write(*,*)'(Laplacian right hand side)'
      read(*,'(a)')filnam
      CALL writeF(filnam,nv,f)
```

```
      write(*,*)'file name for storing phi'
      write(*,*)'(Dirichlet boundary conditions)'
      read(*,'(a)')filnam
      CALL writeF(filnam,nv,phi)
C
C ----------------------------------------------------------
      SUBROUTINE writeT(filnam,nv,nt,q,ng,me,ngt)
C ----------------------------------------------------------
C
C  Writes mesh to file filnam.
C
C
      CHARACTER*20 filnam
      DIMENSION q(2,nv),me(3,nt),ng(nv)
C
      OPEN(UNIT=13,file=filnam)
      ngt=0
      write(13,*)nv,nt
      DO 1 i=1,nv
        write(13,*)q(1,i),q(2,i),bg(i)
1     CONTINUE
      DO 2 i=1,nt
        write(13,*)me(1,i),me(2,i),me(3,i),ngt
2     CONTINUE
      CLOSE(13)
C
      END
C
C ----------------------------------------------------------
      SUBROUTINE writeF(filnam,nv,tab)
C ----------------------------------------------------------
C
C  Writes array tab to file filnam.
C
C
      CHARACTER*20 filnam
      DIMENSION tab(nv)
C
      OPEN(UNIT=13,file=filnam)
      write(13,*)nv
      DO 1 i=1,nv
        write(13,*)tab(i)
1     CONTINUE
      CLOSE(13)
C
      END
```

이 프로그램이 실행될 때 화면(畵面, screen)에 나타나는 결과:

```
8 8
1 .000000  .000000   1
```

```
2 .000000  1.00000   1
3 1.00000  1.00000   1
4 1.00000  .000000   1
5 .500000  .500000   0
6 2.00000  .000000   1
7 2.00000  1.00000   1
8 1.50000  .500000   0
1 1  5  2   0
2 1  4  5   0
3 5  4  8   0
4 3  2  5   0
5 8  3  5   0
6 4  6  8   0
7 6  7  8   0
8 8  7  3   0
```

C에서는 같은 프로그램을 다음과 같은 방식으로 만든다:

```
/*  file: tinytri.c  */
/*  This program builds the tiny triangulation mesh
          and writes the model problem data          */
#include <math.h>
#include <stdio.h>
#include <stdlib.h>

char* tfile="tinyt.dta";
char* ffile="tinyf.dta";
char* gfile="tinyg.dta";

typedef struct{float x,y;}point;
typedef long triangle[3];
typedef struct{int nv, nt;
  point *q;
  triangle *me;
  int *ngt;
  int *ng;
    }triangulation;
int    writeT(char* filnam,triangulation* t);
int    writeF(char* filnam,int nv,float* tab);

/*--------------------------------------------------*/
int writeT(char* filnam,triangulation* t)
/*--------------------------------------------------*/
{int i,a,b,c; FILE *f;
  if(f=fopen(filnam,"w"), !f) return 1;
  fprintf(f,"%d%d\n", t->nv,t->nt);
  for(i=0; i<t->nv; i++)
    fprintf(f,"%e%e%d\n",
      t->q[i].x, t->q[i].y, t->ng[i]);
  for(i=0; i<t->nt; i++)
    {  a=1+t->me[i][0]; b=1+t->me[i][1];
```

```
      c=1+t->me[i][2];
      fprintf(f,"%d%d%d%d\n",a,b,c, t->ngt[i]);
    }
  fclose(f);
  return 0;
}

/*---------------------------------------------------*/
int writeF(char* filnam,int nv,float* tab)
/*---------------------------------------------------*/
/* Writes array tab to file filnam */
{  int I; FILE* f;
   if(f=fopen(filnam,"w"), !f) return 1;
   fprintf(f,"%d\n", nv);
   for(i=0; i<nv;i++)fprintf(f,"%e\n", tab[i]);
   fclose(f);
   return 0;
}

/*---------------------------------------------------*/
void main(void)
/*---------------------------------------------------*/
{
  triangulation t;
  float *f;   /* source function */
  float *phi; /* boundary conditions & initializations */
  int I;
t.nv=8;
t.nt=8;
t.q=(point*)calloc(t.nv,sizeof(point));
t.q[0].x=0;    t.q[0]y=0;
t.q[1].x=0;    t.q[1]y=1;
t.q[2].x=1;    t.q[2]y=1;
t.q[3].x=1;    t.q[3]y=0;
t.q[4].x=.5;   t.q[4]y=.5;
t.q[5].x=2;    t.q[5]y=0;
t.q[6].x=2;    t.q[6]y=1;
t.q[7].x=1.5;  t.q[7]y=.5;
t.me=(triangle*)calloc(t.nt,sizeof(triangle));
t.me[0][0]=0; t.me[0][1]=4; t.me[0][2]=1;
t.me[1][0]=0; t.me[1][1]=3; t.me[1][2]=4;
t.me[2][0]=4; t.me[2][1]=3; t.me[2][2]=7;
t.me[3][0]=2; t.me[3][1]=1; t.me[3][2]=4;
t.me[4][0]=7; t.me[4][1]=2; t.me[4][2]=4;
t.me[5][0]=3; t.me[5][1]=5; t.me[5][2]=7;
t.me[6][0]=5; t.me[6][1]=6; t.me[6][2]=7;
t.me[7][0]=7; t.me[7][1]=6; t.me[7][2]=2;
t.ng=(int*)calloc(t.nv,sizeof(int));
t.ng[0]=1; t.ng[1]=1; t.ng[2]=1; t.ng[3]=1;
t.ng[4]=0; t.ng[5]=1; t.ng[6]=1; t.ng[7]=0;
t.ngt=(int*)calloc(t.nt,sizeof(int));
```

```
f=(float*)calloc(t.nv,sizeof(float));
phi=(float*)calloc(t.nv,sizeof(float));
for(i-0;i<t.nv;i++)f[i]=1;
writeT(tfile,&t);
writeF(ffile,t.nv,f);
writeF(gfile,t.nv,phi);
printf("3 files generated: %s, %s, %s\n",
tfile,ffile,gfile);
}
```

2.5.3 *Computing the Discrete Energy*

각 정점 q^i에서의 φ_h의 알려진 값 φ_i로부터 식 (2.62)로 주어지는 실수(real number) $E_h(\Phi)$를 계산해야 한다:

$$E_h(\Phi) = E(\varphi_h) = \frac{1}{2}\int_{\Omega_h} |\nabla\varphi_h(\vec{x})|^2 d\vec{x} - \int_{\Omega} \big(f\varphi_h\big)(\vec{x})d\vec{x}. \tag{2.62}$$

Ω를 $\bar{\Omega} = \Omega_h$가 되는 다각형 경계로 가정하였음을 상기하자. $\varphi_h|_{T_k}$가 선형이기 때문에, $|\nabla\varphi_h|$는 T_k에서 상수이며 식 (2.63)을 가진다:

$$E_h(\Phi) = \frac{1}{2}\sum_{k=1}^{n_t} |T_k||\nabla\varphi_h|^2_{T_k} - \sum_{k=1}^{n_t}\int_{T_k} \big(f\varphi_h\big)(\vec{x})d\vec{x}. \tag{2.63}$$

이제, 삼각형 T_k에서, φ_h는 식 (2.42)의 형태를 가지는데, 여기서 계수 α, β, γ는 식 (2.43)에 의해 분명하게 주어지고, 그것은 아래와 같다(abs는 절대치(絶對値, absolute value)의 단축(短縮, short)이다):

$$\alpha = \frac{\begin{vmatrix} \varphi_1 & q_y^1 & 1 \\ \varphi_2 & q_y^2 & 1 \\ \varphi_3 & q_y^3 & 1 \end{vmatrix}}{\begin{vmatrix} q_x^1 & q_y^1 & 1 \\ q_x^2 & q_y^2 & 1 \\ q_x^3 & q_y^3 & 1 \end{vmatrix}}, \quad \beta = \frac{\begin{vmatrix} q_x^1 & \varphi_1 & 1 \\ q_x^2 & \varphi_2 & 1 \\ q_x^3 & \varphi_3 & 1 \end{vmatrix}}{\begin{vmatrix} q_x^1 & q_y^1 & 1 \\ q_x^2 & q_y^2 & 1 \\ q_x^3 & q_y^3 & 1 \end{vmatrix}}, \quad \gamma = \frac{\begin{vmatrix} q_x^1 & q_y^1 & \varphi_1 \\ q_x^2 & q_y^2 & \varphi_2 \\ q_x^3 & q_y^3 & \varphi_3 \end{vmatrix}}{\begin{vmatrix} q_x^1 & q_y^1 & 1 \\ q_x^2 & q_y^2 & 1 \\ q_x^3 & q_y^3 & 1 \end{vmatrix}}, \tag{2.64}$$

$$|T_k| = \frac{1}{2}\text{abs}\left(\begin{vmatrix} q_x^1 & q_y^1 & 1 \\ q_x^2 & q_y^2 & 1 \\ q_x^3 & q_y^3 & 1 \end{vmatrix}\right). \tag{2.65}$$

표시법(表示法, notation)은 그림 2.8과 같은데, 여기서 표시를 간략하게 하기 위하여, 삼각형 T_k의 정점은 q^1, q^2, q^3에 의해 나타내고, 정점 q^i는 좌표 $\left(q_x^i, q_y^i\right)$를 가지며, $\varphi_i = \varphi_h\left(q^i\right)$이다.

마지막으로, 앞의 공식에 있는 모든 행렬식(行列式, determinant)은 식 (2.66)의 형태이다:

$$\begin{vmatrix} a & b & 1 \\ c & d & 1 \\ e & f & 1 \end{vmatrix} = \begin{vmatrix} a-e & b-f & 0 \\ c-e & d-f & 0 \\ e & f & 1 \end{vmatrix} = (a-e)(d-f) - (b-f)(c-e). \tag{2.66}$$

이것은 다음과 같은 방식으로 Fortran으로 쉽게 프로그래밍될 수 있다:

```
C
      FUNCTION deter(a,c,e,b,d,f)
C     ---------------------------
C
      deter=(a-e)*(d-f)-(b-f)*(c-e)
      END
```

식 (2.62)에 있는 두 번째 적분을 계산하기 위해, 오직 한 점, 즉 각 삼각형의 질량중심에 중심을 둔 Gauss의 구적 공식 (2.58)을 사용할 것이다. 먼저 다음을 가진다:

$$\int_{\Omega} (f\varphi_h)(\vec{x})d\vec{x} = \sum_{k=1}^{n_t} \int_{T_k} (f\varphi_h)(\vec{x})d\vec{x}. \tag{2.67}$$

그러면, 그림 2.8의 표기에 따라,

$$\int_{T_k} (f\varphi_h)(\vec{x})d\vec{x} \simeq f\left(\frac{q^1 + q^2 + q^3}{3}\right)\varphi_h\left(\frac{q^1 + q^2 + q^3}{3}\right)|T_k| \tag{2.68}$$

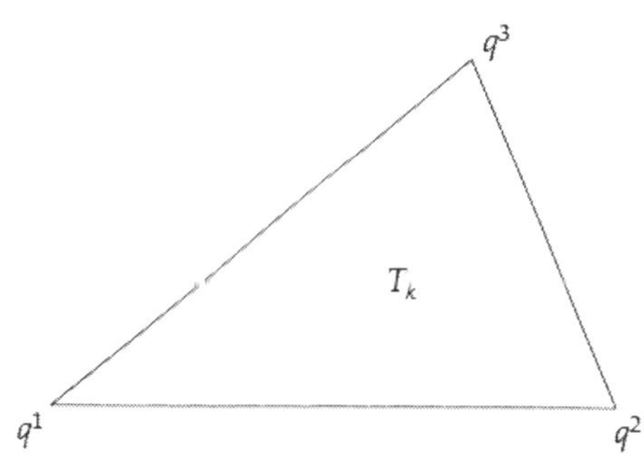

Figure 2.8 The vertices notation of a triangle.

$$\simeq f\left(\frac{q^1+q^2+q^3}{3}\right)\frac{\varphi_1+\varphi_2+\varphi_3}{3}|T_k|. \tag{2.69}$$

이 구적 공식은, 여기에서의 경우는 아니지만, f가 T_k에서 상수로 가정되면 정확하다. f가 삼각형 T_k에서 선형이라면, 그것을 각 삼각형에서 삼각형의 각 정점에서의 f로 취해진 값의 합(合, sum)의 3분의 1인 일정한 값의 상수 함수로 근사화할 수 있다; 더 이상 정확하지 않은(오차는, 명제 2.20에 따라, 차수(次數, order)가 h이다) 구적 공식 (2.68)에서 시작하여, 다음과 같이 찾는 적분의 근사를 얻는다:

$$\int_{T_k}(f\varphi_h)(\vec{x})d\vec{x} \simeq \frac{f(q^1)+f(q^2)+f(q^3)}{3}\frac{\varphi_1+\varphi_2+\varphi_3}{3}|T_k|. \tag{2.70}$$

Remark 2.23 앞의 근사화는 구적 공식 (2.60)을 고려함으로써 개선할 수 있다. 식 (2.67)에서 수행하는 적분은 그러면 정확하게 계산될 것이며, 삼각형 T_k의 절점(node) q^i에서의 f의 값 f_i에 의해 표현되어, 이 삼각형에 대해 식 (2.71)을 가진다:

$$\begin{aligned}\int_{T_k}(f\varphi_h)(\vec{x})d\vec{x} \simeq \frac{|T_k|}{12}\big[&(f_1+f_2)(\varphi_1+\varphi_2)\\ &+(f_2+f_3)(\varphi_2+\varphi_3)+(f_3+f_1)(\varphi_3+\varphi_1)\big].\end{aligned} \tag{2.71}$$

구적 공식 (2.60)이 변수 x와 y 둘 다에서 2차 다항식에 대해 정확하기 때문에, f가 각 삼각형에서 선형이라면, 공식 (2.71)은 적분 (2.67)의 정확한 값을 준다. f가 선형이 아니라면, 다시 명제 2.20에 따라, 오차가 차수 h^2인 근사 값을 준다. 프로그램에서는, 오직 프로그램을 단순하게 하기 위하여, 식 (2.71) 보다는 첫째 근사 (2.70)을 선택하였다. □

이제 $E_h(\Phi) = E(\varphi_h)$의 계산을 프로그래밍할 수 있다.

```
C  File: minEe.for
C
C  -----------------------------------------------------------
      FUNCTION E(q,me,phi,f,nv,nt)
C  -----------------------------------------------------------
C
C  Computes energy E. This function can be useful to
C  check that the energy actually decreases along the
C  iterations of the method used to minimize it.
C
C  If the array f on entry to this subroutine is
C  identically zero, this function computes
C  ∫Ω ½|∇φ|²dΩ, for any array phi(nv), which
```

```
C  gives another useful purpose to this function.
C
C
C  arrays:
C  -------
C  mesh:
C    q(2,nv): coordinates of the mesh vertices;
C    me(3,nt): numbering of the triangles vertices.
C
C  data:
C    f(nv): Laplacian right hand side;
C    phi(nv): at the beginning, Dirichlet boundary
C      conditions.
C
C  scalar:
C  -------
C  fk: values of f at the center of mass of the index k
C    triangle, or equivalently, f being assumed linear
C    on each triangle, One-thire of the sum of the
C    values taken by f at each of the 3 vertices of
C    the index k triangle;
C  area2Tk: twice the area of the index k triangle.
C
C
      DIMENSION phi(nv),f(nv),me(3,nt),q(2,nv)
C
      E=0.
      DO 1 k=1,nt
        i1=me(1,k)
        i2=me(2,k)
        i3=me(3,k)
        xi1=q(1,i1)
        xi2=q(1,i2)
        xi3=q(1,i3)
        yi1=q(2,i1)
        yi2=q(2,i2)
        yi3=q(2,i3)
        phii1=phi(i1)
        phii2=phi(i2)
        phii3=phi(i3)
C
        fk=(f(i1)+f(i2)+f(i3))/3.
        area2Tk=deter(xi1,xi2,xi3,yi1,yi2,yi3)
        gradFx=deter(phii1,phii2,phii3,yi1,yi2,yi3)
     >          /area2Tk
        gradFy=deter(xi1,xi2,xi3,phii1,phii2,phii3)
     >          /area2Tk
C
        E=E+0.5*abs(area2Tk)*(
     >             (gradFx*gradFx+gradFy*gradFy)/2.
     >             -fk*(phii1+phii2+phii3)/3.)
```

```
1     CONTINUE
C
      RETURN
      END
```

Remark 2.24 이 Fortran function은 뒤에서 유용할 것이다(2.5.5절에서 'ρ^m'의 계산을 위해). 실로, 그것을, 주어진 함수 φ에 대하여, 다음의 적분을 계산하기 위해 사용할 수 있다: $\int_{\Omega_h} |(\nabla\varphi)(\vec{x})|^2 d\vec{x}$; Fortran function의 입력(入力, input)에서, 배열 f는 0과 같게 취해야 한다. □

2.5.4 Computing the Gradient of the Discrete Energy

여전히 같은 표기 $\Phi = (\varphi_1, \cdots, \varphi_{N_h})$로, 식 (2.63)과 (2.47)로부터

$$\begin{aligned} E_h(\Phi) = \frac{1}{2}\int_{\Omega_h} \left| \nabla\left(\sum_{i=1}^{N_h} \varphi_i w^i + \sum_{i=N_h+1}^{n_v} g_i w^i\right)(\vec{x})\right|^2 d\vec{x} \\ - \int_{\Omega_h} f(\vec{x})\left(\sum_{i=1}^{N_h} \varphi_i w^i(\vec{x}) + \sum_{i=N_h+1}^{n_v} g_i w^i(\vec{x})\right) d\vec{x} \end{aligned} \tag{2.72}$$

이 나타난다. 그러면, 임의의 $k \in \{1, \cdots, N_h\}$에 대해, 다음을 가진다:

$$\begin{aligned} \frac{\partial E_h}{\partial \varphi_k}(\Phi) &= \int_{\Omega_h} \nabla\left(\sum_{i=1}^{N_h} \varphi_i w^i + \sum_{i=N_h+1}^{n_v} g_i w^i\right)(\vec{x}) \cdot \nabla w^k(\vec{x}) d\vec{x} - \int_{\Omega_h} (f w^k)(\vec{x}) d\vec{x} \\ &= \int_{\Omega_h} \nabla\varphi_h(\vec{x}) \cdot \nabla w^k(\vec{x}) d\vec{x} - \int_{\Omega_h} (f w^k)(\vec{x}) d\vec{x}. \end{aligned} \tag{2.73}$$

$G_k = \partial E_h / \partial \varphi_k(\Phi)$라 하자. 그러면

$$G_k = \sum_{l=1}^{n_t} \left[\int_{T_l} \nabla\varphi_h(\vec{x}) \cdot \nabla w^k(\vec{x}) d\vec{x} - \int_{T_l} (f w^k)(\vec{x}) d\vec{x} \right].$$

각 삼각형 T_l에서, 식 (2.63)에 의해 완성되는 φ_h의 형식 (2.42)를 사용하여, 여전히 T_l의 세 정점을 $q^{i_1}, q^{i_2}, q^{i_3}$로 나타내면, 다음을 준다:

$$\forall \vec{x} \in T_l, \quad \nabla\varphi_h(\vec{x}) \cdot \nabla w^k(\vec{x}) = \frac{\partial \varphi_h}{\partial x}(\vec{x})\frac{\partial w^k}{\partial x}(\vec{x}) + \frac{\partial \varphi_h}{\partial y}(\vec{x})\frac{\partial w^k}{\partial y}(\vec{x})$$

$$= \frac{\begin{vmatrix} \varphi_{i_1} & q_y^{i_1} & 1 \\ \varphi_{i_2} & q_y^{i_2} & 1 \\ \varphi_{i_3} & q_y^{i_3} & 1 \end{vmatrix} \begin{vmatrix} \delta_{i_1,k} & q_y^{i_1} & 1 \\ \delta_{i_2,k} & q_y^{i_2} & 1 \\ \delta_{i_3,k} & q_y^{i_3} & 1 \end{vmatrix}}{\begin{vmatrix} q_x^{i_1} & q_y^{i_1} & 1 \\ q_x^{i_2} & q_y^{i_2} & 1 \\ q_x^{i_3} & q_y^{i_3} & 1 \end{vmatrix} \begin{vmatrix} q_x^{i_1} & q_y^{i_1} & 1 \\ q_x^{i_2} & q_y^{i_2} & 1 \\ q_x^{i_3} & q_y^{i_3} & 1 \end{vmatrix}} + \frac{\begin{vmatrix} q_x^{i_1} & \varphi_{i_1} & 1 \\ q_x^{i_2} & \varphi_{i_2} & 1 \\ q_x^{i_3} & \varphi_{i_3} & 1 \end{vmatrix} \begin{vmatrix} q_x^{i_1} & \delta_{i_1,k} & 1 \\ q_x^{i_2} & \delta_{i_2,k} & 1 \\ q_x^{i_3} & \delta_{i_3,k} & 1 \end{vmatrix}}{\begin{vmatrix} q_x^{i_1} & q_y^{i_1} & 1 \\ q_x^{i_2} & q_y^{i_2} & 1 \\ q_x^{i_3} & q_y^{i_3} & 1 \end{vmatrix} \begin{vmatrix} q_x^{i_1} & q_y^{i_1} & 1 \\ q_x^{i_2} & q_y^{i_2} & 1 \\ q_x^{i_3} & q_y^{i_3} & 1 \end{vmatrix}}. \tag{2.74}$$

EXERCISE T_l 에서 k_1 이 k 바로 다음이며 k_2 가 k_1 바로 다음일 때 $\partial w^k/\partial x = \left(q_y^{k_1} - q_y^{k_2}\right)/|T_l|$, $\partial w^k/\partial y = \left(q_x^{k_1} - q_x^{k_2}\right)/|T_l|$임을 보여라. □

T_l에서의 fw^h의 적분에 관해서는, 그것은

$$\int_{T_l} (fw^k)(\vec{x})d\vec{x} \simeq \begin{cases} f\left(\dfrac{q^1 + q^2 + q^3}{3}\right)\dfrac{|T_l|}{3}, & \text{if } k \in \{i_1, i_2, i_3\} \\ 0 \text{ otherwise,} \end{cases} \tag{2.75}$$

에 의해 근사화될 수 있다. 왜냐하면

$$w^k\left(\frac{q^1 + q^2 + q^3}{3}\right) = \frac{1}{3} \ (\text{if } k \in \{i_1, i_2, i_3\}), \quad 0 \ (\text{otherwise}) \tag{2.76}$$

이기 때문이다.

프로그래밍의 관점에서, 중요한 생각은 *모든(all)* G_k를 동시(同時)에(연립(聯立)으로, simultaneously) 푸는 것이며, 이는 삼각화의 *모든 삼각형*에 대한 순환(循環, 루프, loop)에 의해 이루어질 수 있다:

```
      DO 1 k=1,nv
        G(k)=0.
1     CONTINUE
      DO 2 l=1,nt
        DO 2 j=1,3
          k=me(j,l)
          IF(ng(k).EQ.0)THEN
            G(k)=G(k)+∫_{T_l}(∇φ_h∇w^k − fw^k)dT
          ENDIF
2     CONTINUE
```

이것이 어떻게 작동(作動)하는지 이해하기 위해, 각 G_k를 따로따로(separately) 계

산했을 때 어떤 일이 일어나는지 살펴보자:

```
      DO 1 k=1,nv
        G(k)=0.
        DO 2 l=1,nt
          DO 2 j=1,3
            IF((k.EQ.me(j,l)).AND.(ng(k).EQ.0))THEN
              G(k)=G(k)+∫_{T_l}(∇φ_h∇w^k − fw^k)dT
            ENDIF
2       CONTINUE
1     CONTINUE
```

이렇게 하면 두 개의 집어 넣어진(two nested) 'Do loop', 즉 $O(nv * nt)$번의 연산(演算, operation)을 가지는 반면, 앞의 프로그램은 $O(nt)$ 번의 연산 만을 가진다. 첫 번째 방법은 Ω의 모든 삼각형이 합동(合同, union)이라는 사실에 기초(基礎)를 두며, 지표 l 삼각형에서, q^k가 T_l의 정점이 아니라면 적분 $\int_{T_l}\left(\nabla\varphi_h\cdot\nabla w^k - fw^k\right)d\vec{x}$은 0이다. 하지만 그러한 T_l의 수(數)는 작으며, nv와는 무관(無關)하다. G_k는 삼각형에 대한 조립(組立, 조합(組合), assembly)에 의해 계산되었다고 말한다.

따라서, $\nabla_\Phi E_h(\Phi) = \left(\partial E_h/\partial\varphi_1, \cdots, \partial E_h/\partial\varphi_{N_h}\right)(\Phi)$ 를 계산하기 위한 다음의 subroutine을 얻는다:

```
C  File: minEdE.for
C
C  ------------------------------------------------------------
      SUBROUTINE dEdPhi(q,me,ng,phi,f,nv,nt,gradE,g2h)
C  ------------------------------------------------------------
C
C  Computes the gradient of the energy functional at each
C  vertex of the mesh, and stores it in array gradE.
C
C  Also computes the square of the Euclidean norm
C  of the gradient of E and stores it in scalar g2h.
C
C
C  arrays:
C  -------
C  mesh:
C    q(2,nv): coordinates of the mesh vertices;
C    me(3,nt): numbering of the triangles vertices;
C    ng(nv): array to indicate whether a vertex is
C      internal (ng(i)=0) or not.
C
C  data:
C    f(nv): Laplacian right hand side;
C    phi(nv): at the beginning, approximate solution.
C
```

```
C  output:
C    gradE(nv): gradient of the functional E.
C
C  other arrays:
C    w(3): basis function.
C
C
      DIMENSION q(2,nv),me(3,nt),ng(nv)
      DIMENSION phi(nv),f(nv),gradE(nv),w(3)
C
      DO 1 i=1,nv
        gradE(i)=0.
1     CONTINUE
      DO 2 k=1,nt
        i1=me(1,k)
        i2=me(2,k)
        i3=me(3,k)
        xi1=q(1,i1)
        xi2=q(1,i2)
        xi3=q(1,i3)
        yi1=q(2,i1)
        yi2=q(2,i2)
        yi3=q(2,i3)
        phii1=phi(i1)
        phii2=phi(i2)
        phii3=phi(i3)
C
        fk=(f(i1)+f(i2)+f(i3))/3.
        area2Tk=deter(xi1,xi2,xi3,yi1,yi2,yi3)
        gradFx=deter(phii1,phii2,phii3,yi1,yi2,yi3)
     >         /area2Tk
        gradFy=deter(xi1,xi2,xi3,phii1,phii2,phii3)
     >         /area2Tk
C
        DO 3 j=1,3
          i=me(j,k)
          IF(ng(i).EQ.0)THEN
            DO 4 l=1,3
              w(l)=0.0
4           CONTINUE
            w(j)=1.0
            gradWix=deter(w(1),w(2),w(3),yi1,yi2,yi3)
     >             /area2Tk
            gradWiy=deter(xi1,xi2,xi3,w(1),w(2),w(3))
     >             /area2Tk
            gradE(i)=gradE(i)+(gradFx*gradWix
     >                       +gradFy*gradWiy-fk/3.)
     >                                 *abs(area2Tk)/2.
          ENDIF
3       CONTINUE
2     CONTINUE
```

```
      g2h=0.0
      DO 5 i=1,nv
        gradEi=gradE(i)
        g2h=g2h+gradEi*gradEi
5     CONTINUE
      RETURN
      END
```

Remark 2.25 $\partial E_h/\partial\varphi_k(\Phi)$의 값은 지표 k에서 배열 *'gradE'*에 저장된다. $k \in \{1, \cdots, N_h\}$에 대한 $\partial E_h/\partial\varphi_k(\Phi)$의 유일한 값이 계산될 필요가 있다; 하지만, 프로그래밍을 좀 더 간단하게 하기 위하여, 배열 *'gradE'*는, $k \in \{N_h + 1, \cdots, n_v\}$라면 $gradE(k) = 0$으로 두는 규약(規約, convention)으로, *모든 지표(all index)*에 대해 채워진다. 사실, 실제로 망(mesh)의 내부 절점이 먼저 번호 부여가 될 필요는 없어 ($I_\Omega \neq \{1, \cdots, N_h\}$), 배열 *gradE*의 차원을 N_h로만 두기를 원한다면, 내부 절점은 배열 *'qpos'*를 통하여 번호가 부여되어야 할 것이며, 각 지표 $k \in I_\Omega$에 대하여, $\partial E_h/\partial\varphi_k(\Phi)$의 값은 지표 *qpos(k)*에서 배열 *'gradE'*에 저장되어야 할 것이어서, 메모리 접근(接近) (memory access)이 복잡하다

서브루틴 'dEdPhi'는 또한, $\|\cdot\|_{\mathbb{R}^{N_h}}$으로 나타내어진, 계속(繼續, sequel)(2.5.6절에서의 공액구배법(共軛勾配法, conjugate gradient method))에서 유용할 앞의 벡터의 $\mathbb{R}^{N_h}$에서의 유클리드 놈(Euclidean norm), 즉

$$\|\nabla_\Phi E_h(\Phi)\|^2_{\mathbb{R}^{N_h}} = \sum_{i=1}^{N_h} \left|\frac{\partial E_h}{\partial \varphi_k}(\Phi)\right|^2$$

도 계산함에 유의하자. □

2.5.5 *A First Minimization Algorithm*

최적화 문제 (2.48)을 풀기 위해 2.5.1절에서 제안(提案)된 Algorithm 1의 프로그래밍을 여기서 상술(詳述)한다; 그것은 최적 단계(optimal step) 구배법이다.

Algorithm 1 (Optimal Step Gradient Method):

0. 정밀도(精密度, accuracy) ϵ를 선택하고, Φ에 대한 초기화(初期化, initialization) $\Phi^0 = \left(\Phi^0_1, \cdots, \Phi^0_{N_h}\right)$를 선택하며, $m = 0$으로 둠;

1. 모든 지표 $k \in \{1, \cdots, N_h\}$에 대하여 다음을 계산함:

$$G^m_k = \frac{\partial E_h}{\partial \varphi_k}(\Phi^m), \quad \Phi^m = \left(\varphi^m_1, \cdots, \varphi^m_{N_h}\right);$$

2. 변수 ρ에 관해 함수 $E_h(\Phi^m - \rho G^m)$을 최소화(最小化)하는 스칼라(scalar) ρ를 계산함. 여기서 $G^m = \left(G_1^m, \cdots, G_{N_h}^m\right)$;
3. $\Phi^{m+1} = \Phi^m - \rho^m G^m$으로 둠. m을 1 증가시키고, 다음의 조건이 만족될 때까지 단계 1로 되돌아 감:

$$\sum_k (G_k^m)^2 < \epsilon \sum_k \left(G_k^0\right)^2 .$$

단계 2의 계산을 상세하게 설명하자. $H^m \in \mathbb{R}^{N_h}$에서 $E_h(\Phi^m - \rho H^m)$의 최소화를 이루는 ρ의 값을 찾아야 하는 조금 더 일반적인 관점을 선택한다. E_h가 Φ의 2차 함수(二次 函數, quadratic function)이기 때문에, 그 테일러 급수(級數)(Taylor's series)는 2차 항(二次 項, second order term)에서 멈추며, 다음을 얻는다:

$$\begin{aligned} E_h(\Phi^m - \rho H^m) = E_h(\Phi^m) - \rho \sum_{k=1}^{N_h} \frac{\partial E_h}{\partial \varphi_k}(\Phi^m) H_k^m \\ + \frac{\rho^2}{2} \sum_{k,l=1}^{N_h} \frac{\partial^2 E_h}{\partial \varphi_k \partial \varphi_l}(\Phi^m) H_k^m H_l^m . \end{aligned} \tag{2.77}$$

찾아지는 극소치(極小値, minimal value) ρ^m은 그러면

$$\rho^m = \frac{\sum_{k=1}^{N_h} \frac{\partial E_h}{\partial \varphi_k}(\Phi^m) H_k^m}{\sum_{k,l=1}^{N_h} \frac{\partial^2 E_h}{\partial \varphi_k \partial \varphi_l}(\Phi^m) H_k^m H_l^m} = \frac{(G^m)^t H^m}{(H^m)^t A H^m} \tag{2.78}$$

이다. 여기서 A는, 그 k, l 요소가 다음과 같은 (여기서 $\Omega = \Omega_h$), E_h의 2계 미분의 행렬(Theorem 2.6의 증명에서 이미 나타났다)이다:

$$A_{kl} = \frac{\partial^2 E_h}{\partial \varphi_k \partial \varphi_l}(\Phi) = \int_{\Omega_h} \nabla w^k(\vec{x}) \cdot \nabla w^l(\vec{x}) d\vec{x} . \tag{2.79}$$

H_h^m으로, 망의 각 지표 k 절점에서 H_k^m과 같은, Ω_h에서 연속이며 구분 선형(區分線形, piecewise linear)인 함수를 나타낸다면, 그러면 식 (2.79)에 따라 다음을 갖는다:

$$(H^m)^t A H^m = \int_{\Omega_h} |\nabla H_h^m|^2 d\vec{x} = \|\nabla H_h^m\|_{L^2(\Omega_h)}^2 . \tag{2.80}$$

이 관계식은 ρ^m의 분모(分母, denominator)를 계산하기 위해 Remark 2.24를 사용하

는 것을 가능하게 한다.

다음 프로그램은 다음에 나오는 알고리즘에도 사용하는 것을 허용할 조금 더 일반적인 관점에서 ρ^m을 계산한다. 여기서 그것을 사용하는 것을 가능하게 하기 위하여, 배열 *'hConj'*는 배열 *'gradE'*가 갖고 있는 것과 완전히 반대인 값을 담고 있어야 하며, 기호적(記號的)으로(symbolically) *'hConj = −gradE'*로 쓸 수 있다. 또한, Remark 2.25에 따라, 망의 *모든 절점은,* 그것이 내부이든 아니든 간에, 프로그램에서 고려되어야 하며, 이 때문에 완전한 계산을 위하여, 망의 경계 절점에 대응하는 모든 지표에 대한 배열 *'gradE'*는 0일 것을 요구한다.

```
C  File: minErho.for
C
C  ----------------------------------------------------------
      FUNCTION rho(q,me,nv,nt,phi,gradE,hConj,hConjm)
C  ----------------------------------------------------------
C
C  This function computes the scalar rho that minimizes
C  the energy functional on the line going through phi
C  and along vector hConj.
C
C
C  arrays:
C  -------
C  mesh:
C    q(2,nv): coordinates of the mesh vertices;
C    me(3,nt): numbering of the triangles vertices.
C
C  input:
C    gradE(nv): gradient, at each node of the mesh,
C      of functional E;
C    phi(nv): array containing the approximate values
C      of the solution at each vertex of the mesh;
C    hConj(nv): descent direction.
C
C  other arrays:
C    hConjm(nv): zero array (use of function E to
C      compute the denominator of rho).
C
C
      DIMENSION q(2,nv),me(3,nt)
      DIMENSION phi(nv),gradE(nv),hConj(nv),hConjm(nv)
C
      DEhConj=0.
      DO 1 i=1,nv
        hConjm(i)=0.
1     CONTINUE
      DO 2 i=1,nv
        DEhConj=DEhConj+gradE(i)*hConj(i)
```

```
2     CONTINUE
C
      rho=-0.5*DEhConj/E(q,me,hConj,hConjm,nv,nt)
C
      RETURN
      END
```

Remark 2.26 Algorithm 1이 망(網)의 *모든 절점*에 대해 사용된다면, Φ를 옳게 초기화하는 것, 즉 Dirichlet 경계조건을 만족하도록 Φ^0를 선택해야 한다는 점에 유의(留意)해야 한다. 이 경우에는, G^m이 항상 모든 경계 절점에서 0으로 선택되기 때문에, 각 단계(step) m에서의 해(解)는 항상 옳은(right) 경계조건을 만족한다. □

이 장(章)의 끝에서, 이 방법에 속하는 수치 결과(數値 結果, numerical result)를 줄 것이다; 프로그래밍 수준(水準, level)에서 조금 밖에 차이가 없는 식 (2.48)을 풀기 위한 두 번째 알고리즘을 항상 제안할 것이지만, 그 전에 위에서의 것 보다 훨씬 더 효율적(效率的, efficient)임을 증명할 것이다.

2.5.6 *The Conjugate Gradient Method*

공액구배법(共軛勾配法, conjugate gradient method)은, 주로 강하 방향(降下 方向, descent direction)의 선택이 이제 최적화되기 때문에, 앞의 방법의 개선(改善, improvement)이다. 사실, 앞의 방법에서는, 두 연속 반복(連續 反復, successive iteration)에서의 구배(勾配, 경도(傾度), gradient)가 직교(直交, orthogonal)인데 반하여, 공액구배법에서는, 반복 m에서의 강하 방향이 앞의 모든 강하 방향과 직교이다. 특히, 이렇게 세워지는 구배가 선형 독립(線形 獨立, linearly independent)이기 때문에, 방법이 많아야 N_h 반복에서 수렴(收斂)한다는 것을 의미한다.

Model 최적화 문제 (2.48)의 관점에서 알고리즘을 준다.

Algorithm 2 (Conjugate Gradient Method):

0. 정밀도(精密度, accuracy) ϵ 선택, 최대 반복 회수(最大 反復 回數) $mMax$(예방 조치(豫防 措置, precaution)로서), Φ에 대한 초기화 $\Phi^0 = (\Phi_1^0, \cdots, \Phi_{N_h}^0)$ 선택, $m = 0$, $H_k^{-1} = 0$, $\forall k \in \{1, \cdots, N_h\}$로 $H^{-1} = (H_1^{-1}, \cdots, H_{N_h}^{-1})$으로 두며 $l^{-1} = 1$로 정의함;

1. 모든 지표 $k \in \{1, \cdots, N_h\}$에 대하여 나음을 계산함:

$$G_k^m = \frac{\partial E_h}{\partial \varphi_k}(\Phi^m), \quad \Phi^m = (\varphi_1^m, \cdots, \varphi_{N_h}^m);$$

$G^m = (G_1^m, \cdots, G_{N_h}^m)$로 두고 아래와 같이 정의함:

$$l^m = \|G^m\|^2_{\mathbb{R}^{N_h}} = \sum_{k=1}^{N_h} (G_k^m)^2;$$

2. $\gamma = \frac{l^m}{l^{m-1}}$로 $H^m = -G^m + \gamma H^{m-1}$을 계산함. 여기서 $H^m = \left(H_1^m, \cdots, H_{N_h}^m\right)$;
3. $\Phi(\rho) = \Phi^m + \rho H^m$으로 두고, 그 다음 $\mathbb{R}$에서 함수 $E\left(\Phi(\rho)\right)$를 최소화하는 스칼라(scalar) ρ^m을 계산함;
4. $\Phi^{m+1} = \Phi^m(\rho^m)$으로 둔 다음, m을 1 증가시키고, $l^m < \epsilon$ 또는 $m > mMax$(이 경우에는, 프로그램이 작동하지 않는다는 것을 기록함)가 될 때까지 단계 1로 되돌아 감.

극소치(極小値, minimal value) ρ^m은 최적 단계 구배 앨고리즘의 경우(식 (2.77), (2.78))와 같이 계산되며, 여전히 식 (2.80)에서와 같은 표기법으로 다음을 얻는다:

$$\rho^m = -\frac{\sum_{k=1}^{N_h} G_k^m H_k^m}{\sum_{k,l=1}^{N_h} \frac{\partial^2 E_h}{\partial \varphi_k \partial \varphi_l}(\Phi^m) H_k^m H_l^m} = -\frac{(G^m, H^m)_{\mathbb{R}^{N_h}}}{\|\nabla H^m\|^2_{L^2(\Omega_h)}}. \tag{2.81}$$

여기서 기호(記號, symbol) $(\cdot, \cdot)_{\mathbb{R}^{N_h}}$는 $\mathbb{R}^{N_h}$에서의 유클리드 놈(Euclidean norm)과 관련된 내적(內積, inner product)을 나타낸다.

매개변수(媒介變數, parameter) γ의 값은, A에 의해 정의된 내적에서, 두 연속 강하 방향(two successive descent direction) 사이의 직교성(直交性, orthogonality)를 보장(保障)한다(즉 $(h^m)^T A h^{m-1} = 0$). 공액구배법의 일반적인 성질에 대해 상기할 4장에서 이 점에 관해 다시 고찰할 것이다.

Remark 2.27 이 알고리즘은 아래로부터 유계(有界)된(하계(下界)된, bounded from below) 연속미분가능한 범함수를 최소화하는데 매우 효과적(效果的)이다. 더 상세한 것에 대해서는, 예를 들어, Polak (1971), Strang (1986)과 Ciarlet (1989)등을 참조하라. 벡터(vector) H^m은 반복 m에서 G의 최소화에 대한 *공액 방향(共軛 方向, conjugate direction)*이라 불린다. 모든 벡터 H^m을 저장할 필요는 없음을 주목(注目)하자: 한번의 반복에서, 단지 앞의 값 H^{m-1} 및 H^m의 값 만을 아는 것이 필요하다. 두 배열 *hConj*, *hConjm*이면 충분하다: 첫 번째 것은 H^m의 값을, 그리고 두 번째 것은 H^{m-1}의 값을 저장하는데 할당(割當)한다; 반복 m의 끝에서, 배열 *hConj*의 값은 배열 *hConjm*에 써넣어진다. □

망의 *모든 절점*을 고려하기 위하여, 앞의 알고리즘에 의해 요구되는 수정(修正, modification)을 소개한다. 문제의 '미지(未知, known)'는 여전히 $\Phi = \left(\varphi_1, \cdots, \varphi_{n_v}\right)$

로 나타내며, 이 벡터의 실제 값은 영역의 경계 상에 위치하는 망의 경계 절점에서 완전히 잘 알려져 있다는 것을 안다.

Modified Algorithm 2 (Conjugate Gradient Method on all Nodes of the Mesh):

0. 정밀도(精密度, accuracy) ϵ 선택, 최대 반복 회수(最大 反復 回數) *mMax*(예방 조치(豫防 措置, precaution)로서), *Dirichlet 경계조건을 만족하는* Φ에 대한 초기화 $\Phi^0 = (\varphi_1^0, \cdots, \varphi_{n_v}^0)$ 선택, $m = 0$, $H_k^{-1} = 0$, $\forall k \in \{1, \cdots, n_v\}$로 $H^{-1} = (H_1^{-1}, \cdots, H_{n_v}^{-1})$으로 두며 $l^{-1} = 1$로 정의함;

1. 모든 지표 $k \in \{1, \cdots, N_h\}$에 대하여 다음을 계산함:

$$G_k^m = \frac{\partial E}{\partial \varphi_k}(\Phi^m), \quad \Phi^m = (\varphi_1^m, \cdots, \varphi_{n_v}^m);$$

$G_k^m = 0$, $\forall k \in \{N_h + 1, \cdots, n_v\}$로 두면, $G^m = (G_1^m, \cdots, G_{n_v}^m)$이며 아래와 같이 정의함:

$$l^m = \|G^m\|_{\mathbb{R}^{n_v}}^2 = \sum_{k=1}^{n_v} (G_k^m)^2;$$

2. $\gamma = \frac{l^m}{l^{m-1}}$로 $H^m = -G^m + \gamma H^{m-1}$을 계산함. 여기서 $H^m = (H_1^m, \cdots, H_{n_v}^m)$;

3. $\Phi(\rho) = \Phi^m + \rho H^m$으로 두고, 함수 $E(\Phi(\rho))$를 $\mathbb{R}$에서 최소화하는 스칼라(scalar) ρ^m을 계산함;

4. $\Phi^{m+1} = \Phi^m(\rho^m)$으로 둔 다음, m을 1 증가시키고, $l^m < \epsilon$ 또는 $m > mMax$(이 경우에는, 프로그램이 작동하지 않는다는 것을 기록함)가 될 때까지 단계 1로 되돌아 감.

G_k^m의 값이 경계 절점(즉 $k \in \{N_h + 1, \cdots, n_v\}$)에서 0이기 때문에, 이것은 또한 H_k^m의 대응되는 값에 대해서도 참(진(眞), true)이다; 따라서 모든 m에 대하여, Φ^m은 Dirichlet 경계조건을 만족한다. 또한, 지표 $k \in \{1, \cdots, N_h\}$에 대한 합(合, sum)을, 모든 $k, l \in \{1, \cdots, n_v\}$에 대한 행렬 A의 k, l 요소를 계산했다고 가정한, 지표 $k \in \{1, \cdots, n_v\}$에 대한 같은 합으로 대체하는 것을 조건으로, γ와 ρ^m을 정의한 공식이 타당하게 남아있다는 것을 쉽게 점검(點檢)할 수 있다. 배열 *'hConj'*가 벡터 H^m의 값을 포함한다면, Fortran function 'rhoE'가 사용될 수 있다.

2.5.7 Some Comments on the Program in the Appendix

데이터 구조는 2.5.2절에서 정의된 것과 상사(相似)이지만, $\mathbb{R}^2$에서의 임의의 유계 영역(有界 領域, bounded domain)의 임의의 삼각화(많아야 *ntMax* 삼각형과 *nvMax*

정점으로 이루어진)에 대한 것이다. 프로그램은, subroutine 'readT'에서, 이름이 실행 시간(實行 時間, run time)에 물어지는 파일(file)에 저장된 망 데이터(즉 정점의 실제 수 *nv*와 삼각형의 실제 수 *nt*, 배열 *q*, *me*, *ng* 그리고 어쩌면 *ngt*)를 읽는 것에서 시작한다. 원천 항(源泉 項, source term) *f*는 각 삼각형에서 선형인 것으로 가정되어, 각 망 절점에서의 *f*의 값은 크기 *nvMax*의 배열 '*f*'에 저장되며, Dirichlet 경계조건은 역시 같은 크기 *nvMax*의 배열 '*phi*'에 저장된다. 이 값들은 이름이 프로그램 실행(實行, execution)의 시작에서 사용자(使用者, user)에 의해 주어진 파일에 저장되는 것으로 가정된다.

망의 *모든 절점*을 갖고 처리하는 것(working)은 프로그램 벡터화의 가능성(possible program vectorization)에 이점(利點, advantage)을 가진다: 사실, 어떤 'Do loops'(DO 2 또는 DO 3)에서는, 절점이 내부인지 어떤지는 필요하지 않다

프로그램은 각 삼각형의 면적을 몇 번(several times) 계산함에 주목하자. 시간을 절약(節約)하기 위하여, 이 값을 프로그램의 시작에서 한번 모두에 대해 저장하고, 그것을 배열에 둘 수 있다.

2.6 EFFICIENCY OF THE METHOD

2.6.1 A Simple Test Case

프로그램을 점검(點檢)하기 위해서는, 완전해(完全解, exact solution)을 아는 간단한 예제를 취하면 충분하다

단위 정사각형(單位 正四角形, unit square) $\Omega = [0,1] \times [0,1]$과 이 영역에서 정의된 함수를 고려하자: $\varphi_0(x,y) = \sin(ax)\cos(by)$. 여기서 a와 b는 두 개의 실 매개변수(real parameter)이다. $-\Delta\varphi_0 = (a^2+b^2)\varphi_0$이어서, $f = (a^2+b^2)\sin(ax)\cos(by)$로 두면, 그러면 문제

$$-\Delta\varphi = f \ \text{ in } \ \Omega, \quad \varphi|_\Gamma = \varphi_0 \tag{2.82}$$

의 완전해는 φ_0 외에는 없다.

Ω의 삼각화는 구간(區間, interval) $[0,1]$을 같은 길이의 N 구간으로 분할하여 형성된 작은 기본(基本) 정사각형(small elementary square)을 2개의 삼각형으로 분해함으로써 얻어진다(그림 2.9 참조). 여기서의 매개변수 h는 $\sqrt{2}/N$이다. Algorithm 1과 (Modified) Algorithm 2 둘 다에 의해 얻어진 수치 결과는 2.6.3절에서 주어질 것이다. 그것을 하기 전에, 위에서 설명한 근사에서 만들어지는 오차(誤差, error)에 대한 정밀한 추정(推定, estimate)을 할 것이다.

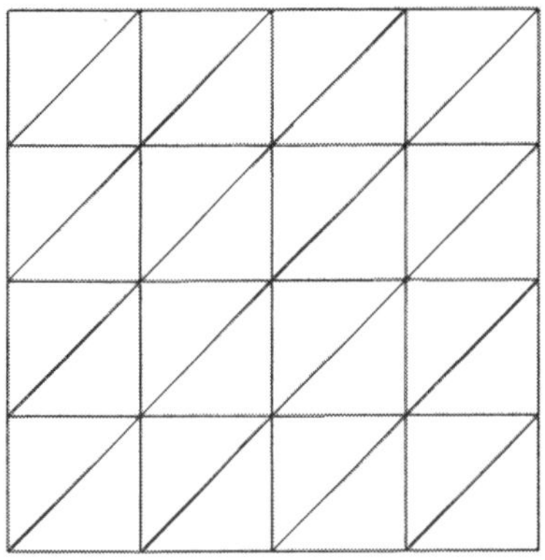

Figure 2.9 Triangulation of the unit square.

2.6.2 *Error Estimates*

Theorem 2.8은, 식 (2.8)의 완전해 φ와, Galerkin 법에 의한 근사의 일반적인 관점에서, 제차(齊次, homogeneous)(즉 $g=0$)인 경우의 식 (2.25)의 φ_h 사이의 오차에 대한 추정(推定)을 준다. 이제 이 결과를 2.5절에서 설명한 P^1 유한요소 근사의 경우로 전개할 것이다. 이것을 하기 위하여, 다음의 방식으로 표현될 수 있는 삼각화의 각도(角度, angle)에 대한 조건(條件, condition)이 필요하다. $h(T)$로 삼각형 T의 세 정점을 지나는 원(圓, circle)(외접원(外接圓), circumcircle, circumscribed circle)의 직경(直徑, diameter)을, 그리고 $\delta(T)$로 삼각형에 내포(內包)되는(contained) 가장 큰 원(greatest circle)(내접원(內接圓), incircle, inscribed circle)의 직경을 나타내자. $\mathcal{T}_h$에 있는 삼각형의 모든 변(邊, side) 중 가장 큰 것인 h로 지표가 붙은 삼각화의 $h \to 0$에서의 삼각형 족(族, family) $\mathcal{T}_h$를 고려한다. 이제부터는 다음과 같은 양(陽)의 상수(常數)(positive constant) C_T가 존재한다고 가정한다:

$$\forall h, \quad \sup_{T \in \mathcal{T}_h} \left(\frac{h(T)}{\delta(T)} \right) \leq C_T. \tag{2.83}$$

실제로, $\delta(T)$가 0으로 갈수 없다고 가정하기 때문에, 약간의 너무 '둔각(鈍角)'('obtuse' angle)을 갖는 삼각형이 있는 삼각화는 허용하지 않는다

Theorem 2.28 제차(齊次) 모델 문제(즉 $g=0$인 식 (2.1)-(2.2))의 완전해 φ가 충분히 매끈하다면(sufficiently smooth), φ와 P^1 유한요소 근사로 계산된 근사해 φ_h 사이의 오차는, 식 (2.21)에서와 같은 표기법으로, 다음을 만족한다:

$$\|\varphi - \varphi_h\|_1 \leq Ch\|\nabla \cdot \nabla\varphi\|_\infty. \tag{2.84}$$

여기서 C는 h와 φ에 독립인 양(陽)의 상수(常數)(positive constant)이며, $\nabla\cdot\nabla\varphi$는 φ의 2계 미분의 행렬(行列, matrix)이다. 또한 다음의 표기법을 사용하였다:

$$\|\nabla\cdot\nabla\varphi\|_\infty = \max\left(\sup_{\vec{x}\in\Omega}\left|\frac{\partial^2}{\partial x^2}\varphi(\vec{x})\right|, \sup_{\vec{x}\in\Omega}\left|\frac{\partial^2}{\partial x\partial y}\varphi(\vec{x})\right|, \sup_{\vec{x}\in\Omega}\left|\frac{\partial^2}{\partial y^2}\varphi(\vec{x})\right|\right). \tag{2.85}$$

이 결과를 증명하기 위해서는, 먼저 정점 q^{i_j}, $j\in\{1,2,3\}$를 가진 삼각형 T_k 내에 위치한 평면 내에서 점(點) x(간단히 나타내기 위하여, $\vec{x}$는 이제 x로 대체된다)의 *중심 좌표계(重心 座標系, 무게 중심(中心) 좌표계, barycentric coordinates)*를 도입(導入)해야 하며, 이 삼각형은 반시계 방향(反時計 方向, counterclockwise)으로 매겨져 있다고 가정한다: 그것은 T_k의 세 정점에 관련된 점(點) x의 '국부' 좌표계('局部' 座標系, 'local' coordinates)이다.

Lemma 2.29 x를 정점 q^{i_j}, $j\in\{1,2,3\}$를 가진 삼각형 T_k 내의 임의의 점(點)이라 하자; 거기에는 다음과 같은 양(陽)의 실수(實數)(positive real number)의 유일(唯一)한 3개의 조(組)(unique triple) $\left(\lambda_1(x),\lambda_2(x),\lambda_3(x)\right)$가 존재한다:

$$x=\sum_{j=1}^{3}\lambda_j(x)q^{i_j}, \quad \text{with: } \sum_{j=1}^{3}\lambda_j(x)=1. \tag{2.86}$$

이 수(數) $\lambda_j(x)$, $j\in\{1,2,3\}$는 점 x의 좌표(座標)의 선형 함수(linear function)이며, 단위행렬(單位行烈, identity matrix)을 I로 나타내면:

$$I=\nabla_x x=\sum_{j=1}^{3}\nabla_x\lambda_j(x)q^{i_j}; \quad \sum_{j=1}^{3}\nabla_x\lambda_j(x)=0. \tag{2.87}$$

또한, 전제(前提) (2.83) 하에서, 다음을 갖는다:

$$\forall j\in\{1,2,3\}, \quad \left|\nabla\lambda_j\right|\le\frac{1}{\delta(T_k)}. \tag{2.88}$$

Definition 2.30 위의 보조 정리(補助 定理, lemma)에서와 같은 표기법으로, 식 (2.86)에 의해 정의된 수(數) $\left(\lambda_1(x),\lambda_2(x),\lambda_3(x)\right)$는 중심 좌표계(重心 座標系, barycentric coordinates)라 불린다.

PROOF OF LEMMA 2.29 삼각형 T_k 내의 각 고정(固定)된(fixed) x에 대하여, 관계식 (2.86)은 3개의 미지수(未知數, unknown) $\left(\lambda_1(x),\lambda_2(x),\lambda_3(x)\right)$가 있는 3개 방정식의

계(系, system)를 주며, 이 계의 행렬은, 그것이 단지 계 (2.43)의 행렬의 전치(轉置, transpose)일 뿐 이기 때문에, 역(逆)을 구할 수 있다(invertible). 중심 좌표(重心 座標, barycentric coordinate) $(\lambda_1(x), \lambda_2(x), \lambda_3(x))$는 그러면 점 x의 좌표의 함수로서 유일하게 정의되며, 더구나 그것은 이 좌표의 선형 함수이다. 또한, 수(數, number) $\lambda_j(x)$ 각각은, x가 삼각형 T_k의 내부라면, 점 x와 삼각형 T_k의 2개의 정점으로 이루어진 3개의 부분 삼각형(部分 三角形, subtriangle)(예를 들면 정점 x, q^{i_2}, q^{i_3}를 갖는 삼각형은 x, q^{i_2} 그 다음에 q^{i_3} 가 따라온다) 각각은 정방향(正方向)으로 매겨졌기 (positively oriented) 때문에, 음(陰, negative)이 아니다. 관계식 $\nabla_x \lambda_j(x) = 0$으로부터, 수(數) $\lambda_j(x)$ 각각은 0과 1 사이에 있다.

관계식 (2.87)은 미분(微分, differentiation)에 의해 식 (2.86)으로부터 간단히 구해진다. 이제 중심 좌표계(重心 座標系, barycentric coordinates)의 구배(勾配, 경도(傾度), gradient)에 관한 추정(推定, estimate)을 증명할 것이다. 각 삼각형 T_k에서, 중심 좌표 $\lambda_j(x)$, $j \in \{1, 2, 3\}$가 점 x의 좌표의 선형 함수이기 때문에, 그 구배(勾配) $\nabla_x \lambda_j$는 상수(常數)이다. 삼각형 T_k 내의 모든 점 x와 y에 대해, 그러면 위의 결과로부터 $\forall j \in \{1, 2, 3\}$, $\nabla_x \lambda_j \cdot (x - y) = \lambda_j(x) - \lambda_j(y) \in [-1, 1]$가 되어, 다음을 얻는다:

$$|\nabla_x \lambda_j \cdot (x - y)| \leq 1.$$

하지만, $\mathbb{R}^2$ 내의 단위구(單位球, unit sphere)를 S로 나타낸다면, 다음을 가지며:

$$\|\nabla_x \lambda_j\|_\infty = \max_{u \in S} |\nabla \lambda_j \cdot u|,$$

모든 $u \in S$에 대하여, 삼각형 T_k 내에 $x - y = \delta(T_k)u$가 되는 2개의 점 x와 y가 존재한다; 다음과 같은 추단(推斷, deduce):

$$\forall j \in \{1, 2, 3\}, \quad |\nabla \lambda_j| \leq \max_{x,y \in T_k} \frac{|\nabla_x \lambda_j \cdot (x - y)|}{\delta(T_k)} \leq \frac{1}{\delta(T_k)}$$

은 관계식 (2.88)을 증명하며 보조 정리(補助 定理, lemma)의 증명이 끝난다. □

이제 Theorem 2.28을 증명할 것이다.

PROOF OF THEOREM 2.28 추정(推定, estimate) (2.34)에 따라, 공간 H^1_{0h}에서 함수 ψ_h의 특별한 선택에 대해 추정

$$\|\varphi - \psi_h\|_1 \leq Ch\|\nabla \cdot \nabla \varphi\|_\infty \tag{2.89}$$

를 가짐을 보이면 충분하다. '옳은 선택(right choice)'은, 각 내부 망 절점(內部 網節點, internal mesh node)에서, 완전해 φ의 P^1 보간함수라는 것을 볼 것이다.

증명은 두 단계로 된다: 첫 번째 단계에서는 오차 $\varphi - \psi_h$의 L^2 추정을 주며, 두 번째 단계에서는 그것의 구배(gradient)를 추정한다.

Step 1: L^2 추정

정점 q^{i_j}, $j \in \{1, 2, 3\}$을 가진 삼각형 T_k 내의 점(點) x에서 함수 φ의 테일러 전개(展開)(Taylor expansion)를 쓰자; 임의의 $j \in \{1, 2, 3\}$에 대하여, 다음과 같은 점(點) $\xi_j \in [x, q^{i_j}]$이 존재한다:

$$\varphi(q^{i_j}) = \varphi(x) + \nabla_x\varphi(x) \cdot (q^{i_j} - x) + \frac{1}{2}(q^{i_j} - x)^T \nabla \cdot \nabla\varphi(\xi_j)(q^{i_j} - x). \tag{2.90}$$

Lemma 2.29에서와 같은 표기법으로, 다음의 선형 결합(線形 結合, linear combination)을 형성하자:

$$\begin{aligned}\sum_{j=1}^{3} \lambda_j(x)\varphi(q^{i_j}) &= \varphi(x)\sum_{j=1}^{3}\lambda_j(x) + \nabla\varphi(x) \cdot \sum_{j=1}^{3}\lambda_j(x)(q^{i_j} - x) \\ &\quad + \frac{1}{2}\sum_{j=1}^{3}\lambda_j(x)(q^{i_j} - x)^T \nabla \cdot \nabla\varphi(\xi_j)(q^{i_j} - x).\end{aligned} \tag{2.91}$$

식 (2.86)의 덕택으로, 이 관계를 다음과 같이 다시 쓴다:

$$\sum_{j=1}^{3} \lambda_j(x)\varphi(q^{i_j}) = \varphi(x) + \frac{1}{2}\sum_{j=1}^{3}\lambda_j(x)(q^{i_j} - x)^T \nabla \cdot \nabla\varphi(\xi_j)(q^{i_j} - x). \tag{2.92}$$

따라서 추정

$$\begin{aligned}\left|\sum_{j=1}^{3} \lambda_j(x)\varphi(q^{i_j})\varphi(x)\right| &= \frac{1}{2}\left|\sum_{j=1}^{3}\lambda_j(x)(q^{i_j} - x)^T \nabla \cdot \nabla\varphi(\xi_j)(q^{i_j} - x)\right| \\ &\le \frac{1}{2}h^2 \sup_{\xi \in T_k}\|\nabla \cdot \nabla\varphi(\xi)\|\end{aligned} \tag{2.93}$$

과, $x \in T_k$에서 모든 $j \in \{1, 2, 3\}$에 대해 $0 \le \lambda_j(x) \le 1$이기 때문에 다음을 얻는다:

$$|q^{i_j} - x| = \left|\sum_{k=1}^{3} \lambda_k(x)(q^{i_j} - q^{i_k})\right| \le h(T_k)\sum_{k=1}^{3}\lambda_k(x) = h(T_k) \le h. \tag{2.94}$$

각 삼각형 T_k에서 $\psi_h = \sum_{j=1}^{3} \lambda_j \varphi(q^{i_j})$에 의해 정의된 함수 ψ_h는 망의 각 절점에서의 φ의 P^1 보간 함수임에 주목하자. Ω에서 추정 (2.93)을 적분(積分)하면, 다음을 얻는다($|\Omega|$는 Ω의 면적이다):

$$\|\varphi - \psi_h\|_{L^2(\Omega)} \leq \frac{1}{2} h^2 \|\nabla \cdot \nabla \varphi\|_\infty |\Omega|^{1/2}. \tag{2.95}$$

Step 2: H^1 추정

식 (2.90)에 $\nabla \lambda_j(x)$를 곱한 다음, 모든 지표 j에 대하여 합(合)하자: 식 (2.87)을 생각하면 다음을 얻는다:

$$\begin{aligned}\sum_j \nabla \lambda_j(x) \varphi(q^{i_j}) &= \varphi(x) \sum_j \nabla \lambda_j(x) + \nabla \varphi(x) \cdot \sum_j \nabla \lambda_j(x)(q^{i_j} - x) \\ &\quad + \frac{1}{2} \sum_j \nabla \lambda_j(x)(q^{i_j} - x)^T \nabla \cdot \nabla \varphi(\xi_j)(q^{i_j} - x) \\ &= \nabla \varphi(x) + \frac{1}{2} \sum_j \nabla \lambda_j(x)(q^{i_j} - x)^T \nabla \cdot \nabla \varphi(\xi_j)(q^{i_j} - x).\end{aligned} \tag{2.96}$$

식 (2.94), (2.88) 그리고 조건 (2.83)을 고려하면, 삼각형 T_k의 각 점(點) x에서, 다음의 상계(上界, upper bound)

$$|\nabla \varphi(x) - \nabla \psi_h(x)| \leq \frac{1}{2} \|\nabla \cdot \nabla \varphi\|_\infty h^2(T_k) \frac{1}{\delta(T_k)} \leq \frac{C_T}{2} h \|\nabla \cdot \nabla \varphi\|_\infty \tag{2.97}$$

는 적분에 의하여, $\varphi - \psi_h$의 구배(勾配, gradient)에 대한 요구되는 추정을 준다고 추단(推斷)한다. □

Remark 2.31 이 결과에 대한 더 정밀한 추정을 다음의 형태로 찾을 수 있다:

$$\|\varphi - \varphi_h\|_1 \leq Ch \|\varphi\|_{H^2(\Omega)} \tag{2.98}$$

여기서 공간 $H^2(\Omega)$는 식 (2.10)에서 정의되었으며, 이 공간에서의 놈(norm)은 당연히 다음과 같이 주어진다:

$$\|\varphi\|_{H^2(\Omega)}^2 = \|\varphi\|_{H^1(\Omega)}^2 + \left\|\frac{\partial^2}{\partial x^2} \varphi\right\|_{L^2(\Omega)}^2 + \left\|\frac{\partial^2}{\partial x \partial y} \varphi\right\|_{L^2(\Omega)}^2 + \left\|\frac{\partial^2}{\partial y^2} \varphi\right\|_{L^2(\Omega)}^2.$$

또한, 영역 Ω가 볼록(convex)이라면, 다음을 갖는다:

$$\|\varphi - \varphi_h\|_{L^2(\Omega)} \leq Ch^2\|\varphi\|_{H^2(\Omega)}. \tag{2.99}$$

이런 종류의 결과에 대한 증명은 Ciarlet (1978)에서 찾을 수 있다.

또한 비제차(非齊次, nonhomogeneous)의 경우에는, g_h를 간단히 망의 각 경계 절점에서 g의 P^1 보간 함수로 하면, Theorem 2.8의 결과와 상사(相似, analogous)인 결과를 얻는다. □

2.6.3 *Numerical Results*

그림 2.10은, Modified Algorithm 2로 계산된, $a = b = 6.28$인 문제 (2.82)의 해(解, solution)의 3D 표현을 보인다. 배열 *'phi'*는 내부 절점에서 0으로 초기화되었다. 또한 이 해(解)의 수준선(水準線, level line)도 그렸다. 계산은 900 정점과 1682 삼각형을 가진 규칙적인 망(그림 2.9 참조)에 대응되는 $N = 29$로 수행되었다.

그림 2.11은 몇 가지 다른 '완전해' φ_0에 대해, ln(h)의 함수로서 φ와 φ_h 사이의 오차(誤差, error)의 H^1 놈(norm)의 대수(對數, logarithm)의 변화(變化, evolution)를 나타낸다; 실선 곡선(實線 曲線, solid line curve)은 $\varphi_0(x, y) = (x^2 + y^2)^2$인 경우를 보이는데, 다른 값의 매개 변수 a와 b, 즉 곱셈 기호(multiplication symbol)과 함께 있는 곡선은 $a = b = 3.14$, 그리고 덧셈 기호(addition symbol)과 함께 있는 곡선은 $a = b = 6.28$인 경우에 대한, 2.6.1절로부터의 해 φ_0를 보이는 다른 두 곡선보다 훨씬 더 매끄러운 해이다. 모든 경우에 있어서, 곡선들은, Theorem 2.28의 결과를 확인하는, 사실상 직선(直線, straight line)이며, '더 매끄러운(smoother)' 해가 더 좋은 결과임을 관찰한다.

그림 2.12는, 여전히 $a = b = 6.28$인 수치 예제 (2.82)에서, Algorithm 1과 Algorithm 2(둘 다 'Modified')를 비교(比較)한다; 오차는 두 경우에서 당연히 같으며, 망

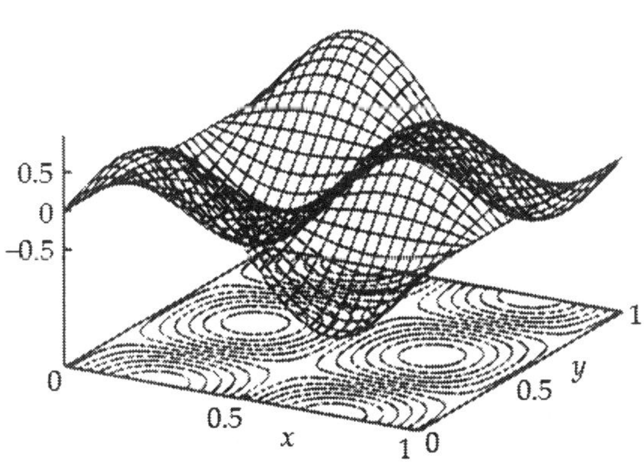

Figure 2.10 3D representation and level lines of the approximate solution.

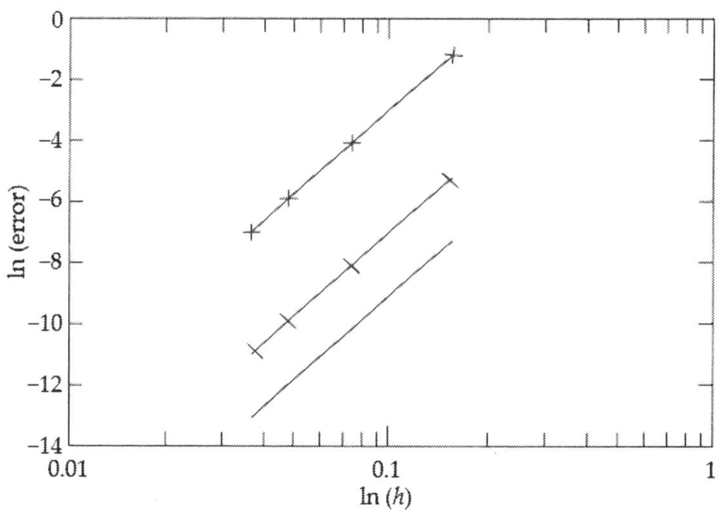

Figure 2.11 H^1 error between the exact solution and the computed solution.

을 더 잘게 더 잘게 해 감에 따라, 원하는 정밀도(精密度)(desired accuracy) ϵ을 얻기 위해서 각 알고리즘에서 요구되는 반복 회수(反復 回數, number of iteration)를 표시하는 것으로 선택하였다. 결과는 현저(顯著)하다: 실선으로 보여준 Algorithm 1이 파선(破線, dashed line)으로 나타낸 Algorithm 2 보다 훨씬 더 빠르다.

또한 정사각형 $\Omega =]-L, L[\times]-L, L[$의 조금 다른 망(網)에서 얻어진 결과를 준다.

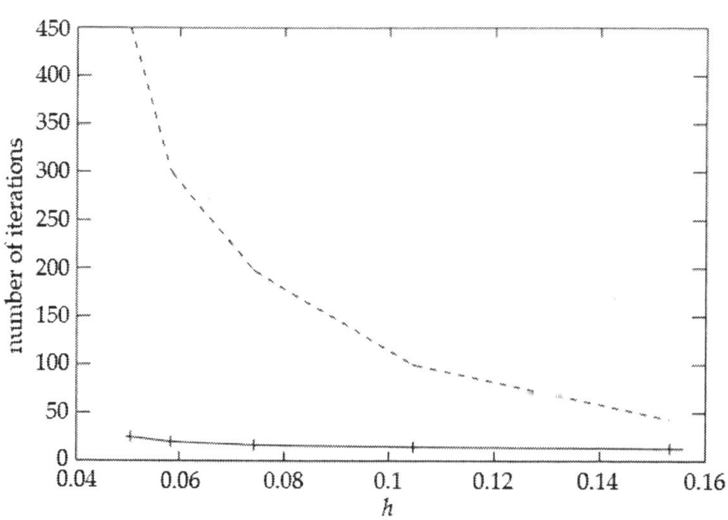

Figure 2.12 Comparison between the two proposed algorithms.

이 망(網)은 이 정사각형을 각 방향으로 길이 L인 4개의 정사각형으로 쪼갬으로써 얻어졌다; 그림 2.13에 보여준 바와 같이, 그 다음 정사각형 중 한 개는 3개의 평행선(平行線, parallel line)으로 만들어진 삼각형으로 망이 이루어졌으며, 다른 3개의 정사각형의 삼각화는 대칭성(對稱性, symmetry)에 의해 이 하나로부터 연역(演繹)되었다.

다음 장(章)에서 수치 시험(數值 試驗, numerical test)의 경우에 이 망(網)을 사용할 것이다. $a = b = 1$ 로, 완전해 $\varphi_0 = \sin x \cos y$를 아는, 즉 앞에서와 같은 문제 (2.82)를 풀기 위해, 이 장(章)에서 설명된 것처럼, 공액구배법(共軛勾配法, conjugate gradient method)을 프로그래밍하였다. 3가지 다른 망 크기(mesh size)를 사용하였다; 결과는 요구되는 반복 회수(줄여서 'nb. iter.'), 계산 정밀도(즉 φ와 φ_h 사이의 H^1 오차)는 물론 계산기 시간(計算機 時間, computer time)(CPU time)을 명기(明記)한 표 2.1에 요약(要約)되었다.

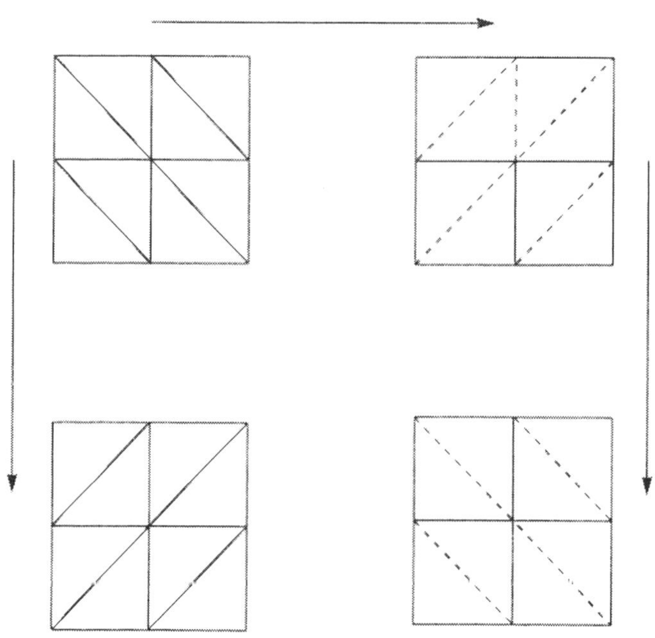

Figure 2.13 Triangulation of the square $]-L, L[\times]-L, L[$.

Table 2.1 Comparison among three different mesh sizes

h/L	nv	nt	nb. iter.	CPU time	Error
1/7	49	72	9	7″	$3.2 \cdot 10^{-2}$
1/13	169	288	21	53″	$4.8 \cdot 10^{-4}$
1/25	625	1152	40	420″	$8.6 \cdot 10^{-5}$

APPENDIX 2.A

The Complete Fortran Program for the Solution of the Laplacian with Dirichlet Boundary Conditions by Energy Minimization

```
C  File: LplcMinE.for
C
      PROGRAM Laplace
C     ---------------
C
C  This program solves the model problem, i.e. the
C  Laplacian with Dirichlet boundary conditions:
C    −Δϕ = f, ϕ given on the boundary.
C
C  The method used is minimization of the energy by
C  conjugate gradient on all vertices of the mesh
C  (modified algorithm 2).
C
C  We define a maximum number of iterations mMax and
C  an accuracy eps; the algorithm stops when the number
C  of iterations performed is larger than mMax or when
C  the requested accuracy  attained, i.e.
C  ||grad E^m||^2 < eps ||grad E^0||^2, where
C  ||grad E^m||^2 is the gradient of the energy functional
C  at iteration m.
C
C
C  input:
C  ------
C    triangulation(nv,nt,q,me,ng) and problem data
C      (right hand side f for Laplace's equation and
C      Dirichlet boundary condition stored in array phi)
C      read from file filnam through subroutines
C      readT and readF;
C    parameters: nvMax (maximum number of vertices) and
C      ntMax (maximum number of triangles) of the
C      triangulation;
C    accuracy eps and maximum number of iterations
C      mMax;
C    initialization of arrays hConjm and g2hm.
C
```

```
C  output:
C  -------
C    phi: array containing values of the approximate
C      solution at each node of the mesh;
C    g2h: norm squared of the gradient of
C      the functional.
C
C  arrays:
C  -------
C  mesh:
C    q(2,nvMax): coordinates of the vertices of the mesh;
C    me(3,ntMax): numbering of the vertices of the
C      triangles;
C    ng(nvMax): arrays indicating whether a vertex is
C      is internal (ng(i)=0) or not.
C
C  data:
C    f(nvMax): Laplacian right hand side;
C    phi(nvMax): on startup, Dirichlet boundary
C      conditions (later, values of the approximate
C      solution).
C
C  other arrays:
C    gradE(nvMax): gradient, at each node of the
C      mesh, of the functional E;
C    hConj(nvMax): new descent direction;
C    hConjm(nvMax): old descent direction.
C
C  scalars:
C  --------
C    g2h, g2hm: norm squared of the gradient of the
C      energy functional at current iteration
C      (g2h) and at previous iteration (g2hm);
```

$$\text{C} \quad \text{gamma: coefficient } \gamma = \frac{\|\text{grad } E^m\|^2}{\|\text{grad } E^{m-1}\|^2};$$

```
C    ro: real number that minimizes energy on the line
C      through phi and along hConj.
C
C  files:
C  ------
C    filnam: name of file for storing the mesh,
C      the model problem data (Laplacian right hand side
C      and Dirichlet boundary condition), or the
C      approximate solution, for instance, for future
C      graphical exploitation.
C
C  subroutines:
C  ------------
C    readT: reads the mesh;
C    readF: reads problem data;
C    dEdPhi: computes gradient gradE and Euclidean
```

```
C      norm squared g2h of gradient of E;
C    writeF: writes approximate solution.
C
C  functions:
C  ----------
C    rho: computes ρ;
C    E: computes energy;
C    deter: computes a certain determinant.
C
C  library (subroutines and functions):
C  ------------------------------------
C    minEe.for: file containing function E;
C    minEdE.for: file containing subroutine
C      dEdPhi;
C    minErho.for: file containing function rho;
C    utilP1.for: file containing function deter,
C      subroutines readT, readF and writeF.
C
C
      PARAMETER (nvMax=2000,ntMax=4000)
      DIMENSION q(2,nvMax),me(3,ntMax),ng(nvMax)
      DIMENSION phi(nvMax),f(nvMax)
      DIMENSION gradE(nvMax),hConj(nvMax),hConjm(nvMax)
C
      CHARACTER*20 filnam
C
      DATA eps/1.0e-14/
      DATA kMax/300/
C
      DATA hConjm/nvMax*0./
      g2hm=1.0
C
      write(*,*)'name of file where mesh is stored'
      read(*,'(a)')filnam
      CALL readT(filnam,nv,nt,q,ng,me,ngt)
      write(*,*)'name of file where f is stored'
      write(*,*)'(Laplacian right hand side)'
      read(*,'(a)')filnam
      CALL readF(filnam,nv,f)
      write(*,*)'name of file where phi is stored'
      write(*,*)'(Dirichlet boundary conditions)'
      read(*,'(a)')filnam
      CALL readF(filnam,nv,phi)
      write(*,*)'iter energy          ro        g2h'
C
C
      DO 1 m=1,mMax
        CALL dEdPhi(q,me,ng,phi,f,nv,nt,gradE,g2h)
        IF(m.EQ.1)eps=eps*g2h
        gamma=g2h/g2hm
        DO 2 i=1,nv
```

```
          hConj(i)=-gradE(i)+gamma*hConjm(i)
2       CONTINUE
        ro=rho(q,me,nv,nt,phi,gradE,hConj,hConjm)
        E1=E(q,me,phi,f,nv,nt)
        write(*,*)m,E1,ro,g2h
        IF(g2h.LT.eps)GOTO 4
        DO 3 i=1,nv
          phi(i)=phi(i)+ro*hConj(i)
          hConjm(i)=hConj(i)
3       CONTINUE
        g2hm=g2h
1     CONTINUE
C
4     CONTINUE
C
      write(*,*)'name of file for storing the'
      write(*,*)'approximate solution'
      read(*,'(a)')filnam
      CALL writeF(filnam,nv,phi)
      PAUSE
      END
C
C
C  ********************************************************
C
C     LIBRARY
C
C  ********************************************************
C
      INCLUDE 'minEe.for'
      INCLUDE 'minEdE.for'
      INCLUDE 'minErho.for'
      INCLUDE 'utilP1.for'
```

약간의 subroutine은 당장 사용되지는 않지만(예를 들어 'getBand'와 'verif1'), 파일 'utilP1.for'의 전체 내용(全體 內容, full contents)을 준다.

```
C  File: utilP1.for
C
C  --------------------------------------------------------
      SUBROUTINE writeT(filnam,nv,nt,q,ng,me,ngt)
C  --------------------------------------------------------
C
C  Writes mesh to file filnam.
C
C
      CHARACTER*20 filnam
      DIMENSION q(2,nv),me(3,nt),ng(nv)
C
      OPEN(UNIT=13, file=filnam)
```

```
      ngt=0
      write(13,*)nv,nt
      DO 1 i=1,nv
        write(13,*)q(1,i),q(2,i),ng(i)
1     CONTINUE
      DO 2 i=1,nt
        write(13,*)me(1,i),me(2,i),me(3,i),ngt
2     CONTINUE
      CLOSE(13)
      END
C
C
C  -----------------------------------------------------------
      SUBROUTINE writeF(filnam,nv,tab)
C  -----------------------------------------------------------
C
C  Writes array tab to file filnam.
C
C
      CHARACTER*20 filnam
      DIMENSION tab(nv)
C
      OPEN(UNIT=13, file=filnam)
      ngt=0
      write(13,*)nv
      DO 1 i=1,nv
        write(13,*)tab(i)
1     CONTINUE
      CLOSE(13)
      END
C
C
C  -----------------------------------------------------------
      SUBROUTINE readT(filnam,nv,nt,q,ng,me,ngt)
C  -----------------------------------------------------------
C
C  This subroutine reads the triangulation stored into
C  file filnam.
C  If necessary, array ngt contains the index of the region
C  where a triangle lies, and must then be declared as an
C  array in main program;
C  otherwise, ngt can just be a scalar (ngt=0).
C
C
      CHARACTER*20 filnam
      DIMENSION q(2,nv),me(3,nt),ng(nv),ngt(1)
C
      OPEN(UNIT=13, file=filnam, STATUS='OLD')
      read(13,*)nv,nt
      DO 1 i=1,nv
        read(13,*)q(1,i),q(2,i),ng(i)
```

```
1     CONTINUE
      DO 2 i=1,nt
        write(13,*)me(1,i),me(2,i),me(3,i),ngti
        IF(ngti.NE.0)ngt(i)=ngti
2     CONTINUE
      CLOSE(13)
      END
C
C
C ---------------------------------------------------------
      SUBROUTINE readF(filnam,nv,tab)
C ---------------------------------------------------------
C
C This subroutine reads the content of array tab
C of size nv, which is stored in file filnam.
C
C
      CHARACTER*20 filnam
      DIMENSION tab(nv)
C
      OPEN(UNIT=13, file=filnam, STATUS='OLD')
      ngt=0
      write(13,*)nv
      DO 1 i=1,nv
        read(13,*)tab(i)
1     CONTINUE
      CLOSE(13)
      END
C
C
C ---------------------------------------------------------
      SUBROUTINE getBand(me,ng,nt,nv,nBand)
C ---------------------------------------------------------
C
C This subroutine computes the bandwidth of the linear
C system matrix: nBand=max|i-j| where q^i, q^j
C are vertices of a common triangle.
C
C
      DIMENSION me(3,nt),ng(nv)
C
      nBand=0
      DO 2 k=1,nt
        DO 2 ir=1,3
          jr=mod(ir,3)+1
          i=me(ir,k)
          j=me(jr,k)
          nB1=abs(j-i)
          IF(nBand.LT.nB1)nBand=nB1
2     CONTINUE
      END
```

```
C
C
C -----------------------------------------------------------
      SUBROUTINE verif1(nv,nBand,a)
C -----------------------------------------------------------
C
C This subroutine checks that the sum of the elements
C of a line of the matrix is zero.
C If should be called before applying
C Dirichlet boundary conditions.
C
C
      DIMENSION a(*)
C
      write(*,*)nv,nBand
      nBand=0
      DO 1 i=1,nv
        sum1=0.
        jmin=max(1,i-nBand)
        DO 2 j=jmin,i-1
          sum1=sum1+a((i-1)*nBand+j)
2       CONTINUE
        jmax=min(nv,i+nBand)
        sum2=0.
        DO 3 j=i+1,jmax
          sum2=sum2+a((j-1)*nBand+i)
3       CONTINUE
        s11=a((i-1)*nBand+1)
        IF((sum1+sum2+s11).NE.0)
     >  write(*,*)I,j,jmin,jmax,sum1,sum2,s11
1     CONTINUE
      END
C
C
C -----------------------------------------------------------
      FUNCTION errH10(q,me,phi,f,nv,nt)
C -----------------------------------------------------------
C
C This function computes the H_0^1 error between the
C exact solution (stored in array f) and the computed
C solution (stored in array phi) for a Laplacian with
C Dirichlet boundary conditions
C   Error=∫_Ω (|∇(φ - f)|²)dΩ.
C
C
      DIMENSION phi(nv),f(nv),me(3,nt),q(2,nv)
C
      E=0.
      DO 1 k=1,nt
        i1=me(1,k)
        i2=me(2,k)
```

```
        i3=me(3,k)
          err1=phi(i1)-f(i1)
          err2=phi(i2)-f(i2)
          err3=phi(i3)-f(i3)
        a2=deter(q(1,i1),q(1mi2),q(1,i3),
     >           q(2,i1),q(2,i2),q(2,i3))
        gradFx=deter(err1,err2,err3,
     >           q(2,i1),q(2,i2),q(2,i3))/a2
        gradFy=deter(q(1,i1),q(1,i2),q(1,i3),
     >           err1,err2,err3)/a2
1     E=E+abs(a2)*(gradFx*geadFx+gradFy*gradFy)/2.
      errH10=E
      END
C
C
C -----------------------------------------------------------
      FUNCTION deter(a,c,e,b,d,f)
C -----------------------------------------------------------
C
C Computes determinant(q,b,1|c,d,1|e,f,1).
C
C
      deter=(a-e)*(d-f)-(b-f)*(c-e)
      END
```

APPENDIX 2.B

The Complete C Program for the Solution of the Laplacian with Dirichlet Boundary Conditions by Energy Minimization

```
/* file lplcmin.c */
#define eps 1.0e-14
#define mMax 10

#include <math.h>
#include <stdio.h>
#include <stdlib.h>
#define min(a,b)  (a)>(b)  ?  (b):(a)
#define max(a,b)  (a)<(b)  ?  (b):(a)

typedef struct{float x,y;}point;
typedef long triangle(3);
typedef struct{int nv,nt;
  point *q;
  triangle *me;
  int *ngt;
  int *ng;
    }triangulation;

int readT(char* filnam, triangulation* t);
```

```
int readF(char* filnam, int nv, float* tab);
int writeF(char* filnam, int nv, float* tab);
/* void getBand(triangulation* t);
   void verif1(int nv, int nBand, float* a); */
float deter(float a, float c, float e, float b,
            float d, float f);
float E(triangulation* t, float* phi, float* f);
float dEdPhi(triangulation* t, float* phi, float* f,
             float* gradE);
float rho(triangulation* t, float* gradE, float* hConj,
          float* nConjm);

/*-----------------------------------------------*/
int readT(char* filnam, triangulation* t)
/*-----------------------------------------------*/
{ int i,a,b,c; FILE *f;
  if(f=fopen(filnam,"r"),!f)return 1;
  fscanf(f,"%d%d\n",&t->nv,&t->nt);
  t->q=(point*)calloc(t->nv,sizeof(point));
  t->me=(triangle*)calloc(t->nt,sizeof(triangle));
  t->ng=(int*)calloc(t->nv,sizeof(int));
  t->ngt=(int*)calloc(t->nt,sizeof(int));
  for(i=0;i<t->nv;i++)
    fscanf(f,"%e%e%d\n",
      &t->q[i].x, &t->q[i].y, &t->ng[i]);
  for(i=0;i<t->nt;i++)
    { fscanf(f,"%d%d%d%d\n",&a,&b,&c,&t->ngt[i]);
      t->me[i][0]=a-1;t->me[i][1]=b-1;
      t->me[i][2]=c-1;
    }
  fclose(f);
  return 0;
}

/*-----------------------------------------------*/
int readF(char* filnam, int nv, float* tab)
/*-----------------------------------------------*/
/* Reads array tab from file filnam */
{ int i,nvv; FILE *f;
  if(f=fopen(filnam,"r"),!f)return 1;
  fscanf(f,"%d\n",&nvv);
  if(nv!=nvv)
    {printf("dimension error\n");return 1;}
  for(i=0;i<nv;i++)fscanf(f,"%e\n",&tab[i]);
  fclose(f);
  return 0;
}

/*-----------------------------------------------*/
int writeF(char* filnam, int nv, float* tab)
/*-----------------------------------------------*/
```

```
/* Writes array tab to file filnam */
{ int i; FILE *f;
  if(f=fopen(filnam,"w"),!f)return 1;
  fprintf(f,"%d\n",&nv);
  if(nv!=nvv)
    {printf("dimension error\n");return 1;}
  for(i=0;i<nv;i++)fprintf(f,"%e\n",tab[i]);
  fclose(f);
  return 0;
}

/*-----------------------------------------------*/
float deter(float a, float c, float e, float b,
            float d, float f)
/*-----------------------------------------------*/
{
  return (a-e)*(d-f)-(b-f)*(c-e);
}

/*-----------------------------------------------*/
float E(triangulation* t, float phi, float f)
/*-----------------------------------------------*/
{
 float xi1, xi2, xi3, yi1, yi2, yi3, phii1, phii2, phii3;
 float fk, area2Tk, gradFx, gradFy,ee;
 int k, i1, i2, i3;

   ee=0.;
   for(k=0;k<t->nt;k++)
     {
       i1=t->me[k][0]; i2=t->me[k][1]; i3=t->me[k][2];
       xi1=t->q[i1].x; xi2=t->q[i2].x; xi3=t->q[i3].x;
       yi1=t->q[i1].y; yi2=t->q[i2].y; yi3=t->q[i3].y;
       phii1=phi[i1]; phii2=phi[i2]; phii3=phi[i3];

       fk=(f[i1]+f[i2]+f[i3])/3.;
       area2Tk=deter(xi1,xi2,xi3,yi1,yi2,yi3);

       gradFx=deter(phii1,phii2,phii3,yi1,yi2,yi3)/area2Tk;
       gradFy=deter(xi1,xi2,xi3,phii1,phii2,phii3)/area2Tk;
       ee+=0.5*fabs(area2Tk)*((gradFx*gradFx+gradFy*gradFy)/2.
                             -fk*(phii1+phii2+phii3)/3.);
     }
   return ee;
}

/*-----------------------------------------------*/
float dEdPhi(triangulation* t, float* phi, float f,
             float gradE)
/*-----------------------------------------------*/
{
```

```
  float w[3], xi1, xi2, xi3, yi1, yi2, yi3;
  float phii1, phii2, phii3;
  float fk, area2Tk, gradFx, gradFy, g2h, gradWix, gradWiy;
  int i, k, j, l, i1, i2, i3;

  for (i=0;i<t->nv;i++) gradE[i]=0;
    for(k=0;k<t->nt;k++)
      {
        i1=t->me[k][0]; i2=t->me[k][1]; i3=t->me[k][2];
        xi1=t->q[i1].x; xi2=t->q[i2].x; xi3=t->q[i3].x;
        yi1=t->q[i1].y; yi2=t->q[i2].y; yi3=t->q[i3].y;
        phii1=phi[i1]; phii2=phi[i2]; phii3=phi[i3];

        fk=(f[i1]+f[i2]+f[i3])/3.;
        area2Tk=deter(xi1,xi2,xi3,yi1,yi2,yi3);

        gradFx=deter(phii1,phii2,phii3,yi1,yi2,yi3)/area2Tk;
        gradFy=deter(xi1,xi2,xi3,phii1,phii2,phii3)/area2Tk;

        for(j=0;j<3;j++)
          {
            i=t->me[k][j];
            if(t->ng[i]==0)
            {
              for(l=0;l<3;l++) w[l]=0.0;
              w[j]=1.0;
              gradWix=deter(w[0],w[1],w[2],yi1,yi2,yi3)/
                      area2Tk;
              gradWiy=deter(xi1,xi2,xi3,w[0],w[1],w[2])/
                      area2Tk;
              gradE[i]+=(gradFx*gradWix+gradFy*gradWiy-fk/3)
                         *fabs(area2Tk)/2;
            }
          }
      }
  g2h=0.0; for(i=0;i<t->nv;i++) g2h+=gradE[i]*gradE[i];
  return g2h;
}

/*-----------------------------------------------*/
float rho(triangulation* t, float* gradE, float* hConj,
          float hConjm)
/*-----------------------------------------------*/
{
  float rh, DEhConj=0.;
  int i;
    for(i=0;i<t->nv;i++)
      {
        hConjm[i]=0.;
        DEhConj+=gradE[i]*hConj[i];
      }
```

```
  rh=-0.5*DEhConj/E(t,hConj,hConjm);
  return rh;
}

/*-----------------------------------------------------*/
void main()
/*-----------------------------------------------------*/
{
int i, m;
float g2h, eps1, gamma, g2hm=1, ro, E1;
float *phi, *f, *gradE, *hConj, *hConjm;
triangulation t;
char* filnam=calloc(20,sizeof(char));

printf("name of mesh file");
scanf("%s",filnam);
readT(filnam,&t);

  f=(float*)calloc(t.nv,sizeof(float));
  phi=(float*)calloc(t.nv,sizeof(float));
  gradE=(float*)calloc(t.nv,sizeof(float));
  hConj=(float*)calloc(t.nv,sizeof(float));
  hConjm=(float*)calloc(t.nv,sizeof(float));

printf("name of file for f");
scanf("%s",filnam);
readF(filnam,t.nv,f);
printf("name of file for phi");
scanf("%s",filnam);
readF(filnam,t.nv,phi);

printf("iter energy          ro       g2h\n");
for(m=0;m<mMax;m++)
  {
  g2h=dEdPhi(&t,phi,f,gradE);
    if(m==0) eps1=eps*g2h;
      gamma=g2h/g2hm;
      for(i=0;i<t.nv;i++)
        hConj[i]=-gradE[i]+gamma*hConjm[i];
      ro=rho(&t,gradE,hConj,hConjm);
      E1=E(&t,phi,f);
      printf("%d%e%e%e\n",m,E1,ro,g2h);
      if(g2h<eps1) break;
      for(i=0;i<t.nv;i++)
        {
          phi[i]+=ro*hConj[i];
          hConjm[i]=hConj[i];
        }
      g2hm=g2h;
  }
printf("name of file for storing the approximate solution\n");
```

```
scanf("%s",filnam);
writeF(filnam,t.nv,phi);
printf("end\n");
}
```

3 Finite Element Method: Variational Formulation and Direct Methods

Summary

앞 장(章)에서는, 삼각형 유한요소(triangular finite element)를 사용하여, $\mathbb{R}^2$ 내의 유계 영역(有界 領域, bounded domain) Ω에서 Dirichlet 경계조건을 가진 Laplacian인 모델 문제를 풀기 위한 프로그램을 제안하였다. 그것은 매우 간단하지만, 이 프로그램은 수많은 연산(演算)이 몇 번 반복되어 그 결과가 컴퓨터 기억 장치(記憶裝置, 메모리)에 모두가 한번만 저장되는 것이 아니기 때문에 계산 시간에서 어느 정도 희생이 크다. 이제 선형 계(線形 系, linear system)의 해(解)를 위해 저장될 행렬을 줄이는 다른 방법을 제안할 것이다. 이 행렬이 매우 크기 때문에(망 정점 수(數)의 제곱의 차수(次數, order)), 교묘한 저장 방식이 기억 용량(記憶 容量, memory)의 절약(節約)을 위해 필요하다; 이 의도(意圖)를 위해, 대 저장(帶 貯藏, 밴드 스토리지, band storage)과 CSR 저장(압축 소행 저장(壓縮 疏行 貯藏), compressed sparse row storage)을 포함하여, 몇 가지 다른 저장 형식(貯藏 形式, storage format)을 제안할 것이다.

3.1 STATEMENT OF THE PROBLEM

모델 문제의 데이터 뿐만 아니라, 그것을 수치적으로 풀기 위해 앞 장(章)에서 사용했던 방법을 상기(想起)하자. $\mathbb{R}^2$ 내에서 충분히 매끄러운 경계 Γ와 함께 유계 영역(有界 領域, bounded domain) Ω가 주어졌을 때, 목표는 다음의 문제를 미지수 φ에 대하여 푸는 것이다:

$$-\Delta\varphi(\vec{x}) = f(\vec{x}), \ \ \forall \vec{x} \in \Omega, \tag{3.1}$$

$$\varphi(\vec{x}) = g(\vec{x}), \ \ \forall \vec{x} \in \Gamma. \tag{3.2}$$

여기서 원천 항(源泉 項, source term) f는 Ω에서 주어진 2중 적분 가능한 함수이며 Dirichlet 경계 데이터 g는 단순히 2중 적분 가능한 것 보다는 조금 덜 매끄러운 것으로 가정된($g \in H^{1/2}(\Gamma)$, Remark 2.3 참조) Γ에서 주어진 함수이다. 앞에서 본 바와 같이(Theorem 2.1과 2.2 참조), φ에 대한 어떤 매끈함의 가정을 법으로 하여(modulo), 문제 (3.1)-(3.2)는 다음의 최소화 문제와 등가이다:

$$\min_{\varphi \in H_g^1(\Omega)} E(\varphi)\,. \tag{3.3}$$

여기서 에너지 범함수 E는 식 (3.4)와 같이 주어진다:

$$E(\varphi) = \frac{1}{2}\int_\Omega |\nabla\varphi(\vec{x})|^2 d\vec{x} - \int_\Omega f(\vec{x})\varphi(\vec{x})d\vec{x}\,. \tag{3.4}$$

이 범함수 E는 일반적인 경우에서(즉 $g = 0$이든 아니든 간에) 식 (3.6)과 함께 다음과 같이 정의된 공간 $H_g^1(\Omega)$에서 작용한다:

$$H_g^1(\Omega) = \{w : \Omega \to \mathbb{R},\ w \in H^1(\Omega),\quad \text{and}\quad \forall\vec{x} \in \Gamma,\ w(\vec{x}) = g(\vec{x})\}, \tag{3.5}$$

$$H^1(\Omega) = \left\{w \in L^2(\Omega),\quad \frac{\partial w}{\partial x},\ \frac{\partial w}{\partial y} \in L^2(\Omega)\right\}. \tag{3.6}$$

그러면 이 문제는, 다각형 경계를 가진 것으로 가정된 영역 Ω의 허용되는 삼각화의 족(族, family) $(\mathcal{T}_h)_h$, $h \to 0$의 정의(definition)와, 그 다음 식 (3.7)과 같이 정의된 $H_g^1(\Omega)$의 유한 차원 아핀 부분 공간(finite dimensional affine subspace) H_{gh}^1에서 식 (3.3)을 풂에 의해 이산화되었다:

$$H_{gh}^1 = \{\varphi_h \in H_h^1 \ \text{ and } \forall q^i \text{ vertex of } \Gamma_h,\ \varphi_h(q^i) = g(q^i)\}. \tag{3.7}$$

여기서 H_h^1는 다음과 같다:

$$\begin{aligned} H_h^1 = \{\varphi_h\colon \Omega_h = \textstyle\bigcup_{k=1}^{n_t} T_k \to \mathbb{R},\ \varphi_h \text{ continuous on } \Omega_h, \text{ and} \\ \forall k \in \{1, \cdots, n_t\},\ \varphi_h|_{T_k} \text{ affine function}\}. \end{aligned} \tag{3.8}$$

그러면 H_h^1에서 함수는 망(網, mesh)의 n_v 정점 q^j 각각에서의 값에 의해 완전히 결정됨을 보았으며, 그 다음 식 (3.9)와 같이 둠으로써 이 공간의 기저(基底, basis) w^i, $i \in \{1, \cdots, n_v\}$를 세웠나:

$$\forall i \in \{1, \cdots, n_v\},\ w^i \in H_h^1,\ w^i(q^j) = \delta_{ij} = 1 \text{ if } j = i,\ 0 \text{ otherwise}. \tag{3.9}$$

망의 내부 절점의 지표(指標, index)의 집합(集合, set)을 I_Ω로 나타내면, 이산 문제(離散 問題, discrete problem)

$$\min_{\varphi_h \in H^1_{gh}} E(\varphi_h) \tag{3.10}$$

의 해(解, solution) φ_h는

$$\varphi_h(\vec{x}) = \sum_{j \in I_\Omega} \varphi_j w^j(\vec{x}) + \sum_{j \notin I_\Omega} g(q^j) w^j(\vec{x}) \tag{3.11}$$

의 형태가 되며, 따라서 문제를, N_h를 망의 내부 절점의 수($N_h = card(I_\Omega)$)라 할 때, $\mathbb{R}^{N_h}$에서의 간단한 최적화 최적화 문제의 풀이(solution)로 축약(縮約)함으로써, 이 문제는 다음과 같은 형태로 써질 수 있음을 보았다:

$$\operatorname*{Min}_{\Phi \in \mathbb{R}^{N_h}} E^h(\Phi) . \tag{3.12}$$

여기서 변수는 다음과 같다:

$$\Phi = \left(\varphi_1, \cdots, \varphi_{N_h}\right) \in \mathbb{R}^{N_h}, \; E^h(\Phi) = E(\varphi_h), \text{ and } \varphi_h \text{ given by (3.11).} \tag{3.13}$$

최적화 문제 (3.12)는 그러면 프로그래밍하기가 간단하며 쉽지만, 몇몇 계산이 각 반복(iteration)마다 반복되고(repeated), 오히려 모두가 한번만 저장되는 것이 아니기 때문에, 계산 시간에서 희생이 큰 공액구배법(共軛勾配法, conjugate gradient method)에 의해 계산된다; 이것은, 예를 들면, 범함수의 절점(node)에서의 구배(勾配, gradient) G_i를 구하기 위해 요구되는 계산인, 망의 각 절점 i에서 fw^i의 Ω에 대한 적분 계산의 경우이다.

이런 금지적 비용(禁止的 費用, 많은 계산 시간)을 경감(輕減)하기 위하여, 이제 처음의 문제 (3.1)-(3.2)의 다른 정식화(定式化, formulation)에 기초를 둔 두 번째 방법을 제안할 것이며, 이 방법은 몇 가지 계산의 결과를 저장하는 것이 될 것이다. 이것을 하기 위하여, 앞 장(章)에서 문제 (3.1)-(3.2)는 다시 같은 매끈함의 가정으로 다음과 같은 *변분형(變分形, variational form)*으로 쓸 수 있었음을 기억하라:

$$\begin{aligned} &\text{find } \varphi \in H^1_g(\Omega) \text{ such that} \\ &\forall w \in H^1_0(\Omega), \int_\Omega \nabla\varphi(\vec{x}) \cdot \nabla w(\vec{x}) d\vec{x} = \int_\Omega f(\vec{x}) w(\vec{x}) d\vec{x} . \end{aligned} \tag{3.14}$$

이 변분형이 정확히 이 장(章)에서 전개(展開)할 새로운 방법의 출발점(出發點, starting point)이 될 것이다.

3.2 *SOLVING THE DISCRETE VARIATIONAL FORMULATION BY BAND STORAGE OF THE MATRIX*

3.2.1 Discrete Variational Formulation

문제 (3.14)를 이산화하는 과정은 문제 (3.3)을 위해 사용되었던 과정과 같다. 주어진 영역 Ω의 허용되는 삼각화의 족(族, family) $(\mathcal{T}_h)_h$, $h \to 0$에서, '근사(近似)' 변분 문제를 풀기 시작한다:

$$\begin{aligned}&\text{find } \varphi_h \in H^1_{gh} \text{ such that}\\ &\forall w_h \in H^1_{0h}, \int_{\Omega_h} \nabla\varphi_h(\vec{x}) \cdot \nabla w_h(\vec{x}) d\vec{x} = \int_{\Omega_h} f(\vec{x}) w_h(\vec{x}) d\vec{x}.\end{aligned} \tag{3.15}$$

여기서 범함수 공간(汎函數 空間, functional space)은 앞에서 정의된 것이며, 특히

$$H^1_{0h} = \{\varphi_h \in H^1_h \text{ and: } \forall q^i \text{ vertex of } \Gamma_h,\ \varphi_h(q^i) = 0\} \tag{3.16}$$

이며 Ω_h는 $\mathcal{T}_h$ 내에서 모든 삼각형의 합집합(合集合, union)이다.

정식화에 따라, 그리고 표현 (3.11)을 식 (3.15)에 대입(代入)하면, 문제는 다음 명제(命題, proposition)에서 보는 것처럼, 미지수 $\Phi = (\varphi_i)_{i\in I_\Omega}$가 있는 선형 계(線形系, linear system)의 풀이(solution)로 축약된다.

Proposition 3.1 *문제 (3.15)는 선형 계(linear system)*

$$A\Phi = F \tag{3.17}$$

의 풀이와 등가이다. 여기서 A는 요소(要素, entry)가

$$A_{ij} = \int_{\Omega_h} \nabla w^i(\vec{x}) \cdot \nabla w^j(\vec{x}) d\vec{x},\ (i,j) \in I^2_\Omega \tag{3.18}$$

인 크기(size) $N_h \times N_h$인 행렬이며, F는, $g_h(\vec{x}) = \sum_{j\notin I_\Omega} g_i w^i(x)$, $g_i = g(q^i)$로서, 성분(成分, component)이

$$F_j = \int_{\Omega_h} (fw^j)(\vec{x}) d\vec{x} - \int_{\Omega_h} \nabla g_h(\vec{x}) \cdot \nabla w^j(\vec{x}) d\vec{x},\ j \in I_\Omega \tag{3.19}$$

인 차원(次元, dimension) N_h의 벡터이다.

PROOF N_h '모자' 함수 w^i, $i \in I_\Omega$는 공간 H^1_{0h}의 기저의 형태임을 상기하자. 하지만, 관계 식 (3.15)가 w_h에서 선형이기 때문에, 앞에서의 모든 기저에 있는 모든 요소(element)를 붙잡고 있다면 또 그 때에 한해서(필요충분), 그것은 $w_h \in H^1_{0h}$인 모든

함수를 붙잡으며, 미지수 φ_h: $\forall\, i \in I_\Omega$의 분해(分解, decomposition) (3.11)를 사용함으로써 다음을 준다:

$$\int_{\Omega_h}\left(\sum_{j\in I_\Omega}\varphi_j \nabla w^j(\vec{x})\cdot\nabla w^i(\vec{x}) + \sum_{j\notin I_\Omega} g_j \nabla w^j(\vec{x})\cdot\nabla w^i(\vec{x})\right)d\vec{x} = \int_{\Omega_h}(fw^i)(\vec{x})d\vec{x}.$$

따라서 얻어지는 선형 계(linear system)는 정확하게 행렬 형(行列 形, matrix form)으로 식 (3.17)을 가지며, 역(逆, converse)이 직각적(直覺的)이기(immediate) 때문에, 증명이 끝난다. □

Remark 3.2 계(系, system) (3.17)은 행렬 A가 정정(正定, positive definite)이기 때문에 유일(唯一)하게 풀 수 있다(uniquely solvable). □

Remark 3.3 내부 절점 뿐만 아니라, *망의 모든 절점*에 대하여 계(system)를 '확장(擴張, enlarging)'하고 그것을 푸는 것으로 이루어진 요령(要領, trick)을 사용함으로써, 식 (3.19)의 우변(右邊)의 계산을 간단하게 하는 것이 가능하다. 실제로 행렬 A는 망의 모든 절점에 대하여 세워진 한편, 정의 (3.18)은 내부 절점에 관한 것이며, 미지수 $\tilde{\Phi} = (\varphi_1, \cdots, \varphi_{n_v})$가 있는 다음의 계를 푼다:

$$A\tilde{\Phi} = \tilde{F}. \tag{3.20}$$

여기서 우변 $\tilde{F} = (F_1, \cdots, F_{n_v})$는 다음과 같이 간단히 정의된다:

$$F_i = \int_{\Omega_h}(fw^j)(\vec{x})d\vec{x}. \tag{3.21}$$

이 장에서는 표기를 간단하게 하기 위하여, 이렇게 이루어진 새로운 계의 행렬을 나타내는데 $\tilde{A}$ 보다는 차라리 표기 A를 유지하는 것을 택한다; A로 이 새로운 행렬 또는 원래의 행렬을 나타낼 것이며, 문맥(文脈, context)이 그것들 사이에 모호(模糊)함 없이 구별하는 것을 허용한다. 이 계(system)의 해 $\tilde{\Phi}$는 $i \notin I_\Omega$, $\varphi_i = g(q^i)$일 때만 식 (3.17)을 만족할 것이며, 이 조건은 각 $i \notin I_\Omega$에 대해 행렬 A_{ii}의 대각요소(對角 要素, diagonal element)를 매우 큰 상수 e로 대체하고 동시에 우변 F_i를 $eg(q^i)$로 대체함으로써 근사적으로 달성될 것이다. 사실, $i \notin I_\Omega$에 대하여 계 (3.20)의 i번째 줄은 그러면 다음과 같이 써진다:

$$e\varphi^i + \sum_{j\neq i} A_{ij}\varphi^j = eg(q^i) \quad \text{i.e.} \quad \varphi^i = g(q^i) + O(1/e). \tag{3.22}$$

책의 나머지 부분에서는, 이 논평(論評, remark)을 변함없이 사용할 것이며, 간단한 표기를 위해 미지수 $\tilde{\Phi}$와 우변 $\tilde{F}$ 위에 있는 물결 기호(tilde, ~)도 또한 감출 것이다. 실제로는, 행렬 A는 관계 (3.18)에 의해 정의되어, 망의 모든 정점으로 확대될 것이다. 마지막으로, e가 충분히 큰 상수라면, 새로운 계(system)의 행렬은 대칭(對稱, symmetric)이며 정정(正定, positive definite)을 유지함에 주목하자. □

다음의 서브루틴(subroutine) 'RHS'는 망의 각 지표 i 절점에서 식 (3.21)로 정의된 우변 F_i를 계산하는 것을 허용한다. 계산은 앞 장으로부터 구적 공식(求積 公式, quadrature formula) (2.71)을 사용한다; 결과는 배열(配列, array) '*ff*'에 저장된다. 서브루틴 'getArea'에서 세워진 삼각형의 면적은 배열 '*area*'에 앞에서 저장되었다.

```
C  File: RHS.for
C
C  ----------------------------------------------------------
      SUBROUTINE getArea(q,me,nt,nv,area)
C  ----------------------------------------------------------
C  This program computes the area of each triangle and
C  stores it in array area. It warns if a triangle has
C  a negative area.
C
C
C  input:  triangulation (nv,nt,q,me).
C  ------
C
C
      DIMENSION q(2,nv),me(3,nt),area(nt),qq(2,3)
C
      DO 1 k=1,nt
        DO 2 il=1,3
          i=me(il,k)
          qq(1,il)=q(1,i)
2         qq(2,il)=q(2,i)
        area(k)=((qq(1,2)-11(1,1))*(qq(2,3)-qq(2,1))
     >           -(qq(2,2)-qq(2,1))*(qq(1,3)-qq(1,1)))/2.
        IF(area(k).LE.0)write(*,*)'Area of triamgle',k,
     >                            ' is<=0'
1     CONTINUE
      END
C
C
C  ----------------------------------------------------------
      SUBROUTINE RHS(me,f,nv,nt,area,ff)
C  ----------------------------------------------------------
C
C  Computes the right hand siceof the linear system
C  associated with Laplace's equation and stores the
```

```
C  result in array ff.
C
C    ff(i)=∫Ω fw^i dΩ
C
C
      DIMENSION f(nv),me(3,nt),area(nt),ff(nv)
      DIMENSION inext(4)
      DATA inext/2,3,1,2/
C
      DO 1 j=1,nv
        ff(j)=0.
1     CONTINUE
      DO 2 k=1,nt
        DO 2 il=1,3
          i=me(il,k)
          ip=me(inext(il),k)
          ipp=me(inext(il+1),k)
          ff(i)=ff(i)+(2.*f(i)+f(ip)+f(ipp)))+area(k)/12.
2     CONTINUE
      END
```

3.2.2 Construction and Band Storage of the Linear System Matrix

Remark 2.3에 따라 정의 (3.18)이 모든 지표(指標, index)에 대해 확대된 후에 행렬 A의 모든 계수 A_{ij}를 계산할 것이다. 또한, 계산이 진행되는 원리는 앞 장에서와 완전히 같다(위의 우변 계산처럼). 즉, 계산은 (모든 정점 지표 i, j에 대한 2중(二重, double) '루프(loop)'에 대응되기 때문에, 훨씬 더 긴 계산이 될) 망 정점에 대해 되풀이하기 보다는, 망의 삼각형에 대해 되풀이한다(컴퓨터에서는, 이것이 모든 삼각형 지표 k에 대한 '루프'를 의미한다). 이제 이 계산을 상술(詳述)할 것이다. 각 주어진 삼각형 T_k로부터 계 행렬(系 行列, system matrix) (3.20)에 미치는 기여(寄與, contribution)를

$$A_{ij}(T_k) = \int_{T_k} \nabla w^i(\vec{x}) \cdot \nabla w^j(\vec{x}) d\vec{x} \tag{3.23}$$

으로 나타내자; 다음의 결과를 갖는다:

Lemma 3.4 (i) q^i와 q^j가 삼각형 T_k의 정점(頂點, vertex)이면 또 그 때에 한해서(필요충분) $A_{ij}(T_k) \neq 0$이다; (ii) 절점(節點, node) q^i와 q^j를 정점으로 갖는 삼각형이 있다면 $A_{ij} = \sum_{k=1}^{n_t} A_{ij}(T_k) \neq 0$이다.

PROOF 증명은 직각적(直覺的)이다; 그것은, 한편으로는, 함수 w^i의 지주(支柱, support)가 점 q^i를 정점으로 갖는 모든 삼각형의 합집합(合集合, union)이며(앞 장의 그림 2.6 참조), 또 다른 한편으로는, 함수 w^i와 w^j의 토대가 공통 요소를 갖지 않으면 곧 계수 $A_{ij}(T_k)$가 0이라는 사실에 기초를 둔다. □

결국, 행렬 A의 계수 A_{ij}를 결정하기 위해서는, 각 지표 k에 대하여, 삼각형 T_k의 정점 q^i와 q^j에 대응하는 기여 $A_{ij}(T_k)$를 계산하고, 그 다음 $k\in\{1, \cdots, n_t\}$에 대한 이 기여 모두를 합하면 충분하다. 이제 $A_{ij}(T_k)$의 실제 계산에 대하여 상술하자; 지표 i와 j는 각각 il과 jl로 나타낸 삼각형 T_k에 있는 '국부(局部, local)' 지표에 대응되는 망 정점의 지표이다. 바꾸어 말하면, 2.5.2절에서 소개되었던 데이터 구조의 사용에 의하여, 다음을 갖는다: $i = me(il, k)$, $j = me(jl, k)$. 함수 w^i와 w^j가 T_k에서 아핀 함수이기 때문에, 그 구배(gradient)는 거기에서 일정(一定)하여, 2장으로부터의 공식 (2.64)와 (2.65)에 따라 다음을 갖는다:

$$
\begin{aligned}
A_{ij}(T_k) &= |T_k|\nabla w^i \cdot \nabla w^j \\
&= \left(\begin{vmatrix} 1 & q_2^{il} & 1 \\ 0 & q_2^{il+} & 1 \\ 0 & q_2^{il++} & 1 \end{vmatrix} \begin{vmatrix} 1 & q_2^{il} & 1 \\ 0 & q_2^{il+} & 1 \\ 0 & q_2^{il++} & 1 \end{vmatrix} + \begin{vmatrix} q_1^{il} & 1 & 1 \\ q_1^{il+} & 0 & 1 \\ q_1^{il++} & 0 & 1 \end{vmatrix} \begin{vmatrix} q_1^{il} & 1 & 1 \\ q_1^{il+} & 0 & 1 \\ q_1^{il++} & 0 & 1 \end{vmatrix} \right) \frac{1}{4|T_k|} \\
&= \frac{1}{4|T_k|}\left[\left(q_2^{il+} - q_2^{il++}\right)\left(q_2^{il+} - q_2^{il++}\right) - \left(q_1^{il+} - q_1^{il++}\right)\left(q_1^{il+} - q_1^{il++}\right) \right].
\end{aligned}
$$

여기서 $il_+ = il \bmod 3 + 1$과 $il_{++} = il_+ \bmod 3 + 1$로 두었으며, $il \bmod jl$은 il의 jl에 의한 유클리드 나눗셈(Euclidean division)에서의 나머지(remainder)를 나타낸다. 이 표기에 따라, $i_+ = me(il_+, k)$는 삼각형의 국부 번호 매김(local orientation)에 있는 지표 $i = me(il, k)$의 점 다음에 오는 점의 지표이며, 비슷하게, $i_{++} = me(il_{++}, k)$는 지표 i_+의 점 다음에 오는 점의 지표이다. 이 계산에서, 일렬(一列)로 늘어진 것의 원순열(圓順列, circular permutation) 아래에서의 행렬식(行列式, determinant)의 불변성(不變性, invariance)과, 번호가 정(正)으로 매겨졌다면(positively oriented), 표현식 (2.65)의 행렬식은 삼각형 T_k의 면적의 2배와 같다는 사실을 사용하였음에 주목하자.

이제, 행렬 A의 계수의 계산을 마치고, 컴퓨터에 그것을 저장하는 문제를 다룬다. 명백하게, 컴퓨터 메모리에 관련되기 때문에, 이 행렬을 2차원 배열(二次元 配列, bi-dimensional array)로 선언(宣言)하는 것은 논외(論外)의 것이다; 그러한 배열은 망 정점의 수의 제곱과 같은 크기를 가질 것이어서, 빠르게 매우 크게 될 수 있다. 게다가, Lemma 3.4에 따라, 행렬 A는 *성긴(sparce)* 구조, 즉 많은 0의 계수를 가진다; 그것은 또한 대칭(對稱, symmetric)임에 주목한다. 따라서 A의 저장 공간

(貯藏 空間, storage)을 최소화하기 위한 노력으로 이러한 특별한 구조의 이점(利點, advantage)을 취할 것이다. 이 절(節)에서는, *대 저장(帶 貯藏, 띠 저장, 밴드 스토리지, band storage)*이라 불리는 간단히 이행(履行)할 수 있는 저장에 대해 설명한다; 이 검토(檢討, study)를 3.4절에서, 메모리에는 더 경제적(經濟的)이지만, 이행하기에는 더 복잡(複雜)한, 다른 저장의 검토로 완성한다.

첫째로, 행렬의 대칭성의 고려에 의해, 하삼각 부분(下三角 部分, lower triangular part), 즉 $i \geq j$인 요소 A_{ij} 만을 저장한다. 식 (3.24)와 같이 정의되는 수(數, number) μ를 *대폭(帶幅, 띠폭, 밴드 폭, bandwidth)*이라 부르자:

$$\mu = \max_{\{i,j:\ i>j,\ A_{ij}\neq 0\}} |i-j|; \tag{3.24}$$

$i > \mu + j$라면 $A_{ij} = 0$을 가진다. 더욱이, 행렬의 각 줄(line)에서, 많아야 $\mu + 1$개의 0이 아닌 항(non-zero term)이 있다. 기억 공간(記憶 空間, memory space)을 최소화하기 위하여, 행렬 A를 크기 $n_a = (n_v - 1)\mu + n_v$의 1D(1차원) 배열 a에 저장한다. 좀 더 정확히, 요소 A_{ij}는 지표 $k = (i-1)\mu + j$로 배열 a에 저장된다(프로그램에서는, 계수 A_{ij}의 모든 계산이 i와 j가 1씩 증가(增加)되는 '루프(loop)' 내에서 이루어지기 때문에, μ의 곱셈(multiplication)은 실제로 수행하지는 않을 것이다). 이 저장 형식(貯藏 形式, storage format)은, 배열 a의 크기 n_a를 넘치는(overflow) 지표에 접근(接近)하지 않도록, i와 j에 대한 다음의 경계(境界, bound)

$$\max\{1, i-\mu\} \leq j \leq i \leq \max\{n_v, j+\mu\}, \tag{3.25}$$

에 관해 주의한다면, 특히 간단하다. 또한 배열 a에 할당(割當)되는 공간은, $i < \mu + 1$인 각 줄(line) i에서, i개의 항 만을 저장하는 것이 필요하기 때문에, 실제로 필요한 공간보다 조금 더 크다; *선험적(先驗的)으로(a priori)* 요구되는 메모리는 따라서 $n_a - \mu(\mu-1)/2$ 뿐이다. 위의 제약(制約, constraints) (3.25)에 관해서는, 원래의 행렬 A의 어떤 저장 요소에도 대응되지 않는, '부가' 지표('附加' 指標, 'additional' index)에 접근하지 않는 것을 허용한다.

이 논평(論評, remark)에 따르면, 다음의 질문(質問, question)을 할 수 있다: 사상(寫像, mapping) $\{i, j\} \to k = (i-1)\mu + j$는 전단사(全單射, bijection)인가? 대답(對答)은 예(yes)이다. 실로, 주어진 k에 대하여, i의 (그리고 따라서, j가 관계 $j = k - (i-1)\mu$에 의해 i와 결합되기 때문에, 쌍(雙, couple) (i, j)의) 2개의 값이 가능하다; 이 i의 값은

$$i = k \text{ div } (\mu+2) \quad \text{or} \quad i = k \text{ div } (\mu+1)$$

와 같이 주어진다. 여기서 $i \operatorname{div} j$는 i의 j에 의한 유클리드 나눗셈에서의 몫(quotient)이다. 하지만 쌍 (i, j)의 이러한 두 가지 가능한 값 사이에는, 한 개 만이 제약 (3.25)를 만족하며, 이것은 그러한 제약 아래에서는 사상 $\{i, j\} \rightarrow k = (i-1)\mu + j$가 실제로 전단사(全單射, bijection)임을 의미한다. 실제에 있어서는, 지표 k로부터 쌍 (i, j)를 '재구성(再構成, reconstruct)'해서는 안될 것이며, 프로그래밍은 항상 a 속으로 $(i-1)\mu + j$의 형태로 지표를 생성한다는 것에 주목하자.

기여 $A_{ij}(T_k)$의 계산은 다음의 function 'elemMat'의 논제(論題, topic)임에 반하여, 행렬 A의 구성과 저장은 subroutine 'BgetMat'에서 이루어진다. 후자(後者, latter)는 띠폭 μ가 알려져 있다고 가정한다; 그것을 계산하기 위해서는, 앞 장의 Appendix 2.A로부터 subroutine 'getBand'를 사용하라. 마지막으로, Remark 3.3에서 설명한 바와 같이, 옳은 경계조건(right boundary condition)으로 복구(復舊)하는 것을 허용하는 subroutine 'BDirCL'을 준다.

Remark 3.5 Lemma 3.4에 따라, μ'를

$$\mu' = \max_{\{k,i,j:>j,q^i,q^i \in T_k\}} |i-j|$$

로 나타낸다면, 그러면 $\mu < \mu'$이다. μ'가 μ보다 더 계산하기 쉽기 때문에, 이런 '수정 대폭(修正 帶幅, modified bandwidth)'을 종종 사용하며, 실제 밴드 폭 μ와 확인에 의해 표기를 혼용(混用)한다. □

```
C  File: elem.for
C
C  -----------------------------------------------------------
      FUNCTION elemMat(k,il,jl,areak,q,me)
C  -----------------------------------------------------------
C
C  Computes the elemental contribution over triangle
C  of index k to element of index i,j in matrix A,
C  i.e. Aij(Tk), where i and j are the indices
C  of the vertices with local indices il and jl in
C  the triangle (i.e. i=me(il,k), j=me(jl,k)).
C  The triangle area is given as input (areak).
C
C  N.B. This subroutine assumes that the triangles
C    are positively oriented.
C
C
      DIMENSION q(2,*),me(3,*),inext(4)
      DATA inext/2,3,1,2/
C
      ip=me(inext(il),k)
```

```
      ipp=me(inext(il+1),k)
      jp=me(inext(jl),k)
      jpp=me(inext(jl+1),k)
      elemMat=((q(2,ip)-q(2,ipp))*q(2,jp)-q(2,jpp))
     >        +(q(1,ip)-q(1,ipp))*q(1,jp)-q(1,jpp))
     >        /(4.*areak)
      END
C
C
C  File: BgetMat.for
C
C  ---------------------------------------------------------
      SUBROUTINE BgetMat(q,me,area,nt,nv,a,nBand)
C  ---------------------------------------------------------
C
C  Computes and stores in band format in 1D array a
C  the lower triangular part of the linear system
C  matrix A associated with solving the model problem
C  (Laplacian with Dirichlet boundary conditions)
C  written in variational form. The bandwidth nBand
C  is assumed known.
C
C  Computing the matrix elements Aij is done for all
C  indices i and j, even if they are boundary vertices.
C  One must, after calling this subroutine, call
C  subroutine BDirCL so as to retrieve the right Dirichlet
C  boundary conditions on the domain boundary.
C
C  The actual computation of the Aij coefficients is
C  done triangle by triangle, by only computing, on
C  each triangle Tk, the elemental contributions from
C  two local consecutive indices il and jl of vertices
C  in this triangle (then we have: i=me(il,k),j=me(jl,k))
C  as well as diagonal elements (jl=il). This follows
C  from the symmetry of A.
C  For i different from j, the result of this computation
C  is stored in array a at index ij=(i-1)*nBand+j or
C  ji=(j-1)*nBand+i, depending on whether i>j or j>i.
C
C
C  input:
C  ------
C   triangulation: nv,nt,q(2,nv),me(3,nt) and area(nt);
C   nBand: matrix bandwidth, computed previously
C     by subroutine getBand from file utilP1.for.
C
C  output:
C  -------
C   a(nMat), nMat=(nv-1)*nBand+nv: array containing
C     the elements of matrix A; more precisely
C     element Aij is stored in array a at index
```

```
C      ij=(i-1)*nBand+j.
C
C
      DIMENSION q(2,nv),me(3,nt),area(nt),a(*)
C
      nMat=nBand*(nv-1)+nv
      DO 1 i=1,nMat
1     a(i)=0.0
C
      DO 2 k=1,nt
        DO 2 il=1,3
          i=me(il,k)
          jl=mod)il,3)+1
          j=me(jl,k)
          xmatElem=elemMat(k,il,jl,area(k),q,me)
          IF(i.GT.j)THEN
            ij=(i-1)*nBand+j
            a(ij)=a(ij)+xmatElem
          ELSE
            ji=(j-1)*nBand+i
            a(ji)=a(ji)+xmatElem
          ENDIF
          ii=(i-1)*nBand+i
          xmatElem=elemMat(k,il,il,area(k),q,me)
          a(ii)=a(ii)+xmatElem
2     CONTINUE
      END
C
C
C ------------------------------------------------------------
      SUBROUTINE BDirCL(a,phi0,nv,ng,ff,cte,nBand)
C ------------------------------------------------------------
C
C This subroutine lets us recover the right
C Dirichlet boundary conditions for the boundary
C vertices.
C
C For each index i of a boundary vertex (ng(i)≠0),
C we modify at the same time the ith diagonal
C element of matrix A, replacing it by a very large
C constant cte, and the ith component of the right
C hand side f, replacing it by the product cte*phi0,
C where phi0 is the Dirichlet boundary condition. In
C this way, the ith line of the linear system is written,
C after simplifying by the constant cte
C   phi(i)+terms=phi0(i),
C and the boundary condition is satisfied up to
C order (1/cte) terms.
C
C
C input:
```

```
C  ------
C    triangulation: nv,ng(nv);
C    matrix a(8) and its bandwidth nBand;
C    Dirichlet boundary condition stored in array
C      phi0 (N.B. this array is assumed filled for
C      all nodes);
C    linear sustem right hand side ff(nv);
C    very large constant cte.
C
C  output:
C  -------
C    modified matrix a and right hand side ff.
C
C
      DIMENSION a(*),phi0(nv),ng(nv),ff(nv)
C
      DATA cte/1.0e25/
C
C
      DO 1 i=1,nv
      IF(ng(i)NE.0)THEN
        a((i-1)*nBand+i)=cte
        ff(i)=cte*phi0(i)
      ENDIF
1     CONTINUE
      END
```

이제 선형 계(linear system) (3.20)을 풀기 위한 *직접*법(*直接法*, *direct* method)을 설명할 것이다.

3.2.3 *Solution of the Linear System by Cholesky Factorization of Matrix A*

선형 계(linear system) (3.20)의 풀이는 2단계이다; 첫 번째 단계에서는, 콜레스키법(Cholesky method)에 의해 행렬 A를, 식 (3.26)과 같이, 순양 대각 요소(純陽 對角 要素, strictly positive diagonal element)를 가진, 크기 $n_v \times n_v$의 하삼각 행렬 L ($l_{ij} = 0$ if $i = j$)로 이루어진 형태로 인수분해(因數分解)한다(factor):

$$A = LL^T. \tag{3.26}$$

그러한 행렬 L의 존재(存在)에 대한 이론적 정당성(正當性)이 A가 대칭 정정(對稱正定, symmetric positive definite)이라는 것은, 예를 들면, Ciarlet (1989)에서 찾을 수 있다. 관계 (3.26)을 확장하자; 대각 요소의 계산에서 출발하여 열(列)에서 열로 (column by column) L을 계산하는 것을 제시하는

$$A_{ij} = \sum_{k \le \min[i,j]} L_{ik} L_{jk} \tag{3.27}$$

을 얻는다. 프로그래밍의 관점으로부터, 이것은 다음과 같은 책략(策略, scheme)을 이끈다:

DO j = 1, nv

$$L_{jj} = \sqrt{A_{jj} - \sum_{k<j} L_{jk}^2}, \tag{3.28}$$

DO i = j + 1, nv

$$L_{ij} = \left(A_{ij} - \sum_{k<j} L_{ik} L_{jk} \right) \Big/ L_{jj}, \tag{3.29}$$

END i loop
END j loop.

두 번째 단계는 식 (3.20)의 풀이를 2개의 연속(連續) 선형 계(two successive linear system)로 분해(分解)하는 것(decomposing)으로 이루어진다. 우변 $F \in R^{n_v}$가 주어지면, 선형 계

$$L\psi = F \tag{3.30}$$

의 해 $\psi \in R^{n_v}$를 결정한 후 R^{n_v}에서 다음의 방정식을 푼다:

$$L^T \Phi = \psi. \tag{3.31}$$

벡터 Φ는 그것이 $A\Phi = F$를 만족하기 때문에 찾아진 해(解, solution)이다. 이 단계는 보통 *전진(前進)-후퇴(後退) 풀이(forward-backward solve)*라 불리는데, 전진 풀이(forward solve)는 하삼각 계(lower triangular system) (3.30)를 푸는 것에 관련된 반면, 후퇴 풀이(backward solve)는 상삼각 계(upper triangular system) (3.31)의 풀이에 결부(結付)된다.

이제 이러한 2 단계로 푸는 프로그램의 구조를 상술하자. 먼저 A의 콜레스키 인자(因子)(Cholesky factor) L도 마찬가지로 많아야 A의 대폭(帶幅, bandwidth)과 같은 대폭을 갖는 대 구조(帶 構造, band structure)라는 것에 주목한다. 이것은 A를 위한 저장 구조와 같은 L을 위한 저장 구조를 사용하는 것을 가능하게 한다. 또한, 알고리즘 (3.28)-(3.29)는 A의 값과 L의 값을 저장하기 위해 2개의 배열 a와 l을 사용할 필요가 없음을 보인다. 사실, 계산이 진행됨에 따라, 배열 a의 값(A의 요소

A_{ij}의 저장에 대응되는)을 행렬 L의 대응하는 값(즉 같은 지표를 가진 요소 L_{ij})로 '덮어 쓸 수(overwrite)' 있다. 아래의 subroutine 'BCholesky'는 배열 a에 대 형식(帶 形式, band format)으로 저장된 행렬 A의 콜레스키 인수분해(Cholesky factorization)를 수행한다; 입력에서는 배열 a가 A의 계수를 포함하며 출력에서는 A의 Cholesky 인자의 대응되는 계수를 포함한다. Subroutine 'BSolvSys' 처럼, 선형 계(線形 系)를 '전진-후퇴(前進-後退, forward-backward)' 풀이에 의하여 푼다. 선형 계 (3.30)과 (3.31) 각각의 삼각 구조(三角 構造, triangular structure)는 여기서 다시 각각에 대해 풀어지는 계(系, system)의 우변과 그 해(解, solution) 모두를 저장하는 데 단지 1개의 배열 만을 사용하는 것을 가능하게 한다.

```
C  File: BCholes.for
C
C  ---------------------------------------------------------
      SUBROUTINE BCholesky(n,a,nBand)
C  ---------------------------------------------------------
C
C  This subroutine computes the Cholesky factor L of
C  a symmetric positive definite matrix A of size n×n,
C  of which only the lower triangular part is stored in
C  band format in an array a of size nMat=(n-1)×nBand+n.
C  We assume the bandwidth nBand is known. The Cholesky
C  factor L has the same band structure as matrix A.
C
C  The factorization is performed column by column,
C  beginning with the computation of the diagonal
C  element. Matrix L is stored at the same location
C  as A in array a.
C
C
C  input:
C  ------
C    bandwidth nBand of matrix A(n,n), i.e.
C      nBand=max{|i-j|:i>j,A(i,j)≠0};
C    array a(*) for storing matrix A: A(i,j) is
C      stored in a((i-1)*nBand+j).
C
C    N.B. the constraints on indices induced by
C      the band storage must be taken into account:
C      max(1,i-nBand)≤j≤i≤min(n,j+nBand).
C
C  output:
C  -------
C    array a(*) contains the elements of matrix L, i.e.
C      a((i-1)*nBand+j) now contains element L(i,j).
C
```

```
C
      DIMENSION a(*)
C
      DO 1 j=1,n
        sum=0.0
        j1=(j-1)*nBand
        kMin=max(1,j-nBand)
        DO 2 k=kMin,j-1
          jk=j1+k
          sum=sum+a(jk)**2.
2       CONTINUE
        jj=j1+j
        a(jj)=sqrt(a(jj)-sum)
C
        iMax=min(n,j+nBand)
        DO 4 i=j+1,iMax
          sum=0.0
          i1=(i-1)*nBand
          kMin=max(1,i-nBand)
          DO 3 k=jMin,j-1
            ik=i1+k
            jk=j1+k
            sum=sum+a(ik)*a(jk)
3         CONTINUE
        ij=i1+j
        a(ij)=(a(ij)-sum)/a(jj)
4       CONTINUE
1     CONTINUE
      END
C
C
C --------------------------------------------------------------
      SUBROUTINE BSolvSys(n,a,g,nBand)
C --------------------------------------------------------------
C
C This subroutine computes the solution x to system
C Ax=g, where A is a symmetric positive definite matrix
C of size n×n factored with the Cholesky algorithm, i.e.
C A=LLᵀ, with L a lower triangular matrix with positive
C diagonal.
C Matrix L is stored in band format in array a of length
C nMat=(n-1)*nBand+n, where nBand is the bandwidth
C (assumed previously computed) of matrices A and L.
C
C Computation is in two successive stages:
C -a forward solve stage, where we solve system Ly=g,
C -a back solve step, where we solve system Lᵀx=y.
C It is not necessary to use two additional arrays
C to store x and y; array g(n) represents the system
C right hand side at the beginning, then, as the
C computation proceeds, the solutions y, then x.
```

```
C
C
      DIMENSION a(*),g(n)
C
      DO 1 i=1,n
        sum=g(i)
        i1=(i-1)*nBand
        jMin=max(1,i-nBand)
        DO 2 j=jMin,i-1
          sum=sum-a(i1+j)*g(j)
2         CONTINUE
        g(i)=sum/al(i1+i)
1     CONTINUE
C
      DO 11 i1=1,n
        i=n-i1+1
        sum=g(i)
        jMax=min(n,i+nBand)
        DO 12 j=i+1,jMax
          j1=(j-1)*nBand
          sum=sum-a(j1+i)*g(j)
12        CONTINUE
      g(i)=sum/a((i-1)*nBand+i)
11    CONTINUE
      END
```

변분 정식화의 P^1 유한요소 이산화에 의해 얻어지는 행렬의 대 저장(帶 貯藏, band storage)으로 모델 문제를 풀기 위한 완전한 프로그램이 Appendix 3.A에 주어져 있다.

EXERCISE 이 프로그램을 A의 크라우트 인수분해(Crout factorization) 즉 L은 단위(대각 요소가 1과 같은) 하삼각 행렬(單位 下三角 行列, unit lower triangular matrix)이며, D는 대각 행렬인 $A = LDL^T$를 사용하여 수정(修正)하라(modify). D는 L의 대각 요소가 저장될 위치에 저장하라. □

3.2.4 *How to Check that the Program Works*

본질적으로 프로그램이 작동(作動)하는 것을 점검(點檢)하게 할 수 있는 2가지 형태의 검사(檢査, test)가 있다: 부분 검사(部分 檢査, partial test)와 포괄 검사(包括 檢査, global test). 예를 제시(提示)하자. 부분 검사에서는, 예를 들어 $f = 0$과 $g = 1$로 문제 (3.1)-(3.2)를 만족하는, Ω에서 1과 전등(全等, identically equal)이어서, φ에 대한 분해(分解, decomposition) (3.11)을 다음과 같이 쓰는 함수 φ에 주목(注目)할 수 있다:

$$1 = \sum_{j=1}^{n_v} w^j(x), \quad \forall x \in \Omega. \tag{3.32}$$

따라서 행렬 A는 Appendix 2.A에 위치한 파일 'utilP1.for'로부터 subroutine 'verif1'을 생각하면, *귀납적(歸納的)으로(a posteriori)*, 점검될 수 있는 다음과 같은 성질

$$\forall i \in \{1, \cdots, n_v\}, \quad \sum_{j=1}^{n_v} A_{ij} = 0 \tag{3.33}$$

을 갖는다. 이 subroutine에서는, $j > i$인 형태 A_{ij}의 요소가 실제로 쌍(雙, pair) (j, i)에 대응하는 지표 $k = (j-1) * \mu + i$로 배열 a 내에 있다는 것을 의미하는, A의 하삼각 부분만이 저장되었다는 사실을 고려하였다.

포괄 검사의 예는 계산된 해를 안다고 가정한 문제 (3.1)-(3.2)의 완전해(exact solution)와 비교(比較)하는 것이다. 이것을 하기 위하여, 앞 장(章)에서와 같이 진행한다: *선험적(先驗的)으로(a priori)* 함수 φ_0를 선택하고, Ω에서 그것의 Laplacian을 계산한 후, $f = -\Delta\varphi_0$로 둔다. 그 다음 위의 프로그램을 이용하여 문제

$$-\Delta\varphi = f, \quad \varphi = \varphi_0 \text{ on } \Gamma$$

의 근사해 φ를 계산하고 H^1_{0h} 놈(norm)으로 오차(誤差, error) $\varphi - \varphi_0$를 추정(推定)한다. 이 오차 계산은 subroutine 'errH10'에서 이루어지며, 또한 파일 'utilP1.for'에 저장된다. 또한 2장에서 했던 것처럼, 망(網, mesh)을 더 잘게 더 잘게(finer and finer) 하여 앞의 계산을 수행하고 이산화 단계(離散化 段階, discretization step) h의 함수로써 오차가 어떻게 감소하는 지를 점검할 수 있다. 이 과업(課業, task)을 위해서는, 이 방법으로 얻어진 결과가 이론에 의해 예측(豫測)되는 결과 보다 훨씬 더 좋도록, 함수 φ_0로 너무 '매끄러운'(too 'smooth') 것(즉 다항식)을 취하지 않는 것이 더 좋다!

3.2.5 *Optimizing the Matrix Band Storage*

더 작은 밴드 폭(bandwidth) μ는 '기억 용량(記憶 容量, memory)'의 관점(觀點, standpoint)에서 더 좋은 방법이지만, A의 Cholesky 인자(因子, factor) 내의 0이 아닌 요소의 수(數)가 μ에 비례(比例, proportional)하는 것과 같이, '계산 시간(計算 時間, computation time)'의 관점에서도 더 좋다. 따라서 문제는, 특히 어려운 도학 이론 문제(圖學 理論 問題, 그래프 이론 문제, graph theoretical problem)인, 어떤 방식으로 밴드 폭을 최소화할 것인가라는 절점의 번호 매김의 최적화이다. 하지만,

다음과 같은 '정면(正面) 번호 매김(frontal numbering)' 알고리즘을 제안할 수 있다; 먼저, 뒤에서 유용성(有用性)을 찾을 본래의 정의(定義)(natural definition)를 소개할 것이다.

Definition 3.6 삼각화 $\mathcal{T}_h$의 2개의 정점(vertex)은 그들이 이 삼각화에 있는 삼각형의 한 변(邊)(single edge)의 끝점(end point)이라면 서로 이웃(neighbor)이라 말한다.

The Cuthill and McKee Algorithm:

0. 정점을 선택하고 그것에 번호 1을 할당(割當)함; 정점 q^1의 이웃인 정점의 집합 S^1을 결정함; $m = 1$로 둠

1. S^m에 있는 각 정점에 번호를 할당함

2. S^m 에 있는 각 정점에 대하여, 아직 번호가 붙지 않은 이웃 정점(neighboring vertex)의 집합 V_i를 찾음

3. $S^{m+1} = \cup_{\{i:\, q^i \in S^m\}} V_i$으로 둠; $S^{m+1} \neq \emptyset$이라면 $m = m+1$로 두고 단계 1로 되돌아 감

EXERCISE 이 알고리즘을 프로그래밍하라. (이것을 하기 위해서는 망에 있는 각 정점에 대하여 이웃 절점의 목록(目錄, list)을 알아야 한다. 그러한 목록을 다음 절(節)에서 세울 것이다.) □

다른 가능한 개선 방법은, 전역 밴드 폭(global bandwidth) 대신, 행렬 A의 각 행(行, row)에 대한 밴드 폭을 정의하는 것이다. A를 위한 새로운 저장 방법을 정의하는 것은, 대응되는 Cholesky 인수분해의 프로그래밍과 함께 연습 문제(演習問題, exercise)로 남겨 둔다.

3.3 *NUMBERING OF EDGES AND NEIGHBORING POINTS*

Cuthill과 McKee 알고리즘이 삼각화의 각 정점에 대하여, 그 이웃 정점에 대한 지식(知識, knowledge), 또는 등가적으로, 망(網)의 각 변(邊, edge)에 대하여, 그 극치점(極値 點, extremal point)의 지식을 요구했음을 지금 막 보았다. 이러한 직접 탐색(直接 探索, direct search)은 *nv*, *nt* 및 배열 *me*에 대한 지식으로 확실히 어렵게 보인다. 이것이 망의 변에 연결된(linked) 부가 배열(附加 配列, additional array)을 정의할 이유이다.

3.3.1 *Data Structure for the Edges*

지표 ie인 각 변(邊, edge)에 대하여, 다음을 저장할 것이다:

- $infEd(ie) < isupEd(ie)$의 규약(規約, convention)으로, 두 극치 정점(extremal vertex)의 지표 $infEd$와 $isupEd$
- 이 변을 공유(共有)하는 두 삼각형의 지표; 변을 가장 작은 지표($infEd(ie)$)를 가진 점으로부터 가장 큰 지표($isupEd(ie)$를 가진 점으로 향하게 선택한다면, 이 변의 왼 쪽(left)에 있는 삼각형은 $iTLeft(ie)$에 저장되는 반면, $iTRight(ie)$는 이 변의 오른 쪽(right)에 있는 삼각형의 지표를 포함한다. 이 삼각형 중 하나가 존재하지 않는다면, 이것은 변이 경계(境界, boundary)에 있을 때 생기며, 그러면 $iTLeft$ 또는 $iTRight$ 내에 있는 대응되는 값은 0으로 취해진다.

주어진 삼각형의 변을 쉽게 정의할 수 있게 하기 위하여, 지표 k인 각 삼각형에 대하여, 다음과 같은 규약으로, 이 삼각형의 세 변의 지표를 주는 2차원 배열(bi-dimensional array) $nEdT(3, nt)$도 또한 세운다: 국부 지표(局部 指標, local index) $iel \in \{1, 2, 3\}$을 가진 변은 국부 지표 iel인 정점의 반대(反對) 쪽(opposite)에 있는 변이다. 따라서 지표 $ie = nArT(iel, k)$을 가진 변은, 3.2.2절에서 이미 만났던 규약, 즉 $i_+ = i \bmod 3 + 1$, $i_{++} = i_+ \bmod 3 + 1$로, 그 말단(末端, 끝 단, extremity)으로서 정점 $me(iel_+, k)$와 $me(iel_{++}, k)$를 가진다.

유도(誘導, induction)에 의해 쉽게 증명되며, 변의 수(數) na를 정점의 수(nv) 및 삼각형의 수(nt)와 연결하는(link) 오일러의 공식(公式)(Euler's formula)

$$nt - na + nv = ncc \tag{3.34}$$

을 상기(想起)한다. 여기서 ncc는 Ω의 연결 성분(連結 成分, connected component)의 수(數)이다.

앞의 공식에 의해 변의 수 na를 계산한 후, 5개의 새로운 배열을 정의한다:

```
 DIMENSION infEd(na),isupEd(na),iTLeft(na),iTRight(na),
>          nEdT(3,nt)
```

이 배열이 알려져 있다고 하더라도, 정점의 이웃을 세우는 것은 미해결 문제(未解決 問題, open problem)로 남아 있다: 결과를 어떻게 저장할 수 있을 것인가? 다음 절(節)에서 이 문제에 대해 답한다.

3.3.2 *Construction of the Edge Arrays*

각 삼각형의 각 정점의 3개의 국부 지표에 대한 다른 루프(loop)에 따라오는 삼각형에 대한 loop로 모든 변(邊, edge)을 찾을 수 있다:

```
      DO 1 i=1,nt
        DO 1 il=1,3
          i=me(il,k)
1         ip=me(mod(il,3)+1,k)
```

하지만 이 과정에서, 각 내부 변(內部 邊, internal edge)은 2번 세어지는(counted) 반면, 경계 변(境界 邊, boundary edge)은 한 번만 세어진다. 변을 저장하기 원한다면, 그것이 이미 저장되지 않았는지를 먼저 점검(點檢)해야 한다; 이것이 변의 저장을 프로그래밍할 때의 주된 어려움이다.

규약(convention)에 의해, 변은 가장 낮은 지표(망의 모든 변의 전역 번호 매김(global numbering)에서)를 가진 정점으로부터 가장 높은 지표를 가진 정점으로 향해진다. 지표 *ie*를 가진 변은 지표 *infEd*(*ie*)인 정점에서 '출발(시작)한다(start)'고 말한다. 주어진 정점에서 출발하는 변의 지표를 저장하기 위해 2개의 배열 *list*와 *listHead*의 도움을 받는 목록 구조(目錄 構造, list structure)를 사용할 것이다. 각 지표 *i*에 대하여, *listHead*(*i*)는 지표 *i*인 점에서 출발하는 임의의 변의 가장 높은 지표를 갖고 있다; 지표 *i*인 점에서 출발하는, 남아있는 변 중에서 가장 큰 지표를 가진 변은 *list*(*listHead*(*i*))에 저장된 지표를 가지며, 이것이 이 정점으로부터 출발하는 다른 변이 없는 경우인 0의 지표를 찾을 때까지 계속된다. 그러면, 다음과 같은 방식으로, 지표 *i*로부터 출발하는 모든 변을 찾는 것이 가능하다:

```
      ie=listHead(i)
1     IF(ie.GT.0)THEN
C
C  [infEd(ie), isupEd(ie)] is an edge
C
        ie=list(ie)
C
C  ie is the index of the next edge
C
        GOTO 1
      ENDIF
```

다음 프로그램은 3.3.1절에서 언급(言及)된 여러 가지 변 배열(邊 配列, edge array)을 세우는 방법의 이행(履行)을 제공한다. 그 다음, 그것을 2장의 작은 삼각화 예제(tiny triangulation example)에 적용한다.

```
C  File: Edge.for
C
C  -------------------------------------------------------------
      SUBROUTINE getEdge(nv,nt,me,list,listHead,iTLeft,
     >                   iTRight,infEd,isupEd,nEdT,na)
C  -------------------------------------------------------------
```

```
C
C  This subroutine numbers edges and builds the
C  following arrays: iTLeft, iTRight, infEd, isupEd, nEdT.
C  It computes the total number ne of edges.
C  This construction uses auxiliary address arrays:
C  list and listHead.
C
C
C  input: triangulation
C  ------
C    nv: number of vertices;
C    nt: number of triangles;
C    me(3,nt): local vertex numbering on
C      each triangle (me(il,k)=index of
C      ilth vertex of index k triangle);
C
C    N.B. The triangles are assumed to be positively
C      oriented. Array ng is not required here.
C
C  output:
C  -------
C    na: total number of edges;
C    infEd(na), isupEd(na): indices of extremal
C      points of edge with the convention:
C      infEd(ie)<isupEd(ie);
C    iTLeft(na), iTRight(na): indices of the
C      triangles located to the left and to the right
C      of each edge, if we agree to orient edge ie
C      from point with index infEd(ie) to point with
C      index isupEd(ie);
C    nEdT(3,nt): index of the 3edges of each triangle,
C      with the convention:
C      the edge with index nEdT(iel,k) is opposite
C      point with index me(iel,k), in triangle with
C      index k.
C
C  auxiliary arrays:
C  -----------------
C    list(*): contains all indices for the edges
C      starting from a given point;
C    listHead(*): for each vertex with index i,
C      listHead(i) contains the index of the edge with
C      highest index starting at vertex with index i;
C      the next edge has
C      list(listHead(i)) as index,...
C
C    N.B.1 The values if iTLeft(ie) and iTRight(ie)
C      are constructed at two different times:
C      one at the time where the edge is constructed,
C      the other at the time where we meet this edge
C      for the second time.
```

```
C
C   N.B.2 By Euler's formula, we have:
C     na<nv+nt.
C
C
      DIMENSION me(3,nt)
      DIMENSION infEd(*),isupEd(*),iTLeft(*),iTRight(*)
      DIMENSION nEdT(3,nt)
      DIMENSION list(*),listHead(*)
C
      na=0
      DO 4 ie=1,nv+nt
4     iTRight(ie)=0
      DO 1 i=1,nv
1     listHead(i)=0
      DO 2 k=1,nt
        DO 2 il=1,3
          ilp=mod(il,3)+1
          i=me(ilp,k)
          j=me(mod(ilp,3)+1,k)
          ilow=min(i,j)
          ihigh=max(i,j)
          ie=listHead(ilow)
C
C  We go over the list array so as to know whether the edge
C  has already been created.
C
3         IF(ie.NE.0)THEN
            IF((ihigh.EQ.isupEd(ie)).AND.(ilow.EQ.infEd(ie)))THEN
              nEdT(il,k)=ie
              IF(ilow.EQ.i)THEN
                iTLeft(ie)=k
              ELSE
                iTRight(ie)=k
              ENDIF
              GOTO 2
            ENDIF
            ie=list(ie)
            GOTO 3
          ENDIF
C
C  This is a new edge
C
        na=na+1
        infEd(na)=ilow
        isupEd(na)=ihigh
        list(na)=listHead(ilow)
        listHead(ilow)=ne
        IF(ilow.EQ.i)THEN
          iTLeft(na)=k
        ELSE
```

```
          iTRight(na)=k
        ENDIF
        nEdT(il,k)=na
2     CONTINUE
      END
C
C
C ------------------------------------------------------------
C PROGRAM listEdge
C ------------------------------------------------------------
C
C This program aims at testing the previous
C subroutine in the case of the tiny triangulation.
C The triangulation is assumed to be stored in file
C TinyTri.Dta, created in the previous chapter
C (section 2.5.2); it is thus read via subroutine
C readT stored in file utilP1.for.
C
C
      PARAMETER(nvMax=8,ntMax=8,neMax=nvMax+ntMax)
      INTEGER list(3*ntMax),listHead(nvMax)
      INTEGER infEd(neMax),isupEd(neMax)
      INTEGER iTLeft(neMax),iTRight(neMax)
      INTEGER nEdT(3,ntMax)
      DIMENSION q(2,nvMax),me(3,ntMax),ng(nvMax)
C
      CALL readT('TinyTri.Dta',nv,nt,q,me,ng,ngt)
      CALL getEdge(nv,nt,me,ng,list,listHead,
     >             iTLeft,iTRight,infEd,isupEd,nEdT,na)
C
      DO 16 k=1,nt
16      write(*,*)(nEdT(iel,k),iel=1,3)
      write(*,*)
      write(*,*)list
      write(*,*)listHead
      write(*,*)
      DO 15 ie=1,na
15      write(*,*)ie,infEd(ie),isupEd(ie)
     >           ,iTRight,iTLeft
      PAUSE
      END
C
C
C ************************************************************
C
C LIBRARY
C
C ************************************************************
C
      INCLUDE 'utilP1.for'
```

작은 삼각화의 결과는 다음과 같다:

```
 1  2  3
 4  3  5
 6  7  4
 1  8  9
 8  7 10
11  6 12
13 11 14
15 10 13

0 0  2 0  3 4  0 0 1 8 0 6 0 11 10
5 9 15   12 7 14   13 0

 1 2 5 1 4
 2 1 2 1 0
 3 1 5 2 1
 4 4 5 3 2
 5 1 4 0 2
 6 4 8 6 3
 7 5 8 3 5
 8 3 5 4 5
 9 2 3 4 0
10 3 8 5 8
11 6 8 7 6
12 4 6 0 6
13 7 8 8 7
14 6 7 0 7
15 3 7 8 0
```

C로 된 같은 프로그램은 다음과 같다:

```
#include <stdlib.h>
/*-----------------------------------------------------*/
/*Numbers the edges and builds
  Tleft, Tright, lowV, highV, edgeT */
  typedef int triangle[3];
/* OUTPUT */
extern int na; /* na=ns+nt-nb holes (=nb edges) */
extern int* lowV; /* lowV[na] number of vertex at edge start */
extern int* highV; /* highV[na] number of vertex at edge end */
extern int* Tleft; /* Tleft[na] number of triangle left of
  edge */
extern int* Tright; /* Tright[na] number of triangle right of
  edge*/
extren triangle* edgeT; /* edgeT[nt][3] number of 3 edges of
  each tr*/
extern int* listHead; /* listHead[ns] number of tr
  having i as a vertex */
/*-----------------------------------------------------*/
```

```
int doedge(int nv, int nt, triangle*me)
/*-----------------------------------------------------*/
 {
 int found, i,k,j,l,lp,low,high,ip;
 int* list=NULL; /* auxiliary array */
 int next[4]{1,2,0,1};
 ne=-1;
 list=(int*)calloc(50+nv+nt,sizeof(int)); /* 50 holes max */
 lowV=(int*)calloc(50+nv+nt,sizeof(int));
 highV=(int*)calloc(50+nv+nt,sizeof(int));
 Tleft=(int*)calloc(50+mv+nt,sizeof(int));
 Tright=(int*)calloc(50+nv+nt,sizeof(int));
 edgeT=(triangle*)calloc(nt,sizeof(triangle));
 listHead=(int*)calloc(nv,sizeof(int));
 for(k=0;k<nt+nv+50;k++){Tright[k]=Tleft[k]=-1;}
 for(k=0;k<nt;k++)
   for(l=0;l<=2;l++)
     {
     lp=next[l];
     i=me[k][lp]; /* starting vertex of edge */
     j=me[k][next[lp]]; /* end vertex of edge */
     low=i>j ? j:i; /* smallest in low */
     high=i>j ? i:j;
     ip=listHead[low]; /* begin edge list */
       found=0;
       while((ip!=0)&&(!found))
         {
         if(ip>49+nv+nt)
         printf("bug in doedge\n");
         if((high==highV[ip])&&(low==lowV[ip]))
           { /* edge is already built */
           edgeT[k][l]=ip; /* store edge */
           if(low==i)Tleft[ip]=k;
           else Tright[ip]=k; /* triangle right of ip */
           found=1;
           }
         ip=list[ip]; /* next edge in list */
         }
       if(!found) /* found a new edge */
         {
         lowV[++na]=low; /* store starting vertex */
         highV[na]=high; /* store end vertex */
         list[na]=listHead[low]; /* add to list */
         listHead[low]=na; /* put this as start */
         if(low==i)
         Tleft[na]=k; /* left triangle */
         else Tright[na]=k;
         edgeT[k][l]=na;
         }
     }
   for(k=0;k<nt;k++)
```

```
   for(i=0;i<=2;i++) /* vertex i is in tr listHead[j] */
     listHead[me[k][i]]=k;
     free((void**)&list);
       return 0;
 }
```

3.3.3 A List Structure in Fortran

앞에서 보다 조금 더 간단한 문제를 검토할 것이다: *정점으로서 지표 i인 점을 가지는 모든 삼각형 찾기.*

본래의 정의(natural definition)에서는 다음과 같은 정의를 소개한다:

Definition 3.7 삼각화 $\mathcal{T}_h$에서 지표 i인 점이 어떤 삼각형의 정점 중 하나라면 이 삼각형은 *지표 i인 점의 이웃*이라 말한다.

2가지 배열을 도입할 것이다:

망에서 모든 정점의 이웃인 삼각형의 지표를 모두 포함하는 *list*1(*na*),

각 지표 i에 대해, 지표 i인 정점의 이웃 삼각형의 배열 *list*1에 있는 위치를 포함하는 *listHead*(*ns*),

그래서 지표 i인 정점에 이웃인 모든 삼각형은 지표 $listHead(i)$와 $listHead(i+1)-1$ 사이의 배열 *list*1에 저장된 지표를 가진다.

*list*1 배열을 세우는 것은 각 정점의 이웃인 삼각형의 수를 미리 알 수 없기 때문에 쉽지 않다. 따라서, 정점에 이웃인 삼각형이, 배열 *list*1에 순차적(順次的)으로(sequentially) 단순히 저장되는 것 보다는, *list*2로 이름 붙여진 배열에 저장된 지침(指針, 포인터, pointer)에 의해 함께 연결될 조금 다른 구조를 고려할 것이다. 지표 i인 정점에 이웃인 모든 삼각형의 지표 k를 다음과 같은 과정으로 찾을 수 있다:

```
      kptr=listHead(i)
1       IF(kptr.GT.0)THEN
          k=ineighbor(kptr)
          kptr=list2(kptr)
          GOTO 1
        ENDIF
```

이 방식에서는, *list*2(*kptr*)은, 배열 *ineighbor*에서, 지표 i인 정점의 이웃인 다음 삼각형의 위치(位置, location)를 포함한다; 마지막 삼각형에 도달(到達)하였을 때, 더 이상(以上)의 이웃 삼각형이 없음을 보이도록, 배열 *list*2는 0을 가리켜야 한다. 이 조작(操作, operation)은 부가 배열(附加 配列, additional array) *ineighbor*(*na*)를 요구하기 때문에 메모리의 희생이 크다(costly). 하지만 이점(利點, advantage)은 이제 삼각형이 임의의 순서(順序, order)로 저장될 수 있어, 더 쉽게 실행할 수 있다는 점이다. 배열에 있는 주소(住所, address)의 형태(形態, form)를 포함하는 값으로 코딩(coding)함으로써 배열 *ineighbor*를 제거(除去)하여 이 이점을 취할 것이다. 이것을 명확(明確)하게 하기 위하여, 다음과 같은 프로그램을 고려하자:

```
C
C  This program aims at building the list and listHead
C  arrays. They are address arrays.
C
C  For each vertex with index i, listHead(i) contains
C  the address kptr in array list of the index k of the
C  neighboring triangle of this vertex with the highest
C  index (since the indices k below are swept in
C  increasing order).
C
C  The address of the next triangle (i.e. the one with
C  highest index among other triangles having this point as
C  vertex) is stored in list (listHead(i)), and so on...
C  (kptr is address of index k of triangle in array list).
C
C
      INTEGER list(3*nt),listHead(nv)
C
      DO 1 i=1,nv
1       listHead(i)=0
      DO 2 k=1,nt
        DO 2 il=1,3
          i=me(il,k)
          kptr=3*(k-1)+il
2         listHead(i)=kptr
C
C  Conversely, to know the indices of all triangles having
C  point with index i as a vertex, we look for
C  their addresses starting with the highest one
C  (stored in listHead(i)), then we go along the
C  address array list
C  (list(listHead(i)), list(list(listHead(i))),...)
C  so as to know the addresses of the next indices, until
C  we meet a zero value, in which case we stop, since
C  we have the addresses of all the triangles neighboring
C  the vertex with index i.
C
C  Once we have an address kptr, we find the index k of
C  the corresponding triangle by noting that, in the
C  previous program, k-1 is the quotient in the Euclidean
C  division of kptr-1 by 3. We can also retrieve the
C  local index il of the vertex with index i in triangle
C  with index k, by noting that il-1 is the remainder in
C  the previous Euclidean division.
```

```
C
C
      kptr=listHead(i)
10      IF(kptr.NE.0)THEN
          k=(kptr-1)/3+1
          il=mod(kptr-1,3)+1
          kptr=list(kptr)
          GOTO 10
        ENDIF
```

2장으로부터의 작은 삼각화(그림 2.7 참조)의 결과는 다음과 같다:

```
list: 0 0 0 1 0 2 6 5 0 0 3 7 9 10 12 8 0 13 17 0 18 21 20 14
listHead: 4 11 24 16 15 19 23 22

i kptr k il --> list(kptr) k il...

1 --  4 2 1 -->  1 1 1
2 -- 11 4 2 -->   3 1 3
3 -- 24 8 3 --> 14 5 2 --> 10 4 1
4 -- 16 6 1 -->  8 3 2 -->  5 2 2
5 -- 15 5 3 --> 12 4 3 -->  7 3 1 -->  6 2 3 --> 2 1 2
6 -- 19 7 1 --> 17 6 2
7 -- 23 8 2 --> 20 7 2
8 -- 22 8 1 --> 21 7 3 --> 18 6 3 --> 13 5 1 --> 9 3 3
```

이 삼각화에 대한 *me* 배열은 다음과 같이 주어짐을 상기하자:

```
k me(1,k) me(2,k) me(3,k)
1   1 5 2
2   1 4 5
3   5 4 8
4   3 2 5
5   8 3 5
6   4 6 8
7   6 7 8
8   8 7 3
```

EXERCISE (윤곽 저장(輪廓 貯藏, 스카이라인 저장, skyline storage)) 밴드 폭이 행렬의 행(行, row)에 따라 변화하는 저장을 제안(提案)하고 검토하라; 즉 각 행 i가 그 자신의 밴드 폭 $\mu(i)$를 가지며 저장 공간을 줄이기 위하여 이것을 사용하도록 만든다. □

3.4 *COMPRESSED SPARSE ROW STORAGE**

위에서 했던 바와 같이, 행렬 저장을 최적화하기 위해(예를 들어 행 당(行 當) 밴

* 이 저장은 프랑스어 교재에서는 '모르스(모스)' 저장('Morse' storage)으로 불리지만, 미국식 용어 사용을 선택하였다.

드 폭(per-row bandwidth) 정의에 의해) 노력하였지만, 많은 수의 0이 저장되며 (90 %의 수준으로), 이것이 저장 공간에서 필요하지도 않은데 들여야 하는 대가(代價)가 크다는(costly) 문제가 아직 남아있다. 예를 들어, 양 축(兩 軸) 방향으로 $N+1$개의 이산화 점(離散化 點, discretization point)을 사용하여, 2.6.1절에서 설명된 것과 같은 삼각화로, 단위 정사각형(單位 正四角形, unit square)에서의 모델 문제의 풀이를 고려하자(그림 2.9 참조). 정점은 y-좌표의 증가에 따라, 그리고 같은 y-좌표에 대해서는 x-좌표의 증가에 따라 (또는 반대로) 번호가 매겨졌다고 가정한다. $nv = (N+1)^2$와 $nt = 2N^2$으로서, A의 0이 아닌 요소의 수는 $2N^2 + (N+1)^2 - 1$인 변(邊, edge)의 수(數)보다 더 적은 반면, 대(帶) 저장은, 여기서는 $\mu = N+1$이기 때문에, $(N+1)^2 * (N+2)$개의 기억 위치(記憶 位置, memory location)를 요구한다.

따라서 착상(着想, idea)은 크기(size) $nElemA$의 1차원 배열(一次元 配列, one-dimensional array) aa에 A의 0이 아닌 요소만을 저장하는 것이다. 이것을 하기 위해, 지표 i와 j에 대한 2중(二重) 루프(double loop)를 사용하여 이 행렬의 요소에 대해 되풀이하고, $A_{ij} \neq 0$인 요소를 찾았을 때, 1을 증가시킨(incremented by 1) 지표에서 배열 aa에 그것을 저장할 것이다. 당연히, 그렇게 저장된 요소에 대응되는 지표 i와 j의 회복(回復)이 가능하기를 원한다면, 메모리에 몇 가지 추가 정보(追加 情報)를 갖게 해야 한다; 예를 들어, 배열 $ja(nElemA)$에 열 지표(列 指標, column index) j를 그리고 배열 $ia(nElemA)$에 행 지표(行 指標, column index) i를 저장할 수 있다. 실제로는 더 교묘(巧妙)한 해법(解法, solution)이 있다: 배열 $ia(nElemA)$에 행 지표 i를 저장하는 대신, 배열 aa에서 A의 i번째 줄(ith line)의 첫 번째 0이 아닌 요소(즉 배열 aa에 실제로 저장된 이 줄(this line)의 첫 번째 요소)의 위치로 더 작은 배열 $ia(nv)$에 저장할 것이다. 편의(便宜)를 위하여, 배열 aa 내에서의 행렬 A의 마지막 대각 요소(對角 要素)(last diagonal element)가 저장된 지표를 쉽게 찾는 것을 가능하게 하도록, 요소 $ia(nv+1)$은 $nElemA+1$과 같게 정의한다: 그것은 지표 $ia(nv+1)-1$이다. 이 CSR 저장 형식(compressed sparse row storage format)은 따라서 다음과 같은 배열을 요구한다:

```
REAL aa(nElemA)
INTEGER ja(nElemA),ia(nv+1)
```

3.4.1 *Construction of the CSR Storage*

먼저 행렬 A가 이미 배열 $A(nv, nv)$에 저장되었다고 가정하자. 그것을 CSR 형식으로 저장하기 위하여, 다음과 같은 방식으로 조작(操作)하는 것이 필요하다:

```
k=1
```

```
      DO 1 i=1,nv
        ia(i)=k
        DO 1 j=1,nv
          IF(A(i,j).NE.0.)THEN
            aa(k)=A(i,j)
            ja(k)=j
            k=k+1
          ENDIF
1     CONTINUE
      ia(nv+1)=k
```

EXAMPLE

$$A = \begin{bmatrix} 4 & -1 & 0 & 2 \\ -1 & 4 & -1 & 0 \\ 0 & -1 & 4 & -1 \\ 2 & 0 & -1 & 4 \end{bmatrix}$$

$$\begin{array}{lcccccccccccc} k & 1 & 2 & 3 & 4 & 5 & 6 & 7 & 8 & 9 & 10 & 11 & 12 \\ aa = (\mathbf{4} & -1 & 2 & \mathbf{-1} & 4 & -1 & \mathbf{-1} & 4 & -1 & \mathbf{2} & -1 & 4) \\ ja = (1 & 2 & 4 & 1 & 2 & 3 & 2 & 3 & 4 & 1 & 3 & 4) \\ ia = (1 & 4 & 7 & 10) \end{array} \tag{3.35}$$

배열 aa에서는, A의 각 줄의 첫 번째 0이 아닌 요소를 굵은 글자(boldface)로 썼다. 배열 ia는 배열 aa에서의 그것의 위치를 준다. 행렬이 대칭(對稱, symmetric)이기 때문에, 그것의 하삼각 부분만을 저장하기 원한다면, 즉

```
... IF((A(i,j).NE.0.).AND.(i.GE.j))THEN...
```

와 같은 검사(檢査, test)를 더한다면 그러면 배열은 다음과 같이 써질 수 있다:

$$\begin{aligned} &aa = (4, -1, 4, -1, 4, 2, -1, 4), \\ &ja = (1, 1, 2, 2, 3, 1, 3, 4), \quad ia = (1, 2, 4, 6). \end{aligned} \tag{3.36}$$

이제부터는 대칭 행렬을 다룰 것이며, 그것의 하삼각 부분만을 저장할 것이다.

명백히 위의 상태(狀態, situation)는 '이론적(理論的, academic)'이며, 행렬 A가 2차원 배열로 저장되지 않을 것이라는 매우 좋은 이유로, A의 '밀집(密集)한(dense)' 저장을 '축소(縮小)된(reduced)' 저장으로 변환(變換, transform)해서는 안될 것이다. 실제로는 요소 A_{ij}를 동시에(일제히, simultaneously) 계산하고 저장해야 할 것이다.

이것을 하기 위해, Lemma 3.4에 따라 q^iq^j가 삼각화의 변(邊, edge)일 때만 요소 A_{ij}가 0이 아님을 상기하자. 하지만, 그 역(逆, converse)이 반드시 참(true)은 아니다. 많이 중요한 것은 아니지만, 조금 더 많은 요소를 저장하는 것을 수반(隨伴)함

에도 불구하고 실제로 저장될 A의 요소를 선택하기 위해 이 기준(基準, criterion)을 사용할 것이다.

배열 *ia*의 구성(構成, construction)은 그러면 특히 단순하게 된다. 먼저, 이 배열은, 지표 i인 각 정점에 대하여, 그것의 이웃의 수를 저장하는데 사용된다. 이 계산은 정점으로 점 q^i를 가지는 변의 수를 헤아림(counting)으로써 행해질 수 있으며, 컴퓨터에서는 이것이 각 삼각형의 3개의 정점에 대한 루프(loop)가 따라오는 모든 삼각형에 대한 루프로 된다. 이를 행함에 의해, 각 내부 변(內部 邊, internal edge)은 2번 헤아려지는 반면, 경계 변(境界 邊, boundary edge)은 한번만 헤아려진다. 이것을 개선(改善)하기 위하여, 내부 변을 만났을 때, 가장 큰 지표를 가진 점에 관련된 배열 *ia* 내의 값을 1만큼만 증가시키는 반면, 경계 변에서는 변의 양 끝점과 관련된 배열 *ia* 둘 다 내의 값을 1만큼 증가시킨다. 따라오는 프로그램과 연결하는데 있어서 중요한 주의점을 언급하자.

*경계 변(boundary edge)*은 배열 *ng*를 통하여 *특성지어진다(characterized)*; 더 정확히, *변(邊, edge)은 그 극치 점(極値 點, extremal point)이 망(網)의 경계 정점이고 또 그렇기만 하면(필요 충분) 경계에 있다고 말할 것이다*. 이 프로그램은 이 성질을 만족하는 삼각화에 대해서만 사용할 수 있다. 특히, 이것은 2장의 그림 2.9에 있는 삼각화는 배제(排除)한다; 실로, 우하(右下, 오른쪽 아래, lower right) 삼각형과 좌상(左上, 왼쪽 위, upper left) 삼각형은 이 조건을 만나지 않는다. 이 예제의 경우 위의 조건이 만족되도록 (오른쪽 아래 정사각형(lower right square)과 왼쪽 위 정사각형(upper left square)의 대각선(對角線, diagonal)을 바꿈으로써) 삼각화를 국부적(局部的)으로(locally) 수정(修正, modify)하는 것이 쉽다.

```
C (extract from subroutine: CgetMat.for)
C
C  We first compute, for each vertex with index i,
C  the number of its "strict" neighbors (i.e. itself
C  excluded), and we store the result in ia(i).
C  This construction assumes that each triangle is
C  positively oriented.
C  Boundary edges are characterized with array ng.
C
C
      DO 110 k=1,nv
110    ia(i)=0
      DO 111 k=1,nt
        DO 111 il=1,3
          ilp=mod(il,3)+1
          i=me(il,k)
          ip=me(ilp,k)
          IF(ip.LE.i)THEN
```

```
          ia(i)=ia(i)+1
        ELSEIF((ng(i).NE.0).AND.(ng(ip).NE.0))THEN
          ia(ip)=ia(ip)+1
        ENDIF
111   CONTINUE
```

이 2중 루프의 끝에서 *ia*(*i*)는 점 q^i와 함께 삼각화의 '실제' 변('actual' edge)(점(點, point)으로 축소되지 않은)을 이루는 정점의 수를 포함한다.

이제 원하는 형태로, 즉 *ia*(*i*)가 배열 *aa* 내에 실제로 저장되는 행렬 A의 i번째 행(行, row)에 있는 첫 번째 요소(행렬 A의 i번째 행의 '첫 번째 0이 아닌' 요소라고 하지 않음에 주목하라, 왜 일까?)의 지표를 포함하도록 배열 *ia*에 넣는다. 이 구조는, 다음에 보이는 코드(code)의 줄(line)에 따라, 이행(履行)하기가 특히 간단하다:

```
      nElemA=0
      DO 211 i=1,nv
        ineighb=ia(i)
        ia(i)=nElemA+1
211     nElemA=nElemA+ineighb+1
      ia(nv+1)=nElemA+1
```

이 과정으로, 저장된 A의 요소의 수 *nElemA*도 역시 계산하였다.

*ja*와 *aa*를 동시에 세운다. 프로그래밍에서의 어려움은 *aa*의 구성은 삼각형에 대한 루핑(looping)에 의해 이루어지며, *aa*(*k*)의 계산은 한번에 되지 않는다는 사실에 놓여 있다: 그것은 각 삼각형으로 부터의 기본적 기여(elementary contribution)를 합학으로써 이루어진다. 이것은, 각 쌍(雙, couple) (i, j)에 대하여, A_{ij}가 배열 *aa*에 저장된 지표 k를 검색(檢索)하는 것이 가능하게 해야 한다는 것을 의미한다. 이 계산을 어떻게 프로그래밍하는지를 보인다.

```
C
C  Construction of arrays ja and aa
C  (array ia is known)
C  Aii is stored in array aa
C  at index ia(i+1)-1, with, by convention,
C  ia(nv+1)-nElemA+1.
C
C
      DO 1 k=1,nElemA
      aa(k)=0.
1     ja(k)=0
      DO 2 kt=1,nt
        DO 2 il=1,3
          i=me(il,kt)
        DO 2 jl=1,3
```

```
          j=me(jl,kt)
          k=0
          IF(i.EQ.j)THEN
            k=ia(i+1)-1
            ja(k)=i
          ELSEIF(i.GT.j)THEN
            DO 3 l=ia(i),ia(i+1)-2
C
C  j cannot be elsewhere
C
              IF(ja(l).EQ.0)GOTO 4
              IF(ja(l).EQ.j)THEN
                k=l
                GOTO 4
              ENDIF
3           CONTINUE
          write(*,*)'error in CcalMat.for at point i,j=',i,j
4           IF(k.EQ.0)THEN
              k=l
              ja(l)=j
            ENDIF
          ENDIF
          IF(k.NE.0)aa(k)=aa(k)+
     >                    elemMat(kt,il,jl,area(kt),q,me)
2     CONTINUE
      END
```

EXERCISE 위의 배열에서 아직 몇 개의 0의 값이 있다. 그것들을 제거(除去)하는 프로그램을 적어라. □

EXERCISE 비대칭(非對稱, non-symmetric) 행렬의 경우에 대한 상사(相似) 프로그램(analogous program)을 세우라. □

위의 구조에서, 지표 $ia(i)$와 $ia(i+1)-1$ 사이의 배열 aa에 저장된 A의 i번째 행의 요소는 임의의 순서(順序, order)로 저장되며, 증가하는 열 순서(列 順序, column order)가 아님에 주목한다. 이것은 새로이 계산되는 기본적 기여가 저장될 지표 k를 찾기 위해 많은 시간을 계속하여 낭비(浪費)하기 때문에 유감스러운 일이다.

EXERCISE 배열 aa가

$$ja(k+1) > ja(k), \ \forall k \in [ia(i), ia(i+1)-1] \tag{3.37}$$

와 같은 방식이 되도록 위의 프로그램을 직접 수정하라. □

귀납적(歸納的)으로(a posteriori), 다음과 같은 분류(分類) 서브루틴(sorting subroutine)의 덕택(德澤)으로, 이 요소의 순서를 수정하는 것도 가능하다.

```
      DO 3 i=1,nv
1       CALL Sort(ja(ia(i)),aa(ia(i)),ia(i+1)-ia(i))
```

특히 간단한 형태로 분류 서브루틴을 준다 [Knuth (1973)].

```
C  File: Sort.for
C
C  ----------------------------------------------------------
      SUBROUTINE Sort(criter,record,n)
C  ----------------------------------------------------------
C
C  This subroutine is written a very compact form,
C  which makes it difficult to understand.
C
C  It sorts elements in array criter in increasing
C  order, and simultaneously modifies elements
C  of array record.
C
C
      INTEGER crit,criter(n)
      INTEGER n,record(n)
      INTGER l,r,j,i,rec
C
      IF(n.LE.1)RETURN
      l=n/2+1
      r=n
2     IF(l.GT.1)THEN
        l=l-1
        rec=record(l)
        crit=criter(l)
      ELSE
        rec=record(r)
        crit=criter(r)
        record(r)=record(1)
        criter(r)=criter(1)
        r=r-1
        IF(r.EQ.1)THEN
          record(1)=rec
          criter(1)=crit
          RETURN
        ENDIF
      ENDIF
3     j=l
4     i=j
      j=2*j
      IF(j-r.LT.0)THEN
        GOTO 5
      ELSEIF(j.EQ.r)THEN
```

```
          GOTO 6
        ELSE
          GOTO 8
        ENDIF
5       IF(criter(j).LT.criter(j+1))j=j+1
6       IF(crit.GE.criter(j))GOTO 8
        record(i)=record(j)
        criter(i)=criter(j)
        GOTO 4
8       record(i)=rec
        criter(i)=crit
        GOTO 2
        END
```

일단 CSR 형식으로 행렬 A를 세우고 저장하였으면, 선형 계(線形 系, linear system) (3.20)의 해(解)를 이끌어내는 모든 단계에서 프로그램을 어떻게 수정할 것인가를 상술(詳述)해야 한다. 특히, 이 새로운 저장 형식에 대하여, 행렬의 Cholesky 인수분해 뿐만 아니라 삼각 계(三角 系, triangular system) (3.30)과 (3.31)에 연결된 전진(前進, forward) 및 후퇴(後退, backward) 풀이에 대해서도 프로그래밍해야 한다. 이것이 CSR 형식으로 저장된 행렬 A의 벡터 Φ에 의한 적(積, 곱셈, product)의 간단한 계산에서 시작하는, 지금 해야 할 일이다.

3.4.2 *Computing AΦ*

A가 특별한 대칭성을 가지지 않으며 그 하삼각과 상삼각 부분이 모두 배열 aa에 CSR형식으로 저장되었다면, 벡터 Φ에 의한 A의 적(積)의 계산은 다음과 같은 방식으로 프로그래밍된다:

$$(A\Phi)_i = \sum_{j=1}^{n_v} A_{ij}\varphi_j = \sum_{k=ia(i)}^{ia(i+1)-1} aa(k)\,\varphi\big(ja(k)\big)\,. \tag{3.38}$$

A가 대칭이라면, $A = L_1 + L_2^T$와 같이 정식(正式)으로(formally) 분해할 수 있다. 여기서 L_1은 대각 요소를 포함한 하삼각 부분(즉 $L_{ij} = A_{ij}$ for $i \geq j$, 0 otherwise)이며 L_2^T는 순(純, strictly) 상삼각 부분이다. 그래서 $A\Phi$의 계산을 위해서는 CSR 형식으로 저장된 임의의 삼각 행렬 L에 대하여 $L\Phi$와 $L^T\Phi$를 어떻게 계신할 깃인가를 알면 충분하며, 이것이 이제 검토할 내용이다.

3.4.3 *Computing LΦ*

앞으로 나올 모두에서 명백한 표기(表記, notation)로 CSR 형식으로 L을 저장하는

배열을 $[al, il, jl]$로 나타내자. 다음을 가진다:

$$(L\Phi)_i = \sum_{j=1}^{n_v} L_{ij}\varphi_j = \sum_{k=il(i)}^{il(i+1)-1} al(k)\,\varphi\big(jl(k)\big)\,. \tag{3.39}$$

3.4.4 *Computing* $r = L^T\Phi$

벡터 r의 지표 j에 들어가는 값은 위에서 와는 다른 프로그램을 요구하는

$$r_j = \sum_{i\geq j} L_{ij} z_i \tag{3.40}$$

와 같다. 다음과 같은 방식으로 처리할 수 있다:

- 배열 r을 0으로 초기화(初期化)한다;
- i 지표에 대하여 루프 연산을 한 다음, j 지표에 대해 루프 연산을 하고 각 r_j를 $L_{ij}z_i$ 만큼 증가시킨다.

이제 지표 $k \in \{1, \cdots, nElemL\}$에 대하여 루프 연산을 하면, 그러면 $al(k)\,z_i$는 $j = jl(k)$와 $k \in [il(i), il(i+1)-1]$라면 실제로 r_j의 값에 기여한다. k에 대한 루프는 첫 번째는 $i \in [1, \cdots, n_v]$에 대한, 그 다음은 $k \in [il(i), il(i+1)-1]$에 대한 2중 루프로 분해하고, 식 (3.40)은 다음과 같이 프로그래밍된다:

```
      DO 1 j=1,nv
1       r(j)=0.
      DO 2 i=1,nv
        DO 2 k=il(i),il(i+1)-1
2         r(jl(k))=r(jl(k))+al(k)*z(i)
```

3.4.5 *Solution of* $Lz = r$

L에 대한 CSR 저장 $[al, il, jl]$로 전진(前進) 풀이(forward solve) (3.30)을 프로그래밍해야 한다. L이 하삼각 행렬이기 때문에, 계(系) $Lz = r$의 해는 다음과 같이 1부터 n_v까지 증가하는 i 지표에 대한 루프에 의해 프로그래밍된다:

$$z_i = \frac{1}{L_{ii}}\left[r_i - \sum_{j=1}^{i-1} L_{ij} z_j\right]. \tag{3.41}$$

행렬 L이 CSR 형식으로 저장되었기 때문에, 이 공식(公式, formula)에서 Lz의 지표 i에 들어가는 값은, z_i를 계산하기 위한 다음과 같은 프로그램 개요(概要, sketch)를

이끄는, 표현 (3.39)에서와 같은 방식으로 계산된다:

$$z_i = \frac{1}{al(il(i+1)-1)}\left[r_i - \sum_{k=il(i)}^{il(i+1)-2} al(k) z_{jl(k)}\right]. \tag{3.42}$$

3.4.6 Solution of $L^T z = r$

후퇴(後退) 풀이 단계(段階)(backward solve step) (3.31)에서는, 포함된 행렬이 이제 상삼각이어서 계(系) $L^T z = r$을 푸는 것은 n_v로부터 1까지 감소하는 지표 i에 대한 '역(逆, reverse)' 루프에 의해 이루어진다:

$$z_i = \frac{1}{L_{ii}}\left[r_i - \sum_{j=1+1}^{n_v} L_{ji} z_j\right]. \tag{3.43}$$

이 계산에 포함된 $L^T z$의 지표 i에 들어가는 값의 실제 계산은, 다음과 같은 프로그램으로 주어진 바와 같이, 3.4.4절에서 주어진 설명과 같은 방법으로 수행(隨行)된다:

```
      DO 1 i=1,nv
1       z(i)=r(i)/al(il(i+1)-1)
      DO 2 i=nv,1,-1
        DO 2 k=il(i),il(i+1)-2
          jlk=jl(k)
2         z(jlk)=z(jlk)-al(k)*z(i)/al(il(jlk+1)-1)
```

여기에서는, 식 (3.42)에서와 같이, 대각 요소 L_{ii}가, 규약(規約, convention) $il(n_v+1) - 1 = nElemL$로, 지표 $il(i+1) - 1$인 배열 al 내에 저장되었다는 사실을 고려하였다. 또한 앞의 두 단계(전진과 후퇴 풀이)의 각각에서, 오직 한 개의 배열만이, 프로그램의 시작에서 방정식의 우변(右邊, right hand side)과 출력(出力, output)에서 방정식의 해(解) 둘 다를 저장하기 위해, 요구된다는 것을 상기하자.

3.4.7 Cholesky Factorization of A

CSR 형식으로 저장된 행렬 A로부터 출발하여, 배열 aa, ia, ja의 덕택(德澤)으로, 이제 배열 al, il, jl에 CSR 형식으로 저장되는 Cholesky 인자(因子, factor) L을 세울 것이다. A가 '매우 성긴(very sparse)' 밴드 구조를 갖기는 하지만(3.4절의 시작에서 언급된 예제 참조), 이것은 행렬 L에 대해서는 *연역적(演繹的)으로(a priori)* 참(진(眞), true)이 아니다. 따라서 후자(後者, latter)의 행렬에 대해, 3.2절에서 설명한 바와 같이, 대 저장(帶 貯藏, band storage)을 사용하는 것에 만족할 수 있다. 그렇지만 행렬 L이 CSR 형식으로 저장된 경우에 이 인수분해가 어떻게 프로그래밍되는 지를 보일 것이다.

알고리즘(**algorithm**)을 짧게 상기하자:

DO j = 1, nv

$$L_{jj} = \sqrt{A_{jj} - \sum_{k<j} L_{jk}^2}$$

DO i = j + 1, nv

$$L_{ij} = \left(A_{ij} - \sum_{k<j} L_{ik} L_{jk}\right) \Big/ L_{jj}$$

END i loop

END j loop

k_{ik}로 요소 L_{ik}가 저장되는 배열 al 내의 지표를 나타낸다면

$$\sum_{k<j} L_{jk}^2 = \sum_{l=il(j)}^{il(j+1)-2} al(l)^2 \tag{3.44}$$

와

$$\sum_{k<j} L_{ik} L_{jk} = \sum_{k=il(j)}^{il(j+1)-2} al(k_{ik}) al(k) \tag{3.45}$$

임에 주목하자. 이 지표를 계산하기 위해, $jl(l) = k$인 l을 찾을 때까지 배열 al 내에 있는 모든 지표 $l \in [il(i), il(i+1) - 2]$을 훑어 보아야 한다. 이 과정(過程, procedure)이 각 간격(間隔, interval) $[il(i), il(i+1) - 2]$ 내에 있는 al의 요소가 증가하는 열의 순서(increasing column order), 즉 $ja(l+1) > ja(l)$로 저장되었다면 더 빠르다는 것에 주목한다. 일단 식 (3.45)가 계산되면, 그 다음 결과가 배열 al에 저장되는 지표를 찾아야 한다. 개략적(概略的)으로(schematically) 알고리즘은 다음과 같다:

```
C (extract from subroutine: CCholes.for)
C
C  Cholesky factorization of matrix A stored in CSR
C  format thinks to arrays aa, ia, ja;
C  The factor L is stored in CSR format thinks to
```

```
C  arrays al, il, jl.
C  This factorization assumes that
C    jl(k+1)>jl(k),∀k∈[il(i),il(i+1)-2], ∀i.
C
C
      DO 1 j=1,nv
        al(il(j+1)-1)= √(aa(ia(j+1)-1) - Σ_{k=il(j)}^{il(j+1)-2} al(k)^2)
        DO 1 i=j+1,nv
          DO 2 l=il(i),il(i+1)-2
            IF(jl(l).EQ.j)THEN
              al(l)= 1/al(il(j+1)-1) [A_ij - Σ_{k=il(j)}^{il(j+1)-2} al(k_ik)al(k)]
            ELSEIF(jl(l).GT.j)GOTO 3
            ENDIF
2         CONTINUE
3       CONTINUE
1     CONTINUE
```

위에서, 제곱근(square root) 아래의 양(量, quantity)의 계산은 쉽지만, $al(l)$의 계산은 다음의 2가지 이유 때문에 조금 덜 그렇다(less so):

A_{ij}가 어디에 저장되었는지 알지 못한다;
지표 k_{ik}가 미지(未知, known)이다.

첫째 논점(first point)을 극복(克服)하는 가능한 해법(解法, solution)은 l 지표(앞의 'DO 2' 루프) 보다는 k 지표(아래의 루프 'DO 32'를 보라)에 대하여 루프 연산을 하고, k와 l을 동시에 증가시킨다.

```
      DO 34 j=1,nv
        DO 34 i=j+1,min(j+nBand,ns)
```

여기서는 행렬 A의 밴드 폭에서 지표 i를 탐색(探索)하는 것으로 제한(制限)한다. 요소 A_{ij}가 저장된 지표를 찾기 위해서는, 바로 지표 i를 가진 행(row)에 대하여 루프 연산을 하고 $ja(k) = j$인 지표 k를 찾아야 한다; 이 지표의 탐색(探索, search)은 요소가 다음의 순서에 따라 이 행(行) 내에 저장되었다면 더 쉽게 만들어진다: $ja(k+1) > ja(k)$. 프로그램은 다음과 같은 방식으로 작동(作動)한다:

```
      DO 32 k=ia(i),ia(i+1)-2
        IF(ja(k).GE.j)GOTO 37
32    CONTINUE
37    IF(ja(k).NE.j)THEN
        alij=0.
      ELSE
        alij=aa(k)
```

```
    ENDIF
```

위에서 언급한 둘째 논점(second point)에 관해서는, 지표 i_k와 j_k를 $jl(i_k) = jl(j_k)$까지 증가시킴으로써 다른 방법으로 합(合, sum)을

$$\sum_{k=il(j)}^{il(j+1)-2} al(k)al(k_{ik}) = \sum_{i_k \in I_k(i), j_k \in I_k(j): jl(i_k)=jl(j_k)} al(i_k)al(j_k)$$

와 같이 쓴다. 여기서 $I_k(i) = \{i_k : il(i) \le i_k \le il(i_k+1)-2\}$이다.

이 합(合)의 결과는 $jl(i_k) = j$인 지표 i_k에 저장된다. 프로그램을 더 명확하게 하기 위하여, 줄(line)에 줄 주석(line comment)을 준다.

```
    lk=0                                ! index to store alij
    ik=il(i)                            !! multiply row i
    jk=il(j)                            !! by row j
    maxik=il(i+1)-2                     ! maximum index for ik
    maxjk=il(j+1)-2                     ! maximum index for jk
35   IF(ik.LE.maxik)THEN
      jlik=jl(ik)                       ! couple i,jlik
      IF(jlik.EQ.j)lk=ik                ! index to store Lij
36     IF(jk.LE.maxjk)THEN
        jljk=jl(jk)                     ! couple j,jljk
        IF(jlik.GT.jljk)THEN
          jk=jk+1                       ! jljk is too small
          GOTO 36
        ELSEIF(jlik.LT.jljk)THEN
          ik=ik+1                       ! jlik is too small
          GOTO 35
        ELSE                            ! jlik=jljk
          alij=alij-al(ik)*al(jk)       ! compute alij
          ik=ik+1
          jk=jk+1
          GOTO 35
        ENDIF
      ENDIF                             !! jk<maxjk?
    ENDIF                               !! ik<maxik?
    IF(lk.NE.0)al(lk)=alij/al(il(j+1)-1)
34   CONTINUE
```

마지막 어려움은 배열 il과 jl의 구성이다. 모든 요소 L_{ij}는 A의 행(row) i의 첫 번째 0이 아닌 요소(배열 aa에서 그것의 지표는 $ia(i)$이다) 사이에 위치하며 대각 요소는 모두 0이 아니라고 가정한다. 그러면 이 배열을 세우기가 쉽다.

```
    k=0
    DO 41 i=1,nv
```

Table 3.1 Comparison among the matrix solving algorithms

nv	Band Chol.	CSR Chol.	Energy	Error
49	3.3″	3.4″	7″	$3.2 \cdot 10^{-2}$
170	11″	12.4″	53″	$4.8 \cdot 10^{-4}$
625	86″	96″	420″	$8.6 \cdot 10^{-5}$
1741	405″	480″	**	$3.4 \cdot 10^{-5}$

```
      il(i)=k+1
      IF(ja(ia(i)).GT.i)write(*,*)i,ia(i),ja(ia(i)),k
      DO 41 j=ja(ia(i)),i
        k=k+1
41      jl(k)=j
```

완전한 프로그램이 Appendix 3.B에 보여져 있다.

3.5 *EFFICIENCY OF THE METHOD*

표 3.1은 구상(構想)된 저장 형식 둘 다에 의한 Cholesky 법으로, 그림 2.13의 삼각화에 의해 앞 장(章)(2.6.3절의 끝)에서 정의된 문제를 프로그래밍할 때 필요한 컴퓨터 계산 시간을 준다: 밴드 저장(대응되는 열(列, column)은 'Band Chol.'로 붙여졌다)과 CSR 저장 형식('CSR Chol.'). 점점 세분(細分)되는 4가지 망(網)이 시도되어, 완전해(exact solution) φ와 계산된 해 φ_h 사이의 H^1 오차(誤差)를 준다('Error'). 시간은 앞 장(章)의 반복법(反復法, iterative method)에서 얻어진 시간('Energy')과의 비교(比較)이다.

또한 본 역자(譯者)가 Fortran으로 작성해서 사용한 sparsity를 고려한 대칭 계행렬 방정식(對稱 系 行列 方程式, symmetric system matrix)을 구성하는 프로그램과 복소 및 실수 대칭 콜레스키 인수분해(complex and real symmetric Cholesky factorization) 프로그램을 Appendix 3.C에 수록(收錄)하니 연구자들께서 참고 자료로 활용하기 바란다.

APPENDIX 3.A

The Fortran Program for Solving the Laplacian with Dirichlet Boundary Conditions by Variational Formulation and Cholesky Factorization of the Linear System Matrix Stored in Band Format

```
C  File: BLaplace.for
C
```

```
      PROGRAM BLaplace
C
C  This program solves the model problem, i.e. the
C  Laplacian with Dirichlet boundary conditions:
C    -ΔΦ = f, Φ given on the boundary.
C
C  The problem is written in variational form, then
C  discretized by P1 finite elements. The approximate
C  solution at each of the vertices of the triangulation
C  is determined by solving a linear system, which is
C  solved by a direct method, by factoring the matrix
C  in Cholesky form.
C  The matrix is stored in band format.
C  Matrix A, then its Cholesky factor L are
C  stored in the same array a.
C
C
C  input:
C  ------
C    triangulation(nv,nt,q,me,ng) and problem
C      data (right hand side f for Laplace's equation
C      and Dirichlet boundary condition stored in
C      array phi0) read from file filnam through
C      subroutines readT and readF;
C    parameters: nvMax (maximum number of vertices),
C      ntMax (maximum number of triangles) of the
C      triangulation, nBandMax (maximum bandwidth)
C      and nMatMax=(nvMax-1)*nBandMax+nvMax (maximum
C      size of array a).
C
C  output:
C  -------
C    ff: array containing the values of the
C      approximate solution at each of the mesh
C      vertices, stored in a file (whose name
C      is given by the user) in view of a possible
C      graphical exploitation.
C
C  arrays:
C  -------
C  mesh:
C    q(2,nvMax): coordinates of the vertices of the mesh;
C    me(3,ntMax): numbering of the vertices of the
C      triangles;
C    ng(nvMax): array indicating whether a vertex is
C      on the boundary (ng(i)≠0) or not (ng(i)=0).
C
C  data:
C    f(nvMax): Laplacian right hand side;
C    phi0(nvMax): Dirichlet boundary conditions.
C
```

```
C  other arrays:
C    aa(nMatMax): array for storing matrix A in band
C      format at the beginning of the program, then
C      its Cholesky factor;
C    area(ntMax): area of each triangle;
C    ff(nvMax): on startup, right hand side of the
C    linear system to solve, then solution of
C    this system.
C
C  scalars:
C  --------
C    nBand: matrix bandwidth;
C    nMat: dimension of array a;
C    cte: value of the very large constant enabling
C      to satisfy the Dirichlet boundary condition;
C    err: error in H¹₀ norm between the exact solution
C      phi0 and the approximate solution ff.
C
C  files:
C  ------
C    filnam: name of file for storing the mesh,
C      the model problem data (Laplacian right hand
C      side and Dirichlet boundary condition), or
C      the approximate solution, for instance, for
C      future graphical exploitation.
C
C  subroutines:
C  ------------
C    readT: reads the mesh;
C    readF: reads problem data;
C    getBand: computes bandwidth of matrix A;
C    getArea: computes the area of each triangle;
C    BgetMat: computes matrix A and stores it in
C      band format, in array a;
C    RHS: computes, and stores in array ff, the
C      system right hand side;
C    BDirCL: program to satisfy Dirichlet boundary
C      conditions;
C    BCholesky: Cholesky factorization of matrix A
C      stored in band format;
C    BSolvSys: solution of linear system by forward
C      and backward solves, uses the Cholesky factor
C      L of A stored in array a in band format;
C    writeF: writes approximate solution.
C
C  functions:
C  ----------
C    errH10: computes H¹₀ error between exact
C      solution phi0 and approximate solution ff.
C
C  library (subroutines and functions):
```

```
C  -----------------------------------
C    utilP1.for: file containing functions deter
C      (to compute areas), errH10 and subroutines
C      readT, readF, writeF and getBand;
C    RHS.for: file containing subroutines
C      getArea and RHS;
C    elem.for: file containing function elemMat;
C    BgetMat.for: file containing subroutines
C      BgetMat and BDirCL;
C    BCholes.for: file containing subroutines
C      BCholesky and BSolvSys;
C
C
      PARAMETER (nvMax=1800,ntMax=3400,nBandMax=70)
      PARAMETER (nMatMax=(nvMax-1)*nBandMax+nvMax)
      DIMENSION q(2,nvMax),me(3,ntMax),ng(nvMax)
      DIMENSION area(ntMax)
      DIMENSION phi0(nvMax),f(nvMax),ff(nvMax)
      DIMENSION a(nMatMax)
C
      CHARACTER*20 filnam
C
      DATA cte/1.0e25/
C
      write(*,*)'name of file where mesh is stored'
      read(*,'(a)')filnam
      CALL readT(filnam,nv,nt,q,ng,me,ngt)
      write(*,*)'name of file where f is stored'
      write(*,*)'(Laplacian right hand side)'
      read(*,'(a)')filnam
      CALL readF(filnam,nv,f)
      write(*,*)'name of file where phi0 is stored'
      write(*,*)'(Dirichlet boundary conditions)'
      read(*,'(a)')filnam
      CALL readF(filnam,nv,phi0)
C
C
      CALL getBand(me,ng,nt,nv,nBand)
      CALL getArea(q,me,nt,nv,area)
      CALL BgetMat(q,me,area,nt,nv,a,nBand)
      CALL RHS(me,f,nv,nt,area,ff)
      CALL BDirCL(a,phi0,nv,ng,ff,cte,nBand)
      CALL BCholesky(nv,a,nBand)
      CALL BSolvSys(nv,a,ff,nBand)
C
      err=errH10(q,me,ff,phi0,nv,nt)
      write(*,*)'error=',err
      write(*,*)'name of file for storing the'
      write(*,*)'approximate solution'
      read(*,'(a)')filnam
      CALL writeF(filnam,nv,ff)
```

```
      PAUSE
      END
C
C
C  ******************************************************
C
C  LIBRARY
C
C  ******************************************************
C
      INCLUDE 'elem.for'
      INCLUDE 'BgetMat.for'
      INCLUDE 'BCholes.for'
      INCLUDE 'utilP1.for'
      INCLUDE 'RHS.for'
```

APPENDIX 3.B

The Fortran Program for Solving the Laplacian with Dirichlet Boundary Conditions by Variational Formulation and Cholesky Factorization of the Linear System Matrix Stored in CSR Format

```
C  File: CLaplace.for
C
      PROGRAM CLaplace
C
C  This program solves the model problem, i.e. the
C  Laplacian with Dirichlet boundary conditions:
C    −ΔΦ = f, Φ given on the boundary.
C
C  The problem is written in variational form, then
C  discretized by P1 finite elements. The approximate
C  solution at each of the vertices of the triangulation
C  is determined by solving a linear system, which is
C  solved by a direct method, by factoring the matrix
C  in Cholesky form.
C  The matrix is stored in CSR format.
C  Matrix A and its Cholesky factor L are
C  not stored in the same array.
C
C
C  input:
C  ------
C    triangulation(nv,nt,q,me,ng) and problem
C      data (right hand side f for Laplace's equation
C      and Dirichlet boundary condition stored
C      in array phi0) read from file filnam through
C      subroutines readT and readF;
C    parameters: nvMax (maximum number of vertices),
C      ntMax (maximum number of triangles) of the
```

```
C     triangulation, nBandMax (maximum bandwidth),
C     nMLMax=(nvMax-1)*nBandMax+nvMax (maximum size
C     of array al) and nMAMax=8*nvMax (maximum size
C     of array aa).
C
C  output:
C  -------
C    ff: array containing the values of the
C     approximate solution at each of the mesh
C     vertices, stored in a file (whose name
C     is given by the user) in view of a possible
C     graphical exploitation.
C
C  arrays:
C  -------
C  mesh:
C    q(2,nvMax): coordinates of the vertices of the mesh;
C    me(3,ntMax): numbering of the vertices of the
C     triangles;
C    ng(nvMax): array indicating whether a vertex
C     is on the boundary (ng(i)≠0) or not (ng(i)=0).
C
C  data:
C    f(nvMax): Laplacian right hand side;
C    phi0(nvMax): Dirichlet boundary conditions.
C
C  other arrays:
C    aa(nMAMax): array storing matrix A in CSR format;
C    ia(nvMax+1): index where first non-zero
C     element of row i of A is actually stored in aa;
C    ja(nMAMax): column index j of stored Aij element;
C    al(nMLMax), il(nvMax+1), jl(nMLMax): same meaning
C     as three previous arrays, but for
C     the Cholesky factor L of A;
C    area(ntMax): area of each triangle;
C    ff(nvMax): on startup, right hand side, of the
C    linear system to solve, then solution of
C    this system.
C
C  scalars:
C  --------
C    nBand: matrix bandwidth;
C    cte: value of the very large constant enabling
C     to satisfy the Dirichlet boundary condition;
C    err: error in H_0^1 norm between the exact solution
C     phi0 and the approximate solution ff.
C
C  files:
C  ------
C    filnam: name of file for storing the mesh,
C     the model problem data (Laplacian right hand
```

```
C     side and Dirichlet boundary condition), or
C     the approximate solution, for instance, for
C     future graphical exploitation.
C
C subroutines:
C ------------
C   readT: reads the mesh;
C   readF: reads problem data;
C   getBand: computes bandwidth of matrix A;
C   getArea: computes area of each triangle;
C   CgetMat: computes matrix A and stores it in
C     CSR format in array aa;
C   RHS: computes, and stores in array ff, the
C     system right hand side;
C   CDirCL: program to satisfy Dirichlet boundary
C     conditions;
C   Sort: reorders elements of array aa so that
C     elements on a same line of matrix A are stored
C     in this array in increasing column index order;
C   CCholesky: Cholesky factorization of matrix A
C     stored in CSR format;
C   CSolvSys: solution of linear system by forward
C     Cholesky and backward solves, uses the
C     factor L of A stored in array aa in CSR format;
C   writeF: writes approximate solution.
C
C functions:
C ----------
C   errH10: computes H_0^1 error between exact
C     solution phi0 and approximate solution ff.
C
C library (subroutines and functions):
C ------------------------------------
C   utilP1.for: file containing functions deter
C     (to compute areas), errH10 and subroutines
C     readT, readF, writeF and getBand;
C   RHS.for: file containing subroutines
C     getArea and RHS;
C   elem.for: file containing function elemMat;
C   CgetMat.for: file containing subroutines
C     CgetMat and CDirCL;
C   CCholes.for: file containing subroutines
C     CCholesky and CSolvSys;
C   GradCP.for: file containing subroutine
C     GradC;
C   sort.for: file containing subroutine Sort;
C
C
      PARAMETER (nvMax=1800,ntMax=3400,nBandMax=70)
      PARAMETER (nMLMax=(nvMax-1)*nBandMax+nvMax)
      PARAMETER (nMAMax=8*nvMax)
```

```
      DIMENSION q(2,nvMax),me(3,ntMax),ng(nvMax)
      DIMENSION area(ntMax)
      DIMENSION phi0(nvMax),f(nvMax),ff(nvMax)
      DIMENSION aa(nMAMax),ia(nvMax+1),ja(nMAMax)
      DIMENSION al(nMLMax),il(nvMax+1),jl(nMLMax)
C
      CHARACTER*20 filnam
C
      DATA cte/1.0e14/
C
      write(*,*)'name of file where mesh is stored'
      read(*,'(a)')filnam
      CALL readT(filnam,nv,nt,q,ng,me,ngt)
      write(*,*)'name of file where f is stored'
      write(*,*)'(Laplacian right hand side)'
      read(*,'(a)')filnam
      CALL readF(filnam,nv,f)
      write(*,*)'name of file where phi0 is stored'
      write(*,*)'(Dirichlet boundary conditions)'
      read(*,'(a)')filnam
      CALL readF(filnam,nv,phi0)
C
C
      CALL getBand(me,ng,nt,nv,nBand)
      CALL getArea(q,me,nt,nv,area)
      CALL CgetMat(q,me,ng,area,nt,nv,aa,ia,ja)
      CALL RHS(me,f,nv,nt,area,ff)
      CALL CDirCL(aa,ia,phi0,nv,ng,ff,cte)
C
      DO 1 i=1,nv
1     CALL Sort(ja(ia(i)),aa(ia(i)),ia(i+1)-ia(i))
C
      CALL CCholesky(nv,aa,ia,ja,al,il,jl,nBand)
      CALL CSolvSys(nv,ff,al,il,jl)
C
      err=errH10(q,me,ff,phi0,nv,nt)
      write(*,*)'error=',err
      write(*,*)'name of file for storing the'
      write(*,*)'approximate solution'
      read(*,'(a)')filnam
      CALL writeF(filnam,nv,ff)
      PAUSE
      END
C
C
C  ****************************************************
C
C  LIBRARY
C
C  ****************************************************
C
```

```
      INCLUDE 'elem.for'
      INCLUDE 'CgetMat.for'
      INCLUDE 'CCholes.for'
      INCLUDE 'utilP1.for'
      INCLUDE 'RHS.for'
      INCLUDE 'sort.for'
C
C
C  File: CgetMat.for
C
C  ----------------------------------------------------------
      SUBROUTINE CgetMat(q,me,ng,area,nt,nv,aa,ia,ja)
C  ----------------------------------------------------------
C
C  This subroutine computes and stores the elements
C  of the lower triangular part of the linear system
C  matrix A associated with the solution of the
C  Laplacian with Dirichlet boundary conditions
C  written in variational form, and discretized with
C  P1 finite elements. It also computes the actual
C  size nElemA of array aa where matrix A is stored
C  in CSR format.
C
C  Element Aij of this matrix is stored in
C  one-dimensional array aa at index k; ja(k)
C  holds the column index j of this element.
C  Array ia is defined by: ia(i) is the index
C  in array aa of the first element of the ith row
C  of A actually stored in this array.
C  If we agree to let ia(nv+1)=nElemA+1,
C  element Aii of matrix A is stored in array aa
C  at index ia(i+1)-1.
C  At the beginning of the computation, array ia has
C  another meaning: ia(i) is the number of vertices
C  strict neighbours of index i point (i.e. not
C  including the point itself).
C
C
C  input:
C  ------
C    triangulation(nv,nt,q,me,ng) and areas of
C      triangles stored in array area.
C
C  output:
C  -------
C    arrays aa, ia, ja; size nElemA of array aa.
C
C  important remarks:
C  ------------------
C  -we assume the triangles are positively oriented;
C  -array ng is used to detect the boundary
```

```
C     edges in the following way: an edge is on
C     the boundary if and only if both its ends
C     are boundary vertices.
C  One must check that the triangulation under
C    study satisfies those two conditions.
C
C
      DIMENSION q(2,nv),me(3,nt),ng(nv),area(nt)
      DIMENSION aa(*),ia(*),ja(*)
C
      DO 110 i=1,nv
110     ia(i)=0
      DO 111 k=1,nt
        DO 111 il=1,3
          ilp=mod(il,3)+1
          i=me(il,k)
          ip=me(ilp,k)
          IF(ip.LE.i)THEN
            ia(i)=ia(i)+1
          ELSEIF((ng(i).NE.0).AND.(ng(ip).NE.0))THEN
            ia(ip)=ia(ip)+1
          ENDIF
111   CONTINUE
C
C  ia(i) is the number of strict neighbours
C    of index i vertex.
C
      nElemA=0
      DO 211 i=1,nv
        ineighb=ia(i)
        ia(i)=nElemA+1
        nElemA=nElemA+ineighb+1
211   CONTINUE
      ia(nv+1)=nElemA+1
C
C  ia is constructed; there remains to construct aa and ja.
C
      DO 1 k=1,nElemA
        aa(k)=0.
1       ja(k)=0
      DO 2 kt=1,nt
        DO 2 il=1,3
          i=me(il,kt)
        DO 2 jl=1,3
          j=me(jl,kt)
          k=0
          IF(i.EQ.j)THEN
            k=ia(i+1)-1
            ja(k)=i
          ELSEIF(i.GT.j)THEN
            DO 3 l=ia(i),ia(i+1)-2
```

```
C
C  j connot be elsewhere.
C
             IF(ja(i).EQ.0)GOTO 4
             IF(ja(i).EQ.j)THEN
               k=l
               GOTO 4
             ENDIF
3          CONTINUE
      write(*,*)'error in CgetMat.for at point i,j=',i,j
4            IF(k.EQ.0)THEN
               k=l
               ja(l)=j
             ENDIF
          ENDIF
          IF(k.NE.0)aa(k)=aa(k)+
     >              elemMat(kt,il,jl,area(kt),q,me)
2     CONTINUE
      END
C
C
C -----------------------------------------------------------
      SUBROUTINE CDirCL(aa,ia,phi0,nv,ng,ff,cte)
C -----------------------------------------------------------
C
C This subroutine recovers the right Dirichlet
C boundary conditions for the boundary vertices.
C
C For each boundary vertex with index i (ng(i)≠0),
C we simultaneously modify the ith diagonal element
C of matrix A, replacing it by a very large constant cte,
C and the ith component of the right hand side ff,
C replacing it by the product cte*phi0, where phi0
C is the Dirichlet boundary condition. In this way,
C the ith row of the linear system becomes, after
C simplifying by the constant cte
C   phi(i)+small terms=phi0(i),
C and the boundary condition is satisfied up to
C a term of order (1/cte).
C
C
C input:
C ------
C   triangulation: nv,ng(nv);
C   matrix aa(*) and array ia(*);
C   Dirichlet boundary condition stored in array phi0
C     (N.B. this array is assumed to be filled
C     for all vertices).
C   right hand side ff(nv) of linear system;
C   very large constant cte.
C
```

```
C  output:
C  -------
C   modified matrix aa and right hand side ff.
C
C
      DIMENSION aa(*),ia(nv+1),phi0(nv),ng(nv),ff(nv)
C
      DO 1 i=1,nv
        IF(ng(i).NE.0)THEN
          aa(ia(i+1)-1)=cte
          ff(i)=cte*phi0(i)
        ENDIF
1     CONTINUE
      END
C
C
C  File: CCholes.for
C
C  ------------------------------------------------------------
      SUBROUTINE MSolvSys(n,z,al,il,jl)
C  ------------------------------------------------------------
C
C  This subroutine computes the solution x of system
C  Ax=z, where A is a positive definite symmetric
C  matrix of size n×n factored by the Cholesky algorithm
C  i.e. A=LL^T, with L a lower triangular matrix with
C  positive diagonal.
C  Matrix L is stored in CSR format in array al, with
C  auxiliary arrays il and jl.
C
C  The computation is performed in two steps:
C  -a forward solve, where we solve system Ly=z,
C  -a backward solve, where we solve system L^Tx=y.
C  It is not necessary to use two additional arrays to
C  store y and x; at the beginning, array z(n) represents
C  the system right hand side, then successively, during
C  the computation, solutions y then x.
C
C
      DIMENSION z(*),al(*),jl(*),il(*)
C
      DO 1 i=1,n
        sum=z(i)
        DO 2 k=il(i),il(i+1)-2
          sum=sum-al(k)*z(jl(k))
2       CONTINUE
        z(i)=sum/al(il(i+1)-1)
1     CONTINUE
C
      DO 3 i=1,n
3       z(i)=z(i)/al(il(i+1)-1)
```

```
      DO 4 i1=1,n
        i=n+1-i1
        DO 4 k=il(i),il(i+1)-2
          jlk=jl(k)
          aljj=al(il(jlk+1)-1)
          z(jlk)=z(jlk)-al(k)*z(i)/aljj
4     CONTINUE
      END
C
C
C ---------------------------------------------------------------
      SUBROUTINE CCholesky(n,aa,ia,ja,al,il,jl,nBand)
C ---------------------------------------------------------------
C
C This subroutine computes the Cholesky factor L of a
C symmetric positive definite matrix A of size n×n, of
C which only the lower triangular part is stored in CSR
C format in array aa, with additional arrays ia and ja.
C The Cholesky factor is stored in CSR format in array
C al, with auxiliary arrays il and jl, constructed first.
C The factorization is then performed column by column
C beginning by the computation of the diagonal element.
C We assume the bandwidth nBand is known.
C
C N.B. This factorization assumes the elements of
C array aa satisfy:
C   jl(k+1)>jl(k),∀k∈[il(i),il(i+1)-2], ∀i.
C
C
C input:
C ------
C   bandwidth nBand of matrix A(n,n), i.e.
C     nBand=max{|i-j|:i>j,A(i,j)≠0};
C   array aa, ia, and ja foe CSR storage of
C     matrix A.
C
C output:
C -------
C   array al, il and jl for CSR storage of the
C     Cholesky factor of A.
C
C
      DIMENSION aa(*),ia(*),ja(*)
      DIMENSION al(*),il(*),jl(*)
C
      k=0
      DO 41 i=1,n
        il(i)=k+1
        IF(ja(ia(i)).GT.i(write(*,*)i,ia(i),ja(ia(i)),k
        DO 41 j=ja(ia(i)),i
```

```
          k=k+1
          jl(k)=j
41      CONTINUE
        il(n+1)=k+1
C
        DO 34 j=1,n
          aljj=aa(ia(j+1)-1)
          DO 33 k=il(j),il(j+1)-2
            aljj=aljj-al(k)**2.
33        CONTINUE
          aljj=sqrt(aljj)
          al(il(j+1)-1)=aljj
          iMax=min(j+nBand,n)
          DO 34 i=j+1,iMax
            DO 32 k=ia(i),ia(i+1)-2
              IF(ja(k).GE.j)GOTO 37
32          CONTINUE
37          IF(ja(k).NE.j)THEN
              alij=0.
            ELSE
              alij=aa(k)
            ENDIF
            lk=0
            ik=il(i)
            jk=il(j)
            maxik=il(i+1)-2
            maxjk=il(j+1)-2
35          IF(ik.LE.maxik)THEN
              jlik=jl(ik)
              IF(jlik.EQ.j)lk=ik
36            IF(jk.LE.maxjk)THEN
                jljk=jl(jk)
                IF(jlik.GT.jljk)THEN
                  jk=jk+1
                  GOTO 36
                ELSEIF(jlik.LT.jljk)THEN
                  ik=ik+1
                  GOTO 35
                ELSE
                  alij=alij-al(ik)*al(jk)
                  ik=ik+1
                  jk=jk+1
                  GOTO 35
                ENDIF
              ENDIF
            ENDIF
            IF(lk.NE.0)al(lk)=alij/aljj
34      CONTINUE
        END
```

APPENDIX 3.C

The Fortran Program for Assembling of the Sparse Symmetric System Matrix (Subroutine AsSpSy), Complex and Real Symmetric Cholesky Factorization (Subroutine LDLtCo and LDLtRe)

```
C
      SUBROUTINE AsSpSy
C
      COMMON/CFIX/MS,NTN,NTE,NL,LO(6,2),IR(5)
      COMMON/CCON/IC,IT,IN,ER
      COMMON/CNOD/X(1500),Y(1500),A(1500),NA(1500)
      COMMON/CELE/NN(5000,3),NI(5000,3),IEP(5000),ED(5000),
     1            NEA(5000),RE(5000),B(5000),H(5000),
     2            BX(5000),BY(5000),NS(5000,3),NSE(5000),
     3            NSS(5000),NEM(5000)
      COMMON/CEMA/BC(5000,3),CC(5000,3),EC(5000,6),EL(5000,3)
      COMMON/CSYS/SC(30000),MC(30000),MD(1500)
C
      MS=NTN
      DO 310 I=1,MS
310    SC(I)=0.
      DO 320 I=1,NTN
      MD(I)=I
320    MC(I)=I
      DO 410 I=1,NTE
      DO 330 J=1,3
      NJ=NN(I,J)
      NJ=MD(NJ)
      SC(NJ)=SC(NJ)+EC(I,IND(J,J))*RE(I)
330    CONTINUE
      DO 400 J=1,2
      NJ=NN(I,J)
      DO 400 K=J+1,3
      NK=NN(I,K)
      IF(NJ.GE.NK)THEN
      NR=NJ
      NC=NK
      ELSE
      NR=NK
      NC=NJ
      ENDIF
      JK=MD(NR-1)+1
340    IF(MC(JK).EQ.NC)THEN
      IP=1
      ELSE
      IF((MC(JK).GT.NC).OR.(JK.EQ.MD(NR)))GO TO 350
      JK=JK+1
      GO TO 340
350    IP=0
```

```
      ENDIF
      IF(IP.EQ.1)GO TO 380
      DO 360 N=NR,NTN
360    MD(N)=MD(N)+1
      DO 370 N=MS,JK,-1
      SC(N+1)=SC(N)
370    MC(N+1)=MC(N)
      SC(JK)=0.
      MC(JK)=NC
      MS=MS+1
380    SC(JK)=SC(JK)+EC(I,IND(J,K))*RE(I)
      GO TO 400
400    CONTINUE
410    CONTINUE
      DO 470 I=1,NTN
      IF(NA(I).NE.0)GO TO 470
      IF(I.EQ.1)GO TO 440
      J1=MD(I-1)+1
      J2=MD(I)-1
      DO 430 J=J1,J2
      I1=MC(J)
      IF(NA(I1).EQ.0)GO TO 420
      A(I1)=A(I1)-SC(J)*A(I)
420    SC(J)=0.
430    CONTINUE
      IF(I.EQ.NTN)GO TO 470
440    J1=MD(I)+1
      J2=I+1
      DO 460 J=J1,MS
      IF(J.EQ.MD(J2))THEN
      J2=J2+1
      GO TO 460
      ELSE
      IF(MC(J).NE.I)GO TO 460
      IF(NA(J2).EQ.0)GO TO 450
      A(J2)=A(J2)-SC(J)*A(I)
450    SC(J)=0.
      ENDIF
460    CONTINUE
470    CONTINUE
      DO 480 I=1,NTN
      IF(NA(I).NE.0)GO TO 480
      A(I)=SC(MD(I))*A(I)
480    CONTINUE
      RETURN
      END
C
C
      SUBROUTINE LDLtCo
C
      COMMON/CFIX/MS,NUN,NTN,NCE,SY,TI
```

```
      COMMON/CNOD/X(500),Y(500),VP(500),V(500),U(500)
      COMMON/CSYS/SR(100000),SI(100000)
      DOUBLE PRECISION X,Y,VP,V,U
      DOUBLE PRECISION SUMR,SUMI,ZR,ZI
C
      DO 20 I=1,NUN
      DO 20 J=1,NUN
      SUMR=0.
      SUMI=0.
      DO 10 K=0,I-1
      IF(K.EQ.0)GO TO 10
      SUMR=SUMR-((SR(IND(I,K))*SR(IND(J,K))
     1                 -SI(IND(I,K))*SI(IND(J,K)))*SR(IND(K,K))
     2                +(SR(IND(I,K))*SI(IND(J,K))
     3                 +SI(IND(I,K))*SR(IND(J,K)))*SI(IND(K,K)))
      SUMI=SUMI-((SR(IND(I,K))*SR(IND(J,K))
     1                 -SI(IND(I,K))*SI(IND(J,K)))*SI(IND(K,K))
     2                +(SR(IND(I,K))*SI(IND(J,K))
     3                 +SI(IND(I,K))*SR(IND(J,K)))*SR(IND(K,K)))
10    CONTINUE
      SR(IND(I,J))=SR(IND(I,J))+SUMR
      SI(IND(I,J))=SI(IND(I,J))+SUMI
      IF(J.EQ.I)GO TO 20
      ZR=(SR(IND(I,J))*SR(IND(I,I))+SI(IND(I,J))*SI(IND(I,I)))
     1    /(SR(IND(I,I))*SR(IND(I,I))+SI(IND(I,I))*SI(IND(I,I)))
      ZI=(SI(IND(I,J))*SR(IND(I,I))-SR(IND(I,J))*SI(IND(I,I)))
     1    /(SR(IND(I,I))*SR(IND(I,I))+SI(IND(I,I))*SI(IND(I,I)))
      SR(IND(I,J))=ZR
      SI(IND(I,J))=ZI
20    CONTINUE
      DO 40 I=1,NUN
      SUMR=0.
      SUMI=0.
      DO 30 K=0,I-1
      IF(K.EQ.0)GO TO 30
      SUMR=SUMR-(SR(IND(I,K))*V(K)-SI(IND(I,K))*U(K))
      SUMI=SUMI-(SR(IND(I,K))*U(K)+SI(IND(I,K))*V(K))
30    CONTINUE
      V(I)=V(I)+SUMR
      U(I)=U(I)+SUMI
40    CONTINUE
      DO 50 I=1,NUN
      ZR=(SR(IND(I,I))*V(I)+SI(IND(I,I))*U(I))
     1    /(SR(IND(I,I))*SR(IND(I,I))+SI(IND(I,I))*SI(IND(I,I)))
      ZI=(SR(IND(I,I))*U(I)-SI(IND(I,I))*V(I))
     1    /(SR(IND(I,I))*SR(IND(I,I))+SI(IND(I,I))*SI(IND(I,I)))
      V(I)=ZR
      U(I)=ZI
50    CONTINUE
      DO 60 I=1,NUN
60    VP(I)=V(I)*COS(SY*TI)-U(I)*SIN(SY*TI)
```

```
      RETURN
      END
C
C
      SUBROUTINE LDLtRe
C
      COMMON/CFIX/MS,NUN,NTN,NCE,
      COMMON/CNOD/X(500),Y(500),V(500)
      COMMON/CSYS/SR(100000)
      DOUBLE PRECISION X,Y,V
      DOUBLE PRECISION SUM
C
      DO 20 I=1,NUN
      DO 20 J=1,NUN
      SUM=0.
      DO 10 K=0,I-1
      IF(K.EQ.0)GO TO 10
      SUM=SUM-((SR(IND(I,K))*SR(IND(J,K))*SR(IND(K,K))
10    CONTINUE
      SR(IND(I,J))=SR(IND(I,J))+SUM
      IF(J.EQ.I)GO TO 20
      SR(IND(I,J))=SR(IND(I,J))/(SR(IND(I,I))
20    CONTINUE
      DO 40 I=1,NUN
      SUM=0.
      DO 30 K=0,I-1
      IF(K.EQ.0)GO TO 30
      SUM=SUM-SR(IND(I,K))*V(K)
30    CONTINUE
      V(I)=V(I)+SUM
40    CONTINUE
      DO 50 I=1,NUN
      V(I)=V(I)/SR(IND(I,I))
50    CONTINUE
      RETURN
      END
C
      FUNCTION IND(I,J)
C
      IF(I.LT.J)GO TO 10
      IND=I*(I-1)/2+J
      RETURN
10    IND=J*(J-1)/2+I
      RETURN
      END
```

4 Finite Element Method: Optimization of the Method

Summary

2장(章)과 3장에서는, 삼각형 유한요소(triangular finite element)를 사용한, $\mathbb{R}^2$의 유계 영역(有界 領域, bounded domain) Ω에서 Dirichlet 경계조건을 가진 Laplacian인 모델 문제의 풀이를 위한 프로그램을 제안하였다. 에너지를 최소화하기 위하여 2장에서 사용된 반복법(反復法, iterative method)은 적은 기억 공간(記憶 空間, memory space)이 필요했지만, 계산 시간에서 비교적 비용이 비쌌다; 이에 대비(對比)하여, 변분 문제(變分 問題, variational problem)를 풀기 위해 앞 장에서 제안한 직접법(直接法, direct method)은 빨랐지만 기억 공간을 많이 차지하였다. 전처리 공액구배(前處理 共軛勾配, preconditioned conjugate gradient)에 의하여 변분 문제를 풀기 위한, 앞의 두 가지 방법의 이점을 결합(結合)한(combine), 방법을 제안하기 위하여 이 두 가지 경험(經驗, experience)의 이점(利點)을 취할 것이다. 장(章)의 끝에서, 최종 해(最終 解, final solution)의 질(質, quality)에 미치는 망(網, mesh)의 영향(影響)을 논의할 것이며, '자동 망 재분할'법('自動 網 再分割'法, 'automatic mesh refinement' method)을 제안할 것이다.

4.1 *PRECONDITIONED CONJUGATE GRADIENT*

검토(檢討, study)의 시작 점은 앞 장(章)에서와 같다. 즉 영역 Ω의 삼각화에서 P^1 유한요소에 의해 이산회(離散化)된 모델 문제

$$-\Delta\varphi(\vec{x}) = f(\vec{x}), \quad \vec{x} \in \Omega, \tag{4.1}$$

$$\varphi(\vec{x}) = g(\vec{x}), \quad \vec{x} \in \Gamma \tag{4.2}$$

의 변분 정식화(變分 定式化, variational formulation)

$$\begin{aligned} &\text{find } \varphi \in H_g^1(\Omega) \text{ such that} \\ &\forall w \in H_0^1(\Omega), \int_\Omega \nabla\varphi(\vec{x}) \cdot \nabla w(\vec{x}) d\vec{x} = \int_\Omega f(\vec{x}) w(\vec{x}) d\vec{x} \end{aligned} \tag{4.3}$$

이다. 이 삼각화의 정점(頂點, vertex)을 q^j, $j \in \{1, \cdots, n_v\}$로 나타낸다. 문제는 그러면 삼각형 망(三角形 網, triangular mesh)의 각 내부 정점(內部 頂點, internal vertex)에서의 해(解)의 근사(近似) 값(approximate value)의 결정을 허용하는 선형 계(線形 系, linear system)의 풀이(solution)로 된다.

Proposition 3.1과 Remark 3.3의 덕택(德澤)으로, 이 계(系)는 근사형(近似形, approximate fashion)(즉 차수(次數, order) $(1/C)$의 항(項, term)까지, 여기서 C는 매우 큰 상수(常數, constant))

$$A\Phi = F \tag{4.4}$$

로 써질 수 있다. 여기서 A는 요소(要素, entry)가

$$A_{ij} = \int_{\Omega_h} \nabla w^i(\vec{x}) \cdot \nabla w^j(\vec{x}) d\vec{x}, \ i \neq j, \quad A_{ii} = C \tag{4.5}$$

인 $n_v \times n_v$ 대칭 정정 행렬(對稱 正定 行列, symmetric and positive definite matrix)이며 F는 성분(成分, component)이

$$F_j = \int_{\Omega_h} (fw^j)(\vec{x}) d\vec{x}, \text{ if } q^j \notin \Gamma, \quad F_j = Cg(q^j), \text{ otherwise} \tag{4.6}$$

인 차원(次元, dimension) n_v의 벡터(vector)이다. 계(系) (4.4)의 미지수(未知數, unknown)는 벡터 $\Phi = (\varphi_i)_{i=\{1, \cdots, n_v\}}$이다.

앞 장(章)에서는, Cholesky 알고리즘에 의해 행렬 A를 인수분해(因數分解)하는 직접법으로 이 계(系)를 풀었다. 압축 소행(壓縮 疏行, Compressed Sparse Row) 형식(CSR format)이라는 매우 '밀집(密集)한(compact)' 형식으로 행렬을 저장하기 위하여, 이 행렬의 특히 성긴 밴드 구조(sparse band structure)(즉 대(帶, 띠, 밴드) 내에, 매우 많은 0이 남아 있는)도 또한 고려하였다. 공교(工巧)롭게도, Cholesky 인자(因子, factor)는 같은 구조를 이어받지 않는다: 그것은 밴드 구조만을 가지며, 어떤 더 좋은 것도 기대(期待)할 수 없다. 따라서, 이 방법은 빠르기는 하지만, 기억공간(memory space)에서 비용(費用)을 물어야 한다.

여기에서의 착상(着想, idea)은 실제 Cholesky 인수분해를 수행하지 않고, '근사(近似, approximate)' 인수분해를 행한다. 즉 L에 '가까운(close)', 하지만 밴드 구조인 행렬 L^*를 찾을 것이다. 이것을 함으로써, 계(system) (4.4)를 완전히 풀 수 없으며, 그것을 반복적으로 푸는 것을 선택할 것이다.

반복법의 예는 계 (4.4)를 개략적(槪略的)으로

$$L^*L^{*T}\Phi = \left(L^*L^{*T} - A\right)\Phi + F \tag{4.7}$$

의 형태로 쓸 것이다. 그러면, 임의의 초기(初期) 데이터(initial data) Φ^0로부터, 다음과 같은 반복 관계(反復 關係, recurrence relation)에 의해 Φ^m의 함수로 Φ^{m+1}을 정의한다:

$$L^*L^{*T}\left(\Phi^{m+1} - \Phi^m\right) = -A\Phi^m + F.$$

이 반복법은 $M = Id - \left(L^*L^{*T}\right)^{-1}A$의 고유치(固有値, eigenvalue)가 엄격(嚴格)히 1보다 작은 절대치(絶對値, modulus)를 가져야만 하도록 행렬 L^*L^{*T}가 행렬 A에 '가까우면(close)' 수렴(收斂)한다(convergent). 사실, 식 (4.7)의 해(解, solution)를 $\hat{\Phi}$로 나타낸다면, 그러면 반복 $m+1$에서의 오차(誤差, error)는 다음과 같은 관계를 통하여 앞의 반복(previous iteration)에서의 오차 $\epsilon^m = \Phi^m - \hat{\Phi}$의 함수로 써질 수 있다: $\epsilon^{m+1} = M\epsilon^m$.

모든 가능한 반복법중에서, 그 속력(速力, 속도(速度), speed)을 위하여 공액구배법(共軛勾配法, conjugate gradient method)을 선택한다. 설명하는 L^*의 구성(構成, construction)은 A의 '불완전(不完全, incomplete)' Cholesky 인수분해에 의해 이루어지며, 공액구배 알고리즘(conjugate gradient algorithm)은 L^*L^{*T}에 의해 전처리(前處理)되어(preconditioned), 그것을 특히 효율적(效率的, efficient)이 되도록 한다. 실제로 처음의 목적(initial aim)은 비교적(比較的) 성긴 행렬(sparse matrix)을 선택하는 것으로 알고 있는 전처리 행렬(前處理 行列, preconditioning matrix)을 위한 몇 가지 가능한 선택이 있다; 하지만 전처리 행렬이 A의 역(逆, inverse)에 가까울수록 알고리즘이 더 빨리 수렴(收斂)함을 볼 것이다: 따라서 찾아지는 절충전(折衷點, 타협점(妥協點), compromise)이 있다! 마지막으로, 앞의 두 장(章)에서 표현된 방법은 다음에 나오는, PCG로 단축(短縮)해서 나타낼, 전처리 공액 구배 알고리즘(preconditioned conjugate gradient algorithm)의 특별한 경우임에 주목하자.

4.1.1 *Incomplete Cholesky Factorization*

원리(原理, principle)는 간단하다: 행렬 A의 Cholesky 인자 L을 계산하기 보다는, 근사 L^*를 세울 것이다. 이것을 하기 위해, 예를 들어 약간의 지표(some index)를 '선택함'을 결정하고, 이 지표(指標)의 집합(集合, set)에서는 L^*를 L과 일치(一致)하게 하며, 그 외에는 0으로 두는 것으로 결정할 수 있다. 바꾸어 말하면, $(i, j) \in I_0$이면 $L^*_{ij} = L_{ij}$이고, 그렇지 않으면 $L^*_{ij} = 0$이다. 여기서 I_0는 다음과 같다:

$$I_0 \subset \left\{(i, j) : 1 \le j \le i \le n_v\right\}. \tag{4.8}$$

이 방법은 L을 알고 있을 것(knowledge)을 요구하기 때문에, 매우 시간이 많이 걸리며(too costly), 이것을 사용하지 않을 것이다.

차라리 L^*의 구성(構成, construction)을 L의 구성과 굳게 결합하는 것을 택한다. 특히, 이것은 Cholesky 알고리즘에 쌍 (i, j)가 지표 집합(指標 集合, index set) I_0에 속하는지 어떤지를 결정하는 검사(檢査, test)를 더할 것임을 의미한다: 그렇지 않으면, 대응하는 L_{ij} 요소를 세우지 않을 것이다. 집합 I_0에 대한 본래의 선택은 다름 아닌 행렬 A의 구조(構造, structure)에 의해 주어진다. 즉:

$$I_0 = \{(i, j) : A_{ij} \neq 0,\ j \leq i\}. \tag{4.9}$$

이 조건은, 특히, 점 q^i와 q^j가 이웃이 아니라면(하지만 이것은 필요조건(必要條件)이 아니라 충분조건(充分條件)이다) $L_{ij} = 0$임을 의미한다. 실로, 이 기준(基準, criterion)은 실제로 *aa* 배열에 저장할 행렬 A의 요소를 선택하는 것을 허용했기 때문에, 지표 집합 I_0를 위하여 다음의 집합을 선택할 것이다:

$$I_0 = \{(i, j) : j \leq i,\ q^i \text{ and } q^j \text{ neighbors}\}. \tag{4.10}$$

다른 가능한 선택은 점 q^i와 q^j가 '결합(結合)에 의한 이웃(neighbor by marriage)'이 아니라면, 즉 한편으로는 q^i와 q^k가, 그리고 또 다른 한편으로는 q^k와 q^j가 이웃인 지표 k가 없다면 $L_{ij} = 0$로 결정한다. 바꾸어 말하면, L^*가 행렬 A^2과 같은 성긴 구조(same sparsity structure)를 가질 것을 요구한다.

이 다른 선택은 출발하는 행렬 A에 가까운 L^*L^{*T} 행렬을 주지만, 이 새로운 행렬이 정정(正定, positive definite)임을 보장하지는 않는다! 이것이 방법의 결점(缺點)이지만, 다행히도 실제로는 매우 드물게만 일어난다. 개략적으로, L^*을 세우기 위한 알고리즘은 다음과 같다:

```
DO j=1,ns
  L*_jj = sqrt(A_jj - Σ_{k<j} L*_jk^2)
 DO m=1,ns-j
   IF(j+m,j)∈I0 THEN
     L*_{j+m,j} = (A_{j+m,j} - Σ_{k<j} L*_{j+m,k} L*_{jk})/L*_jj
   ELSE
     L*_{j+m,j}=0
   ENDIF
 end m loop
end j loop
```

이 계산에서는, 제곱근(square root) 아래의 양(量, quantity)이 양(陽, 정(正), positive)

이라는 것을 보장(保障)하지 않을 뿐만 아니라, 분모(分母, denominator) L^*_{jj}가 0이 아니라는 것도 보장하지 않는다는 점에 주목해야 할 것이다. 이론적으로는, 표현에서 L^*_{jj}를 정의하는 표현에서 제곱근 아래의 양(量)이 확실히 순 양(純 陽, strictly positive)이 되게 하는 검사(檢査, test)를 더해야 한다.

4.1.2 Computation and CSR Storage of L^*

지표 십합을 만들기 위한 선택 (4.10)으로, L^*는 A와 같은 CSR 저장을 가질 것이어서, 부가 지표 배열(附加 指標 配列, additional index array) *il*과 *jl*을 생성할 필요가 없다. 오직 하나의 부가 배열 *al*이 필요하다. 그 구성은 다음의 프로그램에서와 같이 이루어지는데, 여기서는, 변화를 위해, 대각 요소의 계산으로 마치는, 줄에서 줄로(line by line) '의사 인수분해(擬似 因數分解, pseudo factorization)'를 수행하였다. 이 수정(修正, modification)까지, 프로그램은 앞 장에서의 프로그램과 비슷하지만, 명백하게 훨씬 더 간단하다.

```
C  File: ICholes.for
C
C  ---------------------------------------------------------
      SUBROUTINE ICholesky(nv,aa,ia,ja,al)
C  ---------------------------------------------------------
C
C  This subroutine performs the incomplete Cholesky
C  factorization of the matrix A stored in CSR format
C  in array aa with auxiliary index arrays ia and ja.
C  ia(k): index in array aa of the first element of
C    ith line of A stored in aa,
C  ja(k):  column index j of element Aij stored in array
C    aa at index k.
C  The result is stored in array al, that uses the same
C  auxiliary index arrays ia and ja as aa.
C  The computation of the incomplete factorization is done
C  line by line, ending with the computation of the diagonal
C  element.
C
C
      INTEGER ia(*),ja(*)
      DIMENSION aa(*),al(*)
C
C
      DO 30 i=1,nv
        DO 34 k=ia(i),ia(i+1)-2
          j=ja(k)
          alij=aa(k)
          ik=ia(i)
          jk=ia(j)
```

```
35        IF(ik.LE.(ia(i+1)-2))THEN
            jlik=ja(ik)
36          IF(jk.LE.(ia(j+1)-2))THEN
              jljk=ja(jk)
                IF(jlik.GT.jljk)THEN
                  jk=jk+1
                  GOTO 36
                ELSEIF(jlik.LT.jljk)THEN
                  ik=ik+1
                  GOTO 35
                ELSE
                  alij=alij-al(ik)*al(jk)
                  ik=ik+1
                  jk=jk+1
                  GOTO 35
                ENDIF
            ENDIF
          ENDIF
          al(k)=alij/al(ia(j+1)-1)
34      CONTINUE
        alii=aa(ia(i+1)-1)
        DO 33 k=ia(i),ia(i+1)-2
          alii=alii-al(k)**2.
33      CONTINUE
        al(ia(i+1)-1)=sqrt(abs(alii))
30    CONTINUE
      END
```

4.1.3 *Preconditioned Conjugate Gradient Algorithm for Solving Linear Systems*

선형 계(線形 系, linear system)를 풀기 위한 PCG 알고리즘을 간단히 상기하자. 먼저 크기 $N \times N$의 행렬 A가 대칭 정정(對稱 正定, symmetric and positive definite)이라고 가정할 것이며, 그 다음 A가 단지 반정정(半正定, semi-positive definite)이라면 필요한 알고리즘의 변화를 줄 것이다.

우선 첫째로, 선형 계 $Ax = b$를 풀기 위한 단순한 공액구배 알고리즘, 즉 전처리(前處理, preconditioning)가 없는(CG로 약(略)해서 쓸 것이다) 알고리즘은 2장에서 보여준 바와 같이 점 x에서의 구배(勾配, gradient)가 정확히 $Ax - b$인 2차 범함수(二次 汎函數, quadratic functional)

$$E(x) = \frac{1}{2}x^T Ax - b^T x \tag{4.11}$$

를 최소화(最小化, minimization)하는 공액구배 알고리즘을 적용하는 것으로 이루어진다. 알고리즘 CG가 특별한 경우로서, 반드시 2차 범함수는 아닌 것의 최소를 계산하기 위한 2장에서 소개된 일반적인(general) 공액구배는 때때로 '비선형 공액구배(非線形 共軛勾配, nonlinear conjugate gradient)'라 부른다.

가역(可逆, invertible) $N \times N$ 행렬 U를 선택했으면, 전처리 공액구배는 변수(變數)의 변화 $z = Ux$ 후(後)에 얻어진 계(系) $(U^{-1})^T AU^{-1}z = (U^{-1})^T b$의 풀이에 앞의 알고리즘을 적용하는 것으로 보여질 수 있다; 이 새로운 계(系)의 행렬은, A와 U의 전제(前提, hypothesis)로부터, 대칭 정정(對稱 正定)이다. $C = U^T U$를 주목하자; 이것은 U가 가역(可逆)이면 곧 대칭 정정이어서, 다음의 관계에 의해 주어지는 $\mathbb{R}^N \times \mathbb{R}^N$에서의 내적(內積, inner product) $\langle \cdot, \cdot \rangle_C$ 뿐만 아니라 놈(norm) $\|\cdot\|_C$도 유도(誘導)한다:

$$\langle a, b \rangle_C = a^T Cb; \quad \|a\|_C = (a^T Ca)^{\frac{1}{2}}. \tag{4.12}$$

이 행렬 C는 '전처리 행렬(前處理 行列, preconditioned matrix)'이라 불리며, 행렬 U(이 행렬의 유일한 용도(用度)는 알고리즘 CG로부터 알고리즘 PCG를 도출(導出)하는 것이었다)를 '없애기(eliminate)' 위해 변수를 바꾼 후에, 공액구배 알고리즘은 다음에 써질 수 있는 바와 같이 이 행렬 C에 의해 전처리된다:

General PCG Algorithm:

0. 초기화(初期化, initialization):

전처리 행렬 $C \in R^N \times R^N$(대칭 정정이어야 함), 계산을 위한 정밀도(精密度, accuracy) ϵ, x를 위한 초기화 x^0(예를 들어 0) 뿐만 아니라 g^0와 h^0를 위한 다음과 같은 초기화: $g^0 = h^0 = -C^{-1}(Ax^0 - b)$를 선택함; $n = 0$으로 둠; 마지막으로, 최대 반복 회수(最大 反復 回數) $kMax$를 선택함;

1. 계산:

$$\rho^n = \frac{\langle g^n, h^n \rangle_C}{\langle h^n, C^{-1}Ah^n \rangle_C} = \frac{\langle g^n, h^n \rangle_C}{(h^n)^T Ah^n} \tag{4.13}$$

$$x^{n+1} = x^n + \rho^n h^n \tag{4.14}$$

$$g^{n+1} = g^n - \rho^n C^{-1}Ah^n \tag{4.15}$$

$$\gamma^n = \frac{\|g^{n+1}\|_C^2}{\|g^n\|_C^2} \tag{4.16}$$

$$h^{n+1} = g^{n+1} + \gamma^n h^n \tag{4.17}$$

2. 중단 검사(中斷 檢査, stopping test) 수행: $\|g^{n+1}\|_C^2 < \epsilon \|g^0\|_C^2$이면, 중단함($x^{n+1}$은 주어진 정밀도 ϵ에서 문제의 근사해(近似解, approximate solution)임; 그렇지 않으면, n을 1 증가시키고 단계 1로 되돌아 감.

이 알고리즘이 '잘 정의된(well defined)'(식 (4.13)과 (4.16)의 분모가 항상 0으로 되지 않는다면 그렇다고 봐도 된다) 임을 보일 것이다; 바꾸어 말하면, '축퇴(縮退)의 경우(degeneration case)'를 검토할 것이며 이것이 안성맞춤인 경우(favorable case) 임을, 즉 알고리즘이 축퇴(縮退, degenerating)가 일어나기 전에 이미 수렴(收斂)하였음을 보일 것이다. 더 일반적으로, 이제 PCG 알고리즘의 약간의 성질(性質, property)을 상기할 것이다.

4.1.3.1 Properties of the PCG Algorithm

먼저 2장의 비선형 공액구배의 특별한 경우라고 말했던 이 알고리즘에 대한 약간의 논평(論評, remark)을 만들자. 특히, 다음을 주목한다: i) 유도(誘導)에 의해, 그리고 $g^0 = -C^{-1}(Ax^0 - b)$의 정의 때문에, 관계 (4.14)와 (4.15)로부터 다음을 추단(推斷)한다:

$$\forall n,\ g^{n+1} = -C^{-1}\left(Ax^{n+1} - b\right); \tag{4.18}$$

바꾸어 말하면, $-Cg^{n+1}$은 점 x^{n+1}에서 구해진 식 (4.11)에 의해 정의된 범함수 E의 구배(勾配, gradient)이다; ii) 이 논평을 법(法)으로 하여(modulo), 식 (4.13)에 의해 정의된 스칼라(scalar) ρ는 2장에서의 ρ와 완전히 같으며, 이 수(數)는 범함수의 $\mathbb{R}$에서의 최소(最小)를 실현한다($\rho \longrightarrow E(x^n + \rho h^n)$).

스칼라 γ는 특히 $\gamma^n = -\left(\left(g^{n+1}\right)^T Ah^n\right)/((h^n)^T Ah^n)$을 증명할 Lemma 4.1에서 보게 될 바와 같이, 2개의 연속 하강 방향(連續 下降 方向, successive descent direction) 사이의 직교성(直交性, orthogonality)을 보장(保障)하도록 선택된다. γ의 계산은 실제로 그램-슈미트 직교화 과정(直交化 過程)(Gram-Schmidt orthogonalization procedure)의 결과로서 일어난다. 다음의 성질을 만족하는 $\mathbb{R}^N$의 기저(基底, basis) $\{h^i\}_1^N$을 세웠다고 가정하자: 임의의 (i, j), $i \neq j$에 대하여 $\left(h^i\right)^T Ah^j = 0$; 그러면 선형 계(線形 系) $Ax = b$를 풀기 위해서는, 이 기저에서 x의 성분 x_j를 찾으면 충분하며, 그것들이 N개의 관계 $\left(h^i\right)^T A\left(\sum_j x_j h^j\right) = \left(h^i\right)^T b$를 만족함으로서, $x_j = \left(h^i\right)^T b/\left(h^j\right)^T Ah^j$로 주어진다.

독자(讀者)들은 다음의 결과의 증명을 위한 Appendix 4.A를 참조하라.

Lemma 4.1 임의의 정수(整數, integer) $k \leq n_0$에 대하여 $g^k \neq 0$, $h^k \neq 0$를 가진다고 가정하고, n을 n_0보다 작거나 같은 임의의 정수(整數)라 하자. 스칼라 γ^n은

$$\gamma^n = -\frac{\left(g^{n+1}\right)^T Ah^n}{(h^n)^T Ah^n} \tag{4.19}$$

를 만족하며, 다음과 같은 직교 관계를 가진다:

$$(h^j)^T Ah^j = 0, \ \forall j < n, \tag{4.20}$$

$$\langle g^n, g^j \rangle_C = 0, \ \forall j < n, \tag{4.21}$$

$$\langle g^n, h^j \rangle_C = 0, \ \forall j < n. \tag{4.22}$$

또한 다음도 가진다:

$$\rho^n = \frac{\|g^n\|_C^2}{(h^n)^T Ah^n}. \tag{4.23}$$

이 성질로부터 알고리즘이 잘 정의되었으며 수렴(收斂)한다고 추단(推斷)할 것이다. 좀 더 정확하게는, 다음의 추론(推論, corollary)을 가진다.

Corollary 4.2 알고리즘 PCG는 잘 정의되었으며, 그것은 많아야 N번의 반복에서 수렴한다.

Proof 먼저 알고리즘에 대한 '축퇴(縮退)의 경우(degeneration case)'를 검토하자. 이것은 $g^n = 0$ 또는 $h^n = 0$일 때만 일어날 수 있다(A는 정정(正定, positive definite)이라고 가정하였다). 첫 번째의 경우에는, x^n이 $Ax = b$의 해(解)라는 것을 의미하며, 그런데 이것이 g^n의 놈(norm)을 사용하는 프로그램의 중단 검사의 이유(理由, reason)인 식 (4.18)로부터 명백하다. 두 번째 경우에는, $g^n \neq 0$이라 가정하고(그렇지 않으면 첫 번째 경우로 돌아간다), n이 $h^n = 0$인 첫 번째 지표(指標)라 가정하자; 그러면 식 (4.17)로부터, $g^n = -\gamma^{n-1}h^{n-1}$을 가진다. $(h^{n-1})^T C$와 이 방정식의 내적(內積, inner product)을 취하면, 식 (4.22)로부터 $\gamma^{n-1} \neq 0$이기 때문에, 그리고 따라서 모순(矛盾, contradiction)을 이끄는 $h^{n-1} = 0$을 함축(含蓄)하는 $-\gamma^{n-1}\|h^{n-1}\|_C^2 = 0$을 얻는다. 바꾸어 말하면, h^n은 g^n 자신이 0으로 될 때만 0으로 될 수 있으며, 그런 경우 x^n은 찾아지는 해(sought solution)이다. 요약(要約)하면, 이 알고리즘에 대한 축퇴(縮退, degeneration)의 경우는 알고리즘이 수렴되고, 따라서 프로그램이 중단되고 난 후에만 일어날 수 있어, '적절(適切)함(favorable)'을 보였다.

이 알고리즘은 따라서 잘 정의되었다; 이제 그것이 수렴성(收斂性, convergent)임을 보이자. 이것은 벡터 g^n이, 그것들이 0이 아니라면, 모두가 서로 직교이며, 따라서 공간 $\mathbb{R}^N$에서 독립 집합(獨立 集合, independent set)을 이루기 때문에, Lemma 4.1의 직교성 관계로부터 직접 결과로 나타난다. 거기에는 따라서 많아야 N개의 0이 아닌 벡터 g^n이 있을 수 있어, 알고리즘은 많아야 N번의 반복에서 수렴함을 보

인다. □

증명은 Appendix 4.A로 늦춰진 다음의 명제(命題, proposition)에서 표현된 공액구배의 부가적인 성질(여기서 C는 단위행렬(單位行列, identity matrix, unit matrix)이다)을 준다:

Proposition 4.3 *모든 g^i, $i \in \{1, \cdots, n_0\}$가 0이 아니며, $n \le n_0 + 1$이라 하자. 공액구배의 반복 n에서 얻어진 근사해 x^n은*

$$E(x^n) \le E(x), \ \forall x \in x^0 + K_n \tag{4.24}$$

를 만족한다. 여기서 K_n은, 행렬 A에 관해, 초기 잔차(初期 殘差, initial residual)의 n개의 첫 번째 반복에 의해 걸쳐진(스팬된, spanned) 벡터 공간, 즉

$$K_n = \text{span}\{g^0, Ag^0, A^2g^0, \cdots, A^{n-1}g^0\} \tag{4.25}$$

이며 E는 식 (4.11)에 의해 정의된 범함수이다. 공간 K_n은 또한 다음을 만족한다:

$$K_n = \text{span}\{g^0, g^1, \cdots, g^{n-1}\} = \text{span}\{h^0, h^1, \cdots, h^{n-1}\}. \tag{4.26}$$

Remark 4.4 공간 K_n은 크릴로프 공간(Krylov space)이라 불리며, 반드시 대칭(對稱)은 아닌 문제(not necessarily symmetric problem)의 풀이를 위해, GMRES 알고리즘과 연결하는 6장에서 다시 만날 기회를 가질 것이다. □

Remark 4.5 앞의 논평(論評, remark)에 따라, x^n은 공간 $x^0 + \text{span}\{h^0, h^1, \cdots, h^{n-1}\}$에서 범함수 E의 최소를 얻는데 반하여, 시작(始作)에서는, 목표(目標, aim)가 각 하강 방향(下降 方向, descent direction)을 따라 반복적으로 최소화할 뿐이었기 때문에, Proposition 4.3은 공액구배법의 최적의 성질(optimal nature)을 보인다. □

이제 대칭 행렬 A가 반정정(半正定, semi-positive definite)($\det A = 0$)일 뿐이라면, 다음과 같은 질문(質問)을 할 수 있다: 아직 이 알고리즘을 사용할 수 있는가? 만약 그렇다면, 어떤 조건(條件, condition) 아래에서 이며, 그렇게 하기 위해서는 무엇을 바꿔야 할 것인가? 마지막으로, 알고리즘이 아직 수렴성인가? 그 해답(解答, answer)은 증명이 Appendix 4.A에 있는 다음 명제(命題, proposition)에 있다.

Proposition 4.6 *A가 반정정(半正定, semi-positive definite)일 뿐이라면, 그리고 b가 A의 치역(値域, range) 내에 있다면, 그러면 Cx_0가 A의 치역 내에 있는 x_0로 PCG 알*

고리즘을 초기화한다면, 알고리즘은 $Cx' \in range(A)$를 만족하는 선형 계(lineal system) $Ax = b$의 유일해(唯一解, unique solution) x'를 향하여 수렴한다.

4.1.3.2 Choice of the Preconditioning Matrix

크기 N의 계(系, system)를 위한 PCG법은 많아야 N번 반복에서 수렴하지만, N은 보통 매우 큰 수(數)이다. 증명을 예를 들어 Kascaux와 Theodor (1984), Axelsson과 Barker (1984) 또는 Golub과 Meurant (1982)에서 찾을 수 있는 다음의 명제는 전처리기(前處理器, preconditioner)가 적절히 선택된다면 수렴이 빠름을 보인다.

Proposition 4.7 *x^*를 선형 계 $Ax = b$의 해(解)라 하고 x^k를 공액구배법의 반복 k에서의 해라 하자. 식 (4.12)와 상사적(相似的)으로(analogously) $\|x^k - x^*\|_A = ((x^k - x^*)^T A(x^k - x^*))^{1/2}$로 나타내면, 반복 k에서의 오차는 다음을 갖는다.*

$$\|x^k - x^*\|_A^2 \le 4\left(\frac{\sqrt{\mu(A)} - 1}{\sqrt{\mu(A)} + 1}\right)^{2k} \|x^0 - x^*\|_A^2.$$

여기서 $\mu(A)$는 행렬 A의 조건수(條件數, condition number)를 나타낸다.

행렬의 조건수는, 행렬(行列) 놈(matrix norm) $\|\cdot\|$의 선택에 관하여, 관계 $\mu(B) = \|B\|\|B\|^{-1}$에 의해 정의된다. 그것은, 행렬 놈이 벡터 놈(vector norm)에 부수(附隨)함을(subordinate) 규정(規定)하는, 항상 1보다 크거나 같으며, B가 단위행렬이면 1과 같은 수(數)이다. 대칭 정정 행렬(對稱 正定 行列)의 경우에는, 행렬의 가장 큰 고유치(固有値, eigenvalue)와 가장 작은 고유치 사이의 비(比, ratio)로 표현될 수 있다.

이 명제의 결과를 앞에서 세웠던 것과 같이 전처리 공액구배에 적용하기를 원하면, $\mu(A)$를 $\mu((U^{-1})^T AU^{-1})$로 치환(置換, 대입(代入))하면(substitute) 충분하다. 이로부터 $U = A^{1/?}$*로 선택힌다면, 그러면 이것은 힌펀으로는 $C = U^T U = A$를 의미하고, 또 다른 한편으로는 $(U^{-1})^T AU^{-1}$가 오차 추정(誤差 推定, error estimate)을 위해 최적의 결과를 주는 단위행렬 임을 의미한다. 앞의 명제는 따라서 $C = A$인 (그리고 $x^0 = 0$으로 취한) 제한적 경우(limit case)에서, 실제로 A의 역(逆)을 갖기 때문에 이해할 수 있는 바와 같이, 이 방법은 한번의 반복에서 수렴한다! 일반적인 경우, A에 '더 가까운(closer)' 전처리 행렬 C가 수렴에 더 좋다.

* A가 대칭 정정 행렬이면, 그것은 고유벡터(eigenvector)의 정규직교 기저(正規直交 基底, orthonormal basis)로 대각화(對角化)할 수 있다 (diagonalizable). 즉 정칙행렬(正則行列, regular matrix) P와 모든 요소가 양(陽, 정(正), positive)인 대각행렬(對角行列, diagonal matrix) D로, $A = PDP^{-1}$를 가진다; $A^{1/2}$은 정의에 의해 행렬 $PD^{1/2}P^{-1}$를 나타내는데, 여기서 $D^{1/2}$은 대각요소(對角要素, diagonal element)가 D의 대각요소의 제곱근(square root)인 대각행렬이다.

한편으로는 행렬 C가 쉽게 역(逆)을 구하고 기억 공간을 절약(節約)할 수 있도록 가능한 한 간단하고 성글기를(sparse) 원하며, 또 다른 한편으로는 알고리즘의 수렴을 가속화(加速化)하도록(to accelerate) 앞의 명제가 행렬 C를 가능한 한 A에 가깝게 선택하도록 이끌기 때문에, C의 선택에서 명백하게 찾아지는 절충점(折衷點, 타협점(妥協點), compromise)이 있다. 경험(經驗, experience)은, 복잡성(複雜性, complexity)의 증가 순서(增加 順序, increasing order)(그리고 따라서 또한 성능(性能, performance)의 순서)로 적힌, 다음의 선택이 좋은 선택임을 보인다:

$$C_{ij} = A_{ii}\delta_{ij} \text{ (diagonal of } A), \tag{4.27}$$

$$C_{ij} = A_{ij} \text{ if } |i-j| \leq 1 \text{ (3 diagonals of } A), \quad 0 \text{ otherwise;} \tag{4.28}$$

$$C = L^*(L^*)^T, \; L^* \text{ incomplete Cholesky factor of } A. \tag{4.29}$$

$$\begin{aligned} &C = LL^T, \; L = \sqrt{\frac{\omega}{2-\omega}}\left(\frac{D}{\omega} - E\right)D^{-1/2}, \text{ with the decomposition} \\ &\quad A = D - E - E^T, \text{ where } D \text{ is the diagonal part of } A \text{ and} \\ &\quad -E \text{ its strictly lower triangular part.} \end{aligned} \tag{4.30}$$

마지막 선택은 'SSOR(대칭 연속 과대 완화(對稱 連續 過大 緩和), Symmetric Successive Over Relaxation) 전처리(SSOR preconditioning)'라 불리며, 완화 매개변수(緩和 媒介變數, relaxation parameter) ω는 1보다 크게 택한다. 이 방법의 경우, 증명이 Joly (1990) 또는 Axelsson (1994)에서 찾아지는 다음의 결과를 지적(指摘)하자:

Lemma 4.8 완화 매개변수 ω가 (개)구간((開)區間, (open) interval) $]0,2[$ 내에 있다면, $C^{-1}A$의 고유치는 실수(實數, real)이며 구간 $]0,1[$ 내에 있다. 특히, $\omega = 1$의 경우, $C^{-1}A$의 최대 고유치(最大 固有値, maximum eigenvalue)는 1이다.

Remark 4.9 이론적으로는 행렬 C가 정정(正定, positive definite)이 되도록 하기 위해서는, 항상 쉽게 증명할 수는 없지만, 실로 추천(推薦)된 선택이 필요하다. 하지만, 실제로는, 이것이 보통 문제를 일으키지는 않는다. □

Remark 4.10 '초수렴(超收斂, super convergence)' 결과도 증명할 수 있다[예를 들어 Polak (1971)을 보라]: 수열(數列, sequence) $\{x^k\}$는 어떤 등비 수열(等比 數列, 등비 급수(等比 級數), 기하 급수(幾何 級數), geometric progression)보다 빨리 수렴하지만, 이 결과는 반복 회수(反復 回數, number of iteration)가 N에 관해서 크다는 것을 가정한다. □

4.2 PROGRAMMING THE METHOD

알고리즘은 공식 (4.13)-(4.17)의 덕택으로 프로그래밍된다: 먼저 주(主) 루프(main loop)의 개요(概要, sketch)를 준 다음, 약간의 주석(註釋, comment)을 할 것이다.

식 (4.13)-(4.17)에 대한 프로그램의 개요는 다음과 같다:

$$b = Ah^n$$

$$\rho = \frac{(cg)^n \cdot h^n}{h^n \cdot b}$$

$$(cg)^{n+1} = (cg)^n - \rho b$$

compute $C^{-1}b$; store the result in b

$$x^{n+1} = x^n + \rho h^n$$

$$g^{n+1} = g^n - \rho b$$

$$(gcg)^{n+1} = g^{n+1} \cdot (cg)^{n+1}$$

$$\gamma = \frac{(gcg)^{n+1}}{(gcg)^n}$$

$$h^{n+1} = g^{n+1} + \gamma h^n.$$

몇 가지 교과서(敎科書, textbook)에서는 b가 도입되지 않는다. 하지만, 그러면 Ah^n의 계산을 두 번 수행할 것이며, 이 벡터는, 각 반복에서, 우선은 ah로 나타내는 벡터에 저장된다(실제로는, 시작(始作)에서 우변(右邊) b를 갖고 있는 배열을 초기화 단계(初期化 段階)의 끝(end of initialization step)에서 없앨 수 있고, 보조 저장 배열(補助 貯藏 配列, auxiliary storage array)로 사용될 수 있어, 이 벡터를 저장하기 위해 부가 배열(additional array)의 사용이 필요하지 않다). 다른 문제(問題, issue)로서, 행렬 C는, $y = C^{-1}z$로 쓰는 것이 *선형 계(線形 系)를 푼다(solve a linear system)는*, 즉 계 $Cy = z$를 푼다는 뜻으로 이해되는 것을 의미하는, 역(逆)이 구해지지 않을 것임이 명백하다(여기서 다시, 실제로 배열 b를 y의 값을 임시(臨時)로 저장하는데 사용할 것이다). 그런 이유로, 식 (4.15)에 있는 계산을 두 단계로 쪼개는 것이 가능하도록, 벡터 g에 의한 행렬 C의 적(積, product)을 저장하기 위해 cg로 나타낸 부가 배열을 사용할 것이다: 첫 번째 단계에서는 cg의 새로운 값을 계산하고, 두 번째 단계에서는 선형 계($Cy = ah$)를 풀고, 그래서 g의 새로운 값을 계산한다. 또한 γ를 계산하도록 벡터 g와 cg의 내적(內積, inner product)의 값을 저장해야 한다; 이 결과가 저장되는 스칼라(scalar)를 gcg로 나타낸다. 기억 저장(記憶 貯藏, 메모리 스토리지, memory storage)은 따라서 본래는(essentially) 2개의 행렬 A와 C 그리고 5개의 벡터를 포함한다: 미지수(未知數, unknown) x, g와 구배(勾配, gradient) cg, 하강 방향(下降 方向, descent direction) h와, 마지막으로, 우변(右邊,

right hand side) *b*.

이제 식 (4.13)-(4.17)을 이행(履行)하는 전체 서브루틴(full subroutine)을 준다.

```
C  File: GradCP.for
C
C  ------------------------------------------------------------
      SUBROUTINE GradC(n,aa,ia,ja,al,b,x,g,h,cg,kMax,eps)
C  ------------------------------------------------------------
C
C  This subroutine solves the linear system Ax=b by the
C  Preconditioned Conjugate Gradient method, in at most
C  kMax iterations.
C  The stopping test is |Ax^k-b|<eps|Ax^0-b|.
C  The matrix A of the linear system, of size n×n, is
C  stored in Compressed Sparse Row (CSR) format in array aa;
C  this storage format also needs auxiliary index arrays
C  ia and ja, as explained in Chapter 3.
C  The preconditioning matrix C is the incomplete Cholesky
C  factor of A (C=L*(L*)^T) and the matrix L* is stored
C  in CSR format in array al, with the same index
C  arrays ia and ja as A.
C
C
C  input:
C  ------
C    system matrix A stored in CSR format
C      in arrays (aa, ia, ja);
C    incomplete Cholesky factor of A stored
C      in arrays (al, ia, ja);
C    equation right hand side stored
C      in array b;
C    maximum number of iterations kMax,
C      computational accuracy eps;
C
C  N.B. the right hand side computation is only
C    used during the initialization step, the
C    array b is then overwritten and used as an
C    auxiliary array for the computation, in
C    particular for storing the product of the
C    matrix A by h, then for storing the solution
C    y of the system Cy=Ah.
C
C  output:
C  -------
C    x: array containing the values of the
C      solution at each vertex of the mesh;
C    gcg: scalar containing the square of the norm
C      of g (in practice this number should
C      decrease during the iterations);
C
```

```
C  other arrays:
C  -------------
C    g, cg: arrays containing respectively the
C      values of gⁿ and Cgⁿ;
C    h: array containing the descent direction hⁿ
C      at the very beginning of the program, this
C      array is used to store the product of A by x⁰;
C
C  subroutines:
C  ------------
C    IAMul: performs the product of a matrix by
C      a vector, with the matrix stored in CSR
C      format;
C    ISolvSys: solution of the linear
C      system LLᵀx=y by forward and backward substitution,
C      for a matrix L stored in CSR format;
C    These two subroutines are in file GCPLaplac.for
C
C
      DIMENSION x(*),b(*),g(*),h(*),cg(*)
      DIMENSION aa(*),ja(*),ia(*),al(*)
C
C
      DO 1 k=1,kMax
C
        IF(k.EQ.1)THEN
          CALL IAMul(n,aa,ia,ja,x,h)
          DO 2 i=1,n
            cg(i)=b(i)-h(i)
            g(i)=cg(i)
2         CONTINUE
          CALL ISolvSys(n,g,al,ia,ja)
          gcg=0.
          DO 3 i=1,n
            gcg(i)=gcg+g(i)*cg(i)
            h(i)=g(i)
3         CONTINUE
        ENDIF
C
        CALL IAMul(n,aa,ia,ja,x,b)
        hAh=0.
        DO 10 i=1,n
          hAh=hAh+h(i)*b(i)
10      CONTINUE
        ro=gcg/hAh
        DO 11 i=1,n
          cg(i)=cg(i)-ro*b(i)
11      CONTINUE
        CALL ISolvSys(n,b,al,ia,ja)
        DO 12 i=1,n
          x(i)=x(i)+ro*h(i)
```

```
        g(i)=g(i)-ro*b(i)
12      CONTINUE
        gamma=gcg
        gcg=0.
        DO 13 i=1,n
          gcg=gcg+g(i)*cg(i)
13      CONTINUE
C
        write(*,*)'iteration:',k,'gcg=',gcg
        IF(k.EQ.1)eps=eps*gcg
        IF(gcg.LT.eps)RETURN
        gamma=gcg/gamma
        DO 14 i=1,n
          h(i)=g(i)+gamma*h(i)
14      CONTINUE
C
1     CONTINUE
      END
```

이 방법을 이용한 모델 문제를 풀기 위한 완전한 프로그램은, 앞의 프로그램에서 사용된 서브루틴(subroutine)과 함께, Appendix 4.B에서 찾아질 수 있다.

4.3 APPLICATION TO THE LAPLACE EQUATION

4.3.1 Numerical Results

2.6.3절의 끝에서의 예제로 돌아가고, 2가지 다른 전처리기(前處理器, preconditioner)로 이 장(章)에서 전개(展開)된 방법을 프로그래밍한다: 대각 전처리(diagonal preconditioning)(아래의 표(表) 4.1에서 'PCG Diag.'로 단축(短縮)되었다), 그리고 불완전(不完全) 콜레스키 인수분해(因數分解)(incomplete Cholesky factorization)에 의한 전처리('PCG In. Chol.'로 단축되었다). 두 번째 방법은, 매우 적은 수의 미지수에 대응하는, 망(網, mesh)이 매우 성기지(coarse) 않는 한 보통 더 빠르다: 인수분해에 소비(消費)되는 시간이 반복에 기인(基因)하는 시간에 비해 매우 크게 되어, 그래서 공액구배 알고리즘은 매우 빠르게 수렴한다. 다음의 표 4.1은 잔차(殘差, residu-

Table 4.1 Comparison between preconditioning methods.

	PCG Diag.		*PCG In. Chol.*	
nv	nb. iter.	CPU time	nb. iter.	CPU time
49	14	3.8″	7	4″
170	30	14″	10	14″
625	57	85″	21	74″
1741	115	412″	35	346″

al)가 초기 잔차(初期 殘差, initial residual)의 10^{-6}배(倍)로 떨어지는데 필요한 계산 시간(CPU time)과 반복 회수(nb. iter.)를 준다. 이 표 4.1과 앞 장에서 주어진 것과의 비교(比較)에 의해, PCG 법과 직접 콜레스키 법(direct Cholesky method)을 비교할 수 있다.

4.3.2 *Other Preconditioners*

Laplacian을 위한 효과적인 전처리기(efficient preconditioner)에 대한 탐색(探索, search)은, 오늘날에도 아직 실제 연구 논제(active research topic)인, 어려운 주제(主題, subject)이다[Joly (1990) 또는 Axelsson (1994)을 보라]. 행렬 A^2과 같은 성긴 구조(sparse structure)를 가지는 A의 불완전 Cholesky 인수분해로부터 온 전처리기의 예를 보자. 직각적(直覺的)으로, '결합에 의한 이웃(neighbor by marriage)'인 정점 q^i와 q^j(즉 한편으로는 q^i와 q^k가, 그리고 또 다른 한편으로는 q^k와 q^j가 이웃인 k가 있다)에 대응하는, A의 Cholesky 인자(因子, factor)의 요소 L_{ij}를 유지(維持)하면, 그렇게 정의되는 새로운 행렬 $\hat{L}$는 앞의 행렬 L^*보다 L에 더 가깝다. 이제, $(A^2)_{ij} \neq 0$이라면, 그러면 정점 q^i와 q^j가 '결합에 의한 이웃' 임을 보이는 것은 쉽다. 따라서 $(A^2)_{ij} \neq 0$인 모든 쌍(雙, pair) $\{i, j\}$를 결정할 것이며, 그 다음 이 지표 집합(指標集合, index set)에 불완전 Cholesky 인수분해를 적용한다. 알고리즘은 정식(正式)으로(formally) 다음과 같은 방식으로 쪼갠다:

1. 명백하게 행렬을 저장함이 없이, 행렬 A^2의 CSR 저장에 대응하는 지표 배열(指標 配列, index array) $ia2$, $ja2$를 세운다;

2. 앞의 지표 배열 $ia2$, $ja2$와 관련된 배열 $aa2$에 CSR 형식으로 A를 저장한다; 이것은 이 새로운 배열 $aa2$가 배열 aa의 보통의 값 뿐만 아니라 A_{ij}가 0인 곳의 0도 포함함을 의미한다.

3. 원하는 불완전 인자(不完全 因子, incomplete factor) $\hat{L}$를 세우기 위하여 이 배열 $aa2$, $ia2$, $ja2$를 가진 서브루틴(subroutine) ICholesky를 사용한다.

하지만, 경험(經驗)은 이 새로운 전처리기를 사용하는 것이 알고리즘의 수렴 속도(收斂 速度)를 개선(改善)한다고 하더라도, 새 행렬이 매우 더 많은 0이 아닌 계수를 가지기 때문에, 각 반복이 매우 더 많은 계산을 요구함으로써, 계산 시간은 거의 같게 남아 있다는 것을 보인다! 방법을 개선하기 위한 착상(着想, idea)은 행렬의 너무 작은 모든 계수를 삭제(削除)하는 것이다. 이것은 알고리즘에서 다음과 같이 정의되는 4번째 단계를 이끈다:

4. 다음을 만족하는 계수 $\hat{L}_{ij}$는 0으로 대체(代替)한다: $\hat{L}_{ij} < \alpha \min\{A_{ii}, A_{jj}\}$ 그리고 $A_{ij} = 0$.

저자(著者)들의 경험에서는, 이것이 Laplacian을 위하여 열거(列擧)된 모든 것 중에서 가장 좋은 전처리기이다[Bespalov *외(外), et al)* (1992)]. 이 알고리즘의 프로그래밍은 독자(讀者)들에게 연습 문제(演習 問題, exercise)로 남겨둔다[Lucquin과 Pironneau (1997)].

4.4 AUTOMATIC MESH REFINEMENT

4.4.1 Generalities

방법의 성능(性能, performance)이 망(網, mesh)의 '질(質, quality)'에 굳게 관련된다는 것은 명백하다. 계산 시간은 적어도 정점의 수에 비례하며 정밀도(精密度, accuracy)는 해(解, solution)의 2계 미분(二階 微分, second derivative)의 놈(norm)에 의한 망 크기(mesh size)의 적(積, product)에 관련된다(Theorem 2.28 참조). 계산 시간의 유의(有意)한 증가 없이 이 정밀도를 개선하기 위한 착상(着想, idea)은 해의 2계 미분이 큰 영역(領域, area)에 있는 망을 '잘게 하는(refine)'(즉 망의 정점의 수를 증가시키는) 것뿐이다.

4.4.1.1 Choosing a Refinement Criterion

보통 문제의 해를 알지 못함으로써, 그 2계 미분의 추정(推定)을 얻기 위해 노력할 것이다; 몇 가지 가능한 해법(解法, solution)이 그 목표로 이끌며, 한 가지를 제안할 것이다. 해(解, solution) φ의 근사(近似, approximation)인, 연속(連續, continuous), 구분적(區分的, piecewise) P^1(즉 각 삼각형에서 P^1)인, φ_h를 불러내자. 구분 상수 함수(區分 常數 函數, piecewise constant function)인 함수 $\nabla\varphi_h$를, 망(網, mesh)의 각 정점에서의 값이 정점으로 q^i를 가지는 모든 삼각형에서의 φ_h의 구배(勾配, gradient)의 평균(平均, average)인, 구분 선형(區分 線形, piecewise linear), 연속 (벡터 값인, vector valued) 함수 v_h에 의해 보간(補間)하자: 좀 더 정확히:

$$v_i = v_h(q^i) = \left\{\sum_{k\in K_i} \nabla\varphi_h|_{T_k}|T_k|\right\} \Big/ \left\{\sum_{k\in K_i}|T_k|\right\}. \tag{4.31}$$

여기서 K_i는 점(點, point) q^i를 정점으로 갖는 삼각형의 모든 지표(指標, index)의 집합(集合, set)이다. 그러면, $v_h = \sum_{i=1}^{n_v} v^i w^i$이고, 함수 w^i는 2장에서 소개된 모자 함

수(帽子 函數, hat function)(즉 w^i는 전체 계산 영역(全體 計算 領域, whole computational domain)에서 연속 함수이며, 그 값이 정점 q^i에서는 1이고 그 외의 모든 다른 정점에서는 0)이며, ∇v_h는 φ의 2계 미분 행렬(二階 微分 行列, second derivative matrix)에 대한 근사이다.

다른 방법은 잔여 오차(殘餘 誤差, residual error)가 가장 큰 망(網, mesh)을 잘게 하는데(refining) 있다. φ를 방정식 $\Delta\varphi + f = 0$의 해(解), φ_h를 다음과 같이 근사 변분 문제(近似 變分 問題, approximate variational problem)의 해(解)라 하자(식 (3.15) 참조):

$$\text{find } \varphi_h \in H^1_{gh} \text{ such that}$$
$$\forall w_h \in H^1_{0h}, \quad \int_{\Omega_h} \nabla\varphi_h(\vec{x}) \cdot \nabla w_h(\vec{x}) d\vec{x} = \int_{\Omega_h} f(\vec{x}) w_h(\vec{x}) d\vec{x}.$$

식 (4.32)와 같이 두면:

$$r_h(w_h) = \int_{\Omega} \left[w_h\left(\Delta\varphi_h + f\right)\right](\vec{x}) d\vec{x}; \tag{4.32}$$

식 (4.33)을 가진다:

$$\begin{aligned} r_h(w_h) &= \sum_k \int_{T_k} [f w_h - \nabla\varphi_h \cdot \nabla w_h](\vec{x}) d\vec{x} + \sum_k \int_{\partial T_k} \left[\frac{\partial\varphi_h}{\partial n} w_h\right](\vec{x}) d\gamma(\vec{x}) \\ &= \sum_k \int_{\partial T_k} \left[\frac{\partial\varphi_h}{\partial n} w_h\right](\vec{x}) d\gamma(\vec{x}). \end{aligned} \tag{4.33}$$

수(數, number) $r_h(w^i)$는 점 q^i에서 취해진 잔여 오차(residual error) $\Delta\varphi_h + f$ 임에 반하여, $r_h(w^{i_1}) + r_h(w^{i_2}) + r_h(w^{i_3})$는 삼각형 $(q^{i_1}, q^{i_2}, q^{i_3})$에 관련된 오차이다.

다른 기준(基準, criteria)이 가능하다. 예를 들어, 점 q^i의 근방(近傍, neighborhood)에서, φ에 내한 P^2 근사 $\tilde{\varphi}_h$를

$$\int_{\sigma_i} [\nabla(\tilde{\varphi}_h - \varphi_h) \cdot \nabla w_h](\vec{x}) d\vec{x} = 0, \ \forall w_h \in H^2_{0h}$$

에 의해 계산할 수 있다. 여기서 σ_i는 q^i를 정점으로 가진 모든 삼각형에 의해 이루어지는 평면(平面, plane)의 면적(面積, area)이다.

4.4.1.2 Subdividing the Triangles

일단 잘게 하는 기준(refinement criterion) 뿐만 아니라 계산 정밀도 ϵ이 선택되었으면, 그림 4.1에 있는 描寫(묘사, picture)에 따라, 국부 오차(局部 誤差, local error)(선택된 기준으로)가 ϵ보다 큰 각 삼각형을 4개의 삼각형으로 세분(細分)하는 것을 결정할 것이다. 이 묘사에서는, 중심(中心, center)에서 생성(生成)되는 삼각형은 처음 삼각형(initial triangle)의 변(邊, edge)의 중점(中點, midpoint)을 이은 선(線)을 변으로 가진다. 중요한 과업(課業, task)은 그러면, 삼각형이 세분된 후에는 더 이상 적합(適合)하지(admissible) 않을 수 있는, *새로운 삼각화(new triangulation)를 적합하도록 만드는* 것이다. 이것을 하기 위하여, 세분되지 않은 각 삼각형 T_k에 대하여, 세분된 '이웃' 삼각형('neighboring' triangle)(즉 그것과 공통 변(共通 邊, common edge)을 공유(共有)하는 삼각형)의 수(數) *ntdiv*(*k*)를 세어야(count) 한다; 거기에는 4가지 가능성이 있다:

ntdiv(*k*)=0: 1개도 없다;

ntdiv(*k*)=1: 그림 4.1에 보여준 바와 같이, 삼각형 T_k를 2개의 삼각형으로 나눈다;

ntdiv(*k*)=2: 삼각형 T_k를 3개의 삼각형으로 나누며, 이것은 2가지 방법으로 될 수 있다(생성되는 삼각형이 가장 큰 모퉁이(largest angle)를 갖도록 선택한다);

ntdiv(*k*)=3: 틀림없이 그것의 3개의 이웃 삼각형에 대해 미리 했던 것처럼, 삼각형 T_k를 4개의 삼각형으로 나눈다

이 수(數) *ntdiv*(*k*)의 실제 계산은, 3.3절에서 설명했던 것처럼, 변(邊)에 번호가 매겨졌음을 전제(前提)하며, 그러면, T_k의 3개의 변을 검토하고, 이 변을 T_k와 공통으로 가지는 다른 삼각형이 4개의 삼각형으로 세분되었는지 아닌지를 점검(點檢)해야 한다.

이 과정은 필요한 만큼, 즉 각 삼각형에서의 국부 오차가 ϵ보다 작아질 때까지 여러 번 되풀이된다. 알고리즘은 다음과 같다:

Automatic Mesh Refinement Algorithm:

0. ϵ을 선택하고 오차 지시기(誤差 指示器, error indicator) r을 선택함;

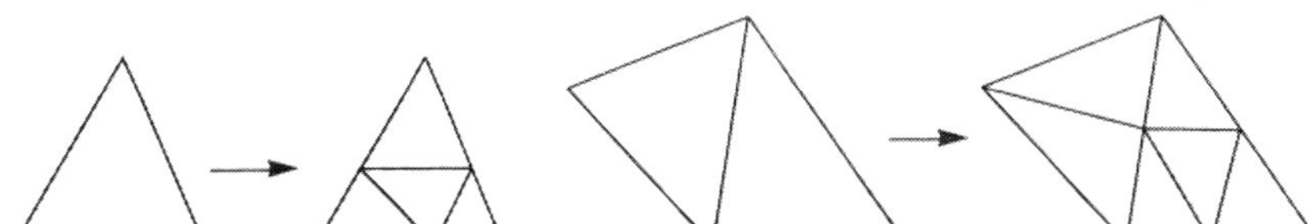

Figure 4.1 Subdivision of a triangle into four new triangles, and of a neighbouring triangle into two new triangles.

1. $k = 1, \cdots, n$에 대하여, 국부 오차 $r|_{T_k}$를 계산함; 이것이 ϵ보다 크다면, 삼각형 T_k를 4개의 삼각형으로 나눔;
2. 삼각화를 적합하게 만듦;
3. 필요한 만큼 여러 번 단계 1로 되돌아감.

실제적인 관점에서, 단계 1과 2는 단계 3과 함께 망(網)에 대하여 연속으로(successive) '지나가게(sweep)' 될 수 있다: 첫 번째에서는, 4개로 세분될 삼각형을 표시(表示)하고(mark), 두 번째에서는 망을 적합하게 만들도록 (2개, 3개 또는 4개로) 세분되어야 하는 삼각형을 표시하며, 마지막에서는 삼각형이 실제로 세분된다. 즉 새로운 삼각형이 생성되고, 이전(以前)의(old) 삼각형은 제거(除去)된다.

경험하는 바와 같이, 이 구조는 망의 규칙성(規則性, regularity)의 견지(見地)에서 작은 문제를 나타낸다. 실로, 해(solution)가 어떤 정해진 영역(certain area)에서 매우 '매끈하지 않은(non-smooth)' 경우를 생각하자; 위의 과정에서는, 이 영역에 이웃하는 삼각형이 한 행(行)에서(in a row) 몇 번, 그리고 항상 같은 방식으로 2개로 세분되는 (즉 같은 모퉁이(same angle)가 항상 2개로 분할되는) 위험(危險, risk)이 내재(內在)하여, 어떤 삼각형은, 매우 빨리, 적합하지 않게 매우 길게 늘어지게 될(elongated) 수 있다. 이 어려움을 교정(矯正)할 수 있는 한 가지 방법은 삼각형이 이미 둘 또는 세 개의 삼각형으로 세분되었다면, 다음 단계에서는 그것을 4개의 삼각형으로만 세분할 수 있도록 결정하는 것이다. 이 과정은 망(mesh)을 고르게 하는(smoothing) 이점(利點)을 가지지만, 한 가지 결점(缺點)을 가진다; 4개로의 세분은 '연쇄 반응(連鎖 反應, chain reaction)' 즉 수(數)를 *선험적(先驗的)으로(a priori)* 알지 못하는 '이웃들(neighbors)'의 전체 수열(whole sequence)을 4개의 삼각형으로 세분하는 상황(狀況)을 이끌 수 있다. 컴퓨터에서는, 이것이 트리(tree: 나무처럼 편성된 정보 구조)의 도움으로 처리될 수 있다.

망을 '매끄럽게(smooth)'하는 다른 방법은 그것을 일단 곧 만들어내는 바와 같은 들로니(Delaunay)로 변환(變換)하는 것이다. 이 개념(概念, notion)은 4.5절에서 정의할 것이다.

일단 새로운 망이 생성되면, 계 행렬(系 行列, system matrix)을 다시 세워야 한다. 이것은 *처음부터(ab initio)* 행해질 수 있다. 하지만, 행렬이 더 성긴(coarser) 망에 대해 이미 세워졌다는 사실을 고려하는 방법이 있다: 그것은 지금 소개(紹介)할 계층적 기준법(階層的 基準法, hierarchical bases method), 또는 다중 격자법(多重格子法, multigrid method)이다.

4.4.2 *Hierarchical Bases*

간단한 예제로부터 방법을 소개하자[Bank (1983) 참조]. 변(edge)에 위치된, 삼각화에 추가되어야 하는 한 개의 새로운 정점을 생각하자. 그러면 이 변을 공유하는 2개의 삼각형 만이 세분되어야 하며, 그림 4.2에 보여준 것처럼, 각각이 2개의 새로운 삼각형으로 세분될 것이다.

새로운 선형 계 행렬(線形 系 行列, linear system matrix)은 원래의 것과 조금만 다르다. 원래의 삼각화에서의 기저 '모자' 함수(基底 '帽子' 函數, basis 'hat' function)를 w^i, $i = 1, \cdots, n_v$로, 그리고 새로운 망에 관련된 새로운 '모자' 함수를 $\tilde{w}^i$로 나타내자. w^i, $i = 1, \cdots, n_v$ 함수는 아직 독립 집합(獨立 集合, independent set)을 이루며, 새로이 생성된 정점에 관련된 $\tilde{w}^m$ 함수를 추가한다면, 새로운 망(網)에 관련된 이산화 공간(離散化 空間, discretization space)에 대한 기저(基底, basis)를 얻는다는 것에 주목(注目)한다. 이 기저는 새로운 망에 관련된 표준 '모자 함수'(標準 '帽子 函數', canonical 'hat function')와는 다르다는 것에 주목하자. 관심사(關心事, interest)는 풀어지는 새로운 선형 계가 다음과 같이 간단히 써질 수 있다는 점이다:

$$\begin{pmatrix} A & a \\ a^T & a_{mm} \end{pmatrix} \begin{pmatrix} \Phi \\ \tilde{\varphi}^m \end{pmatrix} = \begin{pmatrix} F \\ f^m \end{pmatrix}. \tag{4.34}$$

기호법(記號法, notation)을 설명하고, 간단함을 위하여 경계 조건은 제차(齊次) 디리끌레 조건(homogeneous Dirichlet condition)($\varphi|_\Gamma = 0$)으로 가정하자. 새로운 행렬은 다만 추가 줄(line)과 열(列, column)이 있는 원래의 것일 뿐이며, 다음을 가진다:

$$\varphi_h(x) = \sum_{i \in I} \varphi_i w^i(x) + \tilde{\varphi}_m \tilde{w}^m(x), \tag{4.35}$$

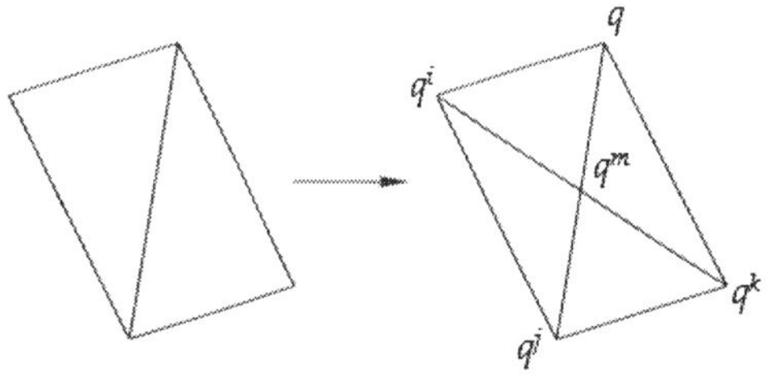

Figure 4.2 A simple illustrative hierarchical basis example.

$$A_{ij} = \int_{\Omega_h} (\nabla w^i \cdot \nabla w^j)(\vec{x})d\vec{x}, \ i, j \neq m,$$

$$a = (a_1, \cdots, a_{ns})^T, \ a_i = \int_{\Omega_h} (\nabla w^i \cdot \nabla \widetilde{w}^m)(\vec{x})d\vec{x}, \tag{4.36}$$

$$a_{mm} = \int_{\Omega_h} (\nabla \widetilde{w}^m \cdot \nabla \widetilde{w}^m)(\vec{x})d\vec{x},$$

$$F = (F_1, \cdots, F_{ns})^T, \ F_j = \int_{\Omega_h} (fw^j)(\vec{x})d\vec{x}, \ f^m = \int_{\Omega_h} (f\widetilde{w}^m)(\vec{x})d\vec{x}. \tag{4.37}$$

이 간단한 예제에 대한 프로그래밍의 개요(槪要, sketch)는 다음과 같다:

1. 4개의 새로이 생성된 작은 삼각형에 대한 지표(index)를 *me* 배열에 추가함으로써 삼각형을 갱신(更新)한다(update); 새로운 정점(지표는 $n_v + 1$일 것이다)의 좌표(座標, coordinates)를 좌표 배열(座標 配列, coordinate array) q에 추가한다. 새로운 정점의 수를 n_v에, 삼각형의 수를 n_t에 저장한다.

2. 배열 *aa, ia, ja*를 갱신한다. 여기서, CSR 저장은, 행렬의 하삼각부(lower part)의 바닥(bottom)에 한 줄(a line)을 추가하면 충분하기 때문에, 이 과업(課業, task)에 특히 잘 들어맞는다. 하지만, *aa*(*k*)의 값을 계산하기 위해서는, 새로운 정보가 필요하다: 새로운 정점 q^m이 변(edge)위에 있으며, 이 변을 공유하는 삼각형의 지표를 알아야 한다. 따라서, 3장에서 설명했던 과업으로 변(邊)을 저장해야 한다.

3. f^m의 계산에 의해 우변을 완성한다.

4. 불완전 Cholesky 인수분해를 갱신한다. 이 과업 역시 행렬의 마지막 줄(last line)만 관련되기 때문에 쉽다.

공액구배법이 관련되는 한, 원래 망의 정점에서의 근사해의 원래 값으로 초기화(初期化)할 수 있으며, 새로운 정점에 대해서는, 값을 0으로 할당하거나, 원래의 정점으로 주어진 이웃 정점에서의 값으로 보간(補間)할 수 있다.

일반적인 경우에도, 즉 몇 개의 새로운 정점이 있을 때에도, 원리(原理, principle)는 완전히 같다.

4.4.3 Multigrid Methods

이 망 세분(網 細分, mesh refinement) 알고리즘을 순환법(循環法, recursive manner)으로 적용하면, 더 작고 더 작은 망(finer and finer meshes)으로 서로 겹친 전체 망 계층(全體 網 階層, whole mesh hierarchy)을 얻는다. 이 특별한 경우에는, 다중 격자법(多重 格子法, multigrid method) 'V-cycle'로부터, 공액구배 알고리즘을 위해 매

우 효과적인 전처리기를 세우는 것이 가능하다.

다중 격자법을 설명하기 위하여, 실례(實例)가 되는 예제로서 평면 내에서 변(邊, side) h의 기본 정사각형(基本 正四角形, elementary square)으로 만들어진 규칙적(規則的)인 망(regular mesh)에서 Laplace 방정식 $-\Delta\varphi = f$의 유한차분 이산화(有限差分 離散化, finite difference discretization)를 사용할 것이다(편미분 방정식의 유한차분 근사에 관한 자세한 내용은 7장을 참조한다). φ_{ij}로 정점 (ih, jh)에서의 근사해의 값을 나타내자; i와 j가 변화할 때, 이 값은 다음과 같이 푼다:

$$-\left(\varphi_{i-1,j} + \varphi_{i+1,j} + \varphi_{i,j+1} + \varphi_{i,j-1}\right) + 4\varphi_{ij} = h^2 f_{ij}. \tag{4.38}$$

바꾸어 말하면, 이 문제의 모든 미지수 φ_{ij}로 이루어진 벡터를 Φ^h로 나타낸다면(이것은 망 정점의 번호를 (ih, jh)로 선택했음을 가정한다), 이 벡터는 선형 계

$$A^h \Phi^h = F^h \tag{4.39}$$

의 해이다. 여기서 행렬(行列)과 우변(右邊)은 망의 크기(mesh size) h에 종속한다. 이 계를 풀기 위한 가우스-사이델 완화법(緩和法)(Gauss-Seidel relaxation method)의 반복은 다음과 같이 써질 수 있다:

$$\varphi_{ij}^n = \frac{1}{4}\left(\varphi_{i-1,j}^{n-1} + \varphi_{i+1,j}^n + \varphi_{i,j+1}^n + \varphi_{i,j-1}^{n-1} + h^2 f_{ij}\right). \tag{4.40}$$

반복 n에서의 오차를 $u^n = \phi^n - \varphi$로 나타낸다면, 다음과 같은 순환 관계(循環 關係, recurrence relation)를 가진다:

$$u_{ij}^n = \frac{1}{4}\left(u_{i-1,j}^{n-1} + u_{i+1,j}^n + u_{i,j+1}^n + u_{i,j-1}^{n-1}\right). \tag{4.41}$$

이 관계는 오차를 매끄럽게 하기 위한 과정으로 해석될 수 있으며(각 점에서의 오차는 이웃 점들에 대한 그것의 평균(平均, average)으로 대체(代替)된다), 이것은 왜 오차가 Gauss-Seidel 반복의 과정(過程, course)에서 더 매끄럽게 되는지를 설명한다(주의(注意)하라: 더 매끄럽다는 것(smoother)이 더 작다는 것(smaller)을 의미하지 않는다!).

이제, 한 개가 다른 것으로부터 위에서 설명된 것과 상사(相似, analogous)인 세분 과정(細分 過程, subdivision process)으로 얻어진, 2개의 격자(格子, grid)를 가진다고 가정하자. 크기 h의 잘게 세분된 망(fine mesh)과 크기가 H로 나타내어진 더 성긴 망(coarser one)이 마련되었다($h < H$). 식 (4.39)를 각 망(網)에 대해 푼다면, 다

음에 의해 r^h와 r^H를 정의할 수 있다:

$$\begin{rcases} A^h\Phi^h = F^h \\ A^H\Phi^H = F^H \end{rcases} \Rightarrow \begin{cases} r^h \equiv A^h\left(\Phi^h - I_{H\to h}\Phi^H\right) = F^h - A^h I_{H\to h}\Phi^H \\ r^H \equiv A^H\left(\Phi^H - I_{h\to H}\Phi^h\right) = F^H - A^H I_{h\to H}\Phi^h. \end{cases} \tag{4.42}$$

여기서 $I_{H\to h}$는 성긴 망(coarse mesh)에서 정의된 벡터 Φ^H로부터 세분된 망의 각 정점에서의 ϕ^h의 값을 세우게 하는 보간 연산자(補間 演算子, interpolation operator)이다. 거꾸로, $I_{h\to H}$로 나타낸 연산자(演算子)는 성긴 망에서의 새로운 벡터를 세우도록 벡터 Φ^h의 값을 선택하는 제한 연산자(制限 演算子, restriction operator)이다. 이제 r^h와 r^H는 잔여 오차(殘餘 誤差, residual error)의 종류(種類, sort)이다; 그것들의 정의를 바꾸어 취하자:

$$r^h \simeq I_{H\to h}\left[F^H - A^H\Phi^H\right], \quad r^H \simeq I_{h\to H}\left[F^h - A^h\Phi^h\right]. \tag{4.43}$$

이제 알고리즘을 고려한다:

1. 세분 격자(細分 格子, fine grid)의 풀이를 위한 Φ^h의 초기화 Φ^{0h}를 선택한다;
2. $A^h\Phi^h = F^h$를 풀기 위해 Gauss-Seidel 법의 몇 회 반복을 수행한다;
3. 성긴 망(coarse mesh)에서의 잔여 오차(residual error) $r^H = I_{h\to H}\left(F^h - A^h\Phi^h\right)$의 제한(制限, restriction)을 계산한다;
4. $A^H U^H = r^H$를 풀기 위해 Gauss-Seidel 법의 몇 회 반복을 수행한다;
5. 다음의 관계에 의해 U^H의 보간(interpolation) U^h를 계산한다: $U^h = I_{H\to h}U^H$;
6. Φ^h를 $U^h + \Phi^h$로 치환(置換)하고, 단계 3으로 되돌아 간다.

이 알고리즘의 각 반복은, 그것이 세분 망에서 정의된 오차 U^h로 시작하여, 성긴 망에서의 오차 U^H의 계산으로 계속하고, 세분 망에서의 새로운 오차 $[U^h]$로 끝나기 때문에, V-cycle이라 불린다. 몇 개의 다른 격자 수준(水準)(different grid level)이 있으며, 2개 만이 아니라면, 단계 4는, 선형 계를 직접법(直接法, direct method)으로 풀 수 있는 가장 성긴 격자(coarsest grid)에 도달할 때 까지, 같은 다중 격자 알고리즘 등에 의해 풀릴 수 있다.

이 방법이 단 한번만 적용되었다면, 그것은 초기화 Φ^{0h}로부터 Φ^h를 정의하는 선형 사상(線形 寫像, linear mapping)처럼 보일 수 있다. 이 사상의 행렬을 C^*로 나타내자; 다음을 가진다: $\Phi^h = C^*\Phi^{0h}$. 행렬 $C = (C^*)^{-1}$는 공액구배 알고리즘의 전처리 행렬(前處理 行列, preconditioning matrix)로 사용될 수 있으며, 이 방법은 특히 빠르다[Bank 외(外, *et al*) (1988)].

Remark 4.11 PCG 알고리즘을 프로그래밍하기 위해서는, 행렬 C를 분명하게 알아야 할 필요가 있다. D를 $D_{ii} = A_{ii}$로 정의되는 대각행렬이라 하자. L을 A의 하삼각 부분(lower triangular part), 즉 $i > j$에 대하여 $L_{ij} = A_{ij}$, 그렇지 않으면 $L_{ij} = 0$라 하자; 마찬가지로, A가 대칭이므로, $U = L^T$는 A의 상삼각 부분(upper triangular part)이다. Gauss-Seidel 알고리즘은 분해(分解, decomposition) $A = (L + D) + U$에 기초(基礎)를 두며, 이 방법을 위한 반복 행렬(反復 行列, iteration matrix)은 $-(L + D)^{-1}U$ 이다. $C = \left[-U^{-1}(L + D)\right]^n$을 얻는데, 여기서 n은 위의 알고리즘에서 사용된 Gauss-Seidel 반복의 수(數, number)이다. 특히, $x \to Cx$의 계산은, U의 상삼각 성질(upper triangular nature)의 덕택으로, n번의 '후퇴(後退) 풀이(backward solve)'를 요구한다. □

4.5 DELAUNAY TRIANGULATION

삼각화(三角化, triangulation)에서 만들어지는 모든 삼각형의 각도(角度)의 하한(下限, lower bound)을 최대화(最大化)할 수 있을 것이라는 관점에서 주어진 삼각화를 '개선하는(improve)' 것을 허용하는 과정을 설명할 것이다. 들로니 삼각화(Delaunay triangulation)라 불리는 이 삼각화는 지금 정의할 보로노이 다각형(多角形)(Voronoï polygon)으로부터 시작하는 쌍대성(雙對性, duality)에 의해 정의된다. 좀 더 자세한 내용에 대해서는 예를 들어 Risler (1991)를 참조한다.

$(p^i)_{1 \le i \le n}$를 평면(平面, plane)에서, 임의의 4개의 점이 공통 원(共通 圓, common circle) 내에 들어가지 않는 점들의 집합(集合, set)이라 하자. 다음을 가진다:

Definition 4.12 아래와 같이 정의되는 V_i, $i \in \{1, \cdots, n\}$의 집합은 점(點) p^i, $i \in \{1, \cdots, n\}$의 족(族, family)에 관련된 *보로노이 다각형(Voronoï polygon)*이라 불린다:

$$V_i = \left\{x \in \mathbb{R}^2, \text{ such that } \left|x - p^i\right| \le \left|x - p^j\right| \text{ for all } j \ne i\right\}. \tag{4.44}$$

여기서 $|x - y|$는 평면에서 점 x와 y사이의 유클리드 거리(距離)(Euclidean distance)를 나타낸다.

V_i의 경계가 선분(線分, segment) $\left[p^i, p^j\right]$의 중앙(中央) 값(median)으로부터 만들어짐을 보는 것이 쉽다. 그림 4.3은 집합이 3개이거나 또는 6개의 점을 갖는 경우의 Voronoï 다각형을 보인다.

Definition 4.13 점(點) p^i, $i \in \{1, \cdots, n\}$의 집합에 관련된 *들로니 삼각화(Delaunay triangulation)*는 각 점 p^i를 V_i의 경계를 이루는 선분에 관하여 p^i의 몇 개의 대칭

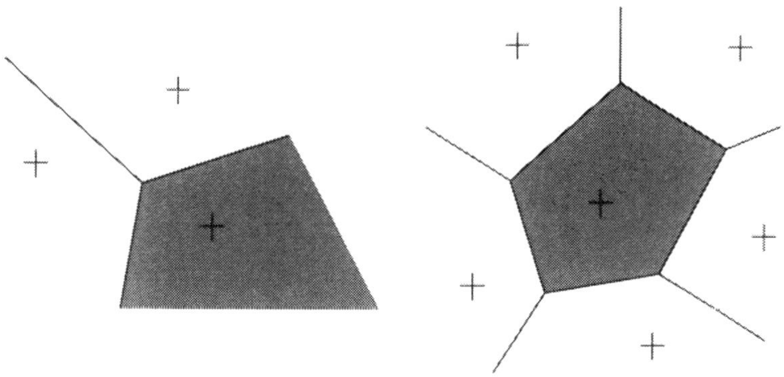

Figure 4.3 Examples of Voronoï polygons.

점(對稱點, symmetric point) p^j에 연결함으로써 얻어진다. 이 삼각화는 다음과 같은 Voronoï 다각형의 '쌍대성(duality)'에 의하여 얻어진다:

(i) $[p^i, p^j]$는 교집합(交集合, intersection) $V_i \cap V_j$가 공집합(空集合, empty)이 아니면 또 그 때에 한해서(필요충분) 삼각화의 변(邊, edge)이다;

(ii) $p^ip^jp^k$는 $V_i \cap V_j \cap V_k$가 공집합이 아니면 또 그 때에 한해서 삼각형이다.

그림 4.4는 점의 근방(近傍, neighborhood)에서의 Delaunay 삼각화와 Voronoï 다각형을 보인다.

족(族, family) p^i, $i \in \{1, \cdots, n\}$가 공통 원에 점을 가지지 않으면 곧, Delaunay 삼각화는 유일(唯一)하며(unique), Voronoï 다각형도 마찬가지이다. 더욱이, 그것은 증명은 Risler (1991)에서 찾을 수 있는 다음의 성질을 만족한다.

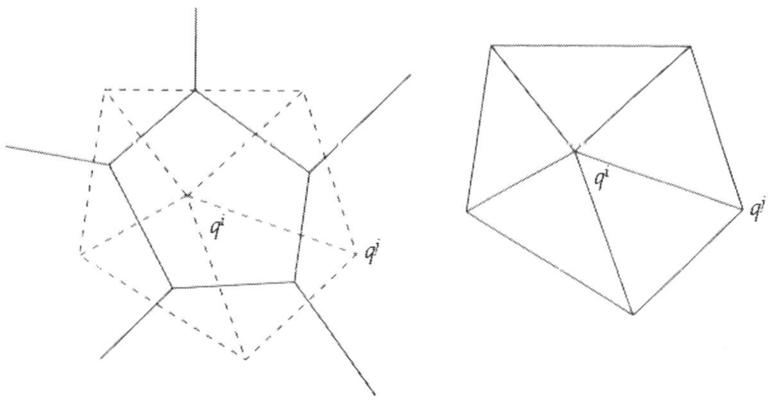

Figure 4.4 Voronoï polygon and Delaunay triangulation.

Proposition 4.14 *Delaunay 삼각화 $\mathcal{T}_D$는 그 내부에 정점 p^i를 포함하는 $\mathcal{T}_D$ 내의 삼각형의 외접원(外接圓, circumcircle)이 없다는 사실에 의해 특성지어질 수 있다.*

이 기하학적 특성화(幾何學的 特性化, geometric characterization)으로부터, 그림 4.5에서 볼 수 있는 바와 같이, 증명이 직각적(直覺的)인 다음의 추론(推論, corollary)으로 귀결된다.

Corollary 4.15 q^1, q^2, q^3 및 q^4를 볼록 사변형(四邊形)(convex quadrilateral)을 이루는 평면의 4개의 상호 순환(相互 循環, cocyclic)하지 않는 점이라 하자; 그러면

(i) 이 4점의 철포(凸包, 볼록 껍질, convex hull)의 2개의 삼각화가 존재한다: Delaunay 삼각화 $\mathcal{T}_D$와 다른 삼각화 $\mathcal{T}'$. 그것들은 사변형 $q^1q^2q^3q^4$에서 '대각선 교환(對角線 交換, swapping diagonal)'에 의해 서로로부터 이끌어내어질 수 있다;

(ii) Delaunay 삼각화는 삼각형 각도(三角形 角度, triangle angle)의 하한(下限, lower bound)을 최대화하는 것이다.

성질 (ii)는 $\mathcal{T}_D$에서의 어떤 각이든 $\mathcal{T}'$에서의 어떤 각보다 더 크거나 같다는 사실로부터 귀결한다(그림 4.5 참조). 어떤 점에서는 Delaunay 삼각화가 '좋은(good)' 삼각화라는 것도 또한 보인다. 하지만, 이 삼각화는 각도의 최대치(最大値, maximum)를 최소화하지 않는다는 것에 주목하자.

이 추론은 어떻게 임의의 삼각화를 Delaunay를 이루도록 변환하는지를 보인다. 삼각화에 있는 정점을 q^1, q^2 및 q^3로 나타낸 각 삼각형 T_k에 대해, 그 3개의 변을 바로(just) 재검토(再檢討)해야 하며, 각 한 개에 대해, 4번째 점 q^4, 즉 이 변(edge)에 있지는 않지만, T_k에 관련된 변의 다른 쪽(the other side)에 위치하는 삼각형 T_l을 따르는 정점을 살펴보아야 한다. 그 다음, 이 점 q^4가 삼각형 T_k의 외접원의 내

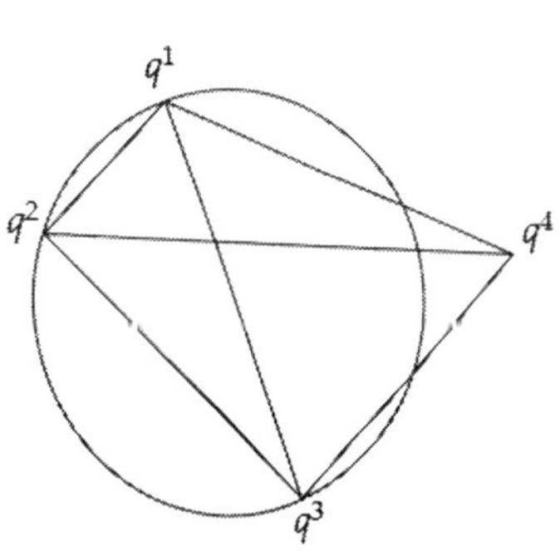

Figure 4.5 The Delaunay test.

부(內部, interior)에 있는지 어떤지를 점검(點檢, check)해야 한다. 그런 경우에는, 사변형 $q^1q^2q^3q^4$에서 '대각선 교환'에 의해 2개의 삼각형 T_k와 T_l을 수정(修正)한다(개념(概念, idea)을 확정하기 위하여, 변(邊)이 선분(segment) $[q^1, q^3]$이라면, 삼각형 T_k와 T_l은 정점 q^1, q^2, q^4와 q^4, q^2, q^3를 가진 삼각형으로 대체된다; 물론 새로운 삼각형에 국부적으로 번호를 매길 때 정방향(正方向, positive orientation)을 보전(保全)하도록 주의를 기울여야 한다). 그 후에, 가장 작은 지표(指標)(smallest index)를 가진 새로이 이루어진 2개의 삼각형으로 연산(演算, operation)을 다시 한다. 다른 경우에는, 삼각화 $T_k \cup T_l$이 이미 Delaunay로서(이것은 정확하게 그림 4.5에 있는 경우이다), 아무 것도 하지 않으며, 다음 변(邊)으로 옮겨간다.

이 과정은 앞 장(章)에서 정의된 변의 배열(edge array)을 안다고 가정한다.

EXERCISE 대응되는 알고리즘을 주의 깊게 쓰고 프로그래밍하라. □

Remark 4.16 이 알고리즘을 삼각화에서 가장 큰 각(角)의 맞은 편 변(opposite edge)으로 시작한다면, 그러면 정점이 상호 순환(相互 循環, cocycle)이 아닌 한, 과정은 가장 큰 각이 각 반복에서 전적으로 감소하기 때문에 수렴한다. 실제로는, 이 마지막 점(點, point)은 점검할 필요가 없다. □

또한 본 역자(譯者)가 Fortran으로 작성해서 사용한 적응 요소 분할(適應 要素 分割, adaptive mesh generation) 프로그램을 Appendix 4.C에 수록(收錄)하니 연구자들께서 참고 자료로 활용하기 바란다.

APPENDIX 4.A

Proof of Lemma 4.1 and Propositions 4.3 and 4.6

PROOF OF LEMMA 4.1
먼저 직교 관계(直交 關係, orthogonality relation) (4.21)-(4.22)가 만족된다고 가정하고, 식 (4.17)과 (4.22)로부터 평범하게 따라 나오는 식 (4.23)으로 출발하여, 2개의 다른 성질을 증명하자. $n \le n_0$에 대하여, 전제(前提, hypothesis)에 의해, g^n이 0인 경우는 없기 때문에, ρ^n은 0으로 될 수 없음에 주목한다. 이제 γ^n을 계산하자. 먼저 위로부터

$$\gamma^n = \frac{\|g^{n+1}\|_C^2}{\langle g^n, h^n\rangle_C}$$

와 그 다음

$$\gamma^n = -\frac{\langle g^{n+1} - g^n, g^{n+1}\rangle_C}{\langle g^{n+1} - g^n, h^n\rangle_C} = -\frac{\left(g^{n+1}\right)^T Ah^n}{(h^n)^T Ah^n}$$

를 가진다. 첫 번째 등식(等式, equality)은 식 (4.21), (4.22)로부터 나오며 두 번째는 식 (4.15)로부터 나와, 식 (4.19)를 증명한다.

직교 관계 (4.20)-(4.22)는 유도(誘導, induction)에 의하여 증명된다. n이 n_0보다 작다고 하자; 이 관계가 $k \le n$인 모든 계수(階數, rank) n에서 참(진(眞), true)이라고 가정하고, 계수 $n+1$에서도 성립함을 증명하자.

(i) h^j로 식 (4.15)의 내적(內積, inner product)을 취하자; 다음을 얻는다:

$$\langle g^{n+1}, h^j\rangle_C = \langle g^n, h^j\rangle_C - \rho^n \langle C^{-1}Ah^n, h^j\rangle_C.$$

$j = n$의 경우, ρ^n의 정의 (4.13)의 덕택으로, 결과는 0이다. $j < n$의 경우, 식 (4.22)와 (4.23)의 덕택으로, 유도 전제(誘導 前提, induction hypothesis) 때문에, 그것 또한 0이다.

(ii) $j \le n$이라 하자; 식 (4.17)에 의해 위의 (i)로부터 다음을 가진다:

$$\langle g^{n+1}, g^j\rangle_C = \langle g^{n+1}, h^j - \gamma^{j-1}h^{j-1}\rangle_C = 0.$$

(iii) 결국, 다시 식 (4.17)의 사용에 의해, 다음을 가진다:

$$\left(h^{n+1}\right)^T Ah^j = \left(g^{n+1} + \gamma^n h^n\right)^T Ah^j = \left(g^{n+1}\right)^T Ah^j + \gamma^n (h^n)^T Ah^j.$$

$j = n$의 경우, γ^n의 정의 (4.19) 때문에, 이 항(項, term)은 0이다. 그러면, $j < n$의 경우, 다음을 가진다:

$$\left(h^{n+1}\right)^T Ah^j = \left(g^{n+1}\right)^T Ah^j + 0 = \frac{1}{\rho^j}\left(g^{n+1}\right)^T C\left(g^{j+1} - g^j\right) = 0.$$

여기서 두 번째 등식을 위해서는 관계 (4.15)를 사용하였으며, 첫 번째 등식을 위해서는 식 (4.20)에 대한 유도 전제, 그리고 마지막 등식을 위해서는 식 (4.21)에 대한 유도 전제를 사용하였다.

모든 성질이 계수(階數, rank) $n = 1$에서 참(진(眞), true)임을 점검하는 것은 독자들에게 남겨둔다. □

PROOF OF PROPOSITION 4.3

$n=1$에 대하여 (초기화 $g^0=h^0$ 때문에) 평범하게 참(진(眞), true)인 몇 가지 집합 사이의 등식의 유도에 의해 식 (4.26)을 증명하는 것으로 시작하자. 식 (4.26)이 계수(階數, rank) $n \le n_0$에서 참(true)이라고 가정하자. 전제(hypothesis) $h^{n-1} \in K_n$과 $AK_n \subset K_{n+1}$에 의해 관계 (4.15)가 $g^n \in K_{n+1}$을 보이기 때문에, 그러면 식 (4.17)은 $h^n \in K_{n+1}$을 보인다. 거꾸로, $A^n g^0 \in \{g^0, \cdots, g^n\}$을 보이자. 방금 $g^n \in K_{n+1}$을 보였다; 따라서, 거기에는, $g^n \ne 0$와 그리고 식 (4.22)로부터, 유도 전제(induction hypothesis)에 의해, g^n이 $\mathrm{span}\{h^0, h^1, \cdots, h^{n-1}\}$인 공간과 일치(一致)하는(coincide) 공간 K_n에 속할 수 없기 때문에

$$g^n = \sum_{i=0}^{i=n} \lambda_i A^i g^0 \tag{4.A.1}$$

이며 $\lambda_n \ne 0$인 스칼라(scalar) λ_i, $i \in \{0, \cdots, n\}$가 존재한다. 식 (4.A.1)로부터 $A^n g^0 = \frac{g^n}{\lambda_n} + G$가 나타난다. 여기서, 유도 전제에 의해, G는 $A^n g^0 \in \mathrm{span}\{g^0, \cdots, g^n\}$을 보이는 벡터 $g^0, \cdots, g^{n-1}$에 의해 생성되는(generated) 공간 내에 있는 벡터이다. $A^n g^0$에 대한 앞의 표현에서 g^n을 h^n의 함수로 표현하려고 한 관계 (4.17)은 또한 식 (4.26)의 증명을 완료하는 $A^n g^0 \in \mathrm{span}\{h^0, \cdots, h^n\}$도 역시 가짐을 보인다.

전제 $n \le n_0 + 1$은 K_n이 직교 기저(直交 基底, orthogonal basis)가 벡터 $g^0, \cdots, g^{n-1}$에 의해 이루어진 차원(次元, dimension) n의 벡터 공간임을 보인다는 것에 주목하자.

이제 식 (4.24)를 증명하자. 구성(構成, construction)에 의해, x^n은, 식 (4.26) 때문에, $x^n \in x^0 + K_n$을 의미하는, $x^n = x^0 + \sum_{j=0}^{n-1} \rho^j h^j$의 형태이다. 이제, $x - x^n \in K_n$이면 또 그 때에 한해서(필요충분) $x \in x^0 + K_n$이다; 따라서, 그것은

$$\forall y \in K_n, \quad E(x^n) \le E\left(x^n + y\right) \tag{4.A.2}$$

를 보이는 것과 등가(等價, equivalent)이다. 이 부등식(不等式, inequality)은 모든 $y \in K_n$에 대해 $\left(\nabla E(x^n)\right)^T y = 0$, 즉 $(g^n)^T y = 0$과 등가이다. 그러나 K_n의 기지(basis)에서 모든 요소(要素, element) $g^0, \cdots, g^{n-1}$에 대하여 참(진(眞), true)인 식 (4.21) 때문에, 이 마지막 관계는 실제로 만족된다. 이것은 식 (4.A.2)를, 그리고 따라서 식 (4.24)도 역시 증명한다. □

PROOF OF PROPOSITION 4.6

먼저 다음의 결과를 증명하자:

$$z \in \mathrm{Ker}A \ \text{and} \ Cz \in \mathrm{range}(A) \quad \Rightarrow \quad z = 0. \tag{4.A.3}$$

$Cz \in \mathrm{range}(A)$라 하면, $Cz = Ay$인 y가 존재한다. 행렬 C가 가역(可逆)이기(invertible) 때문에, $Az = AC^{-1}Ay$를 가져, 전제(前提, hypothesis) $z \in \mathrm{Ker}A$는 $0 = y^T Az = (Ay)^T C^{-1} Ay$를 함축(含蓄)하고, 마지막 등식(等式)은 A의 대칭성(對稱性, symmetry)에 기인(起因)한다. C^{-1}가 대칭 정정 행렬(對稱 正定 行列, symmetric and positive definite matrix)이므로, 필연적(必然的)으로 $Ay = 0$, 즉 $Cz = 0$라고 결론을 내린다. 이것은 C가 가역이기 때문에 $z = 0$일 때에만 가능하여, 결과를 증명한다.

관계 (4.A.3)은 PCG 알고리즘이 문제 $Ax = b$의 해(解) x를 향하여 수렴(收斂)하며, 더욱이 $Cx \in \mathrm{range}(A)$를 만족한다면, 그러면 이 解는 유일(唯一)해야(unique) 한다고 말하는 것을 허용한다. 이 알고리즘이 실제로 수렴한다는, 즉 '축퇴(縮退)의 경우(degeneration case)'도, 앞에서의 '안성맞춤의 경우(favorable case)'처럼, 역시 $Cx \in \mathrm{range}(A)$인 x를 향하여 수렴한다는 것을 보이는 것이 남았다.

유도에 의한 증명이 직각적(直覺的)인(immediate) 이 두 번째 성질로 시작하자. 실로, x^0와 b 위에서 만든 전제는 $Cx^0, Cg^0, Ch^0 \in \mathrm{range}(A)$를 보장(保障)한다. 이제, 관계 (4.14), (4.15) 및 (4.17)은 다음을 보인다:

$$Cx^n, Cg^n, Ch^n \in \in \mathrm{range}(A) \quad \Rightarrow \quad Cx^{n+1}, Cg^{n+1}, Ch^{n+1} \in \mathrm{range}(A).$$

이제 알고리즘에 대한 '축퇴의 경우(degeneration case)'를 검토하자. $g^n = 0$의 경우는, 식 (4.18)의 덕택으로, x^n이 찾은 해(sought solution)임을 의미하며, 더욱이, 그것은 방법의 중단 검사(中斷 檢査, stopping test)이기 때문에, 항상 안성맞춤의 경우이다. 이제 n이 $(h^n)^T Ah^n = 0$이 되는 첫 번째 지표(指標)라고 가정하자; 대칭(對稱)이며 반정정(半正定, semi-positive definite)인 행렬 A는 고유치(固有値, eigenvalue)가 양(陽, 정(正), positive) 또는 0인 고유벡터(eigenvector)의 정규 직교 기저(正規 直交 基底, orthonormal basis)로 대각화(對角化)할 수 있으며(diagonalizable), 위의 관계는 $h^n \in \mathrm{Ker}A$를 함축한다. 그러나 앞에서 $Ch^n \in \mathrm{range}(A)$를 보았다; 식 (4.A.3)으로부터, $h^n = 0$를 추단(推斷)하고, A가 대칭 정정인 경우에서와 마찬가지로 증명이 완전히 완료(完了)된다(Corollary 4.2 참조) . □

APPENDIX 4.B

The Fortran Program for Solving the Laplacian with Dirichlet Boundary Conditions by a Variational Formulation and Resolution of the Linear System by Conjugate Gradient Preconditioned by an Incomplete Cholesky Factorization of the System Matrix

```
C  File: GCPLaplac.for
C
```

```
      PROGRAM GCPLaplace
C
C  This program solves the model problem, i.e. the
C  Laplacian with Dirichlet boundary conditions:
C  −ΔΦ = f, Φ given on the boundary.
C
C  The problem is written in variational form, then
C  discretized by P¹ finite elements. The approximate
C  solution at each vertex of the triangulation is
C  determined by solving a linear system, which is
C  solved by Conjugate Gradient method preconditioned
C  by C=L*(L*)ᵀ where (L*)ᵀ is the incomplete Cholesky
C  factor of A.
C  Matrices are stored in CSR format.
C
C
C  input:
C  ------
C    triangulation(nv,nt,q,me,ng) and problem
C      data (right hand side f for Laplace's equation
C      and Dirichlet boundary condition stored
C      in array phi0) read in file filnam via subroutines
C      readT and readF;
C    parameters: nvMax (maximum number of vertices),
C      ntMax (maximum number of triangles) of the
C      triangulation, nMAMax=8*nvMax (maximum
C      size of array aa).
C
C  output:
C  -------
C    f: array containing the values of the
C      approximate solution at each of the vertices of the
C      mesh stored in a file (whose name is given by the
C      user) for a possible graphical exploitation
C      Remark: at the beginning, this array
C        contains the Laplacian right hand side.
C
C  arrays:
C  -------
C  mesh:
C    q(2,nvMax): coordinates of the mesh vertices;
C    me(3,ntMax): numbering of the triangles vertices;
C    ng(nvMax): array showing whether a vertex
C      is on the boundary (ng(i)≠0) or not (ng(i)=0).
C
C  data:
C    f(nvMax): at the beginning, Laplacian right hand side
C      (then values of the approximate solution);
C    phi0(nvMax): Dirichlet boundary conditions.
C
C  arrays for the preconditioned conjugate gradient
```

```
C   cg(nvMax): array containing the negative of the
C     gradient of the functional to be minimized
C     (product of the preconditioning matrix by g);
C   g(nvMax): array containing g;
C   h(nvMax): array containing the descent direction.
C
C  other arrays:
C   aa(nMAMax): array storing matrix A, in CSR format;
C   ia(nvMax+1): index in array aa of first
C     element of line i of matrix A actually stored in aa;
C   ja(nMAMax): index j of column of stored Aij element;
C   al(nMLMax), ia(nvMax+1), ja(nMLMax): same meaning
C     as the three previous arrays for incomplete
C     Cholesky factor of A;
C   area(ntMax): area of each of the triangles;
C   ff(nvMax): right hand side of linear system
C     to be solves.
C
C  scalars:
C  --------
C   cte: value of the very large constant for
C     satisfying the Dirichlet boundary
C     condition;
C   err: error in H10 norm between exact solution phi0
C     and approximate solution ff.
C
C  files:
C  ------
C   filnam: name of file for model problem data
C     (source term of Laplacian and Dirichlet
C     boundary conditions)
C     or for the approximate solution, for
C     instance, in view of a graphical exploitation.
C
C  subroutines:
C  ------------
C   readT: reads the mesh;
C   readF: reads problem data;
C   getArea: computes the area of each triangle;
C   MgetMat: computes and stores matrix A in
C     array a, in CSR format;
C   RHS: computes, and stores in array ff,
C     the system right hand side;
C   MDirCL: program satisfying Dirichlet
C     boundary conditions;
C   Sort: reorders elements of array aa so that
C     elements of a line of matrix A are stored in
C     increasing order of their column indices;
C   ICholesky: incomplete Cholesky factorization of
C     matrix A stored in CSR format;
C   GradC: preconditioned conjugate
```

```
C       gradient program;
C     N.B.: this subroutine requires subroutine
C       IAmul and ISolvSys;
C     writeF: writes the approximate solution.
C
C   functions:
C   ----------
C     errH10: computes the H_0^1 error between exact
C       solution phi0 and approximate solution f.
C
C   library (subroutines and functions):
C   ------------------------------------
C     utilP1.for: file containing functions
C       deter (for area computations), errH10
C       and subroutines readT, readF, writeF
C       and getBand;
C     RHS.for: file containing subroutines
C       getArea and RHS;
C     elem.for: file containing function
C       elemMat;
C     MgetMat.for: file containing subroutines
C       MgetMat and MDirCL;
C     ICholes.for: file containing subroutine
C       ICholesky;
C     GradCP.for: file containing subroutine
C       GradC;
C     sort.for: file containing subroutine Tri.
C
C
      PARAMETER (nvMax=1800,ntMax=3400,nMAMax=8*nvMax)
      DIMENSION q(2,nvMax),me(3,ntMax),ng(nvMax)
      DIMENSION area(ntMax)
      DIMENSION phi0(nvMax),f(nvMax),ff(nvMax)
      DIMENSION aa(nMAMax),ia(nvMax+1),ja(nMAMax)
      DIMENSION al(nMAMax)
      DIMENSION g(nvMax),cg(nvMax),h(nvMax)
C
      CHARACTER*20 filnam
C
      DATA cte/1.0e25/
      DATA eps/1.0e-12/
      DATA kMax/150/
C
      write(*,*)'name of file storing the mesh'
      read(*,'(a)')filnam
      CALL readT(filnam,nv,nt,q,ng,me,ngt)
      write(*,*)'name of file storing f'
      write(*,*)'(Laplacian right hand side)'
      read(*,'(a)')filnam
      CALL readF(filnam,nv,f)
      write(*,*)'name of file storing phi0'
```

```
      write(*,*)'(Dirichlet boundary conditions)'
      read(*,'(a)')filnam
      CALL readF(filnam,nv,phi0)
C
C
      CALL getArea(q,me,nt,nv,area)
      CALL MgetMat(q,me,ng,area,nt,nv,aa,ia,ja)
      CALL RHS(me,f,nv,nt,area,ff)
      CALL MDirCL(aa,ia,phi0,nv,ng,ff,cte)
C
      DO 1 i=1,nv
1     CALL Sort(ja(ia(i)),aa(ia(i)),ia(i+1)-ia(i))
C
      CALL ICholesky(nv,aa,ia,ja,al)
      DO 2 i=1,nv
        f(i)=0.
        IF(ng(i).NE.0)f(i)=phi0(i)
2     CONTINUE
      CALL GradC(nv,aa,ia,ja,al,ff,f,g,h,cg,kMax,eps)
C
      err=errH10(q,me,f,phi0,nv,nt)
      write(*,*)'error=',err
      write(*,*)'name of file for storing the'
      write(*,*)'approximate solution'
      read(*,'(a)')filnam
      CALL writeF(filnam,nv,f)
      PAUSE
      END
C
C
C ---------------------------------------------------------
      SUBROUTINE IAmul(nv,aa,ia,ja,x,b)
C ---------------------------------------------------------
C
C This subroutine computes the product of matrix A, stored
C in Morse format in arrays (aa, ia, ja), by vector x;
C the result is stored in array b.
C The computation is performed by first computing the
C contribution of the lower triangular part of the matrix
C (that is stored in array aa), then that associated
C with the strictly upper triangular part.
c
c
      DIMENSION x(nv),b(nv)
      DIMENSION aa(*),ia(nv),ja(*)
C
      DO 1 i=1,nv
        sum=0.
        DO 2 k=ia(i),ia(i+1)-1
          sum=sum+aa(k)*x(ja(k))
2       CONTINUE
```

```
        b(i)=sum
1     CONTINUE
      DO 3 i=1,nv
        xi=x(i)
        DO 3 k=ia(i),ia(i+1)-2
          jak=ja(k)
          b(jak)=b(jak)+aa(k)*xi
3     CONTINUE
      END
C
C
C  ---------------------------------------------------------
      SUBROUTINE ISolvSys(nv,z,al,il,jl)
C  ---------------------------------------------------------
C
C  This subroutine solves the linear system
C  LL^Tz=r, where L is a lower triangular
C  matrix of size nv×nv, stored in CSR
C  format in arrays (al, il, jl). On input,
C  array z contains the system right hand side;
C  on output, it contains solution z.
C  Resolution is in two steps: a forward solve,
C  followed by a backward solve.
C
C
      DIMENSION z(*),al(*),il(*),jl(*)
C
      DO 1 i=1,nv
        sum=z(i)
        DO 2 k=il(i),il(i+1)-2
          sum=sum-al(k)*z(jl(k))
2       CONTINUE
        z(i)=sum/al(il(i+1)-1)
1     CONTINUE
      DO 3 i=1,nv
        z(i)=z(i)/al(il(i+1)-1)
3     CONTINUE
      DO 4 i1=1,nv
        i=nv+1-i1
        DO 4 k=il(i),il(i+1)-2
          jlk=jl(k)
          z(jlk)=z(jlk)-al(k)*z(i)/al(il(jlk+1)-1)
4     CONTINUE
      END
C
C
C  *********************************************************
C
C  LIBRARY
C
C  *********************************************************
```

```
C
      INCLUDE 'elem.for'
      INCLUDE 'GradCP.for'
      INCLUDE 'MgetMat.for'
      INCLUDE 'ICholes.for'
      INCLUDE 'utilP1.for'
      INCLUDE 'RHS.for'
      INCLUDE 'sort.for'
```

APPENDIX 4.C

The Fortran Program for the Adaptive Mesh Generation

```
C
C *** PROGRAM FOR ADAPTIVE MESH GENERATION ***
C
      SUBROUTINE VARI
C
      COMMON/CFIX/MS,NTN,NTE,NL,LO(6,2),IR(5)
      COMMON/CCON/IC,IT,IN,ER
      COMMON/CNOD/X(1500),Y(1500),A(1500),NA(1500)
      COMMON/CELE/NN(5000,3),NI(5000,3),IEP(5000),ED(5000),
     1            NEA(5000),RE(5000),B(5000),H(5000),
     2            BX(5000),BY(5000),NS(5000,3),
     3            NSE(5000),NSS(5000),NEM(5000)
      COMMON/CEMA/BC(5000,3),CC(5000,3),EC(5000,6),EL(5000,3)
C
      IC=0
      E1=0.0005
      DO 50 I=1,NTE
      NEA(I)=0
      IF(EL(I,1).GE.EL(I,2))GO TO 10
      IF(EL(I,2).GE.EL(I,3))THEN
      NEM(I)=2
      ELSE
      NEM(I)=3
      ENDIF
      GO TO 20
10     IF(EL(I,1).GE.EL(I,3))THEN
      NEM(I)=1
      ELSE
      NEM(I)=3
      ENDIF
20     A0=0.
      DO 30 J=1,3
30     A0=A0+A(NN(I,J))
      A0=A0/3.
      A2=0.
      DO 40 J=1,3
      A1=A(NN(I,J))-A0
```

```
40    A2=A2+A1*A1
      E0=A2/3.
C     IF(IEP(I).NE.2)E0=E0*3000.
      IF(E0.LE.E1)GO TO 50
      NEA(I)=1
      IC=1
50    CONTINUE
      RETURN
      END
C
C
      SUBROUTINE MESH
C
      COMMON/CFIX/MS,NTN,NTE,NL,LO(6,2),IR(5)
      COMMON/CCON/IC,IT,IN,ER
      COMMON/CNOD/X(1500),Y(1500),A(1500),NA(1500)
      COMMON/CELE/NN(5000,3),NI(5000,3),IEP(5000),ED(5000),
     1           NEA(5000),RE(5000),B(5000),H(5000),
     2           BX(5000),BY(5000),NS(5000,3),
     3           NSE(5000),NSS(5000),NEM(5000)
      COMMON/CEMA/BC(5000,3),CC(5000,3),EC(5000,6),EL(5000,3)

C
      IR(1)=1
      IR(2)=2
      IR(3)=3
      IR(4)=1
      IR(5)=2
C
      ISE=0
      N0=NTE
      DO 10 I=1,NTE
      DO 10 J=1,3
10    NS(I,J)=0
      DO 4000 I=1,NTE
      IF(NEA(I).EQ.1)GO TO 200
      DO 30 J=1,3
      IF(NI(I,J).EQ.0)GO TO 30
      IF((IEP(NI(I,J)).EQ.IEP(I)).OR.(NEA(NI(I,J)).NE.1))GO TO
30    IF(NS(I,J).NE.0)GO TO 30
      NTN=NTN+1
      NS(I,J)=NTN
      X(NS(I,J))=(X(NN(I,IR(J+1)))+X(NN(I,IR(J+2))))/2.
      Y(NS(I,J))=(Y(NN(I,IR(J+1)))+Y(NN(I,IR(J+2))))/2.
      NA(NS(I,J))=1
      DO 20 K=1,3
      IF(NI(NI(I,J),K).NE.I)GO TO 20
      NS(NI(I,J),K)=NS(I,J)
      GO TO 30
20    CONTINUE
30    CONTINUE
```

```
      DO 130 J=1,3
      IF(NI(I,J).EQ.0)GO TO 130
      IF((IEP(NI(I,J)).NE.IEP(I)).OR.(NEA(NI(I,J)).NE.1))
     1 GO TO 130
      N1=NI(I,J)
      DO 100 K=1,3
      IF(NI(N1,K).EQ.I)GO TO 110
100   CONTINUE
      GO TO 130
110   DO 120 K1=1,2
      N2=NI(N1,IR(K+K1))
      IF((IEP(N2).NE.IEP(N1)).OR.(NEA(N2).EQ.1))GO TO 130
120   CONTINUE
      IF(NEM(N1).NE.K)GO TO 130
      IF(NS(I,J).NE.0)GO TO 130
      NTN=NTN+1
      NS(I,J)=NTN
      X(NS(I,J))=(X(NN(I,IR(J+1)))+X(NN(I,IR(J+2))))/2.
      Y(NS(I,J))=(Y(NN(I,IR(J+1)))+Y(NN(I,IR(J+2))))/2.
      NA(NS(I,J))=1
      NS(N1,K)=NS(I,J)
130   CONTINUE
      GO TO 600
200   NB=0
      NPA=0
      DO 230 J=1,3
      IF(NI(I,J).NE.0)GO TO 210
      NB=NB+1
      GO TO 230
210   IF((NEA(NI(I,J)).NE.1).AND.(IEP(NI(I,J)).EQ.IEP(I)))
     1 GO TO 230
      NPA=NPA+1
      IF(NS(I,J).NE.0)GO TO 230
      NTN=NTN+1
      NS(I,J)=NTN
      X(NS(I,J))=(X(NN(I,IR(J+1)))+X(NN(I,IR(J+2))))/2.
      Y(NS(I,J))=(Y(NN(I,IR(J+1)))+Y(NN(I,IR(J+2))))/2.
      NA(NS(I,J))=1
      DO 220 K=1,3
      IF(NI(NI(I,J),K).NE.I)GO TO 220
      NS(NI(I,J),K)=NS(I,J)
      GO TO 230
220   CONTINUE
230   CONTINUE
      IF(NB.EQ.1)THEN
      DO 300 J=1,3
      IF(NI(I,J).EQ.0)GO TO 310
300   CONTINUE
      GO TO 4000
310   NPA=NPA+1
      IF(NS(I,J).NE.0)GO TO 320
```

```
      NTN=NTN+1
      NS(I,J)=NTN
      X(NS(I,J))=(X(NN(I,IR(J+1)))+X(NN(I,IR(J+2))))/2.
      Y(NS(I,J))=(Y(NN(I,IR(J+1)))+Y(NN(I,IR(J+2))))/2.
      IF(NA(NN(I,IR(J+1))).EQ.NA(NN(I,IR(J+2))))THEN
      NA(NS(I,J))=NA(NN(I,IR(J+1)))
      ELSE
      NA(NS(I,J))=1
      ENDIF
      IF(NA(NS(I,J)).EQ.0)A(NS(I,J))=0.
320    CONTINUE
      ELSEIF(NB.EQ.2)THEN
      DO 400 J=1,3
      IF(NI(I,J).NE.0)GO TO 410
400    CONTINUE
      GO TO 4000
410    IF(NEM(I).EQ.IR(J+1))THEN
      J=IR(J+1)
      ELSEIF(NEM(I).EQ.IR(J+2))THEN
      J=IR(J+2)
      ELSEIF(EL(I,IR(J+1)).GE.EL(I,IR(J+2)))THEN
      J=IR(J+1)
      ELSE
      J=IR(J+2)
      ENDIF
      NPA=NPA+1
      IF(NS(I,J).NE.0)GO TO 420
      NTN=NTN+1
      NS(I,J)=NTN
      X(NS(I,J))=(X(NN(I,IR(J+1)))+X(NN(I,IR(J+2))))/2.
      Y(NS(I,J))=(Y(NN(I,IR(J+1)))+Y(NN(I,IR(J+2))))/2.
      IF(NA(NN(I,IR(J+1))).EQ.NA(NN(I,IR(J+2))))THEN
      NA(NS(I,J))-NA(NN(I,IR(J+1)))
      ELSE
      NA(NS(I,J))=1
      ENDIF
      IF(NA(NS(I,J)).EQ.0)A(NS(I,J))=0.
420    CONTINUE
      ENDIF
      IF(NPA.EQ.0)THEN
      J=NEM(I)
      IF(NS(I,J).NE.0)GO TO 510
      NTN=NTN+1
      NS(I,J)=NTN
      X(NS(I,J))=(X(NN(I,IR(J+1)))+X(NN(I,IR(J+2))))/2.
      Y(NS(I,J))=(Y(NN(I,IR(J+1)))+Y(NN(I,IR(J+2))))/2.
      IF(NA(NN(I,IR(J+1))).EQ.NA(NN(I,IR(J+2))))THEN
      NA(NS(I,J))=NA(NN(I,IR(J+1)))
      ELSE
      NA(NS(I,J))=1
      ENDIF
```

```
      IF(NA(NS(I,J)).EQ.0)A(NS(I,J))=0.
      IF(NI(I,J).EQ.0)GO TO 510
      DO 500 K=1,3
      IF(NI(NI(I,J),K).NE.I)GO TO 500
      NS(NI(I,J),K)=NS(I,J)
      GO TO 510
500    CONTINUE
510    CONTINUE
      ENDIF
600    IF((IEP(I).EQ.2).OR.(NEA(I).EQ.1))GO TO 700
      DO 670 J=1,3
      IF(NS(I,J).NE.0)GO TO 670
      IF(J.EQ.NEM(I))THEN
      DO 610 K=1,2
      N1=NI(I,IR(J+K))
      IF(N1.EQ.0)GO TO 610
      IF((IEP(N1).EQ.2).AND.(NEA(N1).EQ.1))GO TO 620
610    CONTINUE
      N1=NI(I,J)
      IF(N1.EQ.0)GO TO 670
      IF(NI(N1,NEM(N1)).EQ.I)GO TO 640
      GO TO 670
620    NTN=NTN+1
      NS(I,J)=NTN
      X(NS(I,J))=(X(NN(I,IR(J+1)))+X(NN(I,IR(J+2))))/2.
      Y(NS(I,J))=(Y(NN(I,IR(J+1)))+Y(NN(I,IR(J+2))))/2.
      IF(NA(NN(I,IR(J+1))).EQ.NA(NN(I,IR(J+2))))THEN
      NA(NS(I,J))=NA(NN(I,IR(J+1)))
      ELSE
      NA(NS(I,J))=1
      ENDIF
      IF(NA(NS(I,J)).EQ.0)A(NS(I,J))=0.
      IF(NI(I,J).EQ.0)GO TO 660
      DO 630 K=1,3
      IF(NI(NI(I,J),K).NE.I)GO TO 630
      NS(NI(I,J),K)=NS(I,J)
      GO TO 670
630    CONTINUE
      ELSE
      N1=NI(I,J)
      IF(N1.EQ.0)GO TO 670
640    IF((IEP(N1).EQ.2).OR.(NEA(N1).EQ.1))GO TO 670
      IF(NI(N1,NEM(N1)).NE.I)GO TO 670
      DO 650 K=1,2
      K1=IR(NEM(N1)+K)
      N2=NI(N1,K1)
      IF(N2.EQ.0)GO TO 650
      IF((IEP(N2).EQ.2).AND.(NEA(N2).EQ.1))GO TO 660
650    CONTINUE
      GO TO 670
660    NTN=NTN+1
```

```
      NS(I,J)=NTN
      X(NS(I,J))=(X(NN(I,IR(J+1)))+X(NN(I,IR(J+2))))/2.
      Y(NS(I,J))=(Y(NN(I,IR(J+1)))+Y(NN(I,IR(J+2))))/2.
      NA(NS(I,J))=1
      NS(N1,NEM(N1))=NS(I,J)
      ENDIF
670    CONTINUE
      GO TO 800
700    DO 730 J=1,3
      IF(NS(I,J).NE.0)GO TO 730
      N1=NI(I,J)
      IF(N1.EQ.0)GO TO 730
      IF((IEP(N1).EQ.2).OR.(NEA(N1).EQ.1))GO TO 730
      IF(NI(N1,NEM(N1)).NE.I)GO TO 730
      DO 710 K=1,2
      K1=IR(NEM(N1)+K)
      N2=NI(N1,K1)
      IF(N2.EQ.0)GO TO 710
      IF((IEP(N2).EQ.2).AND.(NEA(N2).EQ.1))GO TO 720
710    CONTINUE
      GO TO 730
720    NTN=NTN+1
      NS(I,J)=NTN
      X(NS(I,J))=(X(NN(I,IR(J+1)))+X(NN(I,IR(J+2))))/2.
      Y(NS(I,J))=(Y(NN(I,IR(J+1)))+Y(NN(I,IR(J+2))))/2.
      NA(NS(I,J))=1
      NS(N1,NEM(N1))=NS(I,J)
730    CONTINUE
800    NPA=0
      DO 810 J=1,3
      IF(NS(I,J).EQ.0)GO TO 810
      NPA=NPA+1
810    CONTINUE
      IF(NPA.EQ.3)GO TO 1000
      IF(NPA.EQ.2)GO TO 2000
      IF(NPA.EQ.1)GO TO 3000
      GO TO 4000
1000   ISE=ISE+1
      NSE(ISE)=I
      NSS(ISE)=4
      DO 1010 J=1,3
      NN(N0+J,J)=NN(I,J)
      NN(N0+J,IR(J+1))=NS(I,IR(J+2))
      NN(N0+J,IR(J+2))=NS(I,IR(J+1))
      NN(N0+4,J)=NS(I,J)
      NI(N0+J,J)=N0+4
      NI(N0+J,IR(J+1))=NI(I,IR(J+1))
      NI(N0+J,IR(J+2))=NI(I,IR(J+2))
1010   NI(N0+4,J)=N0+J
      DO 1020 J=1,4
      ED(N0+J)=ED(I)/4.
```

```
      RE(N0+J)=RE(I)
 1020 IEP(N0+J)=IEP(I)
      N0=N0+4
      GO TO 4000
2000  ISE=ISE+1
      NSE(ISE)=I
      NSS(ISE)=3
      DO 2010 J=1,3
      IF(NS(I,J).EQ.0)GO TO 2020
2010  CONTINUE
      GO TO 4000
2020  NN(N0+1,J)=NN(I,J)
      NN(N0+1,IR(J+1))=NS(I,IR(J+2))
      NN(N0+1,IR(J+2))=NS(I,IR(J+1))
      IF(NEM(I).EQ.IR(J+2))GO TO 2060
      IF(NEM(I).EQ.IR(J+1))GO TO 2040
      IF(EL(I,IR(J+1)).EQ.EL(I,IR(J+2)))GO TO 2030
      IF(EL(I,IR(J+1)).LT.EL(I,IR(J+2)))GO TO 2060
      GO TO 2040
2030  E2=ABS(A(NN(I,J))-A(NN(I,IR(J+2))))
      E1=ABS(A(NN(I,J))-A(NN(I,IR(J+1))))
      IF(E2.LT.E1)GO TO 2060
2040  DO 2050 K=1,2
      NN(N0+K+1,IR(J+1))=NN(I,IR(J+1))
2050  NN(N0+K+1,J)=NS(I,IR(J+K))
      NN(N0+2,IR(J+2))=NN(I,IR(J+2))
      NN(N0+3,IR(J+2))=NS(I,IR(J+1))
      NI(N0+2,IR(J+2))=N0+3
      NI(N0+3,IR(J+1))=N0+1
      NI(N0+2,IR(J+1))=NI(I,IR(J+1))
      NI(N0+3,IR(J+2))=NI(I,IR(J+2))
      GO TO 2080
2060  DO 2070 K=1,2
2070  NN(N0+K+1,IR(J+2))=NN(I,IR(J+2))
      NN(N0+2,IR(J+1))=NN(I,IR(J+1))
      NN(N0+2,J)=NS(I,IR(J+2))
      NN(N0+3,IR(J+1))=NS(I,IR(J+2))
      NN(N0+3,J)=NS(I,IR(J+1))
      NI(N0+2,IR(J+1))=N0+3
      NI(N0+3,IR(J+2))=N0+1
      NI(N0+2,IR(J+2))=NI(I,IR(J+2))
      NI(N0+3,IR(J+1))=NI(I,IR(J+1))
2080  NI(N0+1,J)=N0+3
      NI(N0+3,J)=N0+2
      NI(N0+1,IR(J+1))=NI(I,IR(J+1))
      NI(N0+1,IR(J+2))=NI(I,IR(J+2))
      NI(N0+2,J)=NI(I,J)
      DO 2090 J=1,3
      RE(N0+J)=RE(I)
      IEP(N0+J)=IEP(I)
      IF(J.EQ.2)THEN
```

```
      ED(N0+J)=ED(I)/2.
      ELSE
      ED(N0+J)=ED(I)/4.
      ENDIF
2090  CONTINUE
      N0=N0+3
      GO TO 4000
3000  ISE=ISE+1
      NSE(ISE)=I
      NSS(ISE)=2
      DO 3010 J=1,3
      IF(NS(I,J).NE.0)GO TO 3020
3010  CONTINUE
      GO TO 4000
3020  DO 3030 K=1,2
      NN(N0+K,J)=NN(I,J)
3030  NN(N0+K,IR(J+K))=NN(I,IR(J+K))
      NN(N0+1,IR(J+2))=NS(I,J)
      NN(N0+2,IR(J+1))=NS(I,J)
      NI(N0+1,IR(J+1))=N0+2
      NI(N0+2,IR(J+2))=N0+1
      NI(N0+1,J)=NI(I,J)
      NI(N0+2,J)=NI(I,J)
      NI(N0+1,IR(J+2))=NI(I,IR(J+2))
      NI(N0+2,IR(J+1))=NI(I,IR(J+1))
      DO 3040 J=1,2
      ED(N0+J)=ED(I)/2.
      RE(N0+J)=RE(I)
3040  IEP(N0+J)=IEP(I)
      N0=N0+2
4000  CONTINUE
      DO 5600 I=1,NTE
      N1=NTE
      DO 5000 J=1,ISE
      IF(NSE(J).EQ.I)GO TO 5300
      N1=N1+NSS(J)
 5000 CONTINUE
      DO 5200 K=1,3
      N2=NTE
      DO 5100 J1=1,ISE
      IF(NI(I,K).EQ.NSE(J1))GO TO 5110
      N2=N2+NSS(J1)
5100  CONTINUE
      GO TO 5200
5110  DO 5130 J2=1,NSS(J1)
      DO 5120 K1=1,3
      IF((NN(I,IR(K+1)).EQ.NN(N2+J2,IR(K1+2))).AND.
     1   (NN(I,IR(K+2)).EQ.NN(N2+J2,IR(K1+1))))THEN
      NI(I,K)=N2+J2
      ENDIF
5120  CONTINUE
```

```
5130  CONTINUE
5200  CONTINUE
      GO TO 5600
5300  DO 5500 K=1,3
      N2=NTE
      DO 5310 J1=1,ISE
      IF(NI(I,K).EQ.NSE(J1))GO TO 5320
      N2=N2+NSS(J1)
5310  CONTINUE
      GO TO 5500
5320  DO 5340 J2=1,NSS(J)
      DO 5340 K2=1,NSS(J1)
      DO 5330 K3=1,3
      IF((NN(N1+J2,IR(K+1)).EQ.NN(N2+K2,IR(K3+2))).AND.
     1   (NN(N1+J2,IR(K+2)).EQ.NN(N2+K2,IR(K3+1))))THEN
      NI(N1+J2,K)=N2+K2
      ENDIF
5330  CONTINUE
5340  CONTINUE
5500  CONTINUE
5600  CONTINUE
      N=N0+1
      N1=0
      DO 6010 I=1,ISE
      N1=N1+NSS(I)-1
      N=N-1
      ED(NSE(I))=ED(N)
      RE(NSE(I))=RE(N)
      IEP(NSE(I))=IEP(N)
      DO 6000 K=1,3
      NN(NSE(I),K)=NN(N,K)
6000  NI(NSE(I),K)=NI(N,K)
      NI(N,1)=NSE(I)
6010  CONTINUE
      NTE=NTE+N1
      DO 7000 I=1,NTE
      DO 7000 J=1,3
      IF(NI(I,J).GT.NTE)NI(I,J)=NI(NI(I,J),1)
7000  CONTINUE
      RETURN
      END
```

Part B

GENERAL ELLIPTIC PROBLEMS AND EVOLUTION PROBLEMS

5 Finite Element Method for General Elliptic Problems

Summary

이 장(章)에서는, 좀 더 일반적인 편미분 방정식을 검토하는데 앞에서 소개한 기법을 사용할 것이다. 몇 가지 형태의 경계조건을 고려하는 것으로 시작하고, 그 다음에 2계 대칭(second-order symmetric)과 타원 연산자(楕圓 演算子, elliptic operator)를 검토할 것이다. 마지막으로, 계(系, system)의 경우를 다룰 것이다. 이 장에서는, 1보다 더 높은 차수(次數, order)의 유한요소에 의한 근사도 또한 소개할 것이다.

5.1 *NEUMANN OR ROBIN BOUNDARY CONDITIONS*

5.1.1 *Formulation of the Problem*

Ω를 평면에서 충분히 매끄러운 경계 Γ를 가진 영역(領域, domain)이라 하자. 미지수(未知數, unknown) φ인 다음 문제를 고려한다:

$$-\Delta\varphi = f \text{ in } \Omega, \tag{5.1}$$

$$a_1\varphi + \frac{\partial\varphi}{\partial n} = g \text{ on } \Gamma. \tag{5.2}$$

여기서 a_1은 주어진, Γ에서 정의된 양(陽)이며 매끄러운 함수(函數)(positive, smooth function)이다. $a_1 = 0$이라면, 경계조건(境界條件, boundary condition)은 Neumann 조건이다; 그렇지 않으면, 그것은 Robin, 또는 때때로 Fourier, 조건이라 불린다 이론적인 관점으로부터, 그 두 경우는 살펴 볼 바와 같이 상당히 다르다. 함수 f는 Ω에서 2계 적분 가능(二階 積分 可能, square integrable)하다고 가정되며, g는 Γ에서 적어도 2계 적분 가능하다.

2장에서 소개했던 접근에 따라, 이 문제를 다른 등가 형태로 변환할 것이다: 변분 정식화(變分 定式化, variational formulation), 또는 일정한 에너지 범함수의 최소화. 먼저 Theorem 2.1의 대응(對應, counterpart)인 다음의 결과를 가진다:

Theorem 5.1 $\varphi \in H^1(\Omega)$와 $\Delta\varphi \in L^2(\Omega)$라면, φ가 다음 변분 문제의 해(解)라면 또

그 때에 한해서(필요충분) φ는 식 (5.1)-(5.2)의 해이다:

$$\text{find } \varphi \in H^1(\Omega) \quad \text{such that} \quad \forall w \in H^1(\Omega),$$
$$\int_\Omega (\nabla\varphi \cdot \nabla w)(\vec{x})d\vec{x} + \int_\Gamma (a_1\varphi w)(\vec{x})d\gamma(\vec{x}) = \int_\Omega (fw)(\vec{x})d\vec{x} + \int_\Gamma (gw)(\vec{x})d\gamma(\vec{x})\,. \tag{5.3}$$

여기서 $d\gamma$는 Γ에서의 치수(측도(測度), measure)이다.

PROOF 증명에서는, 원래 문제 (5.1)-(5.2)의 매끈한 해(smooth solution)(즉 $\varphi \in H^2(\Omega)$)인 경우만을 고려한다(φ가 $\Delta\varphi \in L^2(\Omega)$와 함께 $H^1(\Omega)$ 내에만 있는 경우로의 일반화(一般化, generalization)를 위해서는 Remark 2.3을 참조한다). 그 다음, Theorem 2.1과 상사적(相似的)으로(analogously), φ가 식 (5.3)을 해답(解答)한다는 것을 증명한다. 실로, 그것은 식 (5.1)에 함수 $w \in H^1(\Omega)$를 곱하고, Ω에 대해 적분하기 위하여, 그린의 공식(公式)(Green's formula)을 사용하며, 그리고 경계 항(境界 項, boundary term) $(\partial\varphi/\partial n)$을 경계조건 (5.2)에 의해 주어진 값으로 대체(代替)하면 충분하다.

거꾸로, φ가 변분 문제 (5.3)을 해답(解答)하며, 특히 식 (5.3)이 Ω에서 집약 지지(集約 支持, compact support)를 가진, 이체(二體, 쌍대(雙對, dual))가 Ω에서의 분포 공간(分布 空間, distribution space) $D'(\Omega)$인, C^∞ 함수의 공간 $D(\Omega)$에 있는 임의의 함수 w에 대해 만족된다고 가정하자. $\varphi \in H^2(\Omega)$이면, $<\cdot,\cdot>$로 이 두 공간 사이의 쌍대 괄호(雙對 括弧, duality bracket)를 나타낸다면, 식 (5.3)은 다음과 같이 된다:

$$< -\Delta\varphi - f,\ w > \ = 0.$$

그러면 $-\Delta\varphi - f$가 $L^2(\Omega)$ 내에서의 함수이기 때문에, 이 함수가 거의 모든 점에서 0이라는, 즉 식 (5.1)이 Ω 내의 거의 모든 점에서 만족된다는 결과가 나타난다. 경계조건을 되찾기 위하여, 식 (5.1)에 $w \in H^1(\Omega)$를 곱하고, Green의 공식을 사용하며, 식 (5.3)으로부터 결과 식을 뺀다(subtract). $H^1(\Omega)$ 내에서 함수의 Γ 위에서의 자취(trace)의 공간 $H^{1/2}(\Gamma)$가 $L^2(\Gamma)$ 내에 밀집(密集)하기(dense) 때문에, 식 (5.2)를 함축(含蓄)하는

$$\forall w \in H^1(\Omega), \quad \int_\Gamma \left(\frac{\partial\varphi}{\partial n} w\right)(\vec{x})d\gamma(\vec{x}) = \int_\Gamma (gw)(\vec{x})d\gamma(\vec{x}) - \int_\Gamma (a_1\varphi w)(\vec{x})d\gamma(\vec{x})$$

를 얻는다. □

함수 a_1이 양(陽)이라고 가정했기 때문에, 완전히 Theorem 2.1에서와 같이 변분 문

제 (5.3)이 최소화 문제와 등가임을 증명하는 것이 가능하다고 주장(主張)하며, 다음을 얻는다:

Theorem 5.2 문제 (5.3)은 다음의 최소화 문제(minimization problem)와 등가이다:

$$\min_{\varphi \in H^1(\Omega)} E(\varphi)\,. \tag{5.4}$$

여기서 범함수(汎函數, functional) E는 다음과 같이 정의된다:

$$\begin{aligned} E(\varphi) = \frac{1}{2}\left[\int_\Omega |\nabla\varphi(\vec{x})|^2 d\vec{x} + \int_\Gamma (a_1\varphi^2)(\vec{x})d\gamma(\vec{x})\right] \\ - \int_\Omega (f\varphi)(\vec{x})d\vec{x} - \int_\Gamma (g\varphi)(\vec{x})d\gamma(\vec{x})\,. \end{aligned} \tag{5.5}$$

Remark 5.3 이 형태의 문제에 대한 *존재성 결과(存在性 結果, existence result)*를 증명없이 말한다. 정당화(正當化, justification)를 위해서는 Dautray와 Lions (1990) 그리고 Grisvard (1992)를 참조한다. 거기에는 몇 가지 다른 경우가 있다.

(i) 순(純) 노이만 문제(pure Neumann problem)에 대응되어 함수 a_1이 0과 전등(全等)(identically zero)이라고 가정하자. 그러면 문제 (5.1)-(5.2)는 데이터 f와 g가 다음의 호환성(互換性, compatibility) 관계를 만족할 때만 해(解, solution)를 가질 것이다:

$$\int_\Omega f(\vec{x})d\vec{x} + \int_\Gamma g(\vec{x})d\gamma(\vec{x}) = 0. \tag{5.6}$$

이 사실을 확인하기 위해서는, Ω에서 1과 전등(全等)인(identically equal to 1) 함수를 시험 함수(試驗 函數, test function) w로 취하여, 변분 정식화를 쓰는 것으로 충분하다.

또한, 이 해는 상수(常數, constant)를 더할 때 까지만 유일(唯一)할 것이다. 왜냐하면 φ가 식 (5.1)-(5.2)를 해답(解答)한다면, 그러면 $\varphi + k$(k는 임의의 실 상수(實常數, real constant))는 여전히 이 문제를 해답하기 때문이다.

(ii) 하지만, 함수 a_1이 순양 상수(純陽 常數, strictly positive constant)에 의해 아래로(부터) 유계(有界)(하방 유계, 下方 有界)라면(하계(下界)되어 있으면, bounded from below), 그러면 문제 (5.1)-(5.2)는, 위와 같은 형태의 어떤 호환성 조건도 없이, 한 개의 그리고 오직 한 개의 해를 가진다. 증명이 위의 (i)의 경우에는 잃어버리는 범함수 E의 강제성(强制性, coercivity)에 의존한다는 것은 명백하다.

또한 이 문제의 해에 대한 *매끈함 결과(smoothness result)*를 상기(想起)하자(그것이 존재할 때). $f \in L^2(\Omega)$, $g \in L^2(\Gamma)$로 제한(制限)한다면, 해(解) $\varphi \in H^1(\Omega)$ 만이 만족한다: $\Delta\varphi \in L^2(\Omega)$. 하지만, g에 대해 좀 더 매끈함을, 즉 $g \in H^{1/2}(\Gamma)$를 가정한다면, 그러면 $\varphi \in H^2(\Omega)$이다. □

5.1.2 Discretization of the Variational Formulation

앞 장(章)에서와 같이, 변분 정식화 (5.3)을 P^1 유한요소에 의해 근사화한다. 영역 Ω의 규칙적(規則的)인 삼각화(regular triangulation) $(T_k)_{k \in \{1, \cdots, n_t\}}$가 주어지면,

$$H_h^1 = \{\varphi_h : \Omega_h \to \mathbb{R},\ \varphi_h \text{ continuous on } \Omega_h, \text{ and} \\ \forall k \in \{1, \cdots, n_t\},\ \varphi_h|_{T_k} \text{ linear function}\} \tag{5.7}$$

에 의해 공간 H_h^1을 정의하고, 그 다음 이 근사 공간(近似 空間, approximate space)에서 식 (5.3)을 풀면, 다음과 같은 근사 변분 문제로 이끈다:

$$\begin{aligned} &\text{find } \varphi_h \in H_h^1 \text{ such that } \forall w_h \in H_h^1, \\ &\int_{\Omega_h} \varphi_h(\vec{x}) \cdot \nabla w_h(\vec{x}) d\vec{x} + \int_{\Gamma_h} (a_1 \varphi_h w_h)(\vec{x}) d\gamma(\vec{x}) \\ &= \int_{\Omega_h} f(\vec{x}) w_h(\vec{x}) d\vec{x} + \int_{\Gamma_h} (g w_h)(\vec{x}) d\gamma(\vec{x}). \end{aligned} \tag{5.8}$$

여기서 $\Omega_h = \cup_{k=1}^{n_t} T_k$와 $\Gamma_h = \partial\Omega_h$이다. 공간 H_h^1는, 그 차원(次元, dimension)이 삼각화의 정점 q^i의 수(數) n_v인, $H^1(\Omega)$의 부분 공간(部分 空間, subspace)이다(Proposition 2.14와 2.17 참조). 이 공간의 기저(基底, basis)는, 이 함수의 선형 결합(線形 結合, linear combination)의 형태로 식 (5.8)의 해(solution)를 찾는 것으로 이끄는, 모자 함수(帽子 函數, hat function) w^i, $i \in \{1, \cdots, n_v\}$ $\left(w^i(q^j) = \delta_{ij}\right)$에 의해 이루어진다:

$$\varphi_h(\vec{x}) = \sum_{i=1}^{n_v} \varphi_i w^i(\vec{x}),\ \forall \vec{x} \in \Omega. \tag{5.9}$$

식 (5.8)에서 시험 함수(試驗 函數, test function)가 이 기저의 임의의 요소라고 두면, 문제 (5.8)은 선형 계(線形 系, linear system)

$$A\Phi = F. \tag{5.10}$$

의 해(解)와 등가(等價)로 된다. 여기서 Φ는 요소(要素, entry)가 φ_i, $i \in \{1, \cdots, n_v\}$인 벡터이며, 행렬(行列) $A = \left((A_{ij})\right)_{1 \le i,j \le n_v}$ 와 우변(右邊) $F = (F_i)_{1 \le i \le n_v}$는 다음과 같이

정의된다:

$$A_{ij} = \int_{\Omega_h} \left(\nabla w^i \cdot \nabla w^j\right)(\vec{x})d\vec{x} + \int_{\Gamma_h} \left(a_1 w^i w^j\right)(\vec{x})d\gamma(\vec{x}), \tag{5.11}$$

$$F_j = \int_{\Omega_h} \left(f w^j\right)(\vec{x})d\vec{x} + \int_{\Gamma_h} \left(g w^j\right)(\vec{x})d\gamma(\vec{x}). \tag{5.12}$$

Remark 5.3에서 고려되었던 2가지 경우에서, 행렬 A의 성질을 말하자.

Proposition 5.4 *함수 a_1이 양(陽)이라면, 그러면 행렬 A는 반정정(半正定, positive semi-definite)이다. 또한*

(i) *함수 a_1이 0과 전등(全等)(identically zero)이라면, 그러면 A의 핵(核, 영공간(零空間), 커널, kernel)은 상수 함수(常數 函數, constant function)의 형태로 된다.*

(ii) *함수 a_1이 순양 상수(純陽 常數, strictly positive constant)에 의해 아래로(부터) 유계(有界)(하방 유계, 下方 有界)라면(하계(下界)되어 있으면, bounded from below), 행렬 A는 정정(正定, positive definite)이다.*

PROOF 증명은 Theorem 2.6에 대해 전개했던 것과 상사(相似)이다(analogous). $z = (z_1, \cdots, z_{n_v})$를 $\mathbb{R}^{n_v}$ 내에서의 임의의 벡터라 하자; 다음을 가진다:

$$z^T A z = \sum_{i,j=1}^{n_v} z_i A_{ij} z_j = \sum_{i,j=1}^{n_v} \left[\int_{\Omega_h} \nabla w^i \cdot \nabla w^j z_i z_j d\Omega + \int_{\Gamma_h} a_1 w^i w^j z_i z_j d\Gamma\right],$$

여기서, 표기를 간단하게 하기 위해 적분 변수를 나타내지 않았다†.

$z_h(\vec{x}) = \sum_{i=1}^{n_v} z_i w^i(\vec{x})$라 하자; 전제(前提, hypothesis) $a_1 \geq 0$ 아래에서, 행렬 A가 정정(positive definite)임을 증명하는 $z_h \in H_h^1$와 다음을 가진다:

$$z^T A z = \int_{\Omega_h} |\nabla z_h|^2 d\Omega + \int_{\Gamma_h} a_1 |z_h|^2 d\Gamma \geq 0.$$

또한, 함수 z_h가 Ω_h에서 상수임을 함축(含蓄)하는, ∇z_h와 $(a_1|z_h|)|_{\Gamma_h}$ 둘 다가 거의 모든 곳에서 0일 때만 위의 양(量, quantity)이 0으로 될 수 있다. a_1이 0이라면, 더 이상 아무 것도 아니라고 말할 수 있으며, A의 핵(kernel)은 형태 $z = (k, \cdots, k)$인 벡터 z로 이루어지며, 이것이 논점(point) (i)을 증명한다. 함수 a_1이 순양 상수(純陽 常

† 역자 주: 적분 변수를 생략하면 수학적 표기의 오류로 보일 수 있어, 본 역서에서는 모든 적분식(積分式)을 영역 적분의 경우에는 $d\Omega$를, 그리고 경계 적분의 경우에는 $d\Gamma$를 포함하여 나타내었다.

數, strictly positive constant)에 의해 아래로부터 유계(有界)되어 있다면(bounded from below), 함수 z_h의 상수 값(constant value)은 필연적(必然的)으로 0이다. 이 경우에는, A가 정정(正定, positive definite)임을 증명하는, 벡터 z가 0과 전등(全等) (identically zero)이라는 결과가 나타난다. □

이산 문제(離散 問題, discrete problem) (5.8)은 따라서 연속 문제(連續 問題, continuous problem)와 마찬가지로 같은 성질(가능 해(可能 解, possible solution)의 존재성(存在性, existence)과 유일성(唯一性, uniqueness))을 가진다. 특히, 계(系, system) (5.8)은 앞의 명제(命題, proposition)의 경우 (ii)에서 한 개 그리고 오직 한 개의 해를 가질 것이다. 더 어려운 경우 (i)에서는, 우변 F가 A의 치역(値域, range) 내에 있을 때에만 해를 가질 것이며, 그러면 임의의 상수를 더함으로써 그것과는 다르게 얻어지는 무한(無限)히(infinitely) 많은 해를 가질 것이다. 이 문제, 즉 라플라시안(Laplacian)의 수치적 검토(數値的 檢討, numerical study)를 위해서는, 잘 주어진 (well posed) 경우에 해당하는 경우 (ii)로 제한해야 한다. 실제로, Neumann 문제를 풀어야 한다면, 호환성 조건(互換性 條件, compatibility condition) (5.6)이 만족된다고 가정하고, 원래의 문제가 실제로 무한히 많은 해를 가진다는 것을 알기는 하지만, 로빈 경계조건(Robin boundary condition)으로 줄이도록, Neumann 조건에 $\epsilon\varphi$(ϵ이 작은) 같은 항(項, term)을 더해야 한다.

이제 Dirichlet 경계조건의 경우와 비교(比較)하여 프로그램이 어떻게 수정(修正)되는지를 검토하자.

5.1.3 *Programming the Boundary Conditions*

앞 장(章)에서 제안된 몇 가지 풀이 프로그램(solution program)에 적용해야 하는 유일한 수정(修正, modification)은, Dirichlet 경우에 대비(對比)하여 추가 항(追加項, additional term)이 나타날, 행렬 A와 우변(右邊) F의 계산에 있다.

간단하게 하기 위하여, 여기서는 함수 g와 a_1이, 삼각화의 각 삼각형에서 의사함수(擬似 函數, affine function)(각각 g_h와 a_{1h}로 나타내어진)에 의해 근사화하는 것이 가능하도록, $\bar{\Omega}$의 모든 점에서 정의되며 그 값이 망의 각 정점에서 주어진다고 가정한다(또한 그 값을 포함하는 배열(配列, array)을 g와 a_1으로 나타낼 것이다).

우변에서 생기는 경계 항(境界 項, boundary term)으로 시작하자.

5.1.3.1 Computing the Term $\int_{\Gamma_h}(gw^j)(\vec{x})d\gamma(\vec{x})$

g_h를 모자 함수 기저(帽子 函數 基底, hat function basis)를 따라 전개(展開)하자. 그

러면

$$\int_{\Gamma_h} (gw^j)(\vec{x})d\gamma(\vec{x}) = \sum_{i=1}^{n_v} g(q^i) \int_{\Gamma_h} (w^i w^j)(\vec{x})d\gamma(\vec{x}) \tag{5.13}$$

이 되도록 하는

$$g_h(\vec{x}) = \sum_{i=1}^{n_v} g(q^i) w^i(\vec{x})$$

를 가지며, 그것은 계수(係數, coefficient)

$$b_{ij} = \int_{\Gamma_h} (w^i w^j)(\vec{x})d\gamma(\vec{x}) \tag{5.14}$$

를 계산하기에 충분하다. 함수 w^i의 지주(支柱, support)가 점 q^i를 둘러싸는 모든 삼각형의 결합(結合, union)이기 때문에, 정점 q^i 또는 q^j중 하나가 경계 Γ_h 위에 있지 않다면 이 계수는 0이다. 이런 경우는 없는 것으로 가정하고 식 (5.14)에 있는 적분을 계산하기 위해 심프슨의 구적 공식(求積 公式)(Simpson's quadrature formula)(공식 (2.57))을 사용하자(이 경우 계산은 정확(正確)하다). $i \neq j$이며 $[q^i, q^j]$가 경계 변(境界 邊, boundary edge)이라면, $b_{ij} = |q^i - q^j|/6$를 가지는데, 여기서 $|q^i - q^j|$는 선분(線分, segment) $[q^i, q^j]$의 길이(length)를 나타낸다. $i = j$라면, $b_{ii} = (|q^i - q^{ipf}| + |q^i - q^{imf}|)/3$를 얻는데, 여기서 *ipf*와 *imf*는 점 q^i를 둘러싸는 두 경계 점의 지표(指標, index)이다.

Γ_h에 대한 적분은 영역의 경계 변에 대한 적분의 합(合, sum)이며, 이것은 모든 삼각형에 대한 순환(循環, 루프, loop)으로 찾아질 수 있고, 3장에서 주어진 subroutine RHS에서의 간단한 계산 방식으로 적분하는 것이 가능하다. 다음에 나오는 코드의 줄들(lines of code)은 아래에서 주어진 subroutine 'gRHS'의 부분(部分)이다; 배열 '*ff*'는, 지표 i인 망의 각 정점에 대한, 식 (5.12)로 주어진 우변 F_i의 값이다.

중요한 점을 마음에 새기자: 다음의 프로그램에서는, *경계 변(境界 邊)은 그 양 끝이 경계 정점(境界 頂點, boundary vestex)이라는 사실에 의해 특성지어지며,* 망이 이 성질을 만족하는지 반드시 확인해야 한다.

```
DO 3 k=1,nt
  DO 3 il=1,3
    i=me(il,k)
    IF(ng(i).NE.0)THEN
      ilp=mod(il,3)+1
```

```
          ilpp=mod(ilp,3)+1
          ip=me(ilp,k)
          ipp=me(ilpp,k)
          IF(ng(ip).NE.0)THEN
            dx=q(1,i)-q(1,ip)
            dy=q(2,i)-q(2,ip)
            dist=sqrt(dx*dx+dy*dy)
            ff(i)=ff(i)+(2.*g(i)+g(ip))*dist/6.
          ENDIF
          IF(ng(ipp).NE.0)THEN
            dx=q(1,i)-q(1,ipp)
            dy=q(2,i)-q(2,ipp)
            dist=sqrt(dx*dx+dy*dy)
            ff(i)=ff(i)+(2.*g(i)+g(ipp))*dist/6.
          ENDIF
        ENDIF
3     CONTINUE
```

5.1.3.2 Computing the Term $\int_{\Gamma_h}(a_1 w^i w^j)(\vec{x})d\gamma(\vec{x})$

위에서와 같이, 이 경계 적분(境界 積分, boundary integral)은 영역의 경계 변에 대한 적분의 합(合, sum)이며, 이것들은 정점 q^i 또는 q^j중 하나가 경계 Γ_h 위에 있지 않다면 모두 0이다. 또한, 함수 a_{1h}이 각 삼각형에서 선형(線形)이라고 가정하기 때문에, 그것을 다음과 같은 방법으로 모자 함수 기저(hat functions basis)를 따라 전개할 수 있다: $a_{1h}(\vec{x}) = \sum_{l=1}^{n_v} a_1(q^l)w^l(\vec{x})$. 그리고 이는 다음을 세우는 것으로 이끈다:

$$c_{ijl} = \int_{\Gamma_h}(w^i w^j w^l)(\vec{x})d\gamma(\vec{x}). \tag{5.15}$$

이 계수는, Simpson의 공식이 3차 다항식(三次 多項式, degree 3 polynomial)에 대해 정확하며, 함수 $w^i w^j w^l$의 변에서의 제한(制限, restriction)이 3차이기 때문에, 위에서와 같이 정확하게 계산된다. 여전히 위의 표기법(表記法, notation)으로, $i \neq j$라면, c_{ijl}은 l의 두 가지 값, 즉 $l = i$와 $l = j$에 대해 0이 아니며, 두 경우 모두에서 $c_{ijl} = |q^i - q^j|/12$이다. 이제, $i = j$라면, 다음을 가진다:

$$c_{iil} = \frac{|q^i - q^l|}{12}, \text{ for } l = ipf \text{ or } imf, \quad c_{iii} = \frac{|q^i - q^{ipf}|}{4} + \frac{|q^i - q^{imf}|}{4}.$$

이 계산은 다음과 같이 행렬 계수 계산으로 적분된다:

```
      i=me(il,k)
      j=me(jl,k)
      IF(ng(i).NE.0)
        ip=me(ilp,k)
```

```
      ipp=me(ilpp,k)
      IF(i.EQ.j)THEN
        IF(ng(ip).NE.0)THEN
          dx=q(1,i)-q(1,ip)
          dy=q(2,i)-q(2,ip)
          dist=sqrt(dx*dx+dy*dy)
          elem=elem+(3.*a1(i)+a1(ip))*dist/12.
        ENDIF
        IF(ng(ipp).NE.0)THEN
          dx=q(1,i)-q(1,ipp)
          dy=q(2,i)-q(2,ipp)
          dist=sqrt(dx*dx+dy*dy)
          elem=elem+(3.*a1(i)+a1(ipp))*dist/12.
        ENDIF
      ELSEIF(ng(j).NE.0)THEN
        dx=q(1,i)-q(1,j)
        dy=q(2,i)-q(2,j)
        dist=sqrt(dx*dx+dy*dy)
        elem=elem+(a1(i)+a1(j))*dist/12.
      ENDIF
    ENDIF
```

위에서, '*elem*'은 행렬 요소 A_{ij}에 대한 삼각형 T_k의 기본 기여(基本 寄與, elementary contribution)를 나타낸다; 코드의 줄들(lines of code)은 뒤에 더 일반적인 타원 연산자(橋圓 演算子, elliptic operator)의 전체 구성(全體 構成, 뼈대, framework)에서 주어질 function 'geMat'에 포함될 것이다. 지표 *il*과 *jl*은 삼각형 T_k에 있는 정점의 국부 지표(局部 指標, local index)이다; 그것들은 이 function에서의 입력(入力, input)이다.

5.1.4 Mixed Boundary Conditions

이 종류의 문제에 대한, 경계의 일부분(一部分)에는 Dirichlet 경계조건과, 경계의 나머지 부분에는 Neumann 또는 Robin 경계조건을 포함하는, 더 일반적인 뼈대를 고려하는 것이 가능하다; 이것은 '혼합(혼성) 경계조건(混合(混成) 境界條件, mixed boundary conditions)'이라 부르는 것이다. 더 정확히, $\{\Gamma_1, \Gamma_2\}$를, $\Gamma_1 \cup \Gamma_2 = \Gamma$와 $\Gamma_1 \cap \Gamma_2$는 빈 내부(empty interior)를 갖는 것을 의미하는, Γ의 분할(分割, partition)이라 하자; 식 (5.1)과

$$\varphi = \varphi_0 \text{ on } \Gamma_1, \quad a_1\varphi + \frac{\partial \varphi}{\partial n} = g \text{ on } \Gamma_2 \tag{5.16}$$

의 해(解, solution) φ를 찾는다. 이 문제의 변분 정식화(變分 定式化, variational formulation)는 다음과 같이 써질 수 있다:

$$\text{find } \varphi \in H^1_{\varphi_0,\Gamma_1}(\Omega), \text{ such that } \forall w \in H^1_{0,\Gamma_1}(\Omega),$$
$$\int_\Omega (\nabla\varphi \cdot \nabla w)(\vec{x})d\vec{x} + \int_{\Gamma_2} (a_1\varphi w)(\vec{x})d\gamma(\vec{x}) = \int_\Omega (fw)(\vec{x})d\vec{x} + \int_{\Gamma_2} (gw)(\vec{x})d\gamma(\vec{x}). \tag{5.17}$$

여기서 다음과 같이 두었다($\psi = \varphi_0$ or 0):

$$H^1_{\psi,\Gamma_1}(\Omega) = \{w \in H^1(\Omega),\ w = \psi \text{ on } \Gamma_1\}. \tag{5.18}$$

이론적인 관점에서, $a_1 \geq 0$인 모든 함수에서, 이 변분 문제가 잘 주어진(well posed) 문제이기 위해서는 Γ_1이 0이 아닌 치수(측도(測度), measure)를 가지면 충분하다는 것에 주의하자.

실제적인 관점에서는, g와 a_1을, 우변과 행렬의 앞에서의 계산을 다시 사용할 수 있도록, Γ_1에서 0으로 늘이고(extend), 그 다음 각 정점 $q^i \in \Gamma_1$에 대해, 지금은 잘 알려진, 대각 요소 A_{ii}를 매우 큰 상수 cte로 대체(代替)하고, F_i를 적(積, product) $cte * \varphi_0(q^i)$로 동시에 대체하는 '책략(策略, trick)'을 사용하면 충분하다.

또한 배열 a_1을 큰 상수 cte에 의해 Γ_1으로 늘이는 것과 g를 $cte * \varphi_0(q^i)$에 의해 동시에 늘이는 것으로 이 두 착상(着想)(these two ideas)을 간단히 혼합할 수 있어, Γ 모두에 대한 Robin 경계조건으로 프로그래밍하고, 행렬 A의 수정을 피할 수 있다. 하지만, 정밀도(精密度, accuracy)는 이 방법으로 좋아지지 않을 것이어서, Appendix 5.A에서 주는 완전한 프로그램을 위해서는 첫 번째 방법을 유지할 것이다. 계산을 간단하게 하기 위하여, 대각(對角, diagonal)에 의해 전처리(前處理)된 공액구배(共軛勾配, conjugate gradient)를 사용하였다.

상술(詳述)을 위해 남은 유일한 논점(論點, point)은; Γ_1의 점과 Γ_2의 점을 어떻게 구별(區別)할 것인가? 해답(解答)은 다음의 방법으로 정의할 수 있는 배열 ng에서 찾아질 수 있다:

- 경계 정점 q^i에 대하여, $ng(i) \neq 0$;
- Γ_1에 위치한 임의의 정점 q^i에 대하여, $ng(i) > 0$;
- Γ_2에 위치한 임의의 정점 q^i에 대하여, $ng(i) < 0$.

하지만, 이 방법은, 고려중인 편미분 방정식의 형태에만 의존하는 성질로, 배열 ng 내에 표현된, 순전히 망에 연결된 기하학적 성질을 혼합하기 때문에, 실로 바람직한 것은 아니다. 따라서 다음 만에 의해 배열 ng를 특징짓는 것으로 결정하였다: $ng(i) = 0$이면 또 그 때에 한해서(필요충분) 정점 q^i는 내부 정점(內部 頂點, interior vertex)이다. 그러면 Dirichlet 데이터 φ_0를 나타내는 배열을 $phi0$로 나타낸다면 경계 Γ_1에 있는 점은

$$\Gamma_1 = \{q^i \in \Gamma,\ \text{phi0}(i) \neq 0\} \tag{5.19}$$

에 의해 특징짓게 될 것이다. *이것은 배열 phi0가 0이 아닌 값을 포함한다는 것을 가정한다!* 식 (5.16)에 있는 함수 φ_0가 Γ_1의 어떤 점 q^i에서 0으로 된다면 무엇을 할 수 있을 것인가? 이 경우에는, *phi0*(i)의 값을 매우 작은 상수 ϵ_0로 대체하는 수정을 해야 한다; 이 과업(課業, task)은, 이 프로그램이 곧(just) 배열 *phi0*의 값을 포함하는 파일을 읽는 만큼, *Appendix 5.A에 주어진 프로그램을 부르기 전에 미리* 이루어져야 한다

위의 책략을 사용하여, Γ에 대한 모든 경계 적분으로 늘인다. 이것이 아닌 경우에는, 적어도 그 끝의 1개가 Γ_1에 있지 않다는 사실에 의해 Γ_2에 있는 경계 변(境界 邊, boundary edge)을 특징지어야 할 것이다. 이 주제(主題, subject)에 있어서, Dirichlet 경계조건은 점(點)으로(pointwise)(각 경계 정점에 대해) 부과(賦課)되는 반면, Neumann 또는 Robin 조건은 변(邊)으로(edgewise)(영역 경계에 대한 적분의 계산을 통하여) 부과됨에 주목하자.

5.2 GENERAL SYMMETRIC AND LINEAR ELLIPTIC EQUATIONS

5.2.1 Generalities

식 (5.1)의 좌변(左邊, left hand side)이 다음과 같은 형태인 더 일반적인 대칭 선형 타원 연산자(對稱 線形 楕圓 演算子, symmetric and linear elliptic operator)를 고려할 수 있다: $(\varphi \to a_0\varphi - \nabla\cdot(M\nabla\varphi))$. 여기서 $\nabla\cdot(M\nabla\varphi)$는 다음과 같이 두었다(표기(表記, notation)를 간단하게 하기 위하여, 여기에서는 평면 내에서 일반적인 점(generic point) $\vec{x}$의 좌표(座標, coordinate)를 (x_1, x_2)로 나타내었다):

$$\nabla\cdot(M\nabla\varphi)(\vec{x}) = \sum_{i=1}^{2}\sum_{j=1}^{2}\frac{\partial}{\partial x_i}\left[M_{ij}\frac{\partial\varphi}{\partial x_j}\right](\vec{x}).$$

여기서 M은 $\vec{x}$에 연속적(連續的)으로 종속(從屬)하는 2×2 대칭 정방행렬(正方行列)(two by two symmetric square matrix)이다. 더욱이 행렬 M이 정정(正定, positive definite)임을 특히 보이도록

$$\forall\vec{x} = (x_1, x_2) \in \overline{\Omega}, \quad \sum_{i=1}^{2}\sum_{j=1}^{2}M_{ij}(\vec{x})x_ix_j \geq \alpha\sum_{i=1}^{3}x_i^2$$

인 순양 상수(純陽 常數, strictly positive constant) α가 있다고 가정한다. 함수 a_0는

$\overline{\Omega}$에서 충분히 매끄럽다고(sufficiently smooth) 가정한다.

따라서 지금 다루는 문제는 다음과 같이 써질 수 있다: 다음의 경계치 문제(境界值 問題, boundary value problem)의 해(解, solution)인 함수 φ를 찾아라:

$$-\nabla\cdot(M\nabla\varphi)+a_0\varphi=f \text{ in } \Omega, \tag{5.20}$$

$$\varphi=\varphi_0 \text{ on } \Gamma_1, \quad a_1\varphi+n^TM\nabla\varphi=g \text{ on } \Gamma_2. \tag{5.21}$$

여기서 n은 Ω의 외부(外部, exterior)로 향하는 방향으로 Γ에 대한 법선(法線, normal)을 나타낸다. Γ_2에서의 경계조건은, 문제의 변분 정식화(變分 定式化, variational formulation)를 쓸 다음 절(節)에서 볼 바와 같이, 그린의 공식(Green's formula)에서 정당성(正當性, justification)을 찾을, 새로운 표현을 가짐에 주목하자.

5.2.2 *Variational Formulation*

다음을 가진다:

Theorem 5.5 문제 (5.20)-(5.21)의 변분 정식화는 다음과 같이 써진다:

$$\begin{aligned}&\text{find } \varphi\in H^1_{\varphi_0,\Gamma_1}(\Omega) \quad \text{such that} \quad \forall w\in H^1_{0,\Gamma_1}(\Omega),\\ &\int_\Omega [(\nabla w)^TM\nabla\varphi+a_0\varphi w](\vec{x})d\vec{x}+\int_{\Gamma_2}(a_1\varphi w)(\vec{x})d\gamma(\vec{x})\\ &=\int_\Omega (fw)(\vec{x})d\vec{x}+\int_{\Gamma_2}(gw)(\vec{x})d\gamma(\vec{x}).\end{aligned} \tag{5.22}$$

여기서 함수 공간(函數 空間, function space) $H^1_{\psi,\Gamma_1}(\Omega)$는 식 (5.18)에서 정의되었다. 더구나, $\varphi\in H^2(\Omega)$라면, 그것이 위의 변분 정식화를 해답(解答)한다면 또 그 때에 한해서(필요충분) φ는 경계치 문제(境界值 問題, boundary value problem) (5.20)-(5.21)을 해답한다.

PROOF φ가 문제 (5.1)-(5.2)의 $H^2(\Omega)$ 내에서의 해(解)라고 가정하자; 그 다음 식 (5.20)에 공간 $H^1_{0,\Gamma_1}(\Omega)$에서의 임의의 함수 w를 곱하고, 결과 방정식을 Ω에 대해 적분하자. Green의 공식을 사용하여, 표기를 간단하게 하기 위해 적분 변수를 나타내지 않은†

$$-\int_\Omega w\nabla\cdot(M\nabla\varphi)d\Omega=\int_\Omega(\nabla w)^TM\nabla\varphi d\Omega-\int_{\Gamma_2}w(M\nabla\varphi)\cdot n d\Gamma$$

† 역자 주: 적분 변수를 생략하면 수학적 표기의 오류로 보일 수 있어, 본 역서에서는 모든 적분식(積分式)을 영역 적분의 경우에는 $d\Omega$를, 그리고 경계 적분의 경우에는 $d\Gamma$를 포함하여 나타내었다.

를 가져, φ가 Robin 조건을 만족하기 때문에, 식 (5.22)를 정확하게 주는 다음을 얻는다:

$$\int_{\Omega} [(\nabla w)^T M \nabla \varphi + a_0 \varphi w] d\Omega - \int_{\Gamma_2} w(M\nabla\varphi) \cdot n d\Gamma = \int_{\Omega} f w d\Omega, \tag{5.23}$$

거꾸로, $\varphi \in H^2(\Omega)$가 변분 문제 (5.22)의 해(解)라고 가정하자. 그러면, Ω에서 집약 지지(集約 支持, compact support)를 가진 C^∞ 함수의 공간 $D(\Omega)$ 내에서 함수 w로 변분 정식화를 고려하면, 식 (5.20)에 있는 모든 항(項, term)이 2계 적분 가능 함수(二階 積分 可能 函數, square integrable function)이기 때문에, 편미분 방정식 (5.20)은 분포(分布, distribution)의 관점에서, 그리고 또한 Ω의 거의 모든 곳에서 만족됨을 본다. Dirichlet 경계조건이 함수 공간(函數 空間, function space)의 정의(定義, definition)에 포함되기 때문에, 그것은 φ에 의해 자동적(自動的)으로 만족된다. Γ_2에서의 경계조건을 입증(立證)하는 것이 남았다. 이것을 하기 위하여, 이 증명의 시작에서와 같이 식 (5.20)에 w(공간 $H^1_{0,\Gamma_1}(\Omega)$ 내의 임의의 함수)를 곱하고, Γ에 대해 적분하며, Green의 공식을 사용하는 것으로 나아가자; 식 (5.22)로부터 (5.23)을 뺌으로써 (φ는 식 (5.22)를 해답함에 주목하라) 결국에는 다음을 준다:

$$\forall w \in H^1_{0,\Gamma_1}(\Omega), \quad \int_{\Gamma_2} a_1 \varphi w d\Gamma + \int_{\Gamma_2} w(M\nabla\varphi) \cdot n d\Gamma = \int_{\Gamma_2} g w d\Gamma .$$

식 (5.21)을 주는(Γ_2에서의 거의 모든 곳에서), $H^1_{0,\Gamma_1}(\Omega)$ 내에서의 함수의 Γ에서의 자취(trace)의 공간 $L^2(\Gamma_2)$에서 밀도(密度, density)를 사용하는 것으로 결말을 짓는다. □

EXERCISE 이 변분 문제를 최소화 문제로 표현할 수 있는가? 관련이 있는 범함수(汎函數)와 함수 공간을 명기(明記)하라. 그렇게 하는 것이 가능할 때, 문제 (5.22)와의 등가성(等價性, equivalence)을 보여라. □

Remark 5.6 이론적인 관점으로부터, a_0가 $\bar{\Omega}$에서 연속이며 양(陽, 정(正), positive)이라면, 그리고 Γ_1이 0이 아닌 치수(측도(測度), measure)를 가진다면, 변분 문제 (5.22)는 한 개 그리고 오직 한 개의 해(解)만을 갖는다. 이것은, M에 대한 전제(前提, hypothesis)와 a_1의 확신(確信, positivity)으로부터 스스로 유래(由來)하는, 식 (5.22)의 좌변(左邊)에서 생기는 쌍일차형(雙一次形, bilinear form)의 타원성(楕圓性, ellipticity)으로부터의 결과이다. 하지만, Γ_1이 0의 치수(measure)를 가진다면, a_0이 $\bar{\Omega}$의 모두에서 순양 상수(純陽 常數, strictly positive constant)에 의해 아래로(부터)

유계(有界)(하방 유계, 下方 有界)라면(하계(下界)되어 있으면, bounded from below), 이것이 Γ에서의 a_1에 대한 경우라면, 결론(結論, conclusion)은 같게 남는다. □

Remark 5.7 물리학(物理學, physics)의 보존 원리(保存 原理, conservation principle)로부터 나타나는 대부분의 문제는 φ가 식 (5.20)을 만족한다면 식 (5.21)의 형식주의(形式主義, formalism)로 된다. 다음의 예제

$$-\Delta\varphi = f \text{ in } \Omega,$$
$$a_1\varphi + \frac{\partial\varphi}{\partial n} + b\frac{\partial\varphi}{\partial s} = g \text{ on } \Gamma$$

와 같이 그렇지 않으면, 여기서 s는 Γ에서 호(弧)의 길이 좌표(座標)(arc length coordinate)인데, 그러면 변분 정식화는 다음과 같이 비대칭(非對稱, non-symmetric)으로 된다:

$$\int_\Omega \nabla\varphi\nabla w d\Omega + \int_\Gamma \left(a_1\varphi w + b\frac{\partial\varphi}{\partial s}w\right)d\Gamma = \int_\Omega fwd\Omega + \int_\Gamma gwd\Gamma\,. \qquad \square$$

5.2.3 *Discretization and Programming*

이산화(離散化, discretization)는 위에서처럼 함수 공간(function space) $H^1(\Omega)$를 식 (5.7)에 정의된 공간 H_h^1으로 대체함에 의해 얻어진다. 시험 함수 공간(試驗 函數 空間, test function space) V_h는

$$V_h = \left\{\varphi_h \in H_h^1, \text{ and for any vertex } q^i \text{ of } \Gamma_1,\ \varphi_h\left(q^i\right) = 0\right\} \tag{5.24}$$

와 같이 써지며 이산 변분 정식화(離散 變分 定式化, discrete variational formulation)는 다음과 같다:

$$\begin{aligned} &\text{find } \varphi_h \text{ such that } \varphi_h - \varphi_{0h} \in V_h, \text{ and such that } \forall w_h \in V_h, \\ &\textstyle\int_\Omega [(\nabla w_h)^T M\nabla\varphi_h + a_0\varphi_h w_h](\vec{x})d\vec{x} + \int_{\Gamma_2}(a_1\varphi_h w_h)(\vec{x})d\gamma(\vec{x}) \\ &= \textstyle\int_\Omega \left(fw_h\right)(\vec{x})d\vec{x} + \int_{\Gamma_2}(gw_h)(\vec{x})d\gamma(\vec{x})\,. \end{aligned} \tag{5.25}$$

여기서 φ_{0h}는 망(網)의 각 정점에서 함수 φ_0의 P^1 보간함수(補間函數, interpolant), 즉 다음과 같다(간단함을 위하여 φ_0는 $\bar{\Omega}$에서 정의되었다고 가정하였다):

$$\varphi_{0h} = \sum_{i=1}^{nv} \varphi_0\left(q^i\right)w^i\,. \tag{5.26}$$

5.1.2절과 같은 방식으로, 미지 함수(未知 函數) φ를 모자 함수 기저(帽子 函數 基底, hat function basis)로 전개하고, 문제 (5.25)는 선형 계(線形 系, linear system)

$$A\Phi = F \tag{5.27}$$

의 풀이와 등가(等價)가 된다. 행렬 A의 A_{ij} 요소는 이제

$$A_{ij} = \int_{\Omega_h} \left[\left(\nabla w^i\right)^T M \nabla w^j + a_0 w^i w^j \right](\vec{x}) d\vec{x} + \int_{\Gamma_{2h}} \left(a_1 w^i w^j\right)(\vec{x}) d\gamma(\vec{x}) \tag{5.28}$$

에 의해 정의되는데, 여기서 Γ_2에서 정점 q^i에 연결되는 Γ_h의 부분을 Γ_{2h}로 나타내었다.

삼각화의 총 정점의 수를 n_v로, 그리고 Γ_1에 위치하는 정점의 수를 n_{f1}으로 나타낼 때, 이론적으로는 이 문제의 자유도(自由度, degree of freedom)의 수가 $n_v - n_{f1}$과 같은 것으로 이해하고 있는데, 선형 계 (5.27)의 크기(size) 뿐만 아니라 미지수(未知數) Φ도 고의로 애매(曖昧)하게 하였다. 사실, 다음과 같은 통상(通常)의 접근(接近, approach)에서, 망(網)의 모든 정점에 대해 푸는 것으로, 이 계를 '확대(擴大)할(enlarge)' 것이다. 미지수 Φ는 그러면 지표(指標, index) i에 들어가는 것(entry)이 점 q^i에서 연속 문제의 해의 값에 대한 근사(近似)를 나타내는 크기 n_v의 벡터이다. Γ_1에서의 Dirichlet 경계조건은 5.1.3절에서 설명한 방법 중 어느 하나를 사용하면 만족된다. 행렬 A의 계수 A_{ij}는 공식 (5.28)에 의해 집합(集合, set) $\{1, \cdots, n_v\}$에서 모든 지표 i와 j에 대해 정의되며, 우변(右邊)은 다음의 표현식에 의하여 망(網)의 각 정점에서 계산된다:

$$F_j = \int_{\Omega_h} \left(fw^j\right)(\vec{x}) d\vec{x} + \int_{\Gamma_{2h}} \left(gw^j\right)(\vec{x}) d\gamma(\vec{x}). \tag{5.29}$$

Remark 5.8 이 행렬의 '정정(正定, positive definite)' 성질에 속하는 논평(論評, remark)은 Proposition 5.4와 같은 종류이며 Remark 5.6에서 언급(言及)되었던 연속 문제의 '잘 주어짐(well posedness)'과 직접 연결된다. □

이제 이 계(系, system)의 행렬을 세우는 것이 남아있다. 그것은 2개의 면적 적분(面積 積分, surface integral)과 계산이 5.1.3.2절에서 이미 시도(試圖)되었던 한 개의 선적분(線積分, line integral)으로 구성된다.

행렬 M을 나타내는 면적 적분의 계산으로 시작하자. 이 행렬은, M_{ijh}로 나타내어진 P^1 보간함수에 의해 각 계수 M_{ij}를 근사화하는 것이 가능하여, 망(網)의 각

정점에서 주어진다고 가정한다; M_h로 요소가 M_{ij}인 행렬을 나타낸다. 적분 계산은 그러면, 삼각화의 각 삼각형 T_k로부터의 기여(寄與, contribution)를 국부적(局部的)으로(locally) 계산하는 것에 의해, Laplacian의 경우(그 경우 $M = Id$)에 했던 것과 같은 길(same line)을 따라 나아간다. 모자 함수(帽子 函數, hat function)는 T_k에서 선형이어서, 그 구배(勾配, gradient)는 거기에서 상수(常數)이며, 구적 공식(求積 公式, quadrature formula) (2.59)를 사용한 정확한 적분은 그러면 다음과 같이 주어진다(간단함을 위하여 평면 내에서 일반적인 점(generic point)을 $\vec{x} = (x_1, x_2)$로 나타내었다):

$$\begin{aligned}&\int_{T_k} \left[(\nabla w^i)^T M_h \nabla w^j \right] (\vec{x}) d\vec{x} \\ &= |T_k| \left[m_{11} \frac{\partial w^i}{\partial x_1} \frac{\partial w^j}{\partial x_1} + m_{12} \left(\frac{\partial w^i}{\partial x_1} \frac{\partial w^j}{\partial x_2} + \frac{\partial w^j}{\partial x_1} \frac{\partial w^i}{\partial x_2} \right) + m_{22} \frac{\partial w^i}{\partial x_2} \frac{\partial w^j}{\partial x_2} \right].\end{aligned} \tag{5.30}$$

여기서 삼각형 T_k의 세 정점을 $q^1(T_k)$, $q^2(T_k)$ 및 $q^3(T_k)$로, 그리고 이 삼각형의 면적(面積, area)을 $|T_k|$로 나타낸다면

$$m_{ij} = \frac{1}{3} \sum_{l=1}^{3} M_{ij} \left(q^l(T_k) \right) \tag{5.31}$$

이다. 이 계산에서, 망(網)의 모든 정점에서 계수 M_{ij}의 값을 저장할 필요는 없으며, 삼각화의 모든 삼각형에서 식 (5.31)로 정의된 m_{ij}만 저장하면 됨에 주목한다 (시작에서, 행렬 M을, 각 삼각형에서, 선형이 아닌 상수 행렬(常數 行列, constant matrix)로 근사화하는 것을 선택하였다).

정점 q^i를 둘러싸는 삼각형 T_k중 하나에서 함수 w^i의 구배(勾配, gradient)의 표현식을 상기하자(구배는 어떤 다른 삼각형에서도 0일 것이다!). 이 표현식은 공식 (2.42), (2. 64) 및 (2.65)로부터 얻어졌다. 삼각형 T_k에서 정점 q^i 뒤의 '다음(next)' 정점의 지표(指標, index)를 ip로 나타내고(즉 정방향(正方向)으로 매겨진(positively oriented) 것으로 가정된 삼각형의 방향(方向, orientation)을 따라), ip 뒤에 따르는 정점의 지표를 ipp로 나타내면, 다음을 준다:

$$\frac{\partial w^i}{\partial x_1} = \frac{1}{2|T_k|} \left(q_2^{ip} - q_2^{ipp} \right), \quad \frac{\partial w^i}{\partial x_2} = \frac{1}{2|T_k|} \left(q_1^{ipp} - q_1^{ip} \right). \tag{5.32}$$

여기서 $\left(q_1^j, q_2^j \right)$는 점 q^j의 좌표이다.

마지막 적분이 관련되는 한, 함수 a_0가 망(網)의 각 정점에서 알려져 있어, 이 함

수를 P^1 보간함수에 의해 근사화 하는 것이 가능하다고 가정할 것이다; 이것을 함으로써, 그리고 5.1.3절의 책략(策略, strategy)을 따른다면, 각 삼각형에 대해, 3개의 선형 함수의 적(積, product)을 계산하는 것으로 이끌어진다. 정확한 결과를 얻기 위해서는, 이것은 P^3에 대해 정확한 구적 공식의 사용을 요구한다. 프로그래밍을 간단하게 하기 위하여, 2차 다항식(二次 多項式, second degree polynomial)에 대해 정확한, '변 중점' 공식('邊 中點' 公式, 'edge midpoint' formula), 즉 공식 (2.60)을 사용하는 것으로 대처(對處)할 것이다. 그 다음, 이것이 오차(誤差, error)를 필연적으로 수반(隨伴)한다고 하더라도, a_{0h}로 나타낸 P^0 보간함수에 의해 함수 a_0를 근사화하는 것을 선택한다: a_{0h}는, 삼각형 T_k에서의 값이 이 삼각형의 각 정점에서의 값의 합(合, sum)의 3분의 1인, 각 삼각형에서 구분 상수 함수(區分 常數 函數, piecewise constant function)이다. 그러면 삼각형 T_k의 세 정점을 $q^1(T_k)$, $q^2(T_k)$와 $q^3(T_k)$, 면적을 $|T_k|$ 그리고 T_k의 변(邊, edge)의 중점(中點, midpoint)을 $\bar{q}^1(T_k)$, $\bar{q}^2(T_k)$와 $\bar{q}^3(T_k)$로 나타낸다면 식 (5.34)와 함께 다음을 가진다:

$$\int_{\Omega} \left(a_{0h} w^i w^j\right)(\vec{x}) d\vec{x} = \sum_{k=1}^{n_t} \bar{a}_0(T_k) d_{ij}(T_k), \quad \bar{a}_0(T_k) = \frac{1}{3}\sum_{l=1}^{3} a_0\left(q^l(T_k)\right), \tag{5.33}$$

$$d_{ij}(T_k) = \frac{|T_k|}{3}\sum_{m=1}^{3}\left(w^i w^j\right)(\bar{q}^m). \tag{5.34}$$

이 계수 $d_{ij}(T_k)$를 구하는 것이 남아있다; 그것은 지표 i와 j중 한 개가 삼각형 T_k의 정점이 아니라면 0이다. 그렇지 않으면, $d_{ii}(T_k) = |T_k|/6$을 가지며, 지표 i와 j가 다르면 $d_{ij}(T_k)$는 $|T_k|/12$와 같다. 요컨대, i와 j가 삼각형 T_k의 정점의 지표라면, 위와 같은 표기법을 사용하여, 다음을 가진다:

$$\int_{T_k} \left(a_{0h} w^i w^j\right)(\vec{x}) d\vec{x} = \frac{a_0(q^i) + a_0(q^{ip}) + a_0(q^{ipp})}{3} = \begin{cases} \dfrac{|T_k|}{12}, & \text{if } i \neq j, \\ \dfrac{|T_k|}{6}, & \text{otherwise.} \end{cases} \tag{5.35}$$

이제 방법을 프로그래밍할 수 있다. 일반적인 경우에는, 각 삼각형에 대해 식 (5.31)로 정의된 3개의 계수 m_{11}, m_{12}및 m_{22}를 저장해야 하며, 각 정점에 대하여, 2개의 계수 a_0와 a_1을 저장해야 한다.

계산을 최소화하도록, 매우 빈번(頻煩)히 사용되는 몇 가지 연산자(演算子, operator)(예를 들어, 대각 연산자(對角 演算子, diagonal operator))를 열거(列擧)할 것이다. 연산자($\varphi \to -\nabla \cdot (M\nabla\varphi)$)의 4가지 형태 사이를, 일반성(一般性, generality)의 증가에 따라, iM으로 나타낸 단일 매개변수(媒介變數, parameter)의 4가지 증가하는

값과 관련하여 구별할 것이다:

- 플래그(flag) iM을 0과 같게 두는 경우인, Laplacian(행렬 M이 단위 행렬(identity matrix)이며, 저장이 요구되지 않음);
- 관련된 행렬 M이 배수적(倍數的)으로 증가하는 상수(multiplicative constant)($\vec{x}$에 종속하여)까지 단위 행렬인 연산자의 경우로서, 각 삼각형에 대해 $m_{11} = m_{22}$의 값을 저장하면 충분함; 이 경우의 플래그는 다음을 만족함: $iM \leq 1$;
- 각 삼각형에 대해 계수가 둘 다 (m_{11}과 m_{22}) 저장되어야 하는 대각 행렬을 가지는 연산자의 경우이며, 매개변수 iM은 $iM \leq 2$와 같음;
- 마지막으로, 각 삼각형에 대해 3개의 계수(m_{11}, m_{12} 및 m_{22})가 모두 저장되어야 하며 iM은 값 3이 부과되는 일반적인 경우.

기호(記號, notation)를 절약(節約)하기 위하여, 이 몇 가지 m_{ij}의 값은 크기 $iM * n_t$의 1차원 배열(一次元 配列, one dimensional array) M에 저장된다. 이 배열에서 첫 n_t개의 위치에는 m_{11} 계수, 다음 n_t개의 위치에는 m_{22}가 저장되고, 마지막 위치에는 대각(對角)이 아닌 계수(off-diagonal coefficient) m_{12}가 저장된다.

같은 정신으로, 첫 번째 경우가 특히 빈번하기 때문에, a_0 계수가 0과 전등(全等)인지(identically zero)($ia0 = 0$), 아닌지($ia0 = 1$)를 탐지(探知)하는 것을 가능하게 하는 매개변수 $ia0$를 정의한다.

비슷한 방식으로, 함수 a_1이 0과 전등(全等)이면(identically zero)(Neumann 조건에 대응한다) 0과 같게 두고, 그렇지 않으면 1과 같게 두는 매개변수 $ia1$을 통하여 약간의 통상적인 경계조건을 열거한다. 몇 가지 매개변수 iM, $ia0$ 및 $ia1$의 값이 검토중인 문제에 따라 사용자(使用者, user)에 의해 알려져 있기 때문에, 프로그램의 시작에서 지정(指定)될 (그리고 계산되지 않을) 것이다.

행렬 A의 대각(對角, diagonal)에 의해 전처리(前處理)된(preconditioned) 공액구배(共軛勾配, conjugate gradient)를 사용하여, 변분 정식화(變分 定式化, variational formulation) (5.25)로부터, 문제 (5.27)을 풀기 위한 완전한 프로그램이 Appendix 5.A에서 찾아질 수 있다. 거기에서는, 데이터가 입력되는 방식을 명기하였다. 앞 장(章)과 비교하여 공액구배 프로그램이 바뀌지 않도록, 배열 cg를 여기에서는 없앨 수 있지만 그대로 두었다.

이제 앞 장에서의 subroutine과는 가장 많이 다른 subroutine, 즉 우변(右邊)의 새로운 계산 'gRHS'와 행렬 계수 A_{ij}에 대한 각 삼각형에 의한 기본 기여(基本 寄與, elementary contribution)의 계산 'geMat'와, 더욱이 영역 경계(領域 境界, domain boundary)의 Γ_1 부분에서 옳은 Dirichlet 경계조건으로 되돌리기 위한 subroutine 'gDirBC'를 준다.

```
C  File: gelem.for
C
C  ----------------------------------------------------------
      SUBROUTINE gRHS(me,f,nv,nt,area,ff,ng,q)
C  ----------------------------------------------------------
C
C  This subroutine computes the right hand side
C    ff(i) = ∫Ω fw^i dΩ + ∫Γ2 gw^i dΓ
C  of the linear system to be solved, and stores the
C  result in array ff.
C  This computation is in several steps:
C
C  -we first compute the second integral, because
C   on entry to this program, the array f contains
C   the values of g at each vertex of the mesh
C   (the array f can then be erased);
C
C  -we then read from a file, whose name is given by
C   the user at run time, the values of the right hand
C   side f, and store them in array f; reading is via
C   subroutine 'readF' from file utilP1.for;
C
C  -we then compute the first integral.
C
C
C  input:
C  ------
C    triangulation(nv,nt,q,me,ng,area),
C    array f containing the values of g at each
C      vertex of the mesh
C
C  output:
C  -------
C    array f contains the values of the right hand side
C      f of the PDE at each vertex of the mesh
C    array ff contains the right hand side of the linear
C      system to be solved.
C
C
      DIMENSION q(2,*),me(3,*),ng(*),area(*)
      DIMENSION f(*),ff(*)
      DIMENSION inext(4)
C
      CHARACTER*20 filnam
C
      DATA inext/2,3,1,2/
C
      DO 2 j=1,nv
        ff(j)=0.
2     CONTINUE
C
```

```
      DO 3 k=1,nt
        DO 3 il=1,3
          i=me(il,k)
          IF(ng(i).NE.0)THEN
            ip=me(inext(il),k)
            ipp=me(inext(il+1),k)
            IF(ng(ip).NE.0)THEN
              dx=q(1,i)-q(1,ip)
              dy=q(2,i)-q(2,ip)
              dist=sqrt(dx*dx+dy*dy)
              ff(i)=ff(i)+(2.*f(i)+f(ip))*dist/6.
            ENDIF
            IF(ng(ipp).NE.0)THEN
              dx=q(1,i)-q(1,ipp)
              dy=q(2,i)-q(2,ipp)
              dist=sqrt(dx*dx+dy*dy)
              ff(i)=ff(i)+(2.*f(i)+f(ipp))*dist/6.
            ENDIF
          ENDIF
3     CONTINUE
C
      write(*,*)'name of file where f is stored'
      write(*,*)'(PDE right hand side)'
      read(*,'(a)')filnam
      CALL readF(filnam,nv,f)
C
      DO 4 k=1,nt
        areak=area(k)
        DO 4 il=1,3
          i=me(il,k)
          ip=me(inext(il),k)
          ipp=me(inext(il+1),k)
          ff(i)=ff(i)+(2.*f(i)+f(ip)+f(ipp))*areak/12.
4     CONTINUE
      END
C
C
C ---------------------------------------------------------------
      FUNCTION geMat(k,il,jl,areak,q,me,ng,nv,nt,
     >                AM,iM,a0,ia0,a1,ia1)
C ---------------------------------------------------------------
C
C This function computes the elementary contribution on
C the index k triangle to the Aij coefficient of
C the matrix of the linear system to be solves, in the
C case of general symmetric second-order elliptic
C operator
C   a0φ − ∇·(M∇φ),
C with Robin boundary conditions on the boundary Γ2
C   a1φ + n^T M∇φ = g.
C
```

```
C  The computation is in 3 steps:
C  -computation of $\int_\Omega (\nabla w)^T M \nabla \varphi d\Omega$,
C  -computation of $\int_\Omega a_0 \varphi w d\Omega$,
C  -computation of $\int_\Gamma a_1 \varphi w d\Gamma$, .
C
C  Each of these computations takes into account the
C  possible particular structure of the problem.
C  We recall that:
C  -iM=0 if M=Id,
C  -iM≤1 if M=$M_{11}$Id,
C  -iM≤2 if M is diagonal,
C  -iM=3 in the other cases;
C
C  We also have: ia0=0 if $a_0$ is the zero function,
C  and ia0=1 otherwise; the same goes for ia1 and $a_1$.
C  Array AM here contains average values m on each triangle
C  of matrix M (i.e. one third of the sum of the values
C  of this matrix at each vertex of the triangle).
C  It is filled in the following way:
C  -the first nt indices store $m_{11}$,
C  -the next nt indices store $m_{22}$,
C  -eventually, the last nt indices store the off-diagonal
C   coefficients $m_{12}$.
C
C  N.B. This function assumes the triangles are
    positively oriented.
C
C
      DIMENSION q(2,*),me(3,*),ng(*),inext(4)
      DIMENSION AM(*),a0(*),a1(*)
C
      DATA inext/2,3,1,2/
C
C  step 1: matrix M in the PDE
C
      nkt=k-nt
      IF(iM.GT.0)THEN
        nkt=nkt+nt
        AM11=AM(nkt)
      ELSE
        AM11=1.
      ENDIF
      IF(iM.GT.1)THEN
        nkt=nkt+nt
        AM22=AM(nkt)
      ELSE
        AM22=AM11
      ENDIF
      i=me(il,k)
```

```
      ip=me(inext(il),k)
      ipp=me(inext(il+1),k)
      j=me(jl,k)
      jp=me(inext(jl),k)
      jpp=me(inext(jl+1),k)
      gradWi1=q(2,ip)-q(2,ipp)
      gradWi2=q(1,ipp)-q(1,ip)
      gradWj1=q(2,jp)-q(2,jpp)
      gradWj2=q(1,jpp)-q(1,jp)
      elem=AM11*gradWi1*gradWj1+AM22*gradWi2*gradWj2
C
      IF(iM.EQ.3)THEN
        nkt=nkt+nt
        elem=elem+AM(nkt)*(gradWi1*gradWj2+gradWi2*gradWj1)
      ENDIF
      elem=elem/(4.*areak)
C
C  step 2: constant term a0 of the PDE
C
      IF(ia0.EQ.1)RHEN
        a0k=(a0(i)+a0(ip)+a0(ipp))/3.
        IF(i.EQ.j)THEN
          elem=elem+a0k*areak/6.
        ELSE
          elem=elem+a0k*areak/12.
        ENDIF
      ENDIF
C
C  step 3: term a1 of the boundary condition
C
      IF(ia1.EQ.1)THEN
        IF(ng(i).NE.0)THEN
          IF(i.EQ.j)THEN
            IF(ng(ip).NE.0)THEN
              dx=q(1,i)-q(1,ip)
              dy=q(2,i)-q(2,ip)
              dist=sqrt(dx*dx+dy*dy)
              elem=elem+(3.*a1(i)+a1(ip))*dist/12.
            ENDIF
            IF(ng(ipp).NE.0)THEN
              dx=q(1,i)-q(1,ipp)
              dy=q(2,i)-q(2,ipp)
              dist=sqrt(dx*dx+dy*dy)
              elem-elem+(3.*a1(i)+a1(ipp))*dist/12.
            ENDIF
          ELSEIF(ng(j).NE.0)THEN
            dx=q(1,i)-q(1,j)
            dy=q(2,i)-q(2,j)
            dist=sqrt(dx*dx+dy*dy)
            elem=elem+(a1(i)+a1(j))*dist/12.
          ENDIF
```

```
          ENDIF
        ENDIF
        geMat=elem
        END
C
C
C  ------------------------------------------------------------
        SUBROUTINE gDirBC(aa,ia,ff,phi0,ng,nv,cte)
C  ------------------------------------------------------------
C
C  This subroutine recovers the Dirichlet boundary
C  condition on the part Γ1 of the domain boundary
C  corresponding to vertices q^i that do
C  not satisfy phi0(i)=0.
C
C  At each of this points, we simultaneously modify
C  -the diagonal element aa by replacing it by a very
C     large constant cte,
C  -ff(i) by replacing it by the product phi0(i)*cte.
C
C
        DIMENSION aa(*),ia(*),phi0(*),ng(*),ff(*)
C
        DO 1 i=1,nv
          IF((ng(i).NE.0).AND.(phi0(i).NE.0))THEN
            aa(ia(i+1)-1)=cte
            ff(i)=phi0(i)*cte
          ENDIF
1       CONTINUE
        END
```

5.2.4 *An Example*

일반적인 타원형 문제(楕圓形 問題, elliptic problem)의 예제로서, $R_2 < R_1$인 반경(半徑, radius) R_1과 R_2를 가진 2개의 동축 원통(同軸 圓筒, coaxial cylinder) 사이에 정지(靜止)해 있는(at rest) 유체(流體, fluid)의 온도(溫度, temperature) φ를 계산하는데 착수(着手)한다. 내부 원통(inner cylinder) 내부(inside)의 온도 분포(溫度 分布, temperature distribution)는 두 원통 사이의 계면(界面, interface)에서 0 선속 조건(零 線束 條件, zero flux condition)을 취해도 좋도록 작은 열 전도율(도)(熱 傳導率(度), conductivity)을 가진다. 외부 원통(outer cylinder)은 열 전도율(thermal conductivity) μ를 가지며, 그 표면(表面, surface)은 온도 T_0에서 유지(維持)된다고 가정한다. 따라서 문제는

$$
\begin{aligned}
&\nabla \cdot (\mu \nabla \varphi) = 0 \ \text{ in } \ \Omega, \\
&\mu \frac{\partial \varphi}{\partial n} = 0 \ \text{ on } \ \Gamma_2, \quad \varphi = T_0 \ \text{ on } \ \Gamma_1
\end{aligned}
\tag{5.36}
$$

와 같은 φ를 찾는 것이다. 여기서, z가 원통 축(圓筒 軸, cylinder axis)을 따른 가로 좌표(abscissa), 그리고 (r, θ)가 축에 수직(垂直)인(orthogonal) 평면(平面, plane)에서의 극 좌표(極 座標, polar coordinates)인 원통 좌표계(圓筒 座標系, cylindrical coordinates) (r, θ, z)에서, Ω, Γ_1 및 Γ_2는 각각 다음과 같다:

$$\begin{aligned}
\Omega &= \{(r, \theta, z) : R_2 < r < R_1,\ 0 \le r \le 2\pi,\ z \in \mathbb{R}\},\\
\Gamma_1 &= \{(r, \theta, z) \in \bar{\Omega},\ r = R_1\},\\
\Gamma_2 &= \{(r, \theta, z) \in \bar{\Omega},\ r = R_2\}.
\end{aligned}$$

문제가 축대칭 기하(軸對稱 幾何, axisymmetric geometry)를 갖기 때문에, 그것을 원통 좌표계에서 다시 만들 것이다. 관심(關心, interest)이 편각(偏角, polar angle)에 독립인 미지수(未知數, unknown) φ라는 사실에 있으므로, 이 변수 변환(變數 變換, change of variable)은 문제를, 훨씬 부담(負擔)이 적어지는, 2차원 문제(二次元 問題, two-dimensional problem)로 축소(縮小)한다. 그래서 평면 $\theta = 0$와 Ω의 교차(交叉, intersection)인 평면 영역(平面 領域, planar domain)을 Ω'로, 그리고 Γ_1 및 Γ_2와 이 평면의 교차를 각각 Γ_1' 및 Γ_2'로 나타내자; μ가 상수(常數, constant)라면, 다음과 같은 새로운 문제를 풀어야 한다:

$$\begin{aligned}
&\frac{1}{r}\frac{\partial}{\partial r}\left(r\frac{\partial \varphi}{\partial r}\right) + \frac{\partial^2 \varphi}{\partial z^2} = 0 \text{ in } \Omega',\\
&\frac{\partial \varphi}{\partial n} = 0 \text{ on } \Gamma_2', \quad \varphi = T_0 \text{ on } \Gamma_1'.
\end{aligned} \tag{5.37}$$

r을 곱한 후 표기(表記, notation)를 바꾸면($r \to x_1, z \to x_2$), 식 (5.37)은 다음을 가진 형태 (5.20)-(5.21)을 가짐을 본다: $a_0 = a_1 = M_{12} = M_{21} = 0$, $M_{11} = M_{22} = x_1$, $g = 0$ 및 $\varphi_0 = T_0$:

$$\frac{\partial}{\partial x_1}\left(x_1\frac{\partial \varphi}{\partial x_1}\right) + \frac{\partial}{\partial x_2}\left(x_1\frac{\partial \varphi}{\partial x_2}\right) = 0 \text{ in } \Omega'.$$

5.3 SECOND ORDER FINITE ELEMENTS

위와 같은 종류의 경계치 문제의 유한요소 이산화는 어떠한 임의의 차수(次數, degree)의 구분 다항식(區分 多項式, piecewise polynomial)으로든지 수행될 수 있다. 이 다항식의 더 높은 차수는 더 좋은 방법 정밀도(方法 精密度, method accuracy) 때문에 흥미(興味)롭다. 이론(理論, theory)으로 들어감 없이, 다항식이 차수 2의 다항식이라면, 적어도 다각형 영역(多角形 領域, polygon domain) Ω에 대해, 2장의 Theorem 2.8에서 추정(推定)되었던 것과 같은 놈(norm) $H^1(\Omega)$ 에서의 오차(誤差,

error)는 차수(次數) h^2으로(차수 h 대신) 된다. 독자(讀者)들에게 이와 같은 형태의 오차 추정(誤差 推定, error estimate)에 관해서는 많은 참고 문헌(參考 文獻, bibliography)을 참조(參照)시키고, 여기에서의 목표(目標, goal)는 오히려 방법을 어떻게 이행(履行)하는 가를 기술(記述)하는 것이다.

5.3.1 Discrete Problem

사항(事項)을 단순하게 하기 위하여, 모델 문제, 즉 변분형(變分形, variational form)으로 식 (5.40)과 같이 써진 Dirichlet 경계조건을 가진 Laplacian

$$-\Delta\varphi(\vec{x}) = f(\vec{x}),\ \ \forall\vec{x} \in \Omega, \tag{5.38}$$

$$\varphi(\vec{x}) = g(\vec{x}),\ \ \forall\vec{x} \in \Gamma \tag{5.39}$$

으로 돌아가자:

$$\begin{aligned} &\text{find } \varphi \in H_g^1(\Omega) \text{ such that} \\ &\forall w \in H_0^1(\Omega), \quad \int_\Omega \nabla\varphi(\vec{x})\cdot\nabla w(\vec{x})d\vec{x}d\vec{x} = \int_\Omega f(\vec{x})w(\vec{x})d\vec{x}\,. \end{aligned} \tag{5.40}$$

Ω의 규칙적인 삼각화(regular triangulation)를 주고 $\Omega_h = \cup_{k=1}^{n_t} T_k$라고 정의하자; 이 삼각화의 정점을 q^i, $i \in \{1, \cdots, n_v\}$로 나타내자. 그 다음 이산 공간(離散 空間, discrete space) V_h를 다음과 같이 정의하자:

$$V_h = \{v_h \in C^0(\Omega_h),\ \forall k \in \{1, \cdots, n_t\},\quad v_h|_{T_k} \in P^2\}. \tag{5.41}$$

여기서 P^2는 변수 x_1, x_2 둘 다에 관해 차수 2인 다항식의 모든 집합을 나타낸다. Proposition 2.12와 2.15의 대응(對應, counterpart)이며, 짧은 증명을 주는 다음의 결과를 가진다.

Proposition 5.9 *V_h의 함수는 모든 정점 q^i, $i \in \{1, \cdots, n_v\}$에서 뿐만 아니라 망(網, mesh)의 n_e개의 모든 변(邊, edge) $[q^i, q^j]$의 중점(中點, midpoint) $q^{ij} = (q^i + q^j)/2$에서의 값에 의해 완전히 결정된다. 이 점들은 망의 '절점(節點, node)'이라 불리며, 공간 V_h의 차원은 이 모든 절점의 수(數) $n_v + n_e$와 같다. V_h의 기저(基底, basis)는 V_h에서 한 개의 절점에서는 1 그리고 모든 다른 절점에서는 0과 같은 함수의 형태이다.*

Proof 먼저 삼각화의 임의의 삼각형 T에서 V_h의 함수 v_h가 3개의 정점 q^{i_1}, q^{i_2},

q^{i_3}에서 뿐만 아니라 이 삼각형의 변(邊)의 3개의 중점에서의 값에 의해 완전히 결정되기 위한 함수 v_h의 제한(制限, restriction)을 보이자. T에서 v_h의 제한은 다음과 같은 차수 2의 다항식이고, 그래서 6개의 계수 a, b, c, d, e 및 f가 있다:

$$\forall \vec{x} = (x_1, x_2) \in T, \quad v_h(\vec{x}) = a + bx_1 + cx_2 + dx_1^2 + ex_2^2 + fx_1x_2.$$

이 관계를 3개의 정점 q^{i_j}, $j \in \{1, 2, 3\}$, 그리고 T의 3개의 변의 중점의 $\vec{x}$의 특정한 값을 취하여 표현하면, 6개의 미지수(unknown)가 있는 6개 방정식의 계(系, system)를 얻는다; 그러나 명제(命題, proposition)의 첫 번째 논점(point)을 증명하는, 관련된 제차 계(齊次 系, homogeneous system)는 자명(自明)한 해(trivial solution) (0, 0, 0, 0, 0, 0,) 만을 갖는다는 것을 쉽게 보일 수 있기 때문에(삼각형 내의 국부 좌표계(局部 座標系, local coordinate system)에서의 작업(作業, working)에 의해), 이 계(系)는 가역적(可逆的)이다(invertible).

Proposition 2.14에서와 같이, 그러한 방법으로, 삼각형에서 삼각형으로(triangle by triangle), 세운 함수는 2개의 삼각형 사이의 계면(界面, interface)에서 연속이고, 그래서 그것들이 Ω의 전체에서 전역 연속(全域 連續, globally continuous)이어서, 수(數) $n_e + n_v$가 V_h에서 함수의 '자유도(自由度, degree of freedom)'를 나타내기 때문에, V_h의 차원이 $n_e + n_v$와 같음을 증명한다.

V_h에서 한 개의 절점에서는 1 그리고 모든 다른 절점에서는 0과 같은 $n_e + n_v$개의 함수가 있다; 따라서 그들이 V_h의 기저(basis)를 이룬다는 것을 증명하기 위해서는, 2장의 Proposition 2.17에서 자명하게 보였던 것처럼, 그들이 독립 집합(獨立集合, independent set)을 이룬다는 것을 증명하면 충분하다. □

EXERCISE 지금까지는, 임의의 기하의 영역 Ω를 다루는 것을 허용하기 때문에, 삼각형 유한요소(三角形 有限要素, triangular finite element) 만을 고려하였다. 어떤 종류의 영역의 경우에는, 직사각형 유한요소(直四角形 有限要素, rectangular finite element)의 사용에 관심이 있을 수 있다. 영역 Ω가 그 변(邊, side)이 좌표 축(座標 軸, coordinate axis)에 평행인 n_r개의 직사각형 R_k에 의해 채워진다고 가정하자. 변수 x_1, x_2의 각각에서 기껏해야 1차의 다항식의 공간을 Q^1으로 나타낸다(이 공간은 차원 4(次元 四, dimension four)를 가지며, 기저(基底, basis)는 $1, x_1, x_2, x_1x_2$이다). 그 다음 다음과 같은 근사 공간(近似 空間, approximation space)을 고려한다:

$$V_h = \{v_h \in C^0(\Omega_h), \ \forall k \in \{1, \cdots, n_r\}, \quad v_h|_{R_k} \in Q^1\}.$$

V_h의 함수는 n_r개의 모든 직사각형 R_k의 각 정점에서의 값에 의해 완전히 결정됨

을 보여라; V_h의 차원(次元, dimension)을 추단(推斷)하라. 이 공간(空間, space)의 기저(基底, basis)를 세우라. □

표기법(notation)을 간단히 하기 위하여, 망(mesh)의 정점 q^i에 관련된 기저 함수(基底 函數, basis function)를 w^i ($i \in \{1, \cdots, n_v\}$)로 그리고 망의 지표 i인 변(邊, edge)의 중점(中點, midpoint)에 관련된 기저 함수를 w^{n_v+i} ($i \in \{1, \cdots, n_e\}$)로 나타낼 것이다(이것은 변(edge)에 번호가 매겨졌음을 가정한다: 이 책의 3장 참조). 상사(相似, analogy)에 의해, i번째 변의 중점 역시, 여기서는 $i \in \{n_v + 1, \cdots, n_v + n_e\}$로, q^i로 나타낼 것이다. 이 표기법으로, V_h의 기저 함수는

$$\forall(i, j) \in \{n_v + 1, \cdots, n_v + n_e\}^2, \quad w^i(q^j) = \delta_{ij} \tag{5.42}$$

에 의해 간단히 정의되며 위에서 정의된 함수 가운데에서, 망의 내부 절점(內部節點, internal node)에 관련된 함수는 공간(space)

$$V_{0h} = \{v_h \in V_h, \quad v_h|_{\Gamma_h} = 0\} \tag{5.43}$$

의 기저를 이룬다. 변분 문제(變分 問題, variational problem) (5.40)과 관련된 이산 문제(離散 問題, discrete problem)는, 여느 때처럼, 망의 각 경계 절점(境界 節點, boundary node)에서 g와 일치(一致)하는 V_h 내의 함수 공간 V_{gh}에서 식 (5.40)을 풂으로써 얻어지는데, '시험(試驗, test)' 함수 w_h는 V_{0h}의 기저에서 모든 요소(要素, element)에 대해 되풀이하며, 이 새로운 문제의 근사해(近似解, approximate solution) φ_h는 위의 기저에서 그 성분들(components)로부터 결정된다.

통상(通常)의 책략(策略, trick)에 따라, 다음과 같이 씀으로써, 실제로 φ_h를 *망(網)의 모든 절점*으로 넓힌다:

$$\varphi_h(\vec{x}) = \sum_{i=1}^{n_v+n_e} \varphi_i w^i(\vec{x}), \ \forall \vec{x} \in \Omega. \tag{5.44}$$

그 다음 망의 모든 절점에서의 φ_h의 성분을 결정하는 것을 가능하게 하는 선형계(線形 系, linear system), 또는

$$A\Phi = F \tag{5.45}$$

를 푼다. 여기서 Φ는 요소(要素, entry)가 φ_i, $i \in \{1, \cdots, n_v + n_e\}$인 벡터이고, 행렬 $A = ((A_{ij}))_{1\le i,j\le n_v+n_e}$와 우변(右邊) $F = (F_i)_{1\le i\le n_v+n_e}$는 q^i가 경계 점(境界 點, boundary point)이라면, cte가 '매우 큰 상수'인, 식 (5.48)과 같은 통상(通常)의 수정(修正)과

함께 다음과 같이 정의된다:

$$A_{ij} = \int_{\Omega_h} \left(\nabla w^i \cdot \nabla w^j\right)(\vec{x})d\vec{x}, \tag{5.46}$$

$$F_i = \int_{\Omega_h} \left(fw^i\right)(\vec{x})d\vec{x}, \tag{5.47}$$

$$A_{ii} = cte \text{ and } F_i = cte * g\left(q^i\right), \quad \text{if } q^i \in \Gamma. \tag{5.48}$$

이제 P^2 근사에서 이 새로운 행렬 A 뿐만 아니라 우변의 계수를 계산하는 것이 남았다.

5.3.2 *Construction of the System Matrix and Right Hand Side*

계수 A_{ij}는 각 삼각형에 대해 국부적(局部的)으로, 즉 q^i 또는 q^j 어느 것도 삼각형 T_k의 절점이 아니라면 기본 기여(基本 寄與, elementary contribution) $A_{ij}(T_k)$가 0이라는 것에 주목함으로써, 다음과 같이 계산된다:

$$A_{ij} = \sum_{i=1}^{n_t} A_{ij}(T_k),\ A_{ij}(T_k) = \int_{T_k} \left(\nabla w^i \cdot \nabla w^j\right)(\vec{x})d\vec{x}. \tag{5.49}$$

이 절(節)에서는 표기법(表記法, notation)을 간단히 하기 위하여, 삼각형 T_k의 정점(頂點, vertex)을 q^i, $i \in \{1, 2, 3\}$으로(이 삼각형이 정방향(正方向)으로 번호가 매겨졌다고 가정한다), 그리고 변(邊, edge) $\left[q^i, q^{ip}\right]$의 중점(中點, midpoint)을 $q^{\{i,ip\}}$로 나타내자. 여기서 ip는 삼각형 T_k의 정점의 국부 번호매김(local numbering)에서 지표(指標, index) i를 가진 점 다음에 오는 점의 지표를 나타낸다($ip = i \bmod 3 + 1$). 상사(相似)에 의해, 그 절점(節點, node)에 관련된 기저 함수(基底 函數, basis function)는 각각 w^i와 $w^{\{i,ip\}}$, $i \in \{1, 2, 3\}$으로 나타낼 것이다; 그것들은 다음과 같이 정의된다:

$$w^i \in V_h, \quad w^i\left(q^j\right) = \delta_{ij}, \quad w^i\left(q^{\{i,ip\}}\right) = 0, \quad \forall j \in \{1, 2, 3\}, \tag{5.50}$$

$$w^{\{i,ip\}} \in V_h, \quad w^{\{i,ip\}}\left(q^{\{i,ip\}}\right) = \delta_{ij}, \quad w^{\{i,ip\}}\left(q^j\right) = 0, \quad \forall j \in \{1, 2, 3\}. \tag{5.51}$$

행렬 계수의 계산은 그러면, A의 대칭성을 고려하여, 총(總) 21개의 계수를 계산하는, 다음과 같은 계수의 국부적인 계산으로 줄어든다:

$$a_{ij}(T_k) = \int_{T_k} \left(\nabla w^i \cdot \nabla w^j\right)(\vec{x})d\vec{x}, \quad (i, j) \in I^2. \tag{5.52}$$

이 계수의 실제 계산의 세부(細部)로 들어감 없이, [Lucquin과 Pironneau (1997) 참조], 삼각형 T_k의 중심 좌표계(重心 座標系, 무게 중심(中心) 좌표계, barycentric coordinates)의 사용에 기초(基礎)를 둔 방법을 줄 것이다.

삼각형 T_k에서 각 점 $\vec{x}$는 T_k의 정점 q^i, $i \in \{1, 2, 3\}$의 질량 중심(質量 中心, 무게 중심, center of mass)으로 쓸 수 있다는 것, 즉 다음을 상기하자(Lemma 2.29 참조):

$$\vec{x} = \sum_{i=1,2,3} \lambda_i(\vec{x}) q^i , \quad 1 = \sum_{i=1,2,3} \lambda_i(\vec{x}) . \tag{5.53}$$

계수 $\lambda_i(\vec{x})$, $i \in \{1, 2, 3\}$은 점 $\vec{x} = (x_1, x_2)$의 중심 좌표(重心 座標)이다; 데카르트 좌표계(Cartesian coordinates) (x_1, x_2)의 함수로 나타낸 표현은, 그 행렬식(行列式, determinant)이 삼각형의 면적의 2배이기 때문에 유일해(唯一解, unique solution)를 가지는, 위의 선형 계(線形 系, linear system)를 풂으로써 얻어진다. 더 정확히, $i \in \{1, 2, 3\}$에 대하여 다음을 얻는다:

$$\lambda_i = \frac{1}{2|T_k|}\left[x_1\left(q_2^{ip} - q_2^{ipp}\right) + x_2\left(q_1^{ipp} - q_1^{ip}\right)\right]. \tag{5.54}$$

여기서 ipp는 삼각형 T_k의 방향(方向, orientation)을 따라 지표 ip를 가진 점 다음에 오는 점의 지표를 나타낸다. 중심(重心) 좌표계는 데카르트 좌표계의 의사 함수(擬似 函數, affine function)임에 주목한다; 그 구배(勾配, gradient)는 따라서 T_k에서 상수이며

$$\frac{\partial \lambda_i}{\partial x_1} = \frac{1}{2|T_k|}\left(q_2^{ip} - q_2^{ipp}\right), \quad \frac{\partial \lambda_i}{\partial x_2} = \frac{1}{2|T_k|}\left(q_1^{ipp} - q_1^{ip}\right) \tag{5.55}$$

의 관계에 의해 주어진다. 여기서 $\left(q_1^j, q_2^j\right)$는 정점 q^j의 좌표이다.

이 중심좌표계(barycentric coordinates)의 흥미로운 점은 삼각형 내에 있는 어떤 특정한 선(線, line)은 매우 간단한 방정식(方程式, equation)을 갖는다는 사실에 있다: 점 q^i를 통과하며 맞은 편 변(邊)(opposite side) $[q^{ip}, q^{ipp}]$에 평행(平行, parallel)인 선(線)은 방정식으로서 $\lambda_i = 1$을, 정점 q^i를 둘러싸는 두 변의 중점(中點) $q^{\{i,ip\}}$와 $q^{\{ipp,i\}}$를 통과하는 선(line)은 방정식으로서 $\lambda_i = 1/2$을 가지며, 마지막으로 선(linc) (q^{ip}, q^{ipp})는 방정식으로서 $\lambda_i = 0$을 가진다. 그 때문에, 기저 함수(基底 函數, basis function)는

$$w^i = \lambda_i(2\lambda_i - 1), \quad w^{\{I,ip\}} = 4\lambda_i\lambda_{ip}, \quad i \in \{1, 2, 3\} \tag{5.56}$$

과 같이 써질 수 있으며 그 구배(勾配, gradient)는 식 (5.55)의 덕택으로 쉽게 계산된다. $a_{ij}(T_k)$의 계산을 완료(完了)하기 위해서는, 그러면 증명은 독자들에게 연습문제로 남겨둔 다음의 결과를 사용하면 충분하다[Lucquin과 Pironneau (1997)]:

$$\int_{T_l} \lambda_i^m \lambda_j^n \lambda_k^p(\vec{x})d\vec{x} = \frac{2|T_l|\ m!\ n!\ p!}{(2+m+n+p)!}, \quad i \neq j \neq k \neq i. \tag{5.57}$$

우변(右邊)의 계산도 같은 책략(策略, strategy)을 따른다. 각 삼각형 T_l에서, 함수 f가 선형(線形)으로 가정되었기 때문에, 그것을 $f = \sum_{i=1}^{3} f_i \lambda_i$의 형태로 쓸 수 있고, 그러면, 식 (5.57)을 사용하여, 다음을 얻는다:

$$\begin{aligned}
&\int_T (\lambda_i w^j)(\vec{x})d\vec{x} = \frac{|T|}{30} \text{ if } i=j, \quad -\frac{|T|}{60} \text{ otherwise;} \\
&\int_T (\lambda_i w^{\{j,jp\}})(\vec{x})d\vec{x} = \frac{2|T|}{15} \text{ if } i=j \text{ or } i=jp, \quad \frac{|T|}{15} \text{ otherwise.}
\end{aligned} \tag{5.58}$$

이것은 다음을 준다:

$$\begin{aligned}
&\int_T (fw^j)(\vec{x})d\vec{x} = \frac{|T|}{60}\left[2f_j - f_{jp} - f_{jpp}\right]; \\
&\int_T (fw^{\{j,jp\}})(\vec{x})d\vec{x} = \frac{|T|}{15}\left[2f_j + 2f_{jp} + f_{jpp}\right].
\end{aligned} \tag{5.59}$$

프로그래밍의 관점에서는, 앞 장(章)으로부터 프로그램을 가져오기 위해서는 한 가지 그리 중요하지 않은 수정(修正)(minor modification) (항목(項目, item) 4) 밖에 없다; 다음을 해야 한다:

1. 위에서 언급된 것처럼, 망의 정점(頂點, vertex) 뒤에, 즉 지표(指標, index) $n_v + 1$과 $n_v + n_e$ 사이에 변(邊, edge)의 중점(中點, midpoint)의 번호 매김에 의해 배열(配列, array) q를 완성한다(변의 번호 매김에 관해서는 3장을 참조한다);
2. 각 삼각형 T_k에서 기본 기여(基本 寄與, elementary contribution) $a_{ij}(T_k)$를 계산하기 위한 subroutine을 생성한다;
3. CSR 형식으로 행렬을 저장하는 배열 Λ를 완성하고 그 요소의 계산을 새로운 자유도(自由度, degree of freedom)를 고려하도록 수정한다;
4. 공식(公式, formula) (5.59)에 따라, 우변(右邊, right hand side)을 계산하기 위한 subroutine을 수정한다.

Remark 5.10 이제 변(邊, edge)에 번호가 매겨져, 삼각형에 대한 반복(反復, looping) 보다는 변에 대한 루프(loop)에 의해 선형 계 행렬(線形 系 行列, linear system matrix)을 세우는 것이 가능하다. 이 논평(論評, remark)은, 루프가 그러면 벡터화하거나(vectorise) 병렬화(竝列化)하기가(parallelise) 더 쉽기 때문에, 벡터 프로세서(vector processor)를 가진 기계에서의 계산을 위해 유용할 것이다. 서브루틴(subroutine) 'CgetMat'에 대한 후속(後續)의 수정(修正)은 연습 문제로 남겨둔다. □

이 절(節)에서는, P^1 유한요소에 의한 근사화를 위해 사용된 방법에 밀착(密着)하여 계산 기법을 전개(展開)하였다. 즉 선형 계 행렬에 대한 기본 기여(elementary contribution)를 각 삼각형에서 계산하였다. 이 계산은 다음과 같은 매우 다른 2가지 인자(因子, factor)에 종속(從屬)한다: 실제 삼각형의 특별한 기하(幾何)(다른 것들과의 사이에서, 데카르트 좌표계(Cartesian coordinates)의 함수로써 중심(重心) 좌표계(barycentric coordinates)의 계산을 지배(支配)하는)와, 한 개의 '모델(model)' 삼각형에 대해 한 번만 실행(實行)하고 모든 삼각형에 적용하여, 계산 량(量)을 줄일 것이라는 것을 기대(期待)할 수 있는 기저 함수(基底 函數, basis function)에 대한 기본 연산(基本 演算, elementary operation)(미분(微分, derivation), 곱셈(multiplication), 적분(積分, integration)). 이것은 정확히 다음 절(節)에서 설명할, 양 축(兩軸, both axes)에서 단위(單位) 길이(unit length)인 직각 이등변 삼각형(直角 二等邊 三角形, right-angled isosceles triangle)을 모델 삼각형(model triangle)으로 선택하는 것이다: 이 삼각형은 관습적(慣習的)으로 '기준 삼각형(基準 三角形, reference traingle)'이라 불리며 $\hat{T}$로 나타낸다. 이것은 또한 Ω의 경계(境界, boundary)가 곡선 요소(曲線 要素, curved element)의 사용에 의해 구부러져 있을 때 $O(h^2)$ 정밀도(精密度, accuracy)가 참(진(眞), true)임을 허용할 것이다.

5.3.3 *The Reference Triangle Technique*

그림 5.1에 보여준 바와 같이, 평면(平面, plane)에서 직각 이등변 삼각형 $\hat{T}$의 정점(頂點, vertex)을 $\hat{q}^1, \hat{q}^2, \hat{q}^3$루, 그리고 계산을 수행하는 것을 원하는 삼각형 T_k의 정점을 q^1, q^2, q^3로 나타내자. 각 정점 $\hat{q}^i$, $i \in \{1, 2, 3\}$의 상(像, image)이 T_k의 정점 q^i인 의사 변환(擬似 變換, 아핀 변환, affine transformation) $\hat{F}$가 있다. 이 사상(寫像, mapping)은 삼각형 $\hat{T}$를 삼각형 T_k로 보내며 다음에 의해 해석적(解析的)으로(analytically) 정의된다:

$$\forall \hat{x} = (\hat{x}_1, \hat{x}_2) \in \hat{T}, \quad x = \hat{F}(\hat{x}) = \hat{x}_1(q^2 - q^1) + \hat{x}_2(q^3 - q^1) + q^1. \tag{5.60}$$

관계식 $\hat{\phi}(\hat{x}) = \phi(x)$에 의해 T_k에서 정의된 임의의 함수 ϕ를 $\hat{T}$에서 정의된 함수

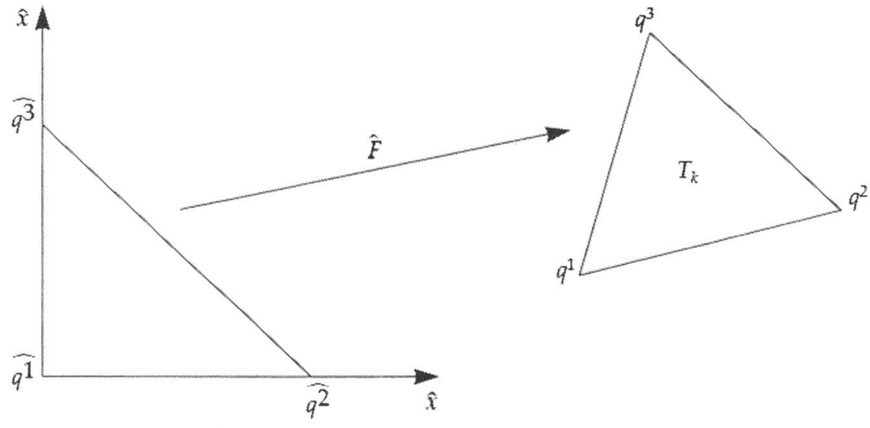

Figure 5.1 Reference triangle.

$\hat{\phi}$와 관련시킬 수 있다. 표현식 (5.60)은 ϕ의 구배(勾配, gradient)를 $\hat{\phi}$의 구배의 함수로 나타내는 것을 가능하게 하며 다음을 가진다:

$$\nabla\phi(x) = \left\{\left[\hat{J}(\hat{x})\right]^T\right\}^{-1} \hat{\nabla}\hat{\phi}(\hat{x}). \tag{5.61}$$

여기서 $\hat{J}(\hat{x})$는 변수 변환(變數 變換, change of variable) $(x \to \hat{x})$의 야코비안 행렬(Jacobian matrix)이다; 이것은 $\hat{x}$에 독립(獨立)이며 다음에 의해 정의된다:

$$\hat{J} = \begin{pmatrix} (q^2 - q^1)_1 & (q^3 - q^1)_1 \\ (q^2 - q^1)_2 & (q^3 - q^1)_2 \end{pmatrix}. \tag{5.62}$$

식 (5.52)에서 이 변수 변환을 만들고 Jacobian이 T_k의 면적의 2배와 같음에 주목하면, 다음을 얻는다:

$$a_{ij}(T_k) = \frac{1}{2|T_k|}\int_{\hat{T}} \hat{\nabla}\widehat{w^i}^T(\hat{x})B\hat{\nabla}\widehat{w^j}(\hat{x})d\hat{x}, \quad (i,j) \in I^2. \tag{5.63}$$

여기서 B는 요소(要素, entry)가

$$B_{11} = \|q^3 - q^1\|^2,\ B_{22} = \|q^2 - q^1\|^2,\ B_{12} = B_{21} = -(q^2 - q^1)\cdot(q^3 - q^1) \tag{5.64}$$

인 행렬이다. $l, m \in \{1, 2, 3\}$에 대하여 다음과 같이 두자:

$$b_{lm}(T_k) = \frac{1}{2|T_k|} B_{lm},$$
$$\widehat{a_{ij,lm}} = \frac{1}{2|T_k|} \int_{\hat{T}} \frac{\partial \widehat{w^i}}{\partial \widehat{x_l}}(\hat{x}) \frac{\partial \widehat{w^j}}{\partial \widehat{x_m}}(\hat{x}) d\hat{x}; \tag{5.65}$$

다음과 같은 표현을 갖는다:

$$a_{ij}(T_k) = \sum_{l=1}^{2} \sum_{m=1}^{2} \widehat{a_{ij,lm}} b_{lm}. \tag{5.66}$$

여기서 순전(純全)히 삼각형 T_k의 기하(幾何, geometry)에 연결된 항(項, term) b_{kl}과 그것에 종속되지 않는 항 $\widehat{a_{ij,kl}}$로 분리(分離)하였다; 뒤의 계수는 기준 삼각형에서 계산되고, 작은 수(대칭성(對稱性)을 고려하면 78)로 주어져, 그것들을 한번에 그리고 모두에 대해 저장할 수 있다.

그 계수 $\widehat{a_{ij,kl}}$을 추정하기 위해서는, 몇 가지 가능성(可能性, possibility)을 가진다. 앞에서처럼, 삼각형 $\hat{T}$에서 기저 함수(basis function)를

$$\widehat{w^1}(\hat{x}) = (1 - \widehat{x_1} - \widehat{x_2})(1 - 2\widehat{x_1} - 2\widehat{x_2}),\ \widehat{w^2}(\hat{x}) = \hat{x}_1(2\widehat{x_1} - 1),$$
$$\widehat{w^3}(\hat{x}) = \widehat{x_2}(2\widehat{x_2} - 1),\ \widehat{w^{\{2,3\}}}(\hat{x}) = 4\widehat{x_1}\widehat{x_2}, \tag{5.67}$$
$$\widehat{w^{\{3,1\}}}(\hat{x}) = 4\widehat{x_2}(1 - \widehat{x_1} - \widehat{x_2}),\ \widehat{w^{\{1,2\}}}(\hat{x}) = 4\widehat{x_1}(1 - \widehat{x_1} - \widehat{x_2})$$

와 같이 명백하게 계산한 후, 그들을 밖에서 곱하고 식 (5.57)과 비슷하며, 증명이 쉬운 다음의 관계를 고려하여 적분한다:

$$\int_{\hat{T}} \widehat{x_1}^i \widehat{x_2}^j d\widehat{x_1} d\widehat{x_2} = \frac{i!\, j!}{(2+i+j)!}, \quad i \neq j. \tag{5.68}$$

또한, 더 간단하게, 식 (5.67)에서 결정된 기저 함수의 모든 계수를 한 개의 배열에 저장한 후, 한 개는 2차 다항식의 지표 k 변수에 관한 미분을 계산하고, 다른 것은 2개의 1차 다항식의 적(積, 곱, product)을 취하는, 2개의 '기호직(記號的)인(symbolic)' 계산 subroutine을 생성할 수 있다; 그것은 그러면 $\widehat{a_{ij,kl}}$의 마지막 표현을 이끌어내기 위하여 $i, j \leq 2$에 대하여 식 (5.68)을 사용하면 충분하다.

Remark 5.11 지금까지 CSR 형식으로 저장된 행렬 A를 가진 선형 계(linear system) (3.8)을 풀기 위해, 전처리 공액구배법(前處理 共軛勾配法, preconditioned conjugate gradient method)을 사용하였다. 행렬 A의 저장은 없지만, 메모리(memory)를 절약(節約)하고, 같은 알고리즘을 사용하기 위해 매우 잘 구상(構想)할 수 있다.

이 P^2 근사에서는, *망(網)과는 독립적으로*, 계수 $a_{ij,kl}$을 저장하면 충분할 것이다. 각 삼각형에 대해 21개의 계수 $a_{ij}(T_k)$를 저장하고, 각 공액구배 단계(conjugate gradient step)에서 계수 b_{kl}을 다시 계산하지 않도록 하는 것도 역시 구상할 수 있다. □

Remark 5.12 기준 삼각형의 기법(技法, technique) 뿐만 아니라 앞 절(節)의 직접 계산은 명백하게, 이 장(章)의 시작 부분에서 검토했던 것처럼, 더 일반적인 편미분 연산자(偏微分 演算子, partial differential operator)의 경우로 확장할 수 있다. □

Curved Isoparametric Elements 기준 삼각형 기법의 주된 중요성(重要性, interest)은 그것을 경계가 필연적으로 다각형이 아닌 영역에서 문제를 다루는 것을 가능하게 하는 곡선 유한요소(曲線 有限要素, curved finite element)의 경우에 적응시킬 수 있다는 것이다.

기준 삼각형 $\hat{T}$, 즉 [Ciarlet (1978) 참조] 3개 쌍(雙)(triple) $(\hat{T}, \hat{P}, \hat{\Sigma})$에서 유한요소를 정의했다고 가정하자. 여기서 $\hat{P}$는 유한 차원(有限 次元, finite dimension) N인 $\hat{T}$에서 정의된 실가 함수(實價 函數, 실수 값 함수, real valued function)의 벡터 공간(vector space)(보통 다항식 함수(多項式 函數, polynomial function)의 공간), 그리고 $\hat{\Sigma}$는 $\hat{P}$에서 정의된 N개의 선형 독립 선형 형태(線形 獨立 線形 形態, linear independent linear form) ϕ_i의 집합이다(이 형태는 $\hat{\phi}_i(p) = p(a_i)$로 써지는데, 점 a_i는 삼각형의 '절점(節點, node)'이다; 이 형태는 유한요소의 '자유도(自由度, degree of freedom)'를 나타낸다). 그 위에 이 유한요소는, 주어진 N개의 스칼라(scalar) α_i에서 $\forall i \in \{1, \cdots, N\}$, $\hat{\phi}_i(\hat{p}) = \alpha_i$인 한 개의 그리고 오직 한 개의 요소 $\hat{p} \in \hat{P}$가 있다는 것을 의미하는, '하나의 유일(唯一)한 방식(one unique manner)으로 풀 수 있는(unisolvent)'이라고 가정하자. $\hat{F}$를 모든 성분(成分, component)이 $\hat{P}$에 있는 $\hat{T}$에서 정의된 사상(寫像, mapping)이라 하고, $T = \hat{f}(\hat{T})$라 두자. 그러면, $\hat{F}$가 전단사(全單射, bijection)라면,

$$P = \left\{\hat{p} \circ \left(\hat{F}\right)^{-1},\ \hat{p} \in \hat{P}\right\},\quad a_i = \hat{F}(\hat{a}_i),\quad \Sigma = \left\{\phi_i,\ \phi_i(p) = p(a_i),\ i \in \{1, 2, 3\}\right\}$$

에 의해 정의되는 유한요소 (T, P, Σ)는 하나의 유일한 방식으로 풀 수 있다(unisolvent). 그것은 *등매개 유한요소(等媒介 有限 要素, isoparametric finite element)*라 불리며 *기준 유한요소(基準 有限要素, reference finite element)* (T, P, Σ)*와 등매개적(等媒介的)으로 등가(等價)*라고 말한다(이 관계는, 위에서 본 경우와 대비(對比)하여, 보통 대칭(對稱, symmetric)이 아니라는 것에 주목하자). 실제로는 사상 $\hat{F}$가 사실상 절점 a_i의 데이터에 의해 정의된다는 점에 주목하자.

개념을 정리하기 위하여, 주어진 정점 q^1, q^2, q^3을 가진 '구부러진(curved)' 삼각

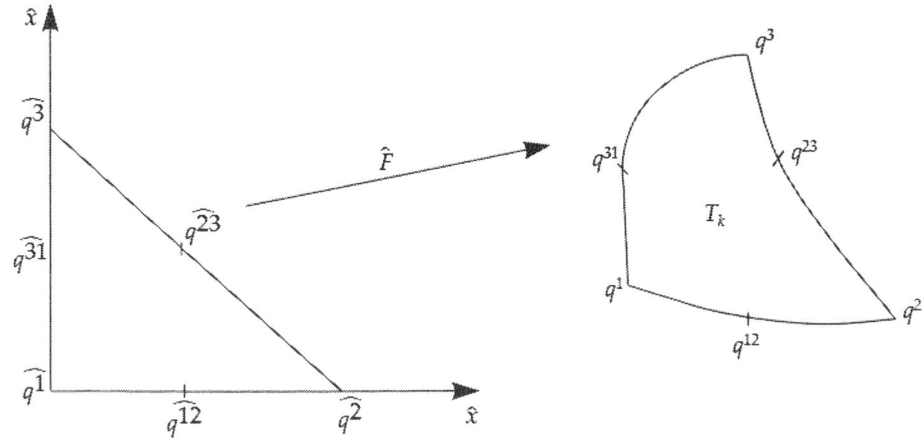

Figure 5.2 Isoparametric P^2 finite element.

형에서(그림 5.2 참조), 기준 삼각형 $\hat{T}$에서 다음과 같이 정의된 P^2 유한요소의 사상 $\hat{F}$에 의한 '상(像, image)'으로 P^2 등매개 유한요소를 정의할 수 있다:

$$\hat{P} = P^2(\hat{T}), \quad \hat{\Sigma} = \{\widehat{q^1}, \widehat{q^2}, \widehat{q^3}, \widehat{q^{12}}, \widehat{q^{23}}, \widehat{q^{31}}\}$$

여기서 $\widehat{q^1}, \widehat{q^2}, \widehat{q^3}$는 $\hat{T}$의 정점이며 $\widehat{q^{12}}, \widehat{q^{23}}, \widehat{q^{31}}$는 이 삼각형의 변(邊, edge)의 중점(中點, midpoint)이다. 삼각형 T의 '절점(節點)'은 위의 6개 절점의 사상 $\hat{F}$에 의한 상(image)이다; 일반적인 경우에는, 이 사상은 따라서 여느 때처럼, 지표 i인 점 '다음의' 점의 지표를 ip로 나타낸다면(즉 정(正)으로 매겨졌다고 가정된 삼각형의 국부 번호매김에서),

$$\hat{F} \in \left(P^2(\hat{T})\right)^2, \quad \hat{F}(\hat{x}) = \sum_{i=1}^{3} \lambda_i(\hat{x})(2\lambda_i(\hat{x}) - 1)q^i + \sum_{i=1}^{3} 4\lambda_i(\hat{x})\lambda_{ip}(\hat{x})q^{i,ip}$$

와 같은 관계에 의해 기준 삼각형에서 중심 좌표계(重心 座標系, barycentric coordinates) $\lambda_i(\hat{x})$, $i \in \{1, 2, 3\}$의 함수로 정의된다.

일단 이 대응(對應, correspondence) $\hat{F}$가 수립(樹立)되면 계산은, 기준 삼각형에서, 위에서와 같이 수행된다.

5.4 SECOND ORDER SYSTEMS

2차 계(二次 系, second order system)의 2가지 예제를 검토할 것이다: 그것은 구조역학(構造 力學, structural mechanics)에서 생기는 Lamé의 방정식(Lamé's equation)

과, 약한 점성(粘性) 비압축성 유체(非壓縮性 流體)(weakly viscous incompressible fluid)의 유동(流動, flow)의 연구를 위한 Stokes의 방정식(Stokes' equation)이다.

5.4.1 Lamé's equation

외력 장(外力 場, external force field) $\vec{f}$를 받는 2차원 구조(二次元 構造, two dimensional structure)의 변위(變位, displacement)를 지배(支配)하는 방정식은 표기법(notation) $\nabla \cdot \vec{u} = \text{div}\,(\vec{u}) = \frac{\partial u_1}{\partial x_1} + \frac{\partial u_2}{\partial x_2}$로

$$\lambda \Delta \vec{u} - \mu \nabla (\nabla \cdot \vec{u}) = \vec{f} \tag{5.69}$$

와 같이 써지고, 편미분 방정식 계(偏微分 方程式 系, system of partial differential equation)

$$\lambda \left[\frac{\partial^2 u_i}{\partial x_1^2} + \frac{\partial^2 u_i}{\partial x_2^2} \right] - \mu \frac{\partial}{\partial x_i} \left[\frac{\partial u_1}{\partial x_1} + \frac{\partial u_2}{\partial x_2} \right] = f_i, \ i = 1, 2 \tag{5.70}$$

를 이끈다. 여기서 λ와 μ는 2가지 물질 특성 상수(物質 特性 常數, material characteristic constant)이다. 몇 가지 경계조건이 이와 같은 형태의 문제에 대해 고려될 수 있다; 고정(固定)된(clamped) 구조에 대응하는 제차(齊次, homogeneous) Dirichlet 경계조건

$$\vec{u} = 0 \ \text{ on } \Gamma \tag{5.71}$$

을 고려한다. 이 문제의 변분 정식화는, 2개의 행렬 $\nabla\vec{u}$와 $\nabla\vec{v}$의 수축(축소) 적(收縮(縮小) 積, contracted product), 즉 $\sum_{i=1,2} \nabla u_i \cdot \Delta v_i$를 $\nabla\vec{u} : \nabla\vec{v}$로 나타내면, 다음과 같이 써진다:

$$\begin{aligned} &\text{find } \vec{u} = (u_1, u_2) \in \left[H_0^1(\Omega)\right]^2, \text{ such that for any } \vec{v} \in \left[H_0^1(\Omega)\right]^2 \text{ we have :} \\ &\int_\Omega \left[\lambda \nabla\vec{u} : \nabla\vec{v} + \mu (\nabla \cdot \vec{u})(\nabla \cdot \vec{v})\right](\vec{x}) d\vec{x} = \int_\Omega \left(\vec{f} \cdot \vec{v}\right)(\vec{x}) d\vec{x}. \end{aligned} \tag{5.72}$$

영역 Ω를 삼각화한 후에, P^1 유한요소에 의한 이산화(discretization)는 함수 공간 $\left[H_0^1(\Omega)\right]^2$의, $\mathbb{R}^2$ 내에서 값이 경계 $\partial\Omega$에서는 0이며, 각 삼각형에서는 선형(線形, linear)인, 계산 영역(computational domain) Ω_h에서 정의되며 연속인 함수의 공간 V_{0h}에 의한 근사에 있다. 이 공간의 기저(basis)는, w^i가 보통의 지표 i인 망(網)의 내부 정점(內部 頂點, internal vertex)에 관련된 1차원 '모자(帽子, hat)' 함수인, 모든 함수 $(w^i, 0)$와 $(0, w^i)$로 이루어진다. 성분(成分, component) $u_{hj}, j = 1, 2$가

$$u_{hj}(x) = \sum_{i=1}^{n_v} u_{ji} w^i(x)\,, \; j = 1, 2, \quad u_{ji} = 0 \text{ if } q^i \in \Gamma_h \tag{5.73}$$

와 같이 정의되는 벡터 $\vec{u}_h$의 형태로 근사해(approximate solution)를 구하고 이 표현을 근사 변분 정식화에 넣으면 그것은 그러면 다음과 같이 써진다:

$$\int_{\Omega_h} [\lambda \nabla \vec{u}_h : \nabla \vec{v}_h + \mu(\nabla \cdot \vec{u}_h)(\nabla \cdot \vec{v}_h)](\vec{x}) d\vec{x} = \int_{\Omega} \left(\vec{f} \cdot \vec{v}_h\right)(\vec{x}) d\vec{x}\,, \; \forall \vec{v}_h \in V_{0h}. \tag{5.74}$$

그 다음 식 (5.74)를 V_{0h}의 기저의 요소 $\vec{v}_h$에 대해 나타내고,

$$AU = F, \quad \text{with} \quad A = \begin{pmatrix} A_{11} & A_{12} \\ A_{12}^T & A_{22} \end{pmatrix}, \quad U = \begin{pmatrix} u_1 \\ u_2 \end{pmatrix} \tag{5.75}$$

와 같은 선형 계(linear system)를 얻으며 모든 $(i, j) \in \{1, \cdots, n_v\}^2$에 대하여 다음을 얻는다:

$$\begin{aligned} (A_{kk})_{ij} &= \int_{\Omega_h} \left[\lambda \nabla w^i \cdot \nabla w^j + \mu \left(\frac{\partial w^i}{\partial x_k} \frac{\partial w^j}{\partial x_k} \right) \right] (\vec{x}) d\vec{x}\,, \quad k \in \{1, 2\}, \\ (A_{kl})_{ij} &= \int_{\Omega_h} \left[\mu \frac{\partial w^i}{\partial x_k} \frac{\partial w^j}{\partial x_l} \right] (\vec{x}) d\vec{x}\,, \quad (k, l) \in \{1, 2\}^2, \; k \neq l. \end{aligned} \tag{5.76}$$

프로그래밍 수준에서의 주된 변화는 한편으로는 이제는 하나가 아닌 지표 $\{i, j\}$의 각 쌍(雙, pair)에 대한 3개의 기본 기여(three elementary contribution)를 계산해야 한다는 사실과, 또 다른 한편으로는 앞에서 와는 다른 데이터의 조직(組織, organization)과 미지수(未知數, unknown)의 번호 매김(numbering)에 있다.

5.4.2 Stokes' Problem

뉴턴 점성(粘性) 비압축성 유체(非壓縮性 流體)(Newtonian viscous and incompressible fluid)의 속도(速度, velocity) $\vec{u}$와 압력(壓力, pressure) p는, 낮은 레이놀즈 수(數)(low Reynolds number)에서, 방정식

$$-\Delta \vec{u} + \nabla p = 0 \text{ and } \nabla \cdot \vec{u} = 0 \text{ in } \Omega, \quad \vec{u}|_\Gamma = \vec{u}_0 \tag{5.77}$$

에 의해 주어진다. 여기서 $\vec{u}_0$는 영역 경계(domain boundary)의 속도, 또는 영역 Ω가 유계(有界)되어 있지 않다면(not bounded) 무한원(無限遠, 무한대(無限大), infinity)에서의 속도이다. 2차원의 경우에는, 따라서 다음과 같이 써진다:

$$-\Delta u_i + \frac{\partial p}{\partial x_i} = 0 \text{ and } \sum_{i=1}^{2} \frac{\partial u_i}{\partial x_i} = 0 \text{ in } \Omega, \quad u_i|_\Gamma = u_{0i}, \quad i = 1, 2. \tag{5.78}$$

이 문제는 수많은 이론적 그리고 수많은 연구(硏究, study)의 논제(論題, topic)였다[예를 들어 Girault와 Raviart (1986)]; 간단히, 이 문제는 다음과 같은 변분 정식화를 허용한다:

$$\begin{aligned}
&\text{find } \vec{u} \in \left[H_0^1(\Omega)\right]^2, \quad \vec{u}|_\Gamma = \vec{u}_0 \quad \text{such that :}\\
&\int_\Omega [\nabla\vec{u} : \nabla\vec{v}](\vec{x})d\vec{x} + \int_\Omega [\vec{v}\cdot\nabla p](\vec{x})d\vec{x} = 0, \quad \forall\vec{v} \in \left[H_0^1(\Omega)\right]^2,\\
&\int_\Omega [q\nabla\cdot\vec{u}](\vec{x})d\vec{x} = 0, \quad \forall q \in L^2(\Omega).
\end{aligned} \tag{5.79}$$

이산 문제(discrete problem)는 망(網)의 각 경계 절점(boundary node)에서 $\vec{u}_0$와 일치(一致)하는 함수 $\vec{u}_h$를 찾는데 있으며, 다음을 푼다:

$$\begin{aligned}
&\int_{\Omega_h} [\nabla\vec{u}_h : \nabla\vec{v}_h](\vec{x})d\vec{x} + \int_\Omega \left[\vec{v}_h\cdot\nabla p_h\right](\vec{x})d\vec{x} = 0, \quad \forall\vec{v}_h \in V_{0h},\\
&\int_\Omega \left[q_h\nabla\cdot\vec{u}_h\right](\vec{x})d\vec{x} = 0, \quad \forall q_h \in Q_h.
\end{aligned} \tag{5.80}$$

삼각화 $\mathcal{T}_h$로부터, 삼각형의 세 정점과 그것의 질량 중심(質量 中心, 무게 중심, 중심(重心))을 연결함으로써 될 수 있는, 각 삼각형을 3개로 나누는 분할(分割)에 의해 얻어지는 삼각화를 $\mathcal{T}_{h/3}$로 나타내자. 그러면, 이산 공간(discrete space)을

$$\begin{aligned}
V_h &= \{v_h\colon \Omega_h \to \mathbb{R}^2,\ \forall i \in \{1, 2\},\\
&\qquad v_{hi} \text{ is continuous on } \Omega_h \text{ and linear on each triangle of } \mathcal{T}_{h/3}\},\\
V_{0h} &= \{v_h \in V_h,\ v_h|_\Gamma = 0\},\\
Q_h &= \left\{q_h\colon \Omega_h \to \mathbb{R}, \text{ continuous on } \Omega_h \text{ and linear on each triangle of } \mathcal{T}_h\right\}
\end{aligned} \tag{5.81}$$

에 의해 정의한다면, 문제 (5.80)은, u_h가 존재하며 유일(唯一)한데(unique) 반하여, p_h는 상수(常數, constant)를 더하더라도 유일함을 의미하는, 잘 주어진(well posed) 문제이다.

공간 Q_h의 기저는 망 $\mathcal{T}_h$의 '모자(hat)' 함수로 만들어지며, 이 기저는 V_h의 기저를 주는 $\mathcal{T}_h$ 내에 있는 삼각형의 질량 중심과 관련된 '모자' 함수에 의해 완성된다.

또한 본 역자(譯者)가 Fortran으로 작성해서 사용한 sparsity를 고려한 Jacobi 전처리 공액구배법(sparse Jacobi preconditioned conjugate gradient method) 프로그램

을 Appendix 5.B에 수록(收錄)하니 연구자들께서 참고 자료로 활용하기 바란다.

APPENDIX 5.A

The Fortran Program for Solution of a Partial Differential Equation, with Very General Boundary Conditions, by Conjugate Gradient Preconditioned by the Diagonal

```
C  File: gPDE.for
C
      PROGRAM gPDE
C
C  This program solves the following general second order
C  elliptic problem (Γ = Γ1 ∪ Γ2):
C     a0φ − ∇·(M∇φ) = f in Ω,
C     φ = φ0 on Γ1,
C     a1φ − n^T M∇φ = g on Γ2,
C  written in variational form, then discretized by P1
C  finite elements. The approximate solution at each vertex
C  of the triangulation solves the linear system AΦ=F.
C  This system is solved by a conjugate gradient method
C  preconditioned by the diagonal of A. The matrix A
C  of the system is stored in CSR format.
C
C
C  input:
C  ------
C    triangulation (nv,nt,q,me,ng) read in file
C      filnam through subroutine readT;
C    problem data read in file filnam, whose
C      name is given by the user every time
C      the program is run, thinks to subroutine
C      readF; the data are read in the following
C      order:
C    -Dirichlet boundary conditions read in
C       subroutine readDat and stored (if they
C       actually exist) in array phi0; with this
C       array is associated a flag parameter
C       iDir equal to 0 if there are no Dirichlet
C       conditions and to 1 otherwise;
C    -matrix M and function a0 of the PDE
C       read in subroutine readDat, as well as
C       functions a1 and g of the Robin
C       boundary conditions; array AM contains
C       the average on each triangle of the entries
C       of matrix M, array a0 contains the values
C       at each vertex of the mesh of function a0,
C       and the same goes with array a1 associated
C       with function a1, as well as array f where
```

```
C        function g is stored.
C        To the 3 array AM, a0, a1 are associated
C        flag parameters respectively denoted by
C        iM, iao, ia1 (cf. subroutine readDat for
C        details);
C     -right hand side f of the PDE read in subroutine
C        gRHS (after having computed the boundary
C        integral associated with function g).
C     parameters: nvMax (maximum number of vertices),
C       ntMax (maximum number of triangles) of the
C       triangulation, nMAMax=8*nvMax (maximum size
C       of array aa).
C
C   output:
C   -------
C     f: array containing the value of the approximate
C       solution at each vertex of the mesh stored in
C       file (whose name is given by the user) in view
C       of a possible graphical exploitation.
C     Remark: this array is used all along the program
C       as an auxiliary array (before it contains the
C       solution).
C
C   arrays:
C   -------
C   mesh:
C     q(2,nvMax): coordinates of the mesh vertices,
C     me(3,ntMax): numbering of the triangles vertices,
C     ng(nvMax): array showing whether a vertex is on the
C       boundary (ng(i)≠0) or is internal (ng(i)=0).
C
C   data:
C     f(nvMax): at the beginning, coefficients of matrix
C       M, then function g, last PDE right hand
C       side f, (at the end: values of the
C       approximate solution);
C     phi0(nvMax): Dirichlet boundary condition;
C       N.B.: this array phi0 characterizes vertices
C         qⁱ in Γ1 by tne relation
C         phi0(i)≠0; this means that
C         before this program is called, it is
C         necessary to modify the values in this
C         array at Dirichlet points qⁱ where
C         we would have: φ0(qⁱ)=0
C         (replace them by a very small value).
C     AM(3*ntMax): average of the coefficients of matrix
C       M on each triangle; the first nt indices
C       store the coefficients with index(1,1), the
C       next nt indices store the coefficients with
C       index(2,2), and the last nt indices store the
C       coefficients with index(1,2), according to
```

```
C      the possible values of the flag parameter iM
C      (cf. subroutine readDat);
C    a0(nvMax), a1(nvMax): values of functions a0 and a1
C      at each vertex of the mesh, with flag parameters
C      ia0 and ia1 (array a0 is then used as an
C      auxiliary array in the conjugate gradient).
C
C    arrays for the preconditioned conjugate gradient:
C      cg(nvMax): array containing minus the gradient of
C        the functional to be minimized (product of the
C        preconditioning matrix C by g),
C      g(nvMax): array containing g,
C      h(nvMax): array containing the descent direction,
C      a0(nvMax): array containing the inverse of the
C        diagonal elements of the matrix.
C      N.B.: in the case of diagonal preconditioning as
C        chosen here, we could have dispensed with array
C        cg; we have kept it so as not to modify to much
C        the conjugate gradient subroutine with respect
C        to the previous chapter.
C
C  other arrays:
C    aa(nMAMax): array for storing matrix A in
C      CSR format;
C    ia(nvMax+1): index in array aa of the first
C      element of the ith line of A actually stored in aa;
C    ja(nMAMax): index of column j of stored Aij element;
C    area(ntMax): area of each triangle;
C    ff(nvMax): right hand side of linear system to be
C      solved;
C
C  scalars:
C  --------
C    cte: value of very large constant that helps
C      satisfying the Dirichlet boundary condition,
C    err: error in norm H^1_0 between the exact solution
C      phi0 and approximate solution ff.
C
C  files:
C  ------
C    filnam: name of file where the mesh, the problem
C      data or the approximate solution (for a
C      graphical exploitation) are stored.
C
C  subroutines:
C  ------------
C    readT: reads the mesh;
C    getArea: computes the area of each triangle;
C    readDat: reads problem data: matrix M of the
C      partial differential operator, functions a1 and g
C      of the Robin boundary condition;
```

```
C    gDirBC: program to satisfy the Dirichlet boundary
C      conditions;
C    gRHS: computes, and stores in array ff, the
C      system right hand side;
C    ggetMat: computes and stores matrix A in CSR
C      format in array aa;
C    Sort: reorders the elements of array aa so that
C      elements of a line of matrix A are stored in
C      aa in increasing column index order;
C    gGradC: preconditioned conjugate gradient;
C    writeF: writes the approximate solution.
C
C  functions:
C  ----------
C    errH10: computes the error in norm H_0^1 between
C      the exact solution phi0 and approximate solution f.
C
C  library (subroutines and functions):
C  -----------------------------------
C    utilP1.for: file containing functions deter
C      (to compute areas), errH10 and subroutines
C      readT, readF and writeF;
C    RHS.for: file containing subroutine getArea;
C    gelem.for: file containing function geMat and
C      subroutines gDirBC and gRHS;
C    sort.for: file containing subroutine Sort;
C
C
      PARAMETER (nvMax=1800,ntMax=3400,nMAMax=8*nvMax)
      DIMENSION q(2,nvMax),me(3,ntMax),ng(nvMax)
      DIMENSION area(ntMax)
      DIMENSION AM(3*ntMax),a0(nvMax),a1(nvMax)
      DIMENSION phi0(nvMax),f(nvMax),ff(nvMax)
      DIMENSION aa(nMAMax),ia(nvMax+1),ja(nMAMax)
      DIMENSION g(nvMax),cg(nvMax),h(nvMax)
C
      CHARACTER*20 filnam
C
      DATA cte/1.0e25/
      DATA eps/1.0e-12/
      DATA kMax/150/
C
      write(*,*)'name of file where mesh is stored'
      read(*,*)filnam
      CALL readT(filnam,nv,nt,q,ng,me,ngt)
      CALL getArea(q,me,nt,nv,area)
      CALL readDat(q,me,ng,nv,nt,AM,iM,a0,ia0,a1,ia1,f
     >           ,phi0,iDir)
      CALL gRHS(me,f,nv,nt,area,ff,ng,q)
      CALL ggetMat(q,me,ng,area,nv,nt,AM,iM,a0,ia0,a1,
     >           ia1,aa,ia,ja)
```

```
      IF(iDir.EQ.1)THEN
      CALL gDirBC(aa,ia,phi0,ng,nv,cte)
      ENDIF
C
C
      DO 1 i=1,nv
1     CALL Sort(ja(ia(i)),aa(ia(i)),ia(i+1)-ia(i))
C
      DO 2 i=1,nv
        f(i)=0.
        IF(ng(i).NE.0)f(i)=phi0(i)
2     CONTINUE
      CALL gGradC(nv,aa,ia,ja,a0,ff,f,g,h,cg,kMax,eps)
C
      IF(iDir.EQ.1)THEN
        err=errH10(q,me,f,phi0,nv,nt)
        write(*,*)'error=',err
      ENDIF
C
      write(*,*)'name of file for storing the'
      write(*,*)'approximate solution'
      read(*,'(a)')filnam
      CALL writeF(filnam,nv,ff)
      PAUSE
      END
C
C
C ------------------------------------------------------------
      SUBROUTINE readDat(q,me,ng,nv,nt,AM,iM,a0,ia0,a1,
     >                       ia1,f,phi0,iDir)
C ------------------------------------------------------------
C
C This subroutine reads (in files whose names are
C given by the user at run-time) and stores some of the
C problem data, in the following order:
C
C -it asks the user whether there are Dirichlet
C  boundary conditions (iDir=1) or not (iDir=0);
C  in the first case, it reads in a file, whose name is
C  given by the user at run-time, the values of phi0 and
C  stores them in array phi0.
C  N.B. We recall that it is necessary for the remainder
C    of the program that this array contains no
C    zero value.
C
C -it asks the user whether the PDE has a constant term
C  a0 (ia0=1) or not (ia0=0); in the former case,
C  it reads this function and stores its values at each
C  vertex of the mesh in array a0;
C
C -it asks the user whether the coefficient a1
```

```
C   in the Robin boundary condition is zero (ia1=0)
C   or not (ia1=1); in the latter case, it reads this
C   function and stores its values at each vertex of the
C   mesh in array a1, then zeroes out the values in this
C   array that correspond to points in the boundary Γ1.
C
C  -it asks the user what is the type of the PDE under
C   study:
C  *if it is the Laplacian (M=Id), the flag parameter
C   iM equal to 0 and we do nothing;
C  *if the matrix M=M11Id, but different from the
C   identity matrix, iM is set to 1, we read the values
C   of function M11 at each vertex of the mesh,
C   then we compute the average of this function over
C   each triangle (i.e. one third of the sum of the
C   values at each vertex of the triangle); the result
C   is stored in the first nt indices of array AM;
C  *if the matrix is diagonal, we read the values of
C   function M22 at each vertex of the mesh and we
C   store the average value over each triangle in array
C   AM after the previous ones; if furthermore the matrix
C   is not of the previous type, parameter iM
C   is set to 2;
C  *in the general case, we also read the values of M12
C   and we again store the average value over each
C   triangle in array AM between indices 2*nt+1 and 3*nt;
C   furthermore, if the matrix is not of the previous
C   type, parameter iM is set to 3.
C
C  -eventually it reads and stores in array f the values of
C   function g that occurs in the Robin boundary condition
C   and extends it to 0 for points in the boundary Γ1.
C
C
      PARAMETER (nvMax=1800,ntMax=3400,nMAMax=8*nvMax)
      DIMENSION q(2,nvMax),me(3,ntMax),ng(nvMax)
      DIMENSION AM(3*ntMax),a0(nvMax),a1(nvMax),phi0(nvMax)
      DIMENSION f(nvMax)
C
      CHARACTER*20 filnam
C
      write(*,*)'are there Dirichlet conditions?'
      write(*,*)'(answer: 1=yes, 0=no)'
      read(*,*)iDir
      IF(iDir.EQ.1)THEN
        write(*,*)'name of file where phi0 is stored'
        write(*,*)'(Dirichlet boundary conditions)'
        read(*,'(a)')filnam
        CALL readF(filnam,nv,phi0)
      ENDIF
C
```

```
      write(*,*)'is there a constant term in the PDE?'
      write(*,*)'(answer: 1=yes, 0=no)'
      read(*,*)ia0
      IF(ia0.EQ.0)GOTO 1
      write(*,*)'name of file where a0 is stored'
      write(*,*)'(constant coefficient in the PDE)'
      read(*,'(a)')filnam
      CALL readF(filnam,nv,a0)
C
1     write(*,*)'is there a coefficient a1 in the BC?'
      write(*,*)'(answer: 1=yes, 0=no)'
      read(*,*)ia1
      IF(ia1.EQ.0)GOTO 2
      write(*,*)'name of file where a1 is stored'
      write(*,*)'(coefficient a1 in the Robin condition)'
      read(*,'(a)')filnam
      CALL readF(filnam,nv,a1)
C
      IF(iDir.EQ.1)THEN
        DO 5 i=1,nv
          IF((ng(i).NE.0).AND.(phi0(i).NE.0))THEN
            a1(i)=0.
          ENDIF
5       CONTINUE
      ENDIF
C
2     write(*,*)'description of matrix M of the PDE'
      write(*,*)'enter the value of parameter iM'
      write(*,*)'remainder: iM=0 for M=Id (Laplacian)'
      write(*,*)'iM=1 for M=M11*Id and M11 different''from 1'
      write(*,*)'iM=2 for M diagonal and not of the''above type'
      write(*,*)'iM=3 otherwise'
      read(*,*)iM
C
      nkt=0
C
      IF(iM.EQ.0)GOTO 100
        write(*,*)'name of file where M11 is stored'
        read(*,'(a)')filnam
        CALL readF(filnam,nv,f)
        DO 10 k=1,nt
          kt=nkt+k
          sum=0.
          DO 11 il=1,3
            i=me(il,k)
            sum=sum+f(i)
11        CONTINUE
          AM(kt)=sum/3.
10      CONTINUE
      nkt=nkt+nt
C
```

```
      IF(iM.EQ.1)GOTO 100
        write(*,*)'name of file where M22 is stored'
        read(*,'(a)')filnam
        CALL readF(filnam,nv,f)
        DO 20 k=1,nt
          kt=nkt+k
          sum=0.
          DO 21 il=1,3
            i=me(il,k)
            sum=sum+f(i)
21        CONTINUE
          AM(kt)=sum/3.
20      CONTINUE
      nkt=nkt+nt
C
      IF(iM.EQ.2)GOTO 100
        write(*,*)'name of file where M12 is stored'
        read(*,'(a)')filnam
        CALL readF(filnam,nv,f)
        DO 30 k=1,nt
          kt=nkt+k
          sum=0.
          DO 31 il=1,3
            i=me(il,k)
            sum=sum+f(i)
31        CONTINUE
          AM(kt)=sum/3.
30      CONTINUE
      nkt=nkt+nt
C
100   CONTINUE
C
      write(*,*)'name of file where g is stored'
      write(*,*)'(Robin boundary condition)'
      read(*,'(a)')filnam
      CALL readF(filnam,nv,f)
C
      IF(iDir.EQ.1)THEN
        DO 40 i=1,nv
          IF((ng(i).NE.0).AND.(phi0(i).NE.0))THEN
            f(i)=0.
          ENDIF
40      CONTINUE
      ENDIF
C
      END
C
C
C ----------------------------------------------------------
      SUBROUTINE ggetMat(q,me,ng,area,nv,nt,AM,iM,
     >                     a0,ia0,a1,ia1,aa,ia,ja)
```

```
C  -------------------------------------------------------
C
C  This constructs the lower triangular part of the matrix
C  of the linear system to be solved and stores the result in
C  array aa in CSR format, with auxiliary index arrays
C  ia and ja: if element Aij is stored in array aa
C  at index k, then ja(k)=j. ia(i) is the index in array
C  aa of the first coefficient of the ith line of A
C  actually stored in this array.
C
C  If we agree to set ia(nv+1)=nElemA+1,
C  the element Aii of matrix A is store in
C  array aa at index ia(i+1)-1.
C
C  At the beginning of the computing, array ia
C  has another meaning: ia(i) is the number of
C  vertices that are strict neighbors of the point
C  with index i (i.e. except the point itself).
C
C  input:
C  ------
C    triangulation(nv, nt, q, me, ng) and areas of
C      the triangles stored in array area;
C    problem data(AM, iM, a0, ia0, a1, ia1)
C
C  output:
C  -------
C    arrays aa, ia, ja; size nElemA of arrat aa
C
C  important remarks:
C  ------------------
C    -we assume the triangles are positively oriented
C    -array ng used to detect boundary edges in the
C     following way: an edge is on the boundary if and
C     only if its two extremities are boundary vertices.
C
C  We must thus check that the triangulation under
C  study satisfies those two conditions.
C
C
      DIMENSION q(2,nv),me(3,nt),ng(nv),area(nt)
      DIMENSION aa(*),ia(*),ja(*)
C
      DO 110 i=i,nv
110     ia(i)=o
      DO 111 k=1,nt
        DO 111 il=1,3
          ilp=mod(il,3)+1
          i=me(il,k)
          ip=me(ilp,k)
          IF(ip.LE.i)THEN
```

```
          ia(i)=ia(i)+1
         ELSEIF((ng(i).NE.0).AND.(ng(ip).NE.0))THEN
          ia(ip)=ia(ip)+1
         ENDIF
111   CONTINUE
C
C  ia(i) is the number of vertices that are strictly
C  neighbors of the index i vertex.
C
      nElemA=0
      DO 211 i=1,nv
        ineighb=ia(i)
        ia(i)=nElemA+1
        nELemA=nElemA+ineighb+1
211   CONTINUE
      ia(nv+1)=nElemA+1
C
C  ia is constructed; there remains to construct aa and ja.
C
      DO 1 k=1,nElemA
      aa(k)=0.
1     ja(k)=0
      DO 2 kt=1,nt
        DO 2 il=1,3
          i=me(il,kt)
          DO 2 jl=1,3
            j=me(jl,kt)
            k=0
            IF(i.EQ.j)THEN
              k=ia(i+1)-1
              ja(k)=i
            ELSEIF(i.GT.j)THEN
              DO 3 l=ia(i),ia(i+1)-2
C
C  j cannot be anywhere else
C
              IF(ja(l).EQ.0)GOTO 4
                IF(ja(l).EQ.j)THEN
                  k=l
                  GOTO 4
                ENDIF
3             CONTINUE
              write(*,*)'error in ggetMat.for at point
     >                  i,j=',i,j
4             IF(k.EQ.0)THEN
                k=l
                ja(l)=j
              ENDIF
            ENDIF
          IF(k.NE.0)aa(k)=aa(k)+
     >    geMat(kt,il,jl,area(kt),q,me,ng,nv,nt,
```

```
     >         AM,iM,a0,ia0,a1,ia1)
2     CONTINUE
      END
C
C
C  -----------------------------------------------------------
      SUBROUTINE gGradC(n,aa,ia,ja,a0,b,x,g,h,cg,
     >                  kMax,eps)
C  -----------------------------------------------------------
C
C  This subroutine solves the linear system Ax=b by the
C  preconditioned conjugate gradient, with at most kMax
C  iterations. The stopping test is |Ax^k-b| < eps|Ax^0-b|.
C  The linear system matrix A, of size nxn is
C  stored in CSR format in array aa; this storage also
C  requires auxiliary index arrays ia and ja.
C  The preconditioning matrix C is the diagonal of A
C  (the inverses of the diagonal elements are stored in array
C   a0)
C
C  input:
C  ------
C    system matrix A stored in CSR format in arrays
C      (aa, ia, ja);
C    equation right hand side stored in array b;
C    maximum number of iterations kMax, computation
C      accuracy eps;
C      N.B.: since the right hand side computation is only
C        used in the initialization step, array b is
C        subsequently overwritten and used as auxiliary
C        array, in particular to store the product of
C        matrix A by h, then to store the solution y
C        of system Cy=Ah.
C
C  output:
C  -------
C    x: array containing the values of the solution
C      at each vertex of the mesh;
C    gcg: scalar containing the norm square of g
C      (in practice this number should decrease along
C      the iterations).
C
C  other arrays:
C  -------------
C    g, cg: arrays containing the values of g^n and
C      of Cg^n respectively;
C    h: array containing the descent direction h^n
C      (at the very beginning of the program,
C      this array is used to store the product of
C      A by x^0);
C
```

```
C  subroutines:
C  ------------
C    IAmul: carries out the product of a matrix
C      by a vector, the matrix being stored in
C      CSR format, this subroutine is in file
C      GCPLaplac.for
C
C
      DIMENSION x(*),b(*),g(*),h(*),cg(*)
      DIMENSION aa(*),ja(*),ia(*),a0(*)
C
      DO 20 i=1,n
      a0(i)=1./aa(ia(i+1)-1)
20    CONTINUE
C
      DO 1 k=1,kMax
C
        IF(k.EQ.1)THEN
          CALL IAmul(n,aa,ia,ja,x,h)
          DO 2 i=1,n
            cg(i)=b(i)-h(i)
            g(i)=cg(i)*a0(i)
2         CONTINUE
          gcg=0.
          DO 3 i=1,n
            gcg=gcg+g(i)*cg(i)
            h(i)=g(i)
3         CONTINUE
        ENDIF
C
        CALL IAmul(n,aa,ia,ja,h,b)
        hAh=0.
        DO 10 i=i,n
          hAh=hAh+h(i)*b(i)
10      CONTINUE
        ro=gcg/hAh
        DO 11 i=1,n
          cg(i)=cg(i)-ro*b(i)
          b(i)=b(i)*a0(i)
11      CONTINUE
        DO 12 i=1,n
          x(i)=x(i)+ro*h(i)
          g(i)=g(i)-ro*b(i)
12      CONTINUE
        gamma=gcg
        gcg=0.
        DO 13 i=1,n
          gcg=gcg+g(i)*cg(i)
13      CONTINUE
C
        write(*,*)'iteration: ',k,'gcg= ',gcg
```

```
        IF(k.EQ.1)eps=eps*gcg
        IF(gcg.LT.eps)RETURN
        gamma=gcg/gamma
        DO 14 i=1,n
          h(i)=g(i)+gamma*h(i)
14      CONTINUE
C
1     CONTINUE
      END
C
C
C ------------------------------------------------------------
      SUBROUTINE IAmul(nv,aa,ia,ja,x,b)
C ------------------------------------------------------------
C
C This subroutine computes the product of matrix
C A, stored in CSR format in arrays (aa, ia, ja) by
C vector x; the result is in array b.
C
C
      DIMENSION x(nv),b(nv)
      DIMENSION aa(*),ia(nv),ja(*)
C
      DO 1 i=1,nv
        sum=0.
        DO 2 k=ia(i),ia(i+1)-1
          sum=sum+aa(k)*x(ja(k))
2       CONTINUE
        b(i)=sum
1     CONTINUE
      DO 3 i=1,nv
        xi=x(i)
        DO 3 k=ia(i),ia(i+1)-2
          jak=ja(k)
          b(jak)=b(jak)+aa(k)*xi
3     CONTINUE
      END
C
C
C ***********************************************************
C
C LIBRARY
C
C ***********************************************************
C
      INCLUDE 'gelem.for'
      INCLUDE 'utilP1.for'
      INCLUDE 'RHS.for'
      INCLUDE 'sort.for'
```

APPENDIX 5.B

The Fortran Program for the Sparse Jacobi Preconditioned Conjugate Gradient Method

```
C
      SUBROUTINE JCOGRA
C
      IMPLICIT DOUBLE PRECISION(A-H,O-Z)
      COMMON/CFIX/MS,NSN,NDN,NTN,NTE,IT,IR(5),E0,ER
      COMMON/CNOD/R(1000),Z(1000),NA(1000,3),NP(3000),
     1             PO(3000),PN(3000)
      COMMON/CSYS/SP(100000),MC(100000),MD(3000),
     2            GP(3000),HP(3000),DP(3000)
C
      DO 10 I=1,NTN
      GP(I)=-PN(I)
10    PN(I)=PO(I)
      NR=1
      DO 20 I=1,MS
      NC=MC(I)
      GP(NR)=GP(NR)+SP(I)*PO(NC)
      IF(NC.EQ.NR)THEN
      NR=NR+1
      ELSE
      GP(NC)=GP(NC)+SP(I)*PO(NR)
      ENDIF
20    CONTINUE
      IT=0
      E1=0.
      DO 30 I=1,NTN
      HP(I)=GP(I)/SP(MD(I))
      DP(I)=-HP(I)
30    E1=E1+GP(I)*HP(I)
      EG=E1
40    E2=0.
      DO 50 I=1,NTN
50    HP(I)=0.
      NR=1
      DO 60 I=1,MS
      NC=MC(I)
      HP(NR)=HP(NR)+SP(I)*DP(NC)
      IF(NC.EQ.NR)THEN
      NR=NR+1
      ELSE
      HP(NC)=HP(NC)+SP(I)*DP(NR)
      ENDIF
60    CONTINUE
      DO 70 I=1,NTN
70    E2=E2+DP(I)*HP(I)
      EK=E1/E2
```

```
      E2=0.
      DO 80 I=1,NTN
      PN(I)=PN(I)+EK*DP(I)
      GP(I)=GP(I)+EK*HP(I)
      HP(I)=GP(I)/SP(MD(I))
80    E2=E2+GP(I)*HP(I)
      EE=DSQRT(E2/EG)
      IF(EE.LE.ER)GO TO 100
      IF(IT.GE.NTN)GO TO 100
      EK=E2/E1
      E1=E2
      DO 90 I=1,NTN
90    DP(I)=-HP(I)+EK*DP(I)
      IT=IT+1
      GO TO 40
100   RETURN
      END
```

6 Non-symmetric and Non-linear Partial Differential Equations

Summary

모든 편미분 방정식(偏微分 方程式, partial differential equation)이 대칭(對稱, symmetric)은 아니다. 이것은 예를 들어 유체역학(流體力學, fluid mechanics)에서 수평류-확산 방정식(水平流-擴散 方程式, advection-diffusion equation)의 경우이다. 이 장(章)에서는, 이 종류의 문제를 풀기 위한 2가지 다른 수치 방법(數値 方法, numerical method)을 전개(展開)할 것이다: *LU* 인수분해(因數分解)(*LU* factorization)와 GMRES 알고리즘. 마지막으로, 어떻게 GMRES 법이 비선형(非線形, non-linear) 편미분 방정식의 경우로 일반화될 수 있는지 예제를 통해 살펴볼 것이다.

6.1 *SECOND ORDER NON-SYMMETRIC PROBLEMS*

6.1.1 *Statement of the Problem*

다음 문제를 고려하자:

$$-\nabla \cdot (M\nabla\varphi) + u \cdot \nabla\varphi + a_0\varphi = f \text{ in } \Omega, \tag{6.1}$$

$$N^T M\nabla\varphi + a_1\varphi = g \text{ on } \Gamma \tag{6.2}$$

를 해답하는 φ를 찾아라. 여기서 M은 모든 계수가 Ω에서 L^∞ 함수인 행렬이며, u는 $u = (u_1, u_2) \in \left(L^\infty(\Omega)\right)^2$, $a_0 \in L^\infty(\Omega)$는 스칼라 함수이며, 원천 항(源泉 項, source term) f는 Ω에서 2계 적분(二階 積分) 가능하다고(square integrable) 가정된다; 마지막으로, a_1과 g는, 다음을 만족하는, Ω의 경계 Γ에서 정의된 함수이다: $a_1 \in L^\infty(\Gamma)$와 $g \in L^2(\Gamma)$. 앞 장(章)과의 주된 차이(差異, difference)는 행렬 M이 필연적으로 대칭인 것은 아니며, 항(項, term)

$$u \cdot \nabla\varphi = u_1\frac{\partial\varphi}{\partial x_1} + u_2\frac{\partial\varphi}{\partial x_2} \tag{6.3}$$

이 어떻게 해서든 연산자(演算子, operator)를 비대칭으로 만들 것이다. 실제로, u는 대류 속도(對流 速度, convection velocity), 그리고 φ는, 예를 들어, 유체 온도(流體溫度, fluid temperature)를 나타낼 수 있다. 유체가 다공성 매질(多孔性 媒質, 투과성(透過性) 매질, porous medium) 내에서 움직인다면, M은 확산(擴散) 텐서(diffusion tensor)이다. 원천 항 f는, 비록 Γ에서이지만, $a_1 \neq 0$이라면 방사(放射, 복사(輻射), radiation)를 통하는 가능한 열 손실(熱 損失, heat loss)로 g를 모의(模擬)하는 것처럼, Ω에서 열원(熱源, heat source)을 모의(模擬)한다(model).

6.1.2 Variational Formulation

앞 장의 Theorem 5.1과 5.2에서와 같은 완전한 입증(立證)에 의해, 다음을 얻는다:

Theorem 6.1 문제 (6.1)-(6.2)의 변분 정식화(變分 定式化)는 다음과 같이 써질 수 있다:

$$\begin{aligned}
&\text{find } \varphi \in H^1(\Omega), \quad \text{such that } \forall w \in H^1(\Omega), \quad \text{we have} \\
&\int_\Omega [(\nabla w)^T M \nabla\varphi + (u\cdot\nabla\varphi)w + a_0\varphi w](\vec{x})d\vec{x} + \int_\Gamma (a_1\varphi w)(\vec{x})d\gamma(\vec{x}) \\
&= \int_\Omega (fw)(\vec{x})d\vec{x} = \int_\Gamma (gw)(\vec{x})d\gamma(\vec{x}).
\end{aligned} \tag{6.4}$$

또한, $\varphi \in H^2(\Omega)$라면, φ는 그것이 위의 변분 정식화의 해(解, solution)라면 또 그때에 한해서(필요충분) 경계치 문제(境界値 問題, boundary value problem) (6.1)-(6.2)의 해이다.

Remark 6.2 여기서는, 쌍일차형(雙一次形, bilinear form)의 비대칭성(非對稱性, non-symmetry) 때문에, 변분 문제(變分 問題, variational problem)를 최소화 문제(最小化 問題, minimization problem)의 항(項, term)으로 더 이상 표현할 수 없다. □

Remark 6.3 이론적인 관점으로부터, 유일해(唯一解, unique solution)를 갖는 변분 문제를 위해서는 다음과 같은 4가지 전제(前提, hypothesis)가 충족(充足)되면 충분하다:

– 다음과 같은 순양 상수(純陽 常數, strictly positive constant)가 존재한다:

$$\forall\vec{x} = (x_1, x_2) \in \overline{\Omega}, \quad \sum_{i=1}^{2}\sum_{j=1}^{2} M_{ij}(\vec{x})x_i x_j \geq \alpha \sum_{i=1}^{3} x_i^2\,; \tag{6.5}$$

– 함수 a_0은 다음과 같다:

$$a_0 - \frac{1}{2}\nabla \cdot u \geq C_0 \geq 0; \tag{6.6}$$

– 함수 a_1은 다음과 같다:

$$a_1 + \frac{1}{2}u \cdot n \geq C_1 \geq 0; \tag{6.7}$$

– 마지막으로, 위의 2개의 상수 C_0 또는 C_1중 어느 하나는 순양(純陽)이다. □

실로, 표기를 간단하게 하기 위해 적분 변수를 나타내지 않은 아래와 같은 추정(推定)에서 보여지는 바와 같이, 이 조건(條件, condition)은 쌍일차형(bilinear form)의 타원성(楕圓性, ellipticity)을 보장한다†:

$$\begin{aligned} &\int_\Omega [(\nabla\varphi)^T M \nabla\varphi + (u\cdot\nabla\varphi)\varphi + a_0\varphi^2]d\Omega + \int_\Gamma (a_1\varphi^2)d\Gamma \\ &\geq \alpha\|\nabla\varphi\|_0^2 + \int_\Omega \left(a_0 - \frac{1}{2}\nabla\cdot u\right)\varphi^2 d\Omega + \int_\Gamma \left(a_1 + \frac{1}{2}u\cdot n\right)\varphi^2 d\Gamma\,. \end{aligned} \tag{6.8}$$

아래로부터 2번째 항(項)(즉 속도장(速度場, velocity field)을 특징지우는 항)을 제한하기 위하여, 항등식(恒等式, identity) $\nabla\cdot(u\varphi) = \nabla\cdot u\varphi + u\cdot\nabla\varphi$의 사용과, Green의 공식의 2번의 연속적인 적용이 이루어졌다:

$$\begin{aligned} \int_\Omega \nabla\cdot(u\varphi)\varphi d\Omega &= -\int_\Omega u\varphi\cdot\nabla\varphi d\Omega + \int_\Gamma u\cdot n\varphi^2 d\Gamma \\ &= \frac{1}{2}\int_\Omega (\nabla\cdot u)\varphi^2 d\Omega + \frac{1}{2}\int_\Gamma u\cdot n\varphi^2 d\Gamma\,. \end{aligned}$$

EXERCISE 식 (6.2)가 $n^T M\nabla\varphi + a_1\varphi + b\frac{\partial\varphi}{\partial s} = g$ on Γ로 대체되었을 때 같은 논증(論證, argument)을 적용하라. □

이제 변분 정식화 (6.4)의 P^1 유한요소 근사를 설명할 것이다.

6.1.3 Discretization of the Variational Problem

영역 Ω가 규칙적(規則的)인 삼각화(三角化)(regular triangulation) $(T_k)_{k\in\{1,\cdots,n_t\}}$로 준

† 역자 주: 적분 변수를 생략하면 수학적 표기의 오류로 보일 수 있어, 본 역서에서는 모든 적분식(積分式)을 영역 적분의 경우에는 $d\Omega$를, 그리고 경계 적분의 경우에는 $d\Gamma$를 포함하여 나타내었다.

비되었다고 가정하고, n_v개의 정점을 q^i, $i \in \{1, \cdots, n_v\}$로 나타낸다. 이산 공간(離散空間, discrete space) H_h^1를

$$H_h^1 = \{\varphi_h: \Omega_h \to \mathbb{R},\ \varphi_h \text{ continuous on } \Omega_h, \text{ and } \forall k \in \{1, \cdots, n_t\},\ \varphi_h|_{T_k} \text{ is a linear function}\}$$

에 의해 정의하고 이 공간에서, 다음의 근사 변분 문제(近似 變分 問題, approximate variational problem)를 이끄는, 문제 (6.4)를 푼다:

$$\begin{aligned} &\text{find } \varphi_h \in H_h^1 \quad \text{such that } \forall w_h \in H_h^1, \\ &\int_{\Omega_h} [(\nabla w_h)^T M \nabla \varphi_h + (u \cdot \nabla \varphi_h) w_h + a_0 \varphi_h w_h](\vec{x}) d\vec{x} + \int_{\Gamma_h} (a_1 \varphi_h w_h)(\vec{x}) d\gamma(\vec{x}) \\ &= \int_{\Omega_h} (f w_h)(\vec{x}) d\vec{x} = \int_{\Gamma_h} (g w_h)(\vec{x}) d\gamma(\vec{x}) . \end{aligned} \tag{6.9}$$

여기서 $\Omega_h = \cup_{k=1}^{n_t} T_k$와 $\Gamma_h = \partial\Omega_h$이다. Proposition 2.14와 2.17에 따라, 공간 H_h^1는 $H^1(\Omega)$의 유한 차원(有限 次元) 벡터 부분 공간(部分 空間)(finite dimensional vector subspace)이다. 이 공간의 기저(基底, basis)는, 다음과 같이 이 함수의 선형 결합(線形 結合, linear combination)의 형태로 식 (6.9)의 해(解, solution)를 보는 것을 가능하게 하는, 모자 함수(帽子 函數, hat function) w^i, $i \in \{1, \cdots, n_v\}$ $\left(w^i(q^j) = \delta_{ij}\right)$에 의해 이루어진다:

$$\varphi_h(\vec{x}) = \sum_{i=1}^{n_v} \varphi_i w^i(\vec{x}), \quad \forall \vec{x} \in \Omega. \tag{6.10}$$

변분 문제 (6.9)는 그러면 선형 계(線形 系, linear system)

$$A\Phi = F \tag{6.11}$$

의 풀이(solution)로 줄어든다. 여기서 Φ는 성분(成分, component) φ_i, $i \in \{1, \cdots, n_v\}$를 가지는 벡터, 행렬 $A = ((A_{ij}))_{1 \le i,j \le n_v}$와 우변(右邊, right hand side) $F = (F_i)_{1 \le i \le n_v}$는 다음에 의해 정의된다:

$$\begin{aligned} A_{ij} = &\int_{\Omega_h} \left[\left(\nabla w^i\right)^T M \nabla w^j + \left(u \cdot \nabla w^j\right) w^i + a_0 w^i w^j\right](\vec{x}) d\vec{x} \\ &+ \int_{\Gamma_h} \left(a_1 w^i w^j\right)(\vec{x}) d\gamma(\vec{x}) , \end{aligned} \tag{6.12}$$

$$F_j = \int_{\Omega_h} (fw^j)(\vec{x})d\vec{x} + \int_{\Gamma_h} (gw^j)(\vec{x})d\gamma(\vec{x}). \tag{6.13}$$

Remark 6.4 앞 장(場)에서처럼, 이 계(系) (6.11)의 '가역성(可逆性, invertibility)'에 속하는 논평(論評, remark)은 연속 문제의 타원성(楕圓性, ellipticity)을 보장하는 전제(前提, hypothesis)와 직접 연결된다: Remark 6.3에서 나타낸 조건 아래에서, 행렬 A는 그것이 가역적(可逆的, invertible)임을 증명하는 다음과 같은 '강제성(强制性, coercivity)' 성질을 만족한다.

$$\exists C_A > 0, \quad \forall \Phi \in \mathbb{R}^{n_v}, \quad \Phi^T A \Phi \geq C_A |\Phi|^2. \tag{6.14}$$

□

여기에서 새로운 점은, 행렬 A가 이제는 대칭이 아니기 때문에, 선형 계 (6.11)을 풀기 위해 앞 장에서의 해법(解法, solution method)(Cholesky, 공액구배, …)을 이제는 사용할 수 없다는 것이다. 그럼에도 불구하고 위에서 언급된 '강제성(强制性, coerciveness)'은 다른 방법을 사용하는 것을 가능하게 할 것이다.

직접법(直接法, direct method)으로서, 행렬 A의 LU 인수분해(因數分解)(LU factorization)를 사용할 수 있다: 다음 절(節)에서 그 원리(原理)를 짧게 상기(想起)한다. 그 다음에, 공액구배 알고리즘과 가까운, 반복법(反復法, iterative method)에 대하여 어느 정도 더 길게 논할 것이다: *GMRES 알고리즘(GMRES algorithm)*.

6.1.4 LU Factorization of Matrix A

LU 인수분해(LU factorization), 또는 그것과 비교적 가까운 가우스 소거(消去)(Gaussian elimination)는 [Ciarlet (1989), Schatzman (1991), Strang (1986)], 행렬 A를 하나인 L은 하삼각(下三角, lower triangular), 나머지 하나인 U는 상삼각(上三角, upper triangular)인 2개의 삼각 행렬(三角 行列, triangular matrix)의 적(積, 곱, product)

$$A = LU \tag{6.15}$$

로 인수분해하는 것으로 이루어진다. 이 분해(分解, decomposition)는 더구나, 예를 들어, U의 대각 요소(對角 要素, diagonal element)를 모두 1과 같게 부과하면 유일(唯一)하다(unique).

그것은 또한 이 인수분해가 행렬의 '대(帶, 띠, 밴드, band)' 구조를 보존하는지 점검하기(Cholesky 인수분해에서 한 것처럼) 쉽다: 행렬 A가 주대각(主對角, main diagonal)에 집중된 많아야 $2\mu + 1$개의 0이 아닌 대각을 가진다면, L과 U는 많아야

$\mu+1$개의 0이 아닌 대각을 가질 것이다. 이 논평(論評, remark)은 이 행렬에 대한 '축소(縮小)된(reduced)' 저장 형식(貯藏 形式, storage format)을 고려하게 한다: 예를 들어 밴드 저장(첫째로 A 그 다음에 L과 U를 저장하기 위해 오직 한 개의 배열(配列, array)만이 필요하다)과 CSR 저장(L과 U의 CSR 구조가 A의 그것과 *선험적(先驗的)으로(a priori)* 같지 않기 때문에 몇 개의 배열이 필요하다).

행렬 L과 U의 구성(構成, construction)은, 다음과 같은 프로그램 개요(概要)(program sketch)를 주는 정의(定義, definition)

$$A_{ij} = \sum_{k \le \min\{i,j\}} L_{ik} L_{kj} \tag{6.16}$$

의 활용(活用)에 의해, Cholesky 인수분해와 똑같은 방식으로 된다:

Algorithm 1 (Gauss):

$i = 1, \cdots, n_v$:

$$L_{ii} = A_{ii} - \sum_{k<i} L_{ik} U_{ki}, \tag{6.17}$$

$j = i+1, \cdots, n_v$:

$$L_{ji} = A_{ji} - \sum_{k<i} L_{jk} U_{ki}, \tag{6.18}$$

$$U_{ij} = \left(A_{ij} - \sum_{k<i} L_{ik} U_{kj} \right) \Big/ L_{ii}. \tag{6.19}$$

EXERCISE 행렬 A가 밴드 형식(band format)으로 저장되었다는 가정으로, 이 알고리즘을 Fortran으로 프로그래밍하는 것을 독자들에게 남긴다[Lucquin과 Pironneau (1977)]. C 프로그램은 Appendix 6.B에 주어진다. □

이 방법은 차수(次數, order) n_v^3의 많은 연산(演算, operation)을 요구하며, 정점(頂點, vertex)이 행렬 A의 밴드 폭(bandwidth)이 $O(\sqrt{n_v})$ 내에 있도록 충분히 빈틈없는 방식으로 번호 매겨졌다고 가정하는 한, 위의 모두는 적어도 차수 $n_v^{\frac{3}{2}}$의 기억 용량(記憶 容量, memory storage)을 요구한다. 대칭의 경우에서 했던 것처럼, 이제 더 효과적인 반복법(反復法, iterative method)을 제안한다.

6.2 THE GMRES ALGORITHM

6.2.1 Introduction

선형 계(線形 系, linear system)

$$Ax = b \tag{6.20}$$

을 푸는 문제를 일반적으로 고려하자. 여기서 A는, 가역(可逆, invertible)이지만 필연적으로 대칭은 아닌, 차수(次數, order) N의 실 정방행렬(實 正方行列, real square matrix)이다. 이러한 행렬의 경우, 다음의 예제에서 보는 바와 같이, 공액구배 알고리즘(conjugate gradient algorithm)이 실패(失敗)할 가능성이 있다:

EXAMPLE 식 (6.21)과 같은 경우

$$A = \begin{pmatrix} 0 & 1 \\ -1 & 0 \end{pmatrix}, \quad b = \begin{pmatrix} 1 \\ -1 \end{pmatrix} \tag{6.21}$$

를 고려하고 $x^0 \neq (-1,1)^T$로 공액구배를 초기화(初期化)하자. 그러면, 4.1.3절(節)의 표기(表記, notation)로 돌아가면, $h^0 \neq 0$를 가지며, 아직 $\rho^0 = \infty$(또는 $\rho^0 \to \infty$)를 함축(含蓄)하는 $(h^0)^T Ah^0 = 0$이다! □

4.1.3절에서는, 짧게 상기할 공액구배 알고리즘의 몇 가지 성질을 증명하였다. 먼저, 식 (6.20)을 푸는 원리는 다음에 의해 $\mathbb{R}^N$에서 정의된 범함수(汎函數, functional) J의 최소화(最小化)로 이루어져 있다($\mathbb{R}^N$에서 유클리드 내적(內積)(Euclidean inner product)을 (x, y)로 나타낸다):

$$J(x) = \frac{1}{2}(Ax, x) - (b, x). \tag{6.22}$$

또한, 이 알고리즘의 단계(段階, step) n에서 얻어지는 해(解) x^n은 의사 공간(擬似空間, affine space) $x^0 + K_n$에서 범함수 J의 최소화를 달성한다. 여기서 K_n은

$$\begin{aligned} K_n &= \text{span}\{g^0, Ag^0, \cdots, A^{n-1}g^0\} = \text{span}\{g^0, g^1, \cdots, g^{n-1}\} \\ &= \text{span}\{h^0, h^1, \cdots, h^{n-1}\}, \end{aligned} \tag{6.23}$$

에 의해 정의되는 크릴로프 공간(Krylov space)인데, 여기서 g^i는 알고리즘 $(g^i = b - Ax^i)$의 단계 i에서의 잔차(殘差, residual)를 나타내고 $h^0 = g^0, h^1, \cdots, h^{n-1}$는 연속되는 하강 방향(下降 方向)(successive descent direction)이며, span$\{u_1, \cdots, u_n\}$는 n개의 벡터 u_i에 의해 생성되는 벡터 공간을 나타낸다. 공액구배 알고리즘이 $(n-1)$번째 단계 후에 수렴(收斂)하지 않았다면, 공간 K_n은 벡터 $g^0, \cdots, g^{n-1}$에 의해 주어지는

정규 직교 기저(正規 直交 基底, orthonormal basis)로 차원(次元, dimension) n을 가진다는 것을 상기하자.

이 판단(判斷, observation)에 의해 유발(誘發)되어, GMRES('일반화(一般化)된 최소 잔차(最小 殘差)(Generalized Minimum Residual)') 알고리즘의 목표(目標, aim)는 공간 $x^0 + K_n$에서 *잔차의 유클리드 놈(Euclidean norm)* $(\|b - Ax^n\|)$*을 최소화*하는 것이 될 것이다. 그것의 내부에서의 작동(inner working)을 설명하고 그 유용성(有用性, usefulness)을 보이기 전에, 먼저 개념적(槪念的)으로 더 간단히, 또한 Krylov 부분 공간(部分 空間)(Krylov subspace)의 정규 직교 기저의 구성에 기초를 두고 알고리즘을 설명할 것이다.

6.2.2 *Arnoldi's Method*

$\mathbb{R}^N$에서 임의의 벡터를 x^0로, 그리고 초기 잔차(初期 殘差, initial residual)를 $r^0 = b - Ax^0$로 나타내고, 그것이 0이 아니라고 가정하여(그렇지 않으면 문제 (6.20)은 이미 풀렸다), $v^1 = r^0/\|r^0\|$로 두자; 벡터 v^1은 공간 K_n에서 첫 번째 기저 벡터이다. 이제 Krylov 부분 공간 $K_n = \text{span}\{v^1, Av^1, \cdots, A^{n-1}v^1\}$이 차원(次元) n을 갖는다고 가정하고, 그램-슈미트 형(形) 알고리즘(Gram-Schmidt type algorithm)에 의해, $(v^1, \cdots, v^n)$으로 나타낸 기저를 구성하자; 이 기저는 다음과 같은 방식으로 반복적(反復的)으로 정의된다:

Algorithm 2 (Arnoldi):

$j = 1, \cdots, n$:

$$h_{ij} = (Av^j, v^i), \quad 1 \le i \le j, \tag{6.24}$$

$$\hat{v}^{j+1} = Av^j - \sum_{i=1}^{j} h_{ij} v^i, \tag{6.25}$$

$$h_{(j+1)j} = \|\hat{v}^{j+1}\|, \tag{6.26}$$

$$v^{j+1} = \frac{\hat{v}^{j+1}}{h_{(j+1)j}}. \tag{6.27}$$

위에서 정의된 $h_{(j+1)j}$ 계수가 0인 것이 없다면, 유도(誘導, induction)에 의해 다음의 결과를 보이는 것은 쉽다:

Lemma 6.5 벡터 $(v^1, \cdots, v^n)$는 Krylov 부분 공간 K_n의 정규 직교 기저를 이루며, 더구나 다음을 만족한다:

$$\left(Av^j, v^i\right) = \begin{cases} h_{ij}, & \text{if } i \le j+1, \\ 0, & \text{if } i \ge j+2. \end{cases} \tag{6.28}$$

$1 \le i, j \le n$에 대하여 계수(係數) h_{ij}인 행렬을 H^n으로 나타낸다. 이 보조 정리(補助 定理, lemma)에 따라, H^n은 헤센베르크 행렬(Hessenberg matrix), 즉 주 대각(主對角, main diagonal) 바로 아래의 대각보다 아래에 위치하는 모든 계수가 0인 행렬이다.

일단 이 기저가 구성되면, 방법은 그 다음, x^n이 결국 $x^n = x^0 + z^n$, $z^n \in K_n$의 형태로 써지는, 공간 $x^0 + K_n$에서 알고리즘의 단계(段階, step) n에서의 근사해 x^n을 찾는데 있다. 그 다음 잔차(殘差, residual) $r^n = b - Ax^n = r^0 - Az^n$이 K_n에 직교(直交, orthogonal)가 되도록 요소(要素, element) z^n을 선택한다. 행렬 H^n이 구성(構成, construction)이 가능하도록 가역(可逆, invertible)이면, 더 정확히 다음을 가진다:

Proposition 6.6 *i번째 열(列, column)이 벡터 v^i, $i \in \{1, \cdots, n\}$인 크기 $N \times n$인 행렬을 V^n으로 나타낸다(즉 $V^n_{ij} = v^i_j$). 그러면, 행렬 H^n은 가역이고, $r^n = r^0 - Az^n$ ($r^0 = b - Ax^0$)가 K_n에 직교인 유일한 요소(element) z^n이 K_n 내에 존재하며, 이 요소는 다음과 같이 정의된다:*

$$z^n = \sum_{j=1}^{n} y_j v^j = V^n y^n, \text{ with } y^n = \|r^0\|(H^n)^{-1}e^n_1 \tag{6.29}$$

여기서 $\mathbb{R}^n$에서 첫 번째 기저 벡터를 $e^n_1 = (1, 0, \cdots, 0)$으로 나타내었다. 더구나, 단계 n에서의 잔차는 다음과 같이 나타내어질 수 있다:

$$z^n = -y^n h_{(n+1)n} v^{n+1}. \tag{6.30}$$

Proof 공간 K_n에 있는 z^n은 $z^n = \sum_{j=1}^n y_j v^j$인 n개의 스칼라 y_j의 존재에 의해 표현될 수 있으며, 이 등식(等式, equality)은 다음 형태의 행렬 해석(行列 解析, matrix interpretation)을 가진다: 요소(component) $\left(y^1, \cdots, y^n\right)^T$인 $\mathbb{R}^n$ 내의 벡터를 y^n으로 나타낸다면, $z^n = V^n y^n$.

이제 잔차 $r^n = r^0 - Az^n$이 K_n의 모든 기저 벡터 v^i에 직교인 것으로 표현하자. 다음을 얻는다:

$$\forall i \in \{1, \cdots, n\},\ 0 = \left(r^n, v^i\right) = \left(r^0, v^i\right) - \sum_{j=1}^{n} y_j\left(Av^j, v^i\right) = \|r^0\|\delta_{1i} - \sum_{j=1}^{n} y_j h_{ij},$$

또는 바꾸어 말하면 $\|r^0\|e_1^n = H^n y^n$이고, 이것이 식 (6.29)를 증명한다.

두 번째 논점(論點, point)은 먼저 $r^n \in AK_n \subset K_{n+1}$, $K_{n+1} = \text{span}\{v^1, \cdots, v^{n+1}\}$이라는 사실로부터 유래하며, z^n이 구성된 방식이 r^n이 첫 번째 n개의 벡터 v^i에 직교인 방식이기 때문에, 이것은 그것이 실제로 벡터 v^{n+1}에 비례한다는 것을 증명한다. 비례 상수(比例 常數, proportionality constant)는 그러면 마지막 등식을 식 (6.28)에서 기인한

$$\left(r^n, v^{n+1}\right) = \left(r^0, v^{n+1}\right) - \sum_{j=1}^{n} y_j\left(Av^j, v^{n+1}\right) = 0 - y_n h_{(n+1)n}$$

와 같이 씀으로써 계산되어, 증명이 끝난다. □

알고리즘은 그러면 다음과 같다:

Algorithm 3:

0. 초기화: x^0을 선택하고, 초기 잔차 $r^0 = b - Ax^0$을 계산함; $r^0 = 0$이면, 찾는 해가 x^0이며 중지하고, 그렇지 않으면, $v^1 = r^0/\|r^0\|$로 두고 단계 1로 감;

1. $j \geq 1$에 대하여 반복함:

$$n = j;$$

$$h_{ij} = \left(Av^j, v^i\right), \quad 1 \leq i \leq j; \tag{6.24}$$

$$\hat{v}^{j+1} = Av^j - \sum_{i=1}^{j} h_{ij} v^i; \tag{6.25}$$

$$h_{(j+1)j} = \|\hat{v}^{j+1}\|; \tag{6.26}$$

if $h_{(j+1)j} = 0$, go to 3; otherwise

$$v^{j+1} = \frac{\hat{v}^{j+1}}{h_{(j+1)j}}; \tag{6.27}$$

2. 근사해를 계산함:

$$x^n = x^0 + V^n y^n, \text{ with } y^n = \|r^0\|(H^n)^{-1} e_1^n. \tag{6.31}$$

관계 (6.30)은, *행렬 H^n이 가역이면,* 알고리즘이 잘 정의되었음을(well defined), 어떤 뜻으로는 $r^n = 0$이기만 하면 '축퇴(縮退)할(degenerate)' 수 있음을(즉 $h_{(n+1)n} = 0$) 보이며, 이것은 알고리즘이 수렴했음을 의미한다. 또한, 차원 N의 공간에서 독

립 집합(獨立 集合, independent set)을 이루어 벡터 v^i가 N개보다 많을 수 없기 때문에, 이 알고리즘은 많아야 $n = N$ 반복에서 수렴한다.

이 방법의 결점(缺點, drawback)은 $1 \le i \le n$에 대하여 모든 벡터 v^i의 저장을 요구하며, 더구나 n이 크면 연산 총수(演算 總數, operation count)가 매우 커질 수 있다는 것이다. 이 결점을 경감(輕減)하기 위하여, 이것이 비록 필요한 만큼 많이, 즉 잔차가 충분히 작아질 때까지 $x^0 = x^m$으로 전체 과정(過程, process)을 다시 시작한다는 것을 의미하기는 하지만, 반복 회수(反復 回數, number of iteration) j를 고정된 수 m으로 제한(制限)하는 것으로 결정할 수 있다.

이 방법의 다른 주(主)된 결점은, 다음의 예제에서 보는 바와 같이, 행렬 H^n이 가역(可逆)이 아닐 수 있다는 사실에 있다:

EXAMPLE 식 (6.21)에 있는 행렬 A와 우변(右邊) b를 다시 고려하고, $x^0 = 0$으로 과정을 초기화하자. 첫 번째 기저 벡터는 $h_{11} = 0$을 주는 $v^1 = (\sqrt{2}/2)b$이고, 그래서 H^1은 비정칙(非正則, 특이(特異), singular)이다. 하지만, $H^2 = -A$ 은 가역이다. □

따라서, 이제 위의 것과 매우 가깝지만, 이 문제를 피하도록 설계된, 새로운 알고리즘을 정의할 것이다.

6.2.3 *The GMRES Method*

6.2.3.1 Algorithm Description

출발하는 착상(着想, idea)은 앞의 알고리즘과 같지만, 즉 $x^n = x^0 + z^n$, $z^n \in K_n$의 형태로 단계 n에서 근사해를 찾는 것이지만, 이번에는 z^n이 K_n에 대하여 *잔차를 최소화하도록*, 즉

$$\|r^0 - Az^n\| \le \|r^0 - Az\|, \ \forall z \in K_n \tag{6.32}$$

와 같은 방식으로 선택될 것이다. 여기서 $\|\cdot\|$는 $\mathbb{R}^N$에서의 유크리드 놈(Euclidean norm)을 나타낸다.

Arnoldi 알고리즘의 n번 반복 후에, 원하는 대로 Krylov 부분 공간 K_{n+1}의 기저 $(v^1, \cdots, v^{n+1})$과 0이 아닌 요소가 알고리즘에 의해 생성되는 계수 h_{ij}인, $\tilde{H}^n$로 나타낸, 크기 $(n+1) \times n$의 행렬을 가진다. 더 정확히, 이 사각 행렬(四角 行列, rectangular matrix)은 유일한 0이 아닌 요소가, 식 (6.28)에 따라, 마지막 계수 $h_{(n+1)n}$인 $n+1$번째 행(行, row)에 의해 접해지는 행렬 H^n으로 만들어진다:

$$\overline{H}^n = \begin{pmatrix} & H^n & \\ 0 & \cdots & 0\ h_{(n+1)n} \end{pmatrix},\ H^n = \begin{bmatrix} h_{11} & \cdots & & & h_{1n} \\ h_{21} & h_{22} & \cdots & & h_{2n} \\ 0 & h_{32} & h_{33} & \cdots & h_{3n} \\ & \cdots & \cdots & & \cdots \\ 0 & \cdots & 0 & h_{(n-1)n} & h_{nn} \end{bmatrix}. \tag{6.33}$$

Hessenberg인 이 행렬은 두 행렬의 열(列, column)을 비교(比較)함으로써 쉽게 증명되는 관계

$$AV^n = V^{n+1}\overline{H}^n \tag{6.34}$$

를 만족한다.

이 논평(論評, remark) 덕택으로, 잔차 $r^n = b - Ax^n$ 을 $r^n = r^0 - AV^n y^n = r^0 - V^{n+1}\overline{H}^n y^n$의 형태로 쓰거나, 또는 $\mathbb{R}^{n+1}$에서의 k번째 기저 벡터를 e_k^{n+1}로 나타내면 $\left(\left(e_k^{n+1}\right)_l = \delta_{kl}\right)$ 다음과 같이 쓸 수 있다:

$$r^n = V^{n+1}\left(\|r^0\| e_1^{n+1} - \overline{H}^n y^n\right). \tag{6.35}$$

행렬 V^{n+1}이 직교이기 때문에, 유클리드 놈(Euclidean norm)을 유지하며, 그것은 다음을 따른다:

$$\|r^n\| = \left\| \|r^0\| e_1^{n+1} - \overline{H}^n y^n \right\|. \tag{6.36}$$

GMRES 알고리즘은 그러면, 다음으로 대체(代替)되는 단계(段階, step) 2를 제외하고는, 위의 Algorithm 3과 같다:

2′. 근사해를 계산함:

$$x^n = x^0 + V^n y^n; \tag{6.37}$$

$$\text{where } y^n \in \mathbb{R}^n \text{ satisfies}: \forall y \in \mathbb{R}^n,\ J^n(y^n) \le J^n(y); \tag{6.38}$$

$$\text{with } J^n(y) = \left\| \|r^0\| e_1^{n+1} - \overline{H}^n y \right\|. \tag{6.39}$$

이 알고리즘의 성질을 증명하기 전에, 단계 2′의 실제 풀이를 설명할 것이다.

6.2.3.2 Implementation of (6.38)-(6.39)

먼저 K_n에 대해 범함수 J^n의 최소화는 항등식(恒等式, identity) $\|r^0\| e_1^{n+1} = \overline{H}^n z$가 n개의 미지수(未知數)가 있는 $n+1$개의 방정식 계(系)를 이끄는 것처럼, *선험적으로 0이 아니다(a priori non-zero)*라는 것에 주목한다.

이 최소화 문제를 풀기 위한 착상(着想, idea)은 행렬 $\overline{H}^n$의 'QR' 인수분해('QR' factorization)을 세우는데, 즉 모든 대각 요소가 순양(純陽, strictly positive)이며, 마지막 줄(line)이 0인 상삼각 사각 행렬(上三角 四角 行列, upper triangular rectangular matrix) $R^n \in \mathbb{R}^{(n+1)\times n}$에 의한 정방 직교 행렬(正方 直交 行列, square orthogonal matrix) $Q^n \in \mathbb{R}^{(n+1)\times(n+1)}$의 적(積, 곱, product)의 형태로 분해(分解)하는데 있다:

$$\overline{H}^n = Q^n R^n,\ (Q^n)^{-1} = (Q^n)^T,\ R^n_{ij} = 0,\ \forall i > j. \tag{6.40}$$

더구나, 행렬 $\overline{H}^n$이 가역(可逆)이면 이 분해는 유일하다. 이 결과의 정당성(正當性)의 증명(justification)에 관련된 상세한 내용은, Ciarlet (1989)를 참조한다.

이제 이 인수분해를 점진적(漸進的)으로(progressively), 즉 $\overline{H}^n$의 새로운 열(列, column)이 나타날 때, 각 지표(指標, index) j에서 알고리즘의 단계 1의 반복을 실행할 것이다.

시작(始作, outset)에서, $\overline{H}^1$는 $\beta = h_{21}$인 열(列) 벡터(a column vector) $(\alpha,\beta)^T$이다. $h_{21} \neq 0$이라 하고

$$c_1 = \frac{\alpha}{\sqrt{\alpha^2+\beta^2}},\ s_1 = -\frac{\beta}{\sqrt{\alpha^2+\beta^2}},\ F_2^1 = \begin{pmatrix} c_1 & -s_1 \\ s_1 & c_1 \end{pmatrix}$$

이라 두자. 그러면 $R^1 = \left(\sqrt{\alpha^2+\beta^2}, 0\right)^T$이, 마지막 줄(line)이 0이기 때문에, 유일한 대각 요소가 순양(純陽)인 차수(order) 2×1의 상삼각 행렬일 때, F_2^1은 평면(平面) (e_1^2, e_1^2) 내에서 회전 행렬(回轉 行列, rotation matrix)이며 $F_2^1\overline{H}^1 = R^1$이다.

알고리즘이 j번 반복되었다고, 즉

$$\left(F^j_{j+1}\quad F^{j-1}_{j+1}\quad \cdots\quad F^2_{j+1}\quad F^1_{j+1}\right)\overline{H}^j = R^j$$

라고 가정하자. 여기서 R^j는 모든 대각 요소가 순양(純陽)이며, R^j의 마지막 줄(line)이 0인 상삼각 $(j+1)\times j$ 행렬이며, 각 F^k_{j+1} 행렬은 평면 $\left(e_k^{j+1}, e_{k+1}^{j+1}\right)$에서의 제한(制限, restriction)이 직교 회전(直交 回轉, orthogonal rotation)인 반면, 이 평면의 직교에 대한 제한은 단위(單位) 값(identity, 1)인 차수 $j+1$의 정방행렬이다. 바꾸어 말하면, 다음을 가진다:

$$F_{j+1}^{k} = \begin{bmatrix} 1 & & & & & & 0 \\ & 1 & & & & & \\ & & \cdots & & & & \\ & & & c_k & -s_k & & \\ & & & s_k & c_k & & \\ & & & & & \cdots & \\ 0 & & & & & & 1 \end{bmatrix}_{(j+1)\times(j+1)} \begin{matrix} \\ \\ \\ \rightarrow \text{row } k \\ \rightarrow \text{row } k+1 \\ \\ \\ \end{matrix} .$$

단계 $j+1$에서, 새로운 열(列, column)과 새로운 행(行, row)이 행렬 $\overline{H}^{j+1}$에 나타난다. 새로이 생성되는 $\overline{H}^{j+1}$의 열(列)에 대한 이전(以前)의 변환(preceding transformation)(즉 $F_{j+2}^{j}\ F_{j+2}^{j-1} \cdots F_{j+2}^{2}\ F_{j+2}^{1}$에 의한 좌변(左邊, left)의 곱셈(multiplication))의 실행으로 시작한다. $\beta = h_{(j+2)(j+1)}$에 불과한 지표 $(j+2, j+1)$인 계수는 이 변환에 의해 아무런 영향도 받지 않는다. 이 계산의 마지막에서, 그러면 다음을 가진다:

$$\left(F_{j+2}^{j}\ F_{j+2}^{j-1} \cdots F_{j+2}^{2}\ F_{j+2}^{1}\right)\overline{H}^{j+1} = \widetilde{R}^{j+1}.$$

여기서 $\widetilde{R}^{j+1}$는 마지막 두 줄이, 마지막 계수는 제외하고 0인, 즉

$$\widetilde{R}^{j+1} = \begin{bmatrix} & & & & x \\ & & & & x \\ & R^{j} & & & x \\ & & & & x \\ & & & & \alpha \\ 0 & 0 & 0 & 0 & \beta \end{bmatrix}, \quad \text{with } R^{j} = \begin{bmatrix} x & x & x & x \\ & x & x & x \\ & & x & x \\ & 0 & & x \\ 0 & 0 & 0 & 0 \end{bmatrix}_{(j+1)\times j}$$

인 행렬이다. 여기서 'x'는 선험적으로 0이 아닌(a priori non-zero) 행렬의 요소를 나타낸다. $\beta = h_{(j+2)(j+1)} \neq 0$이라 가정하자; 대각 아래의 요소가 0으로 없어지도록 왼쪽에 있는 이 행렬을 회전 행렬로 곱할 것이다. 이를 하기 위하여,

$$c_{j+1} = \frac{\alpha}{\sqrt{\alpha^2+\beta^2}}, \quad s_{j+1} = -\frac{\beta}{\sqrt{\alpha^2+\beta^2}},$$

$$F_{j+2}^{j+1} = \begin{bmatrix} 1 & & & & & & \\ & 1 & & & 0 & & \\ & & \cdots & & & & \\ & & & 1 & & & \\ & & & & 1 & & \\ & 0 & & & & c_{j+1} & -s_{j+1} \\ & & & & & s_{j+1} & c_{j+1} \end{bmatrix}_{(j+2)\times(j+2)}$$

라 두자. 그러면

$$F_{j+2}^{j+1}\left(F_{j+2}^{j} \cdots F_{j+2}^{2}\ F_{j+2}^{1}\right)\overline{H}^{j+1} = R^{j+1}$$

을 가진다. 여기서

$$R^{j+1} = F_{j+2}^{j+1}\widetilde{R}^j = \begin{bmatrix} & & & & & x \\ & & & & & x \\ & R^j & & & & x \\ & & & & & x \\ & & & & & x \\ & & & & & \sqrt{\alpha^2+\beta^2} \\ 0 & 0 & 0 & 0 & 0 & 0 \end{bmatrix}$$

는 마지막 줄(line)이 0이며 모든 대각 요소가 순양(純陽)인 $(j+2)\times(j+1)$ 상삼각 행렬이다.

따라서 이 구성(construction)의 존재성(existence)을 유도(誘導, induction)에 의하여 증명하였으며, 단계 n 후에 Q^n이 다음과 같은 식 (6.40)을 가진다:

$$Q^n = \left(F_{n+1}^1\right)^{-1}\left(F_{n+1}^2\right)^{-1}\cdots\left(F_{n+1}^{n-1}\right)^{-1}\left(F_{n+1}^n\right)^{-1}. \tag{6.41}$$

이제 최소화 문제 (6.38)-(6.39)를 풀 수 있다. 실제로, Q^n이 직교이기 때문에, 다음을 가진다:

$$J^n(z) = \left\|\|r^0\|e_1^{n+1} - Q^nR^nz\right\| = \|g^n - R^nz\|, \tag{6.42}$$

$$\text{with } g^n = (Q^n)^{-1}\|r^0\|e_1^{n+1}. \tag{6.43}$$

하지만 행렬 R^n의 마지막 줄(line)이 0과 전등(全等)이기(identically zero) 때문에, 이제 $\mathbb{R}^n$ 내에서 $J^n(y^n) = 0$인 벡터 y^n을 찾을 수 있다: 이것을 하기 위해서는, 다음의 상삼각 계(上三角 系, upper triangular system)를 풀면 충분하다:

$$R^ny^n = P^n(g^n). \tag{6.44}$$

여기서 P^n은 $\mathbb{R}^{n+1}$로부터 $\mathbb{R}^n$으로의 사영(射影, projection)이다. 프로그래밍의 관점으로부터, 이 계(系, system)는 우변(右邊, right hand side) g^n이 알려져 있으면 곧 '전진(前進)' 풀이('forward' solve)에 의해 쉽게 풀어진다. 하지만 식 (6.43), (6.41)에 따라, g^n이, *알고리즘 점진(漸進)(algorithm progress)으로서*, 우변에 모든 위의 기본 회전(基本 回轉, elementary rotation)을 곱함으로써 쉽게 계산됨을 보이는

$$g^n = (Q^n)^{-1}\|r^0\|e_1^{n+1} = F_{n+1}^nF_{n+1}^{n-1}\cdots F_{n+1}^2F_{n+1}^1\left(\|r^0\|e_1^{n+1}\right) \tag{6.45}$$

를 가진다.

마지막으로, *x^n을 명백하게 알아야 할 필요가 없다는*, 단계 n에서의 *잔차(殘差)*

*의 계산*에 속하는 논평(論評, remark)으로 끝맺자. 사실, 식 (6.36)과 (6.42)에 따라, 마지막 등식(等式, equality)이 y^n의 선택 (6.42)에 직접 연결되는

$$\|r^n\| = J^n(y^n) = \left|\left(e_{n+1}^{n+1}, g^n\right)\right| \tag{6.46}$$

을 가진다. 마지막으로, 이 잔차의 유클리드 놈(Euclidean norm)은 다음과 같은 순환 관계(循環 關係, recurrence relation)에 의해 함께 연결된다:

$$\|r^n\| = |s^n| \cdot \left\|r^{n-1}\right\|, \text{ with } s^n = k^n h_{(n+1)n}, \ k^n > 0. \tag{6.47}$$

이제 이 알고리즘의 약간의 수렴(收斂)의 성질(convergence property)을 상술(詳述)하자.

6.2.3.3 Properties of the GMRES Algorithm

알고리즘은 이미 수렴했을 때만 '축퇴(縮退, degenerate)'할 수 있다; 더 정확히는 다음을 가진다:

Proposition 6.7 *알고리즘의 단계 n에서의 근사해는 다음의 등가 조건(等價 條件, equivalent condition)중 1개가 만족되면 또 그 때에 한해서(필요충분) 정확(正確)하다 (exact)(즉 $x^n = x$, x는 $Ax = b$의 풀이)*:

(i) *알고리즘이 단계 n에서 멈춘다*;

(ii) $\hat{v}^{n+1} = 0$;

(iii) $h_{(n+1)n} = 0$.

PROOF 서로 등가인 조건 (ii)와 (iii)은 자명(自明)하며, (iii)이 (i)을 함축(含蓄)함은 명백하다. 거꾸로, $h_{(n+1)n} \neq 0$이라 가정하자; 그러면 앞 절(節)에서의 구성으로부터, 회전(回轉, rotation) F_{n+1}^n을 정의할 수 있다. 상삼각 행렬 $R^n = F_{n+1}^n \tilde{R}^n$의 모든 대각 요소(diagonal element)가 순양(純陽, strictly positive)이기 때문에, 이 행렬은 가역(可逆)이며, 계(系, system) (6.44)를 풀 수 있다. 따라서 알고리즘은 단계 n에서 잘 정의되었다(well defined).

이제 조건 (iii)이 타당하면, 그러면 x^n이 완전해(完全解, exact solution)임을 증명하자. n이, 한편으로는 벡터 $(v^1, \cdots, v^n)$이 독립이며, 다른 한편으로는 v^{n+1}을 세울 수 없기 때문에 알고리즘이 단계 n에서 축퇴(degenerate)임을 증명하는, $h_{(j+1)j} = 0$인 첫 번째 지표 j라고 가정하자. 식 (6.39)와 식 (6.36)으로 이끄는 계산에 따라, 잔차 $b - A(x^0 + V^n y)$를 $r^n(y)$로 나타내면 다음을 가진다:

$$J^n(y) = \|r^n(y)\| = \|r^0 - AV^n y\|.$$

하지만, $h_{(n+1)n}$이 0이기 때문에, 이제 다음과 같은 관계를 함축(含蓄)하는 $AV^n = V^n H^n$을 가진다:

$$J^n(y) = \|r^0 - V^n H^n y\| = \left\| \|r^0\| v^1 - V^n H^n y \right\| = \|V^n (\|r^0\| e_1^n - H^n y)\|.$$

V^n이 직교 행렬(直交 行列, orthogonal matrix)이기 때문에, 다음을 추론(推論)한다:

$$J^n(y) = \left\| \|r^0\| e_1^n - H^n y \right\|.$$

H^n이 가역(可逆)이라고(invertible) 가정하면, 그러면 위의 등식(等式, equality)은 J^n이 $y = y^n = (H^n)^{-1}(\|r^0\| e_1^n)$에 대하여 최소(最小, minimum)임을 보이며, 그 경우, $J^n(y^n) = \|r^n(y^n)\| = 0$이어서, $x^n = x^0 + V^n y^n$이 해(解, solution)임을 증명한다.

H^n이 가역(可逆)임을 증명하는 것이 남았으며, 이것을 하기 위해서는 A가 가역이기 때문에 H^n의 임의의 고유치(固有値, eigenvalue) λ가 A의 고유치임을 증명하면 충분하다. u를 고유치 λ에 관련된 H^n의 고유벡터(eigenvector)라 하자; 정의(定義, definition)에 의해 $H^n u = \lambda u$는 $V^n H^n u = \lambda V^n u$를 함축(含蓄)한다. $AV^n = V^n H^n$이기 때문에, 벡터 $v = V^n u$는 $Av = \lambda v$를 만족한다고 추단(推斷)한다; 하지만 V^n이 꽉 찬 계수(階數, 랭크)(full rank)를 갖기 때문에 이 벡터는 0이 아니어서, v가 행렬 A의 고유치 λ에 관련된 고유벡터임을 증명하며, 성질은 증명되었다.

증명을 끝내기 위해서는, n이 x^j가 완전해가 되기 위한 첫 번째 지표(指標, index) j라 하면, 그러면 $h_{(n+1)n} \neq 0$를 보이는 것이 남았다. 잔차(殘差, residual)의 정의에 의해, n은 $r^j = 0$이기 위한 첫 번째 지표 j이며, 식 (6.47)에 따라, 이것은 s^n이 0임을 의미하고, 그러면 $h_{(n+1)n}$ 역시 0이다. □

6.2.3.4 GMRES(m,C) Algorithm

위의 결과로부터 GMRES 알고리즘은 '잘 주어졌으며(well-posed)', 알고리즘 3과 같이, 많아야 $m = N$ 반복 내에서 수렴(收斂)한다고 결론짓는다. 하지만, 큰 수 m에 대하여($m \geq 10$), 요구되는 메모리(mN의 차수(次數, order)로)와, 직교화 과정(直交化 過程, orthogonalization process)을 위한 계산기 시간($O(m^2N)$으로)이 과중(過重)하게 될 수 있다. 그리하여, 잔차가 충분히 적어질 때까지, 앞서서 고정된 지표 m에서 반복(反復)을 임의로 중지하고, 다시 시작하는 개념(槪念, idea)이 나왔다. 그렇게 정의된 알고리즘을 GMRES(m)으로 나타낼 것이며, 그것의 Fortran에 의한 이행(履行)은 Appendix 6.A에 주어졌다.

또한 직교화 과정이 반올림 오차(round-off error)를 생성하기 때문에, 행렬 A가 좋지 못하다면(ill conditioned) 그것이 알고리즘을 불안정(不安定, unstable)하게 만들 수 있음에 주목한다. 따라서 방법의 안정성(安定性, stability)(큰 m 값의 경우)과 그것의 수렴 속력(收斂 速力, convergence speed)(작은 m 값의 경우) 둘 다를 위하여, 전처리 행렬(前處理 行列, preconditioning matrix)에 대한 탐색(探索, search)이 중요하다. 전처리 행렬을 C로, 그리고 전처리 행렬이 C이며 크릴로프 부분 공간(Krylov subspace)의 차원(dimension)이 m으로 제한된 전처리 GMRES 알고리즘을 GMRES(m,C)로 나타내자; 이 일반 알고리즘(general algorithm)은 다음과 같은 방식으로 써진다:

Algorithm 4 (GMRES(m,C)):

0. 초기화: x^0와 전처리 행렬 C(그것은 정정(正定, positive definite)이어야 한다)를 선택함; 초기 잔차 $r^0 = C^{-1}(b - Ax^0)$을 계산함; $r^0 = 0$이면, 찾는 해가 x^0이므로 그래서 중지함; 그렇지 않으면, Krylov 부분 공간의 차원 m, 중지 검사를 위한 정밀도 ϵ을 선택함, 그 다음;

1. $v^1 = r^0/\|r^0\|$으로 둠;

2. $j \in [1, m]$에 대하여 반복함:

$$n = j;$$

$$h_{ij} = \left(C^{-1}Av^j, v^i\right), \quad 1 \le i \le j; \tag{6.48}$$

$$\hat{v}^{j+1} = C^{-1}Av^j - \sum_{i=1}^{j} h_{ij}v^i; \tag{6.49}$$

$$h_{(j+1)j} = \|\hat{v}^{j+1}\|; \tag{6.26}$$

if $h_{(j+1)j} = 0$, go to 3; otherwise

$$v^{j+1} = \frac{\hat{v}^{j+1}}{h_{(j+1)j}}; \tag{6.27}$$

3. 근사해를 계산함:

$$x^n = x^0 + V^n y^n \tag{6.37}$$

$$\text{where } y^n \in \mathbb{R}^n \text{ satisfies}: \forall y \in \mathbb{R}^n,\ J^n\left(y^n\right) \le J^n\left(y\right) \tag{6.38}$$

$$\text{with } J^n\left(y\right) = \left\| \|r^0\| e_1^{n+1} - \bar{H}^n y^n \right\|; \tag{6.39}$$

여기서 $e_1^{n+1} = (1, 0, \cdots, 0) \in \mathbb{R}^{n+1}$로 쓰며, 사각 행렬(四角 行列, rectangular matrix)

$\bar{H}^n$는 식 (6.33)에 따른 계수 h_{ij}를 가진 형태이다. 이 행렬은 다음을 만족한다:

$$C^{-1}AV^n = V^n\bar{H}^n; \tag{6.50}$$

4. 잔차 $r^n = C^{-1}(b - Ax^n)$를 계산함; $\|r^n\| \le \epsilon$이면 중지하고, x^n이 찾아진 근사해이다; 그렇지 않으면, $x^0 = x^n$, $r^0 = r^n$으로 두고 단계 1로 돌아감.

Remark 6.8 안전(安全)을 위해, 재 시작(再 始作, restart)의 최대 수(最大 數, maximum number) *nit*를 선택하는 것이 추천(推薦)되었다. 최소화 문제 (6.38)-(6.39)의 풀이와 잔차 계산은 앞 절(節)에서 설명된 것과 같이 수행된다; 특히, r^n에 대한 위의 표현과는 반대로, 알고리즘을 중지할 것인가 아닌가를 결정하기 위해 x^n을 계산하는 것이 필요하지 않다. □

Remark 6.9 전처리 행렬에 대한 가능한 선택은 예를 들면 A의 대각(對角)이다. 기억 공간은 mN의 차수(order)이다. 실제로, m은 10 부근에서 선택되고, *nit*도 그러하며, 알고리즘은 여전히 매우 효율적(效率的, efficient)이다. □

Remark 6.10 계산의 대부분이 행렬-벡터 적(積, 곱)(matrix-vector product)이기 때문에 이 알고리즘은 쉽게 벡터화 될 수 있다는(vectorisable) 것에 주목한다. 또한, 행렬 A 자체는 벡터와의 이러한 곱셈을 통해서만 나타나기 때문에, 그것을 저장할 필요가 없다. 물론, 저장이 없는 변형 프로그램(version)은 저장이 있는 것보다 계산 시간에서 더 희생된다. □

GMRES 법에 대한 더 상세한 내용은, 독자들을 Saad와 Schultz (1986)에 의해 발표된 논문으로 돌린다.

6.3 ONE EXAMPLE OF A NON-LINEAR PROBLEM

비선형 편미분 방정식(非線形 偏微分 方程式, non-linear partial differential equation)은 물리학에서의 구체적인 문제에서 매우 자주 나타난다. 1장에서 열 방사(熱 放射, heat radiation)의 예(例)로 이미 그와 같은 것들에 대해 언급하였다.

이와 같은 문제에 대한 체계적(體系的)인 방법(systematic method)은 없다. 비선형 계(연립) 방정식(非線形 系(聯立) 方程式, non-linear systems of equation)의 이론에서 나온 몇 가지 도구(道具, tool)를 여기에서 나타낼 것이다. 그것들을 구체적인 예, 즉 천음속(遷音速, 음속에 가까운) 유동(流動)(transonic flow)에 적용할 것이다.

6.3.1 Transonic Flows

영역 Ω에서의 유체(流體, fluid)의 속도(速度, velocity) u는 $u = \nabla\varphi$와 같이 써진다. 여기서 포텐셜(potential) φ는

$$\nabla \cdot (\rho \nabla \varphi) = 0 \ \text{ in } \ \Omega, \tag{6.51}$$

$$\left(\rho \frac{\partial \varphi}{\partial n}\right)\bigg|_{\Gamma} = g. \tag{6.52}$$

의 해(解)이며($\Gamma = \partial\Omega$), 밀도(密度, density) ρ는 다음과 같이 주어진다:

$$\rho = (1 - (\nabla\varphi)^2)^{5/2}. \tag{6.53}$$

P^1 유한 요소로 이산화(離散化)한 후, 문제는 식 (6.55)와 함께

$$\int_{\Omega} \left[(1 - |\nabla\varphi_h|^2)^{5/2} \nabla\varphi_h \cdot \nabla w^j\right](\vec{x}) d\vec{x} = \int_{\Gamma} \left(g w^j\right)(\vec{x}) d\gamma(\vec{x}), \quad \forall j = 1, \cdots, n_v \tag{6.54}$$

로 정의된 미지수(未知數, unknown) $\Phi = \{\varphi_i\}_1^{n_v}$를 가진 계(系, system)의 풀이(solution)로 축약된다:

$$\varphi_h = \sum_{k=1}^{n_v} \varphi_i w^i. \tag{6.55}$$

여기서 함수 w^i는 P^1 근사에서의 보통의 기저 함수(usual basis function), 즉 $\bar{\Omega}$에서 연속 함수(連續 函數, continuous function)이고, 삼각화(triangulation)의 각 삼각형에서 선형이며, 정점(頂點, vertex) q^i에서의 값이 다음과 같이 주어지는 함수이다:

$$w^i(q^j) = \delta_{ij}. \tag{6.56}$$

6.3.2 A Fixed Point Algorithm

식 (6.54)는 다음의 형태를 가진다:

$$F(\Phi) = 0, \tag{6.57}$$

$G(\Phi) = \Phi + wF(\Phi)$로 두자. 여기서 w는 임의의 실수(實數, real number)이다; 그러면 문제 (6.57)은 비선형 범함수(非線形 汎函數, non-linear functional) G의 고정점(固定點, fixed point)을 찾는 것에 상당(相當)하는

$$G(\Phi) = \Phi \tag{6.58}$$

와 등가(等價)이다. 다음의 알고리즘을 고려하자($\|\cdot\|$는 $\mathbb{R}^{n_v}$에서의 보통의 유클리드 놈(Euclidean norm)을 나타낸다):

Algorithm 5 (Fixed Point):

0. Φ에 대한 초기화 Φ^0와 정밀도 $\epsilon > 0$를 선택함;

1. 정수(整數, integer) $m \geq 0$에 대한 루프(loop)로,
$\Phi^{m+1} = G(\Phi^m)$를 계산함;

2. 위의 루프에 대한 중지 검사: $\|\Phi^{m+1} - G(\Phi^{m+1})\| < \epsilon$이면 Φ^{m+1}이 식 (6.57)에 대하여 찾아진 근사해이기 때문에 중지함; 그렇지 않으면 계속함.

이 알고리즘은 다음과 같은 명제(命題, proposition)로 요약된 정해진 조건하에서 수렴(收斂)한다.

Proposition 6.11 *범함수 G가 연속적으로 미분 가능하다고(continuously differentiable) 가정하자. 그러면, G'로 나타낸 G의 미분(微分, differential)이 $0 \leq C < 1$인 상수(常數, constant) C에 의해 유계(有界)된다면(bounded), 즉*

$$\forall \Phi \in \mathbb{R}^{ns}, \quad \|G'(\Phi)\| \leq C < 1 \tag{6.59}$$

이면 위의 알고리즘은 식 (6.57)과 (6.58)의 해를 향해 수렴한다.

Proof 식 (6.59)에 의해

$$\|\Phi^{n+1} - \Phi^n\| = \|G(\Phi^n) - G(\Phi^{n-1})\| \leq C\|\Phi^n - \Phi^{n-1}\|$$

를 가지며 직접 유도(直接 誘導, immediate induction)에 의해 다음을 준다:

$$\|\Phi^{n+1} - \Phi^n\| \leq C^n\|\Phi^1 - \Phi^0\|.$$

그러면 합산(合算, summation)에 의해

$$\|\Phi^{m+p} - \Phi^m\| \leq \sum_{n=m}^{m+p-1} \|\Phi^{n+1} - \Phi^n\| \leq \left(\sum_{n=m}^{m+p-1} C^n\right)\|\Phi^1 - \Phi^0\|$$
$$\leq \frac{C^m}{1-C}\|\Phi^1 - \Phi^0\|$$

를 얻으며, 이 부등식(不等式, inequality)은 $\{\Phi^m\}$이 $\mathbb{R}^{n_v}$에서 코시 수열(數列)(Cauchy sequence)임을 보인다; 그래서 그것은 Φ^*로 나타낸 극한(極限, limit)으로 수렴

한다. 정의에 의해 그리고 G의 연속성 때문에, Φ^*가 식 (6.58)의 해이며, 또한 $w \neq 0$이기 때문에 식 (6.57)의 해(解)임을 보이는

$$0 = \Phi^{m+1} - G(\Phi^m) \to 0 = \Phi - G(\Phi) = wF(\Phi)$$

를 추론(推論)한다. □

예제를 풀기 위해 이 방법을 적용하는 것을 시도(試圖)하자. 다음과 같은 방식으로 문제 (6.51)-(6.53)의 '반 선형화(半 線形化, semi-linearizing)'에 의해 벡터 φ^m과 스칼라 ρ^m을 반복적으로 생성할 것이다:

$$\begin{aligned} &(\varphi^m, \rho^m) \to \left(\varphi^{m+1}, \rho^{m+1}\right), \quad \text{with} \\ &\nabla \cdot \left(\rho^m \nabla \varphi^{m+1}\right) = 0 \ \text{ in } \ \Omega, \quad \left(\rho^m \frac{\partial \varphi^{m+1}}{\partial n}\right)\bigg|_\Gamma = g, \end{aligned} \tag{6.60}$$

$$\rho^{m+1} = \left(1 - \left(\nabla \varphi^{m+1}\right)^2\right)^{5/2}. \tag{6.61}$$

이것은 명백한 표기(表記, notation)로, 다음과 같은 이산화 문제를 준다:

$$\int_\Omega \left[(1 - |\nabla \varphi_h^m|^2)^{5/2} \nabla \varphi_h^{m+1} \cdot \nabla w^j\right](\vec{x}) d\vec{x} = \int_\Gamma \left(g w^j\right)(\vec{x}) d\gamma(\vec{x}), \quad \forall j = 1, \cdots, n_v. \tag{6.62}$$

이 정식화(定式化, formulation)와 알고리즘 5의 연결(連結, link)은 도저히 명확하지 않다. 사실, 고정점 알고리즘을 비선형 문제에 적용하는 데에는 다양한 방식이 있으며 식 (6.62)는 그 중의 한 가지이다(F로부터 G를 구성하는 것은 또 다른 한 가지이다). 방법이 작동(作動)하는 것을 보이는 것은 쉽지 않다. 정식(正式)으로, 식 (6.62)를

$$A(\Phi^m)\,\Phi^{m+1} = b \tag{6.63}$$

의 형태로 쓸 수 있다. 여기서 행렬 $A(\Phi^m) = \left(A(\Phi^m)_{ij}\right)$와 우변(右邊) $b = (b_i)$는 다음에 의해 정의된다:

$$\begin{aligned} A(\Phi^m)_{ij} &= \int_\Omega \left[(1 - |\nabla \varphi_h^m|^2)^{5/2} \nabla w^i \cdot \nabla w^j\right](\vec{x}) d\vec{x}, \\ b_i &= \int_\Gamma \left(g w^i\right)(\vec{x}) d\gamma(\vec{x}). \end{aligned} \tag{6.64}$$

이제 식 (6.63)은

$$\Phi^{m+1} = G(\Phi^m), \text{ with } G(\Phi^m) = A(\Phi^m)^{-1}b \tag{6.65}$$

와 같이 써질 수 있다. 명제(proposition)의 조건을 점검하도록 다른 사상(寫像, mapping) ($\Phi \to A(\Phi)$)를 계산하는 것이 남았다; 이 문제(point)는 독자들에게 연습 문제로 남긴다.

6.3.3 The Non-linear GMRES Algorithm

비선형 GMRES 알고리즘은

$$F(\Phi) = 0, \ x \in \mathbb{R}^N \tag{6.66}$$

와 같은 형태의 비선형 계(non-linear system)을 풀기 위해 Brown과 Saad (1990)에 의해 제안(提案)된 '준(準)-뉴튼(quasi-Newton)' 법이다. 여기서 F는 벡터 값 함수(vector valued function)이다. 준-뉴튼 법에서의 반복 과정은

$$x_{n+1} = x_n - (A_n)^{-1}F(x_n) \tag{6.67}$$

의 형태이다. 여기서 행렬 A_n은 $F'(x_n)$으로 나타낸 점 x_n에서의 F의 미분에 대한 근사(近似)이다. 이 미분을 계산해야만 하는 것을 피하도록 하기 위하여, 그것을 한 방향을 따른 계차(階差, difference quotient)에 의해 근사화한다. 즉, δ가 작은 양(陽)의 매개변수(媒介變數)(small positive parameter)라 가정하고, 다음과 같이 둔다:

$$\forall y, \ A_n y = D_\delta F(x_n\,;y) = \frac{F(x_n + \delta y) - F(x_n)}{\delta} \cong F'(x_n)y\,. \tag{6.68}$$

일단 이러한 근사를 하면, 그 다음 계(系) $A_n y = -F(x_n)$를 풀어야 한다. 이것을 하기 위하여, GMRES 알고리즘으로서, x_0가 찾는 해(sought solution) x의 초기 설정(初期 設定, initialization)인, $r_0 = -F(x_n) - A_n x_0$로 된 Krylov 부분 공간

$$K_m(A_n) = \text{span}\{r_0, A_n r_0, \cdots, A_n^{m-1} r_0\} \tag{6.69}$$

를 고려한다.

이제, 근사해를 관계 (6.67)에 의해 정의하는 대신, 비선형 GMRES 알고리즘은 다음과 같이 쓰는 것으로 된다:

$$x_{n+1} = x_n + z_n, \quad \text{where } z_n \in K_m(A_n) \text{ satisfies}: \tag{6.70}$$

$$\forall z \in K_m(A_n), \ J_n(x_n + z_n) \le J_n(x_n + z), \tag{6.71}$$

$$\text{with } J_n(v) = \|F(v)\|. \tag{6.72}$$

여기서 지표(指標, index) m은 미리 선택된 Krylov 부분 공간의 차원(次元, dimension)이다. 무엇보다도 먼저 다음과 같음에 주목한다:

$$\forall z \in K_m(A_n),\ F(x_n + z) \cong F(x_n) + A_n z.$$

이것은 최소화 문제 (6.70)-(6.72)가 근사적으로 과정(過程, procedure) (6.67)로 $A_n y = -F(x_n)$을 푸는 것을 사용할 수 있는 선형 GMRES 법에서의 잔차를 최소화하는 것에 상당(相當)한다는 것을 보인다.

Algorithm 6 (Non-linear GMRES(m,C)):

0. 초기화: x_0, 전처리 행렬 C(그것은 대칭 정정(對稱 正定, symmetric and positive definite)이어야 한다), Krylov 부분 공간의 차원 m, 중지 검사를 위한 정밀도 ϵ 및 작은 매개변수 δ를 선택함; $n = 0$으로 둠;

1. $\hat{v}_n^1 = -C^{-1}(F_n - A_n x_n)$를 계산함, 여기서 $F_n = F(x_n)$과 $A_n y = D_\delta F(x_n\,;y)$이며, 그 다음 $v_n^1 = \hat{v}_n^1 / \|\hat{v}_n^1\|$으로 둠;

2. $j \in [1, m]$에 대하여 반복함:

$$n_m = j;$$

$$h_{ij}^n = \left(C^{-1} A_n v_n^j,\ v_n^i\right), \quad 1 \le i \le j;$$

$$\hat{v}_n^{j+1} = C^{-1} A_n v_n^j - \sum_{i=1}^{j} h_{ij}^n v_n^i\,;$$

$$h_{(j+1)j}^n = \|\hat{v}_n^{j+1}\|;$$

$$\text{if } h_{(j+1)j}^n = 0, \text{ go to 3; otherwise}$$

$$v_n^{j+1} = \frac{\hat{v}_n^{j+1}}{h_{(j+1)j}^n};$$

3. 근사해를 계산함:

$$x_{n+1} = x_n + z_n, \quad \text{where } z_n \in K_{n_m}(A_n) \text{ satisfies}:$$

$$\forall z \in K_{n_m}(A_n),\ J_n(x_n + z_n) \le J_n(x_n + z)$$

$$\text{with } J_n(v) = \|F(v)\|;$$

4. $\|F(x_{n+1})\| < \epsilon$이면 중지함; 그렇지 않으면 n을 $n+1$로 바꾸고 단계 1로 돌아감.

또한 본 역자(譯者)가 Fortran으로 작성해서 사용한 계 행렬 조합(系 行列 組合,

system matrix assembling), 가우스 소거법(消去法) (Gaussian elimination), LU 분해 (LU decomposition) 및 공액잔차법(共軛殘差法, conjugate residual method) 프로그램을 Appendix 6.C에, 그리고 소성(疏性, sparsity)을 고려한 저장 방식에 따른 비대칭 계 행렬(asymmetric system matrix)의 조합과 Jacobi 전처리 공액잔차법 프로그램을 Appendix 6.D에 수록(收錄)하니 연구자들께서 참고 자료로 활용하기 바란다.

APPENDIX 6.A

The Fortran Subroutine for Solving a Linear System with an Invertible, but not Necessarily Symmetric, Matrix *A*, by the Linear GMRES(m) Algorithm

```
C  File gmres.for
C
C  --------------------------------------------------
         SUBROUTINE gmres(nv,x,eps,nkr,nit)
C  --------------------------------------------------
C  This subroutine solves the linear system Ax=b
C  by the GMRES(nkr) method, i.e. with a dimension
C  nk of the Krylov space limited to nkr, which requires
C  several successive restarts, whose number is
C  arbitrarily limited to nit. The stopping test of the
C  method bears on the residual Euclidean norm.
C
C  This method is based on the construction, according to
C  the Arnoldi method, of an orthonormal basis of the
C  Krylov space basis which is stored in array v;
C  more precisely, v(i,j) holds the ith component of the
C  jth basis vector.
C
C  Simultaneously, we build array h, which at the outset is
C  defined by h(i,j)=(Av_i,v_j); the jth column of array
C  h then represents the jth column of the Hessenberg matrix
C  H̄^nk of order (nk+1)×nk, which is
C  then factorized in the form Q^nkR^nk, with Q^nk
C  an orthogonal matrix of order (nk+1)×(nk+1) and
C  R^nk an upper triangular matrix of order (nk+1)×nk,
C  with a zero last row, and all diagonal elements
C  are strictly positive.
C
C  In a second stage, h(.,j) holds the index j column
C  of the upper triangular matrix R^nk, after having
C  carried out the jth rotation (the cosine of its angle
C  is denoted by cos, its sine by sin) whose aim is to
C  zero out the coefficient with index(j+1)j in the
C  Hessenberg matrix H̄^kr.
C
C  Array r contains the right hand side
```

```
C  g^nk = (Q^nk)^T||r^0||e_1^(nk+1) of the
C  minimization problem with unknown y^nk.
C  Then, this array r holds the solution y^nk that
C  is computed by solving an upper triangular system
C  with matrix R^nk. This operation is done in
C  subroutine soln.
C
C  The approximate solution at step nk of the algorithm is
C  stored in array x, and this array holds at the outset
C  the initialization x^0 of the solution. This operation
C  is also carried out in subroutine soln.
C
C  We then compute the 'residual vector' that we need to
C  initialize the next it step; its norm is simultaneously
C  used as a stopping test.
C
C  Remark 1:
C  ---------
C  We have chosen here to construct the basis of the
C  Krylov space first, then to factor the Hessenberg
C  matrix.
C
C  Remark 2:
C  ---------
C  Since both the matrix A of size nv×nv, and the right
C  hand side b of size nv of the linear system to be
C  solved only occur in computing the initial residual,
C  then in the construction of the basis vectors, we have not
C  stored them in this program.
C  They occur in only a subroutine that we called
C  'pmat(nv,x,ax,ind)': for a given vector x(nv)
C  (stored in array x(nv)), and for a fixed flag ind,
C  the subroutine pmat computes and stored in array ax:
C  -the product A*x if ind is 0,
C  -the linear combination b-A*x if ind is 1.
C  This subroutine depends on the storage format of the
C  matrix A under consideration, and we do not give it
C  here. It is to be written by the user depending on his
C  particular needs.
C
C
C         Program written by Pascal Joly
C         (Laboratoire d'Analyse Numerique,
C         Universite Pierre Marie Curie),
C         modified by Brigitte Lucquin (Juin 95).
C
      PARAMETER (nvMax=400,nkrMax=50)
      DIMENSION x(nvMax),v(nvMax,nkrMax),
     >          h(nkrMax,nkrMax),r(nkrMax)
      DIMENSION aux(nvMax),aux1(nvMax)
      CHARACTER*20 filnam
```

```
      DATA zero/1.e-8/
      rec=zero
C
C  ...initialization
C
      ind=1
      CALL pmat(nv,x,aux,ind)
      res=prods(nv,aux,aux)
      res=sqrt(res)
      IF(res.LT.rec)GOTO 4
      rec=max(rec,res*eps)
C
C  ...iteration start
C
      DO 1 it=1,nit
        nk=nkr
C
C  ...Arnoldi orthogonalization
C
        DO 10 i=1,nv
          aux(i)=aux(i)/res
          r(i)=0.
10      CONTINUE
        r(i)=res
C
        DO 11 j=1,nkr
          DO 21 i=i,nv
            v(i,j)=aux(i)
21        CONTINUE
          ind=0
          CALL pmat(nv,aux,aux1,ind)
          DO 22 i=1,nv
          aux(i)=aux1(i)
22        CONTINUE
          DO 23 i=1,j
            tem=prods(nv,aux1,v(1,i))
            h(i,j)=tem
            DO 24 il=1,nv
              aux(il)=aux(il)-tem*v(il,i)
24          CONTINUE
23        CONTINUE
          dem=prods(nv,aux,aux)
          dem=sqrt(dem)
          h(j+1,j)=dem
          IF(dem.LT.rec)THEN
            nk=j
            GOTO 5
          ENDIF
          DO 25 i=1,nv
            aux(i)=aux(i)/dem
25        CONTINUE
```

```
11      CONTINUE
C
C  ...triangulization and modification of right hand side
C
5       CONTINUE
        DO 31 i=1,nk
          ip=i+1
          hii=h(i,i)
          hipi=h(ip,i)
          gamma=hii*hii+hipi*hipi
          gamma=sqrt(gamma)
          gamma=1./gamma
          cos=hii*gamma
          sin=-hipi*gamma
          DO 41 j=1,nk
            hij=h(i,j)
            hipj=h(ip,j)
            h(i,j)=cos*hij-sin*hipj
            h(ip,j)=sin*hij+cos*hipj
41        CONTINUE
          raux=r(i)
          r(i)=cos*raux
          r(ip)=sin*raux
31      CONTINUE
C
C  ...solution of upper triangular system
C
        CALL soln(nk,nv,r,h,v,x)
C
C  ...residual computation
C
        ind=1
        CALL pmat(nv,x,aux,ind)
        res=prods(nv,aux,aux)
        res=sqrt(res)
        IF(res.LT.rec)THEN
          GOTO 4
        ELSEIF(it.GE.nit)THEN
          write(*,*)'no convergence'
          GOTO 6
        ENDIF
1     CONTINUE
C
C  ...output results
C
4     CONTINUE
        write(*,*)'name of file for storing'
        write(*,*)'the approximate solution'
        read(*,'(a)')filnam
        CALL writeF(filnam,nv,x)
6       CONTINUE
```

```
      END
C
C
C*********************************
C
C       LIBRARY
C
C*********************************
C
C       INCLUDE 'utilP1.for'
C
C
C------------------------------------------------
           SUBROUTINE soln(nk,nv,r,h,v,x)
C------------------------------------------------
C  This subroutine solves the upper triangular
C  system that lets us compute the solution of the
C  minimization problem in the GMRES algorithm.
C  The approximate solution at step nk is computed
C  and stored in vector x.
C
      PARAMETER (nvMax=400,nkrMax=50)
      DIMENSION x(nvMax),v(nvMax,nkrMax),
     >          h(nkrMax,nkrMax),r(nkrMax)
C
      DO 1 i=nk,1,-1
        tem=r(i)/h(i,i)
        r(i)=tem
        DO 2 j=i-1,1,-1
          r(j)=r(j)-h(j,i)*tem
2       CONTINUE
1     CONTINUE
C
      DO 3 i=1,nk
        tem=r(i)
        DO 4 il=1,nv
          x(il)=x(il)+tem*v(il,i)
4       CONTINUE
3     CONTINUE
      END
C
C
C------------------------------------------------
           FUNCTION prods(n,x,y)
C------------------------------------------------
C  This function compute the inner product
C  of two vectors x and y of size n.
C
      DIMENSION x(n),y(n)
C
      sum=0.
```

```
      DO 1 i=1,n
1       sum=sum+x(i)*y(i)
      prods=sum
      END
```

APPENDIX 6.B

The C Program for Solving a Linear Non-symmetric PDE by Gauss Factorization of the Linear System

```
/* file femgauss.c

 This program solves a second order elliptic PDE by P¹
 finite elements and Gauss factorization.
 The triangulation must be in file mesh.dta and the
 parameters and data of the PDE in file param.dta. These 2
 files can be created by freefem with option 'saveall'.
 Solves
   alpha u + (u1,u2) grad u - div(mat[rho] grad u)=f,
   u|_{ng!=0 && u0!=0} = u0, (if u0=0 change it to
   u0=eps<<1)
   (beta u + n^T mat[rho] grad u)|_{ng!=0} = g
 with all data P^1 */

 #include <stdio.h>
 #include <stdlib.h>
 #include <math.h>
             /* derivatives of the basis functions */
 #define
dwya(i,k)(-(q[me[k][next[i]]].x-q[me[k][next[i+1]]].x)/2)
 #define
dwxa(i,k)((q[me[k][next[i]]].y-q[me[k][next[i+1]]].y)/2)
 #define dwy(i,k)  (dwya(i,k)/area[k]) /* dw^i/dx on T^k */
 #define dwx(i,k)  (dwxa(i,k)/area[k]) /* dw^i/dy on T^k */
 #define sqr(x)  ((x)*(x))
 #define norm(x,y)  (sqrt(sqr(x)+sqr(y)))
 #define mmax(a,b)  (a>b ? a:b)
 #define mmin(a,b)  (a<b ? a:b)
 #define abss(a)  (a>=0 ? a : -(a))

 #define penal 1.0e10

 typedef struct{float x,y;} rpoint;
 typedef int triangle[3];
 typedef struct{
   int np, nt;
   rpoint *rp;
   triangle *tr;
   int* ngt;
   int* ng;
```

```
}triangulation;

/* prototypes */
int     initFEM(triangulation* t);
float   pdeian(float*, float*, float*, float*, float*,
   float*, float*, float*, float*, float*, float*,
   float*, float*, int, int);
float   gaussband(float*, float*, int, long, int, float);
void rhsPDE(float* fw, float* f, float* g);
int     buildarea();
void pdemat(float* a, float* alpha, float* rho11,
     float* rho12, float* rho21, float* rho22,
     float* u1, float* u2, float* beta);
int  readtriangulation(triangulation*, char*);
int  savefct(float*, int, char*);
int  readparam(triangulation*, char*);

/* global variables */
triangulation t;

int next[5]={1,2,0,1,2}; /* i+1 mod 3 */
char*   pathT="mesh.dta"; /* mesh file */
char*   pathP="param.dta"; /* param coef PDE file */
char*   pathU="sol.dta"; /* result file */
   float* area;  /*triangles area */
   float* a;  /* system matrix */
   float* u;  /* solution */
   float* f;  /* sources */
   float* g;  /* Neumann */
   float* u0; /* Dirichlet */
   float* beta; /* Order 0 coef in Fourier */
   float* alpha; /* Order 0 coef in PDE */
   float* rho11; /* Viscosity matrix */
   float* rho12;
   float* rho21;
   float* rho22;
   float* u1; /* convection velocity */
   float* u2;
   int factorize=1; /* to factor the matrix */
/* Copy of the triangulation */
int nv, nt;
   rpoint* q;
   triangle* me;
   int* ng;
   int* ngt;
   int bdth;
void rhsPDE(float* fw, float* f, float* g)
/*---------------------------------------------------
 Computes the linear system right hand side
```

$fw(j) = \int_\Omega fw^j d\Omega + \int_{ng<>0} gw^j d\Gamma + penal|_{ng<0} u0^j$

```
 OTHER INPUT next,area,q,me,ng,nt,penal
```

```
*/
{int j, k, ir, ir1, ir2, meirk, meirkn;
 float x1, x2, aux;

for(j=0;j<nv;j++)  fw[j]=0;
   for(k=0;k<nt;k++)
   for(ir=0;ir<=2;ir++)
   {
   ir1=next[ir];ir2=next[ir1];
   meirk=me[k][ir];meirkn=me[k][ir1];
   fw[meirk]
     +=(2*f[meirk]+f[meirkn]+f[me[k][ir2]])*area[k]/12;
   }
   for(k=0;k<nt;k++)
   for(ir=0;ir<=2;ir++)
   {
   ir1=next[ir];ir2=next[ir1];
   meirk=me[k][ir];meirkn=me[k][ir1];
      if((ng[meirk]!=0)&&(ng[meirkn]!=0))
      {
         aux=norm(g[meirk].x-q[meirkn].x,q[meirk].y
              -q[meirkn].y)/6;
         x1=g[meirk]*aux;
         x2=g[meirkn]*aux;
         fw[meirk]+=2*x1+x2;
         fw[meirkn]+=x1+2*x2;
      }
   }
}

int buildarea(void)
/*-----------------------------------------------------
 Computes areas: INPUT triangulation nv,nt,me,q
 RETURNS 1 if an area is <0, 0 otherwise
*/

{ int i,k,ir, err=0;
float qq[2][3];
for(k=0;k<nt;k++)
   {
   for(ir=0;ir<=2;ir++)
      {
      i=me[k][ir]; qq[0][ir]=q[i].x; qq[1][ir]=q[i].y;
      }
   area[k]=((qq[0][1]-qq[0][0])*(qq[1][2]-qq[1][0])
           -(qq[1][1]-qq[1][0])*(qq[0][2]-qq[0][0]))/2;
   err=(area[k]<0);
   }
   return err;
}
```

```
void pdemat (float*a, float*alpha, float*rho11,
   float*rho12, float*rho21, float*rho22,
   float*u1, float*u2, float*beta)
/*-----------------Computes matrix-----------------*/
{
int k,i,j,mejk,meik,k0,k1,k2;
float rhomean[2][2],alphamean,isii,x1,x2,x3,x4,aux;
long ai, nvl=nv, nvbdt=(2*bdth+1)*nvl;

for(ai=0;ai<nvbdt;ai++)a[ai]=0.0F;
for(k=0;k<nt;k++)
for(i=0;i<=2;i++)
   {
     meik=me[k][i];
     k0=meik; k1=me[k][next[i]]; k2=me[k][next[i+1]];
       x1=rho11[k0]; x2=rho11[k1]; x3=rho11[k2];
         rhomean[0][0]=(x1+x2+x3)/3;
       x1=rho12[k0]; x2=rho12[k1]; x3=rho12[k2];
         rhomean[0][1]=(x1+x2+x3)/3;
       x1=rho21[k0]; x2=rho21[k1]; x3=rho21[k2];
         rhomean[1][0]=(x1+x2+x3)/3;
       x1=rho22[k0]; x2=rho22[k1]; x3=rho22[k2];
         rhomean[1][1]=(x1+x2+x3)/3;
       x1=alpha[k0]; x2=alpha[k1]; x3=alpha[k2];
         alphamean=(x1+x2+x2)/3;
     for(j=0;j<=2;j++)
     {
       mejk=me[k][j];
       isii=i==j? 1.0F/6.0F : 1.0F/12.0F;
       ai=nvl*(meik-mejk+bdth)+mejk;
         aux=dwxa(i,k)*dwx(j,k);
         x1=rhomean[0][0]*aux;
         aux=dwya(i,k)*dwx(j,k);
         x2=rhomean[1][0]*aux;
         aux=dwxa(i,k)*dwy(j,k);
         x3=rhomean[0][1]*aux;
         aux=dwya(i,k)*dwy(j,k);
         x4=rhomean[1][1]*aux;
         a[ai]+=x1+x2+x3+x4;
         x1=u1[k0]; x2=u1[k1]; x3=u1[k2];
         a[ai]+=(2*x1+x2+x3)*dwxa(j,k)/12;
         x1=u2[k0]; x2=u2[k1]; x3=u2[k2];
         a[ai]+=(2*x1+x2+x3)*dwya(j,k)/12
           +alphamean*area[k]*isii;
       if((ng[meik]!=0)&&(ng[mejk]!=0)&&(meik<mejk))
       {
         k0=meik; k1=mejk;
       x1=beta[k0]; x2=beta[k1];
         x1=(x1+x2)*
           norm(q[meik].x-q[mejk].x,q[meik].y-q[mejk].y)/2;
       a[ai]+=x1/6;
```

```
            ai=nvl*bdth+mejk; a[ai]+=x1/3;
            ai=nvl*bdth+meik; a[ai]+=x1/3;
            }
         }
      }
   }

/*--------------------------------------------------*/
float gaussband(float*a,float*x, int n, longbdthl,
                int first, float eps)
/*--------------------------------------------------*/
/* Factors(first=1), solves Ay=x with result in x */
/* LU is stored in A; returns smallest pivot* */
/* Any pivot<eps is set to eps */
/* a[i][j] is stored in a[i-j+bdthl][j] */
/*    =a[n*(i-j+bdthl)+j) where -bdth<=i-j<=bdthl */
{
int i,j,k;
float a, s1, smin=1e9;

if(first) /* factorization */
   for(i=0;i<n;i++)
   {
      for(j=mmax(i-bdthl,0);j<=i;j++)
      {
         s=0; for(k=mmax(i-bdthl,0);k<j;k++)
         s+=a[n*(i-k+bdthl)+k]*a[n*(k-j+bdthl)+j];
         a[n*(i-j+bdthl)+j]-=s;
      }
   for(j=i+1;j<=mmin(n-1,i+bdthl);j++)
      {
         s=0; for(k=mmax(j-bdthl,0);k<i;k++)
         s+=a[n*(i-k+bdthl)+k]*a[n*(k-j+bdthl)+j];
         s1=a[n*bdthl+i];
         if(abss(s1)<smin) smin=abss(s1);
         if(abss(s1)<eps) s1=eps;
         a[n*(i-j+bdthl)+j]=(a[n*(i-j+bdthl)+j]-s)/s1;
      }
   }
   for(i=0;i<n;i++) /* solution */
   {
      s=0; for(k=mmax(i-bdthl,0);k<i;k++)
      s+=a[n*(i-k+bdthl)+k]*x[k];
      x[i]=(x[i]-s)/a[n*bdthl+i];
   }
   for(i=n-1;i>=0;i--)
   {
      s=0; for(k=i+1;k<=mmin(n-1,i+bdthl);k++)
      s+=a[n*(i-k+bdthl)+k]*x[k];
      x[i]-=s;
   }
```

```
   return smin;
}

int initFEM(triangulation* t)
{int i,k,baux;
longmatsize;
   nv=t->np; nt=t->nt;
   q=t->rp; me=t->tr;
   ng=t->ng; ngt=t->ngt;
bdth=0;
for(k=0;k<nt;k++)
for(i=0;i<=2;i++)
   {
      baux=abss((me[k][i]-me[k][next[i]]));
      bdth=(bdth>baux)? bdth : baux;
   }
   area=(float*)calloc(nt,sizeof(float));
   matsize=(long)nv*(2*(long)bdth+1);
   a=(float*)calloc(matsize,sizeof(float));
   return buildarea();
}



/*
===================I/O functions===================
*/
int readtriangulation(triangulation*t, char*path)
{
   int i,j,nv,nt;
   FILE *data;

   if(data=fopen(path,"r"),!data)return2;
   fscanf(data,"%d%d\n",&t->np,&t->nt);
   nv=t->np;nt=t->nt;
   t->rp=(rpoint*)calloc(nv,sizeof(rpoint));
   t->tr=(triangle*)calloc(nt,sizeof(triangle));
   t->ng=(int*)calloc(nv,sizeof(int));
   t->ngt=(int*)calloc(nt,sizeof(int));
   for(i=0;i<t->np;i++)
      fscanf(data,"%f%f%d\n",&t->rp[i].x,
                         &t->rp[i].y,&t->ng[i]);
   for(i=0;i<t->np;i++)
   {
      for(j=0;j<3;j++)
      {
         fscanf(data,"%d",&t->tr[i][j]);
         t->tr[i][j]--; /* Fortran standard */
      }
      fscanf(data,"%d\n",&t->ngt[i]);
   }
```

```
   fclose(data);
   return0;
}

int savefct(float*f, int nv, char*path)
{
   int i;
   FILE *data;

   if(data=fopen(path,"w"),!data)return2;
   fprintf(data,"%d\n",nv);
   for(i=0;i<nv;i++)fprintf(data."%f\n",f[i]);
   fclose(data);
   return0;
}

int readparam(triangulation*t, char*path)
{
   int i,nv=t->np;
   FILE *data;

   if(data=fopen(path,"r"),!data)return2;
   fscanf(data,"%d%d",&nv,&i); /* i=1 if scalar eq */
   if(nv!=t->np)return3;
   beta=(float*)calloc(nv,sizeof(float));
   g=(float*)calloc(nv,sizeof(float));
   u0=(float*)calloc(nv,sizeof(float));
   f=(float*)calloc(nv,sizeof(float));
   alpha=(float*)calloc(nv,sizeof(float));
   u1=(float*)calloc(nv,sizeof(float));
   u2=(float*)calloc(nv,sizeof(float));
   rho11=(float*)calloc(nv,sizeof(float));
   rho22=(float*)calloc(nv,sizeof(float));
   rho12=(float*)calloc(nv,sizeof(float));
   rho21=(float*)calloc(nv,sizeof(float));
   for(i=0;i<nv;i++)
   fscanf(data,"%f %f %f %f %f %f %f %f %f %f %f",
      &f[i],
      &g[i],
      &u0[i],
      &alpha[i],
      &beta[i],
      &u1[i],
      &u2[i],
      &rho11[i],
      &rhp12[i],
      &rho21[i],
      &rho22[i]);
   fclose(data);
   u=(float*)calloc(nv,sizeof(float));
   return (u==0);
```

```
}

void main()
/*-----------------------------------------------------
  Solves alpha u + (u1,u2)grad u-div(mat[rho] grad u)=f,
        u|_{ng!=0&&u0!=0}=u0,
        (beta u + n^T mat[rho] grad u)|_{ng!0}=g
  with f P1
*/
{
   int i; long ai, bdthl;
   float err;

   if(readtrangulation(&t,pathT))
      {printf('error reading triangulation\n'); exit(0);}
   initFEM(&t); bdthl=bdth;
   if(readparam(&t,pathP)!=0)
      {printf('error reading parameters\n'); exit(0);}
   if(factorize)
   {
      pdemat(a,alpha,rho11,rho12,rho21,rho22,u1,u2,beta);
      for(i=0;i<nv;i++)
      if(u0[i]!=0){ai=nv*bdthl+i; a[ai]+=penal;}
   }
   rhsPDE(u,f,g);
   for(i=0;i<nv;i++)
   if(u0[i]!=0)u[i]+=u0[i]*penal;
   err=gaussband(a,u,nv,bdthl,factorize,1.0/penal);
   printf('smallest pivot=%f\n',err);
   savefct(u,nv,pathU);
}

/* TEST of femgauss.c */
/*-----------------------------------------------------
  1.  Choose a solution, for example ue=sin(x+y)
      Choose PDE parameters to find this solution.

  2.  Solve with freefem. Here the freefem program will be:
      changewait;
      nv:=40;
  border(1,0,2*pi,nv)begin x:=3*cos(t);
                           y:=2*sin(t); end;
  border(2,0,2*pi,nv)begin x:=cos(-t); y:=sin(-t); end;
  buildmesh(nv*nv);
  savemesh('mesh.dta');

  ue=sin(x+y);
  p=ue; nx=-x; ny=-y; dxue=cos(x+y);
  c=0.2; a1=y; a2=x; b=1;
  nu=1; nu11=1; nu22=2; nu21=0.3; nu12=0.4;
  dnuue=dxue*(nu*(nx+ny)+(nu11+nu12)*nx+(nu21+nu22)*ny);
```

```
  g=ue*c+dnuue;
  f=b*ue+dxue*(a1+a2)+ue*(2*nu+nu11+nu12+nu21+nu22);

  solve(u) begin
  onbdy(1) u=p;
  onbdy(2) id(u)*c+dnu(u)=g;
  pde(u) id(u)*b+dx(u)*a1+dy(u)*a2-laplace(u)*nu
       -dxx(u)*nu11-dxy(u)*nu12-dyx(u)*nu21-dyy(u)*nu22=f;
  end;

  plot(u-ue);

  3.  Check that u-ue is small.
  4.  To generate data for femgauss.c use the same
      freefem program with 'solve' replaced by

      saveall(param.dta',u)


  5.  The solution computed by femgauss.c is in 'sol.dta'
      check that it is the right one by executing the
      following freefem program
         loadmesh('mesh.dta');
         load('sol.dta',u);
         plot(u);
         plot(sin(x+y));
         plot(u-sin(x+y));
*/
```

APPENDIX 6.C

The Fortran Program for Assembling of the Asymmetric System Matrix (Subroutine SysMat), the Gaussian Elimination (Subroutine GaussE), the LU Decomposition (Subroutine LoUpDe) and the Conjugate Residual Method (Subroutine ConRes)

```
C
      SUBROUTINE SysMat(SL,VS,CO)
C
      COMMON/CFIX/MS,NUN,NTN,NCE,NAE,NC1,NC2,NTE,IR(5)
      COMMON/CNOD/X(500),Y(500),F(500),AL(500)
      COMMON/CELE/NN(1000,3),ED(1000),EC(1000,3,3),EV(1000,3,3)
      COMMON/CSYS/SC(500,500)
      DOUBLE PRECISION X,Y,F,AL,ED,EC,EV,SC,SL,VS,CO
      DOUBLE PRECISION R0,R1
C
      DO 10 I=1,NUN
      DO 10 J=1,NUN
10    SC(I,J)=0.
      R0=10000000./12.56637061
      R1=R0/7000.
```

```
      NCC=NCE+NAE+NC1
      DO 40 I=1,NTE
      DO 30 J=1,3
      NJ=NN(I,J)
      IF(NJ.GT.NUN)GO TO 30
      DO 20 K=1,3
      NK=NN(I,K)
      IF(NK.GT.NUN)GO TO 20
      IF(I.LE.NCE)THEN
      SC(NJ,NK)=SC(NJ,NK)+EC(I,J,K)*R1
      ELSEIF(I.LE.NCC)THEN
      SC(NJ,NK)=SC(NJ,NK)+EC(I,J,K)*R0
      ELSE
      SC(NJ,NK)=SC(NJ,NK)+EC(I,J,K)*R0-EV(I,J,K)*SL*VS*CO
      ENDIF
20    CONTINUE
30    CONTINUE
40    CONTINUE
      RETURN
      END
C
C
      SUBROUTINE GaussE
C
      COMMON/CFIX/MS,NUN,NTN,NCE,NAE,NC1,NC2,NTE,IR(5)
      COMMON/CNOD/X(500),Y(500),F(500),AG(500)
      COMMON/CELE/NN(1000,3),ED(1000),EC(1000,3,3),EV(1000,3,3)
      COMMON/CSYS/SC(500,500)
      DOUBLE PRECISION X,Y,F,AG,ED,EC,EV,SC
      DOUBLE PRECISION SUM
C
      DO 10 I=1,NUN
10    AG(I)=F(I)
      DO 40 I=1,NUN
      IF(I.EQ.NUN)GO TO 40
      IP=I+1
      DO 30 J=IP,NUN
      DO 20 K=IP,NUN
20    SC(J,K)=SC(J,K)-SC(J,I)*SC(I,K)/SC(I,I)
      AG(J)=AG(J)-SC(J,I)*AG(I)/SC(I,I)
30    CONTINUE
40    CONTINUE
      DO 60 I=NUN,1,-1
      SUM=0.
      DO 50 K=I,NUN
      IF(K.EQ.I)GO TO 50
      SUM=SUM-SC(I,K)*AG(K)
50    CONTINUE
60    AG(I)=(AG(I)+SUM)/SC(I,I)
      RETURN
      END
```

```
C
C
      SUBROUTINE LoUpDe
C
      COMMON/CFIX/MS,NUN,NTN,NCE,NAE,NC1,NC2,NTE,IR(5)
      COMMON/CNOD/X(500),Y(500),F(500),AL(500)
      COMMON/CELE/NN(1000,3),ED(1000),EC(1000,3,3),EV(1000,3,3)
      COMMON/CSYS/SC(500,500)
      DOUBLE PRECISION X,Y,F,AL,ED,EC,EV,SC
      DOUBLE PRECISION SUM
C
      DO 50 J=1,NUN
      JM=J-1
      JP=J+1
      DO 20 I=J,NUN
      SUM=0.
      DO 10 K=0,JM
      IF(K.EQ.0)GO TO 10
      SUM=SUM-SC(I,K)*SC(K,J)
10     CONTINUE
20     SC(I,J)=SC(I,J)+SUM
      IF(J.EQ.NUN)GO TO 50
      DO 40 I=JP,NUN
      SUM=0.
      DO 30 K=0,JM
      IF(K.EQ.0)GO TO 30
      SUM=SUM-SC(J,K)*SC(K,I)
30     CONTINUE
40     SC(J,I)=(SC(J,I)+SUM)/SC(J,J)
50     CONTINUE
      DO 110 I=1,NUN
110    AL(I)=F(I)
      DO 130 I=1,NUN
      IM=I-1
      SUM=0.
      DO 120 K=0,IM
      IF(K.EQ.0)GO TO 120
      SUM=SUM-SC(I,K)*AL(K)
120    CONTINUE
130    AL(I)=(AL(I)+SUM)/SC(I,I)
      DO 150 I=NUN,1,-1
      SUM=0.
      DO 140 K=I,NUN
      IF(K.EQ.I)GO TO 140
      SUM=SUM-SC(I,K)*AL(K)
140    CONTINUE
150    AL(I)=AL(I)+SUM
      RETURN
      END
C
C
```

```
      SUBROUTINE ComRes
C
      COMMON/CFIX/MS,NUN,NTN,NCE,NAE,NC1,NC2,NTE,IR(5)
      COMMON/CNOD/X(500),Y(500),F(500),AC(500)
      COMMON/CELE/NN(1000,3),ED(1000),EC(1000,3,3),EV(1000,3,3)
      COMMON/CSYS/SC(500,500)
      DOUBLE PRECISION X,Y,F,AC,ED,EC,EV,SC
      DIMENSION R(500),D(500),SD(500),SR(500)
      DOUBLE PRECISION ER,FN,R,D,SD,RSD,SD2,AK,FK,EK,SR,SRD,BK
C
      ER=0.00001
      IT=0
      FN=0.
      DO 20 I=1,NUN
      R(I)=F(I)/SC(I,I)
      FN=FN+R(I)*R(I)
      D(I)=-R(I)
      DO 10 J=1,NUN
      IF(J.EQ.I)GO TO 10
      SC(I,J)=SC(I,J)/SC(I,I)
10     CONTINUE
      SC(I,I)=1.
20     AC(I)=0.
30     DO 50 I=1,NUN
      SD(I)=0.
      DO 40 J=1,NUN
40     SD(I)=SD(I)+SC(I,J)*D(J)
50     CONTINUE
      RSD=0.
      SD2=0.
      DO 60 I=1,NUN
      RSD=RSD+R(I)*SD(I)
60     SD2=SD2+SD(I)*SD(I)
      AK=RSD/SD2
      FK=0.
      DO 70 I=1,NUN
      AC(I)=AC(I)+AK*D(I)
      R(I)=R(I)-AK*SD(I)
70     FK=FK+R(I)*R(I)
      EK=DSQRT(FK/FN)
      IF(EK.LE.ER)GO TO 120
      IF(IT.GE.NUN)GO TO 120
      DO 90 I=1,NUN
      SR(I)=0.
      DO 80 J=1,NUN
80     SR(I)=SR(I)+SC(I,J)*R(J)
90     CONTINUE
      SRD=0.
      DO 100 I=1,NUN
100    SRD=SRD+SR(I)*SD(I)
      BK=SRD/SD2
```

```
      DO 110 I=1,NUN
110    D(I)=-R(I)+BK*D(I)
      IT=IT+1
      GO TO 30
120    WRITE(*,*)IT
      RETURN
      END
```

APPENDIX 6.D

The Fortran Program for Assembling of the Asymmetric Sparse System Matrix (Subroutine SpMat*i*) and the Sparse Jacobi Preconditioned Conjugate Residual Method (Subroutine SJCRM*i*)

```
C
      SUBROUTINE SpMAT1(SL,VS,CO)
C
      COMMON/CFIX/MS,NUN,NTN,NCE,NAE,NC1,NC2,NTE,NL,IR(5)
      COMMON/CNOD/X(500),Y(500),F(500),AS(500)
      COMMON/CELE/NN(1000,3),ED(1000),EC(1000,3,3),EV(1000,3,3)
      COMMON/CSYS/SC(10000),NR(500),NC(10000),IEP(1000),LO(300,2)
      DOUBLE PRECISION X,Y,F,AS,ED,EC,EV,SC,SL,VS,CO
      DOUBLE PRECISION R0,R1
C
      MS=NUN
      DO 10 I=1,MS
      NR(I)=I
      NC(I)=I
10     SC(I)=0.
      R0=10000000./12.56637061
      R1=R0/7000.
      NCC=NCE+NAE+NC1
      DO 100 I=1,NTE
      DO 90 J=1,3
      NJ=NN(I,J)
      IF(NJ.GT.NUN)GO TO 90
      DO 80 K=1,3
      NK=NN(I,K)
      IF(NK.GT.NUN)GO TO 80
      JK=1
20     IF(NR(JK).LT.NJ)THEN
      JK=JK+1
      GO TO 20
      ENDIF
      IF(NJ.EQ.NUN)THEN
      JM=MS
      GO TO 40
      ENDIF
      JM=JK
30     IF(NR(JM).LE.NJ)THEN
```

```
      JM=JM+1
      GO TO 30
      ENDIF
      JM=JM-1
40     IF(NC(JK).EQ.NK)THEN
      IPE=0
      ELSE
      IF((NC(JK).GT.NK).OR.(JK.GT.JM))GO TO 50
      JK=JK+1
      GO TO 40
50     IPE=1
      ENDIF
      IF(IPE.EQ.0)GO TO 70
      DO 60 N=MS,JK,-1
      NR(N+1)=NR(N)
      NC(N+1)=NC(N)
60     SC(N+1)=SC(N)
      MS=MS+1
      NR(JK)=NJ
      NC(JK)=NK
      SC(JK)=0.
 0    IF(I.LE.NCE)THEN
      SC(JK)=SC(JK)+EC(I,J,K)*R1
      ELSEIF(I.LE.NCC)THEN
      SC(JK)=SC(JK)+EC(I,J,K)*R0
      ELSE
      SC(JK)=SC(JK)+EC(I,J,K)*R0-EV(I,J,K)*SL*VS*CO
      ENDIF
80     CONTINUE
90     CONTINUE
100    CONTINUE
      WRITE(*,*)MS
      RETURN
      END
C
      SUBROUTINE SJCRM1
C
      COMMON/CFIX/MS,NUN,NTN,NCE,NAE,NC1,NC2,NTE,NL,IR(5)
      COMMON/CNOD/X(500),Y(500),F(500),AS(500)
      COMMON/CELE/NN(1000,3),ED(1000),EC(1000,3,3),EV(1000,3,3)
      COMMON/CSYS/SC(10000),NR(500),NC(10000),IEP(1000),LO(300,2)
      DOUBLE PRECISION X,Y,F,AS,ED,EC,EV,SC
      DIMENSION R(500),D(500),SD(500),SR(500)
      DOUBLE PRECISION ER,FN,R,D,SD,RSD,SD2,AK,FK,EK,SR,SRD,BK
C
C
      ER=0.00001
      IT=0
      FN=0.
      JM=0
      DO 80 I=1,NUN
```

```
      JK=JM+1
      IF(I.EQ.NUN)GO TO 30
10    IF(NR(JM).GT.I)GO TO 20
      JM=JM+1
      GO TO 10
20    JM=JM-1
      GO TO 40
30    JM=MS
40    JJ=JK
50    IF((NC(JJ).EQ.I).OR.(JJ.GT.JM))GO TO 60
      JJ=JJ+1
      GO TO 50
60    R(I)=F(I)/SC(JJ)
      FN=FN+R(I)*R(I)
      D(I)=-R(I)
      AS(I)=0.
      DO 70 J=JK,JM
      IF(J.EQ.JJ)GO TO 70
      SC(J)=SC(J)/SC(JJ)
70    CONTINUE
      SC(JJ)=1.
80    CONTINUE
90    DO 100 I=1,NUN
100   SD(I)=0.
      DO 110 I=1,MS
      MR=NR(I)
      MC=NC(I)
      SD(MR)=SD(MR)+SC(I)*D(MC)
110   CONTINUE
      RSD=0.
      SD2=0.
      DO 120 I=1,NUN
      RSD=RSD+R(I)*SD(I)
120   SD2=SD2+SD(I)*SD(I)
      AK=RSD/SD2
      FK=0.
      DO 130 I=1,NUN
      AS(I)=AS(I)+AK*D(I)
      R(I)=R(I)-AK*SD(I)
130   FK=FK+R(I)*R(I)
      EK=DSQRT(FK/FN)
      IF(EK.LE.ER)GO TO 180
      IF(IT.GE.NUN)GO TO 180
      DO 140 I=1,NUN
140   SR(I)=0.
      DO 150 I=1,MS
      MR=NR(I)
      MC=NC(I)
      SR(MR)=SR(MR)+SC(I)*R(MC)
150   CONTINUE
      SRD=0.
```

```
      DO 160 I=1,NUN
160    SRD=SRD+SR(I)*SD(I)
      BK=SRD/SD2
      DO 170 I=1,NUN
170    D(I)=-R(I)+BK*D(I)
      IT=IT+1
      GO TO 90
180    WRITE(*,*)IT
      RETURN
      END
C
C
      SUBROUTINE SpMAT2(SL,VS,CO)
C
      COMMON/CFIX/MS,NUN,NTN,NCE,NAE,NC1,NC2,NTE,NL,IR(5)
      COMMON/CNOD/X(500),Y(500),F(500),AS(500)
      COMMON/CELE/NN(1000,3),ED(1000),EC(1000,3,3),EV(1000,3,3)
      COMMON/CSYS/SC(10000),NR(500),NC(10000),IEP(1000),LO(300,2)
      DOUBLE PRECISION X,Y,F,AS,ED,EC,EV,SC,SL,VS,CO
      DOUBLE PRECISION R0,R1
C
      MS=NUN
      DO 10 I=1,MS
      NR(I)=I
      NC(I)=I
10     SC(I)=0.
      R0=10000000./12.56637061
      R1=R0/7000.
      NCC=NCE+NAE+NC1
      DO 100 I=1,NTE
      DO 90 J=1,3
      NJ=NN(I,J)
      IF(NJ.GT.NUN)GO TO 90
      DO 80 K=1,3
      NK=NN(I,K)
      IF(NK.GT.NUN)GO TO 80
      IF(NJ.LT.NUN)THEN
      JM=NR(NJ+1)-1
      ELSE
      JM=MS
      ENDIF
      JK=NR(NJ)
20     IF(NC(JK).EQ.NK)THEN
      IPE=0
      ELSE
      IF((NC(JK).GT.NK).OR.(JK.GT.JM))GO TO 30
      JK=JK+1
      GO TO 20
30     IPE=1
      ENDIF
      IF(IPE.EQ.0)GO TO 70
```

```
      DO 40 N=MS,JK,-1
      NC(N+1)=NC(N)
40    SC(N+1)=SC(N)
      MS=MS+1
      IF(NK.LT.NC(NR(NJ)))NR(NJ)=JK
      IF(NJ.EQ.NUN)GO TO 60
      DO 50 N=NJ+1,NUN
      NR(N)=NR(N)+1
50    CONTINUE
60    NC(JK)=NK
      SC(JK)=0.
70    IF(I.LE.NCE)THEN
      SC(JK)=SC(JK)+EC(I,J,K)*R1
      ELSEIF(I.LE.NCC)THEN
      SC(JK)=SC(JK)+EC(I,J,K)*R0
      ELSE
      SC(JK)=SC(JK)+EC(I,J,K)*R0-EV(I,J,K)*SL*VS*CO
      ENDIF
80    CONTINUE
90    CONTINUE
100   CONTINUE
      WRITE(*,*)MS
      RETURN
      END
C
      SUBROUTINE SJCRM2
C
      COMMON/CFIX/MS,NUN,NTN,NCE,NAE,NC1,NC2,NTE,NL,IR(5)
      COMMON/CNOD/X(500),Y(500),F(500),AS(500)
      COMMON/CELE/NN(1000,3),ED(1000),EC(1000,3,3),EV(1000,3,3)
      COMMON/CSYS/SC(10000),NR(500),NC(10000),IEP(1000),LO(300,2)
      DOUBLE PRECISION X,Y,F,AS,ED,EC,EV,SC
      DIMENSION R(500),D(500),SD(500),SR(500)
      DOUBLE PRECISION ER,FN,R,D,SD,RSD,SD2,AK,FK,EK,SR,SRD,BK
C
      ER=0.00001
      IT=0
      FN=0.
      DO 40 I=1,NUN
      JK=NR(I)
      IF(I.EQ.NUN)THEN
      JM=MS
      ELSE
      JM=NR(I+1)-1
      ENDIF
      JJ=JK
10    IF((NC(JJ).EQ.I).OR.(JJ.GT.JM))GO TO 20
      JJ=JJ+1
      GO TO 10
20    R(I)=F(I)/SC(JJ)
      FN=FN+R(I)*R(I)
```

```
      D(I)=-R(I)
      AS(I)=0.
      DO 30 J=JK,JM
      IF(J.EQ.JJ)GO TO 30
      SC(J)=SC(J)/SC(JJ)
30    CONTINUE
      SC(JJ)=1.
40    CONTINUE
50    DO 60 I=1,NUN
60    SD(I)=0.
      DO 80 I=1,NUN
      M1=NR(I)
      IF(I.EQ.NUN)THEN
      MR=MS
      ELSE
      MR=NR(I+1)-1
      ENDIF
      DO 70 J=M1,MR
      MC=NC(J)
70    SD(I)=SD(I)+SC(J)*D(MC)
80    CONTINUE
      RSD=0.
      SD2=0.
      DO 90 I=1,NUN
      RSD=RSD+R(I)*SD(I)
90    SD2=SD2+SD(I)*SD(I)
      AK=RSD/SD2
      FK=0.
      DO 100 I=1,NUN
      AS(I)=AS(I)+AK*D(I)
      R(I)=R(I)-AK*SD(I)
100   FK=FK+R(I)*R(I)
      EK=DSQRT(FK/FN)
      IF(EK.LE.ER)GO TO 160
      IF(IT.GE.NUN)GO TO 160
      DO 110 I=1,NUN
110   SR(I)=0.
      DO 130 I=1,NUN
      M1=NR(I)
      IF(I.EQ.NUN)THEN
      MR=MS
      ELSE
      MR=NR(I+1)-1
      ENDIF
      DO 120 J=M1,MR
      MC=NC(J)
120   SR(I)=SR(I)+SC(J)*R(MC)
130   CONTINUE
      SRD=0.
      DO 140 I=1,NUN
140   SRD=SRD+SR(I)*SD(I)
```

```
      BK=SRD/SD2
      DO 150 I=1,NUN
150    D(I)=-R(I)+BK*D(I)
      IT=IT+1
      GO TO 50
160    WRITE(*,*)IT
      RETURN
      END
C
C
      SUBROUTINE SpMAT3(SL,VS,CO)
C
      COMMON/CFIX/MS,NUN,NTN,NCE,NAE,NC1,NC2,NTE,NL,IR(5)
      COMMON/CNOD/X(500),Y(500),F(500),AS(500)
      COMMON/CELE/NN(1000,3),ED(1000),EC(1000,3,3),EV(1000,3,3)
      COMMON/CSYS/SC(10000),NR(500),NC(10000),IEP(1000),LO(300,2)
      DOUBLE PRECISION X,Y,F,AS,ED,EC,EV,SC,SL,VS,CO
      DOUBLE PRECISION R0,R1
C
      MS=NUN
      DO 10 I=1,MS
      NR(I)=1
      NC(I)=I
10     SC(I)=0.
      R0=10000000./12.56637061
      R1=R0/7000.
      NCC=NCE+NAE+NC1
      DO 90 I=1,NTE
      DO 80 J=1,3
      NJ=NN(I,J)
      IF(NJ.GT.NUN)GO TO 80
      DO 70 K=1,3
      NK=NN(I,K)
      IF(NK.GT.NUN)GO TO 70
      JM=0
      DO 20 N=1,NJ
20     JM=JM+NR(N)
      JK=JM-NR(NJ)+1
30     IF(NC(JK).EQ.NK)THEN
      IPE=0
      ELSE
      IF((NC(JK).GT.NK).OR.(JK.GT.JM))GO TO 40
      JK=JK+1
      GO TO 30
40     IPE=1
      ENDIF
      IF(IPE.EQ.0)GO TO 60
      DO 50 N=MS,JK,-1
      NC(N+1)=NC(N)
50     SC(N+1)=SC(N)
      MS=MS+1
```

```
      NR(NJ)=NR(NJ)+1
      NC(JK)=NK
      SC(JK)=0.
60     IF(I.LE.NCE)THEN
      SC(JK)=SC(JK)+EC(I,J,K)*R1
      ELSEIF(I.LE.NCC)THEN
      SC(JK)=SC(JK)+EC(I,J,K)*R0
      ELSE
      SC(JK)=SC(JK)+EC(I,J,K)*R0-EV(I,J,K)*SL*VS*CO
      ENDIF
70     CONTINUE
80     CONTINUE
90     CONTINUE
      WRITE(*,*)MS
      RETURN
      END
C
      SUBROUTINE SJCRM3
C
      COMMON/CFIX/MS,NUN,NTN,NCE,NAE,NC1,NC2,NTE,NL,IR(5)
      COMMON/CNOD/X(500),Y(500),F(500),AS(500)
      COMMON/CELE/NN(1000,3),ED(1000),EC(1000,3,3),EV(1000,3,3)
      COMMON/CSYS/SC(10000),NR(500),NC(10000),IEP(1000),LO(300,2)
      DOUBLE PRECISION X,Y,F,AS,ED,EC,EV,SC
      DIMENSION R(500),D(500),SD(500),SR(500)
      DOUBLE PRECISION ER,FN,R,D,SD,RSD,SD2,AK,FK,EK,SR,SRD,BK
C
      ER=0.00001
      IT=0
      FN=0.
      JM=0
      DO 40 I=1,NUN
      JK=JM+1
      JM=JM+NR(I)
      JJ=JK
10     IF((NC(JJ).EQ.I).OR.(JJ.GT.JM))GO TO 20
      JJ=JJ+1
      GO TO 10
20     R(I)=F(I)/SC(JJ)
      FN=FN+R(I)*R(I)
      D(I)=-R(I)
      AS(I)=0.
      DO 30 J=JK,JM
      IF(J.EQ.JJ)GO TO 30
      SC(J)=SC(J)/SC(JJ)
30     CONTINUE
      SC(JJ)=1.
40     CONTINUE
50     DO 60 I=1,NUN
60     SD(I)=0.
      MR=0
```

```
      DO 80 I=1,NUN
      M1=MR+1
      MR=MR+NR(I)
      DO 70 J=M1,MR
      MC=NC(J)
70     SD(I)=SD(I)+SC(J)*D(MC)
80     CONTINUE
      RSD=0.
      SD2=0.
      DO 90 I=1,NUN
      RSD=RSD+R(I)*SD(I)
90     SD2=SD2+SD(I)*SD(I)
      AK=RSD/SD2
      FK=0.
      DO 100 I=1,NUN
      AS(I)=AS(I)+AK*D(I)
      R(I)=R(I)-AK*SD(I)
100    FK=FK+R(I)*R(I)
      EK=DSQRT(FK/FN)
      IF(EK.LE.ER)GO TO 160
      IF(IT.GE.NUN)GO TO 160
      DO 110 I=1,NUN
110    SR(I)=0.
      MR=0
      DO 130 I=1,NUN
      M1=MR+1
      MR=MR+NR(I)
      DO 120 J=M1,MR
      MC=NC(J)
120    SR(I)=SR(I)+SC(J)*R(MC)
130    CONTINUE
      SRD=0.
      DO 140 I=1,NUN
140    SRD=SRD+SR(I)*SD(I)
      BK=SRD/SD2
      DO 150 I=1,NUN
150    D(I)=-R(I)+BK*D(I)
      IT=IT+1
      GO TO 50
160    WRITE(*,*)IT
      RETURN
      END
```

7 Evolution Problems: Finite Differences in Time

Summary

여기에서는 1장에서 설명한 3가지 형태의 방정식을 근사화하기 위한 유한차분법(有限差分法, finite difference method)을 소개한다. 간단한 타원(楕圓) 방정식(elliptic equation)에 대한 예제로 방법의 원리(原理, principle)를 설명한 다음, 포물(抛物, parabolic) 및 쌍곡(雙曲, hyperbolic) 방정식에 대한 검토(檢討, study)에 집중할 것이다. 몇 가지 공간 차원(空間 次元, space dimension)에서의 일반화(一般化, generalization)가 열 방정식(熱 方程式, heat equation)의 경우에서 설명된다. 공간 망(空間 網, spatial mesh)이 균일(均一, uniform)하지 않다면, 이 장에서 간단히 소개할 유한요소법, 또는 유한체적법(有限體積法, finite volume method)을 사용하는 것이 더 적절할 수 있다

7.1 THE FINITE DIFFERENCE METHOD

7.1.1 Introduction

이 책의 서론(序論, introduction)에서 검토한 양(兩) 끝에서 가열되는 봉(棒, rod)의 경우로 돌아가자. 단위(單位) 길이(unit length)의 선(線) 조각(line segment)으로 취해진 이 봉의 온도 φ는 변분 문제를 해답한다:

$$-\frac{d^2\varphi}{dx^2}(x) + c(x)\varphi(x) = f(x), \quad 0 < x < 1, \tag{7.1}$$

$$\varphi(0) = g(0), \quad \varphi(1) = g(1). \tag{7.2}$$

함수 c를 양(陽)의 값으로 취한다면, 이 문제는 유일해(唯一解, unique solution)를 허용한다. c가 0이라면, 식 (7.1)-(7.2)에 대한 완전해(完全解, exact solution)는

$$\varphi(x) = \frac{1}{2}\int_0^1 G(x, y)f(y)dy + g(0) + x\big(g(1) - g(0)\big) \tag{7.3}$$

와 같이 주어진다. 여기서 G는

$$G(x, y) = \begin{cases} (1-x)y, & \text{if } 0 \le y \le x, \\ (1-y)x, & \text{if } x \le y \le 1 \end{cases} \tag{7.4}$$

에 의해 정의(定義)되는 그린 함수(Green function)이다.

이 특별한 경우는 그렇다 하고, 문제가 차원 $d \ge 1$에서 세워진 임의의 경우에는, 해(解)가 명백하게 계산될 수 없으며, 가능한 한 정확한 근사를 줄 수 있도록 이산화(離散化, discretization)가 요구된다.

유한요소법에 반하여, 유한차분법은 이산 연산자(離散 演算子, discrete operator)에 의한 *미분 연산자(微分 演算子, derivation operator)의 근사화*로 이루어진다. 이 접근은 (예를 들어) 작은 h에 대해 다음을 유의(留意)하면 쉽게 이해된다:

$$\frac{\partial \varphi}{\partial x_i}(x_1, \cdots, x_d) \simeq \frac{1}{h}[\varphi(x_1, \cdots, x_i + h, \cdots, x_d) - \varphi(x_1, \cdots, x_d)]. \tag{7.5}$$

이 논평(論評, remark)은 모든 연속 미분 연산자(derivative operator)를 계차(階差, difference quotient)로 '대체(代替, replace)'함을 암시(暗示)한다(그리하여 용어(用語, name) '차분(差分, difference)', '유한(有限, finite)'은 매개변수(媒介變數, parameter) h가, 임의로 작게 선택되었기는 하지만, 고정(固定)된 0이 아닌 값(fixed non-zero value)을 가진다는 사실로부터 왔다). 이 근사의 *귀납적(歸納的) 인(a posteriori)* 정당성(正當性, justification)은 간단한 테일러 공식(Taylor formulae)의 사용으로부터 유래(由來)한다.

이제 이와 같은 방식으로 얻어진 이산 연산자의 몇 가지 예를 검토한 다음, 1차원 문제 (7.1)-(7.2)에 대한 근사화를 추론(推論)할 것이다.

7.1.2 Examples of Difference Operators

차원 d에서 다룰 것이며, 표기(notation)를 간단하게 하기 위하여, $\varphi(x_1, \cdots, x_d)$를 φ로 그리고 $\varphi(x_1, \cdots, x_i + h, \cdots, x_d)$를 $\varphi(x_i + h)$로 쓸 것이다. 다음과 같은 선형 연산자(線形 演算子, linear operator)를 도입하자:

$$D_i^+ \varphi = \frac{1}{h}[\varphi(x_i + h) - \varphi], \tag{7.6}$$

$$D_i^- \varphi = \frac{1}{h}[\varphi - \varphi(x_i - h)], \tag{7.7}$$

$$D_i^o \varphi = \frac{1}{h}\left[\varphi\left(x_i + \frac{h}{2}\right) - \varphi\left(x_i - \frac{h}{2}\right)\right]. \tag{7.8}$$

연산자 D_i^o는 i 방향의 '중앙(中央) 연산자(centered operator)'라 불리는 반면, 다른 2개는 '비중앙(非中央, non-centered)'이라 불린다: 첫 번째 것은 전진(前進, forward), 두 번째 것은 후퇴(後退, backward).

미분의 실제 정의는 h가 0으로 갈 때 $D_i^+\varphi$와 $D_i^-\varphi$가 $\frac{\partial\varphi}{\partial x_i}$에 도달함을 보인다. 중앙 연산자의 경우에는, 이것은 다음과 같은 2개의 테일러 전개(Taylor expansion) 사이의 차이(差異, difference)를 취한 것에서 유래한다:

$$\varphi\left(x_i+\frac{h}{2}\right)=\varphi(x_i)+\frac{h}{2}\frac{\partial\varphi}{\partial x_i}\big(x_i+\theta_1(h)\big),\quad \lim_{h\to 0}\theta_1(h)=0,$$

$$\varphi\left(x_i-\frac{h}{2}\right)=\varphi(x_i)-\frac{h}{2}\frac{\partial\varphi}{\partial x_i}\big(x_i+\theta_2(h)\big),\quad \lim_{h\to 0}\theta_2(h)=0.$$

이 연산자들은 $\frac{\partial\varphi}{\partial x_i}$에 대한 일치 근사(一致 近似, consistent approximation)라 말한다. 더욱이, 이에 따라 나타나는 오차 $\left|D_i\varphi-\frac{\partial\varphi}{\partial x_i}\right|$가, 곱셈 상수(常數)(multiplicative constant)까지, h^p에 의해 유계(有界)된다면(bounded), 근사는 *차수(次數) p의 일치(consistent of order p)*라 일컬어진다.

EXERCISE 위의 근사의 일치 차수(一致 次數, consistency order)는 얼마인가? □

EXERCISE $[\varphi(x_i+h)-\varphi(x_i-h)]/h$는 $h\to 0$일 때 이 계차(階差, difference quotient)가 $2\frac{\partial\varphi}{\partial x_i}$에 도달하기 때문에 일치 근사가 아님을 보여라. □

초기치 문제를 풀기 위해서, 이제 2계 미분(二階 微分, second derivative)에 대한 근사를 정의할 것이다.

Proposition 7.1 *φ가 구간 $]x_i-h, x_i+h[$에서 4번 연속으로 미분(4계 미분, 四階 微分) 가능하다면(four times differentiable),*

$$D_i^oD_i^o\varphi=D_i^+D_i^-\varphi=D_i^-D_i^+\varphi=\frac{1}{h^2}[\varphi(x_i+h)-2\varphi+\varphi(x_i-h)] \tag{7.9}$$

는 $\frac{\partial^2\varphi}{\partial x_i^2}$에 대한 2차 일치 근사(consistent, second order, approximation)이다.

PROOF 첫째로,

$$D_i^o(D_i^o\varphi) = \frac{1}{h}\left[D_i^o\varphi|_{x_i+\frac{h}{2}} - D_i^o\varphi|_{x_i-\frac{h}{2}}\right] = \frac{1}{h}\left[\frac{\varphi(x_i+h)-\varphi}{h} - \frac{\varphi-\varphi(x_i-h)}{h}\right]$$
$$= \frac{1}{h^2}[\varphi(x_i+h) - 2\varphi + \varphi(x_i-h)].$$

를 가진다. 그 다음, 상사 계산(相似 計算, analogous computation)은 식 (7.9)를 증명하는 $D_i^oD_i^o\varphi = D_i^+D_i^-\varphi = D_i^-D_i^+\varphi$를 보인다.

이제, φ가 $]x_i-h, x_i+h[$에서 계급(階級, class) C^4의 것이라면,

$$\varphi(x_i+h) = \varphi + h\frac{\partial\varphi}{\partial x_i} + \frac{h^2}{2}\frac{\partial^2\varphi}{\partial x_i^2} + \frac{h^3}{6}\frac{\partial^3\varphi}{\partial x_i^3} + \frac{h^4}{24}\frac{\partial^4\varphi}{\partial x_i^4}(\xi^+), \quad \xi^+ \in]x_i, x_i+h[,$$

$$\varphi(x_i-h) = \varphi - h\frac{\partial\varphi}{\partial x_i} + \frac{h^2}{2}\frac{\partial^2\varphi}{\partial x_i^2} - \frac{h^3}{6}\frac{\partial^3\varphi}{\partial x_i^3} + \frac{h^4}{24}\frac{\partial^4\varphi}{\partial x_i^4}(\xi^-), \quad \xi^- \in]x_i-h, x_i[$$

와 같은 Taylor 전개를 쓸 수 있으며, 이들을 합하면

$$D_i^o(D_i^o\varphi) = \frac{\partial^2\varphi}{\partial x_i^2} + \frac{h^2}{24}\left[\frac{\partial^4\varphi}{\partial x_i^4}(\xi^+) + \frac{\partial^4\varphi}{\partial x_i^4}(\xi^-)\right]$$

를 준다. 평균치 정리(平均値 定理, mean value theorem)에 의해, 일치 오차(一致 誤差, consistency error) $\left|D_i^oD_i^o\varphi - \frac{\partial^2\varphi}{\partial x_i^2}\right|$가, $12C = \sup\limits_{\xi\in]x_i-h,\, x_i+h[}\left|\frac{\partial^4\varphi}{\partial x_i^4}(\xi)\right|$로, Ch^2에 의해 유계(有界)됨을 보이는

$$D_i^oD_i^o\varphi - \frac{\partial^2\varphi}{\partial x_i^2} = \frac{h^2}{12}\frac{\partial^4\varphi}{\partial x_i^4}(\xi) \tag{7.10}$$

와 같은 수(數, number) $\xi \in]x_i-h, x_i+h[$의 존재성(存在性, existence)을 추론(推論)한다. 그래서 근사는 2차의 일치이다. □

다른 방식들로 연산자 D^+, D^- 및 D^o를 결합함으로써, 어떤 임의의 계수(階數, order)의 편미분(偏微分, partial derivative)에 대한 근사이든 세우는 것이 가능하다; 어떤 것은 다른 것보다 더 좋은데, 그 의미는 일치 차수가 더 높다는 것이다.

EXERCISE 예로서, $\frac{\partial^2\varphi}{\partial x_i^2}$의 근사 $D_i^+D_i^+\varphi$의 일치를 검토하는 것을 제시(提示)한다. □

7.1.3 *Finite Difference Approximation of Problems (7.1)-(7.2)*

선분(線分, segment) [0, 1]을 길이 $h = \delta x = 1/(N+1)$의 $N+1$개의 구간(區間, interval)으로 분할하고, $x_i = ih,\ i \in \{0, \cdots, N+1\}$에 의해 이 규칙적인 망(regular mesh)의 $N+2$개의 *분할 점(分割 點, subdivision point)*, 또는 *절점(節點, node)*을 정의한다.

이산화 문제는, 식 (7.2)의 효력으로 구간의 끝 $x_0 = 0$과 $x_{N+1} = 1$에서 해(解)가 알려졌기 때문에, 망의 각 내부(內部, internal) (즉 x_i, $1 \le i \le N+1$) 절점에서의 $\varphi(x_i)$에 대한 근사 ψ_i를 찾는 것이 될 것이다. 이 다른 값 ψ_i는 문제 (7.1)-(7.2)에 대한 *유한차분 책략(有限差分 策略, finite difference scheme)*이라 부르는 이산화 문제

$$-\frac{1}{h^2}[\psi_{i+1} - 2\psi_i + \psi_{i-1}] + c(x_i)\psi_i = f(x_i), \quad 1 \le i \le N, \tag{7.11}$$

$$\psi_0 = g(0), \quad \psi_{N+1} = g(1) \tag{7.12}$$

의 해(solution)이다. 요소(要素, entry) $(\psi_1, \cdots, \psi_N)^T$를 가진 미지수 벡터(unknown vector)를 Ψ_h로 나타낸다면, 이 문제 (7.11)-(7.12)는

$$A_h\Psi_h = b_h \tag{7.13}$$

와 같은 행렬 형(行列形, matrix form)으로 써질 수 있다. 여기서 대칭 행렬 A_h와 우변(右邊) b_h는 다음과 같이 주어진다:

$$A_h = \frac{1}{h^2}\begin{bmatrix} 2+c(x_1)h^2 & -1 & & & 0 \\ -1 & 2+c(x_2)h^2 & -1 & & \\ & & \cdots & & \\ & & -1 & 2+c(x_{N-1})h^2 & -1 \\ 0 & & & -1 & 2+c(x_N)h^2 \end{bmatrix},$$
$$b_h = \begin{pmatrix} f(x_1) + \frac{1}{h^2}g(0) \\ f(x_2) \\ \cdots \\ f(x_{N-1}) \\ f(x_N) + \frac{1}{h^2}g(1) \end{pmatrix}. \tag{7.14}$$

더 일반적으로, 다음과 같은 정의(定義, definition)을 채택할 것이다:

Definition 7.2 $L\varphi = 0$를 편미분 방정식이라 하고 $L_h\Psi_h = 0$를 이 문제의 근사화를 위한 위에서와 같은 종류의 유한차분 책략이라 하자;

$$\epsilon_h = L_h\varphi_h \tag{7.15}$$

에 의해 정의되는 벡터 ϵ_h를 책략의 *일치 오차(一致 誤差, consistency error)*라 부를

것이다. 여기서 φ_h는 연속 문제의 *완전해(exact solution)* φ의 망(mesh)에 대한 사영(射影, projection), 즉 망이 N개의 점 x_i로 이루어졌다면, 그러면 φ_h는 요소(entry) $(\varphi(x_1), \cdots, \varphi(x_N))^T$를 가진 벡터이다. 책략은 이 벡터 ϵ_h가 h에 따라 0으로 향한다면 *일치한다고(consistent)* 일컬어진다. 이것은 $\mathbb{R}^N$에서 벡터 놈(vector norm)이 정의되었을 것을 요구한다. 예를 들어, $\|X\|_\infty = \sup_{i\in\{1,\cdots,N\}} |x_i|$, $X = (x_1, \cdots, x_N)^T$로 정의된 놈(norm) $\|\cdot\|_\infty$을 취하자. 만약 다음과 같은 실 정(양) 상수(實 正(陽) 常數, real positive constant) C가 존재한다면 책략은 l^∞ 놈(norm)에서 *차수 p의 책략(scheme of order p)*이라고 말한다:

$$\|\epsilon_h\|_\infty = Ch^p. \tag{7.16}$$

Proposition 7.1에 따라, 다음과 같은 결과를 추론(推論)한다:

Corollary 7.3 문제 (7.1)-(7.2)의 완전해가 $[0, 1]$에서 계급(階級, class) C^4의 것이라면, 책략 (7.11)-(7.12)는 차수 2로 일치한다.

EXERCISE 여전히 3개의 점 x_{i-1}, x_i 및 x_{i+1}만을 사용하여, 1계(階)와 2계 미분(first and second derivative)에 대한 4차 근사(fourth order approximation)를 세우는 것이 가능하다. 사실, φ가 계급 C^6의 것이라면, 다음과 같음을 보여라:

$$\varphi'(x_{i+1}) + 4\varphi'(x_i) + \varphi'(x_{i-1}) = \frac{3}{h}[\varphi(x_{i+1}) - \varphi(x_{i-1})] + O(h^4),$$

$$\varphi''(x_{i+1}) + 10\varphi''(x_i) + \varphi''(x_{i-1}) = \frac{12}{h^2}[\varphi(x_{i+1}) - 2\varphi(x_i) + \varphi(x_{i-1})] + O(h^4).$$

방정식 $-\varphi''(x_k) = f_k$, $k \in \{i+1, i, i-1\}$을 선형 결합(線形 結合)함으로써, 이것은, 예를 들어, 1차원에서의 Laplacian에 대한 다음과 같은 책략을 얻는 것을 가능하게 한다:

$$-\frac{12}{h^2}[\psi_{i+1} - 2\psi_i + \psi_{i-1}] = f(x_{i+1}) + 10f(x_i) + f(x_{i-1}).$$

이 책략은 l^∞ 놈(norm)에서 4차임을 보여라. □

아직 문제 (7.1)-(7.2)를 주목하면, 그러면 2가지 의문이 생긴다:

1: 이산화 문제가 한 개의 유일해(a unique solution)를 허용하는가?

2: 방법이 수렴하는가, 즉

$$\|\Psi_h - \varphi_h\|_\infty \to 0, \text{ when } h \to 0 \tag{7.17}$$

이 유지되는가?

간단한 계산이 행렬 A_h가 정정(正定, positive definite)임을 보이기 때문에, 첫 번째 의문에 대한 긍정적(肯定的)인 답(答)(affirmative answer)을 주는 것은 쉽다; 사실, $X = (x_1, \cdots, x_N) \in \mathbb{R}^N$이라면,

$$X^T A_h X = x_1^2 + (x_2 - x_1)^2 + \cdots + (x_N - x_{N-1})^2 + x_N^2 + h^2 \sum_{i=1}^{N} c(x_i) x_i^2$$

을 가지며, 이 양(量)은, c에 대한 긍정 가정(肯定 假定, 양(陽)이라는 가정, positiveness assumption) 때문에 양(陽)이며, 모든 x_i가 0일 때에만 0이 될 수 있다.

두 번째 의문에 대한 답도 역시 긍정적(肯定的)이다(positive). 이것은 책략의 *일치(consistency)*와 행렬 A_h의 단조성(單調性, monotonicity)에 기인한 결과의 *안정성(安定性, stability)*에서 유래한다. 이러한 안정성 검토(stability study)는 이 장(章)의 주 목표(主 目標, main goal)인 *포물(抛物) 및 쌍곡(雙曲) 문제(parabolic and hyperbolic problem)*의 경우로 미룸으로써, 여기에서는 이 결과에 대해 증명하지 않을 것이다. 타원 연산자(楕圓 演算子, elliptic operator)의 경우에는, 이러한 결과가 독자들에게 참조(參照)시키는 Ciarlet (1989)에서 증명되었다.

Remark 7.4 행렬 A_h가 대칭, 정정(正定)이기 때문에, 실제로 계(系, system) (7.13)을 풀기 위해서 몇 가지 방법이 가능하다; Cholesky 법, Gauss-Seidel 또는 공액구배 알고리즘. 행렬이 대각 우위(對角 優位, diagonally dominant)이기 때문에, Jacobi 법도 또한 수렴(收斂)한다. □

Remark 7.5 위의 검토는 *1보다도 큰 차원(dimension larger than one)*에서의 타원 연산자로 일반화될 수 있다. 예를 들어, 평면(平面, plane)에 있는 직사각 영역(直四角 領域, rectangular domain)에서 Dirichlet 경계조건을 가진 Laplacian의 경우인

$$-\Delta\varphi = f \text{ in } \Omega =]0, L_1[\times]0, L_2[, \tag{7.18}$$

$$\varphi = g \text{ on } \Gamma = \partial\Omega \tag{7.19}$$

에서는, 망(mesh)은 각 축(軸, axis) x_i, $i \in \{1, 2\}$를 따른 길이 h_i의 작은 기본 직사각형(small elementary rectangle)으로 만들어지고, 2차원으로, 지표(指標, index) (i, j)를 가진 망(網)의 내부 절점(內部 節點, internal node)에 대해, 책략이 다음과 같이 써질 수 있다:

$$-\frac{1}{(h_1)^2}\left[\psi_{i+1,j} - 2\psi_{i,j} + \psi_{i-1,j}\right] - \frac{1}{(h_2)^2}\left[\psi_{i,j+1} - 2\psi_{i,j} + \psi_{i,j-1}\right] = f(ih_1, ih_2). \quad (7.20)$$

여기서 $\psi_{i,j} \simeq \varphi(ih_1, ih_2)$이다. 결과적인 선형 계(linear system)의 행렬은 다시 대칭이며 정정(正定)이다; 그것은 5대각(五對角, pentadiagonal)이며 각 대각 블록(diagonal block) 자체가 3대각 행렬(三 對角 行列, tridiagonal matrix)인 블록 3대각(block-tridiagonal)이다. 2차원에서 열 방정식(heat equation)을 다룰 때 이 논점(point)으로 돌아오는 기회(機會)를 가질 것이다. 이 책략은 Laplacian에 대한 '5점 책략(five-point scheme)'이라 불린다(그림 7.1 참조). □

Remark 7.6 결론을 내리기 위한 마지막 논평(論評, remark): *Neumann 조건*은 어떻게 다룰 것인가? 수학적으로, 답(答)은 이와 같은 형태의 경계조건이 변분 정식화(變分 定式化, variational formulation)에 의해 자연적(自然的)으로(naturally) 고려되는 유한요소법의 경우보다 훨씬 덜 명확하다(much less clear). 단순한 Laplacian보다 더 복잡한 연산자의 경우, 경계에 가까운(near) '옳은 책략(right scheme)'을 찾도

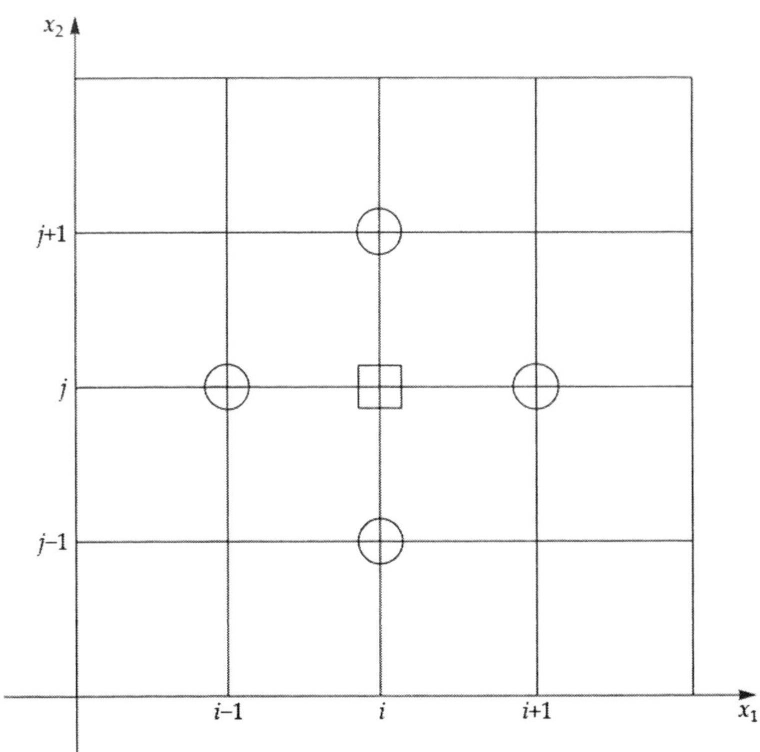

Figure 7.1 The five-point scheme for the Laplacian.

록, 이 변분 정식화를 '특별' 구적 공식('特別' 求積 公式, 'ad-hoc' quadrature formula)에 결합하는 것이 유용(有用)할 수 있다 [Lucquin과 Pironneau (1997)].

1차원 문제

$$-\varphi''(x) = f(x), \quad 0 < x < 1, \tag{7.21}$$

$$-\varphi'(0) = g(0), \quad \varphi'(1) = g(1) \tag{7.22}$$

의 경우, 예를 들면 위에서와 같은 표기(表記, notation)를 유지하며, 경계조건에 대한 다음과 같은 근사를 얻는 것을 제안할 수 있다:

$$\psi_0 - \psi_1 = hg(0), \quad \psi_N - \psi_{N-1} = hg(1). \tag{7.23}$$

하지만, 전체 책략(全體 策略, global scheme)의 정밀도(精密度, accuracy)는 경계 가까이에서 h일 뿐이다.

부가 내부 절점(附加 內部 節點, additional interior node)을 포함하는 교묘(巧妙)한 선형 결합(clever linear combination)(Taylor의 공식 덕택으로 결정된)에 의해, 경계조건 근사화의 정밀도를 개선하는 것이 가능하다. □

7.1.4 Solution of Problem (7.18)-(7.19) by the BPX Method

Condition Number of the Laplacian Matrix

문제 (7.18)-(7.19)를 위한 책략 (7.20)은 선형 계(線形 系, linear system) $A_h\Psi_h = F_h$로 이끈다. 물론, 직접법(direct method)을 사용할 수 있지만(예를 들어 Cholesky), 큰 규모(規模) 문제(large-scale problem)의 경우 공액구배와 같은 반복법을 사용하는 것이 더 낫다. 공교(工巧)롭게도, 미지수(未知數)의 수(數)가 커지면(이를 테면 5000보다 더 크면), 행렬 A_h가 좋지 않게 되고(ill conditioned) 그래서 전처리기(前處理器, preconditioner)을 사용해야 한다. 다중 격자법(多重 格子法, multi-grid method)이 세우는 내포 격자(內包 格子, nested grid)가 물론 매우 간단하기 때문에 유한차분에 특히 살 어울린다.

첫째로 행렬 A_h가 $O(h^{-2})$에서 조건수(條件數, condition number)를 가짐을 보이자. 단순화(單純化)를 위해, 다음과 같이 가정하자:

$$h_1 = h_2 \equiv h, \quad g = 0, \quad L_1 = L_2 = 2\pi.$$

책략은

$$(A_h\Psi_h)_{ij} = -\frac{1}{h^2}\left(\psi_{i+1,j} + \psi_{i-1,j} + \psi_{i,j+1} + \psi_{i,j-1} - 4\psi_{i,j}\right) = f_{i,j}$$

와 같이 써도 된다. 여기서 $\psi_{i,j} \approx \varphi(ih, jh)$이며 $Nh = 2\pi$로 $i, j = 1, \cdots, N-1$이다. 책략의 해(解)를

$$\psi(x, y) = \sum_{k,l=1,\cdots,N-1} Re\left(u^{k,l} e^{\mathrm{j}(kx+ly)}\right)^{\dagger}$$

의 형태로 찾는다. 책략에 $u^{k,l}e^{\mathrm{j}(kx+ly)}$를 대입(代入)함으로써, 다음을 얻는다:

$$-\frac{1}{h^2}\left(u^{k,l}e^{\mathrm{j}(kih+ljh)}\left[e^{\mathrm{j}kh} + e^{-\mathrm{j}kh} + e^{\mathrm{j}lh} + e^{-\mathrm{j}lh} - 4\right]\right) = f_{i,j}.$$

따라서, $\hat{f}^{k,l}$이 f의 이산(離散) 푸리에 변환(變換)(discrete Fourier transform), 즉

$$f(x, y) \approx \sum_{k,l=1,\cdots,N-1} Re\left(\hat{f}^{k,l} e^{\mathrm{j}(kx+ly)}\right)$$

이라면, 그러면

$$e^{\mathrm{j}kh} + e^{-\mathrm{j}kh} + e^{\mathrm{j}lh} + e^{-\mathrm{j}lh} = 2\cos(kh) + 2\cos(lh) = 4 - 4\sin^2\left(\frac{kh}{2}\right) - 4\sin^2\left(\frac{lh}{2}\right)$$

이기 때문에 $u^{k,l} = \hat{f}^{k,l}h^2/\left(4\sin^2(kh/2) + 4\sin^2(lh/2)\right)$는 책략의 해이다. ψ가 경계조건을 만족하기 위해서는, 정현 함수(正弦 函數, sine function)로만 주어지는 함수의 선형 결합(線形 結合, linear combination)

$$\psi(x, y) = \sum_{k,l=0,\cdots,N} u^{k,l} \sin(kx)\sin(ly)$$

을 취해야 하며, 이것은 f 자체(自體)가(itself) 같은 형태를 가질 때, 즉 $f(x, y) = -f(2\pi - x, y) = -f(x, 2\pi - y)$일 때만 가능하다.

이 계산은 또한

$$\left(A_h v^{k,l}\right)_{i,j} = \frac{1}{h^2}\left(4\sin^2(kh/2) + 4\sin^2(lh/2)\right)v^{k,l}(ih, jh)$$

이기 때문에 $v^{k,l}(x, y) = \sin(kx)\sin(ly)$가 고유치 $h^{-2}\left(4\sin^2\left(\frac{kh}{2}\right) + 4\sin^2\left(\frac{lh}{2}\right)\right)$에 대한 책략의 고유 벡터임을 보인다. 이 형태의 $(N-1)^2$개의 해를 가지며 행렬 A_h가 크기(size) $(N-1)^2 \times (N-1)^2$을 갖기 때문에 모든 고유치를 가진다. 가장 작은 것은

† 역자 주: 허수 단위(虛數 單位, imaginary unit) $\sqrt{-1}$의 수학적 표기는 보통 i 또는 $\mathbf{i}$이지만 이 역서(譯書) 시리즈는 주로 전기공학 전공 연구자들을 위한 전공 서적이고, 전기공학에서는 i가 전류를 나타내는 대표 문자이기 때문에 허수 단위를 통상적으로 j 또는 $\mathbf{j}$로 나타내며, 또한 j는 컴퓨터 알고리즘에서 반복 지표(iteration index)로 많이 사용됨을 감안하여, 본 역서에서는 허수 단위를 $\mathbf{j}$로 나타내었다.

$k = l = 1$에 그리고 가장 큰 것은 $k = l = \pi/h - 1$에 대응된다.

A_h의 조건수(條件數, condition number), 즉 가장 작은 고유치에 대한 가장 큰 고유치의 비(比, ratio)는 이제 다음과 같다:

$$\text{cond}(A_h) = \frac{\sin^2\left(\frac{\pi}{2} - \frac{h}{2}\right)}{\sin^2\left(\frac{h}{2}\right)} \approx \frac{4}{h^2}.$$

The BPX Preconditioning

초기 유한차분 격자(初期 有限差分 格子, initial finite difference grid)의 각 직사각형(直四角形, rectangle)을 4개의 같은 직사각형으로 세분(細分)함으로써 얻어진 K개의 수준(水準, level)인 다중 격자 망(多重 格子 網, multi grid mesh)을 고려하자. 수준 n에서 직사각형의 평균(平均) 크기(average size)는 k_h로 나타내어진다. 여기서 $k_h = 2\pi/2^n$이다.

계(system) $A_h\Psi_h = F_h$를 전처리 행렬 C인 전처리 공액구배법에 의해 푼다. 4장으로부터 알고리즘 (4.13)-(4.17)은 주어진 벡터 b에 대하여 $C^{-1}b$를 계산하는 것이 가능할 것을 요구한다. 항상 같게, 각 유한차분 직사각형을 대각선(對角線, diagonal)에 의해 세분함으로써 얻어진 삼각형 망(網)의 정점(頂點, vertex) i, j에서 $b_{i,j}$와 같은 P^1 함수(즉 구분 선형(piecewise linear)이며 연속)를 b_h^k로 나타내자(2장, 그림 2.9 참조). 다음과 같이 둔다:

$$C^{-1}b = \sum_{k=1}^{K}\sum_{i=1}^{N_k} \frac{\int_\Omega b_h^k w_i^k\,dx}{\int_\Omega \nabla w_i^k \cdot \nabla w_i^k dx} w_i^k.$$

여기서 합(合, sum)은 수준 k의 모든 기저 함수(基底 函數)(모자 함수(帽子 函數, hat function) w_i^k), 그 위에 모든 K 수준에 대한 것이다. Bramble 등(*et al*) (1990)은 $C^{-1}A$가 $O(1)$에서 조건수를 가짐을 보였다.

문제를 완전하게 풂으로써, 특별한 방식으로 가장 성긴 수준(coarsest level)에서 다룰 것이다. 옳은 공식(公式)(right formula)은 그러면

$$C^{-1}b = A_0^{-1}Q_0 b + \sum_{k=1}^{K}\sum_{i=1}^{N_k} \frac{\int_\Omega b_h^k w_i^k\,dx}{\int_\Omega \nabla w_i^k \cdot \nabla w_i^k dx} w_i^k$$

이다(성긴 수준(coarse level)은 이제 수준 0이다). 여기서 A_0는 성긴 기저 함수(coarse basis function)에 대한 A_h의 제한(制限, restriction)이며 Q_0는 성긴 공간(coarse space)에 대한 사영(射影, projection) L^2이다.

Remark 방법은 내포 격자 열(內包 格子 列)(sequence of nested grid)을 가지면 곧 유한요소 이산화(finite element discretization)와 함께 적용될 수 있다. 조건수에 대한 결과는 공간 차원(空間 次元, space dimension)과는 무관(無關)하다. □

7.2 FINITE DIFFERENCE SCHEMES FOR LINEAR EVOLUTION PROBLEMS

이 장(章)의 주 목표(主 目標, main goal)는 *포물(抛物, parabolic)* 및 *쌍곡(雙曲, hyperbolic)* 문제를 위한 근사화를 정의한 다음, 그 성질을 검토하는 것이다. 이 형태의 방정식에서는, 타원(楕圓 elliptic) 방정식과는 달리, '시간 변수(時間 變數, time variable)'라 불리는 한 가지 변수가 뽑아내어 진다. 다른 변수는 공간 변수(空間 變數, space variable)라 불릴 것이다; 그것들은 $\mathbb{R}^d$의 전체(whole) 또는 $\mathbb{R}^d$에 있는 영역(領域, domain)에 있다. 그러한 문제는, 시간 $t \geq 0$에서의 해(解, solution)가 '초기조건(初期條件, initial condition)'이라 부르는 시간 $t = 0$에서의 값으로부터 결정되기 때문에, 시간에서의 *진전 문제(進展 問題, evolution problem)*라 불린다.

이러한 진전 문제를 위하여, 시간에 대한 유한차분을 사용하여 수치 근사화(數値 近似化, numerical approximation)를 정의할 것이며, 그것들의 공간 종속성(空間 從屬性, space dependence)은 선형 편미분 연산자(線形 偏微分 演算子, linear partial differential operator)로 한정(限定)되는 것으로 가정할 것이다.

7.2.1 Introduction

다음과 같은 Cauchy 문제를 고려하자:

$$\frac{\partial \varphi}{\partial t}(t) = A\big(\varphi(t)\big), \quad 0 < t \leq T, \tag{7.24}$$

$$\varphi(t=0) = \varphi^0. \tag{7.25}$$

여기서 A는 선형이며 t 변수에 독립(獨立, independent)인 것으로 가정된 미분 연산자이다; 예를 들어, A는 Laplacian일 수 있다(그것이 전체 공간(whole space)에서 작용하지 않는다면 경계조건과 함께). 문제 (7.24)-(7.25)의 가능 해(可能 解, possible solution)는 또한, 한편으로는 표기를 간단하게 하기 위해서이지만, 주로 시간 변수의 역할을 강조(强調)하기 위해서, 방정식에서 고의(故意)로 제외한, 공간 변수 x에 종속됨이 명백하다.

이 문제가 어떤 함수 공간(函數 空間, function space)에서 고전적인 해(classical solution) $\big(t \to \varphi(t)\big)$를 가진다고 가정하고, 그 다음

$$S(t)\,\varphi^0 = \varphi(t) \tag{7.26}$$

에 의해 정의되는 연산자를 $S(t)$로 나타내자. 여기서 $\varphi(t)$는 문제 (7.24)-(7.25)의 시간 t에서의 해(解)이다.

이 문제의 시간에 대한 *유한차분(finite difference in time)*을 사용한 근사화는 고려 중인 구간(區間, interval) $[0, T]$를 길이 $k = \Delta t = T/M$의 M개의 부분 구간(部分 區間, subinterval)으로 분할한 다음, 주어진 $\varphi(t^n)$, $t^n = n\delta t$의 근사 ψ^n으로, 다음 시간 단계(next time step)에서 문제 (7.24)-(7.25)의 완전해(exact solution)

$$\varphi\left(t^{n+1}\right) = S(k)\,\varphi(t^n) \tag{7.27}$$

의 근사 ψ^{n+1}을

$$\psi^{n+1} = G(k)\,\psi^n \tag{7.28}$$

로 정의하는 것으로 이루어진다. 여기서 $G(k)$는, 특히 원하는 만큼 작게 가정된 $h = \delta x$에 의해 나타내어진 공간 이산 매개변수(空間 離散 媒介變數, space discretization parameter)에 종속됨을 의미하는, 연산자 $S(k)$의 '공간 이산 대응(空間 離散 對應, discretized in space counterpart)'이다. 이러한 방식에서, ψ^n으로 나타낸 것은 실제로 각 요소(要素, entry)가 망(網, mesh)의 절점(節點, node)에서의 값에 대응하는 벡터이지만, 연속 문제의 경우처럼, 이 공간 종속성(spatial dependence)은 명백하게 드러내지 않았다.

당연히, 이 반복 구성 과정(反復 構成 過程, iterative construction procedure)은 초기 시간(初期 時間, initial time)에서의 근사해의 인식(認識, knowledge)을 요구하며, 그것을

$$\psi^0 = \varphi(t = 0) = \varphi^0 \tag{7.29}$$

와 같이 간단히 정의할 것이다.

그러한 책략의 특성(特性, property)은 무엇인가? 오차(誤差, error)를 어떻게 평가할 수 있을 것인가? 앞 절(節)에서 주어진 일치(一致, consistency)의 정의를 바탕으로, 먼저 두 번째 질문에 답할 것이다.

7.2.2 Consistency of Scheme (7.28)-(7.29)

Definition 7.2에서 사용했던 표기(表記)와 상사(相似, analogy)로, 연속 연산자(連續 演算子, continuous operator)

$$L = \frac{\partial}{\partial t} - A \tag{7.30}$$

을 L로 정의하고, 다음과 같은 방식으로 수열(數列) $\Psi^k = (\psi^n)_{n\geq 0}$, $\psi^0 = \varphi^0$에 대한 이산 연산자(離散 演算子, discrete operator) L^k $(k = \delta t)$를 정의한다: 식 (7.28)에 따르기 때문에 $L^k\Psi^k$는

$$L^k\Psi^k = \left(\left(L^k\Psi^k\right)^n\right)_{n\geq 0}, \quad \left(L^k\Psi^k\right)^n = \frac{\psi^n - G(k)\,\psi^{n-1}}{k} \tag{7.31}$$

에 의해 정의되는 수열이며, 다음을 가진다:

$$\frac{\psi^n - \psi^{n-1}}{k} - \frac{G(k)\,\psi^{n-1} - \psi^{n-1}}{k} = 0.$$

이 연산자 또한 암암리에 이산 연산자 $G(k)$에서 일어나는 *공간 이산화 간격(空間離散化 間隔, space discretization step)* $h = \delta x$에 종속됨을 상기(想起)하자.

더 일반적으로, L을 시간과 공간에 종속하는 편미분 연산자(partial differential operator)라 하자. 이 연산자와 관련된 Cauchy 문제에 대한 다음과 같은 정의를 취할 것이다:

Definition 7.7 φ를 연산자 L $(L\varphi = 0)$에 관련된 Cauchy 문제의 해(解)라 하고 Ψ^k $(k = \delta t)$를 이산화 문제 $L^k\Psi^k = 0$에 관련된 해라 하자(위에서의 표기로, 그리고 이 문제 모두가 유일해(唯一解)를 갖는다는 가정으로). 양(量, quantity)

$$\mathcal{E}^k = L^k\varphi^k \tag{7.32}$$

를 *일치 오차(一致 誤差, consistency error)*라 부를 것이다. 여기서 φ^k는 문제 (7.24)-(7.25)의 완전해 φ의 망(網, mesh)에 대한 사영(射影, projection)이다. 이 일치 오차는 그 성분(成分, component) 각각이 $h = \delta x$와 $k = \delta t$에 종속하는 벡터 $\mathcal{E}^k = (\epsilon^n)_{n\geq 1}$이다. 책략(scheme)은 모든 n에 대해, 공간에서 놈(norm) $\|\cdot\|$의 주어진 선택에 대해, $k \to 0$와 $h \to 0$으로써 $\epsilon^n \to 0$이면 *일치한다고(consistent)* 불린다. 더욱이

$$\forall n, \quad \|\epsilon^n\| = o(k^p) + O(h^q) \tag{7.33}$$

을 가진다면, 책략은 *시간에서 차수(次數) p와 공간에서 차수 q(order p in time and order q in space)*로 일치한다고 일컬어진다.

식 (7.31)과 (7.27)의 덕택으로, 다음을 가짐에 주목한다:

$$\epsilon^n = \frac{S(k) - G(k)}{k}\varphi\left(t^{n-1}\right). \tag{7.34}$$

이 일치의 개념(槪念, notion)은 이산 연산자에 의해 *연속 연산자를 근사화함(approximating the continuous operator)*으로써 생성되는 오차를 측정하는 것을 가능하게 한다. 그것은, 테일러 전개(Taylor expansion)의 덕택으로, 연속 문제의 *완전해(完全解, exact solution)*에 대해 계산될 수 있다. 하지만, 이것은 책략의 수렴(收斂, convergence)을 증명하고자 하는 데에는 충분하지 않을 것이다. 이제 정의할 안정성(安定性, stability)라는 다른 개념이 요구된다.

7.2.3 *Stability of Scheme (7.28)-(7.29)*

식 (7.28)-(7.29)로부터의 직접 유도(直接 誘導, immediate induction)에 의해,

$$\psi^n = G(k)^n \varphi^0 \tag{7.35}$$

를 얻는다. 즉, 시간 t^n에서의 근사해는 연산자 $G(k)^n$을 통하여 초기조건(初期條件, initial condition)의 함수로서 정의된다.

안정성(stability)은 이 연산자가 최종 시간(最終 時間, final time) T에 의해 유계(有界)되어(bounded) 남아있는 적(積, product) $n\delta t$로 $k = \delta t \to 0, n \to \infty$일 때 유계되어 남도록 강제(强制)할 것이다. 착상(着想, idea)은 *시간을 초과(超過)하는 증가(增加)가 없을 수 있다(there can be no growth over time)*는 것이다: 근사해는, 이산화와 반올림 오차(round-off error)의 누적(累積, accumulation)에도 불구하고, 유계되어 남아있어야 한다.

Definition 7.8 책략 (7.28)-(7.29)는 $G(k)^n$이

$$0 < k \le k^*, \quad 0 \le nk \le T$$

를 만족하는 모든 $k = \delta t, n$에 대하여 균등 유계(均等 有界, uniformly bounded)로 남아있으면; 또는, 바꾸어 말하면, 공간에서 놈(norm)의 주어진 선택에 대해

$$\forall n,\ \forall k \in]0, k^*],\ 0 \le nk \le T, \quad \text{we have: } \|[G(k)]^n\| \le C(T) \tag{7.36}$$

와 같은 정 상수(正 常數, positive constant) $C(T)$(h에 독립인)가 존재하면 *안정하다(stable)*고 불리어진다.

뒤에, 구체적인 문제에 사용하는, 안정성을 점검하는 실제 방법으로 돌아올 것이다. 이제 어떻게 하여 이 개념이 책략의 수렴에 있어서 본질적인 특징(essential feature)인지를 볼 것이다.

7.2.4 *Convergence of Scheme (7.28)-(7.29)*

이제 대답하는 질문은 다음과 같다: 어떤 관념(觀念, sense)으로 공간 간격(space step) $h = \delta x$와 시간 간격(time step) $k = \delta t$가 모두 0으로 갈 때 식 (7.28)-(7.29)로 정의된 근사해 $\Psi^k = (\psi^n)_{n\geq 0}$ $(k = \delta t)$가 초기치 문제 (7.24)-(7.25)의 완전해로 '향할(tend)' 것인가? 답(答)은 보통 '랙스의 등가(等價) 정리(Lax Equivalence Theorem)'라 불리는 다음과 같은 정리(定理)에 있다.

Theorem 7.9 책략 (7.28)-(7.29)가 안정하고(stable) 일치라면(consistent), 그러면 그것은 수렴한다. 즉, 제약(制約, constraint) $0 \leq n\delta t \leq T$와 함께, 시간과 공간 간격 모두가 0으로 갈 때(Definition 7.1과 7.2에서 사용된 놈(norm)으로) 시간 t^n에서의 오차 $e^n = \varphi(t^n) - \psi^n$은 0으로 간다.

PROOF 지표(指標, index) n의 요소(要素, entry)가 오차 e^n인 오차 '벡터'를 E^k로 나타내자. ψ^0의 정의에 의해 $e^0 = 0$을 가진다. 더욱이, $L^k\Psi^k = 0$이기 때문에, 식 (7.32)에서와 같은 표기법(表記法, notation)으로

$$L^k E^k = L^k \varphi^k = \mathcal{E}^k$$

를 얻으며, 이것은 식 (7.31)에 따라

$$\left(L^k E^k\right)^n = \frac{e^n - G(k)\, e^{n-1}}{k} = \epsilon^n$$

또는 다음을 의미한다:

$$e^n = G(k)\, e^{n-1} + k\epsilon^n.$$

유도(誘導, induction)에 의해 다음이 얻어진다:

$$e^n = [G(k)]^n e^0 + k\sum_{i=1}^{n} [G(k)]^{n-i} \epsilon^i;$$

그러면, 초기 시간에서의 오차 e^0가 0인 것 처럼, 안정 조건 (7.36) 때문에 모든 정수(整數, integer) n과 제약 $0 \leq nk \leq T$를 만족하는 모든 시간 간격 $k = \delta t$에 대해

$$\|e^n\| \leq nkC \max_{i\in\{1,\cdots,n\}} \|\epsilon^i\|$$

와 같은 추정(推定, estimate)을 얻는다.

$$\|e^n\| \le TC \max_{i \in \{1, \cdots, n\}} \|\epsilon^i\|$$

를 추단(推斷)하며, 책략이 일치이기 때문에, 이것은 공간과 시간 간격에 따라 0으로 간다. □

Remark 7.10 위에서의 모든 추정은 공간에서 주어진 놈(norm)의 선택과, 이미 결정된 이산화 책략(유한차분, 유한요소, ⋯)에 대한 것이다. □

Remark 7.11 원천 항(源泉 項, source term) f가 시간에만 의존하는 $L\varphi = f$ 형태의 방정식의 경우 역시 고려할 수 있다; 이 추가되는 항이 일치 오차에만 영향을 미칠 것이기 때문에, 위의 안정성 해석(stability analysis)은 변화하지 않을 것이다. 수렴 정리(收斂 定理, convergence theorem)는 이 경우에 타당(妥當)하게 남는다. □

이제 이러한 모든 개념(概念, notion)을 정의하였고, 열 방정식(熱 方程式, heat equation)의 예(例)로 출발하는, 일정한 '모델' 진전 문제(進展 問題)('model' evolution problem)의 근사화를 위한 약간의 고전적인 예제의 검토에 그것들을 적용할 것이다.

7.3 *THE HEAT EQUATION*

열 방정식을 근사화하기 위한, 시간과 공간 모두에 유한차분을 사용하는, 몇 가지 책략을 여기에서 나타내고 해석한다. 전체 공간 $\mathbb{R}$에서 오직 한 개의 공간 변수만인 경우로 검토를 시작한다:

$$\frac{\partial \varphi}{\partial t} - \frac{\partial^2 \varphi}{\partial x^2} = 0, \quad x \in \mathbb{R}, \quad 0 < t \le T, \tag{7.37}$$

$$\varphi(x, 0) = \varphi^0(x). \tag{7.38}$$

이 문제는 수학적으로 잘 주어진(well-posed) 문제이며, 증명없이 나타내는 *최대 원리(最大 原理, maximum principle)* 사이에서 약간의 성질을 가진다 (Brezis, 1987):

$$\text{if } \varphi^0 \ge 0, \text{ then } 0 \le \varphi(\cdot, t) \le \sup_{x \in \mathbb{R}} \varphi^0 . \tag{7.39}$$

시간 $t^n = n\delta t \; (n \in \{0, \cdots, M\}, M\delta t = T)$와 점 $x_i = i\delta x \; (i \in \mathbb{Z})$에서 취해진 근사해를 $\psi_i^n \simeq \varphi(x_i, t^n)$로 나타낼 것이다. 표기(表記)를 간단히 하기 위하여 종종 $(\delta t, \delta x)$를 (k, h)로 쓸 것이다.

7.3.1 *An Explicit Scheme*

연속 연산자(連續 演算子, continuous operator)

$$L = \frac{\partial}{\partial t} - \frac{\partial^2}{\partial x^2} \tag{7.40}$$

를 수열(數列, sequence) $\bar{\psi} = (\psi_i^n)_{i\in\mathbb{Z},\, n\in\{0,\,\cdots,\,M\}}$에서 다음과 같이 정의된, 단순화를 목적으로 $\bar{L}$로 나타낸, *공간과 시간에서* 이산화된 연산자로 근사화한다:

$$\begin{aligned}
&\bar{L}\bar{\psi} = ((\bar{L}\bar{\psi})_i^n)_{i\in\mathbb{Z},\, n\in\{1,\,\cdots,\,M\}}, \\
&\forall i \in \mathbb{Z},\ \forall n \in \{0,\ \cdots, M-1\},\quad (\bar{L}\bar{\psi})_i^{n+1} = \frac{\psi_i^{n+1} - \psi_i^n}{k} - \frac{\psi_{i+1}^n - 2\psi_i^n + \psi_{i-1}^n}{h^2}.
\end{aligned} \tag{7.41}$$

그러면 이산화 문제(離散化 問題, discrete problem)는 다음과 같이 써진다:

$$\bar{L}\bar{\psi} = 0, \tag{7.42}$$

$$\forall i \in \mathbb{Z},\quad \bar{\psi}_i^0 = \varphi^0(x_i). \tag{7.43}$$

이 책략(scheme)은 *전 양(全 陽, fully explicit)*, 즉 단계(段階, step) n에서의 주어진 근사해($\forall i \in \mathbb{Z}$에 대해 알려진 ψ_i^n)에서, 특히 문제 (7.42)-(7.43)이 유일해(唯一解, unique solution)를 허용함을 보이는, 매우 간단한 관계

$$\forall i \in \mathbb{Z},\quad \psi_i^{n+1} = \psi_i^n + \frac{k}{h^2}(\psi_{i+1}^n - 2\psi_i^n + \psi_{i-1}^n) \tag{7.44}$$

로부터 단계 $n+1$에서의 근사해를 얻는다. 이 책략은 *전진(前進) 오일러 책략(forward Euler Scheme)*이라 불린다.

7.3.1.1 Convergence in the l^∞ Norm in Space

일치 오차(一致 誤差, consistency error)가 고려되는 한, 다음의 결과를 가진다:

Proposition 7.12 *연속 문제 (7.37)-(7.38)의 해가 시간에서 C^2 이며 공간에서 C^4 라면, 그리면 책략 (7.41)-(7.42)는 시간에서 1차 그리고 공간에서 2차의 일치이다(공간에서 놈(norm) $\|\cdot\|_\infty$에 대하여).*

Proof 일치 오차는 $\bar{\epsilon} = \bar{L}\bar{\varphi} = \bar{L}\bar{\varphi} - L\varphi$로써 정의된다. 여기서 $\bar{\varphi}$는 시간과 공간 모두에서 망의 각 절점에서의 완전해 φ의 망에 대한 사영(射影, projection)이다. 그것은 다음과 같이 정의된 2중 지표 수열(二重 指標 數列, doubly indexed sequence)

$\bar{\epsilon} = (\epsilon_i^n)_{i\in\mathbb{Z},\, n\in\{1,\cdots,M\}}$이다:

$$\epsilon_i^{n+1} = \left[\frac{\varphi(x_i, t^{n+1}) - \varphi(x_i, t^n)}{k} - \frac{\partial \varphi}{\partial t}(x_i, t^n)\right] - \left[\frac{\varphi(x_{i+1}, t^n) - 2\varphi(x_i, t^n) + 2\varphi(x_{i-1}, t^n)}{h^2} - \frac{\partial^2 \varphi}{\partial x^2}(x_i, t^n)\right].$$

일치 오차는 그러면, 첫째 것은 시간 미분 연산자의 이산화에 관련되며, 둘째 것은 Proposition 7.1에서 이미 추정된 공간 미분과 관계가 있는, 두 오차의 합(合, sum)이다. 2차까지의 간단한 Taylor 전개는 이제 식 (7.10) 때문에 $\tau^n \in]t^n, t^{n+1}[$과 $\xi_i \in]x_{i-1}, x_{i+1}[$로 다음을 준다:

$$\epsilon_i^{n+1} = \frac{k}{2}\frac{\partial^2 \varphi}{\partial t^2}(x_i, \tau^n) - \frac{h^2}{12}\frac{\partial^4 \varphi}{\partial x^4}(\xi_i, t^n).$$

따라서, 정리(定理, theorem)의 기술(記述, statement)에서 매끈함이라는 전제(前提)를 법(法)으로 하여(modulo the smoothness hypothesis), 모든 지표 $i \in \mathbb{Z}$와 $n \in \{0, \cdots, M-1\}$에 대해, 책략이 시간에 대하여 1차 그리고 공간에 대하여 2차의 일치임을 보이는

$$|\epsilon_i^{n+1}| \le C_1 k + C_2 h^2$$

을 가지는 2개의 양(陽)의 상수(常數)(two positive constant) C_1과 C_2가 존재한다고 추론(推論)한다; 위의 상수는 다음과 같이 정의된다:

$$C_1 = \sup_{(x,\, t)\in\mathbb{R}\times[0,\, T]} \left|\frac{\partial^2 \varphi}{\partial t^2}(x, t)\right|, \quad C_2 = \sup_{(x,\, t)\in\mathbb{R}\times[0,\, T]} \left|\frac{\partial^4 \varphi}{\partial x^4}(x, t)\right|. \qquad \square$$

이제 공간에서 l^∞ 놈(norm)에서의 안정성(安定性, stability)을 검토하자. 다음과 같이 두자:

$$\lambda = \frac{k}{h^2} \ge 0; \tag{7.45}$$

등식(等式, equality) (7.44)는 그러면

$$\forall i \in \mathbb{Z}, \quad \psi_i^{n+1} = \lambda \psi_{i+1}^n + (1-2\lambda)\psi_i^n + \lambda \psi_{i-1}^n \tag{7.46}$$

이 된다. 즉, ψ_i^{n+1}은 ψ_{i+1}^n, ψ_i^n 및 ψ_{i-1}^n의 선형 결합(線形 結合, linear combination)이 된다. 그 다음에 조건

$$0 \le \lambda = \frac{k}{h^2} \le \frac{1}{2} \tag{7.47}$$

이 만족된다면, 요소(要素, entry)가 ψ_i^n인 $\mathbb{R}^{\mathbb{Z}}$내의 벡터를 Ψ^n으로 나타내면

$$\forall i \in \mathbb{Z}, \quad \left|\psi_i^{n+1}\right| \le \|\Psi^n\|_\infty$$

이기 때문에, 이 선형 결합의 모든 계수(係數, coefficient)는 양(陽)이며, 그 합은 1임에 주목(注目)한다. 유도(誘導, induction)에 의해,

$$\forall n \ge 0, \quad \|\Psi^n\|_\infty \le \left\|\Psi^0\right\|_\infty$$

를 얻으며, 이것은 책략의 l^∞ 안정성을 증명한다.

지금 막 다음과 같은 결과를 증명하였다:

Proposition 7.13 *조건 (7.47) 아래에서 책략 (7.41)-(7.43)은 공간에서 놈(norm) $\|\cdot\|_\infty$에 대해 안정하다.*

Theorem 7.9에 의해 완성된 Proposition 7.12와 7.13은 책략 (7.41)-(7.43)이 조건 (7.47) 아래에서 수렴(收斂)한다고 결론짓는 것을 허용한다.

Remark 7.14 유도에 의해, Ψ^0가 양(positive)이라면(그 모든 성분(成分, component)이 양(陽)임을 의미하는), 그러면 이것은 또한, 전제 (7.47)을 가정하는 한, 벡터 Ψ^n에 대해서도 참(진(眞), true)임에 주목한다. 여기서 이 절(節, section)의 시작에서 보았던 최대 원리(最大 原理, maximum principle)의 이산형(離散形, discrete version)을 찾는다. □

Remark 7.15 찾은 안정 조건 (7.47)은 여기서 안정을 위한 *충분(充分, sufficient)* 조건으로서 보여졌다. 필요(必要, necessary) 조건 또한 있는가? 이 질문에 답하기 위해, 다른 배경(different context)에서 안정성(stability)을 검토할 것이다. 이것이 다음 절(節)에서 행할 내용이다. □

7.3.1.2 Von Neumann Stability

안정성에 관한 실제 검토를 더 간단하게 만들기 위하여, 식 (7.41)-(7.42)를 다음과 같이 쓰여진 공간에서의 '연속'형('連續'形)('continuous' in space version)으로 바꿀 것이다:

$$\forall x \in \mathbb{R}, \quad \frac{\psi^{n+1}(x) - \psi^n(x)}{k} - \frac{\psi^n(x+h) - 2\psi^n(x) + \psi^n(x-h)}{h^2} = 0. \tag{7.48}$$

다음과 같이 정의된 ψ의 푸리에 변환(變換)(Fourier transform)을 $\hat{\psi}$로 나타내자:

$$\hat{\psi}(\xi) = \int_{-\infty}^{+\infty} e^{\mathrm{j}\xi x}\psi(x)dx^{\dagger}. \tag{7.49}$$

공간 $L^2(\mathbb{R})$에서의 놈(norm)을 $\|\cdot\|_2$로 나타낸다면

$$\hat{\hat{\psi}} = 2\pi\psi, \quad \|\hat{\psi}\|_2 = \sqrt{2\pi}\|\psi\|_2 \tag{7.50}$$

임을 상기(想起)하자; 이 두 번째 성질은 '플란체렐'의 정리('Plancherel's theorem)라 불린다. 식 (7.48)을 Fourier 변환하자;

$$\int_{-\infty}^{+\infty} e^{\mathrm{j}\xi x}\varphi(x+h)dx = e^{\mathrm{j}\xi h}\int_{-\infty}^{+\infty} e^{\mathrm{j}\xi y}\varphi(y)dy \tag{7.51}$$

임을 알기 위해 변수 변환(變數 變換, change of variable)을 사용한 후 다음을 얻는다:

$$\hat{\psi}^{n+1}(\xi) = \hat{\psi}^n(\xi) + \frac{k}{h^2}\left(e^{\mathrm{j}h\xi}\hat{\psi}^n(\xi) - 2\hat{\psi}^n(\xi) + e^{-\mathrm{j}h\xi}\hat{\psi}^n(\xi)\right). \tag{7.52}$$

이 관계는

$$\hat{\psi}^{n+1}(\xi) = a(\xi)\hat{\psi}^n(\xi) \tag{7.53}$$

과 같이 써질 수 있다. 여기서 증폭 인자(增幅 因子, amplification factor)라 불리는 인자 $a(\xi)$는 다음과 같이 정의되는 실수(實數, real number)이다:

$$a(\xi) = 1 + \frac{k}{h^2}\left(e^{\mathrm{j}h\xi} - 2 + e^{-\mathrm{j}h\xi}\right) = 1 - 4\frac{k}{h^2}\sin^2\frac{h\xi}{2}. \tag{7.54}$$

유도에 의해, 다음을 얻는다:

$$\hat{\psi}^n(\xi) = [a(\xi)]^n\hat{\psi}^0(\xi) = [a(\xi)]^n\hat{\varphi}^0(\xi). \tag{7.55}$$

다음과 같은 조건

† 역자 주: 허수 단위(虛數 單位, imaginary unit) $\sqrt{-1}$의 수학적 표기는 보통 i 또는 i이지만 이 역서(譯書) 시리즈는 주로 전기공학 전공 연구자들을 위한 전공 서적이고, 전기공학에서는 i가 전류를 나타내는 대표 문자이기 때문에 허수 단위를 통상적으로 j 또는 j로 나타내며, 또한 j는 컴퓨터 알고리즘에서 반복 지표(iteration index)로 많이 사용됨을 감안하여, 본 역서에서는 허수 단위를 j로 나타내었다.

$$\|a\|_\infty = \sup_{\xi\in\mathbb{R}} |a(\xi)| \le 1 \tag{7.56}$$

이 만족된다면, Plancherel의 관계의 사용에 의해 놈(norm) $\|\cdot\|_2$에 대해 책략의 안정성을 증명하는

$$\|\psi^n\|_2 = \frac{1}{\sqrt{2\pi}}\|\hat{\psi}^n\|_2 \le \frac{1}{\sqrt{2\pi}}\|\hat{\varphi}^0\|_2 = \|\varphi^0\|_2$$

를 가진다. 조건 (7.56)은 따라서 놈(norm) $\|\cdot\|_2$에서 책략 (7.48)의 안정성에 대한 충분 조건으로 나타난다. 필요 조건이 있는가?

이 질문에 답하기 전에, 이 조건을 앞에서 찾았던 한 가지와의 연결을 시도(試圖)하자. $a(\xi)$가 항상 1보다 작아서, 식 (7.56)은 $\forall\xi\in\mathbb{R},\ a(\xi)\ge -1$와 등가(等價, equivalent)이며, 이 관계는 식 (7.47)과 등가임에 주목한다.

그림 7.2에서는, 비(比, ratio) k/h^2의 3가지 다른 값에 대한 함수(函數, function) $A(t)=a(\xi)$, $t=h\xi$의 그래프를 그렸다: ♦ 기호(diamond-shaped symbol)를 가진 곡선은 $k/h^2=1/4$에 대응하고, + 기호는 $k/h^2=1/2$로 제한된 경우이며, 마지막으로 실선 곡선(實線 曲線, solid line curve)은 $k/h^2=1$에 대응한다. 이론적인 검토에서 예측한 것과 같이, 조건 (7.56)은 마지막 경우에서는 만족되지 않는 반면, 다른 두 경우에서는 만족된다.

이제, 책략 (7.48)을 위해 필요했던 것보다는 조금 더 일반적인 뼈대(framework)에서, 다음과 같은 결과를 증명할 것이다:

Proposition 7.16 *연산자* $G(k)$*의 푸리에 변환이 스칼라 함수(scalar function)* a*에 의*

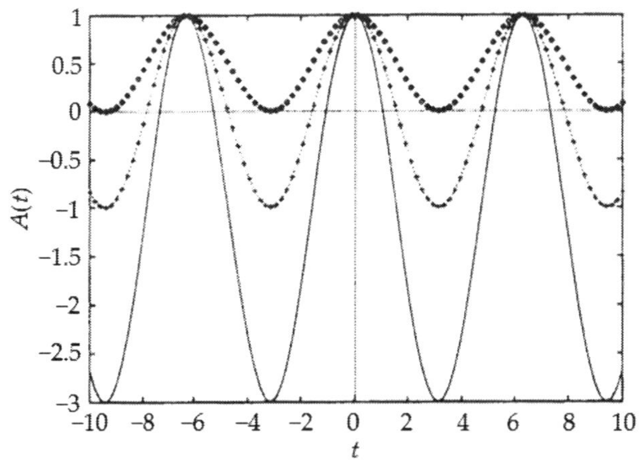

Figure 7.2 Graph of function $A(t)=a(\xi)$, $t=h\xi$.

한 곱셈 연산자(multiplication operator)인, 형태 $\psi^n = G(k)^n \varphi^0$ $(k = \delta t)$*의 책략은 '폰 노이만 조건(von Neumann condition)'이라 불리는 다음과 같은 안정 조건이 만족되면 또 그 때에 한해서 (필요충분(必要充分), if and only if)* $L^2(\mathbb{R})$ *놈(norm)에서 안정하다(또한 '폰 노이만 안정(von Neumann stable)'이라 말한다):*

$$\exists C \geq 0,\ \exists(\delta t)^*,\ \text{such that: } \forall \delta t \in]0, (\delta t)^*],\ \forall \xi \in \mathbb{R},\ |a(\xi)| \leq 1 + C\delta t. \quad (7.57)$$

이 결과를 증명하기 위하여, 뒤에 유용한 것을 찾기 때문에, 여기서는 일반적인 벡터의 경우에 대해 (즉 $d \geq 1$인 $\mathbb{R}^d$에서) 나타내는 보조 정리(補助 定理, lemma)를 사용할 것이다. 그것을 하기 전에, 행렬 대수(行列 代數, matrix algebra)로부터 약간의 정의(定義, definition)와 결과를 상기(想起)할 것이다 [Ciarlet (1989), Lascaux와 Théodor (1987), Schatzman (1991)).

B를 실수(實數, real) 또는 복소(複素, complex) 요소(要素, entry)를 가진 크기 $d \times d$의 행렬, 그리고 $B^* = \overline{B}^T$를 그것의 공액 전치 행렬(共軛 轉置 行列, conjugate transpose matrix)이라 하자; B는 이 교환칙(交換則)이 성립하면(commute), 즉 $BB^* = B^*B$이면 *정규(正規, normal)* 행렬이라 한다. 실 대칭행렬(實 對稱行列, real symmetric matrix)은 정규이다. $\rho(B)$로 나타낸 행렬의 스펙트럼 반경(半徑)(spectral radius)은 B의 모든 고유치(固有値, eigenvalue)의 최대 절대치(最大 絶對值, largest modulus)이다. 임의의 벡터 놈(vector norm)에 대하여, 다음과 같은 관계를 통하여, 이 벡터 놈에 대한 *종속(從屬) 행렬 놈(subordinate matrix norm)*이라 불리는 행렬 놈(matrix norm)을 정의하는 것이 가능하다:

$$\|B\| = \sup_{x \in \mathbb{R}^d,\, x \neq 0} \frac{\|Bx\|}{\|x\|};$$

이러한 행렬 놈에 대하여, 다음을 가진다:

$$\forall B, \quad \rho(B) \leq \|B\|.$$

특히, 유클리드 놈(Euclidean norm) $\|\cdot\|_2$에 종속되는 행렬 놈은 다음과 같이 정의된다:

$$\|B\|_2 = \sqrt{\rho(BB^*)}.$$

행렬 B가 정규이면, 그 유클리드 놈은 스펙트럼 반경과 같다.

이러한 내용의 상기(想起) 후, 이제 증명이 예를 들어 Lascaux (1976), Richtmyer와 Morton (1967)에서 찾아질 수 있는, 다음과 같은 고전적인 결과를 나타낸다:

Lemma 7.17 F를 다음에 의해 $L^2(\mathbb{R}^d)$에 대하여 정의된 연산자(演算子, operator)라 하자: $\forall U \in \mathbb{R}^d, F(U) = AU$. 여기서, 모든 $\forall \xi \in \mathbb{R}^d$에 대하여 $A(\xi)$는 행렬이다; 이 선형 연산자(線形 演算子, linear operator)는 놈(norm)을 가진다($L^2(\mathbb{R}^d)$를 L^2_d로 쓴다):

$$\|F\|_{\mathcal{L}\left(L^2_d,\, L^2_d\right)} = \sup_{\xi \in \mathbb{R}} \|A(\xi)\|_2 . \tag{7.58}$$

PROOF OF PROPOSITION 7.16

푸리에 변환(Fourier transform) 후에 $\hat{\psi}^n = F(\hat{\varphi}^0)$로 쓰여진 $\psi^n = G(k)^n \varphi^0$인 형식의 책략을 고려하자. 여기서 연산자 F는 스칼라 함수 a^n에 의한 곱셈 연산자이다. 스칼라의 경우(즉 $d = 1$)에 먼저 Plancherel의 정리와 그 다음 Lemma 7.17을 사용하면, 표기 $\|a\|_\infty = \sup_{\xi \in \mathbb{R}} |A(\xi)|$로

$$\|G(k)^n\|_{\mathcal{L}\left(L^2(\mathbb{R}_x),\, L^2(\mathbb{R}_x)\right)} = \|F\|_{\mathcal{L}\left(L^2(\mathbb{R}_\xi),\, L^2(\mathbb{R}_\xi)\right)} = \|a^n\|_\infty = \|a\|_\infty^n$$

을 추론한다.

책략이 $L^2(\mathbb{R})$에서 안정하다고 가정하자. 정의에 의해, $L^2(\mathbb{R})$로부터 $L^2(\mathbb{R})$로의 연산자와 같이, 연산자 $G(k)^n$의 놈(norm)은, 제약(制約, constraint) $nk \le T$를 만족하는 모든 정수(整數, integer) n과 시간 간격(time step) $k = \delta t \in]0, k^*]$에 대해, n과 무관하게 유계(有界)되어 남는다. 거기에는 $\|a\|_\infty^n \le C_1$와 같은 양(陽, 정(正))의 상수(positive constant) $C_1(C_1 > 1$로 가정해도 된다)이 존재한다. 이것은 특히 n_0가 비율(比率, ration) $T/k \ge 1$의 정수 부분(integer part)의 절반(折半, half)인 정수 $n = n_0$에 대해 유지된다. 따라서,

$$\|a\|_\infty^n \le C_1^{2\frac{k}{T}} \le 1 + \frac{C_1^{2\frac{k^*}{T}} - 1}{k^*} k$$

또는 $C = \left(C_1^{2k^*/T} - 1\right)/k^*$인 식 (7.57)을 가진다.

역으로, a가 조건 (7.57)을 만족한다면, 그러면 모든 정수 n과 $nk \le T$인 모든 시간 간격 $k = \delta t$에 대해

$$\|a\|_\infty^n \le (1 + Ck)^n \le \left(e^{Ck}\right)^n \le e^{CT}$$

이어서, 책략의 L^2 안정성을 입증하며 증명이 끝난다. □

Remark 7.18 식 (7.57)에서 항(term) $C\delta t$는 수치해(numerical solution)의 시간에

따른 지수적 증가(指數的 增加, exponential growth)를 허용한다(그런데 이 증가는 실제로 안정성의 정의가 유한한 시간 T내에서의 해에만 관계된다는 사실에 의해 제한된다는 점에 주목한다).

일반적으로, 이 조건은 종종, '엄격(嚴格) 폰 노이만 조건(strict von Neumann condition)'이라 불리는, 더 한정하는 조건 (7.56)으로 대체(代替)된다; 이것은, 특히, 완전해가 시간에 따라 지수적인 거동을 가지지 않는다는 것을 안다면, 여기에서의 경우가 바로 그런 것처럼, 참(진(眞), true)이다. 이 조건하에서, Proposition 7.16에 있는 책략은 '엄밀(嚴密)하게 안정하다(strictly stable)': 수치해는 완전해 보다 더 빨리 증가하지 않으며, 제한된 경우(limit case) $T = +\infty$내에서 안정성을 갖는다. 실제적인 관점으로는, 조건 (7.56)을 사용하는 것 역시 바람직하다; 실로, 이론적인 조건 (7.57)이 한계(limit) $\delta t \to 0$에서 참(진(眞), true)이라고 할지라도, 이산화 간격(離散化 間隔, discretization step)이 0이 아닌 유한한 값을 갖기 때문에, 수치해는 시간 반복 동안에, 책략의 유효한 안정성(effective stability)에 손상(損傷)을 줄 정도로, 상당히 증가할 수 있다.

하지만, 그것은 조건 (7.57)이 없어서는 안되는 경우에서의 상황(狀況, situation)이다 [Richtmyer와 Morton (1967)]; 이것은 예를 들면 $b\varphi$와 같은 소산 항(消散 項, dissipation term)으로 특징지어진 식 (7.37)이 양(陽)으로 이산화된(discretized explicitly) (즉 점 x_i에서 $b\psi_i^n$에 의해 이산화된) 경우일 것이다. □

책략 (7.48)이 항상 시간에서 차수(次數, order) 1과 공간에서 차수 2의 일치(consistent)임이 쉽게 보이며, 이것이 결국에는, 증명이 Theorem 7.9의 증명과 상사(相似, analogous)인, 미지막 수렴 결괴를 니디내는 것을 히용한다.

Theorem 7.19 안정 조건 (7.47) 아래에서, 책략 (7.48)은 $L^2(\mathbb{R})$ 놈(norm)에 대하여 수렴한다; 그것은 공간에서 차수 1과 공간에서 차수 2의 수렴이다.

Remark 7.20 이 Fourier 변환법은 책략의 인정성을 검토하기 위힌 디할 니위 없는 실제적인 도구(道具, tool)이며, 또한 필요 및 충분 안정 조건을 준다: 그것을 가능한 한 자주 사용할 것이다. 하지만, 그것의 중요한 결점은 경계치 문제의 경우로 일반화하기가 어려우며, 균일한 망(uniform mesh)에서 이산화된 상수 계수(常數 係數, constant coefficient)를 가진 편미분 방정식에 제한된다는 점이다. □

Remark 7.21 안정 조건 (7.47)은 시간 간격(時間 間隔, time step)이 공간 간격의 제곱(square)의 차수(次數, order)이어야 (그리고 더 작아야 한다!) 하기 때문에 시간 간격에 특히 엄격한 제약(制約, constraint)을 부과하며, 이것은 주어진 최종 시간(最終 時間, final time) T에 도달하기 위해서는, 알고리즘을 매우 많은 횟수로 반복해야 해서, 과중(過重)한 계산기 시간으로 이끌 것이다. 따라서 이 전 양 책략(全陽 策略, fully explicit scheme)은, 프로그래밍하기가 매우 간단하다 할지라도, 매우 좋은 책략은 아니다. 이제 다른 책략을 제안(提案)하고 얼마간 더 빠르게 되는 성질을 검토할 것이다. □

7.3.2 *Towards Implicit Schemes*

책략 (7.41)-(7.43)을 단계 n에서의 값으로부터 단계 $n+1$에서의 근사해를 결정하기 위해 사용할 때, Laplacian이 시간 단계 n에서 계산되었다. 이것은 각 시간 단계에서의 프로그래밍을 매우 단순하게 만든다는 장점(長點)을 가지지만, 시간 간격에 대한 조건 (7.47) 때문에 매우 희생이 크게 만든다. 거꾸로, Laplacian이 시간 단계 $n+1$에서 취해지면 어떤 일이 일어나는가?

7.3.2.1 Study of the Fully Implicit Scheme

식 (7.40)에 의해 정의된 연산자 L은 이제 시간과 공간에서 이산화하는, 즉

$$\bar{L}\bar{\psi} = ((\bar{L}\bar{\psi})_i^n)_{i\in\mathbb{Z},\, n\in\{1,\,\cdots,\,M\}},$$
$$\forall i \in \mathbb{Z},\ \forall n \in \{1, \cdots, M-1\},\ (\bar{L}\bar{\psi})_i^{n+1} = \frac{\psi_i^{n+1} - \psi_i^n}{k} - \frac{\psi_{i+1}^{n+1} - 2\psi_i^{n+1} + \psi_{i-1}^{n+1}}{h^2} = 0 \quad (7.59)$$

에 의해 수열 $\bar{\psi} = (\psi_i^n)_{i\in\mathbb{Z},\, n\in\{1,\,\cdots,\,M-1\}}$에 대해 정의되는, 연산자 $\bar{L}$에 의해 근사화된다. 여기서 h는 여전히 공간 간격을 그리고 k는 시간 간격을 나타낸다. 결과적인 책략 $\bar{L}\bar{\psi} = 0$는, 시간 t^n에서의 근사해를 알 때, 다음 시간 단계에서의 해(解)(관계 (7.59)에 의해 주어진)가, *비대각 선형 계(非對角 線形 系, non-diagonal linear system)를 푸는 것을* 요구함으로 인해, 간단한 방식으로 결정되지 않기 때문에, *음함수적(陰函數的, implicit)*이라 불린다. $\mathbb{R}$에서 유계 영역(有界 領域, bounded region)내에서의 열 방정식의 경우를 다룰 때 좀 더 상세하게 이 논점으로 돌아올 것이다. 그것을 하기 전에, 그러한 책략의 안정성의 성질을 검토할 것이다.

식 (7.48)과 상사적(相似的)으로 이 책략의 '공간 연속'형('空間 連續' 形, 'continuous in space' version)은 그것의 본 노이만 안성성(von Neumann stability)을 검토할 수 있게 하는 다음과 같은 형태로 써진다:

$$\forall x \in \mathbb{R},\ \frac{\psi^{n+1}(x) - \psi^n(x)}{k} - \frac{\psi^{n+1}(x+h) - 2\psi^{n+1}(x) + \psi^{n+1}(x-h)}{h^2} = 0. \quad (7.60)$$

ψ의 푸리에 변환(Fourier transform) $\widehat{\psi}$은 이제

$$\widehat{\psi}^{n+1}(\xi) = \widehat{\psi}^{n}(\xi) + \frac{k}{h^2}\left(e^{\mathrm{j}h\xi}\widehat{\psi}^{n+1}(\xi) - 2\widehat{\psi}^{n+1}(\xi) + e^{-\mathrm{j}h\xi}\widehat{\psi}^{n+1}(\xi)\right)^{\dagger};$$

달리 말하면

$$\widehat{\psi}^{n+1}(\xi) = b(\xi)\widehat{\psi}^{n}(\xi) \tag{7.61}$$

의 해(解)이다. 여기서 증폭 인자(增幅 因子, amplification factor) $b(\xi)$는 이제 다음과 같이 정의된다:

$$b(\xi) = \frac{1}{1 + 4\dfrac{k}{h^2}\sin^2\dfrac{h\xi}{2}}. \tag{7.62}$$

조건

$$\forall h \geq 0,\ \forall k \geq 0, \quad 0 \leq b(\xi) \leq 1 \tag{7.63}$$

이 유도(induction)와 Plancherel의 정리에 의해, 시간 간격에 대한 어떠한 제한 조건(restrictive condition)도 없이, 책략이 안정함을 보이는

$$\|\psi^n\|_{L^2} \leq \left\|\psi^{n-1}\right\|_{L^2} \leq \cdots \leq \left\|\psi^1\right\|_{L^2} \leq \left\|\psi^0\right\|_{L^2} \tag{7.64}$$

와 같은 부등식(不等式, inequality)을 얻는 것을 허용함에 주목한다; 책략은 *무조건 안정(無條件 安定, unconditionally stable)*이라 말한다. 이제 방금 다음과 같은 명제(命題, proposition)를 증명하였다.

Proposition 7.22 *전 음 책략(全 陰 策略, fully implicit scheme)은 무조건 폰 노이만 안정(unconditionally von Neumann stable) 이다.*

그림 7.3에서는, 그림 7.2에서 이미 고려된 비(比) k/h^2의 3가지 다른 값에 대한 함수 $B(t) = b(\xi)$, $t = h\xi$의 그래프를 그렸다: ♦ 기호를 가진 곡선은 $k/h^2 = 1/4$에 대응하고, + 기호는 $k/h^2 = 1/2$로 제한된 경우이며, 실선 곡선은 $k/h^2 = 1$에 대응한다. 관계 (7.63)은 세 경우 모두에서 만족된다.

† 역자 주: 허수 단위(虛數 單位, imaginary unit) $\sqrt{-1}$의 수학적 표기는 보통 i 또는 $\mathbf{i}$이지만 이 역서(譯書) 시리즈는 주로 전기공학 전공 연구자들을 위한 전공 서적이고, 전기공학에서는 i가 전류를 나타내는 대표 문자이기 때문에 허수 단위를 통상적으로 j 또는 j로 나타내며, 또한 j는 컴퓨터 알고리즘에서 반복 지표(iteration index)로 많이 사용됨을 감안하여, 본 역서에서는 허수 단위를 j로 나타내었다.

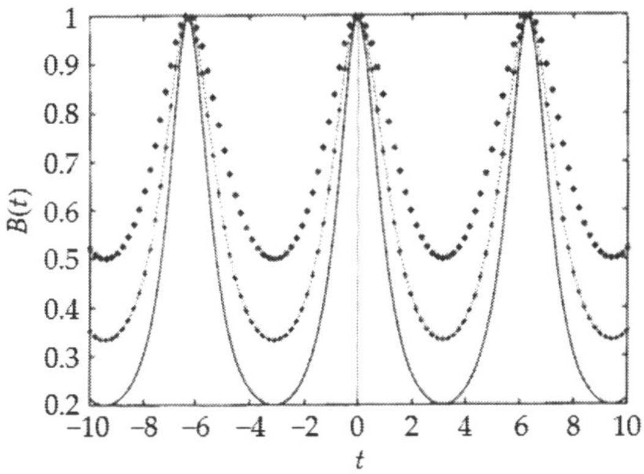

Figure 7.3 Graph of function $B(t) = b(\xi)$, $t = h\xi$.

EXERCISE 점(點, point) (x, t^{n+1}) 주위의 Taylor 전개를 사용함으로써, 일치 오차(一致 誤差, consistency error)가 양 책략(陽 策略, explicit scheme)의 그것과 같음을 보여라. □

*후퇴(後退) 오일러 책략(backward Euler scheme)*이라 불리는 이 책략은 매우 강인(强靭, robust)하지만, 그것은 아직 시간에 대해 1차일 뿐이다. 이제 양 책략(explicit scheme)과의 선형 결합(linear combination)을 사용함으로써, 바라건대 더 정밀한, 다른 안정 책략을 세우는 것을 시도할 것이다.

7.3.2.2 A Little Implicit, a Little Explicit

θ를 [0, 1]내에서 고정된 매개변수(fixed parameter)라 하자; θ-책략(θ-scheme)을

$$\frac{\psi_i^{n+1} - \psi_i^n}{k} - \mathcal{D}_i^+\mathcal{D}_i^-\left(\theta\Psi^{n+1} + (1-\theta)\Psi^n\right) = 0 \tag{7.65}$$

에 의해 정의한다. 여기서 Ψ^n은 요소(要素, entry) ψ_i^n을 가진 $\mathbb{R}^{\mathbb{Z}}$내에서의 벡터를 나타내며, $\mathcal{D}_i^+$와 $\mathcal{D}_i^-$는 함수에 대한 정의(定義, definition) (7.6), (7.7)과 상사(相似)인(analogous) 관계에 의해 $\mathbb{R}^{\mathbb{Z}}$의 수열(數列, sequence) $U = (u_i)_{i\in\mathbb{Z}}$에 대해 정의된 공간(空間)에서의 비중앙 연산자(非中央 演算子, non-centered operator)이다. 즉 다음과 같다:

$$\mathcal{D}_i^+U = \frac{1}{h}(u_{i+1} - u_i), \quad \mathcal{D}_i^-U = \frac{1}{h}(u_i - u_{i-1}); \tag{7.66}$$

식 (7.9)와의 상사(相似, analogy)에 의해, 명백하게 다음을 가진다:

$$\mathcal{D}_i^+\mathcal{D}_i^- U = \mathcal{D}_i^-\mathcal{D}_i^+ U = \frac{u_{i+1} - 2u_i + u_{i-1}}{h^2}. \tag{7.67}$$

$\theta = 0$인 경우, 이 책략은 양 책략(explicit scheme)임에 반하여, $\theta = 1$의 경우는 음 책략(implicit scheme)이다. $\theta = 1/2$이 특별한 역할을 함을 볼 것이다: 이 경우 책략은 *크랭크-니콜슨 책략(Crank-Nicolson scheme)*이라 불린다.

공간에서의 푸리에 변환(Fourier transform)에 의해, 책략

$$\begin{aligned}\forall x \in \mathbb{R}, \frac{\psi^{n+1}(x) - \psi^n(x)}{k} &- \theta \frac{\psi^{n+1}(x+h) - 2\psi^{n+1}(x) + \psi^{n+1}(x-h)}{h^2} \\ &-(1-\theta)\frac{\psi^n(x+h) - 2\psi^n(x) + \psi^n(x-h)}{h^2} = 0\end{aligned} \tag{7.68}$$

은

$$\hat{\psi}^{n+1}(\xi) = c(\xi)\hat{\psi}^n(\xi)$$

가 되며, 증폭 인자(增幅 因子, amplification factor) $c(\xi)$는 이제 다음과 같다:

$$c(\xi) = \frac{1 - 4(1-\theta)\dfrac{k}{h^2}\sin^2\dfrac{h\xi}{2}}{1 + 4\theta\dfrac{k}{h^2}\sin^2\dfrac{h\xi}{2}}. \tag{7.69}$$

ξ의 모든 실수 값에 대하여 $c(\xi) \le 1$를 가져, 책략은 다음과 같으면 또 그 때에 한해서 (필요충분, if and only if) 폰 노이만 안정임에 주목한다: $\forall \xi \in \mathbb{R}, c(\xi) \ge -1$. 이 마지막 성질은

$$\forall \xi \in \mathbb{R}, \quad 2 - 4(1-2\theta)\frac{k}{h^2}\sin^2\frac{h\xi}{2} \ge 0$$

와 같이 써질 수 있으며 이 관계는 $\theta \ge 1/2$인 경우 항상 만족된다(하지만 이것은 필요 및 충분 조건이 아니다). 따라서 다음을 가진다:

Proposition 7.23 *$\theta \ge 1/2$인 경우, θ-책략은 무조건 폰 노이만 안정(unconditionally von Neumann stable)이다.*

그림 7.4, 7.5 및 7.6에서는, 매개변수 θ의 3가지 다른 값에 대하여, 위의 그림 7.2와 7.3에서 이미 고려된 것과 같은 비(比) k/h^2의 3가지 값에 대한 함수 $C(t) = c(\xi)$, $t = h\xi$의 그래프를 그렸다(기호 표시(記號 表示, symbol caption)는 그 그림들과 같다): 첫 번째는 $\theta = 1/2$, 그 다음은 $\theta = 1/4$, 그리고 마지막은 $\theta = 1/8$의 경우

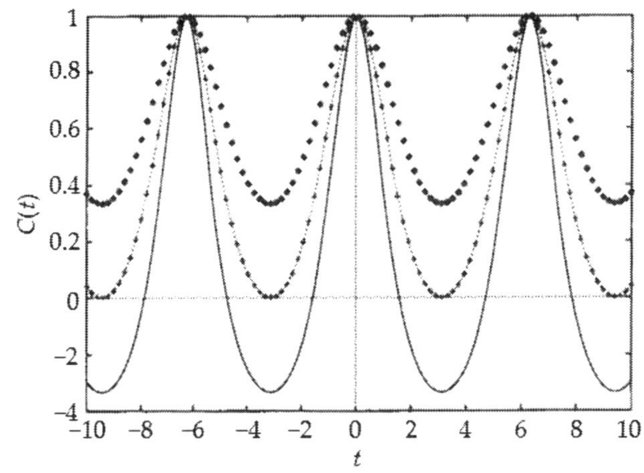

Figure 7.4 Graph of function $C(t) = c(\xi)$, $t = h\xi$, for $\theta = 1/2$.

이다. 그림 7.4와 7.6은 이론적인 결과를 확인한다; $\theta = 1/4$책략은 $k/h^2 \leq 1$이면 안정하며, 이것은 정확히 그림 7.5에 나타나있는 경우이다

이제 *크랭크-니콜슨* 책략(*Crank-Nicolson* scheme)의 특별한 일치의 성질(consistency property peculiar)을 보이자. 다른 책략은 앞에서의 책략과 같은 정밀 특성(精密 特性, accuracy characteristics)을 가진다.

Proposition 7.24 *연속 문제 (7.37)-(7.38)의 해(解)가 충분히 매끈하다면(sufficiently smooth) (시간에서 C^3, 그리고 공간에서 C^4), Crank-Nicolson 책략 ($\theta = 1/2$)은 시간과*

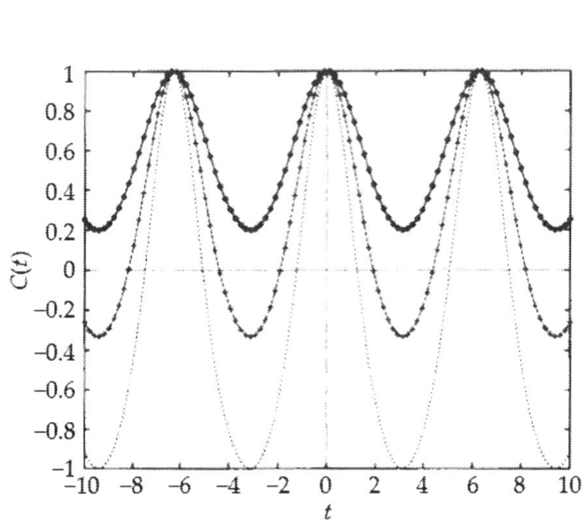

Figure 7.5 Graph of function $C(t) = c(\xi)$, $t = h\xi$, for $\theta = 1/4$.

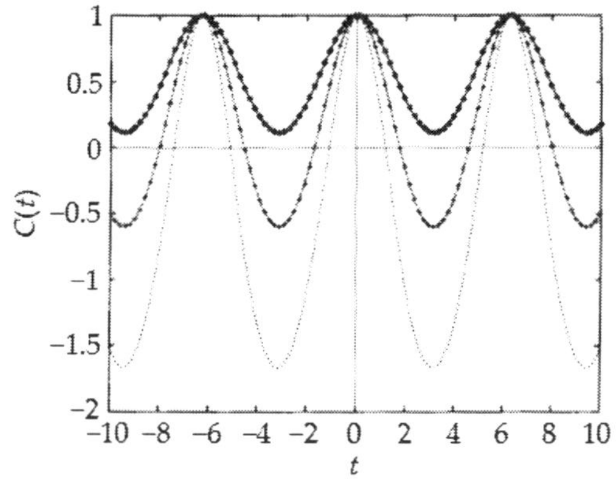

Figure 7.6 Graph of function $C(t) = c(\xi)$, $t = h\xi$, for $\theta = 1/8$.

공간에서 차수(次數, order) 2의 일치(一致, consistent)이다.

PROOF 증명은 공간에서 $x_i = ih$이며 시간에서 $t^n + k/2$ $(t^n = nk)$인 점(點, point)에서의 식 (7.37)-(7.38)의 완전해(完全解, exact solution)의 테일러 전개(展開)(Taylor expansion)의 결과로부터 이루어진다.

단순화를 목적으로, 다음과 같은 계차(階差, difference quotient)에 의해 정의된 시간 변수 만의 함수(function of the sole time variable)를 $\tilde{\varphi}(x_i, \cdot)$로 나타내자:

$$\tilde{\varphi}(x_i, t) = \frac{\varphi(x_{i+1}, t) - 2\varphi(x_i, t) + \varphi(x_{i-1}, t)}{h^2}.$$

Proposition 7.1에 따라, φ가 공간에서 계급(階級, class) C^4라면, 임의의 시간 t에 대해 다음을 가짐을 이미 안다:

$$\tilde{\varphi}(x_i, t) = \frac{\partial^2 \varphi}{\partial x^2}(x_i, t) + O\left(h^2\right). \tag{7.70}$$

일치 오차 $\bar{\epsilon} = \bar{L}\bar{\varphi}$는 $(L\varphi)\left(\cdot, t^{n+1/2}\right) = 0$이기 때문에,

$$\begin{aligned}\epsilon_i^{n+1} = &\left[\frac{\varphi\left(x_i, t^{n+1}\right) - \varphi\left(x_i, t^n\right)}{k} - \frac{\partial \varphi}{\partial t}\left(x_i, t^{n+1/2}\right)\right] \\ &- \left[\frac{1}{2}\left(\tilde{\varphi}\left(x_i, t^{n+1}\right) + \tilde{\varphi}\left(x_i, t^n\right)\right) - \frac{\partial^2 \varphi}{\partial x^2}\left(x_i, t^{n+1/2}\right)\right]\end{aligned}$$

에 의해 정의될 수 있는 2중 지표 수열(二重 指標 數列, double indexed sequence) $\bar{\epsilon} = (\epsilon_i^n)_{i\in\mathbb{Z},\, n\in\{1, \cdots, M\}}$이다. 여기서 $\bar{\varphi}$는 시간과 공간에서 망(網)의 각 절점에서의 완

전해 φ의 사영(射影, projection)이다. 일치 오차는 따라서 한 개는 시간 미분 연산자의 이산화에 연결되는

$$(\epsilon_t)_i^{n+1} = \frac{\varphi(x_i, t^{n+1}) - \varphi(x_i, t^n)}{k} - \frac{\partial \varphi}{\partial t}(x_i, t^{n+1/2})$$

인 반면, 다른 것은 공간 연산자(spatial operator)의 이산화에 연결되는

$$(\epsilon_x)_i^{n+1} = -\frac{1}{2}\left[\tilde{\varphi}(x_i, t^{n+1}) + \tilde{\varphi}(x_i, t^n)\right] + \frac{\partial^2 \varphi}{\partial x^2}(x_i, t^{n+1/2})$$

인 두 오차의 합(合, sum) $\epsilon_i^{n+1} = (\epsilon_t)_i^{n+1} + (\epsilon_x)_i^{n+1}$이다.

u를 계급 C^3로 가정된 t 변수의 임의의 함수라 하자; 다음과 같은 Taylor 전개를 가진다:

$$\begin{aligned} u(t+k) &= u\left(t+\frac{k}{2}\right) + \frac{k}{2}\frac{\partial u}{\partial t}\left(t+\frac{k}{2}\right) + \frac{k^2}{8}\frac{\partial^2 u}{\partial t^2}\left(t+\frac{k}{2}\right) + O(k^3), \\ u(t) &= u\left(t+\frac{k}{2}\right) - \frac{k}{2}\frac{\partial u}{\partial t}\left(t+\frac{k}{2}\right) + \frac{k^2}{8}\frac{\partial^2 u}{\partial t^2}\left(t+\frac{k}{2}\right) + O(k^3). \end{aligned} \tag{7.71}$$

이 전개를 $u = \varphi(x_i, \cdot)$에 적용하면, 뺄셈(subtracting)에 의해 다음을 얻는다:

$$(\epsilon_t)_i^{n+1} = O(k^2).$$

식 (7.70)에 따라, 오차 ϵ_x는 다음과 같이 써질 수 있다:

$$(\epsilon_x)_i^{n+1} = -\frac{1}{2}\left[\frac{\partial^2 \varphi}{\partial x^2}(x_i, t^{n+1}) + \frac{\partial^2 \varphi}{\partial x^2}(x_i, t^n)\right] + \frac{\partial^2 \varphi}{\partial x^2}(x_i, t^{n+1/2}) + O(h^2).$$

그 다음

$$(\epsilon_t)_i^{n+1} = O(k^2) + O(h^2)$$

을 추단(推斷)하기 위하여 함수 $u = \frac{\partial^2 \varphi}{\partial x^2}(x_i, \cdot)$에 식 (7.71)을 적용하면 충분하며 이것으로 증명이 끝난다 □

Remark 7.25 식 (7.37)이 시간에만 종속하는 원천 항(源泉 項, source term) f를 가진다면, 이 항(項)은 일치 오차(consistency error)에서만 발생하며, 안정성(stability)에서는 나타나지 않는다(Remark 7.11 참조). 시간에 대해 2차 정밀도(二次 精密度, second order accuracy)를 유지(維持)하기 위해서는,

$$\frac{f(t^{n+1})+f(t^n)}{2}=f\left(t^n+\frac{k}{2}\right)+O(k^2)$$

이기 때문에 책략

$$\frac{\psi_i^{n+1}-\psi_i^n}{k}-\mathcal{D}_i^+\mathcal{D}_i^-\left(\theta\Psi^{n+1}+(1-\theta)\Psi^n\right)=\frac{f(t^{n+1})+f(t^n)}{2} \tag{7.72}$$

를 고려해야 하며, 이것은 다시 식 (7.71)에 의해 참(진(眞), true)이다. □

7.3.3 A Three-Level Scheme

양 책략(陽 策略, explicit scheme)의 간단한 예제로 돌아가자. 대답해야 할 질문은 다음과 같다: 연산자 $\frac{\partial}{\partial t}$의 2차 근사(二次 近似, second order approximation)을 취함으로써 시간에서 이산화를 개선할 수 없을까?

어느 정도 자연스러운 선택은, 예를 들어, 다음과 같은 *리차드슨 책략(Richardson scheme)*을 고려하는데 있다:

$$\forall n \geq 1, \quad \frac{\psi_i^{n+1}-\psi_i^{n-1}}{2k}-\frac{\psi_{i+1}^n-2\psi_i^n+\psi_{i-1}^n}{h^2}=0. \tag{7.73}$$

위에서와 같이, 초기 시간(初期 時間, initial time)에서의 값을 요구한다: $\psi_i^0=\varphi(x_i)$, $\forall i$. 다음 단계에서의 근사해를 정의하기 위해 식 (7.73)을 사용할 수 없음이 명백하다; 그래서 Ψ^1을 계산하기 위하여 양 형태(陽 形態, explicit type)의 1차 책략(一次 策略, first order scheme)을 사용할 것이다.

Proposition 7.26 *리차드슨의 책략(Richardson's scheme)은 식 (7.37)-(7.38)의 해(解)에 대한 충분히 매끈함을 법(法)으로 하여(modulo enough smoothness), 시간과 공간에서 2차이다; 공교(工巧)롭게도, 그것은 항상 불안정하다(unstable).*

PROOF 이 책략의 일치 오차를 계산하는 것은 독자들에게 연습문제로 남긴다. 폰 노이만 안정성(von Neumann stability)을 검토하자. 다시 푸리에 변환(變換)(Fourier transform)을 사용하여,

$$d(\xi)=-8\frac{k}{h^2}\sin^2\frac{h\xi}{2}$$

로 다음을 가진다:

$$\hat{\psi}^{n+1}(\xi)=d(\xi)\hat{\psi}^n(\xi)+\hat{\psi}^{n-1}(\xi). \tag{7.74}$$

식 (7.74)는 행렬 형태로

$$\widehat{X}^{n+1}(\xi) = A(\xi)\widehat{X}^{n}(\xi) \tag{7.75}$$

와 같이 써질 수 있다. 여기서 요소(要素, entry) $(\psi^{n+1}, \psi^{n})^T$를 가진 벡터를 X^n으로 나타내었으며, A는 다음과 같은 *증폭 행렬(增幅 行列, amplification matrix)*이다:

$$A(\xi) = \begin{bmatrix} d(\xi) & 1 \\ 1 & 0 \end{bmatrix}. \tag{7.76}$$

A가 대칭(對稱, symmetric)이기 때문에, 그 고유치(固有値, eigenvalue)는 실수(實數, real)이다. 그것들은 특성 방정식(特性 方程式, characteristic equation) $\lambda^2 - \lambda d(\xi) - 1 = 0$의 해이다. 그러나 근(根, root)의 적(積, 곱, product)이 -1이어서, 고유치중 한 개가 엄격하게 1보다 큰 절대값(절대치(絶對値), absolute value)을 갖는 ξ의 값이 있어야 한다($\lambda = 1$ 또는 -1에 대하여, 위의 특성 다항식(特性 多項式, characteristic polynomial)이 0과 같지 않기 때문에, 둘 다 절대값 1을 가질 수는 없다). $A(\xi)$의 스펙트럼 반경(spectral radius)이 엄격하게 1보다 큰 ξ 값이 있다고 추단(推斷)하며, 이 행렬이 정규(正規, normal)이기 때문에, 다음의 보조 정리(補助 定理, lemma)의 안정 조건에 모순(矛盾)된다(식 (7.77)을 유지(維持)하는 양(陽)의 유계 상수(有界常數)(positive bounded constant) C를 찾을 수 없다): 리차드슨의 책략은 따라서 항상 불안정하다. □

계통적(系統的)으로(for systems), 다음과 같은 방식으로 요약(要約)된 안정성 결과를 가진다:

Lemma 7.27 푸리에 변환(Fourier transform)이 형태 (7.75)로 써진 책략이 안정하기 위한 필요조건(必要條件, necessary condition)은 다음과 같은 2개의 양(陽, 정(正), positive)의 상수 C와 k^*가 존재하는 것이다:

$$\forall \xi \in \mathbb{R},\ \forall k \in]0, k^*[, \quad \rho\big(A(\xi)\big) \le 1 + Ck. \tag{7.77}$$

행렬 $A(\xi)$가 모든 ξ에 대해 정규(normal)라면, 이 폰 노이만 조건(von Neumann condition)은 충분 안정 조건(充分 安定 條件, sufficient stability condition)이다.

PROOF Proposition 7.16의 증명과 상사(相似)인 증명을 개략적(概略的)으로 적는다. $d = 2$인 경우에 대한 Lemma 7.17과 플란체렐의 정리(Plancherel's theorem)를 이용하여, 다음과 같은 관계

$$[\rho(A(\xi))]^n = \rho[(A(\xi))^n] \le \|(A(\xi))^n\|_2$$

의 덕분으로, 푸리에 변환(Fourier transform)이 식 (7.75)의 형태로 쓰여진 책략이 안정하기 위해 식 (7.77)이 필요함을 보인다. 거꾸로, 행렬 $A(\xi)$가 정규(正規, normal)라면, 다음을 가진다:

$$\|(A(\xi))^n\|_2 \le \|A(\xi)\|_2^n = [\rho(A(\xi))]^n;$$

더욱이, 조건 (7.77)이 만족된다면, $nk \le T$인 모든 정수(整數, integer) n에 대하여 책략이 안정함을 증명하는

$$\|(A(\xi))^n\|_2 \le (1 + Ck)^n \le e^{CT}$$

를 가진다. □

Remark 7.28 Remark 7.18에서 스칼라의 경우에 대해 말한 바와 같이, 행렬 A의 스펙트럼 반경에 대한 조건 (7.77)은 보통 *엄격 폰 노이만 조건(strict von Neumann condition)*이라 불리는 더 제한적인 조건(restrictive condition)

$$\forall \xi \in \mathbb{R}, \quad \rho(A(\xi)) \le 1 \tag{7.78}$$

로 대체(代替)된다. □

행렬 A가 반드시 정규(normal)는 아닌, Fourier 변환이 형태 (7.75)인 책략의 경우, 충분 안정 조건을 주는 것이 가능하다; 이것이 다음 연습 문제의 논제(論題, topic)이다.

EXERCISE 위의 해석(解析, analysis)을, 대각화 가능 행렬(對角化 可能 行列, diagonalizable matrix), 즉

$$A(\xi) = P(\xi)D(\xi)P^{-1}(\xi)$$

의 경우에서 시작하여, 비정규 행렬(非正規 行列, non-normal (abnormal) matrix)의 경우로 확장하라. 여기서 D는 대각 행렬(diagonal matrix)이며, P는 가역 행렬(可逆行列, invertible matrix)이다.

$$\sup_{\xi \in \mathbb{R}} \left(\|P(\xi)\|_2 \|P^{-1}(\xi)\|_2 \right) \le C \tag{7.79}$$

와 같은 양 상수(陽 常數, positive constant) C가 존재한다면, 그러면 조건 (7.78)이 충분 안정 조건임을 보여라.

일반적인 경우, 행렬 $A(\xi)$는 삼각 형태(三角 形態, triangular form)로만 둘 수 있다. 즉, 그것은 T가 삼각 행렬(triangular matrix)인 $A(\xi) = P(\xi)T(\xi)P^{-1}(\xi)$의 형태로 쓸 수 있다. 그 다음, 조건 (7.79)하에서, 더 제한적인 조건

$$\forall \xi \in \mathbb{R}, \quad \rho\big(A(\xi)\big) \leq 1 \tag{7.80}$$

이 *충분* 폰 노이만 안정 조건(*sufficient* von Neumann stability condition)임을 보여라. 조건 (7.79)가 실제로는 드물게 점검되는 것이 명백하며, 행렬 스펙트럼 반경을 검토하는 것에 만족한다.

이 결과를 다음에 의해 정의되는 음 책략(陰 策略, implicit scheme)의 안정성을 검토하는데 적용하라:

$$\forall n \geq 2, \quad \frac{\frac{3}{2}\psi_i^{n+1} - 2\psi_i^n + \frac{1}{2}\psi_i^{n-1}}{k} - \frac{\psi_{i+1}^{n+1} - 2\psi_i^{n+1} + \psi_{i-1}^{n+1}}{h^2} = 0.$$

기어의 책략(Gear's scheme)이라 불리는 이 책략이 시간과 공간에 대해 2차이며 무조건 안정(無條件 安定, unconditionally stable)임을 보여라.

다음과 같은 *듀 포트-프랑켈 책략(Du Fort-Frankel scheme)*의 안정성을 검토하라:

$$\forall n \geq 2, \quad \frac{\psi_i^{n+1} - \psi_i^{n-1}}{2k} - \frac{\psi_{i-1}^n - \psi_i^{n-1} - \psi_i^{n+1} + \psi_{i+1}^n}{h^2} = 0.$$

이 양 책략(陽 策略)은 h와 k가 0으로 갈 때 $k/h \to 0$인 경우에만 일치(consistency)임을 보여라. 결론을 내려라. □

다른 충분 안정 조건의 한 가지는 Richtmyer와 Morton (1967)에서 찾을 수 있다; 증명없이, 대각화 가능 행렬에서 시작하여, 2가지 주 결과(主 結果, main result)를 기술(記述)한다. 열(列, column)이 벡터 집합(集合)의 성분(成分)(component of a set of vectors)인 주어진 행렬 P에서, Δ^2으로 나타낸 이 집합의 그램 행렬식(行列式)(Gram determinant)은 행렬 P^*P의 행렬식이다; 이 집합에서 벡터가 선형 독립(線形 獨立, linearly independent)이기 위한 필요충분 조건(必要充分 條件, necessary and sufficient condition)은 이 Gram 행렬식이 순양(純陽, strictly positive)이라는 것임을 상기하자.

Fourier 변환이 형태 (7.75)로 써진, 행렬 A가 반드시 정규(正規, normal)는 아닌

책략을 다시 고려하자; 다음을 가진다:

Theorem 7.29 행렬 A가 대각화가 가능하며

$$\forall \delta t \in]0, (\delta t)^*[, \ \forall \xi, \quad \Delta(\xi) \geq \delta > 0$$

과 같은 상수 $\delta > 0$가 존재한다면, 여기서 $\Delta^2(\xi)$는 행렬 $\Delta^2(\xi)$의 정규화 고유 벡터(正規化 固有 벡터, normalized eigenvector)의 Gram 행렬식인, 그러면 von Neumann 조건은 필요충분 안정 조건이다.

Theorem 7.30 행렬 A의 요소(要素, element)가 모든 $\delta t \in]0, (\delta t)^*[$와 모든 ξ에 대해 유계라면(bounded), 그리고 $A(\xi)$의 모든 고유치(固有値, eigenvalue) $\lambda_i(\xi)$, $i \in \{1, \cdots, N\}$가, 어쩌면 그들 중 1개는 제외(除外)하고, 단위 원판(單位 圓板, unit disk) 내에 있다면, 즉

$$\forall \delta t \in]0, (\delta t)^*[, \ \forall \xi, \quad |\lambda_1(\xi)| \leq 1,$$
$$\forall i \in \{2, \cdots, N\}, \ \forall \delta t \in]0, (\delta t)^*[, \ \forall \xi, \quad |\lambda_i(\xi)| \leq \gamma < 1$$

이라면, 그러면 책략은 안정하다.

7.3.4 *Taking Boundary Conditions into Account*

7.3.4.1 Statement of the Problem

이 절(節)에서는, Dirichlet 경계조건을 가진, $\mathbb{R}$ 내에서 유계 구간(有界 區間, bounded interval) $\Omega =]0, L[$을 따르는 단일 공간 변수(單一 空間 變數, single space variable)에 대한 열 방정식(熱 方程式, heat equation)의 이산화에 관심을 가질 것이다:

$$\frac{\partial \varphi}{\partial t} - \frac{\partial^2 \varphi}{\partial x^2} = 0, \quad x \in \Omega =]0, L[, \quad 0 < t \leq T, \tag{7.81}$$

$$\varphi(x, 0) = \varphi^0(x), \tag{7.82}$$

$$\varphi(x, t) = g(x, t), \quad \text{for } x = 0 \text{ and } x = L. \tag{7.83}$$

초기 조건(初期 條件, initial condition) φ^0는 $t = 0$에서 경계조건 (7.83)을 만족한다고, 즉 점(點) $x = 0$와 $x = L$에서 $\varphi^0(x) = g(x, 0)$라고 가정할 것이다.

앞에서 했던 것과의 차이(差異, difference)는 경계조건 (7.83)을 다루는 방식에 있다. 공간 간격(空間 間隔, space step)은 이제 $h = \delta x = L/(N+1)$과 같으며, 그것은 임의의 시간 t^n에서, 망(網, mesh)의 내부 정점(內部 頂點, internal vertex) $x_i = ih$, $i \in \{1, \cdots, N\}$에서 근사해의 값 ψ_i^n인 N개의 미지수(未知數, unknown)가 있음을 의

미한다; 이 값들은 위에서 설명한 바와 같이 식 (7.81)의 '이산' 형('離散' 形, 'discretized' version)으로 풀어진다. 구간(區間, interval)의 양 끝에서는, 해(解)가 경계 조건 (7.83)을 만족할 것, 즉 다음이 요구된다:

$$\psi_i^n = g(x_i, t^n), \quad \text{for } i = 0 \text{ and } i = N + 1. \tag{7.84}$$

이제 2가지 문제가 발생한다:

1. 수렴(收斂, convergence)을 보장하도록, 전체 공간(whole space)에서의 경우에 했던 것처럼, 책략의 일치와 안정성을 어떻게 해석할 것인가;
2. 실제적인 관점에서 이산 문제(離散 問題, discrete problem)를 어떻게 풀 것인가.

구체적인 책략으로 두 질문에 대하여 순차적(順次的)으로(successively) 답할 것이다. 첫 번째 질문이 고려되는 한, 이산 해(離散 解, discrete solution)가 공간-시간 망(空間-時間 網, space-time mesh)의 각 절점(節點, node)에서 연속 경계조건을 만족하기 때문에, 천체 책략(global scheme)의 일치 오차는 식 (7.81)을 이산화하는데 사용된 책략의 그것이다. 그것의 안정성을 해석하는 것만 남는다. 이것이 이제 손댈 내용이다.

두 번째 문제는 7.3.5절에서 검토될 것이다.

7.3.4.2 Stability by Energy Inequalities

유계된 공간 영역을 다루기 때문에, 안정성 검토에 Fourier 변환을 더 이상 사용할 수 없다. 먼저 연속 문제의 안정성을 검토할 것이며, 거기서부터 이산 문제를 위한 방법을 추단(推斷)할 것이다. 단순함을 위하여, Dirichlet 조건은 제차(齊次, homogeneous), 즉 $g = 0$로 가정할 것이다.

연속 수준(連續 水準, continuous level)에서, 식 (7.81)에 φ를 곱하고, 부분 적분(部分 積分, integration by parts)으로, 결과 방정식을 Ω에 대하여 적분한다; 두 번째 항(項, term)이 음(陰)이 아니기(non-negative) 때문에,

$$\frac{1}{2}\frac{d}{dt}\left(\int_{\Omega} \varphi^2(x, t)dx\right) \leq 0$$

임을 보이는 다음을 얻는다:

$$\frac{1}{2}\frac{d}{dt}\left(\int_{\Omega} \varphi^2(x, t)dx\right) + \int_{\Omega} \left(\frac{\partial \varphi}{\partial x}\right)^2 (x, t)dx = 0.$$

바꾸어 말하면, 다음을 갖기 때문에, $\varphi(\cdot, t)$의 $L^2(\mathbb{R})$에서의 놈(norm)은 시간이 증가할 때 감소한다:

$$\forall t \geq 0, \quad \|\varphi(\cdot, t)\|_{L^2(\mathbb{R})} \leq \|\varphi^0\|_{L^2(\mathbb{R})}. \tag{7.85}$$

*에너지 부등식(不等式)(energy inequality)*이라 불리는 이 부등식은 연속 문제의 해(解)의 '시간에서의 안정성(stability in time)'을 보인다(그것은 또한 유일성(唯一性, uniqueness)도 보인다!). 부등식 (7.85)는 제차 노이만 문제(homogeneous Neumann problem)에 대해서도 정당(正當)함에 주목하자.

Remark 7.31 비제차(非齊次, non-homogeneous) Dirichlet 경계조건의 경우에는, 제차 문제(齊次 問題, homogeneous problem)로 축약(縮約)하도록 확장(擴張)(유한요소에서 했던 것처럼)한 후에, 같은 결론을 얻음을 지적(指摘)하자. □

$$\forall n \geq 0,\ n\delta t \leq T, \quad \|\Psi^n\|_{l^2} \leq \|\Psi^0\|_{l^2} \tag{7.86}$$

와 같은 형태의 에너지 부등식을 증명하도록, 어떻게 이산 수준(離散 水準, discrete level)에서 이 논증(論證, argument)을 가깝게 모사(模寫)하는지를 Crank-Nicolson 책략의 예에서 보일 것이다. 여기서 다음과 같은 집합(集合, set)을 가진다:

$$\Psi^n = (\psi_0^n, \cdots, \psi_{N+1}^n), \quad \|\Psi^n\|_{l^2} = \sum_{i=0}^{N+1} (\psi_i^n)^2. \tag{7.87}$$

식 (7.35)와 (7.36)에 따라, 식 (7.86)이 공간에서 l^2 놈(norm)에 대한 책략의 안정성을 증명함이 실로 명백하다.

검토할 책략은 $\theta = 1/2$인 식 (7.65)와 (7.84)에 의해 정의된다. 즉, 다음과 같다:

$$\frac{\psi_i^{n+1} - \psi_i^n}{k} - \frac{1}{2}\mathcal{D}_i^+\mathcal{D}_i^-\left(\Psi^{n+1} + \Psi^n\right) = 0, \quad i \in \{1, \cdots, N\}, \tag{7.88}$$

$$\psi_i^n = 0, \quad \text{for } i = 0 \text{ and } i = N+1. \tag{7.89}$$

Proposition 7.32 *크랭크-니콜슨 책략(Crank-Nicolson scheme)은 (7.88)-(7.89)는 공간에서 l^2 놈(norm)에 대해 무조건 안정(無條件 安定)이다(unconditionally stable).*

연속(連續, continuous)의 경우에서처럼, 증명은 먼저 증명할 '이산 부분 적분 공식(離散 部分 積分 公式, discrete integration by parts formula)'에 기초를 둔다.

Lemma 7.33 $U=(u_i)_{i\in\{0,\cdots,N\}}$와 $V=(v_i)_{i\in\{0,\cdots,N\}}$를 $\{0,\cdots,N\}$로 지표(指標)가 매겨진 (indexed) 2개의 수열(數列, sequence)이라 하자; 그러면 다음과 같다:

$$\sum_{i=1}^{N}\mathcal{D}_i^+Uv_i=-\sum_{i=1}^{N+1}u_i\mathcal{D}_i^-V+\frac{1}{h}(u_{N+1}v_{N+1}-u_1v_0). \tag{7.90}$$

특히, $v_0=v_{N+1}=0$이라면, 다음을 가진다:

$$\sum_{i=1}^{N}\mathcal{D}_i^+Uv_i=-\sum_{i=1}^{N+1}u_i\mathcal{D}_i^-V. \tag{7.91}$$

PROOF 식 (7.90)의 좌변(左邊, left hand side)을 전개(展開)하자; 그러면 식 (7.90)을 증명하는

$$\begin{aligned}\sum_{i=1}^{N}\mathcal{D}_i^+Uv_i&=\frac{1}{h}\sum_{i=1}^{N}(u_{i+1}-u_i)v_i=\frac{1}{h}\left(\sum_{i=1}^{N}u_{i+1}v_i-\sum_{i=1}^{N}u_iv_i\right)\\&=\frac{1}{h}\left(\sum_{i=2}^{N}u_iv_{i-1}-\sum_{i=1}^{N}u_iv_i\right)=\frac{1}{h}\left[\sum_{i=1}^{N+1}u_i(v_{i-1}-v_i)-u_1v_0+u_{N+1}v_{N+1}\right]\\&=-\sum_{i=1}^{N+1}u_i\mathcal{D}_i^-V+\frac{1}{h}(-u_1v_0+u_{N+1}v_{N+1})\end{aligned}$$

을 연속적(連續的)으로 얻으며, 식 (7.91)이 위의 등식(等式, equality)의 특별한 경우인 보조 정리(補助 定理, lemma)의 증명이 끝난다. □

PROOF OF PROPOSITION 7.32

식 (7.88)에 $\psi_i^{n+1}+\psi_i^n$을 곱하고 모든 지표 $i\in\{1,\cdots,N\}$에 대하여 합하자; 다음을 얻는다:

$$\sum_{i=1}^{N}\frac{\left(\psi_i^{n+1}\right)^2-(\psi_i^n)^2}{k}-\frac{1}{2}\sum_{i=1}^{N}\mathcal{D}_i^+\left(\mathcal{D}_i^-\left(\Psi^{n+1}+\Psi^n\right)\right)\left(\psi_i^{n+1}+\psi_i^n\right)=0. \tag{7.92}$$

경계조건 (7.89)가 Ψ^n과 Ψ^{n+1}에 의해 만족되는 덕택으로, 관계 (7.91)을 수열 $V=\Psi^{n+1}+\Psi^n$과 $U=(u_i)_i$, $u_i=\mathcal{D}_i^-\left(\Psi^{n+1}+\Psi^n\right)$에 적용할 수 있어, 다음을 준다:

$$\sum_{i=1}^{N}\mathcal{D}_i^+\left(\mathcal{D}_i^-\left(\Psi^{n+1}+\Psi^n\right)\right)\left(\psi_i^{n+1}+\psi_i^n\right)=-\sum_{i=1}^{N+1}\left(\mathcal{D}_i^-\left(\Psi^{n+1}+\Psi^n\right)\right)^2\le 0.$$

따라서 식 (7.92)로부터

$$\sum_{i=1}^{N} \frac{\left(\psi_i^{n+1}\right)^2 - (\psi_i^n)^2}{k} \leq 0$$

또는

$$\sum_{i=1}^{N} \left(\psi_i^{n+1}\right)^2 \leq \sum_{i=1}^{N} (\psi_i^n)^2$$

을 추단(推斷)한다. 식 (7.89)에 따라, 식 (7.87)에서와 같은 표기(表記, notation)를 사용하여, 손 쉬운 유도에 의해, 경우 $T = +\infty$를 허용하기 때문에 식 (7.86)보다 조금 더 강한 결과를 주는 다음을 가진다:

$$\forall n \geq 0, \quad \left\|\Psi^{n+1}\right\|_{l^2} \leq \|\Psi^n\|_{l^2};$$

따라서 책략의 l^2 안정성이 증명되었다. □

이제, 예제를 사용하여, 책략의 실제적인 풀이(practical solution)를 자세하게 볼 것이다.

7.3.5 Practical Implementation of the Implicit Scheme

문제 (7.81)-(7.83)에 관련된 이산 문제는 책략이 양(陽, explicit)이면 풀기가 특히 간단하다. 음(陰, implicit)의 경우에, 그리고 우변(右邊, right hand side)을 더 간단하게 만들기 위해서, 이산 연산자(離散 演算子, discrete operator) (7.59)에 의해 정의된 전음 책략(全 陰 策略, fully implicit scheme)의 예제(例題)를 고려할 것이다. 검토하는 책략은 더 일반적으로 써질 수 있다(예제에서는 $f = 0$):

$$\frac{\psi_i^{n+1} - \psi_i^n}{k} - \frac{\psi_{i+1}^n - 2\psi_i^{n+1} + \psi_{i-1}^{n+1}}{h^2} = f_i^{n+1}, \quad i \in \{1, \cdots, N\}, \tag{7.93}$$

$$\psi_i^{n+1} = g\left(x_i, t^{n+1}\right), \quad \text{for } i = 0 \text{ and } i = N+1; \tag{7.94}$$

이것은 $X = \left(\psi_1^{n+1}, \cdots, \psi_N^{n+1}\right)^T$가 선형 계(線形 系, linear system)

$$AX = b \tag{7.95}$$

를 해답한다는 것을 의미한다. 여기서 A는

$$A = \begin{bmatrix} 2c+1 & -c & \cdots & 0 & \\ -c & 2c+1 & -c & 0 & \\ 0 & -c & 2c+1 & \cdots & \\ & \cdots & \cdots & & \\ \cdots & 0 & -c & 2c+1 & \end{bmatrix}, \quad c = \frac{k}{h^2} \geq 0 \tag{7.96}$$

에 의해 정의되며 우변 b는 다음과 같이 주어진다:

$$b = \begin{bmatrix} kf_1^{n+1} + \psi_1^n + cg(x_0, t^{n+1}) \\ kf_2^{n+1} + \psi_2^n \\ \cdots \\ kf_{N-1}^{n+1} + \psi_{N-1}^n \\ kf_N^{n+1} + \psi_N^n + cg(x_{N+1}, t^{n+1}) \end{bmatrix}. \tag{7.97}$$

7.1.3절에서 했던 것처럼, 행렬 A가 대칭(對稱, symmetric)이며 정정(正定, positive definite)이어서, 선형 계 (7.95)와, 따라서 책략 (7.93)-(7.94)가 한 개의 그리고 오직 한 개의 해를 가진다는 것을 증명함을 쉽게 볼 수 있다.

식 (7.95)를 실제로 푸는 것이 가능한 마음대로 되는 많은 방법이 있다; 여기서는 A가 3대각(三對角, tridiagonal)으로서 특히 간단한, 행렬의 LU 인수분해(因數分解)(LU factorization)에 기초를 두고 상세하게 설명할 것이다.

A를 한 개는 하삼각(下三角, lower triangular)인 L과, 한 개는 단위 대각(單位 對角, unit diagonal)을 가진 상삼각(上三角, upper triangular)인 U 등 두 행렬의 곱(적(積), product)으로 분해할 것이다; A의 성긴 구조(sparse structure) 때문에, 두 행렬 L과 U는 오직 2개의 0이 아닌 대각(對角)(only two non-zero diagonal)을 가진다. 따라서 다음을 가진다:

$$A = LU, \quad L = \begin{bmatrix} d_1 & & & 0 \\ l_1 & d_2 & & \\ & l_2 & d_3 & \\ & & \cdots & \\ 0 & 0 & l_{N-1} & d_N \end{bmatrix}, \quad U = \begin{bmatrix} 1 & u_1 & & & \\ & 1 & u_2 & & \\ & & \cdots & & \\ & & & 1 & u_{N-1} \\ 0 & & & & 1 \end{bmatrix}. \tag{7.98}$$

이 행렬의 0이 아닌 요소(non-zero element)는 다음과 같이 주어진다:

$$L_{i,i-1} = l_{i-1}, \quad L_{i,i} = d_i, \quad U_{i,i+1} = u_i, \quad U_{i,i} = 1.$$

이 표기(表記, notation)에 따라, 다음과 같은 관계를 가진다:

$$A_{i,i} = 2c+1 = (LU)_{i,i} = L_{i,i-1}U_{i-1,i} + L_{i,i}U_{i,i} = u_{i-1}l_{i-1} + d_i, \tag{7.99}$$

$$A_{i,i-1} = -c \quad = (LU)_{i,i-1} = L_{i,i-1}U_{i-1,i-1} = l_{i-1}, \tag{7.100}$$

$$A_{i,i+1} = -c \qquad = (LU)_{i,i+1} = L_{i,i}U_{i,i+1} = d_i u_i. \tag{7.101}$$

일단 L과 U가 계산되었으면, '전진(前進) 풀이(forward solve)'라 불리는 하삼각계(下三角 系, lower triangular system) $Lz = b$를 푸는 첫 번째 단계와 '후퇴(後退) 풀이(backward solve)'라 불리는 상삼각 계(upper triangular system) $UX = z$를 푸는 두 번째 단계 등 두 번의 연속적인 단계(consecutive step)로 식 (7.95)를 푸는 것은 쉽다. X의 요소(要素, entry)를 X_i 그리고 우변 b의 요소를 b_i로 나타내면, 알고리즘(algorithm)은 이제 다음과 같다:

LU Factorization Algorithm (식 (7.95)를 풀기 위한):

0. $d_1 = 2c + 1,\ z_1 = b_1/d_1,\ u_1 = -c/d_1$으로 둠;

1. $i = 2, \cdots, N$에 대한 루프(loop) 계산 (인수분해와 전진 풀이):

$$l_{i-1} = -c,$$
$$d_i = 2c + 1 - u_{i-1}l_{i-1},$$
$$u_i = -c/d_i,$$
$$z_i = (b_i - l_{i-1}z_{i-1})/d_i;$$

2. $X_N = z_N$로 둠으로써 후퇴 풀이를 초기화함;

3. $j = N-1, N-2, \cdots, 1$에 대한 루프(loop) 계산 (후퇴 풀이):

$$X_i = z_i - u_i X_{i+1}.$$

이 장(章)의 부록(附錄, appendix)에, 2가지 다른 책략을 사용하여, 제차(齊次, homogeneous)의 경우(즉, $g = 0$인 경우)에서, $]0, 1[$에 대한 열 방정식(熱 方程式) (7.81)-(7.83)을 풀기 위한 Fortran 프로그램을 준다; 양 책략(陽 策略, explicit scheme)과, 위에서 설명한 LU 법을 사용한 음 책략(陰 策略, implicit scheme). 초기 조건(初期 條件, initial condition)은 $\varphi^0(x) = x(1-x)$이다.

그림 7.7은 서로 다른 시간 단계(時間 段階, time step)에서 양 책략에 의해 계산된 해(解, solution)를 그린다: 초기 시간(初期 時間, initial time)은 다이아몬드 기호(♦)가 있는 곡선에, 그 다음 시간 단계 $T = 0.01$과 $T = 0.1$은 각각 정사각(正四角, square) 기호(□)와 교차(交叉, cross) 기호(×)가 있는 곡선에 보였다. 공간 망(空間 網, space mesh)은 100 절점을 가지고, 임계 시간 간격(臨界 時間 間隔, critical time step) k_c는 $k = 5.1 \times 10^{-5}$이며, $k = 10^{-6}$을 취하였다. 명백(明白)하게 하기 위하여, 음 책략을 사용하여 얻어진 결과는 이 그림에 그리지 않았다; 이 두 번째 책략의 경우에는, $k = 10^{-3}$에서만 완전히 같은 결과가 얻어졌음을 지금 막 주목하자!

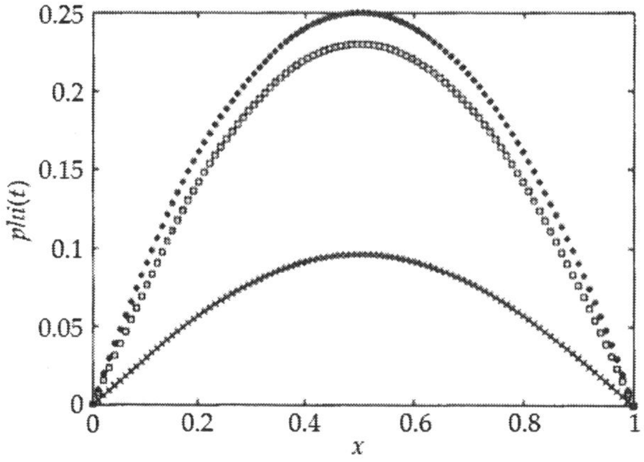

Figure 7.7 Computed solution at different time steps.

그림 7.8과 7.9에서, 시간 $T = 0.01$에서 양 책략(다이아몬드 기호를 가진 곡선), 또는 음 책략(정사각 기호를 가진 곡선) 둘 다로 얻어진 해를 비교하였다; 시간 간격은 두 책략 모두 같다. 그림 7.8은 시간 간격 $k = 5 \times 10^{-5} < k_c$에 대응하는 반면, 그림 7.9에서는 $k = 6 \times 10^{-5} > k_c$에 대응한다: 안정성 결과가, 양 책략이 두 번째 경우에서 '급격(急激)히 변화하는(explode)' 것과 같이, 완전히 뒤흔들린다(두 그림에서 축척(縮尺, scale)이 서로 다름에 주목하라).

7.3.6 *Two-Dimensional Case*

예를 들어, 양(陽)의 점성 계수(粘性 係數)(positive viscosity coefficient) μ와 제차 노

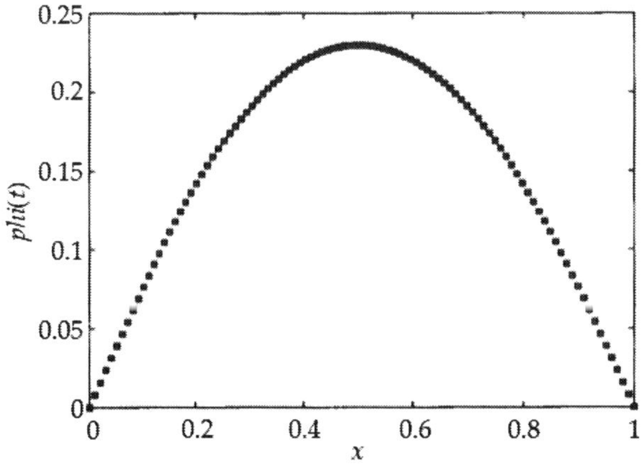

Figure 7.8 Comparison of two schemes: $k = 5 \times 10^{-5}$.

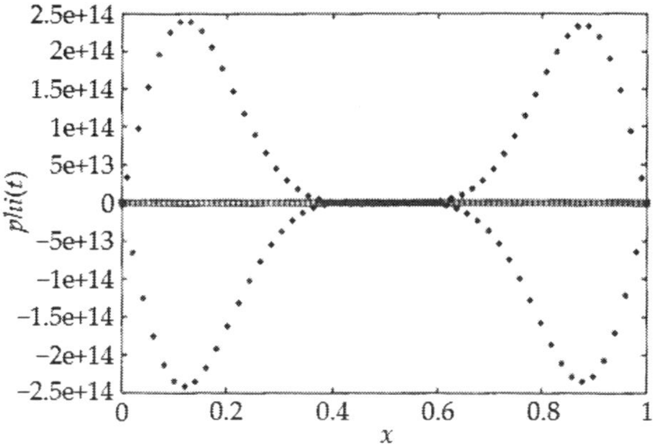

Figure 7.9 Comparison of two schemes: $k = 6 \times 10^{-5}$.

이만 경계조건(homogeneous Neumann boundary condition)을 가진, $\mathbb{R}^2$의 정사각 구간(正四角 區間, square) $]0, L[^2$에서의 열 방정식(heat equation)을 고려하자:

$$\frac{\partial\varphi}{\partial t} - \mu\left(\frac{\partial^2\varphi}{\partial x_1^2} + \frac{\partial^2\varphi}{\partial x_2^2}\right) = f \text{ in }]0, L[^2 \times]0, T[, \tag{7.102}$$

$$\varphi(x, 0) = \varphi^0(x) \text{ in }]0, L[^2, \tag{7.103}$$

$$\frac{\partial\varphi}{\partial n}(x, t) = 0 \text{ on } \partial(]0, L[^2) \times]0, T[. \tag{7.104}$$

영역(領域, domain)은 각 방향으로 크기 $h = 1/(N+1)$의 작은 기본 포체(基本 胞體, elementary cell)로 분할되고, Laplacian은 5점 책략(五點 策略, five points scheme) (7.20)에 의해 내부 망 점(內部 網 點, internal mesh point)에서 근사화된다. 시간에 대해 전 음 책략(全 陰 策略, fully implicit scheme)을 사용한다면, 다음을 준다:

$$\forall i, j \in \{1, \cdots, N\}, \quad \frac{1}{k}\left[\psi_{i,j}^{n+1} - \psi_{i,j}^n\right] - \frac{\mu}{h^2}\left[\psi_{i+1,j}^{n+1} - 2\psi_{i,j}^{n+1} + \psi_{i-1,j}^{n+1} + \psi_{i,j+1}^{n+1} - 2\psi_{i,j}^{n+1} + \psi_{i,j-1}^{n+1}\right] = f_{i,j}^{n+1}. \tag{7.105}$$

여기서 $\psi_{i,j}^n$는 절점(節點, node) (ih, jh)와 시간 $t = nk$에서의 완전해 φ의 근사이다.

초기 시간에서는, $\forall i, j,\ \psi_{i,j}^0 = \varphi^0(ih, jh)$로 둔다. 영역의 경계에서의 Neumann 조건은 다음과 같은 방식으로 이산화된다:

$$\begin{aligned} &\forall j \in \{1, \cdots, N\}, \quad \psi_{0,j}^n = \psi_{1,j}^n, \quad \psi_{N-1,j}^n = \psi_{N,j}^n, \\ &\forall i \in \{1, \cdots, N\}, \quad \psi_{i,0}^n = \psi_{i,1}^n, \quad \psi_{i,N-1}^n = \psi_{i,N}^n. \end{aligned} \tag{7.106}$$

식 (7.105)에 포함된 방정식은 행렬 형(行列 形, matrix form)

$$AX = b \tag{7.107}$$

로 써질 수 있다. 여기서 행렬 A는 5대각(五對角, penta-diagonal)이며, 각 블록(block)이 $N \times N$ 정방행렬(正方行列, square matrix)인 블록 3대각(三對角)(block tri-diagonal)이다;

$$A = \begin{bmatrix} A_1 & B & 0 & \cdots & \cdots & 0 \\ B & A_2 & B & 0 & \cdots & 0 \\ 0 & B & A_2 & B & 0 & 0 \\ \cdots & \cdots & \cdots & \cdots & \cdots & \cdots \\ 0 & \cdots & 0 & B & A_2 & B \\ 0 & \cdots & \cdots & 0 & B & A_1 \end{bmatrix}, \quad B = \begin{bmatrix} b & 0 & \cdots & 0 \\ 0 & b & 0 & \cdots \\ \cdots & \cdots & \cdots & \cdots \\ 0 & \cdots & 0 & b \end{bmatrix}; \tag{7.108}$$

대각 블록(diagonal block)은

$$A_1 = \begin{bmatrix} a_1 & b & 0 & \cdots & 0 \\ b & a_2 & b & 0 & 0 \\ \cdots & \cdots & \cdots & \cdots & \cdots \\ 0 & 0 & b & a_2 & b \\ 0 & \cdots & 0 & b & a_1 \end{bmatrix}, \quad A_2 = \begin{bmatrix} a_2 & b & 0 & \cdots & 0 \\ b & a_3 & b & 0 & 0 \\ \cdots & \cdots & \cdots & \cdots & \cdots \\ 0 & 0 & b & a_3 & b \\ 0 & \cdots & 0 & b & a_2 \end{bmatrix} \tag{7.109}$$

로 써진다. 여기서 a_i와 b는 다음과 같다:

$$a_i = \frac{1}{k} + (1+i)\frac{\mu}{h^2}, \quad b = -\frac{\mu}{h^2}. \tag{7.110}$$

계(系, system) (7.107)을 풀기 위하여, 콜레스키 알고리즘(Cholesky algorithm), 또는 전처리 공액구배법(前處理 共軛勾配法, preconditioned conjugate gradient method)을 사용할 수 있다. (연속) 과대 완화법((連續) 過大 緩和法, successive over-relaxation method)은, 더 느리기는 하지만, 프로그래밍하기가 더 간단하며 행렬을 저장(貯藏)할 것을 요구하지 않는다; 그 원리(原理, principle)를 간단히 상기할 것이다.

크기 $N \times N$의 선형 계(linear system) $Ax = f$를 풀기 위한 Gauss-Seidel 알고리즘은 x^{m+1}으로 나타낸 단계 $m+1$에서의 근사해가 다음과 같은 관계에 의해 앞 단계에서의 값으로부터 계산되는, 반복법(反復法, iterative method)이다:

$$x_i^{m+1} = \left[f_i - \sum_{j<i} A_{ij} x_i^{m+1} - \sum_{j>i} A_{ij} x_j^m \right] \Big/ A_{ii} . \tag{7.111}$$

이 계산에 있어서, $j > i$인 벡터 x^m의 요소(要素, entry)만이 사용되며, 앞에 있는 요소는 어느 것도 사용되지 않아, 두 벡터 x^m과 x^{m+1}을 저장할 필요가 없다: 오직 한 개의 벡터 x만으로 충분함에 주목한다. 계산이 진행됨에 따라, 처음에서는 x^m의 요소인, 이 벡터의 요소는 벡터 x^{m+1}의 요소로 대체된다. 따라서 지표(指標, index) m을 삭제(削除)할 수 있다. 마지막으로, 책략은 양(陽)의 완화 매개변수(緩和媒介變數)(positive relaxation parameter) ω를 도입(導入)함으로써 개선(改善)될 수 있어서, 연속 과대 완화 **알고리즘**(successive over-relaxation **algorithm**)은 개략적(概略的)으로 다음과 같이 써질 수 있다:

loop over m

loop over i

$$x_i^* \leftarrow \left(f_i - \sum_{j \neq i} A_{ij} x_j \right) \Big/ (A_{ii}) , \tag{7.112}$$

$$x_i \leftarrow x_i + \omega (x_i^* - x_i); \tag{7.113}$$

end of loops

열 방정식(heat equation)의 경우에서, 완화 매개변수의 알맞은 선택은 1.7 수준(order of 1.7)의 ω를 취하는 것이다.

7.3.7 *Explicit Runge-Kutta Schemes*

양 책략(explicit scheme)을 위해 가능한 선택 중에서, 상미분 방정식(常微分 方程式, ordinary differential equation)이 근사하에 빈번히 사용되는, 룬게-쿠타 책략(Runge-Kutta scheme)을 지적(指摘)한다. 예를 들어, $d\varphi/dt\,(t) = F(\varphi(t), t)$를 풀기 위한 2차법(二次法, second order method)은

$$\frac{1}{k}[\psi^{n+1} - \psi^n] = F\big(\psi^{n+1/2}, (n+1/2)k\big), \quad \psi^{n+1/2} = \psi^n + \frac{k}{2} F(\psi^n, nk)$$

와 같이 써질 수 있으며, 이것은 다음을 상기함으로써 정당화(正當化)된다:

$$\varphi\big(t^{n+1/2}\big) = \varphi(t^n) + \frac{k}{2} F(\varphi(t^n), t^n) + O\big(k^2\big).$$

이 책략은 2차(second order), 즉 일치 오차(consistency error)가 $O(k^2)$내에 있다.

이 방정식을 공간 변수(空間 變數, space variable) 만에 대해 이산화하면, 예를 들어 책략을 (위에서의 표기(notation)로)

$$\frac{\partial \psi_i}{\partial t}(t) - \mathcal{D}_i^+\mathcal{D}_i^-\psi(t) = 0 \tag{7.114}$$

와 같이 씀으로써 t 변수에만 종속(從屬)하는 상미분 방정식 계(系)(system of ordinary differential equation)를 얻기 때문에, 이 형태의 책략을 열 방정식 (7.37)-(7.38)의 풀이에 적용할 수 있다. 식 (7.114)에 대한 2차 룬게-쿠타 책략(second order Runge-Kutta scheme)은, 여전히 요소(enery) ψ_i^n를 가진 벡터를 Ψ^n로 나타내어, 다음과 같이 써질 수 있다:

$$\frac{1}{k}\left[\psi_i^{n+1} - \psi_i^n\right] = \mathcal{D}_i^+\mathcal{D}_i^-\left(\Psi^{n+1/2}\right), \quad \psi_i^{n+1/2} = \psi_i^n + \frac{k}{2}\mathcal{D}_i^+\mathcal{D}_i^-(\Psi^n).$$

푸리에 변환(Fourier transform)에 의해, ξ가 공간 변수 x에 대한 쌍대 변수(雙對 變數, dual variable)인, $\lambda = \left(2k/h^2\right)\sin^2(h\xi/2) \geq 0$로 두어

$$\hat{\psi}^{n+1}(\xi) = \hat{\psi}^n(\xi) - 2\lambda\hat{\psi}^{n+\frac{1}{2}}(\xi), \quad \hat{\psi}^{n+\frac{1}{2}}(\xi) = (1-\lambda)\hat{\psi}^n(\xi)$$

를 얻으며, 결국에는 다음을 준다:

$$\hat{\psi}^{n+1}(\xi) = \hat{\psi}^n(\xi)[1 - 2\lambda(1-\lambda)].$$

모든 ξ에 대해, λ가 있는 위의 다항식(多項式, polynomial)은 항상 정(正, 양(陽) positive)이어서, 안정 조건(安定 條件, stability condition) $k < h^2/2$이 만족되면 또 그 때에 한해서 (필요충분(必要充分), if and only if), 엄격하게 1보다 작아질(strictly less than 1) 것이다.

따라서, 이 안정 조건하에서, 시간과 공간에서 2차의 수렴 책략(收斂 策略)(convergent scheme of second order)을 얻는다. 이 해석을 더 고차(高次)의 룬게-쿠타 책략(higher order Runge-Kutta scheme)으로 확장하는 것도 물론 가능하다.

7.4 THE CONVECTION EQUATION

포물(抛物) 방정식(parabolic equation)의 뼈대에서 벗어나, 대류(對流) 방정식(convection equation)의 검토로 시작하는, 실제에서 종종 일어나는 쌍곡(雙曲) 방정식(hyperbolic equation)의 뼈대(framework)를 다룬다. Ω를 $\mathbb{R}^d$의 부분 집합(部分 集合,

subset)이라 하고 $u = (u_1, u_2, \cdots, u_d)$ 를 Ω에서 정의된 주어진 벡터 장(場)(vector field)이라 하자; 식 (7.116)의 경계조건을 가진 편미분 방정식

$$\frac{\partial \varphi}{\partial t} + u \cdot \nabla \varphi = f \quad \text{in } \Omega \times]0, T[\tag{7.115}$$

를 만족하는 함수 φ를 찾는다:

$$\varphi(x, 0) = \varphi^0(x), \quad \forall x \in \Omega; \tag{7.116}$$

다음의 표기를 상기한다:

$$u \cdot \nabla \varphi = \sum_{i=1}^{d} u_i \frac{\partial \varphi}{\partial x_i}.$$

이와 같은 문제의 경우 가능한 경계조건은 무엇인가? 공간 미분(空間 微分, spatial derivative)이 단지 1계(一階, first order)이기 때문에, Ω의 전(全, whole) 경계 Γ에서 함수 φ를 규정(規定)할 수 없음이 확실하다(그 사실을 확인하기 위해서는, 1차원에서, 완전해를 명백하게 계산하면 충분하다).

단순함을 위하여, 속도장(速度場, velocity field) u는 변수 t에 무관하다고 가정할 것이다. Γ의 외향 법선(外向 法線, exterior normal)을 n으로 나타내고 속도장 u가 들어오는(incoming) 경계의 부분을 Γ^-로 나타내자. 즉:

$$\Gamma^- = \{x \in \Gamma : u(x) \cdot n(x) < 0\}. \tag{7.117}$$

수학적으로, 경계조건을 다음과 같이 취한다면 문제는 잘 주어진(well posed) 문제이다:

$$\varphi(x, t) = g(x), \quad \forall \vec{x} \in \Gamma^-, \quad \forall t \in]0, T[. \tag{7.118}$$

Exercise 벡터 장 u의 특성 곡선(特性 曲線, characteristic curve)을 따라 방정식을 '적분(積分, integrating)'함으로써 문제 (7.115)-(7.118)의 해석해(解析解, analytical solution)를 얻는 것이 가능하다. 이 곡선 $\big(t \to X(t)\big)$는 다음과 같이 정의된다:

$$\frac{dX}{dt}(t) = u(X(t), t), \quad X(t = 0) = x. \tag{7.119}$$

$\Phi(t) = \varphi(X(t), t)$로 둔다면, 다음을 가짐을 보여라:

$$\Phi'(t) = \left(\frac{\partial \varphi}{\partial t} + (u \cdot \nabla)\varphi\right)(X(t), t). \tag{7.120}$$

함수 Φ는 따라서 상수(常數, constant)이다; 이로부터 φ의 표현을 추단하라. □

이제 1차원의 경우로 출발하고, 공간 변수(空間 變數, space variable)가 $\mathbb{R}$의 전체(whole)에 걸쳐 변화하는 것으로 가정하여, 유한차분(有限差分, finite difference)으로 이 대류 방정식을 근사화하기 위한 몇 가지 책략을 제안(提案)할 것이다.

7.4.1 *Lax Scheme*

연속 연산자를 $D_t^+ + uD_x^-$로 근사화하자; 식 (7.122)와 같은 보통의 초기 조건($h = \delta x; x_i = ih$)으로

$$\frac{1}{k}\left[\psi_i^{n+1} - \psi_i^n\right] + \frac{u_i}{h}\left[\psi_i^n - \psi_{i-1}^n\right] = f_i^n \tag{7.121}$$

에 의해 정의되는 양(陽) 후퇴(後退) 오일러 책략(explicit backward Euler scheme)을 얻는다:

$$\forall i, \quad \psi_i^0 = \varphi^0(x_i). \tag{7.122}$$

책략의 일치 오차는 $O(k+h)$에 있다. 안정성 검토를 단순화하기 위하여, u는 시간과 공간에서 일정하다고 가정할 것이다. Fourier 변환에 의해, 다음을 얻는다:

$$\hat{\psi}^{n+1}(\xi) - \hat{\psi}^n(\xi) + \frac{ku}{h}\hat{\psi}^n(\xi)\left[1 - e^{-\mathrm{j}\xi h}\right] = k\hat{f}^{n\dagger}. \tag{7.123}$$

증폭 인자(amplification factor)는 따라서

$$a(\xi) = 1 - \frac{ku}{h}\left[1 - e^{-\mathrm{j}\xi h}\right] \tag{7.124}$$

에 의해 정의되는 복소수(複素數, complex number)이며, 그 절대치(絶對値)의 제곱(modulus square)은 다음과 같다:

† 역자 주: 허수 단위(虛數 單位, imaginary unit) $\sqrt{-1}$의 수학적 표기는 보통 i 또는 **i**이지만 이 역서(譯書) 시리즈는 주로 전기공학 전공 연구자들을 위한 전공 서적이고, 전기공학에서는 i가 전류를 나타내는 대표 문자이기 때문에 허수 단위를 통상적으로 j 또는 **j**로 나타내며, 또한 j는 컴퓨터 알고리즘에서 반복 지표(iteration index)로 많이 사용됨을 감안하여, 본 역서에서는 허수 단위를 **j**로 나타내었다.

$$\begin{aligned}|a(\xi)|^2 &= \left[1 - \frac{ku}{h}(1 - \cos\xi h)\right]^2 + \left[\frac{ku}{h}\sin\xi h\right]^2 \\ &= 1 - 2\frac{ku}{h}(1 - \cos\xi h) + 2\left(\frac{ku}{h}\right)^2 (1 - \cos\xi h) \\ &= 1 - 2\frac{ku}{h} + 2\left(\frac{ku}{h}\right)^2 + 2\frac{ku}{h}\left(1 - \frac{ku}{h}\right)\cos\xi h \\ &\leq 1 \text{ if } \frac{ku}{h} \leq 1 \text{ and } u \geq 0.\end{aligned} \tag{7.125}$$

제안되는 책략은 따라서 다음과 같은 2개의 조건하에서 von Neumann 안정이다:

$$\frac{ku}{h} \leq 1 \text{ and } u \geq 0. \tag{7.126}$$

첫 번째 조건은 CFL (Courant-Friedrich-Lewy) 조건이다. 두 번째 조건이 고려되는 한, $u < 0$라면 책략 (7.121)은 항상 불안정(always unstable)함에 주목할 수 있다; 이 경우에 안정성을 갖기 위해서는, 순방향 책략(順方向 策略, downwind scheme), 즉 다음을 사용해야 한다:

$$\frac{1}{k}[\psi_i^{n+1} - \psi_i^n] + \frac{u_i}{h}[\psi_{i+1}^n - \psi_i^n] = f_i^n. \tag{7.127}$$

같은 방식으로, u가 시간과 공간에서 일정하다면, 이 뒤의 책략은 다음의 조건하에서 안정하다는 것을 보일 수 있다:

$$\frac{k|u|}{h} \leq 1 \text{ and } u \leq 0. \tag{7.128}$$

Exercise 극히 당연한(quite natural) 중앙 책략(中央 策略, centered scheme)

$$\frac{1}{k}[\psi_i^{n+1} - \psi_i^n] + \frac{u_i}{2h}[\psi_{i+1}^n - \psi_{i-1}^n] = f_i^n \tag{7.129}$$

은 *항상 불안정(al-ways unstable)*임을 보여라. □

Exercise 7.3.3절의 끝에 있는 예제에서 확립된 충분 안정 조건(sufficient stability condition) (7.80)의 사용에 의해 정의된 교대 약진 책략(交代 躍進 策略, leap-frog scheme)

$$\frac{1}{2k}[\psi_i^{n+1} - \psi_i^{n-1}] + \frac{u_i}{2h}[\psi_{i+1}^n - \psi_{i-1}^n] = f_i^n \tag{7.130}$$

의 안정성을 검토하라. □

Remark 7.34 찾아진 CFL 조건은 열 방정식(heat equation)을 위해 찾았던 안정조건보다 훨씬 덜(much less) 제한적이라는 것에 주목하자. 이것은 물론 여기에서의 문제는 공간에 대해 1계(一階, first order)인 반면, 열 방정식의 경우에는 2계(二階, second order)이기 때문이다. □

Remark 7.35 책략 (7.121)을 위해 얻어진 CFL 조건은, 그림 7.10과 같이, (x, t) 공간에서 도식적(圖式的)으로 설명될 수 있다. 기울기(slope) $1/u$인 점(點) M^{n+1}로부터의 반직선(半直線, half-line) $M^{n+1}y$는 선분(線分, segment) N^nM^n, 달리 말해 '완전 종속 영역(完全 從屬 領域, exact domain of dependence)', 즉 반직선 $M^{n+1}y$를 내포(內包)해야 하는, 정점(頂點, vertex) N^n, M^n 및 M^{n+1}을 가진 삼각형에 의해 유계(有界)된(bounded) 면(面, surface) S인 '수치 종속 영역(數値 從屬 領域, numerical domain of dependence)'의 점(point)에서 선(線, line) $t = t^n$과 교차(交叉)해야(intersect) 한다. 또한 u가 부(負, 음(陰), negative)라면, S가 이 반직선을 내포하지 않음을 본다; 그 경우에는 불안정이다. □

7.4.2 *Lax-Wendroff Scheme*

위의 책략은 시간과 공간에 대해 1차일 뿐이다; 테일러 전개(Taylor expansion)를

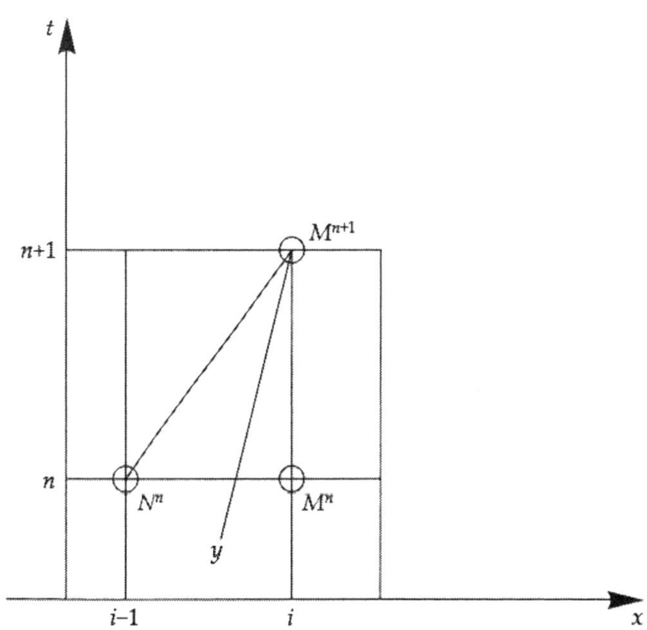

Figure 7.10 Numerical domain of dependence and CFL.

사용하여, 2차까지 정확한 책략을 세울 것이다. 여전히 u는 일정하다고 가정하며 단순함을 위하여 $f = 0$으로 둘 것이다; 식 (7.115)-(7.118)의 완전해를 φ로 나타내어, 다음을 가진다:

$$\varphi(x, t + k) = \varphi(x, t) + k\frac{\partial \varphi}{\partial t}(x, t) + \frac{k^2}{2}\frac{\partial^2 \varphi}{\partial t^2}(x, t) + O(k^3). \tag{7.131}$$

φ가 $f = 0$를 가진 식 (7.115)의 해(解)라 하면,

$$\frac{\partial^2 \varphi}{\partial t^2} = \frac{\partial}{\partial t}\left(-u\frac{\partial \varphi}{\partial x}\right) = -u\frac{\partial}{\partial x}\left(\frac{\partial \varphi}{\partial t}\right) = -u\frac{\partial}{\partial x}\left(-u\frac{\partial \varphi}{\partial x}\right) = u^2\frac{\partial^2 \varphi}{\partial x^2} \tag{7.132}$$

를 가지고, 다음과 같이 된다:

$$\varphi(x, t + k) = \varphi(x, t) - ku\frac{\partial \varphi}{\partial x}(x, t) + \frac{k^2}{2}u^2\frac{\partial^2 \varphi}{\partial x^2}(x, t) + O(k^3). \tag{7.133}$$

공간 변수 미분(space variable derivative)의 중앙 유한차분 근사(中央 有限差分 近似, centered finite difference approximation)를 사용하여, 그러면 다음과 같은 랙스-웬드로프 책략(Lax-Wendroff scheme)을 얻는다:

$$\psi_i^{n+1} = \psi_i^n - ku\left(\frac{\psi_{i+1}^n - \psi_{i-1}^n}{2h}\right) + \frac{k^2}{2}\frac{u^2}{h^2}[\psi_{i+1}^n - 2\psi_i^n + \psi_{i-1}^n]. \tag{7.134}$$

해석(解析, construction)에 의해, 이 책략은 시간과 공간에 대해 2차이다.

Exercise 이 책략의 von Neumann 안정성을 검토하라; 그것이 $\frac{k|u|}{h} \leq 1$이라면 안정함을 보여라. □

Exercise 여전히 일정한 u에 대하여,

$$\frac{1}{k}[\psi_i^{n+1} - \psi_i^n] + \frac{u}{4h}[\psi_{i+1}^{n+1} - \psi_{i-1}^{n+1} + \psi_{i+1}^n - \psi_{i-1}^n] = \frac{1}{2}(f_i^{n+1} + f_i^n)$$

에 의하여 정의된 크랭크-니콜슨 책략(Crank-Nicolson scheme)은 약간 무조건 안정(marginally unconditionally stable)($|a(\xi)| = 1$)이며, 시간과 공간에 대해 2차의 일치(一致)임을 보여라. □

Exercise Lax와 Lax-Wendroff 책략이, 상수 항(常數 項, constant term) $r\varphi$를 음(陰)의 방식(implicit way)으로 (즉 지표 i를 가진 점에서 $r\psi_i^{n+1}$로) 근사화함에 의해,

$$\frac{\partial \varphi}{\partial t} + \frac{\partial \varphi}{\partial x} + r\varphi = f \quad \text{in } \Omega \times]0, T[$$

와 같은 소산-대류 방정식(消散-對流 方程式, dissipation-convection equation)에 적용되었을 때 책략에 대한 안정 영역(安定 領域, stability domain)은 무엇으로 되는가? □

7.4.3 *The Multidimensional Case*

부가적인 어려움은 없다; 2차원의 경우, Lax-Wendroff 책략은 예를 들면 다음과 같이 된다(단순(單純)을 위하여 $f = 0$로 취한):

$$\psi_{i,j}^{n+1} = \psi_{i,j}^{n} - \frac{ku_{ij}}{2h}\left(\psi_{i+1,j}^{n} - \psi_{i-1,j}^{n}\right) - \frac{kv_{ij}}{2h}\left(\psi_{i,j+1}^{n} - \psi_{i,j-1}^{n}\right)$$
$$+ \frac{k^2}{2}\left[u_{ij}^2 D_{x,i}^{+} D_{x,i}^{+} \Psi_{\cdot,j}^{n} + u_{ij}v_{ij}\left(D_{x,i}^{+} D_{y,j}^{-} + D_{x,i}^{-} D_{y,j}^{+}\right)\Psi_{\cdot,\cdot}^{n} + v_{ij}^2 D_{y,j}^{+} D_{y,j}^{+} \Psi_{i,\cdot}^{n}\right].$$

여기서 이산 연산자(離散 演算子, discrete operator)를 x와 y 방향에 따라 다른 표기(notation)로 나타내었다. 지표 i는 첫 번째 변수 x에 관련되는 반면, j는 두 번째 변수 y에 관련된다: 예를 들어 $\Psi_{\cdot,j}^{n}$는 i에 의해 지표가 주어진 단일 지표 수열(單一指標 數列, singly indexed sequence) $\left(\psi_{i,j}^{n}\right)_i$를 나타내는 반면, $\Psi_{\cdot,\cdot}^{n}$는 i와 j에 의해 지표가 주어진 2중 지표 수열(二重 指標 數列, doubly indexed sequence) $\left(\psi_{i,j}^{n}\right)_{i,j}$를 나타낸다. 여기서, 속도장은 두 성분 $\vec{u} = (u, v)$를 가진다.

이 책략에서는, 2계 혼합 미분(二階 混合 微分, second mixed derivative)은 다음과 같은 7점 책략(七點 策略, seven-point scheme)에 의해 근사화된다:

$$\frac{\partial^2 \varphi}{\partial x \partial y}(ih, jh) \simeq \frac{1}{h^2}\Big[-\varphi\left((i-1)h, (j+1)h\right) + \varphi\left(ih, (j+1)h\right) + \varphi\left((i-1)h, jh\right)$$
$$-2\varphi(ih, jh) + \varphi\left((i+1)h, jh\right) + \varphi\left(ih, (j-1)h\right) - \varphi\left((i+1)h, (j-1)h\right)\Big].$$

안정성 해석은 속도장 $\vec{u}$가 일정하다고 가정하여, 변수 x와 y 모두에 대한 푸리에 변환(Fourier transform)을 통하여 이루어진다.

7.5 *THE CONVECTION-DIFFUSION EQUATION*

다음과 같은 방정식을 고려하자:

$$\frac{\partial \varphi}{\partial t} - \nu \frac{\partial^2 \varphi}{\partial x^2} + u \frac{\partial \varphi}{\partial x} + r\varphi = 0 \quad \text{in } \mathbb{R} \times]0, T[,$$
$$\varphi(x, 0) = \varphi^0(x). \tag{7.135}$$

여기서 ν는 실 정(양) 매개변수(實 正(陽) 媒介變數, real positive parameter), u는 주어진 속도장(速度場, velocity field) 그리고 r은 $\mathbb{R} \times]0, T[$에서 정의된 함수이다.

7.5.1 *Continuous Case*

식 (7.135)에 φ를 곱하여, 전 공간(全 空間, whole space)에 대해 적분하고, 부분 적분을 적용하면, 다음을 얻는다(표기를 간단하게 하기 위해 적분 변수를 생략(省略)하면†):

$$\frac{1}{2}\frac{\partial}{\partial t}\left(\int_{\mathbb{R}} \varphi^2 d\mathbb{R}\right) - \nu \int_{\Omega} \nabla|\varphi|^2 d\Omega - \int_{\mathbb{R}} \frac{\varphi^2}{2}\frac{\partial u}{\partial x} d\mathbb{R} + \int_{\Omega} r\varphi^2 d\Omega = 0. \tag{7.136}$$

물론, φ는 2계(二階) 적분 가능하며 무한원(無限遠, infinity)에서 0으로 감쇠(減衰)한다고 가정한 것이다.

운동(運動) 에너지(kinetic energy) $E = \int_{\mathbb{R}} \varphi^2 d\mathbb{R}$는 다음의 조건이 만족되면 곧 시간이 증가함에 따라 감소한다:

$$-\frac{1}{2}\frac{\partial u}{\partial x} + r \geq 0. \tag{7.137}$$

실제로는, 변수(變數, variable)의 단순한 변화는 이 조건이 필요하지 않음을 보인다. 실로, $\varphi_1 = e^{-\alpha t}\varphi$라 둔다면, 식 (7.135)는

$$\frac{\partial \varphi_1}{\partial t} + \alpha\varphi_1 - \nu \frac{\partial^2 \varphi_1}{\partial x^2} + u \frac{\partial \varphi_1}{\partial x} + r\varphi_1 = 0, \tag{7.138}$$

즉 r이 $r + \alpha$로 바뀌는 것을 제외하고는 식 (7.135)와 같은 형태가 된다. 시간에 따른 해(解, solution)의 지수적 증가(指數的 增加, exponential growth)를 피하도록, 수치적(數値的)으로(numerically), 이 변수의 변화를 실행하는데 흥미를 가질 수 있다.

7.5.2 *Discretization*

다음과 같은 Crank-Nicolson 형 책략을 적용하자; 다음을 얻는다:

† 역자 주: 적분 변수를 생략하면 수학적 표기의 오류로 보일 수 있어, 본 역서에서는 적분식(積分式)에서 영역 Ω에 대한 적분의 경우에는 $d\Omega$를, 그리고 공간 $\mathbb{R}$에 대한 적분의 경우에는 $d\mathbb{R}$을 포함하여 나타내었다.

$$\begin{aligned}&\frac{1}{k}\left[\psi_j^{n+1}-\psi_j^n\right]-\frac{1}{2}\frac{\nu}{h^2}\left[\psi_{j+1}^{n+1}-2\psi_j^{n+1}+\psi_{j-1}^{n+1}\right]-\frac{1}{2}\frac{\nu}{h^2}\left[\psi_{j+1}^{n}-2\psi_j^{n}+\psi_{j-1}^{n}\right]\\&+\frac{u_j^{n+1/2}}{2h}\left(\psi_{j+1}^{n+1}-\psi_j^{n+1}\right)+\frac{u_j^{n+1/2}}{2h}\left(\psi_j^n-\psi_{j-1}^n\right)+\frac{r_j^{n+1}}{2}\psi_j^{n+1}+\frac{r_j^n}{2}\psi_j^n=0.\end{aligned} \tag{7.139}$$

단순(單純)을 위하여, 모든 계수(係數, coefficient)는 상수(常數, constant)라 가정하고, 공간에서의 Fourier 변환을 사용함으로써 이 책략의 안정성 해석을 수행하자; 다음을 얻는다:

$$\begin{cases}\hat{\psi}^{n+1}(\xi)-\hat{\psi}^n(\xi)+\dfrac{2\nu k}{h^2}\hat{\psi}^{n+1}(\xi)\sin^2\dfrac{\xi h}{2}+\dfrac{2\nu k}{h^2}\hat{\psi}^{n}(\xi)\sin^2\dfrac{\xi h}{2}\\+\dfrac{ku}{2h}\hat{\psi}^{n+1}(\xi)(\cos\xi h+\mathbf{j}\sin\xi h-1)-\dfrac{ku}{2h}\hat{\psi}^{n}(\xi)(\cos\xi h-\mathbf{j}\sin\xi h-1)\\+k\dfrac{r}{2}\left(\hat{\psi}^{n+1}+\hat{\psi}^n\right)(\xi)^{\dagger}.\end{cases}$$

증폭 인자(增幅 因子, amplification factor)는 따라서

$$\alpha=\frac{2\nu k}{h^2}\sin^2\left(\frac{\xi h}{2}\right)+k\frac{r}{2},\ \beta=\frac{ku}{2h}\sin(\xi h),\ \gamma=-\frac{ku}{h}\sin^2\left(\frac{\xi h}{2}\right)$$

로 다음과 같이 써질 수 있다:

$$a(\xi)=\frac{1-\alpha+\gamma-\mathbf{j}\beta}{1+\alpha+\gamma+\mathbf{j}\beta}. \tag{7.140}$$

$|a(\xi)|^2-1$은

$$|a(\xi)|^2-1=\frac{-4\alpha(1+\gamma)}{(1+\alpha+\gamma)^2+\beta^2}$$

가 되며, α는 양(陽, 정(正), positive)이다(u가 상수이기 때문에 $r\geq 0$로 가정한 식 (7.137)에 따라). 따라서, $|a(\xi)|^2-1$는 $-(1+\gamma)$와 같은 부호(符號, sign)를 가진다. 책략은, 임의의 ξ에 대해, $1+\gamma(\xi)\geq 0$이거나, 다음과 같은 안정 조건이 만족된다면, 안정할 것이다:

$$\frac{ku}{h}\leq 1; \tag{7.141}$$

† 역자 주: 허수 단위(虛數 單位, imaginary unit) $\sqrt{-1}$의 수학적 표기는 보통 i 또는 $\mathbf{i}$이지만 이 역서(譯書) 시리즈는 주로 전기공학 전공 연구자들을 위한 전공 서적이고, 전기공학에서는 i가 전류를 나타내는 대표 문자이기 때문에 허수 단위를 통상적으로 j 또는 $\mathbf{j}$로 나타내며, 또한 j는 컴퓨터 알고리즘에서 반복 지표(iteration index)로 많이 사용됨을 감안하여, 본 역서에서는 허수 단위를 $\mathbf{j}$로 나타내었다.

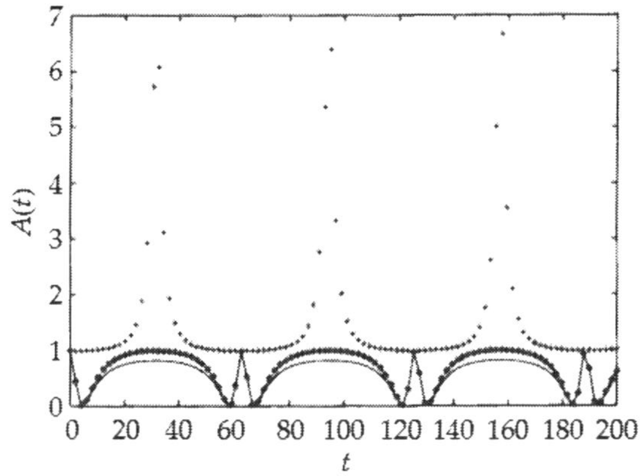

Figure 7.11 Plot of function $A(t) = |a(\xi)|^2$, $t = \xi$.

u가 음(陰, 부(負), negative)이면 그것이 항상 만족됨에 주목한다.

그림 7.11에서는, $k = h = 0.1$와 u의 다른 값에 대하여, 함수(函數, function) $|a|^2$를 그렸다: 실선 곡선(實線 曲線, solid curve)은 $u = 0$에 대응하며, 다이아몬드 모양 기호(diamond shaped symbol, ♦)를 가진 곡선은 $u = 1$로 제한된 경우이며, 마지막으로 + 기호는 $u = 10$에 대응한다. $u = -10$에 대응하는 곡선은 $t = 200$에서 세로 좌표(座標)(ordinate) 1인 선(線, line) 아래에 위치한다. 안정 조건 (7.141)이 $u = 10$의 경우에는 만족되지 않는 반면, 다른 경우에서는 만족됨을 관찰한다: $u = 10$의 경우에는, 안정 책략을 얻기 위하여 시간 간격(時間 間隔, time step)을 줄여야 한다.

책략의 일치 차수(一致 次數, order of consistency)를 계산하기 위해서는, 다른 항(項)은 $h^2 + k^2$의 일치 차수를 준다는 것이 이미 추정(推定)되어(estimated), 1계 항(一階 項, first order term) $u(\partial\varphi/\partial x)$의 근사에 대해서 검토하면 충분하다. 이 추정은 점(點, point) $(jh, (n+1/2)k)$의 근방(近傍, neighborhood)에서 완전해 φ를 전개(展開)함으로써 얻어졌음을 상기한다. 한 개는 지표(指標, index) $j+1/2$를 가진 점(點)의 근방에서 고정(固定)된 $n+1$과, 다른 것은 $t^{n+1/2} = (n+1/2)k$의 근방에서 고정된 $j+1/2$에서 등, 2개의 연속 테일러 전개(two successive Taylor expansion)에 의해, 다음을 얻는다:

$$\begin{aligned}
&\frac{1}{2h}\left[\varphi\left((j+1)h, (n+1)k\right) - \varphi(jh, (n+1)k)\right] \\
&= \frac{1}{2}\frac{\partial}{\partial x}\varphi\left(\left(j+\frac{1}{2}\right)h, (n+1)k\right) + O(h^2) \\
&= \frac{1}{2}\frac{\partial}{\partial x}\varphi\left(\left(j+\frac{1}{2}\right)h, \left(n+\frac{1}{2}\right)k\right) + \frac{k}{4}\frac{\partial^2}{\partial x\partial t}\varphi\left(\left(j+\frac{1}{2}\right)h, \left(n+\frac{1}{2}\right)k\right) + O(h^2+k^2).
\end{aligned} \tag{7.142}$$

비슷한 방식으로 다음을 가진다:

$$\begin{aligned}&\frac{1}{2h}\left[\varphi(jh, nk) - \varphi\left((j-1)h, nk\right)\right] = \frac{1}{2}\frac{\partial}{\partial x}\varphi\left(\left(j-\frac{1}{2}\right)h, nk\right) + O(h^2)\\&= \frac{1}{2}\frac{\partial}{\partial x}\varphi\left(\left(j-\frac{1}{2}\right)h, \left(n+\frac{1}{2}\right)k\right) - \frac{k}{4}\frac{\partial^2}{\partial x \partial t}\varphi\left(\left(j-\frac{1}{2}\right)h, \left(n+\frac{1}{2}\right)k\right) + O(h^2+k^2).\end{aligned} \tag{7.143}$$

$p = n + 1/2$에 대하여

$$\begin{aligned}&\frac{1}{2}\frac{\partial\varphi}{\partial x}\left(\left(j+\frac{1}{2}\right)h, pk\right) + \frac{1}{2}\frac{\partial\varphi}{\partial x}\left(\left(j-\frac{1}{2}\right)h, pk\right) = \frac{\partial\varphi}{\partial x}(jh, pk) + O(h^2),\\&\frac{\partial^2\varphi}{\partial x\partial t}\left(\left(j+\frac{1}{2}\right)h, pk\right) - \frac{\partial^2\varphi}{\partial x\partial t}\left(\left(j-\frac{1}{2}\right)h, pk\right) = \frac{\partial\varphi}{\partial x}(jh, pk) + O(h)\end{aligned} \tag{7.144}$$

와 같은 관계를 사용하여, 식 (7.142)와 (7.143)을 더함(adding)으로써 책략 (7.139)가 $O(h^2+hk+k^2)$에 있음을 증명하는 다음을 얻는다:

$$\begin{aligned}&\frac{1}{2h}\left[\varphi\left((j+1)h, (n+1)k\right) - \varphi(jh, (n+1)k) + \varphi(jh, nk) - \varphi\left((j-1)h, nk\right)\right]\\&= \frac{\partial\varphi}{\partial x}\left(jh, \left(n+\frac{1}{2}\right)k\right) + O(h^2+hk+k^2):\end{aligned} \tag{7.145}$$

h와 k가 같은 수준의 크기(same order of magnitude)라면, 제안되는 책략은 시간과 공간에 대해 2차(second order)이다.

EXERCISE 다음 책략의 안정성과 일치를 검토하라:

$$\begin{aligned}&\frac{1}{k}[\psi_j^{n+1} - \psi_j^n] - \frac{1}{2}\frac{\nu}{h^2}[\psi_{j+1}^{n+1} - 2\psi_j^{n+1} + \psi_{j-1}^{n+1}] - \frac{1}{2}\frac{\nu}{h^2}[\psi_{j+1}^n - 2\psi_j^n + \psi_{j-1}^n]\\&+\frac{u_j^{n+1/2}}{2h}(\psi_j^{n+1} - \psi_{j-1}^{n+1}) + \frac{u_j^{n+1/2}}{2h}(\psi_{j+1}^n - \psi_j^n) + \frac{r_j^{n+1}}{2}\psi_j^{n+1} + \frac{r_j^n}{2}\psi_j^n = 0.\end{aligned}$$

특히 안정 조건은 여기서

$$-\frac{ku}{h} \le 1$$

와 같이 써질 수 있으며 이 조건은 u가 양(陽, 정(正), positive)이면 항상 만족됨에 주목(注目)하라. 위의 두 책략(two scheme)으로부터 시간과 공간에서 2차인 책략을 세워라. □

7.6 THE WAVE EQUATION

다음과 같은 파동 방정식(波動 方程式, wave equation)을 고려하자:

$$\frac{\partial^2 \varphi}{\partial t^2} - c^2 \frac{\partial^2 \varphi}{\partial x^2} = 0 \text{ in }]0, L[\times]0, T[, \tag{7.146}$$

$$\varphi(x, 0) = \varphi^0(x), \ \frac{\partial \varphi}{\partial t}(x, 0) = g(x), \ \varphi(0, t) = \varphi(L, t) = 0. \tag{7.147}$$

이 문제는 보통 속력(速力, speed) c로 전파(傳播)하는(propagating) 파동(波動, wave)의 모양을 갖는 (데이터 φ^0와 g에 종속하는) 유일해(唯一解, unique solution)를 허용한다. c가 일정하다면, 연산자(演算子, operator)는

$$\frac{\partial^2}{\partial t^2} - c^2 \frac{\partial^2}{\partial x^2} = \left(\frac{\partial}{\partial t} - c\frac{\partial}{\partial x}\right)\left(\frac{\partial}{\partial t} + c\frac{\partial}{\partial x}\right)$$

와 같은 형태로 인수분해(因數分解)되어서, 적어도 형식적으로는, 식 (7.146)은 다음과 같은 2개의 대류 방정식 계(對流 方程式 系)(system of two convection equation)로 분해(分解)된다:

$$\frac{\partial \psi}{\partial t} - c\frac{\partial \psi}{\partial x} = 0,$$

$$\frac{\partial \varphi}{\partial t} + c\frac{\partial \varphi}{\partial x} = \psi.$$

이 논평(論評, remark)은, 특히, 대류 방정식에 대해 앞에서 검토한 내용으로부터 수치 책략(數値 策略, numerical scheme)을 세우는 것을 가능하게 한다.

다른 가능성은 식 (7.149)와 같은 연결 계(連結 系, coupled system)를 푸는 것으로 충분한

$$u = \frac{\partial \varphi}{\partial t}, \quad v = c\frac{\partial \varphi}{\partial x} \tag{7.148}$$

에 의해 정의되는 보조 변수(補助 變數, auxiliary variable) u와 v를 도입하는 것으로 이루어진다:

$$\frac{\partial u}{\partial t} = c\frac{\partial v}{\partial x}, \quad \frac{\partial v}{\partial t} = c\frac{\partial u}{\partial x}. \tag{7.149}$$

이 의도(意圖, spirit)에 따른 몇 가지 책략이, 예를 들면, Euvrard (1990) 그리고 Richtmyer와 Morton (1967)에서, 제안된다.

또한 식 (7.146)을 직접 이산화할 수 있다. 예를 들어 명백하게 시간과 공간에서 2차의 일치인

$$\frac{1}{k^2}\left(\psi_j^{n+1} - 2\psi_j^n + \psi_j^{n-1}\right) - \frac{c^2}{h^2}\left(\psi_{j+1}^n - 2\psi_j^n + \psi_{j-1}^n\right) = 0 \tag{7.150}$$

에 의해 정의되는 중앙 책략(中央 策略, centered scheme)을 고려하자. 이 책략은 u_j^n를 $\left(\psi_j^n - \psi_j^{n-1}\right)/k$와 그리고 $v_{j-1/2}^n$를 $c\left(\psi_j^n - \psi_{j-1}^n\right)/h$와 같게 하면 책략

$$\begin{cases} \frac{1}{k}\left(u_j^{n+1} - u_j^n\right) = \frac{c}{h}\left(v_{j+1/2}^n - v_{j-1/2}^n\right), \\ \frac{1}{k}\left(v_{j-1/2}^{n+1} - v_{j-1/2}^n\right) = \frac{c}{h}\left(u_j^{n+1} - u_{j-1}^{n+1}\right) \end{cases} \tag{7.151}$$

와 등가(等價, equivalent)임에 주목하자. 7.3.3절의 표기와 상사(相似, analogy)에 의해, 요소(要素, entry) $(u^n, v^n)^T$인 벡터를 X^n으로 나타낸다. 그러면 책략 (7.151)의 Fourier 변환에 의해 얻어지는 계(system)를 행렬형(行列形, matrix form)으로 쓸 수 있다. 증폭 행렬(增幅 行列, amplification matrix)은, -1의 제곱근(square root)을 $\mathbf{j}$로 나타내어, 다음과 같이 써질 수 있다†.

$$A(\xi) = \begin{bmatrix} 1 & \mathbf{j}a(\xi) \\ \mathbf{j}a(\xi) & 1 - a^2 \end{bmatrix}, \quad a(\xi) = 2\frac{ck}{h}\sin\left(\frac{\xi h}{2}\right). \tag{7.152}$$

이 행렬은 정규(正規, normal)가 아니며, 판별식(判別式, discriminant)이 $a^2(\xi)(a^2(\xi) - 4)$인

$$\lambda^2 - \lambda\left(2 - a^2(\xi)\right) + 1 = 0$$

을 특성 방정식(特性 方程式, characteristic equation)으로 가진다. $ck/h < 1$이라면, 이 판별식은 정(正, 양(陽))이 아니며(non-positive), $A(\xi)$의 고유치(固有値, eigenvalue)는 절대치(絶對値, modulus)가 1인 공액 복소수(共軛 複素數, complex conjugate)이어서, $\rho(A(\xi)) = 1$이다. $A(\xi)$는 모든 경우에 있어서 (즉 a가 0이든 아니든) 대각화(對角化)할 수 있으며(diagonalizable) 책략은 따라서 안정함을 확인한다.

Remark 7.36 책략 (7.150)의 안정성을 직접 검토한다면 약간의 어려움(slight difficulty)이 있음에 주목한다. 공간 변수에서 Fourier 변환에 의해,

† 역자 주: 허수 단위(虛數 單位, imaginary unit) $\sqrt{-1}$의 수학적 표기는 보통 i 또는 $\mathbf{i}$이지만 이 역서(譯書) 시리즈는 주로 전기공학 전공 연구자들을 위한 전공 서적이고, 전기공학에서는 i가 전류를 나타내는 대표 문자이기 때문에 허수 단위를 통상적으로 j 또는 $\mathbf{j}$로 나타내며, 또한 j는 컴퓨터 알고리즘에서 반복 지표(iteration index)로 많이 사용됨을 감안하여, 본 역서에서는 허수 단위를 $\mathbf{j}$로 나타내었다.

$$\hat{\psi}^{n+1}(\xi) - 2\hat{\psi}^{n}(\xi) + \hat{\psi}^{n-1}(\xi) = -4\left(\frac{ck}{h}\right)^2 \hat{\psi}^{n}(\xi)\sin^2\left(\frac{\xi h}{2}\right)$$

또는, 요소(要素, entry) $(\psi^{n+1}, \psi^{n})^T$인 벡터를 X^n으로 나타낸다면

$$b(\xi) = 2\left[1 - 2\left(\frac{ck}{h}\right)^2 \sin^2\left(\frac{\xi h}{2}\right)\right]$$

로

$$\hat{X}^{n+1}(\xi) = B(\xi)\hat{X}^{n}(\xi), \quad B(\xi) = \begin{bmatrix} b(\xi) & -1 \\ 1 & 0 \end{bmatrix}$$

를 얻는다. B의 고유치 λ는 다음 식의 해(解)이다:

$$\lambda^2 - b(\xi)\,\lambda + 1 = 0.$$

이 방정식의 축약 판별식(縮約 判別式, reduced discriminant)은 다음과 같이 써진다:

$$\Delta' = 4\left(\frac{ck}{h}\right)^2 \sin^2\left(\frac{\xi h}{2}\right)\left[\left(\frac{ck}{h}\right)^2 \sin^2\left(\frac{\xi h}{2}\right) - 1\right].$$

$\sin\left(\frac{\xi h}{2}\right) \neq 0$인 ξ의 값의 경우에는, 어려움이 없다: $\left|\frac{ck}{h}\right| < 1$이라면, 위의 판별식은 항상 순부(음)(純負(陰), strictly negative)이며 행렬 $B(\xi)$는 2개의 서로 다른 고유치를 갖기 때문에 대각화할 수 있다; 또한 이 고유치는 모두 절대치 1을 갖는다.

한편, $\sin\left(\frac{\xi h}{2}\right)$가 0인 ξ의 값의 경우에는, 행렬은 대각화할 수 없으며, 2중 고유치(double eigenvalue)를 가져, 조건 (7.80)이 무효(無效)가 되게 한다(ξ의 바로 이런 값이 위의 행렬 $A(\xi)$가 단위행렬(單位行列, identity matrix)과 같게 만들어, 그 자신이 완전히 대각화 가능 행렬임에 주목하자!). 그것이 책략이 불안정함을 의미하는가? 그것은 실제로 벡더 X^n에 대하여 선택된 벡티 놈(vector norm)에 의존하며, 거기에 애매모호(曖昧模糊)함(ambiguity)이 있다. $X^1 = (\psi^1, \psi^0)^T$이라면, 그러면 $X^n = \left(\psi^0 + (n+1)(\psi^1 - \psi^0), \psi^0 + n(\psi^1 - \psi^0)\right)^T$ 이어서, 놈(norm) $\|X^n\| = \max(|\psi^{n+1}|, |\psi^n|)$을 취하면, 책략은 확실히 불안정하다. 하지만 $(n+1)k \leq T$을 만족하는 모든 정수(整數, integer) n에 대하여 놈(norm)

$$\|X^n\| = \max\left(|\psi^{n+1}|, \left|\frac{\psi^{n+1} - \psi^n}{k}\right|\right)$$

을 취하면, 그러면 다음을 가진다:

$$\|X^n\| \leq 2\max(1, T)\,\|X^0\|.$$

이 놈(norm)은 해(解, solution)의 (이산) 시간 미분((離散) 時間 微分, (discrete) time derivative)을 포함하는 반면, 이 미분이 책략 (7.150)에서는 나타나지 않지만, 책략 (7.151)에서는 변수 u의 바로 이런 선택에 의해 나타남에 주목하자.

실제로, 보통, 일어날 수 있는 두 가지 중 하나를 알고, 놈(norm)의 정교한 선택에 대한 고민없이, 안정 조건 (7.78)을 점검하는데 만족할 것이다: 이 조건이 만족되지 않는다면, 놈(norm)의 어떠한 '합리적(合理的)인(reasonable)' 선택에 대해서도 안정성을 가지기를 바랄 수 없으며, 반대로, 만족한다면, 안정성을 갖기 위한 '합리적인' 놈(norm)이 존재한다는 것을 바랄 수 있다…. □

EXERCISE 같은 의도(意圖)로,

$$\frac{1}{k^2}\left(\psi_j^{n+1} - \psi_j^n + \psi_j^{n-1}\right) - \mathcal{D}_j^+\mathcal{D}_j^-\left(\theta\Psi^{n+1} + (1-2\theta)\Psi^n\right) + \theta\Psi^{n-1} = 0$$

에 의하여 정의된 책략을 검토할 수 있다. 여기서, θ가 구간(區間, interval) [0, 1/2] 내의 매개변수(媒介變數, parameter)인, 7.3.2.2절의 표기를 사용하였다. 특히, $\theta \in [1/4, 1/2]$인 경우, 이 책략은, 앞의 논평(論評, remark)에서 암시된 미묘한 차이(nuance)로, 무조건 안정(無條件 安定, unconditionally stable)이다. $\theta \in [0, 1/4]$인 경우의 안정 조건은 무엇인가? □

7.7 FINITE DIFFERENCES IN TIME AND FINITE ELEMENTS IN SPACE

2 또는 그 보다 높은 차원(次元, dimension)에서는, 계산 영역이 좌표 축(座標 軸, coordinate axes)에 구분적(區分的)으로 평행(平行)한(piecewise parallel) 경계를 갖지 않으면 곧, 유한차분법은 (공간 변수에서) 이젠 소용(所用)이 닿지 않는다: 편미분 방정식을 이산화하기 전에 국부 좌표계(局部 座標系, local coordinates)로 변환해야 하며, 이것은 계산이 장황(張皇)하고, 진력(盡力)나는 일이다. 그러면 공간에서 이산화 방법을 바꾸고, 예를 들어, 유한요소 또는 유한체적법(有限體積法, finite volume method)을 선택하는 것이 차라리 더 낫다: 이것이 이 절(節, section)과 다음 절에서 검토하는 내용이다.

예를 들어, 다음과 같은 대류-확산 방정식(對流-擴散 方程式, convection-diffusion equation)을 고려하자:

$$\begin{aligned}&\frac{\partial\varphi}{\partial t}+\nabla\cdot(u\varphi)-\nu\Delta\varphi=f \text{ in } \Omega\times]0,T[,\\&\varphi(x,0)=\varphi^0(x) \text{ in } \Omega,\\&\varphi(x,t)=0 \text{ on } \Gamma\times]0,T[\end{aligned}\tag{7.153}$$

여기서 $u=u(x,t)$는 주어진 속도장(速度場, velocity field), 그리고 ν는 순양 상수(純陽 常數, strictly positive constant)이다.

개념(概念, idea)에 집중하기 위해, 시간 미분을 전 음 유한차분 책략(全 陰 有限差分 策略, fully implicit finite difference scheme)으로 이산화하자. 그 다음 공간 변수 x에만 종속하는 함수의 열(列)(sequence of function) $\left(x\to\phi^n(x)\right)_n$ $(\phi^n\simeq\varphi(\cdot,t^n))$을 유도적(誘導的)으로 정의한다: 초기화(初期化, initialization) $\phi^0=\varphi^0$로 시작하여, 그러면 ϕ^n을 알면, 표기(表記, notation) $u^{n+1}=u(\cdot,t^{n+1})$, $f^{n+1}=f(\cdot,t^{n+1})$로, 다음과 같은 경계치 문제(境界値 問題, boundary value problem)를 풂으로써 ϕ^{n+1}을 계산한다($k=\delta t>0$):

$$\begin{aligned}&\text{find } \phi^{n+1} \text{ solving}\\&\frac{\phi^{n+1}-\phi^n}{k}+\nabla\cdot\left(u^{n+1}\phi^{n+1}\right)-\nu\Delta\phi^{n+1}=f^{n+1} \text{ in } \Omega,\\&\phi^{n+1}=0 \text{ on } \Gamma.\end{aligned}\tag{7.154}$$

이런 식으로 경계치 문제의 열(列, sequence)을 얻고, 이 책의 시작에서 설명된 것과 같은 유한요소 기법(有限要素 技法, finite element technique)을 적용해도 된다. 이것을 하기 위하여, 연속 문제 (공간에서) (7.154)로 시작하여, 변분 정식화(變分定式化, variational formulation)를 다음과 같이 쓴다:

$$\text{find } \phi^{n+1}\in H_0^1(\Omega) \text{ such that } \forall w\in H_0^1(\Omega), \text{ we have: } \mathcal{A}\left(\phi^{n+1},w\right)=l(w).\tag{7.155}$$

여기서 $\mathcal{A}$ 및 l은 각각 다음에 의해 $H_0^1(\Omega)$에서 정의되는 쌍 1차(雙 一次, bilinear) 및 1차 형식(一次 形式, linear form)이다:

$$\begin{aligned}&\mathcal{A}(v,w)=\int_\Omega(vw)(x)dx-k\int_\Omega\left(u^{n+1}v\cdot\nabla w\right)(x)dx+\nu k\int_\Omega(\nabla v\cdot\nabla w)(x)dx,\\&l(w)=k\int_\Omega\left(f^{n+1}w\right)(x)dx+\int_\Omega(\phi^n w)(x)dx.\end{aligned}\tag{7.156}$$

$\mathcal{A}$를 정의한 식의 두 번째 적분에 그린의 공식(公式)(Green's formula)을 사용하면,

$$\mathcal{A}(w,w)=\int_\Omega w^2(x)dx+\frac{k}{2}\int_\Omega\left[\left(\nabla\cdot u^{n+1}\right)w^2\right](x)dx+\nu k\int_\Omega|(\nabla w)(x)|^2dx$$

를 가져, $1+(k/2)(\nabla\cdot u^{n+1})\geq 0$이라면, 쌍 1차 형식 $\mathcal{A}$는 $H_0^1(\Omega)$에서 타원적(楕圓的, elliptic)이며 문제 (7.155)는 유일해를 허용한다(위의 조건은 u가 비 발산 장(非 發散 場, divergence-free field)이면 항상 만족됨을 상기하자).

그 다음에 정점(頂點, vertex) q^i를 가진 삼각형으로 Ω를 망라(網羅)함으로써 이산화를 계속한다; 이 모든 삼각형의 합집합(合集合, union)으로 정의된 계산 영역을 Ω_h라 부르자. $w^1, \cdots, w^{n_v}$를 P^1 유한요소 근사화를 위한 보통의 기저 함수(基底 函數, basis function)라 하자$(w^i(q^j)=\delta_{ij})$. 모든 시간 단계(時間 段階, time step) t^{n+1}에서, 망(網, mesh)의 내부 절점(內部 節點, interior node)에 관련된 함수 w^i 모두에 의해 생성된 $H_0^1(\Omega)$의 부분 공간(部分 空間, subspace) V_h에서, 즉 Ω_h에서는 연속(連續)이며, 각 삼각형에 대한 제한(制限, restriction)이 선형 함수(線形 函數, linear function)인 Ω_h의 경계에서는 0과 같은 함수 w_h의 공간에서, 위의 변분 문제를 푸는 것으로 이끌어진다. 이산 변분 문제(離散 變分 問題, discrete variational problem)는 그러면 다음과 같이 써진다:

$$\text{find } \phi_h^{n+1}\in V_h \text{ such that } \forall w_h\in V_h, \text{ we have: } \mathcal{A}_h(\phi_h^{n+1}, w_h)=l_h(w_h) \qquad (7.157)$$

여기서 $\mathcal{A}_h$는 계산 영역 Ω_h에 대해 적분한다는 것을 제외하고는 $\mathcal{A}$와 같은 표현을 가지며, 1차 형식 l_h는 이제 다음과 같이 정의된다:

$$l_h(w_h)=k\int_{\Omega_h}(f^{n+1}w_h)(x)dx+\int_{\Omega_h}(\phi_h^n w_h)(x)dx\,.$$

수치 기법(數値 技法, numerical technique)은 그러면 처음의 장(章)들에서 설명된 것이다: V_h의 기저(基底, basis)에서 ϕ_h^{n+1}을 전개하고 w_h를 기저 함수의 각각으로 취하여 식 (7.157)을 나타낸다. 이것은 해(解)가 ϕ_h^{n+1}의 성분(成分, component)을 주는 선형 계(線形 系, linear system)의 해(解, solution)로 이끈다.

연속 문제 (7.153)의, 실제로 데이터의 매끈함(smoothness)에 종속되는, 해가 충분히 매끈하다면(sufficiently smooth), 예를 들어, Pironneau (1989)는 이 방법이 수렴(收斂)하며, 망의 크기(size of mesh)를 h로 나타낸다면, 완전해와 근사해 사이의 오차(誤差, error)가 $O(h+k)$에 있음을 보였다. 더 일반적으로, 오차가 공간에서 차수(次數, order) r이 되려면, P^r 유한요소로 근사화를 선택했어야 할 것이다.

물론 시간에 대해 다른 이산화 책략(離散化 策略, discretization scheme)을 선택하는 것도 가능하다; 예를 들어, 다음에 의해 정의되는 Crank-Nicolson 책략을 뽑아내자:

$$
\begin{aligned}
&\text{find } \phi_h^{n+1} \in V_h \text{ such that } \forall w_h \in V_h, \text{ we have:}\\
&\int_{\Omega_h} (\phi_h^{n+1} w_h)(x)dx - k\int_{\Omega_h} \left(\frac{\phi^{n+1}-\phi^n}{2} u^{n+1}\cdot\nabla w_h\right)(x)dx\\
&\qquad\qquad + \nu k\int_{\Omega_h} \left(\nabla\left(\frac{\phi^{n+1}-\phi^n}{2}\right)\cdot\nabla w_h\right)(x)dx\,,\\
&= k\int_{\Omega_h}\left(f^{n+\frac{1}{2}} w_h\right)(x)dx + \int_{\Omega_h} (\phi_h^n w_h)(x)dx\,.
\end{aligned}
\tag{7.158}
$$

이 책략의 안정성은 7.3.4.2절에서 설명된 것과 같은 에너지 부등식(不等式)(energy inequality)에 의해 쉽게 증명된다($w_h = \phi^{n+1} + \phi^n$로 취하면 충분하다). 또한 명백한 V_h의 기저에서 ϕ^{n+1}의 성분(component)을 주는 선형 계(linear system)를 만들고 대응되는 행렬의 고유치(固有値, eigenvalue)를 검토할 수 있다 [Pironneau (1989)]. 직사각 영역(直四角 領域, rectangular domain)의 균일 삼각형 망(均一 三角形 網, uniform triangular mesh)에서는, 책략은 유한차분법으로 얻었던 것과 같으며, 이것은 안정성을 점검하기 위한 다른 방식(方式, way)을 준다. 마지막으로, 이 책략은 시간에서 2차이며, 충분히 규칙적(規則的)인 망(regular mesh)의 경우, 공간에서 2차의 정밀도(精密度)(second order accuracy)를 바랄 수 있다.

7.8 FINITE DIFFERENCES IN TIME AND FINITE VOLUMES IN SPACE

Neumann 경계조건으로 바뀐 대류-확산 방정식(표기는 앞 절(節)에서와 같다)을 다시 고려하자:

$$
\begin{aligned}
&\frac{\partial\varphi}{\partial t} + \nabla\cdot(u\varphi) - \nu\Delta\varphi = f \ \text{ in } \ \Omega\times]0,T[,\\
&\varphi(x,0) = \varphi^0(x) \ \text{ in } \ \Omega,\\
&\frac{\partial\varphi}{\partial n}(x,t) = g(x,t) \ \text{ on } \ \Gamma\times]0,T[.
\end{aligned}
\tag{7.159}
$$

사각형(四角形, quadrangle) Q_k로 영역 Ω를 망라하여, $\cup_{k\in K} Q_k = \Omega$이며, 이 망(網)이 *적격(適格)이라고(admissible)*, 즉 두 사각형사이의 공통부(共通部, intersection)가 어느 쪽이든 없거나(either empty), 한 점(one point)으로 한정(限定)되거나, 전체 변(全體 邊, whole side)으로 된다고 가정한다. 사각형의 임의의 한 개에 대해 편미분 방정식을 적분하고, Green의 공식을 사용한 후, 다음을 얻는다:

$$\frac{\partial}{\partial t}\int_{Q_k} \varphi(x,t)dx + \int_{\partial Q_k} (u\cdot n\varphi)(x,t)d\gamma(x) + \nu\int_{\partial Q_k}\left(\frac{\partial\varphi}{\partial n}\right)(x,t)d\gamma(x)$$
$$= \int_{Q_k} f(x,t)dx\,. \tag{7.160}$$

위에서와 같이, 음(陰, implicit), 양(陽, explicit), 또는 반음(半陰, semi-implicit) 책략을 선택하여, 시간에서 이 방정식을 이산화할 수 있다. 예를 들어, 양 책략을 선택한다면, 순환(循環) 관계(recurrence relation)

$$\int_{Q_k}\frac{1}{\delta t}[\phi^{m+1}-\phi^m](x)dx + \int_{\partial Q_k}(u^m\cdot n\phi^m)(x)d\gamma(x)$$
$$+\nu\int_{\partial Q_k}\left(\frac{\partial\phi^m}{\partial n}\right)(x)d\gamma(x) = \int_{Q_k} f^m(x)dx \tag{7.161}$$

에 의해 정의되고 $\phi^0=\varphi^0$에 의해 초기화된 함수 ϕ^m의 열(列, sequence)을 계산하는 것으로 이끌어진다.

7.8.1 A Cell Centered Scheme

포체(胞體, cell)의 중심에서의 미지수(未知數, unknown)의 값만을 사용하여 위의 적분의 각각을 구할 것이다. 단계 $n+1$에서, 문제의 미지수는 각 절점(즉 포체 중심)에서의 ϕ^{n+1}의 값이어서, 식 (7.161)과 같은 방정식과 마찬가지로 많은 미지수가 있다.

이제 이 적분을 어떻게 근사화할 것인가를 기술(記述)하자. 이것을 하기 위해서, 그림 7.12의 표기를 사용하고, 포체 Q_k(Q_l과 대응(對應, correspondence, resp.))의 중심을 q^k(q^l과 대응)로 나타내자. 선적분(線積分, line integral)을 계산할 목적으로, 변

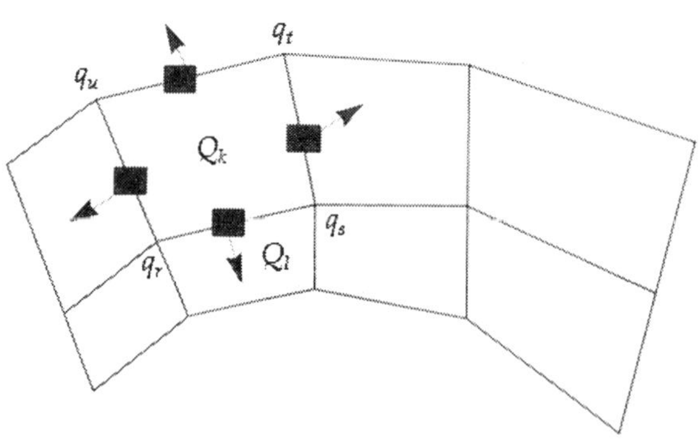

Figure 7.12 A finite volume mesh defined by rectangles.

(邊, edge) $[q_r, q_s]$에서의 ϕ의 평균(平均, average)을 $\tilde{\phi}_{rs}$로, 즉 다음과 같이 나타내자:

$$\tilde{\phi}_{rs} = \frac{1}{|q_r - q_s|} \int_{]q_r, q_s[} \phi(x) d\gamma(x) . \tag{7.162}$$

중점 구적 공식(中點 求積 公式, midpoint quadrature formula) (2.54)를 사용하여, $\tilde{\phi}_{rs} \simeq \phi = ((q_r + q_s)/2)$를 가진다. 포체가 직각(直角, orthogonal)이라면, 점 q^k, q^l 및 $(q_r + q_s)/2$는 모두 공통 선(共通 線, common line) 위에 있으며, 마지막 점에서의 ϕ의 값은 점 q^k와 q^l에서의 ϕ로 취해진 값의 가중 평균(加重 平均, weighted average)에 의해 근사화될 수 있다. 결국에는 다음을 준다:

$$\tilde{\phi}_{rs} \simeq \phi_{rs} = \phi_l \frac{\left| q^k - \frac{q_r + q_s}{2} \right|}{|q^k - q^l|} + \phi_k \frac{\left| q^l - \frac{q_r + q_s}{2} \right|}{|q^k - q^l|} . \tag{7.163}$$

모든 경우에 있어서 $[q_r, q_s]$에 걸친 ϕ의 평균을 위하여 이 근사화를 사용할 것이다. 식 (7.161)에 포함된 적분은 그러면 다음과 같은 방식으로 계산된다:

$$\begin{aligned}
&\int_{Q_k} \phi(x) dx \simeq \phi_k \text{ area } (Q_k), \\
&\int_{]q_r, q_s[} \frac{\partial \phi}{\partial n}(x) d\gamma(x) \simeq \frac{\phi_l - \phi_k}{|q^k - q^l|} |q_r - q_s|, \\
&\int_{\partial Q_k} (u \cdot n\phi)(x) d\gamma(x) \simeq un\phi_{rs} + un\phi_{st} + \cdots .
\end{aligned} \tag{7.164}$$

이 방식에서, 모든 거의 직각인 망(almost orthogonal mesh)을 위한 수치 책략(數値 策略, numerical scheme)을 얻는다. 그렇지 않은 경우에는, 위의 근사 공식(近似 公式, approximation formulae)을 수정해야 한다. 예를 들어, ϕ의 법선 미분(法線 微分, normal derivative)을 계산하기 위해서는, 정의(定義, definition) $\partial\phi/\partial n = \nabla\phi \cdot n$으로 돌아가고 다음과 같은 계(系, system)을 풂으로써 $\nabla\phi$에 대한 근사 $\widetilde{\nabla\phi}$를 계산할 수 있다(그림 7.12에서와 같은 표기로):

$$\begin{aligned}
(\widetilde{\nabla\phi}) \cdot (q_r + q_s - q_u - q_t) = 2(\phi_{rs} - \phi_{ut}), \\
(\widetilde{\nabla\phi}) \cdot (q_s + q_t - q_u - q_r) = 2(\phi_{st} - \phi_{ur}).
\end{aligned} \tag{7.165}$$

안정성과 수렴 결과는 위에서 유한차분에 대해 설명되었던 방법을 적용함으로써 규칙적인 망(regular mesh)에 대해 얻어질 수 있다. 근사 속선(近似 束線, approximate flux)(즉 식 (7.161)에 포함된 선적분)의 일치와 책략의 보존성(保存性, conservative nature)(즉 ϕ가 평활 함수(平滑 函數, smooth function)라면, Q_k에서 방정식(方程式, equation)에 있는 $\partial\phi/\partial n$의 $Q_k \cap Q_l$에 대한 적분의 근사가 Q_l에 관련된 그 것과는 반대(反對, opposite)이다)에 기초를 둔, 다른 직접 증명(直接 證明, direct proof)이 존재한다.

그것은 어떤 의미에서는 유한차분과 P^0 유한요소법 모두와 유사(類似)하기는 하지만, 유한체적(有限體積, finite volume)은 다른 관점(other point)에서 그 방법들과 다르다. 유한요소법처럼, 그것은 적분에 의해 얻어지는 편미분 방정식의 약정식화(弱定式化, weak formulation)에 기초를 두지만, 함수 1 만을 배경으로 하며 찾아지는 해(解)는 기저(基底, basis)에서 전개되지 않는다. 선속 근사(線束 近似, flux approximation)는 '유한차분' 원리('finite difference' principle)를 사용하지만, 결과적인 책략은 유한차분의 의미에서는 일치가 아니다; 일치(一致, consistency)는 단지, 선속 근사에서, 적분 정식화 수준(積分 定式化 水準, integral formulation level)에서 역할을 할 뿐이다.

7.8.2 Other Possible Schemes

본 바와 같이, 유한체적법의 원리는 포체에 대해 방정식을 적분하고, 그 다음 이 적분을 절점에서의 함수 값으로 보간(補間)한다. 보간이 선형(線形, linear)인, 포체의 중심에 절점이 있는, 사각 포체(四角 胞體, quadrangular cell)의 경우를 보았다. 다른 선택이 가능하다; 예를 들어, 다음을 인용(引用)하자:

- 절점(節點, node)이 사각형 Q_k의 정점(頂點, vertex)이며 제어 포체(制御 胞體, control cell)는 각 사각형 Q_k를 4개로 분할하고(중선(中線, median)을 따라) 모든 부분 사각형(部分 四角形, sub-quadrangle)을 연결하여(joining) 얻어져 공통 변(共通 邊, common side)을 갖는 형태의 사각형이다;
- 절점은 사각형 변(四角形 邊, quadrangle edge)의 중점(中點, midpoint)이며 포체는 공통 변(共通 邊, common edge)을 가진 모든 사각형을 연결함으로써 얻어진다;
- 위의 모두에서, 사각형을 삼각형(三角形, triangle)으로 대체할 수 있다; 예를 들어, 절점은 삼각화의 정점이며 절점에 관련된 포체는 이 정점을 공유(共有)하는 삼각형의 중선을 연결함으로써 얻어진 다각형(多角形, polygon)이다.

당연히, 이런 모든 선택의 경우, 미지수의 수(number of unknowns)가 방정식의 수와 정확히 같을 것이 필요하다. 이럼에도 불구하고 문제가 있을 수 있다. 예를 들어, $\nabla \cdot u = 0$를 가진 다음과 같은 대류 방정식을 고려하자:

$$\frac{\partial \varphi}{\partial t} + \nabla \cdot (u\varphi) = 0. \tag{7.166}$$

사각형 포체를 선택하고, 절점을 포체의 중심으로 정의하자; 다음을 가진다:

$$\int_{Q_k} \frac{\partial \varphi}{\partial t} d\Omega + \int_{\partial Q_k} (u \cdot n\varphi) d\Gamma = 0^{\dagger}. \tag{7.167}$$

두 번째 적분이 0이 될 것이기 때문에, φ가 각 포체에서 일정하다고 가정할 수 없다. 이것은 보간의 선택의 중요성을 보인다.

이 유한체적법은 비교적 최근의 방법이다 [Jameson 등 (1986)]. 그것은 개념적(槪念的)으로 단순하고 이행(履行)하기 쉽다. 이론은 아직 발전 중에 있다 (Eymard와 Gallouët (1993), Morton (1996)).

이 방법은 대류 방정식을 위하여 처음으로 개발되었다(유체 유동(流體 流動, fluid flow)에 대한 오일러 방정식(Euler equation)). Nicolaïdes (1992)는, 다음과 같은 책략에 따라 2개의 1계 방정식 계(一階 方程式 系, system of first order equations)로 분해한 후, 방법을 2계 방정식(二階 方程式, second order equation)으로 확장하였다:

$$\Delta\varphi = 0 \quad \leftrightarrow \quad u = \nabla\varphi, \ \nabla \cdot u = 0.$$

약간의 방정식은 삼각형에 대해 적분되는 반면, 다른 것은 삼각화(三角化, triangulation)의 보로노이 다각형(Voronoï polygon)에 대하여 적분된다.

이 방법의 한 가지 흥미로운 점은, 유한차분법과는 반대로, 어쩌면 불연속 계수(不連續 係數, discontinuous coefficient)를 갖는 방정식을 다루는 것도 가능하게 만든다는 점이다. 수치적 시험(數値的 試驗, numerical test)은, ν가 변수(變數, variable)와 불연속 계수를 가진 행렬인 $-\nabla \cdot (\nu\nabla\varphi)$와 같은 연산자의 경우, Neumann 경계조건에 대하여, 유한체적법은 유한요소법보다 더 좋은 결과가 얻어짐을 보인다; 한편, Dirichlet 경계조건의 경우에 대해서는 결론이 유보(留保)된다. 이 형태의 방법의 최근의 개관(槪觀, survey)을 위해서는, 얼마간 완전한 수학적 문헌 목록(數學的 文獻 目錄, mathematical bibliography)이 찾아질 수 있는, Eymard, Gallouët과 Herbin (1995)에 의한 근간 서적(近刊 書籍, forthcoming book)을 참조하기 바란다.

† 역자 주: 적분 변수를 생략하면 수학적 표기의 오류로 보일 수 있어, 본 역서에서는 모든 적분식(積分式)을 영역 적분의 경우에는 $d\Omega$를, 그리고 경계 적분의 경우에는 $d\Gamma$를 포함하여 나타내었다.

APPENDIX 7.A

The Fortran Program for Solving the Heat Equation with Homogeneous Dirichlet Boundary Condition by Two Different Schemes in Time: the Explicit Scheme, and the Implicit Scheme

```
C file:  evolHEAT.for
C
       PROGRAM evolHEAT
C     ----------------
C
C  This program solves the evolution problem
C  governed by the heat equation in one dimension,
C  with homogeneous Dirichlet boundary conditions
C  and zero source term, by two methods: explicit
C  scheme, implicit scheme and LU factorization of
C  the matrix.
C
C    arrays:
C    -------
C      mesh:
C        x: coordinates of the mesh points
C      solution
C        phi: values of the approximate solution
C      other arrays
C        al, d, u: coefficients of the LU factors of the
C          linear system matrix (implicit case)
C      phin: array for explicit case
C
C
      PARAMETER (nMax=1000)
      DIMENSION x(nMax),phi(nMax)
      CHARACTER*20 filnam
C
      write(*,*)'number of points (min 2, max 1000)'
      read(*,*)n
      dx=1./(n-1.)
      DO 1 i=1,n
        x(i)=(i-1.)*dx
1     CONTINUE
      write(*,*)'chosen scheme: 0=impicit'
      write(*,*)                '1=explicit'
      read(*,*)ischem
      write(*,*)'final time'
      read(*,*)Tf
      CALL init(n,x,phi)
      IF(isch.EQ.1)THEN
        dtmax=0.5*dx*dx
        write(*,*)'enter time step'
        write(*,*)'attention dtmax=',dtmax
```

```
        read(*,*)dt
        m=aint(Tf/dt)
        c=dt/(dx*dx)
        CALL Sexpli(n,m,c,x,phi)
      ELSE
        write(*,*)'enter time step'
        read(*,*)dt
        m=aint(Tf/dt)
        c=dt/(dx*dx)
        CALL Simpli(n,m,c,x,phi)
      EDNIF
      write(*,*)'name of file for storing the'
      write(*,*)'approximate solution'
      read(*,'(a)')filnam
      CALL writeF(filnam,n,phi)
      PAUSE
      END
C
C
C ---------------------------------------------------
      SUBROUTINE init(n,x,phi)
C ---------------------------------------------------
C
      DIMENSION x(*),phi(*)
      DO 1 i=1,n
        xi=x(i)
        phi(i)=xi*(1.-xi)
1     CONTINUE
      END
C
C
C ---------------------------------------------------
      SUBROUTINE Sexpli(n,m,c,x,phi)
C ---------------------------------------------------
C
      PARAMETER (nMax=1000)
      DIMENSION x(*),phi(*),phin(nMax)
      DO 1 k=1,m
      DO 2 i=2,n-1
        phin(i)=phi(i)+c*(phi(i+1)-2.*phi(i)+phi(i-1))
2     CONTINUE
      DO 3 i=2,n-1
        phi(i)=phin(i)
3     CONTINUE
1     CONTINUE
      END
C
C
C ---------------------------------------------------
      SUBROUTINE Simpli(n,m,c,x,phi)
C ---------------------------------------------------
```

```
      PARAMETR (nMax=1000)
      DIMENSION x(*)
      DIMENSION phi(*)
      DIMENSION al(nMax),d(nMax),u(nMax)
C
C  matrix
C
      d2=2.*c+1.
      d(2)=d2
      u(2)=-c/d2
      DO 1 i=3,n-1
        al(i-1)=-c
        d(i)=2.*c+1.-u(i-1)*al(i-1)
        u(i)=-c/d(i)
1     CONTINUE
C
C  iterations: forward-backward solves
C
      DO 2 k=1,m
        phi(2)=phi(2)/d(2)
      DO 3 i=3,n-1
        phi(i)=(phi(i)-al(i-1)*phi(i-1))/d(i)
3       CONTINUE
      DO 4 i=n-2,2,-1
        phi(i)=phi(i)-u(i)*phi(i+1)
4       CONTINUE
2     CONTINUE
      END
```

Part C

COMPLEMENTS ON NUMERICAL METHODS

8 Boundary Integral Methods for the Laplacian

Summary

이 장(章)에서는 경계적분 표현법(境界積分 表現法, boundary integral representation method), 또는 줄여서 경계적분법(境界積分法, boundary integral method)을 소개한다: 이 방법은 그린 함수(Green's function)가 알려진 연산자에만 적용될 수 있다. 3차원에서의 Laplacian의 경우로 그것을 설명하고 2차원에서 결과를 기술(記述)할 것이다. 이 방법은 처음에 유체역학 공학자(流體力學 工學者, fluid mechanics engineer)에 의해 소개되었지만, 지금은 음향학(音響學, acoustics)과 전자기학(電磁氣學, electromagnetism) 같은 항공역학(航空力學, aerodynamics)을 넘어선 많은 다른 영역으로 확장되고 있다. 헬름홀츠 방정식(Helmholtz equation)의 경우를 간단하게 나타낼 것이다. 이 방법은 때때로 특이점 법(特異點 法, singularity method), 또는 패널법(panel method)으로 불려짐을 상기하자: 이 명칭(名稱, name)의 기원(起源, origin)을 설명하는 기회를 가질 것이다.

8.1 PRELIMINARIES

충분히 매끈한 경계(sufficiently smooth boundary)인 공간(空間, space) $\mathbb{R}^3$의 영역 Ω 내에서 Dirichlet 경계조건을 가진 Laplacian의 모델 문제(model problem)를 푸는데 착수한다:

$$-\Delta\varphi = f \text{ in } \Omega, \quad \varphi|_\Gamma = \varphi_\Gamma. \tag{8.1}$$

경계 Γ는 유계 영역(有界 領域, bounded domain) Ω_i를 결정하며, 다음의 두 경우를 고려할 것이다: $\Omega = \Omega_i$와 문제는 *내부(內部) 디리끌레 문제(interior Dirichlet problem)*; $\Omega = \Omega_e = \mathbb{R}^3 - \bar{\Omega}_i$ 와 그러면 식 (8.1)은 *외부(外部) 디리끌레 문제(exterior Dirichlet problem)*.

경계적분법의 원리(原理, principle)는 연산자의 *기본해(基本解, elementary solution)*, 또는 *그린 함수(Green's function)*를 찾는 것에 기초를 둔다. 이제 관심을 갖는 경우, 즉 Laplacian에 대해 이것을 정의할 것이다.

8.1.1 Elementary Solution of the Laplacian

3차원에서 표기 $|x| = \left(x_1^2 + x_2^2 + x_3^2\right)^{1/2}$를 가진 함수 $(x = (x_1, x_2, x_3) \to 1/|x|)$은, 다음의 보조 정리(補助 定理, lemma)를 만족하기 때문에, 곱셈 상수(multiplicative constant)까지 기본해로 적절하다:

Lemma 8.1 원점(原點)을 제외하고(minus the origin) $(x \to 1/|x|)$에 의해 공간 $\mathbb{R}^3$에서 정의된 함수는 조화적(調和的, harmonic), 즉 다음을 만족한다:

$$\forall x \in \mathbb{R}^3, x \neq 0, \quad \Delta\left(\frac{1}{|x|}\right) = 0. \tag{8.2}$$

더욱이, 다음을 가진다:

$$\forall a > 0, \quad \int_{|x|<a} \Delta\left(\frac{1}{|x|}\right) dx = -4\pi^{\dagger}. \tag{8.3}$$

PROOF 첫 번째 논점(論點, point)을 증명하는 것으로 시작하자. 간단한 대수 계산(代數 計算, algebraic computation)으로부터

$$\frac{\partial}{\partial x_i}\left(x_1^2 + x_2^2 + x_3^2\right)^{-\frac{1}{2}} = -\frac{1}{2}(|x|^2)^{-\frac{3}{2}}\frac{\partial}{\partial x_i}(x_i^2) = -\frac{x_i}{(|x|^2)^{\frac{3}{2}}}$$

가 되어,

$$\begin{aligned}\frac{\partial^2}{\partial x_i^2}\left(\frac{1}{|x|}\right) &= \frac{\partial}{\partial x_i}\left[-\frac{x_i}{(|x|^2)^{\frac{3}{2}}}\right] = -(|x|^2)^{-\frac{3}{2}} - x_i\frac{\partial}{\partial x_i}\left[(|x|^2)^{-\frac{3}{2}}\right] \\ &= -|x|^{-3} + \frac{3}{2}x_i|x|^{-5}(2x_i) = -|x|^{-3} + 3x_i^2|x|^{-5}\end{aligned}$$

이 얻어져, 지표(指標, index) $\forall i \in \{1, 2, 3\}$에 대하여 합(合)함으로써(by summing) 식 (8.2)를 준다

두 번째 논점은 그린의 공식(Green's formula)를 사용함으로써 증명된다. 중심(中心)이 0이며 반경(半徑, radius) a인 구(球, sphere)의 외향 법선(外向 法線, outer normal)을 n으로 나타내자. 그러면 $\nabla 1 \equiv 0$이기 때문에, 다음을 가진다:

† 역자 주: 적분 변수를 생략하면 수학적 표기의 오류로 보일 수 있어, 본 역서에서는 적분 변수가 3차원 변수 x이므로 적분식(積分式)에 dx를 포함하여 나타내었다.

$$\int_{|x|<a} \Delta\left(\frac{1}{|x|}\right) dx = \int_{|x|=a} \frac{\partial}{\partial n}\left(\frac{1}{|x|}\right) d\gamma(x)\,. \tag{8.4}$$

구좌표계(球座標系, spherical coordinates) (r, θ, φ)의 사용에 의해, 이 적분은

$$\begin{aligned}\int_{|x|=a} \frac{\partial}{\partial n}\left(\frac{1}{|x|}\right) d\gamma(x) &= \int_0^{2\pi}\left(\int_{-\frac{\pi}{2}}^{\frac{\pi}{2}} \frac{\partial}{\partial r}\left(\frac{1}{r}\right)_{|r=a} a^2 \cos\varphi \, d\varphi\right) d\theta \\ &= -\int_0^{2\pi}\int_{-\frac{\pi}{2}}^{\frac{\pi}{2}} \cos\varphi \, d\varphi \, d\theta = -2\pi[\sin\varphi]_{-\frac{\pi}{2}}^{\frac{\pi}{2}} = -4\pi\end{aligned}$$

가 되어, 식 (8.4)와 함께, 식 (8.3)을 증명하며 보조 정리의 증명이 끝난다. □

EXERCISE 다음을 보여라:

$$\forall a > 0, \quad \int_{\{x,\ |x|<a,\ x_3\geq 0\}} \Delta\left(\frac{1}{|x|}\right) dx = -2\pi; \tag{8.5}$$

이 결과는 명백하게 0에 중심이 있는 임의의 반구(半球, half-ball)로 일반화될 수 있다. □

Proposition 8.2 *0에서의 집중 지지 연속 함수(集中 支持 連續 函數, compactly supported continuous function) ψ에 대해 $<\delta, \psi> = \psi(0)$에 의해 정의된 디랙 치수(측도(測度))(Dirac measure)를 δ로 나타낸다면, 다음을 가진다:*

$$\Delta\left(\frac{1}{|x|}\right) = -4\pi\delta. \tag{8.6}$$

PROOF $\mathcal{D}(\mathbb{R}^3)$에서 분포(分布, distribution)와 함수 사이의 쌍대 괄호(雙對 括弧, duality bracket)를 같은 기호 $<\cdot,\cdot>$로 나타낸다. 여기서 공간은 $\mathbb{R}^3$에서 집중 지지(集中 支持, compact support)인 무한(無限)히 미분 가능(微分 可能)한 함수의 집합(集合)(set of infinitely differentiable function)을 나타낸다. 함수 $(x \to 1/|x|)$은 국부적(局部的)으로 적분 가능(locally integrable)이기 때문에, 그것은 분포이며, $\mathbb{R}^3$에 걸친 분포의 공간 $\mathcal{D}'(\mathbb{R}^3)$에서 미분해도 된다.

분포 미분(分布 微分, distributional derivative)의 정의에 의해, 임의의 함수 $\psi \in \mathcal{D}(\mathbb{R}^3)$에 대해

$$\langle\Delta\left(\frac{1}{|x|}\right), \psi\rangle = \langle\frac{1}{|x|}, \Delta\psi\rangle = \lim_{\epsilon\to 0} I_\epsilon\,, \quad I_\epsilon = \int_{|x|>\epsilon} \frac{1}{|x|}\, \Delta\psi(x) dx \tag{8.7}$$

을 가진다. 마지막 등식(等式, equality)은 레베스게의 지배 수렴 정리(支配 收斂 定理)(Lebesgue's dominated convergence theorem)의 적용에 의한 귀결(歸結)이다.

Green의 공식을 사용하여, 공(ball) $|x| < \epsilon$의 외부(外部, exterior)로 향하는 방향의 구(球, sphere) $|x| = \epsilon$에서의 법선(法線, normal)을 n으로 나타내면, 다음을 얻는다(부호(符號, sign)에 주의하라!):

$$
\begin{aligned}
I_\epsilon = \int_{|x|>\epsilon} \Delta\left(\frac{1}{|x|}\right) \psi(x)dx - \int_{|x|=\epsilon} \frac{1}{|x|}\frac{\partial\psi}{\partial n}(x)d\gamma(x) \\
+ \int_{|x|=\epsilon} \frac{\partial}{\partial n}\left(\frac{1}{|x|}\right)\psi(x)d\gamma(x)\,.
\end{aligned} \tag{8.8}
$$

식 (8.2)에 따라, 첫 번째 적분은 0이다. 위에서와 비슷한 구좌표계로의 변수 변환(變數 變換, change of variable)은 (야코비안(Jacobian)은 $\epsilon^2\cos(\varphi)$와 같다) 두 번째 적분의 절대치(絶對値, absolute value)가, 곱셈 상수(multiplicative constant)까지, ϵ에 의해 유계됨을 보이는 것을 가능하게 한다: 그래서, 이 적분은 ϵ과 함께 0으로 간다. 세 번째 적분이 $-4\pi\psi(0)$로 가는 것을 보이는 것이 남았다.

식 (8.8)에서 법선 n은 $n = n(x) = x/|x|$로 써질 수 있으며, $\nabla(1/|x|) = -x/|x|^3$이어서, 다음을 가진다:

$$
\frac{\partial}{\partial n}\left(\frac{1}{|x|}\right)(x) = -\frac{1}{|x|^2}.
$$

그것은 연속적으로(successively)

$$
\begin{aligned}
&\left|\int_{|x|=\epsilon} \frac{\partial}{\partial n}\left(\frac{1}{|x|}\right)\psi(x)d\gamma(x) + 4\pi\psi(0)\right| \\
&= \left|\int_{|x|=\epsilon} \left[\frac{\partial}{\partial n}\left(\frac{1}{|x|}\right)(x)\psi(x) + \frac{1}{\epsilon^2}\psi(0)\right] d\gamma(x)\right| \\
&= \frac{1}{\epsilon^2}\left|\int_{|x|=\epsilon} [-\psi(x) + \psi(0)]d\gamma(x)\right| \le \epsilon \sup_{x\in\mathbb{R}^3} \sum_{1\le i\le 3} \left|\frac{\partial\psi}{\partial x_i}(x)\right|
\end{aligned}
$$

의 결과가 되고, 구좌표계로의 변수 변환으로부터 나온 마지막 부등식(不等式, inequality)은 평균치 부등식(平均値 不等式, mean value inequality)에 의해 나왔다. 그러면 극한(極限, limit) $\epsilon \to 0$에서, 임의의 함수 $\psi \in \mathcal{D}(\mathbb{R}^3)$에 대해, 식 (8.7)과 함께 분포의 의미(sense of distribution)에서 식 (8.6)을 증명하는 다음을 가진다:

$$
\lim_{\epsilon\to 0} I_\epsilon = -4\pi\psi(0).
$$

□

동일한 논증(論證)(identical argument)에 의해(Theorem 8.5의 증명에서 다시 다룰 것이다), 다음의 추론(推論, corollary)을 얻는다.

Corollary 8.3 D가 $\mathbb{R}^3$에서 매끈한 유계 영역(有界 領域)(smooth bounded domain)이라 하자. $\mathbb{R}^3$에서 집중 지지(集中 支持, compact support)인 임의의 충분히 매끈한 함수(sufficiently smooth function) ψ에 대하여, 다음과 같이 두자:

$$K\psi(x) = \int_D \Delta\left(\frac{1}{|x-y|}\right)\psi(y)dy. \tag{8.9}$$

다음을 가진다:

$$K\psi(x) = \begin{cases} 0 & \text{if } x \notin D, \\ -4\pi\psi(x) & \text{if } x \in D - \partial D, \\ -2\pi\psi(x) & \text{if } x \in \partial D. \end{cases} \tag{8.10}$$

Remark 8.4 2차원에서, 함수 $-1/(4\pi|x|)$를 $\ln(|x|)/2\pi$로 대체(代替)한다면, 위의 모든 결론(結論, conclusion)이 타당(妥當)하게 남는다. 그러면 다음의 결과를 얻는다:

$$\forall x \in \mathbb{R}^2,\ x \neq 0, \quad \Delta(\ln(|x|)) = 0, \tag{8.11}$$

$$\forall a > 0, \quad \int_{|x|<a} \Delta(\ln(|x|))dx = 2\pi; \tag{8.12}$$

$$\Delta(\ln(|x|)) = 2\pi\delta. \tag{8.13}$$

마지막으로, D가 $\mathbb{R}^3$에서 충분히 매끈한 영역이라면, 다음을 가진다:

$$\int_D \Delta[\ln(|x-y|)]\,\psi(y)dy = \begin{cases} 0 & \text{if } x \notin D, \\ 2\pi\psi(x) & \text{if } x \in D - \partial D, \\ \pi\psi(x) & \text{if } x \in \partial D. \end{cases} \tag{8.14}$$

증명은 이미 한 증명과 비슷하다. □

ORIENTATION 이제 $f = 0$의 경우에서 식 (8.1)의 수치해(數値解, numerical solution)에 관심을 가진다.

가능성은 경계 Γ에 위치(位置)한 N개의 점 x^i의 주어진 집합(集合, set)에 대하여

$$\varphi(x) = \sum_{i=1}^{N} \frac{\lambda_i}{|x - x^i|} \tag{8.15}$$

의 형태로 φ를 찾는 것일 것이다.

그러한 함수는 Ω의 내부(內部, interior)에서 라플라스 방정식(Laplace's equation)을 자동적(自動的)으로 만족하기 때문에, 경계조건도 역시 만족하는 스칼라 λ_i를 찾으면 충분할 것이다. 하지만, 식 (8.15)가 절점(節點, node) x^i에서 특이(特異, 비정칙(非正則), singular)이기 때문에, 이 경계조건은, 예를 들어

$$\forall j \in \{1, \cdots, N\}, \quad \sum_{i=1}^{N} \lambda_i \int_\Gamma \frac{1}{|x - x^i||x - x^j|} \, d\gamma(x) = \int_\Gamma \frac{\varphi_\Gamma(x)}{|x - x^j|} \, d\gamma(x) \qquad (8.16)$$

와 같이 씀으로써, 약 의미(弱 意味, weak sense)에서만 만족될 수 있다. 이것은 N개의 미지수 λ_i에 대한 N개의 방정식 계(系)(system of N equations)를 제공(提供)한다. 이 방법은 실제로 작동(作動)하지만, 2가지 결점(缺點, drawback)을 가진다:

1. 좌변(左邊, left hand side)의 적분이 특이(特異)이며, $i = j$인 경우에는 더욱 더 그렇다.
2. 이 방법은, 경계 절점(boundary node)의 지표(指標, index) i와 j에 대한 2중(二重) 루프(double loop) 뿐만 아니라 적분을 계산하기 위한 다른 루프를 요구하기 때문에 비용(費用)(시간)이 많이 든다(expensive).

이제 식 (8.1)의 해(解, solution)의 *적분 표현(積分 表現, integral representation)*에 기초를 둔 다른 훨씬 더 비용(시간)이 덜 드는 방법을 제안할 것이다.

8.1.2 Integral Representation of the Solutions of (8.1)

앞 절(節)에서의 표기를 다시 사용하고, $\mathbb{R}^3$에서 여집합(餘集合, complement)이 $\bar{\Omega}_e$로 나타내어지는, $\mathbb{R}^3$에서 경계 Γ를 가진 매끈한 유계 영역을 Ω_i로 나타내자. Ω_i(Ω_e와 대응)의 외부로 향하는 방향의 Γ에 대한 법선(法線, normal)은 n_i(또는 n_e)로 나타내어진다; $n = n_i = -n_e$로 둔다. 상사(相似, analogy)에 의해, $\bar{\Omega}_i$(또는 $\bar{\Omega}_e$)에 걸쳐 정의된 임의의 함수를 φ_i(또는 φ_e)로 나타낼 것이며 φ를 다음에 의해 $\Omega_i \cup \Omega_e$에 걸쳐 정의된 함수라 할 것이다:

$$\varphi|_{\Omega_i} = \varphi_i, \quad \varphi|_{\Omega_e} = \varphi_e. \qquad (8.17)$$

다음의 정리를 가진다:

Theorem 8.5 $\varphi_i \in C^2(\Omega_i) \cap C^1(\bar{\Omega}_i)$, $\varphi_e \in C^2(\Omega_e) \cap C^1(\bar{\Omega}_e)$라 가정하고, 무한원(無限遠, 무한대(無限大), infinity)에서의 거동(擧動, behavior)에 대해 다음과 같은 전제(前提,

hypothesis)가 만족된다고 하자: φ_e 및 $\nabla\varphi_e$가 각각 $r = |x| \to +\infty$에 따라 $1/r$ 및 $1/r^2$과 같이 감쇠(減衰)한다(decay). 그러면, φ가 $\Omega_i \cup \Omega_e$에서 조화적(調和的, harmonic)이라면, 다음과 같이 정의되는 적분 표현(積分 表現, integral representation)을 허용한다:

- $x \in \Omega_i \cup \Omega_e$라면:

$$\varphi(x) = \frac{1}{4\pi}\int_\Gamma \left[\frac{\partial\varphi}{\partial n}\right](y)\frac{1}{|x-y|}d\gamma(y) - \frac{1}{4\pi}\int_\Gamma [\varphi](y)\frac{\partial}{\partial n}\left(\frac{1}{|x-y|}\right)(y)d\gamma(y), \tag{8.18}$$

여기서 표기는 다음과 같다:

$$[\varphi] = \varphi_i - \varphi_e, \quad \left[\frac{\partial\varphi}{\partial n}\right] = \frac{\partial\varphi_i}{\partial n} - \frac{\partial\varphi_e}{\partial n}; \tag{8.19}$$

- x가 경계 Γ 위에 있다면:

$$\begin{aligned}\frac{\varphi_i(x)+\varphi_e(x)}{2} = &\frac{1}{4\pi}\int_\Gamma \left[\frac{\partial\varphi}{\partial n}\right](y)\frac{1}{|x-y|}d\gamma(y)\\ &-\frac{1}{4\pi}\int_\Gamma [\varphi](y)\frac{\partial}{\partial n}\left(\frac{1}{|x-y|}\right)(y)d\gamma(y).\end{aligned} \tag{8.20}$$

이 결과를 증명하기 위해서는, 이제 정확(正確)하게 할 몇 개의 표기를 도입하는 것이 필요하다. 반경 R이 충분히 커 $\overline{\Omega}_i$를 내포(內包)하는 원점(原點, origin)에 중심이 있는 개구(開球, 열린 공, open ball)를 B_R로 나타내자. 임의의 점 x에 대해, 반경 $\epsilon << 1$인 x에 중심이 있는 열린 공을 $B_\epsilon(x)$로 나타낸다. 이 공들의 경계는 각각 ∂B_R과 $\partial B_\epsilon(x)$에 의해 나타내어질 것이다; 마지막으로, n_R과 n_ϵ은 이 공들의 경계에서 외부로 향하는 방향의 법선(法線, normal)을 나타낼 것이다. 이 법선들은, Γ의 각 점에서의 Ω_i에 대한 외부 법선(外部 法線, exterior normal) $n = n_i = -n_e$와 마찬가지로, 영역의 경계에서의 적분 변수(積分 變數, integration variable)(결국 y)의 함수이다; 명확(明確)을 위해, 이 종속(從屬, independence)을 명시하지는 않을 것이다. 같은 방식으로, y가 Γ에서의 적분 변수인, 생략된 표기(abbreviated notation) $\frac{\partial}{\partial n}(1/|x-y|)$는 $(\nabla_y(1/|x-y|)\cdot n)(y)$를 의미한다. 여기서 ∇_y는 변수 y에 관한 미분 연산자(微分 演算子, derivation operator)를 나타낸다.

PROOF OF THEOREM 8.5 먼저 Ω_i내의 점 x를 고려하자. $\Omega_i - \overline{B}_\epsilon(x)$내에서 그린의 공식(公式)(Green's formula)의 사용에 의해, 함수 φ_i와 $(y \to 1/|x-y|)$가 거기에서 조화적(harmonic)이기 때문에, 다음을 가진다:

$$\begin{aligned} 0 &= \int_{\Omega_i - \overline{B}_\epsilon(x)} \left(\Delta\varphi_i(y) \frac{1}{|x-y|} - \varphi_i(y) \Delta\left(\frac{1}{|x-y|}\right)(y) \right) dy \\ &= \int_\Gamma \frac{\partial \varphi_i}{\partial n}(y) \frac{1}{|x-y|} d\gamma(y) - \int_\Gamma \varphi_i(y) \frac{\partial}{\partial n}\left(\frac{1}{|x-y|}\right)(y) d\gamma(y) \\ &\quad - \int_{\partial B_\epsilon(x)} \frac{\partial \varphi_i}{\partial n_\epsilon}(y) \frac{1}{|x-y|} d\gamma_\epsilon(y) + \int_{\partial B_\epsilon(x)} \varphi_i(y) \frac{\partial}{\partial n_\epsilon}\left(\frac{1}{|x-y|}\right)(y) d\gamma_\epsilon(y). \end{aligned} \tag{8.21}$$

우변(右邊, right hand side)의 세 번째(또는 네 번째) 적분은 조금 더 일반적이지만, 식 (8.8)에 있는 두 번째(또는 세 번째) 적분과 비슷한 표현을 가진다; Proposition 8.2의 증명에서 사용된 것과 비슷한 논증(論證, argument)에 의해, $\epsilon \to 0$일 때, 극한(極限, limit)으로서 0($-4\pi\varphi_i(x)$에 대응)을 가짐을 추론(推論)한다. 그러면 다음을 가진다:

$$4\pi\varphi_i(x) = \int_\Gamma \frac{\partial \varphi_i}{\partial n}(y) \frac{1}{|x-y|} d\gamma(y) - \int_\Gamma \varphi_i(y) \frac{\partial}{\partial n}\left(\frac{1}{|x-y|}\right)(y) d\gamma(y). \tag{8.22}$$

그 다음 $B_R \cap \Omega_e$에서 그린의 공식(Green's formula)을 사용하자($x \in \Omega_i$이기 때문에, 함수 $(y \to 1/|x-y|)$이 없어지지 않는다); 선택 $n = -n_e$의 덕택으로, 다음을 가진다:

$$\begin{aligned} 0 &= \int_{B_R \cap \Omega_e} \left(\Delta\varphi_e(y) \frac{1}{|x-y|} - \varphi_e(y) \Delta\left(\frac{1}{|x-y|}\right)(y) \right) dy \\ &= -\int_\Gamma \frac{\partial \varphi_e}{\partial n}(y) \frac{1}{|x-y|} d\gamma(y) + \int_\Gamma \varphi_e(y) \frac{\partial}{\partial n}\left(\frac{1}{|x-y|}\right)(y) d\gamma(y) \\ &\quad + \int_{\partial B_R} \frac{\partial \varphi_e}{\partial n_R}(y) \frac{1}{|x-y|} d\gamma_R(y) - \int_{\partial B_R(x)} \varphi_e(y) \frac{\partial}{\partial n_R}\left(\frac{1}{|x-y|}\right)(y) d\gamma_R(y). \end{aligned} \tag{8.23}$$

이제, φ_e의 무한원에서의 거동에 관한 전제(前提)는 식 (8.23)의 우변에 있는 세 번째와 네 번째 적분이 R이 $+\infty$로 감에 따라 0으로 향한다는 것을 보이기에 충분하다(이것을 보기 위해서는, 식 (8.8)에 있는 항(項)의 계산에서처럼, 야코비안(Jacobian)이 R^2에 비례(比例)하는, 구좌표계(球座標系, spherical coordinates)로의 변수 변환을 수행하면 충분하다). 따라서 다음을 추론한다:

$$0 = -\int_\Gamma \frac{\partial \varphi_e}{\partial n}(y) \frac{1}{|x-y|} d\gamma(y) + \int_\Gamma \varphi_e(y) \frac{\partial}{\partial n}\left(\frac{1}{|x-y|}\right)(y) d\gamma(y). \tag{8.24}$$

그 다음 식 (8.22)와 (8.24)를 항별(項別)로(termwise) 더하면, Ω_i 내에 있는 점 x에

대해 식(8.18)을 얻는다. 논증은, 먼저 Ω_i에 대해 적분하고, 그 다음 $B_R \cap \Omega_e - \overline{B}_\epsilon(x)$에 대해 적분해야 한다는 것을 제외하고는, Ω_e내에 있는 점(點)의 경우와 같다.

Γ에 속하는 점 x의 경우를 검토하는 것이 남았다. $\Omega_i - \overline{B}_\epsilon(x)$에서 Green의 공식을 다시 한번 사용하자. 그러면 다음을 얻는다:

$$\begin{aligned} 0 = &-\int_{\Gamma-\Gamma\cap B_\epsilon(x)} \frac{\partial\varphi_i}{\partial n}(y)\frac{1}{|x-y|}d\gamma(y) + \int_{\Gamma-\Gamma\cap B_\epsilon(x)} \varphi_i(y)\frac{\partial}{\partial n}\left(\frac{1}{|x-y|}\right)(y)d\gamma(y) \\ &-\int_{\partial B_\epsilon(x)\cap\Omega_i} \frac{\partial\varphi_i}{\partial n_\epsilon}(y)\frac{1}{|x-y|}d\gamma_\epsilon(y) + \int_{\partial B_\epsilon(x)\cap\Omega_i} \varphi_i(y)\frac{\partial}{\partial n_\epsilon}\left(\frac{1}{|x-y|}\right)(y)d\gamma_\epsilon(y). \end{aligned} \tag{8.25}$$

위에서와 같이, 식 (8.25)의 우변에 있는 세 번째 적분은 ϵ에 따라 0으로 향함을 본다. 네 번째 적분은, 이제 반구(半球, half-sphere)에 대해 (무한히 작은 ϵ에 대해) 적분하기 때문에, 이 적분이 ϵ이 0으로 갈 때 $-2\pi\varphi_i(x)$로 향한다는 것을 제외하고는, Proposition 8.2의 증명에서와 같이 계산된다. 뒤 쪽의 계산에서, 경계 Γ가 각도 점(角度 點, angular point)을 가지지 않는다는 가정이 필요하다는 것에 주목하자; 사실, 각도 점 x가 있다면, 이 점에서의 접선(接線, tangent)이 Ω_i에서 각도(角度, angle) θ를 만들기 때문에, 위의 극한은 $-\theta\varphi_i(x)$로 될 것이다.

이제, 극한 $\epsilon \to 0$에서, 다음을 가진다:

$$2\pi\varphi_i(x) = \int_\Gamma \frac{\partial\varphi_i}{\partial n}(y)\frac{1}{|x-y|}d\gamma(y) - \int_\Gamma \varphi_i(y)\frac{\partial}{\partial n}\left(\frac{1}{|x-y|}\right)(y)d\gamma(y). \tag{8.26}$$

비슷한 논증에 의해, $B_R \cap \Omega_e - \overline{B}_\epsilon(x)$에 대해 적분함으로써, 극한 $R \to \infty$와 $\epsilon \to 0$에서 나음을 얻는나:

$$2\pi\varphi_e(x) = -\int_\Gamma \frac{\partial\varphi_e}{\partial n}(y)\frac{1}{|x-y|}d\gamma(y) + \int_\Gamma \varphi_e(y)\frac{\partial}{\partial n}\left(\frac{1}{|x-y|}\right)(y)d\gamma(y). \tag{8.27}$$

표현 (8.20)은 그러면 시 (8.26)과 (8.27)을 항별로 더함으로써 언어진다. □

Remark 8.6 φ_e의 무한원에서의 거동에 관한 전제는 실제로 약해질 수 있다: φ_e/r와 $\nabla\varphi_e$가 무한원의 근방(近傍, neighborhood)에서 2계 적분 가능(二階 積分 可能)이면(square integrable) 충분하다. □

Remark 8.7 이 적분 표현 정리는, 무한원에서의 거동은 제외하고, 같은 전제로, 2차원으로 일반화될 수 있어, 이제 다음과 같은 형태로만 될 수 있다:

$$\text{if } r = |x| \to +\infty, \quad \varphi_e(x) = a\ln(r) + O\left(\frac{1}{r}\right). \tag{8.28}$$

다음을 얻는다:

- $x \in \Omega_i \cup \Omega_e$라면, 그러면:

$$\begin{aligned}\varphi(x) = &-\frac{1}{2\pi}\int_\Gamma \left[\frac{\partial\varphi}{\partial n}\right](y)\ln(|x-y|)\,d\gamma(y)\\ &+\frac{1}{2\pi}\int_\Gamma [\varphi](y)\frac{\partial}{\partial n}(\ln(|x-y|))(y)d\gamma(y);\end{aligned} \tag{8.29}$$

- x가 경계 Γ 위에 있다면, 다음을 가진다:

$$\begin{aligned}\frac{\varphi_i(x)+\varphi_e(x)}{2} = &-\frac{1}{2\pi}\int_\Gamma \left[\frac{\partial\varphi}{\partial n}\right](y)\ln(|x-y|)\,d\gamma(y)\\ &+\frac{1}{2\pi}\int_\Gamma [\varphi](y)\frac{\partial}{\partial n}(\ln(|x-y|))(y)d\gamma(y).\end{aligned} \tag{8.30}$$

Theorem 8.5에 의해 요구되는 무한원에서의 조건, 즉

$$|\varphi_e(x)| \sim \frac{C}{r}, \quad |\nabla\varphi_e(x)| \sim \frac{C}{r^2} \tag{8.31}$$

은 다음과 같은 Γ에서의 0 선속 조건(線束 條件)(zero flux condition)과 등가(等價, equivalent)이다:

$$\int_\Gamma \frac{\partial\varphi_e}{\partial n}(y)d\gamma(y) = 0. \tag{8.32}$$

이것은 Laplacian을 위한 외부 노이만 문제(exterior Neumann problem)의 풀이에 중요한 조건이다. 그것은 2차원의 경우의 특유(特有)한 점이다. □

Theorem 8.5로부터 즉시 다음과 같은 2가지 추론(推論, corollary)을 추단(推斷)한다(deduce).

Corollary 8.8 Theorem 8.5의 전제 아래에서, $[\varphi] = 0$이라면, $q = \left[\frac{\partial\varphi}{\partial n}\right]$로 나타낸, 다음을 가진다:

$$\forall x \in \mathbb{R}^3, \quad \varphi(x) = \frac{1}{4\pi}\int_\Gamma \frac{q(y)}{|x-y|}d\gamma(y). \tag{8.33}$$

Corollary 8.9 Theorem 8.5의 전제 아래에서, $\left[\frac{\partial\varphi}{\partial n}\right] = 0$이라면, $\mu = [\varphi] = \varphi_i - \varphi_e$로 둔, 다음을 가진다:

$$\forall x \in \mathbb{R}^3 - \Gamma, \quad \varphi(x) = -\frac{1}{4\pi}\int_\Gamma \mu(y)\frac{\partial}{\partial n}\left(\frac{1}{|x-y|}\right)(y)d\gamma(y), \tag{8.34}$$

$$\forall x \in \Gamma, \quad \varphi_i(x) = \frac{\mu(x)}{2} - \frac{1}{4\pi}\int_\Gamma \mu(y)\frac{\partial}{\partial n}\left(\frac{1}{|x-y|}\right)(y)d\gamma(y). \tag{8.35}$$

식 (8.33)에서의 적분은 *단층(單層) 포텐셜(single layer potential)*이라 불리는 반면, (8.34)에서의 그것은 *이중층(二重層) 포텐셜(double layer potential)*이라 불린다; 뒤에 이 명칭(名稱)으로 돌아올 것이다. 이제 우선 적분 표현 (8.33)을 사용하여, $\Omega = \Omega_i$ 또는 $\Omega = \Omega_e$일 때, Dirichlet 문제 (8.1)을 풀기 위해 이 결과를 사용할 것이다.

8.2 SOLUTION OF THE DIRICHLET PROBLEM BY A SINGLE LAYER POTENTIAL

목표(目標, goal)는 주로 Dirichlet 문제 (8.1)을 풀기 위한 수치해법(數値解法, numerical method)을 설명하는 것으로서, 증명을 상술(詳述)함이 없이, 문제에 연결된 이론적 결과를 짧게 요약(要約)할 것이다. 더 나아간 결과에 대해서는, Nedelec (1977), Dautray와 Lions (1990)를 참조(參照)하기 바란다.

8.2.1 Summary of the Theoretical Aspects

시작을 위하여, f는 0이라고 가정할 것이다. 연속(連續)의 관점으로부터, 앞 장(章)에서 데이터 φ_Γ가 충분히 매끈하면(sufficiently smooth) 곧 내부 디리끌레 문제(interior Dirichlet problem)는 '잘 주어진(well posed)' 문제임을 보았다; 더 정확히, $\varphi_\Gamma \in H^{\frac{1}{2}}(\Gamma)$라면, $\Omega = \Omega_i$인 문제 (8.1)은 $H^1(\Omega_i)$에서 유일해(唯一解, unique solution) φ_i를 가진다.

또한 φ_Γ에 대한 같은 매끈함의 전제(前提, hypothesis) 아래에서, 외부 Dirichlet 문제는 다음과 같은 가중 공간(加重 空間, weighted space)에서 유일해 φ_e를 허용함을 본다(그리고 증명없이 그것에 주의를 기울일 것이다) (여전히 $r = |x|$로 쓴다):

$$W^1(\Omega_e) = \left\{\psi, \frac{\psi}{\sqrt{1+r^2}} \in L^2(\Omega_e), \nabla\psi \in \left(L^2(\Omega_e)\right)^3\right\}. \tag{8.36}$$

해석(解析, construction)에 의해, 함수 φ_i와 φ_e는 Γ 위에서 일치(一致)해서, 위에서와 같은 표기로, $[\varphi] = 0$이다. 따라서, Corollary 8.8 (그리고 φ_e의 무한원(無限遠)에

서의 거동에 관한 Remark 8.6) 덕분으로, 식 (8.33)의 형태로 φ에 대한 명백한 표현(explicit expression)을 추단(推斷)해도 된다. 이 표현은 두 영역 사이의 계면(界面, interface) Γ을 가로지르는 φ의 법선 미분(法線 微分, normal derivative)의 도약(跳躍, jump)을 나타내는 선험적 미지 함수(先驗的 未知 函數, a priori unknown function) q를 포함한다. 이 미지 함수 q는 경계에 있는 점 x에 대해 식 (8.33)을 씀으로써 얻어지는 *적분 방정식(積分 方程式, integral equation)*의 해(解)이다; 사실, Γ 위에서, 그것은 문제의 데이터이기 때문에, 함수가 완전히 알려진다: $\varphi_i = \varphi_e = \varphi_\Gamma$. 따라서 다음을 가진다:

$$\forall x \in \Gamma, \quad \varphi_\Gamma(x) = \frac{1}{4\pi}\int_\Gamma \frac{q(y)}{|x-y|}\, d\gamma(y). \tag{8.37}$$

미지수 q에 대해 이 방정식을 풀 수 있다면, 그러면 표현 (8.33)이 $\mathbb{R}^3$의 각 점에서 φ의 값을 주고, 식 (8.1)을 푸는 (이론적(理論的)) 문제를 종결(終結)한다: *단층 포텐셜에 의한 φ의 적분 표현(integral representation of φ by single layer potential)*을 가진다.

식 (8.37)을 푸는 것이 남았다. 이론적 검토는 φ_Γ가 공간 $H^{\frac{1}{2}}(\Gamma)$ 내에 있다면, 문제 (8.37)은 $H^{-\frac{1}{2}}(\Gamma)$로 나타낸 위의 공간의 쌍대(雙對, dual)에서 유일해를 허용함을 보인다.

해 공간(解 空間, solution space)이 고전적인 함수 공간(classical function space)이 아니기 때문에, 문제 (8.37)은 약 형식(弱 形式, weak form)으로, 즉 다음과 같은 변분 정식화(變分 定式化, variational formulation)를 적음으로써 풀어질 것이다:

$$\begin{aligned}&\text{find } q \in H^{-\frac{1}{2}}(\Gamma) \text{ such that } \forall w \in H^{-\frac{1}{2}}(\Gamma), \text{ we have:}\\ &\frac{1}{4\pi}\int_\Gamma\int_\Gamma \frac{q(y)w(x)}{|x-y|}\, d\gamma(y)\, d\gamma(x) = \int_\Gamma \varphi_\Gamma(x)w(x)\,d\gamma(x).\end{aligned} \tag{8.38}$$

다음 절(節)에서 이산화(離散化)할 것이 바로 이 정식화이다.

실제로 유용(有用)할 수 있으며, Theorem 8.5의 증명과 비슷한, 증명이 예를 들어 Kellog (1967)에서 주어진, 마지막 결과를 한 가지 지적하자.

Proposition 8.10 *φ가 식 (8.33)에 의해 주어졌다고 하자. 그러면, $q \in H^{-\frac{1}{2}}(\Gamma)$ 라면, 위에서의 표기로 다음을 가진다.*

$$\begin{aligned}
&\forall x \in \Gamma, \quad \frac{\partial \varphi_i}{\partial n}(x) = \frac{q(x)}{2} + \frac{1}{4\pi}\int_\Gamma q(y)\frac{\partial}{\partial n_x}\left(\frac{1}{|x-y|}\right)d\gamma(y), \\
&\forall x \in \Gamma, \quad \frac{\partial \varphi_e}{\partial n}(x) = -\frac{q(x)}{2} + \frac{1}{4\pi}\int_\Gamma q(y)\frac{\partial}{\partial n_x}\left(\frac{1}{|x-y|}\right)d\gamma(y).
\end{aligned} \tag{8.39}$$

여기서 표기 n_x는 미분이 x 변수와 관련됨을 의미한다(그리고 변수 y에 의한 적분과는 관련이 없다).

Remark 8.11 명칭(名稱, name) '단층(單層, single layer)'은 정전기학(靜電氣學, electrostatics)으로부터 왔다: 표현 (8.37)은 실로 포텐셜(전위(電位), potential) φ_Γ로 유지되는 도체(導體, conductor) Γ의 표면(表面, surface)에서 전하(電荷, electric charge)의 밀도(密度, density)를 준다. □

여전히 이론적인 관점으로부터, 문제 (8.1)이 위의 함수 공간에서 여전히 유일해를 가지게 하는 가능한 우변(possible right hand side) f로부터 요구되는 조건을 지적함으로써 끝맺자: 내부 문제(內部 問題, interior problem)의 경우, f가 $L^2(\Omega_i)$ 내에 있으면 충분하며, 외부 문제(外部 問題, exterior problem)의 경우, f가 다음을 만족하면 충분하다: $\sqrt{1+r^2}\, f \in L^2(\Omega_i)$.

8.2.2 Numerical Aspects

임의의 우변(右邊, right hand side) f를 가진 식 (8.1)을 풀기 위한 시나리오(scenario)는 세 단계(段階)(three stage)를 가진다:

STAGE 1: 전 공간(全 空間, whole space)(예를 들어)에서 $-\Delta\varphi_0 = f$의 해를 찾은 다음, $\psi = \varphi - \varphi_0$로 둔다; 식 (8.1)은 그러면 미지수 ψ에 대한 다음과 같은 문제의 해(解)와 등가(等價, equivalent)이다:

$$-\Delta\psi = 0 \ \text{in} \ \Omega, \quad \psi|_\Gamma = \psi_\Gamma = \varphi_\Gamma - \varphi_0|_\Gamma. \tag{8.40}$$

STAGE 2: 적분 방정식의 해(解) q를 찾는다:

$$\forall x \in \Gamma, \quad \psi_\Gamma(x) = \frac{1}{4\pi}\int_\Gamma \frac{q(y)}{|x-y|}d\gamma(y). \tag{8.41}$$

STAGE 3: 식 (8.33)의 덕분으로 φ를 다시 세운다. 즉:

$$\forall x \in \mathbb{R}^3, \quad \varphi(x) = \varphi_0(x) + \frac{1}{4\pi}\int_\Gamma \frac{q(y)}{|x-y|}d\gamma(y). \tag{8.42}$$

Remark 8.12 $f=0$이라면, 첫 번째 단계는 나타나지 않고, Ω의 임의의 점에서의 φ를 알기 위해서는, 문제 (8.41)을 풂으로써 Γ에 걸쳐 정의된 함수 q를 계산하는 것으로 충분하다. 경계적분법의 흥미로운 점 한 가지를 본다: 3차원에서 문제를 푸는 것(Ω의 전체(全體, whole)에서 φ를 찾음)은 2차원에서 문제의 풀이(Γ에서 φ를 찾음)로 줄어든다. 실제로, 유한차분 또는 유한요소법에서 했던 것과 대비(對比)하여, 표면(表面, surface) Γ를 망(網)으로 만들면(mesh) 충분하다. 따라서 계산 비용(computational cost)(계산 용량과 시간)은 *선험적(先驗的)으로(a priori)* 줄어들 것이다.

더욱이, 영역이 외부 영역(exterior domain)이라면, 즉 $\Omega=\Omega_e$라면, 보통의 유한차분 또는 유한요소법으로 식 (8.1)을 풀기 원한다면, 계산 영역을 예를 들어 큰 공(large ball) B_R의 내부에 끼워 넣은 Ω_e에 의해 한정(限定)할 필요가 있다. 이것은 다음과 같은 다루기 힘든 문제로 이끈다: 이 방식으로 찾아진 해(解)가, $\Omega_e \cap B_R$ 내의 모든 점에서, 처음 문제(initial problem)의 해(解)의 이런 집합(集合, set)에 대한 제한(制限, restriction)과 같기 (또는 적어도 거의 같기) 위해서는, 어떤 경계조건을 가상 경계(假想 境界, artificial boundary) ∂B_R에 부여(附與)할 것인가? 이 문제는 경계적분법에서는, 이산화(離散化, discretization)가 유계(有界)된(bounded) 경계 Γ 위에서 수행되기 때문에 생기지 않는다: 이것이 이 방법의 두 번째 이점(利點, advantage)이다.

그것의 결점(缺點, drawback)은 무엇인가? 첫 째로, $f\neq 0$이면 곧 첫 번째 논증(論證, argument)이 결여(缺如)됨이 명백하다. 왜냐하면, 뒤에서 보게 될 바와 같이, 단계 1로부터의 함수 φ_0는 체적 적분(體積 積分, volume integral)에 의해 f의 함수로서 정의되기 때문이다. 이것은, 이론적으로는, 그것을 계산하기 위해서는, 전 공간(全 空間, whole space)을 망(網)으로 만들어야 함을 의미한다! 다행히도, 실제로는 이 어려움을 극복(克服, overcome)하는 것이 가능하다.

하지만, 피할 수 없는 결점이 남았다: 위에서 인용(引用)된 다른 방법의 경우에 대비하여, 식 (8.41)의 이산화로부터 얻어진 선형 계의 행렬(matrix of linear system)이 찬(full) 것을 볼 것이다. 선형 계 자체의 풀이(solution)는 계산기 시간(計算機 時間)과 저장(貯藏)(compute time and storage) 모두에서 희생이 클(costly)것이다. 더욱이, 가능한 풀이법(possible solution method)의 선택을 제한하는, 행렬이 대칭(對稱, symmetric)이 아닐 다른 상황(狀況, situation)을 8.3절에서 볼 것이다. □

이제 여러 단계의 수치적 수행(數値的 遂行, numerical implementation)을 명기(明記)할 것이다.

8.2.2.1 Implementation of Stage 1

우변 f가 해석적 표현(analytical expression)이 알려져 있는 함수라면, 그러면 문제를 완전하게 푸는 것이 가능하다: $\mathbb{R}^3$에서 $\Delta\varphi_0 = f$. 사실, φ_0는 식 (8.6)을 사용하여, 다음을 주는, f를 가진 연산자 $-\Delta$의 기본해(基本解, elementary solution)의 상승적(相乘積, 합성적(合成積), convolution)이다:

$$\forall x \in \mathbb{R}^3, \quad \varphi_0(x) = \frac{1}{4\pi}\int_{\mathbb{R}^3} \frac{1}{|x-y|} f(y)dy. \tag{8.43}$$

전 공간(whole space)(!)을 망(網)으로 만들어야 하는 것을 피한 것처럼, 위의 관계의 Fourier 변환을 취하는 것이 가능하며, 그러면 이 문제를 고속(高速) 푸리에 변환(變換)(fast Fourier transform), 또는 FFT를 사용하여 푸는 것이 가능하다.

$\Omega = \Omega_i$인 경우에 대한 다른 가능성은 Ω_i를 내포(內包)하는 큰 직사각형(直四角形, rectangle)을 선택하고 유한차분에 의해 R 내에서 다음의 Dirichlet 문제를 푸는 것이다:

$$-\Delta\varphi_0 = f \text{ in } R, \quad \varphi_0|_\Gamma = 0. \tag{8.44}$$

이것을 행하면, φ_0의 값은 유한차분 격자(有限差分 格子, finite difference grid)의 절점(節點, node)에서만 알려질(근사적(近似的)으로) 것이다. 뒤에 다른 점에서의 값을 알아야 할 필요가 있을 때, 가장 가까운 격자 절점(closest grid node)에서 취한 값으로부터 선형(線形)으로 보간(補間)할 것이다(interpolate linearly). 가능한 한 빠르게 식 (8.44)의 이산화로부터 선형 계(linear system)를 풀기 원한다면, 4장에서 언급(言及)된 다중 격자법(多重 格子法, multigrid method)을 사용할 것이다: 그것은 유한차분법으로 직사각형에서 푸는데 특히 효과적(效果的)이다.

8.2.2.2 Implementation of Stage 2

'경계' 요소법에 의해 식 (8.41)을 이산화하는 관점으로, n_t개의 삼각형 T_k로 표면 Γ의 적격(適格)인 삼각화(admissible triangulation)를 세우고, 이에 따라 정의된 망(mesh)의 크기(size)를 h로, 그리고 계산 영역(計算 領域, computation domain)(즉 모든 삼각형 T_k의 합집합(合集合, union))을 Γ_h로 나타낸다.

가능한 선택은 q_h로 나타낸 P^0 보간함수(補間函數, interpolant)에 의해 미지수 q를 근사화하는 것이다. 즉 삼각형에는 한 가지 값 q_h가 있다. 문제는 그러면, 삼각형 T_k의 질량 중심(質量 中心, 무게 중심, 중심(重心), center of mass)을 x^k로 나타낸다면, 다음을 푸는 것이 된다:

$$\forall k \in \{1, \cdots, n_t\}, \quad \frac{1}{4\pi}\int_{\Gamma_h} \frac{q_h(y)}{|x^k - y|} d\gamma(y) = \psi_\Gamma(x^k). \tag{8.45}$$

이 방법은 공학자(工學者, engineer)에게 매우 인기가 있지만, 2가지 결점을 가진다:

- 그것은 비대칭 계(非對稱 系, nonsymmetric system)로 이끈다;
- 상기(上記)한 해(解) q_h의 존재성(存在性, existence)을 증명하기 어렵다.

이것이 차라리 φ_Γ를 ψ_Γ로 대체한 약 정식화(弱 定式化, weak formulation) (8.38), 또는 다음을 사용하는 것을 택하는 이유이다:

$$\begin{aligned}&\text{find } q \in H^{-\frac{1}{2}}(\Gamma) \text{ such that } \forall w \in H^{-\frac{1}{2}}(\Gamma), \text{ we have:}\\ &\frac{1}{4\pi}\int_\Gamma \int_\Gamma \frac{q(y)w(x)}{|x-y|} d\gamma(y)\, d\gamma(x) = \int_\Gamma \psi_\Gamma(x) w(x) d\gamma(x).\end{aligned} \tag{8.46}$$

그 다음 다음과 같은 이산화 문제를 푼다:

$$\begin{aligned}&\text{find } q_h \in L_h \text{ such that } \forall w_h \in L_h, \text{ we have:}\\ &\frac{1}{4\pi}\int_{\Gamma_h} \int_{\Gamma_h} \frac{q_h(y)w_h(x)}{|x-y|} d\gamma(y)\, d\gamma(x) = \int_{\Gamma_h} \psi_\Gamma(x) w_h(x) d\gamma(x).\end{aligned} \tag{8.47}$$

여기서 L_h는, 기저(基底, basis)가 삼각형 T_j에서는 1 그리고 모든 다른 삼각형에서는 0과 같은 n_t개의 함수 1_{T_j}로 만들어진, 각 삼각형에서 일정(一定)한 함수의 공간(space of function)이다. 그러면 삼각형 T_j에서의 q_h의 값을 q_j로 나타내어,

$$q_h = \sum_{j=1}^{n_t} q_j 1_{T_j}$$

를 가진다. 여기서 q_j는 다음을 만족한다:

$$\forall i \in \{1, \cdots, n_t\}, \quad \frac{1}{4\pi}\sum_{j=1}^{n_t} \int_{T_i} \int_{T_j} \frac{q_j}{|x-y|} dy\, dx = \int_{T_i} \psi_\Gamma(x) dx. \tag{8.48}$$

위의 방정식은 식 (8.47)에 있는 함수 w_h를 번갈아 공간 L_h의 각 기저 함수(基底函數, basis function) 1_{T_i}로 취함으로써 얻어진다. 이산화 문제 (8.47)은 그러면 미지수(未知數, unknown) $Q = (q_1, \cdots, q_{n_t})^T$와 행렬 $A = ((A_{ij}))$를 가진 선형 계(線形 系, linear system)

$$AQ = \Psi \tag{8.49}$$

의 풀이로 줄어든다. 여기서 A와 Ψ의 요소(要素, entry)는 다음과 같다:

$$A_{ij} = \int_{T_i} \left(\int_{T_j} \frac{1}{|x-y|} dy \right) dx\,, \quad \Psi_i = 4\pi \int_{T_i} \psi_\Gamma(x) dx\,. \tag{8.50}$$

행렬 A는 대칭이다; 더욱이 $z = (z_1, \cdots, z_{n_t})$라면,

$$z^T A z = \int_\Gamma \int_\Gamma \frac{z_h(x) z_h(y)}{|x-y|} dy\, dx\,, \quad z_h = \sum_{i=1}^{n_t} z_i 1_{T_i}$$

이며 이 관계는 A가 정정(正定, positive definite)임을 보인다. 따라서 계(系) (8.49)의 풀이가 가능하지만, 2중 적분(二重 積分, double integral)을 계산하는 것을 요구하기 때문에 계 (8.45)의 풀이보다 더 복잡(複雜)하다. 이 계산을 뒤에, 단계 3을 어떻게 다루는지를 설명한 후에, 시도할 것이다.

8.2.2.3 Implementation of Stage 3

일단 q_h가 계산되었으면, φ에 대한 근사 q_h를 다시 세우기 위해서는, 다음과 같이 쓰면 충분하다:

$$\varphi_h(x) = \varphi_{0h}(x) + \frac{1}{4\pi} \sum_{i=1}^{n_t} q_i \int_{T_i} \frac{1}{|x-y|} dy\,. \tag{8.51}$$

여기서 φ_{0h}는 단계 1에서 주어진 φ_0의 근사이다. 필요하다면, 모든 점 $x \notin \Gamma$에서 이 방정식을 미분할 수 있어서, 따라서 φ의 구배(勾配, gradient)의 근사를 얻는다. Γ 내에 있는 점 x의 경우에는, Proposition 8.10의 결과를 사용하면 충분하다.

이제 선형 계 (8.49)의 행렬과 우변 뿐만 아니라 식 (8.51)에 포함되어 있는 적분의 계산을 설명할 것이다.

8.2.2.4 Integral Computations

우변의 계산은 구적 공식(求積 公式, quadrature formula) (2.58)을 사용하거나, 또는, 삼각형 T_i의 면적(面積, area)을 $|T_i|$로 그리고 그 질량 중심을 x_i로 나타내어, 다음과 같이 된다:

$$\Psi_i \simeq 4\pi |T_i| \psi_\Gamma(x_i). \tag{8.52}$$

$T_i \cap T_j = \emptyset$와 같은 지표(指標, index) i와 j에 대한 A_{ij}에 대한 표현에서 분모가 없

어질 수(0이 될 수, vanish) 없기 때문에, 같은 공식으로 A_{ij} 계수를 계산하자. 다음을 얻는다:

$$\text{if } T_i \cap T_j = \emptyset, \quad A_{ij} \simeq \frac{|T_i| \cdot |T_j|}{|x_i - x_j|}. \tag{8.53}$$

하지만 이 계산은 $i = j$ 또는 T_i와 T_j가 공통 변(共通 邊, common edge)이나 공통 정점(共通 頂點, common vertex)을 가지면 곧 매우 특이(特異)(very singular, 무한대(無限大, infinity))가 된다.

따라서, 이 적분의 '반-해석적(半-解析的)' 계산('semi-analytical' computation)에 기초를 둔 다른 방법을 사용하는 것으로 결정한다. 첫 째로, A_{ij}에 대한 표현에서 변수 x에 관한 적분은 중점 구적 공식(中點 求積 公式, midpoint quadrature formula), 즉 식 (2.60)에 의해 근사화된다. 이것은, 삼각형 T의 변(邊, edge)의 중점을 $x_k(T)$, $k \in \{1, 2, 3\}$으로 나타내어, 다음을 준다:

$$A_{ij} \simeq \frac{|T_i|}{3} \sum_{k=1}^{3} A_j(x_k(T_i)), \quad A_j(x) = \int_{T_j} \frac{1}{|x-y|} dy. \tag{8.54}$$

따라서 Γ_h의 삼각형의 변에 위치한 x에 대해 다음과 같은 형태로 적분을 계산하면 충분하다:

$$I_T(x) = \int_T \frac{1}{|x-y|} dy. \tag{8.55}$$

'반-해석적'이라는 명칭은 이 두 번째 적분이 부분적으로 해석적으로(partly analytically) 수행될 것이라는 사실로부터 온다: 이것이 이제 상술(詳述)할 내용이다.

표기는 그림 8.1과 같다: A_1, A_2, A_3는 삼각형 T의 세 정점, x_p는 이 삼각형을 내포(內包)하는 평면 P에 대한 점 x의 사영(射影, projection), 그리고 h는 점 x와 x_p 사이의 거리(距離, distance)이다. x_p가 T의 정점 중 하나일 때 점 x에 대한 $I_T(x)$를 계산하면 충분하다는 것을 보임으로써 시작할 것이다.

x_p를 세 정점 A_1, A_2, A_3와 연결하자; 이것은 관례적으로 T_1, T_2, T_3로 나타내어지는 3개의 새로운 삼각형을 정의한다: T_i는 정점 A_i를 내포하지 않는 세 삼각형의 표기이다(그림 8.2 참조). 이 세 삼각형의 방향(方向, orientation)은 이 삼각형의 각각이 T와 공통인 한 개의 변을 갖기 때문에 T의 방향에 의해 완전하게 결정된다. 이것을 도해(圖解)하기 위하여, 그림 8.2를 참조하자: 왼쪽에서는, x_p가 삼각형 T의 내부(內部, internal), 또는 경계 위에 있을 때로서, 세 삼각형 T_i는 정방향(正方向)

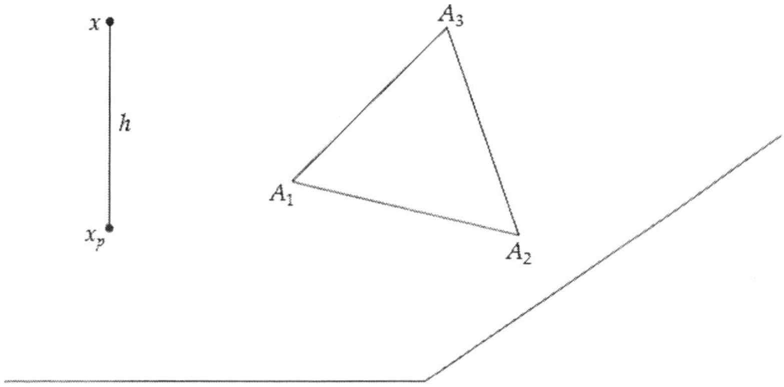

Figure 8.1 Notation for semi-analytical computation.

(즉 반시계 방향)으로 되어(positively oriented), $T = T_1 + T_2 + T_3$ 이며, 거기에서의 이 새로운 국부 삼각화(局部 三角化, local triangulation)는 세 조각(three pieces)으로의 $I_T(x)$의 분해(分解, decomposition)에 대응한다:

$$I_T(x) = \sum_{i \in \{1, 2, 3\}} I_{T_i}(x), \quad I_{T_i}(x) = \int_{T_i} \frac{1}{|x-y|} dy. \tag{8.56}$$

따라서, 이제 x_p가 모든 $i \in \{1, 2, 3\}$에 대해 T_i의 정점이라는 것에 주의를 기울여 세 개의 적분 $I_{T_i}(x)$를 계산하면 충분하다.

하지만, x_p가 그림 8.2의 오른쪽의 경우처럼, 삼각형 T의 바깥에(outside) (또는

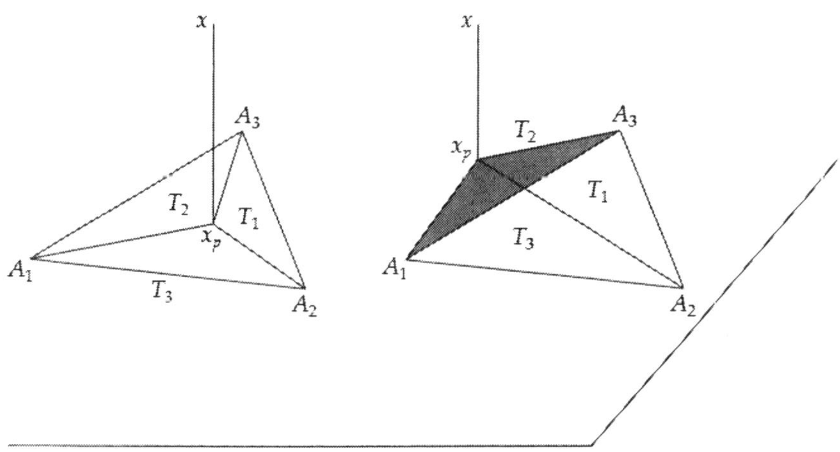

Figure 8.2 Illustration of the computation of three integrals.

경계 위에) 있다면, 세 삼각형 중 한 개는 부(負, 음(陰))의 면적(negative area)을 가진다: 여기에서 보여진 예에서는, 그것이 삼각형 T_2이고, 다른 두 개의 삼각형은 정(正, 양(陽))의 면적(positive area)을 가진다. 삼각형 T_2와 T_1이 서로 다른 방향이기 때문에, $T_2 \cap T_1$에 대한 적분의 계산이 전체적으로(globally) 0으로서, 위의 공식 (8.56)이 참(진(眞), true)으로 남아 있음을 관찰(觀察)한다; 같은 것이 물론 $T_2 \cap T_3$에 대한 계산의 경우에도 참(true)이다.

모든 형태에 있어서 따라서 정당한 공식 (8.56)은 점 x 주위의 삼각화의 변화(變化, change)를 법(法)으로 하여(modulo), 계산이 삼각형 T의 정점에서 x_p를 가진 형태 $I_T(x)$의 양(量)의 계산으로 줄어듦을 보인다.

이제 그림 8.3의 표기를 참조하여, 이 계산을 수행한다.

$x_p = A_1$에 좌표 원점(座標 原點, coordinate origin)을 두고, 평면 P에서 극좌표계(極座標系, polar coordinates) (r, θ)를 사용하자. 그러면 선(線, line) (A_2A_3)는 방정식으로 $r = \rho/\cos\theta$를 가진다. 여기서 ρ는 x_p와 이 선 사이의 거리이다. 그러면, 여전히 점 x와 x_p 사이의 거리를 h로 나타내어, 다음을 가진다:

$$\begin{aligned} I_T(x) &= \int_T \frac{1}{|x-y|}dy = \int_T \frac{1}{\sqrt{h^2 + \left(y - x_p\right)^2}}dy \\ &= \int_{\theta_2}^{\theta_3}\int_0^{\rho/\cos\theta} \frac{rdrd\theta}{\sqrt{h^2+r^2}} = \int_{\theta_2}^{\theta_3}\left(\sqrt{h^2 + \frac{\rho^2}{\cos^2\theta}} - h\right)d\theta \,. \end{aligned} \tag{8.57}$$

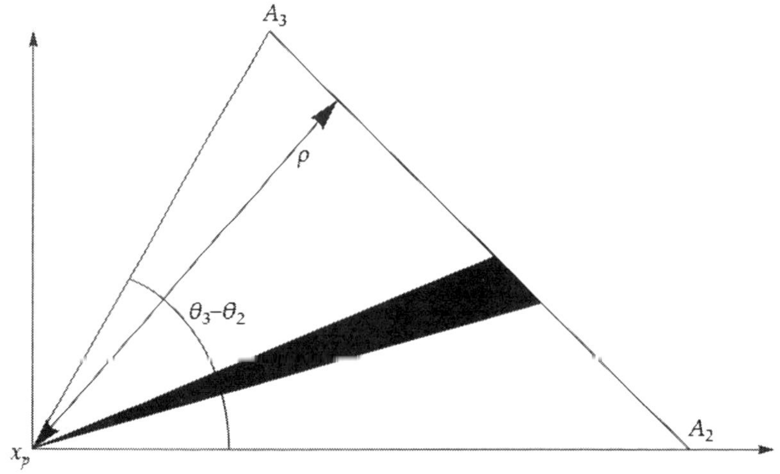

Figure 8.3 Notation for computation of quantities of type $I_T(x)$ with x_p a vertex of triangle T.

끝까지 해석적인 계산(analytical computation)을 수행하는 것은 가능하지만, 힘든 일이어서, 다른 풀이를 선택한다. 두 가지 서로 다른 경우가 있다:

- h가 0이라면, 항상 $i = j$ 인 경우일 것이어서, 적분은 정확하다(exact):

$$I_T(x) = \int_{\theta_2}^{\theta_3} \frac{\rho d\theta}{\cos\theta} = \rho \left[\ln\left(\frac{1+t}{1-t}\right) \right]_{t=\tan\left(\frac{\theta_2}{2}\right)}^{t=\tan\left(\frac{\theta_3}{2}\right)}; \tag{8.58}$$

- 한편, h가 0이 아니라면, 적분은 비특이(非特異, 정칙(正則), nonsingular)이며, 그것을 가우스 구적 공식(Gaussian quadrature formula) (2.54)의 사용에 의해 근사화할 수 있어 다음을 준다:

$$I_T(x) \simeq \left(\sqrt{h^2 + \frac{\rho^2}{\cos^2\left(\frac{\theta_2+\theta_3}{2}\right)}} - h \right)(\theta_3 - \theta_2). \tag{8.59}$$

식 (8.51)을 계산하기 위하여, 본질적(本質的)으로 두 경우로 구별한다. x가 Γ로부터 멀다면, Gauss 구적 공식으로 다음이 만족될 수 있다:

$$\varphi_h(x) = \varphi_{0h}(x) + \frac{1}{4\pi}\frac{1}{3}\sum_{i=1}^{n_t} \frac{q_i |T_i|}{|x - x^i|}. \tag{8.60}$$

다른 경우로서, 어떤 삼각형에 대해서는, 식 (8.58)과 같은 정확한 적분(exact integration)을 사용할 필요가 있을 것이다.

8.2.2.5 Accuracy of the Method

3가지 다른 근사화를 만들었다:

- 경계 Γ는 차수(次數, degree) k(여기서는 $k = 1$) 다항식으로 정의된 구분 다항식 표면(區分 多項式 表面, piecewise polynomial surface)에 의해 근사화되었다;
- 함수 q는 차수 m(여기서는 $m = 0$)의 구분 다항식 함수(區分 多項式 函數, piecewise polynomial function) q_h에 의해 근사화되었다;
- 다른 차수(次數, order)(본질적으로 1과 2)를 가진 구적 공식(求積 公式, quadrature formula)이 적분을 계산하기 위해 사용되었다.

마지막 근사는 고려하지 않고, 오차(誤差, error)는 다음과 같이 써질 수 있다 [Nedelec (1976)]:

$$|(\varphi - \varphi_h)(x)| \le \frac{c}{d(x,\Gamma) + d(x,\Gamma)^2}\Big\{h^{k+1}\|q\|_0 + h^{m+2}\|q\|_{m+1} + \|\varphi_\Gamma - \tilde{\varphi}_{h\Gamma}\|_0 + h^{\frac{1}{2}}\|\varphi_\Gamma - \tilde{\varphi}_{h\Gamma}\|_{\frac{1}{2}}\Big\}. \tag{8.61}$$

여기서 $d(x,\Gamma)$는 x로부터 Γ까지의 거리, h는 망의 크기(mesh size), 그리고 $\varphi_\Gamma - \tilde{\varphi}_{h\Gamma}$는 경계 데이터(boundary data)의 오차(誤差)이다. 더 상세한 내용으로 들어가지 않고(여기서는 특기(特記)하지 않은(unspecified), 놈(norm)은 보통의 소볼레프 놈(Sobolev norm)이다), 추정(推定, estimate) (8.61)은 두 가지에서 유용하다. 한편으로는, 오차가 경계 Γ의 근방(近傍, neighborhood)에서 '돌발적(突發的)으로 커짐(blow up)'을 보인다. 또 한편으로는, 그것은 최적 매개변수 쌍(最適 媒介變數 雙, optimal parameter pair) (k, m), 즉 기하(幾何, geometry)와 함수 근사에서의 오차가 같은 차수의 크기(same order of magnitude)인 쌍(雙)을 결정하는 것을 허용한다: 옳은 선택은 $k = m+1$로 취하는 것이다. $k = 1,\ m = 0$인 경우, 방법은, 경계의 근방은 제외하고, $O(h^2)$ 내에 있다.

미분(微分, derivative)에 대해서는, 식 (8.61)의 우변을 M으로 나타낸다면

$$|D^\alpha(\varphi - \varphi_h)|(x) \le \frac{1}{d(x,\Gamma)^{|\alpha|}}M \tag{8.62}$$

를 가진다: 경계에서 멀면(far), 방법은 $O(h)$에 있다.

이러한 추정을 보전(保全)하기 위해 2차의 구적 공식을 취해야 할 필요가 있다. 하지만, 실제로는, 오직 하나의 가우스 점(only one Gauss point)을 포함하는 공식으로 만족될 수 있다(삼각형이 이웃이 아닐(not neighbors) 때). Gauss 구적 공식의 사용에 의해 초래(招來)되는 오차의 수학적 해석(數學的 解析, mathematical analysis)을 위해서는, Johnson과 Scott (1989) 그리고 또한 Guermond (1992)에 의한 논문(論文, article)을 참조하기 바란다.

8.3 OTHER PROBLEMS

8.3.1 Solution of the Dirichlet Problem by a Double Layer Potential

$f = 0$의 경우를 검토하고 내부 Dirichlet 문제, 즉 다음 문제의 풀이를 세우자:

$$-\Delta\varphi_i = 0 \ \text{in} \ \Omega_i, \quad \varphi_i|_\Gamma = \varphi_\Gamma. \tag{8.63}$$

결국 Ω_i와 Ω_e가 연결된(connected) 것으로 가정한다. 앞의 접근(接近, approach)에서는, 실제로 Dirichlet 문제

$$-\Delta\varphi_e = 0 \text{ in } \Omega_e, \quad \varphi_e|_\Gamma = \varphi_i|_\Gamma. \tag{8.64}$$

를 풂으로써, 즉 계면(界面, interface)을 가로지르는 연속성(連續性, continuity)으로 φ를 확장함에 의해 방정식을 Ω_i 외부(外部)로(outside) '확장하였다(extended)'.

또한 Γ를 가로지르는 φ의 법선 미분(法線 微分, normal derivative)을 어울리게, 즉 다음의 외부 Neumann 문제에 의해 식 (8.63)을 확장하도록 선택할 수 있었다:

$$-\Delta\varphi_e = 0 \text{ in } \Omega_e, \quad \left.\frac{\partial\varphi_e}{\partial n}\right|_\Gamma = \left.\frac{\partial\varphi_i}{\partial n}\right|_\Gamma. \tag{8.65}$$

3차원에서는, 외부 Neumann 문제는 경계 데이터(boundary data)가 $H^{-\frac{1}{2}}(\Gamma)$ 내에 있으면 곧 공간 $W^1(\Omega_e)$에서 유일해를 허용하여, φ_Γ가 공간 $H^{\frac{1}{2}}(\Gamma)$ 내에 있으면, 위의 문제 (8.63)과 (8.65) 둘 다는 각각 공간 $H^1(\Omega_i)$와 $W^1(\Omega_e)$에서 유일해를 가진다는 것에 주목하자.

$\mu = [\varphi] = (\varphi_i - \varphi_e)|_\Gamma$라 두자. Corollary 8.9는 다음과 같은 φ_i의 적분 표현을 준다:

$$\forall x \in \Omega_i, \quad \varphi_i(x) = -\frac{1}{4\pi}\int_\Gamma \mu(y)\frac{\partial}{\partial n}\left(\frac{1}{|x-y|}\right)(y)d\gamma(y). \tag{8.66}$$

여기서 μ는 다음 적분 방정식의 해(解)이다:

$$\forall x \in \Gamma, \quad \varphi_\Gamma(x) = \frac{\mu(x)}{2} - \frac{1}{4\pi}\int_\Gamma \mu(y)\frac{\partial}{\partial n}\left(\frac{1}{|x-y|}\right)(y)d\gamma(y). \tag{8.67}$$

이론적인 관점에서, 이 문제는 디리끌레 데이터(Dirichlet data) 자신이 공간 $H^{\frac{1}{2}}(\Gamma)$ 내에 있다면 곧 (Ω_e가 연결되었다면) $H^{\frac{1}{2}}(\Gamma)$ 내에서 유일해를 허용함을 볼 수 있다.

Remark 8.13 표현 (8.66)에 대한 명칭 '2중층(二重層) 포텐셜(double layer potential)'은 이중항(二重項, doublet, 쌍극자(雙極子, dipole))에 의해 생성되는 전위(電位, electric potential)에 관련된다. □

문제 (8.67)의 수치해는, 전처럼, 변분 정식화

find $\mu \in H^{\frac{1}{2}}(\Gamma)$ such that $\forall w \in H^{\frac{1}{2}}(\Gamma)$, we have:

$$\frac{1}{2}\int_\Gamma \mu(x)w(x)d\gamma(x) - \frac{1}{4\pi}\int_\Gamma\int_\Gamma \mu(y)w(x)\frac{\partial}{\partial n}\left(\frac{1}{|x-y|}\right)(y)d\gamma(y)\,d\gamma(x) \tag{8.68}$$
$$= \int_\Gamma \varphi_\Gamma(x)w(x)d\gamma(x)$$

로부터 출발하여, 그 다음 P^0 또는 P^1 유한요소(즉, μ와 w가 각 삼각형에서 구분 상수(區分 常數, piecewise constant) 또는 구분 선형 함수(區分 線形 函數, piecewise linear function)에 의해 근사화된다)에 의해 이산화된다. 예를 들어, P^0 유한요소를 사용하여 문제 (8.68)을 근사화함으로부터 유도되는 선형 계(線形 系, linear system)의 행렬(行列, matrix)은 다음과 같이 주어지는 요소(要素, entry)를 가진다:

$$A_{ij} = |T_i|\delta_{ij} - \frac{1}{2\pi}\int_{T_i}\left(\int_{T_j}\frac{\partial}{\partial n}\left(\frac{1}{|x-y|}\right)(y)d\gamma(y)\right)d\gamma(x)\,. \tag{8.69}$$

선형 계(linear system)는 더 작은 조건수(條件數)(smaller condition number)를 가지지만, 더 강한 특이점(特異點)(stronger singularity) 때문에 적분은 더 어렵다($x = y$의 근방(近傍, neighborhood)에서).

Remark 8.14 2중층 포텐셜에 의한 외부 디리끌레 문제(exterior Dirichlet problem)의 풀이는 단지 내부 노이만 문제(interior Neumann problem)('확장(擴張, extension)'에 의해 얻어진)가 Γ에 걸쳐 Neumann 조건이 없어지는 적분을 가질 때에만 해(解)를 가진다는 사실과 관련된 약간의 이론적인 문제를 일으킨다; 이 조건은, φ_Γ에 대해, 다음을 의미한다:

$$\int_\Gamma \varphi_\Gamma(x)\frac{\partial u}{\partial n}(x)d\gamma(x) = 0. \tag{8.70}$$

여기서 $u \in W^1(\Omega_e)$는 다음 문제의 풀이이다:

$$-\Delta u = f \text{ in } \Omega_e, \quad u|_\Gamma = 1. \tag{8.71}$$

그러면 μ가 이제 다음의 해(解)라는 것을 제외하고, φ_e의 적분 표현 (8.34)를 가진다:

$$\forall x \in \Gamma, \quad \varphi_\Gamma(x) = -\frac{\mu(x)}{2} - \frac{1}{4\pi}\int_\Gamma \mu(y)\frac{\partial}{\partial n}\left(\frac{1}{|x-y|}\right)(y)d\gamma(y)\,. \tag{8.72}$$

이 문제는 $H^{\frac{1}{2}}(\Gamma)$에서, 부가 상수(附加 常數, additive constant)까지, 유일해를 가진다(여전히 $\varphi_\Gamma \in H^{\frac{1}{2}}(\Gamma)$로 가정함). 특히, μ가 해(解)라면, $\mu+1$도 그렇고, 이 방식으로 보통의 입체각(立體角, solid angle) 표현을 재확인(再確認)한다:

$$\int_\Gamma \frac{\partial}{\partial n}\left(\frac{1}{|x-y|}\right)(y)d\gamma(y) = \begin{cases} 0 & \text{if } x \notin \Omega_e, \\ -4\pi & \text{if } x \in \Omega_i, \\ -2\pi & \text{if } x \in \Gamma. \end{cases} \tag{8.73}$$

□

8.3.2 Solution of the Neumann Problem

예를 들어, 다음과 같은 외부 Neumann 문제를 고려하자:

$$-\Delta\varphi_e = 0 \text{ in } \Omega_e, \quad \left.\frac{\partial\varphi_e}{\partial n}\right|_\Gamma = g \text{ on } \Gamma. \tag{8.74}$$

데이터 g가 $H^{-\frac{1}{2}}(\Gamma)$ 내에 있다면, 이 문제가 $W^1(\Omega_e)$에서 유일해를 허용함을 보았다 (Ω_e가 연결되어 있다고 가정한다면).

φ_e를 Dirichlet 문제

$$-\Delta\varphi_i = 0 \text{ in } \Omega_i, \quad \varphi_i|_\Gamma = \varphi_e|_\Gamma \tag{8.75}$$

의 해(解)인 함수 φ_i에 의해 Ω_i로 확장한다면, 단층 포텐셜에 의한 φ의 적분 표현을 얻는다: Ω_e 내에서, φ_e는 식 (8.33)의 형태로 써진다. 여기서 $q = [\partial\varphi/\partial n]$는, 식 (8.39)의 덕분으로, 다음의 해(解)이다:

$$\forall x \in \Gamma, \quad g(x) = -\frac{q(x)}{2} + \frac{1}{4\pi}\int_\Gamma q(y)\frac{\partial}{\partial n_x}\left(\frac{1}{|x-y|}\right)d\gamma(y). \tag{8.76}$$

이 문제는 $H^{-\frac{1}{2}}(\Gamma)$에서 유일해를 허용한다.

이제 2중층 포텐셜에 의한 외부 Neumann 문제의 적분 표현을 검토하자. φ_e는, 문제

$$'g(x) = -\frac{1}{4\pi}\int_\Gamma \mu(y)\frac{\partial^2}{\partial n_x \partial n_y}\left(\frac{1}{|x-y|}\right)d\gamma(y)' \tag{8.77}$$

를 정식(正式)으로(formally) 푼 μ와 함께, 식 (8.34)로 주어진다. 이 문제를 (작은) 따옴표(quote) 사이에 두었는데, 그 이유는 그것이 $|x-y|^{-3}$ 내에 특이점(特異點, singularity)을 가져, 식 (8.77)에 있는 영공간(零空間, 핵(核), 커널, kernel)이 적분할 수 없게 되기 때문이다(여러가지 커널의 이 매우 특이(特異)인 거동(very singular behavior)이 보통의 명칭 '특이점 법(特異點 法, singularity method)'을 준다). 착상(着想, idea)은 그러면 이 적분 방정식에 관련된 변분 정식화를 씀으로써 어려움을 바꾸도록 하는 것이다. Dautray와 Lions (1990)에서는, Nedelec이

$$\int_\Gamma g(x)d\gamma(x) = 0$$

라고 가정하면 이 정식화(定式化, formulation)는 부가 상수(附加 常數, additive constant)까지 정의된 $H^{\frac{1}{2}}(\Gamma)$ 내에서 모든 w에 대해

$$\begin{aligned}\frac{1}{4\pi}\int_\Gamma \int_\Gamma \big(\mu(y)-\mu(x)\big)\big(w(y)-w(x)\big)\frac{\partial^2}{\partial n_x \partial n_y}\left(\frac{1}{|x-y|}\right)(y)d\gamma(y)\, d\gamma(x) \\ = \int_\Gamma (gw)(x)d\gamma(x)\end{aligned} \tag{8.78}$$

의 형태로 써질 수 있음을 보인다. 그러면 이 문제가 공간 $H^{\frac{1}{2}}(\Gamma)$에서, 부가 상수까지, 유일해를 허용함이 보여진다. 더욱이, 위의 것과 등가인, 계산하기가 더 쉬운 적분을 주는, 다른 정식화가 존재한다; 그것은 표기 $\nabla_\Gamma \times \varphi = \nabla\varphi \times n$으로

$$\frac{1}{8\pi}\int_\Gamma \int_\Gamma (\nabla_\Gamma \times \mu)(y)\cdot(\nabla_\Gamma \times w)(x)\frac{1}{|x-y|}d\gamma(y)\, d\gamma(x) = \int_\Gamma (gw)(x)d\gamma(x) \tag{8.79}$$

와 같이 써진다. 미분을 가진 항(項, term) 때문에, μ와 w를 Γ의 삼각화에 걸쳐 P^1 유한요소로 이산화해야 할 필요가 있다.

마지막으로, 외부 Neumann 문제 (8.74)를 풀기 위해서, $\varphi_i = 0$에 의해 φ_e를 Ω_i 내부(內部)로(inside) 확장하는 것 또한 가능하다는 것에 주목하자. 계면(interface) Γ를 가로지르는 φ의 도약(跳躍, jump) $\mu = [\varphi] = \varphi_i - \varphi_e = -\varphi_e$는, 다음을 갖기 때문에, 완전히 알려진다:

$$\left[\frac{\partial\varphi}{\partial n}\right] = 0 - \left.\frac{\partial\varphi_e}{\partial n}\right|_\Gamma = -g.$$

그러면 단층 및 2중층 포텐셜에 의해 φ_e의 적분 표현

$$\begin{aligned}\text{if } \forall x \in \Omega_e,\quad \varphi_e(x) = -\frac{1}{4\pi}\int_\Gamma g(y)\frac{1}{|x-y|}d\gamma(y) \\ \frac{1}{4\pi}\int_\Gamma \mu(y)\frac{\partial}{\partial n}\left(\frac{1}{|x-y|}\right)(y)d\gamma(y)\end{aligned} \tag{8.80}$$

을 얻는다. 여기서 함수 μ는 식 (8.20)의 해(解)이며, 여기서는 다음과 같다:

$$\text{if } \forall x \in \Gamma, \quad \frac{\mu(x)}{2} = \frac{1}{4\pi}\int_{\Gamma} g(y)\frac{1}{|x-y|}d\gamma(y) + \frac{1}{4\pi}\int_{\Gamma} \mu(y)\frac{\partial}{\partial n}\left(\frac{1}{|x-y|}\right)(y)d\gamma(y). \tag{8.81}$$

8.3.3 Another Example: Helmholtz Equation

파동 방정식(波動 方程式, wave equation) $(\partial^2 v/\partial t^2 - \Delta v = 0)$의 주기 해(週期 解, periodic solution)를 $v(x, t) = \exp(\mathbf{j}\omega t)\, u(x)$의 형태로 보기 위해서는, 해(解)가 복소(複素) 값인(complex valued) 방정식

$$\forall x \in \Omega_e \text{ or } \forall x \in \Omega_i, \quad (\Delta + k^2)u(x) = 0 \tag{8.82}$$

를 푸는 것으로 이끈다†. 이 방정식은 *헬름홀츠 방정식(Helmholtz equation)*이라 불린다. 그것을 Neumann 또는 Dirichlet 경계조건과 관련짓는다.

예를 들어 다음과 같은 외부 Neumann 문제를 고려하자:

$$(\Delta + k^2)u(x) = 0 \text{ in } \Omega_e, \quad \left.\frac{\partial u}{\partial n}\right|_{\Gamma} = g \text{ on } \Gamma. \tag{8.83}$$

g는 공간 $H^{-\frac{1}{2}}(\Gamma)$ 내에 있다고 가정하자. 그러면 문제 (8.83)은, 반경 r인 원점(原點)에 중심을 둔 공(ball)에서 외향 법선(外向 法線, exterior normal)을 n으로 나타내면,

$$ru \text{ bounded as } r = |x| \to +\infty, \tag{8.84}$$

$$r^2\left(\frac{\partial u}{\partial n} + \mathbf{j}ku\right) \text{ bounded as } r = |x| \to +\infty \tag{8.85}$$

를 만족하는 유일 복소 값 해(unique complex valued solution)를 허용한다; 이 해는 공간 $H^1_{loc}(\Omega_e)$ 내에 있다. 조건 (8.85)는 *방사 조건(放射 條件, radiation condition)* 또는 *좀머펠트 조건(Sommerfeld condition)*이라 불린다; 그것은 평면파(平面波, plane wave)를 배제(排除)하고 해의 유일성(唯一性, uniqueness)을 보장하는 해(解)에 대한 무한원(無限遠, 무한대(無限大), infinity)에서의 거동을 규정(規定)한다.

Helmholtz 연산자의 모든 기본해(基本解, elementary solution) 중에서, 오직

$$E(x) = \frac{\exp(-\mathbf{j}kr)}{4\pi r}, \quad r = |x| \tag{8.86}$$

† 역자 주: 허수 단위(虛數 單位, imaginary unit) $\sqrt{-1}$의 수학적 표기는 보통 i 또는 $\mathbf{i}$이지만 이 역서(譯書) 시리즈는 주로 전기공학 전공 연구자들을 위한 전공 서적이고, 전기공학에서는 i가 전류를 나타내는 대표 문자이기 때문에 허수 단위를 통상적으로 j 또는 $\mathbf{j}$로 나타내며, 또한 j는 컴퓨터 알고리즘에서 반복 지표(iteration index)로 많이 사용됨을 감안하여, 본 역서에서는 허수 단위를 $\mathbf{j}$로 나타내었다.

만이 방사 조건 (8.85)를 만족하고 무한원에서 $1/r$에 따라 거동한다. 이것이 다음과 같은 적분 표현 정리(積分 表現 定理, integral representation theorem)을 얻는 것을 허용한다 [Dautray와 Lions (1990)]:

Theorem 8.15 $u_i \in C^{\infty}(\bar{\Omega}_i)$와 $u_e \in C^{\infty}(\bar{\Omega}_e)$를 각각 조건 (8.84)-(8.85)를 만족하는 Ω_i와 Ω_e에서의 식 (8.82)의 해(解)라 하자. u를 $u|_{\Omega_e} = u_e, u|_{\Omega_i} = u_i$에 의해 $\Omega_i \cup \Omega_e$에 대해 정의된 함수라 한다. 그러면:

• $x \in \Omega_i \cup \Omega_e$라면:

$$u(x) = \frac{1}{4\pi}\int_{\Gamma} \left[\frac{\partial u}{\partial n}\right](y)\frac{\exp(-\mathbf{j}k|x-y|)}{|x-y|}d\gamma(y) - \frac{1}{4\pi}\int_{\Gamma}[u(y)]\frac{\partial}{\partial n}\left(\frac{\exp(-\mathbf{j}k|x-y|)}{|x-y|}\right)(y)d\gamma(y), \tag{8.87}$$

여전히 표기는 다음과 같다:

$$[u] = u_i - u_e, \quad \left[\frac{\partial u}{\partial n}\right] = \frac{\partial u_i}{\partial n} - \frac{\partial u_e}{\partial n}; \tag{8.88}$$

• x가 경계 Γ 위에 있다면:

$$\frac{u_i(x)+u_e(x)}{2} = \frac{1}{4\pi}\int_{\Gamma} \left[\frac{\partial u}{\partial n}\right](y)\frac{\exp(-\mathbf{j}k|x-y|)}{|x-y|}d\gamma(y) - \frac{1}{4\pi}\int_{\Gamma}[u(y)]\frac{\partial}{\partial n}\left(\frac{\exp(-\mathbf{j}k|x-y|)}{|x-y|}\right)(y)d\gamma(y). \tag{8.89}$$

이 적분 표현 정리는 그러면 헬름홀츠 연산자(Helmholtz operator)에 관련된 내부 또는 외부 Dirichlet 또는 Neumann 문제를 푸는 것을 허용한다. 이 절(節)에서 짧게 언급된 결과의 전개(展開, development)와 증명(證明, proof)을 위해서는 독자들을 Dautray와 Lions (1990)에게 돌린다.

이 장(章)에서 이미 주어진 참고 서적(參考 書籍, reference)을 넘어서, 경계적분법(境界積分法, boundary integral method)에 관한 몇 가지 일반적인 연구를 지적하자: Nedelec과 Planchard (1973), 가중 공간(weighted space)에 관한 Hanouzet (1971), 2차원의 경우에 관한 Hsiao와 Wendland (1977) 그리고 Le Roux (1977), '수리물리학(數理物理學, mathematical physics)'에 관한 Vladimirov (1971), 그리고 마지막으로 Helmholtz 방정식에 관한 Colton과 Kress (1983).

9 Some Algorithms for Parallel Computing

Summary

다중 처리(多重 處理, multiprocessing)를 소개한 후, 병렬 계산(竝列 計算, parallel computing)에 유용한 2가지 수학적인 접근을 설명한다.

9.1 ARCHITECTURES AND PERFORMANCES

9.1.1 Vectorization

성능(性能, 실행(實行), performance)에 관심이 있을 때, 번역기(飜譯器, 컴파일러, compiler)가 컴퓨터의 자원(資源, resource)을 완전히 활용할 수 없기 때문에, 또는 코드(code)를 최적화(最適化)하기 위해 프로그래머(programmer)의 개입(介入)을 피할 수 없기 때문에, 컴퓨터의 구조(構造, structure)를 더 이상 모른 체할 수 없다.

벡터 컴퓨터(vector computer)는 80년대 초기(初期)(early 80's)에 나타났다. 그것들은, 데이터가 적절(適切)한 방식으로 저장되어 모두를 더 빠르게, 많은 수의, 말하자면 64개, 데이터에 대해 같은 연산(演算, 오퍼레이션, operation)을 수행할 수 있다. 처음에는, 컴파일러가 Fortran 프로그램을 벡터화하기에 매우 효율적이지 않았으며, 다음의 기준(基準, criterion)에 따라 부분적으로 다시 써져야 했다 [Levesque와 Williamson (1989)]. 벡터화는 주로 가장 안쪽에 있는 것으로 시작하는 DO loop에 있음을 알고, 다음을 피해야 한다:

- 하나의 배열(配列, array)에 있는 여러 요소(要素, element)의 동시 참조(同時 參照, simultaneous reference) (예를 들어 a(i)가 a(i – 1)의 정보를 요구하는);
- 간접 번지 부여(間接 番地 附與, indirect addressing) (a(b(i)) 같은);
- 서브루틴 부르기(subroutine call)와 초월함수(超越函數, transcendental function) 계산 (예: sin (a(i)));
- 입력(入力, input)과 출력(出力, output);
- 할당(割當)된(assigned) GOTO, 루프(loop)와 차례로 포개어 내포(內包)된(nested) IF 명령문(命令文, statement)에서 나가는 GOTO.

이제는 컴파일러가 굉장히 개선되어, 벡터 컴퓨터가 코드에서 벡터화가 수행될 수 없는 부분에 대한 지시(指示, indication)를 주기 때문에, 문제가 허용하는 한, 최적화된 벡터화가 상당히 쉽게 된다. 대체로, 유한요소법은

```
          DO 1 k=1,nt
            DO 1 il=1,3
              ...q(me(k,il))...
    1     CONTINUE
```

와 같은 간접 번지 부여 DO 루프(DO loop with indirect addressing)를 거의 일정하게 사용한다

이러한 *산포/수집(散布/收集, scatter/gather)*(메모리(memory)에 읽히고 메모리로부터 쓰는)을 피하는 한 가지 방법은 행렬과 우변 조합(組合)(matrix and right hand side assembly)을 요소(要素, element)에 대한 DO 루프로 하지 않고 변(邊, edge)에 대한 DO 루프에 의해 프로그래밍하는 것이다.

9.1.2 *Hierarchical Memories*

워크스테이션(workstation)조차도, 다음 번에 다루는(to handle next) 데이터와 명령(命令, instruction)의 저장을 위해 사용되는 가장 빠른(캐시 메모리(cache memory)), 계층적(階層的) 메모리(hierarchical memory)가 준비되어 있다. 계산의 가장 부담(負擔)되는 부분(most expensive part)을 캐시에 두면, 그러면 얻는 결과(yield)가 매우 좋다. 이 인자(因子, factor)를 고려하여 프로그램을 다시 쓰는 것을 시도할 수 있다.

9.1.3 *Parallelization*

위의 고려는 알고리즘(algorithm)보다는 프로그램의 수정(修正, modification)으로 귀착(歸着)한다. 여러 개의 처리 장치(處理 裝置, processing unit)를 갖고 있는 컴퓨터의 경우에는, 상황이 상당히 다르며, 컴퓨터 구조의 완전한 사용을 만드는 알고리즘의 개정(改訂, 재작업(再作業), reworking)으로 귀착한다. 이 장(章)에서는, 편미분 방정식을 풀기 위한 프로그램을 병렬화(竝列化)하는(parallelize) 몇 가지 유용한 방법을 준다.

9.2 *PARALLELISM*

9.2.1 *Multiprocessors*

마이크로프로세서(microprocessor)의 계산 능력(計算 能力, computing power)은 매(每) 2년마다 2배로 되며, 이것은 적어도 2005년까지는 그럴 것으로 추정(推定)된다. 80년대 말(末) 이후, 워크스테이션, 또는 퍼스널 컴퓨터(personal computer)에서 마저도 찾아지는 마이크로프로세서는 수퍼컴퓨터(supercomputer)에 가까운 계산 속력(計算 速力, computing speed)을 가진다. 차이(差異, difference)는 단지 구조(構造, architecture), 전달 속력(傳達 速力, transfer speed), 기타(其他, etc.)의 문제일 뿐이다. 지금은 더 빠른 계산 장치(計算 裝置, computing unit)를 시험하고 제조하는 것보다 몇 개의 기성(旣成, off-the-shelf) 마이크로프로세서로부터 수퍼컴퓨터를 만드는 것이 더 싸다. 더욱이, 워크스테이션은 보통 망상(網狀)으로 되며(networked) 밤중의(at night) 큰 계산에 유용하다. PVM(가상 병렬 기계(假想 竝列 機械), Parallel Virtual Machine), 또는 MPI(메시지 통과(通過) 인터페이스, Message Passing Interface, 다중 접속(多重 接續) 인터페이스, Multiple-Protocol Interface) 같은, 메시지 통과를 위한 여러 가지 라이브러리(library)가 유닉스(Unix) 환경에서 워크스테이션의 협동(協同)을 돕는데 유용하다. 따라서, 워크스테이션 집단(集團, cluster)이 사용자(使用者, user)에게 단일 병렬 기계(單一 竝列 機械, single parallel machine)처럼 보여질 수 있다.

여러 가지 형태의 병렬 컴퓨터(parallel computer) 사이의 구별(區別)은 다음과 같다:

- SIMD: *단일 연산(單一 演算) 다중(多重) 데이터(Single Instruction Multiple Data)* 모든 계산 장치(computing unit)가 같은 시간에 같은 일을 함;
- MIMD: *다중 연산(多重 演算) 다중(多重) 데이터(Multiple Instruction Multiple Data)* 모든 계산 장치가 독립(獨立, independent)임;
- 파인 그레인(fine grain)(예를 들면 256개 이상(以上)의 프로세서) 또는 코스 그레인 기계(coarse grain machine);
- 공유(共有) 메모리 (모든 프로세서가 모든 메모리에 접근(接近, access)) 또는 분포(分布) 메모리 기계(distributed memory machine) (통신 요구(通信 要求, communication request)가 프로세서에 의해 망(網, network)에 보내져야 한다).

이 장(章)에서는 분포 메모리를 가진 coarse grain MIMD 기계로 한정(限定)할 것이다. 이런 종류(kind)의 기계의 경우에는 (워크스테이션은 이 부류(部類, class)에 따라 망상(網狀)으로 된다), PVM과 MPI가 좋은 프로그래밍 모델(programming model)이다.

이 장에서 PVM을 설명하기에는 너무 길 것이다 [Geist *외* (1994)]. 알기 위해 필요한 모든 것은 이 라이브러리가 한 프로세서로부터 다른 프로세서로 데이터 블록(blocks of data)을 보내고 받기 위해서 SEND와 RECEIVE 명령(命令, command)을 가진다는 것이다. 각 전송(傳送, transmission)은 $a + bT$에 비례(比例)하는 시간을 필요로 한다. 여기서 b는 전송되는 크기(size) T의 데이터 묶음(data packet)의 수(數)이다. 전송 시간과 계산 시간 사이의 비(比, ratio)는 사용하는 알고리즘의 종류를 결정한다.

순차(順次) 프로그램(sequential program)의 동기화(同期化, parallelizing)는, 어떤 한계(限界, limit)까지, 동기화 루프(parallelizing loop) 또는 블록(block)에 의해 수행될 수 있다; 이것은 코드(code)가 이미 써졌지만, 가장 좋은 성능(性能)(best performance)이 풀이 알고리즘(solution algorithm)을 바꿈에 의해 얻어질 때 필요하다. 슈바르츠 법(Schwarz method) 같은, 영역 분해법(領域 分解法, domain decomposetion method)은 이미 써진 프로그램에서 '바깥 루프(outer loop)'로서 사용될 수 있다; 이것은 프로그램을 부분 영역(部分 領域, subdomain)의 계면(界面, interface)의 경계조건을 입력(入力, input)으로, 다른 계면에서의 해(解, solution)를 출력(出力, output)으로 가지는 블랙 박스(black box)로 다룬다는 것을 의미한다. 기계 구조(機械 構造, machine architecture)의 완전한 사용을 만든다고 실제로 확신하기 위해서는, 실제적인 방법은 알고리즘을 바꾸는 것이다. 앞에서 만났던 것과 같은 편미분 방정식을 풀기 위한 병렬 계산(竝列 計算, parallel computing)에 사용되는 세 가지 알고리즘을 여기에서 설명할 것이다. 세 가지 모두는 편미분 방정식의 정의(구)역(定義(區)域, domain of definition)의 부분 영역(部分 領域, subdomain)으로의 재분할(再分割, subdivision)에 기초를 둔다: 영역 분해(領域 分解, domain decomposition).

9.2.2 *Mesh Partitioning*

삼각화된 영역(triangulated domain) Ω를 둘 또는 그 보다 많은 부분 영역 Ω_m으로 분할하는 것은 쉽지 않다. 문제는, LU 인수분해(因數分解)(LU decomposition)를 위해서는, 정점 수가 각 프로세서에서 같은 차수(次數)(same order)가 되는 것과 밴드 폭(bandwidth) μ가 모든 부분 영역에서 최소(最小, minimal)가 되는 것이 필요하기 때문에, 정점(頂點, vertex)의 수(數)에 달려있다. 기하학적(幾何學的) 밴드 폭(geometric bandwidth)의 정의를 상기(想起)한다:

$$\mu_m = \max_{i,j,k} \{|i-j| : q^i \in T_k,\ q^j \in T_k,\ T_k \subset \Omega_m\}. \tag{9.1}$$

특정(特定)한 프로그램이 이 과업(課業, task)을 위해 바쳐져야 할 것이다.

9.2.3 *Load Balancing*

모든 프로세서가 같은 계산 속력(計算 速力, computing speed)을 가진다면, 부하 균형(負荷 均衡, load balancing)은 각 프로세서에 같은 수의 정점의 영향을 받도록 함으로써 *선험적(先驗的)으로(a priori)* 이행(履行)될 수 있다. 그러면 어떻게 영역 삼각화(領域 三角化, domain triangulation)를 몇 개의 같은 부분으로 분할할 것인가를 알아야 한다. 프로세서가 같은 계산 속력을 갖지 않는다면, 각 부분 영역에 같은 수(數)의 점(點)을 두는 것은 최적(最適, optimal)이 아니게 될 것이다. 한편, 몇 개의 프로세서가 다른 과업을 처리해야 한다면, 균형이 잡혀 과업이 잘 이루어지도록 영역을 빠르게 재분할(再分割, repartition)할 수 있어야 한다.

모든 경우에 적용할 수 있는 방법은 영역 Ω를 $q = np$ 부분 영역으로 분할하는 것이다. 여기서 p는 프로세서의 수(數)이다. 프로세서가 동일(同一)하며 바쁘지 않을 때에는, 각 프로세서에 n 부분 영역을 할당(割當)할 것이다. 프로세서가 다른 과업으로 바쁠 때에는, 또는 서로 다른 속력을 가진다면, 각 프로세서에, 프로세서의 특성(特性, characteristic)에 따라, n 보다 더 크거나 더 작은 수의 부분 영역을 할당할 것이다.

Exercise $l \times L$ 사각형(四角形, quadrangle)으로 균일(均一)하게 분할된 직사각형(直四角形, rectangle)에서, 순차 프로세서(sequential processor)에서일지라도, 그들 자신이, 곱셈(multiplication)과 나눗셈(division)의 수(數)를 추정함으로써, 2개의 삼각형으로 쪼개지는, 부분 영역법(部分 領域法, subdomain method)을 적용하는데 관심을 갖게 되는 l과 L의 값을 평가(評價)하라 (밴드 폭이 전 영역(全 領域, whole domain)에 대한 밴드 폭 보다 엄격(嚴格)히(strictly) 작기 때문에). □

9.3 SUBDOMAIN PARALLELIZATION

9.3.1 The Problem

열 방정식(熱 方程式, heat equation)의 해(解) $u(x, t)$를 찾는 다음과 같은 모델 문제(model problem)를 고려하자:

$$\begin{aligned} &\partial_t u - \Delta u = f, \ u|_{t=0} = u^0 \ \text{ in } \Omega, \\ &u = 0 \ \text{ on } \Gamma = \partial\Omega. \end{aligned} \tag{9.2}$$

시간에 대한 양 책략(陽 策略, explicit scheme)은

$$u^{m+1} = u^m + \left(\Delta u^m + f^m\right)\delta t \tag{9.3}$$

을 주며 음(陰) 책략(implicit scheme)은 다음을 준다:

$$u^{m+1} - \Delta u^{m+1}\delta t = u^m + f^m \delta t. \tag{9.4}$$

9.3.2 *Parallelizing the Explicit Scheme*

유한요소법에 의한 공간에서의 이산화와 질량 묶음(mass lumping)(Remark 2.21 참조) 후, 다음을 얻는다:

$$u_i^{m+1} = u_i^m - \frac{1}{\sigma_i}\int_\Omega \left(\nabla u_i^m \cdot \nabla w^i - f^m w^i\right)(x)\delta t dx. \tag{9.5}$$

여기서 σ_i는 정점(頂點, vertex)으로 점 q^i를 가지는 삼각형의 면적(面積, area)이며, u_h^m는 다음과 같이 주어지는 u^m의 근사(近似, approximation)이다:

$$u_h^m(x) = \sum_i u_i^m w^i(x). \tag{9.6}$$

p 프로세서를 가진 기계를 고려한다. 영역 Ω를 q 부분 영역으로 재분할한다($q = np, n \geq 1$). 각 프로세서에는 q/p 부분 영역이 관련되며, 이 부분 영역에 대응되는 모든 데이터가 대응되는 프로세서에 저장(貯藏)된다. 데이터 교환(交換, exchange)은 부분 영역 계면(部分 領域 界面, subdomain interface)으로 제한되어, 이 계면에서 Δu를 계산하는 것이 가능하게 된다. 따라서, 두 개의 부분 영역 Ω_1와 Ω_2의 경우에는,

$$\int_\Omega \left(\nabla u_h^m \cdot \nabla w^i\right)(x)dx = \int_{\Omega_1} \left(\nabla u_h^m \cdot \nabla w^i\right)(x)dx + \int_{\Omega_2} \left(\nabla u_h^m \cdot \nabla w^i\right)(x)dx \tag{9.7}$$

이기 때문에, q^i가 계면에 있다면 각 적분이 각 프로세서에서 계산될 수 있다; 합(合, sum)은 프로세서 둘 다에서 수행될 것이어서, 계산의 대칭성(對稱性, symmetry)을 보존(保存)한다. 따라서, 이 계면에 있는 점(點)을 가지는 부분 영역을 다루는 모든 프로세서에 계면에 관계되는 정보(情報, information)를 저장하는 것이 더 권장(勸奬)할 만한 일이다. 이 복제(複製)된(duplicated) 정보는, 하지만 대칭성을 보존하기 위해 필요하다.

방법을 더 빠르게 만들기 위하여, 시 (8.5), (8.6)을 행렬형(行列形, matrix form)으로 역시 쓰고 한번에 그리고 모든

$$U^{m+1} = U^m + AU^m + F^m \tag{9.8}$$

에 대해 행렬을 저장할 수 있다. 여기서 행렬의 요소는 다음과 같다:

$$U_j = u_j, \quad F_i = \frac{\delta t}{\sigma_i}\int_\Omega f w^i dx\,, \quad A_{ij} = \frac{\delta t}{\sigma_i}\int_\Omega \nabla w^i \cdot \nabla w^j dx\,. \tag{9.9}$$

U를 세 개의 블록(block)으로 쪼갠다: $U = (u^1, u^2, u^3)^T$. 여기서 u^1은 Ω_1에 있는, u^2는 Ω_2에, 그리고 u^3은 계면 $\bar{\Omega}_1 \cap \bar{\Omega}_2$에 있는 모든 미지수를 모은다. 병렬화를 위하여, u^i에 관한 모든 연산(演算, operation)을 프로세서 i에 부여하고 u^3에 대한 연산을 세 번째 프로세서에서 수행하게 하거나, 또는 더 좋게, 연산의 절반(折半, half)을 한 개의 프로세서에 부여하고 나머지 반(半)을 다른 프로세서에 부여할 수 있다(아래를 보라). 이 분해를 사용하여, 행렬 곱셈(matrix multiplication)은 다음과 같은 구소(構造, structure)를 가진다:

$$\begin{pmatrix} A^{11} & 0 & A^{13} \\ 0 & A^{22} & A^{23} \\ A^{31} & A^{32} & A^{33} \end{pmatrix} \begin{pmatrix} u^1 \\ u^2 \\ u^3 \end{pmatrix}. \tag{9.10}$$

식 (9.8)에서, 모든 연산은, 이제 상세하게 검토할 행렬-벡터 적(積, 곱)(matrix-vector product) AU^m에 대한 것은 제외하고, 각 프로세서에서 독립적으로 수행된다.

9.3.3 Parallelizing the Matrix-Vector Product

병렬화는 A_l^{33}가 프로세서 l에서 사용할 수 있는 데이터만을 포함하는 $A^{12} = A^{21} = 0$와 $A^{33} = A_1^{33} + A_2^{33}$라는 사실에 의해 더 쉽게 만들어진다. 여기서 A_l^{33}의 요소(要素, entry)는 다음과 같다:

$$A_{lij}^{33} = \frac{\delta t}{\sigma_i}\int_{\Omega_l} \nabla w^i \cdot \nabla w^j dx\,. \tag{9.11}$$

Algorithm:

1. 모든 프로세서에서 u^3을 복제함;

2. 프로세서 $i, i - 1, 2$에서 다음을 계산함:

$$v^i = (A^{ii} \quad A^{i3})\begin{pmatrix} u^i \\ u^3 \end{pmatrix}, \quad v_i^3 = A^{3i}u^i \text{ and } v_{3i}^3 = A_i^{33}u^3;$$

3. v_1^3과 v_{31}^3(또는 v_2^3과 v_{32}^3)를 프로세서 2(또는 1)로 보냄;

4. 모든 프로세서에서 $v^3 = v_1^3 + v_2^3 + v_{31}^3 + v_{32}^3$를 계산함.

단계 4는 단계 1이 뒤에 필요하지 않게 될 것임을 함축(含蓄)함에 유의(留意)하라.

Remark 9.1 이 방법의 경우, d가 Ω의 차원(次元, dimension)으로서 u가 크기(size) N^d을 가지며 행렬이 성길(sparse) 때 각 프로세서에서의 연산은 $O(N^d)$ 내에 있다. 복제 계산(複製 計算, duplicate computation)과 통신(communication)은 $O(N^{d-1})$ 내에 있어, 그 비(比, ratio)는 $O(N)$ 내에 있다. □

Remark 9.2 선형 계 행렬(linear system matrix) A는, 그 자신이 삼각형 T_k의 합집합(合集合, union)인, Ω에 걸친 적분이다; 따라서 $A = \sum_k A_k$이다. 이 행렬을 '조합(組合, assemble)'하는 것을 원하지 않는다면, 늘 A를 계산함이 없이, A_k만으로, 이 성질을 삼각형과 삼각형, 즉 부분 영역과 부분 영역의 행렬-벡터 적(積, 곱)(matrix-vector product)의 계산에 사용할 수 있다. □

9.3.4 Parallelizing the Implicit Scheme

오일러 책략(Euler scheme)

$$u^{m+1} - \delta t \Delta u^{m+1} = u^m + f^m \delta t \tag{9.12}$$

같은 음(陰) 알고리즘(implicit algorithm)의 경우, 같은 전략(戰略)(same strategy)이 각 시간 단계(時間 段階, time step)에서 선형 계(linear system)의 해(解, solution)를 요구한다. 질량 행렬(質量 行列, mass matrix)을 묶을(lump) 필요는 더이상 없다; 선형 계는 다음과 함께 식 (9.9)의 형태를 가진다:

$$A_{ij} = \int_\Omega \left(w^i w^j + \delta t \nabla w^i \cdot \nabla w^j\right) dx. \tag{9.13}$$

그러면 식 (9.12)는 식 (9.15)와 함께

$$AU^{m+1} = BU^m + F^m, \quad F_i^m = \delta t \int_\Omega f^m w^i dx \tag{9.14}$$

와 같은 행렬형으로 써질 수 있다:

$$B_{ij} = \int_\Omega w^i w^j dx. \tag{9.15}$$

적(積, 곱, product) BU^m은 앞에서와 같으며, 그리고 최적 성능(最適 性能, optimal performance)을 위해, 예를 들어 공액구배법(共軛勾配法, conjugate gradient method)에 의해, 선형 계를 p 프로세서에서 병렬로 풀어야 한다.

9.3.5 *Parallelizing the Conjugate Gradient Method*

A가 반정정(半正定, positive semi-definite)이라고 가정한다. A와 같은 크기(size)의 대칭 정정 행렬(對稱 正定 行列, symmetric positive definite matrix) C에 의해 전처리된(preconditioned) $Ax = b$를 풀기 위한 알고리즘을 상기하자(이 알고리즘에 대한 더 상세한 논의에 대해서는 4장을 참조하라).

Algorithm [Solution of $Ax = b$]:
초기화(初期化, initialization): $b \in \text{Range}(A)$로 가정함; 계산 정밀도(精密度)(computing accuracy) $0 < \epsilon << 1$와 $Cx^0 \in \text{Range}(A)$인 시작 점(始作 點, starting point)(예를 들어 $x^0 = 0$)을 선택함;

$$n = 0, \quad g^0 = h^0 = C^{-1}(b - Ax^0), \quad r^0 = b - Ax^0 \tag{9.16}$$

와 같이 둠;
$\|g^n\| < \epsilon$일 때까지 다음을 수행함:

$$\begin{aligned} d &= Ah^n, \\ \rho &= \frac{r^n \cdot h^n}{h^n \cdot d}, \\ r^{n+1} &= r^n - \rho d, \\ x^{n+1} &= x^n + \rho h^n, \\ g^{n+1} &= g^n - \rho C^{-1} d, \\ (gr)^{n+1} &= g^{n+1} \cdot r^{n+1}, \\ \gamma &= \frac{(gr)^{n+1}}{(gr)^n}, \\ h^{n+1} &= g^{n+1} + \gamma h^n. \end{aligned} \tag{9.17}$$

Ah^n의 계산은 9.3.3절에서와 같은 방식으로, 즉 부분 영역에 관련된 프로세서에 걸친 연산으로 분해하고 계면에서의 데이터를 복제함으로써, 수행될 것이다. 남은 것은 본질적으로 몇 개의 프로세서 걸쳐 분포된 벡터의 내적(內積, inner product)이다; 이 연산을 병렬화할 수 있는 지를 점검하는 것은 독자에게 남긴다. 마지막으로, C가 대각행렬(對角行列, diagonal matrix)이 아니라면 사소(些少)한 과업(trivial task)은 아닌, 계(系, system) $C^{-1}d$의 풀이도 또한 병렬로 될 것이다.

9.3.6 *The Schwarz Method*

병렬 기계에서의 선형 계의 풀이 알고리즘(solution algorithm)은 여전히 발전(發展) 중이다. 다른 방향에서, 연속 문제를 재고(再考)할 수 있다. 타원(楕圓, elliptic) PDE

를 풀기 위해서, Schwarz (1869)는 다음과 같은 방법(부가(附加) 슈바르츠 법(additive Schwarz method)이라 불리는)을 제안하였다. 계산 영역 Ω를 몇 개의 (여기서는 2개) 겹치는 부분 영역으로 재분할(再分割)한다: 겹친 부분 $\Omega_1 \cap \Omega_2$는 Ω_1(또는 Ω_2)의 내부(內部, internal)인 경계 Γ_{12}(또는 Γ_{21})를 가지며, 다음과 같은 반복(反復) 알고리즘(iterative algorithm)을 적용한다.

Algorithm [Symmetric Schwarz with Overlapping]:
$|u_1^k - u_2^k|_{\Omega_1 \cap \Omega_2} > \epsilon$일 때까지,
1. Γ_{12} 위에서의 $u_1^{k+1} = u_2^k$로 Ω_1 내에서 PDE의 해 u_1^{k+1}을 계산함;
2. Γ_{21} 위에서의 $u_2^{k+1} = u_1^k$로 Ω_2 내에서 PDE의 해 u_2^{k+1}을 계산함;
3. $\Omega_1 \cap \Omega_2$에서 $u^{k+1} = \frac{1}{2}[u_1^{k+1} + u_2^{k+1}]$로 둠.

겹친 부분은 다루기가 어려울 수 있으므로서, 같은 착상(着想, idea)에 기초를 둔, 고정점(固定點, fixed point) 알고리즘에 의해 계면을 가로지르는 법선 미분(法線 微分, normal derivative)의 도약(跳躍, jump)을 축소(縮小, reduction)하는 공통(共通) 스레드(common thread)인, 겹치지 않는 '디리끌레-노이만' 알고리즘(non-overlapping 'Dirichlet-Neumann' algorithm)을 택하는 것이 더 좋다($\bar{\Omega}_1 \cap \bar{\Omega}_2 = \Gamma_{12} = \Gamma_{21}$로 Ω_1, Ω_2를 선택하고, $0 < \theta < 1$로 선택하며, $\lambda^0 = 0$로 둔다):

Algorithm [Non-Overlapping Schwarz Dirichlet-Neumann]:
$|u_1^k - u_2^k|_{\Gamma_{12}} > \epsilon$일 때까지,
1. Γ_{12} 위에서의 $u_1^{k+1} = \lambda^k$로 Ω_1 내에서 PDE의 해 u_1^{k+1}을 계산함;
2. Γ_{21} 위에서의 $u_2^{k+1} = \lambda^k$로 Ω_2 내에서 PDE의 해 u_2^{k+1}을 계산함;
3. $\lambda^{k+1} = \lambda^k + \theta\left[\frac{\partial u^{k+1}}{\partial n}\right]$로 둠.

NOTATION 결과에서 $[f]|_\Sigma$는 곡선(曲線, curve) Σ를 가로지르는 f의 도약, 즉 오른쪽 값 빼기(minus) 왼쪽 값을 나타내며, 오른쪽과 왼쪽은 Σ의 방향 매김(orientation)에 관해 정의된 것이다.

Convergence
일반적인 방법의 수렴(收斂, convergence)은 Lions (1988)에 의해 보여졌다. 공간 1차원에서, 그리고 Laplacian을 위한 Dirichlet 문제의 뼈대에서는, 예를 들어, 더 간단한 증명이 가능하도록 만드는 해석해(解析解, analytical solution)를 가진다. 그러면 문제

$$-\frac{d^2u}{dx^2}=f,\ \text{in }]0,L[,\ u(0)=0,\ u(L)=0$$

와, $0<d+h<L, d>0, h>0$로 길이 h에 걸쳐 겹치는 2개의 구간(區間, interval) $]0,d+h[$와 $]d,L[$에서 대칭 Schwarz 알고리즘을 고려하자:

$$-\frac{d^2u^{k+1}}{dx^2}=f,\ \text{in }]0,d+h[,\ u^{k+1}(0)=0,\ u^{k+1}(d+h)=v^k(d+h),$$
$$-\frac{d^2v^{k+1}}{dx^2}=f,\ \text{in }]d,L[,\ v^{k+1}(d)=u^k(d),\ v^{k+1}(L)=0.$$

해(解)는

$$u(x)=\tilde{u}(x)+\frac{x}{d+h}(u(d+h)-\tilde{u}(d+h)),\quad v(x)=\tilde{v}(x)+\frac{x-L}{d-L}(v(d)-\tilde{v}(d))$$

이며, 여기서 $\tilde{u}(x)$는 다음과 같다:

$$\tilde{u}(x)=-\int_0^x\int_0^t f(s)ds\,dt,\quad \tilde{v}(x)=-\int_L^x\int_L^t f(s)ds\,dt.$$

$u(d+h)$와 $v(d)$의 값을 치환(置換)하면, 다음을 얻는다:

$$\begin{aligned}u^{k+1}(x)&=\tilde{u}(x)+\frac{x}{d+h}\big(v^k(d+h)-\tilde{u}(d+h)\big)\\&=\tilde{u}(x)+\frac{x}{d+h}\Big[\tilde{v}(d+h)+\frac{d+h-L}{d-L}\big(u^{k-1}(d)-\tilde{v}(d)\big)-\tilde{u}(d+h)\Big].\end{aligned}$$

$x=d$로 취한다면

$$u^{k+1}(d)-u^*=\frac{d}{d+h}\frac{d+h-L}{d-L}\big(u^{k-1}(d)-u^*\big)$$

와 같은 형태의 순환 관계(循環 關係, recurrence relation)를 얻으며, 여기서 u^*는 다음과 같다:

$$u^*=\Big[\tilde{u}(d)+\frac{d}{d+h}\Big(\tilde{v}(d+h)-\frac{d+h-L}{d-L}\tilde{v}(d)-\tilde{u}(d+h)\Big)\Big]\Big/\Big(1-\frac{d}{d+h}\frac{d+h-L}{d-L}\Big).$$

따라서 수렴 속력(收斂 速力, convergence speed)이 다항식(多項式, polynomial)이며, 그 다항식이 모두 $h/(L-d)$가 1에 가까울 때 더 빠름을 나타내는

$$u^{2p}(d) - u^* = \left(\frac{d+h-L}{d-L}\right)^p (u^0(d) - u^*) = \left(1 - \frac{h}{L-d}\right)^p (u^0(d) - u^*)$$

를 가진다.

모든 프로세서가 동일하다면, 그러면 부하(負荷, load)는 균형(均衡, balance)되고, $2h/(L+h)$와 같은 수렴 속력을 주는 $L-d = d+h$로 취해야 한다.

Remark 9.3 임의의 점(點)에서의 수렴을 함축(含蓄)하는 계면(界面, interface)에서의 수렴을 보이는 것이 남았다. 이에 대해서는 독자들에게 남긴다. □

비슷하게, 공간 1차원에서, 2개의 구간 $]0, d[\times]d, L[$ 에서의 대칭 Dirichlet-Neumann 알고리즘의 수렴은 해석해(analytical solution)로부터 해석될 수 있다; 더 정확히:

$$u^{k+1}(x) = \tilde{u}(x) + \frac{x}{d}\big(\lambda^k - \tilde{u}(d)\big), \quad v^{k+1}(x) = \tilde{v}(x) + \frac{x-L}{d-L}\big(\lambda^k - \tilde{v}(d)\big).$$

$n = x/|x|$를 선택하자; 다음을 가진다 $(d > 0)$:

$$\frac{\partial v^{k+1}}{\partial n}(d) - \frac{\partial u^{k+1}}{\partial n}(d) = \frac{d\tilde{v}}{dx}(d) + \frac{1}{d-L}\big(\lambda^k - \tilde{v}(d)\big) - \frac{d\tilde{u}}{dx}(d) - \frac{1}{d}\big(\lambda^k - \tilde{u}(d)\big).$$

따라서 다음과 같은 반복(反復, recursion)을 가진다:

$$\lambda^{k+1} = \lambda^k - \theta\left(\frac{L}{L-d}\lambda^k - \frac{\tilde{u}(d)}{d} - \frac{\tilde{v}(d)}{L-d}\right) - \frac{d}{dx}(\tilde{u} - \tilde{v})(d).$$

위에서와 같이,

$$\lambda^* = \frac{L-d}{L}\left[\frac{\tilde{u}(d)}{d} + \frac{\tilde{v}(d)}{L-d} - \frac{1}{\theta}\frac{d}{dx}(\tilde{u} - \tilde{v})(d)\right]$$

에 의해 반복 해(反復 解, solution of recursion)를 나타내면, 다음과 같은 형태로 반복을 다시 쓴다:

$$\lambda^{k+1} - \lambda^* = \frac{L(1-\theta) - d}{L-d}\big(\lambda^k - \lambda^*\big).$$

알고리즘은, 예를 들어, $0 < \theta \leq 1$이라면, 임의의 d에 대해, 항상 수렴한다. 부하 균형(負荷 均衡, load balancing)은 선택 $d = L/2$을 함축하며 수렴 속력(收斂 速力, convergence speed)은 그러면 $4(1-2\theta)/L$이다. 최적 값(optimal value)은 $\theta = 1/2$이며,

단지 공간 1차원이며 문제가 선형이기 때문에 방법은 한번의 반복으로 수렴하는데, 이것은 당연하다.

9.4 THE SCHUR COMPLEMENT METHOD

9.4.1 Principle

$A \in R^{n\times n}$, $B \in \mathbb{R}^n$인 선형대수 문제(線形代數 問題, linear algebra problem)를 다시 고려하자:

$$\text{find } x \in \mathbb{R}^n \quad \text{solving } Ax = b. \tag{9.18}$$

A를 4개의 블록(block)으로 분할하자: 다음과 같은 $A^{11} \in \mathbb{R}^{l\times l}$, $A^{12} \in \mathbb{R}^{l\times(n-l)}$, $A^{21} \in \mathbb{R}^{(n-l)\times l}$ 및 $A^{22} \in \mathbb{R}^{(n-l)\times(n-l)}$:

$$A = \begin{pmatrix} A^{11} & A^{12} \\ A^{21} & A^{22} \end{pmatrix}. \tag{9.19}$$

b^1을 b의 먼저의 l 요소(要素, entry)로 이루어진 벡터, b^2를 나머지(remainder), 그리고 x에 대해서도 비슷하다고 하자. 식 (9.18)은 그러면

$$\begin{pmatrix} A^{11} & A^{12} \\ A^{21} & A^{22} \end{pmatrix} \begin{pmatrix} x^1 \\ x^2 \end{pmatrix} = \begin{pmatrix} b^1 \\ b^2 \end{pmatrix} \tag{9.20}$$

와 같이 또는 다음과 같이 써진다:

$$A^{11}x^1 + A^{12}x^2 = b^1,$$
$$A^{21}x^1 + A^{22}x^2 = b^2.$$

$(A^{11})^{-1}$이 존재한다면, 그러면

$$x^1 = (A^{11})^{-1}(b^1 - A^{12}x^2) \tag{9.21}$$

과,

$$\left(A^{22} - A^{21}(A^{11})^{-1}A^{12}\right)x^2 = b^2 - A^{21}(A^{11})^{-1}b^1 \tag{9.22}$$

이다. 행렬 $A^{22} - A^{21}(A^{11})^{-1}A^{12}$는 A의 *슈르 여집합(餘集合)(Schur complement)*이라 불린다.

9.4.2 *Schur Complement and Parallel Computing*

표기를 단순하게 하기 위하여, 여기에서는 프로세서가 3개인 기계 만을 고려한다: 2개의 종속(從屬, slave)과 1개의 주(主, master) 프로세서. 시간에 대한 음 책략(陰策略, implicit scheme)에 의해 식 (9.2)를 푸는 것은 계(系, system) (9.10)인 다음과 같은 형태의 $Ax = b$로 이끌어 감을 상기하자:

$$\begin{pmatrix} A^{11} & 0 & A^{13} \\ 0 & A^{22} & A^{23} \\ A^{31} & A^{32} & A^{33} \end{pmatrix} \begin{pmatrix} x^1 \\ x^2 \\ x^3 \end{pmatrix} = \begin{pmatrix} b^1 \\ b^2 \\ b^3 \end{pmatrix}. \tag{9.23}$$

A^{11}과 A^{22}가 가역(可逆)이라고(invertible) 가정하자. x^1과 x^2를 먼저의 두 개의 방정식을 사용하여 x^3의 함수로 나타내면, 다음을 준다:

$$\begin{aligned} x^1 &= \left(A^{11}\right)^{-1}\left(b^1 - A^{13}x^3\right), \\ x^2 &= \left(A^{22}\right)^{-1}\left(b^2 - A^{23}x^3\right). \end{aligned} \tag{9.24}$$

마지막 방정식은

$$Sx^3 = c \tag{9.25}$$

가 된다. 왜냐 하면 식 (9.26)를 (9.23)에 대입(代入)하면 다음을 주기 때문이다:

$$\begin{aligned} &\left(A^{33} - A^{31}\left(A^{11}\right)^{-1}A^{13} - A^{32}\left(A^{22}\right)^{-1}A^{23}\right)x^3 \\ &\qquad = b^3 - A^{31}\left(A^{11}\right)^{-1}b^1 - A^{32}\left(A^{22}\right)^{-1}b^2. \end{aligned} \tag{9.26}$$

따라서 다음을 가진다:

$$\begin{aligned} S &= A^{33} - A^{31}\left(A^{11}\right)^{-1}A^{13} - A^{32}\left(A^{22}\right)^{-1}A^{23}, \\ c &= b^3 - A^{31}\left(A^{11}\right)^{-1}b^1 - A^{32}\left(A^{22}\right)^{-1}b^2. \end{aligned} \tag{9.27}$$

S를 계산하는 것은 어렵고 비용도 많이 든다는(costly, 계산 시간이 길다는) 것에 주목하라. 식 (9.25)는 그러면 전처리 공액구배법(前處理 共軛勾配法, preconditioned conjugate gradient method), 또는 임의의 다른 반복법(反復法, iterative method)에 의해 풀려질 것이다; 예를 들어, 계(系, system)가 고정점법(固定點法, fixed point method)

$$\tilde{S}\left(x^{3^{m+1}} - x^{3^m}\right) = c - Sx^{3^m} \tag{9.28}$$

에 의해 풀어질 때 알고리즘의 세부(細部, detail)를 주자. 여기서 $\tilde{S}$는 S에 대한 전처리기(前處理器, preconditioner)이다. 이 알고리즘은, x^{3^*}가 식 (9.25)를 푼다면, 식 (9.28)을

$$\left\|x^{3^{m+1}} - x^{3^*}\right\| < \frac{\lambda_{\max}(\tilde{S} - S)}{\lambda_{\min}(\tilde{S})} \left\|x^{3^m} - x^{3^*}\right\|$$

를 함축하는

$$\tilde{S}\left(x^{3^{m+1}} - x^{3^*}\right) = (\tilde{S} - S)(x^{3^m} - x^{3^*})$$

와 같이 다시 쓸 수 있기 때문에, $\tilde{S}$가 스펙트럼으로(spectrally) S에 가까울 때 ($\tilde{S}$의 고유치(固有値, eigenvalue) $\lambda(\tilde{S})$가 S의 고유치 $\lambda(S)$와 가까울 때) 수렴한다. 계산을 다음과 같은 방식으로 체계화(體系化)하자: A^{ii}를 인수분해(因數分解)하고 각 프로세서 i $(i = 1, 2)$에서 가우스 소거(消去)(Gaussian elimination)에 의해 계(系) $A^{ii}v^i = b^i$를 풀자.

Algorithm:
0. x^{3^0}를 선택함;
$m = 0$에서 $mMax$에 대하여 다음을 함
1. 각 프로세서 $i = 1, 2$에 대하여
1.1 Gauss 소거에 의하여 $A^{ii}x^{i^m} = b^i - A^{i3}x^{3^m}$를 풂;
1.2 $y^{i^m} = A^{3i}x^{i^m}$을 계산함;
2. 주 프로세서에서,

$$\tilde{S}x^{3^{m+1}} = b^3 - A^{33}x^{3^m} - y^1 - y^2 + \tilde{S}x^{3^m}$$

을 풂;
m에 대한 루프(loop)를 끝냄.

Remark 9.4 이 계산은 또한, 9.3.3절에서와 같이, 2개의 프로세서만에서 수행될 수도 있다. 하지만 병렬화 단계 2가 간단하지 않다. □

9.4.3 Properties of S

Proposition 9.5 *A는 물론 대각 블록(diagonal block) A^{ii}가 비특이(非特異, 정칙(正則), non-singular)라면, 그러면 S에 대해서도 참(진(眞), true)이다.*

PROOF 표기를 단순하게 하기 위하여, $S = A^{22} - A^{21}\left(A^{11}\right)^{-1}A^{12}$인 경우를 고려하자. $Sz = 0$인 z를 취하라. $y = -\left(A^{11}\right)^{-1}A^{12}z$라 하자. 그러면

$$0 = A^{22}z + A^{21}y, \quad A^{11}y + A^{12}z = 0, \tag{9.29}$$

즉 $A\binom{y}{z} = 0$를 가지며, 이것은, 특히, A가 가역(可逆, invertible)이기 때문에 $z = 0$를 함축한다. □

Proposition 9.6 *A가 정정(正定, positive definite)이라면, 그러면 S도 그렇다.*

PROOF 먼저 A가 대칭이면, 그러면 S도 그러함이 명백하다. 3개 대신 2개의 블록의 경우를 다시 고려하자. 그러면 $S = A^{22} - A^{21}\left(A^{11}\right)^{-1}A^{12}$이다. A가 정정(正定)이라는 가정은 다음을 준다:

$$x^{1^T}A^{11}x^1 + 2x^{1^T}A^{12}x^2 + x^{2^T}A^{22}x^2 > 0 \text{ for any } x \neq 0. \tag{9.30}$$

$x^1 = -\left(A^{11}\right)^{-1}A^{12}x^2$로 취하자. 그러면

$$x^{1^T}A^{11}x^1 = -x^{1^T}A^{12}x^2 = x^{2^T}A^{21}\left(A^{11}\right)^{-1}A^{12}x^2 \tag{9.31}$$

을 가져 식 (9.30)은

$$x^{2^T}A^{22}x^2 - x^{2^T}A^{21}\left(A^{11}\right)^{-1}A^{12}x^2 > 0 \text{ for any } x^2 \neq 0, \tag{9.32}$$

즉 임의의 $x^2 \neq 0$에 대하여 $x^{2^T}S > 0$가 된다.

Appendix 9.A에 있는 연습문제는, 예로서, 슈르 행렬(Schur matrix)의 조건수(條件數, condition number)가 $O(h^{-1})$ 내에 있음을 보이는 것을 겨냥한다. 이것은 라플라시안(Laplacian)의 조건수가 $O(h^{-2})$에 있는 것과 비교된다. 슈르 선형 계(線形系) (Schur linear system)가 더 좋은 조건일지라도, 더욱 더 각 반복이 $\left(A^{ii}\right)^{-1}$이 있기 때문에 많은 양(量)의 작업을 요구하여, 그것들을 풀기 위해 여전히 반복법을 전처리해야 할 필요가 있다. □

9.4.4 *Choice of* $\tilde{S}$

$S = A^{33} - A^{31}\left(A^{11}\right)^{-1}A^{13} - A^{32}\left(A^{22}\right)^{-1}A^{23}$일 때, $\tilde{S}$에 대한 가능한 선택 중 한 가지는

$$\tilde{S} = A^{33} - A^{31}\left(\operatorname{diag}(A^{11})\right)^{-1}A^{13} - A^{32}\left(\operatorname{diag}(A^{22})\right)^{-1}A^{23} \tag{9.33}$$

이다. 여기서 diag(A)는 A의 대각(對角, diagonal)으로 이루어진 대각행렬(對角行列, diagonal matrix)이다.

노이만-노이만 전처리기(Neumann-Neumann preconditioner)라 불리며, $\tilde{S}^{-1}S$가 $O(1)$ 내의 조건수를 가짐을 보일 수 있는 더 공들인 방법은 이것에 이은 논평(論評, remark)으로부터 유래(由來)한다 [더 상세한 내용에 대해서는 Chan과 Mathew (1994), Smith 외 (1996) 참조].

문제 (9.2), 또는 임의의 상수 계수(常數 係數, constant coefficient) PDE의 경우에는, 2개의 부분 영역 사이의 계면에 대응되는 선형 계 행렬의 블록이 다음과 같은 형태를 가짐을 보았다(식 (9.11) 참조): $A^{33} - A_1^{33} + A_2^{33}$. 따라서

$$S^i = A_i^{33} - A^{3i}\left(A^{ii}\right)^{-1}A^{i3},\ i = 1, 2$$

로 $S = S^1 + S^2$이다. Ω_2와 Ω_1이 Σ에 관해 대칭(symmetric)일 때, $S^1 = S^2 = S/2$를 가진다. 하지만, 부호(符號, sign)까지, Sv가 Σ에서 v와 같은 Neumann 조건을 가진 Ω_i에서의 PDE 해(解)의 Σ에서의 자취(trace)가 더 이상 아님을 보이는 것은 쉽다. 예를 들어, $\partial\Omega$에서 Dirichlet 경계조건을 가진 식 (9.4)의 경우(식 (9.2) 참조)에는, 다음과 같다:

$$\int_{\Omega_i}\left(\frac{1}{\delta t}u_h w^j + \nabla u_h \cdot \nabla w^j\right)dx = \int_\Sigma v w^j d\Sigma,\ \forall j,\ \text{vertex}\ q^j \in \partial\Omega_i - \Sigma$$
$$\Leftrightarrow\quad u_h\left(q^j\right) = \left(S^i v\right)_j,\ \forall q^j \in \Sigma^\dagger.$$

이것이, 일반적인 경우에, 위의 방정식의 해(解)의 Σ에서의 자취(trace)의 합(合, sum)의 절반(折半, half)으로 $\tilde{S}v$를 정의하는 착상(着想, idea)으로 이끈다.

9.5 *A LAGRANGIAN METHOD*

9.5.1 *Principle of the Method*

다음과 같은 Dirichlet 문제를 고려하자:

$$-\Delta u = f \text{ in } \Omega,\quad u|_\Gamma = 0. \tag{9.34}$$

다음과 같은 영역의 겹치지 않는 분할(non-overlapping partition)을 다시 고려하자:

$$\bar{\Omega} = \bar{\Omega}_1 \cup \bar{\Omega}_2,\quad \Sigma = \bar{\Omega}_1 \cap \bar{\Omega}_2,\ \text{with}\ \Omega_1 \cap \Omega_2 = \emptyset. \tag{9.35}$$

† 역자 주: 적분 변수를 생략하면 수학적 표기의 오류로 보일 수 있어, 본 역서에서는 계면 Σ에 대한 적분에 $d\Sigma$를 포함하여 나타내었다.

그것을 계면 Σ에 Neumann 조건을 가진 Ω_i에서의 2개의 문제

$$-\Delta u^i = f \text{ in } \Omega_i, \quad u^i\big|_\Gamma = 0, \quad \frac{\partial u^i}{\partial n}\bigg|_\Sigma = \lambda \tag{9.36}$$

으로 대체한다. 여기서 n은 Σ에 대한 법선(法線, normal)(예를 들어 Ω_1에 대한 외향(外向) 법선(outer normal))이며 λ는

$$u^1 = u^2 \text{ on } \Sigma \tag{9.37}$$

을 갖도록 결정될 것이다. 변분형(變分形, variational form)에서는, 이것은 다음과 같이 써진다:

$$\begin{aligned} &\text{find } \{u^1, u^2, \lambda\} \in H^1(\Omega_1) \times H^1(\Omega_2) \times L^2(\Sigma) \quad \text{such that :} \\ &\int_{\Omega_i} \nabla u^i \cdot \nabla w dx + (-1)^i \int_\Sigma \lambda w d\Sigma = \int_{\Omega_i} fw dx, \ \forall w \in H_0^1(\Omega), \ i = 1, 2, \\ &\int_\Sigma \left(u^2 - u^1\right) \mu d\Sigma = 0, \ \forall \mu \in L^2(\Sigma). \end{aligned} \tag{9.38}$$

이 방법에서 u는 계면 Σ에서, 같아진다는 것을 의미하기는 해도, 오른 쪽 값과 왼 쪽 값 등, 2가지 값을 취함을 기억해야 한다.

9.5.2 *Discretization*

문제를 u에 대해 차수(次數, degree) 1 그리고 λ에 대해 차수 0의 유한요소로 근사화한다:

$$\begin{aligned} &\text{find } u_h \in H_{0h} \text{ and } \lambda_h \in L_h \quad \text{such that :} \\ &\int_{\Omega_{hi}} \nabla u_h^i \cdot \nabla w_h dx + (-1)^i \int_{\Sigma_h} \lambda_h w_h d\Sigma = \int_{\Omega_{hi}} fw_h dx, \ \forall w \in H_{0h}, \\ &\int_{\Sigma_h} \left(u_h^2 - u_h^1\right) \mu_h d\Sigma = 0, \ \forall \mu_h \in L_h. \end{aligned} \tag{9.39}$$

여기서 H_h는 Ω의 삼각화 Ω_h에서의 구분 선형 함수(區分 線形 函數, piecewise linear function)의 공간(空間, space), H_{0h}는 경계 Γ에서 0이 되는 함수의 H_h의 부분 공간(部分 空間, subspace) 그리고 L_h는 이산 계면(離散 界面, discrete interface) Σ_h에서의 구분 상수 함수(區分 常數 函數, piecewise constant function)의 공간이다. 여기서 또한 Σ_h에서의 해(解)의 오른 쪽 값과 왼 쪽 값을 계산하지만, 그것들은 해(解)로 같아질 것이다.

식 (9.39)를 선형 계(linear system)로 다시 쓰자:

$$\begin{pmatrix} A^{11} & 0 & B^1 \\ 0 & A^{22} & B^2 \\ B^{1T} & B^{2T} & 0 \end{pmatrix} \begin{pmatrix} U^1 \\ U^2 \\ \Lambda \end{pmatrix} = \begin{pmatrix} b^1 \\ b^2 \\ 0 \end{pmatrix}. \tag{9.40}$$

표기는 다음과 같다: w^i는 i번째 정점(頂點, vertex)에서는 1, 모든 다른 정점에서는 0을 취하는 H_h내에서의 함수이다; $\overline{w}^i$는 i번째 변(邊, edge)에서는 1, 다른 변에서는 0을 취하는 $L^2(\Sigma)$의 함수이다. 성분(成分, component) u_j^i인 벡터 U^i와 성분 λ_k인 벡터 Λ는 다음과 같은 관계를 가진다:

$$\begin{aligned} &u_h^i(x) = \sum_j u_j^i w^j(x)\,,\ \text{if}\ x \in \Omega^i,\ i = 1, 2;\ \lambda_h(x) = \sum_k \lambda_k \overline{w}^k(x)\,,\ \text{if}\ x \in \Sigma, \\ &A_{ij}^{kk} = \int_{\Omega_{hk}} \nabla w^i \cdot \nabla w^j dx\,, \quad B_{ij}^k = (-1)^k \int_{\Sigma_h} w^i \overline{w}^j d\Sigma\,,\ k = 1, 2. \end{aligned} \tag{9.41}$$

이 계(系) 역시 Schur 법에 의해 풀 수 있다.

수렴(收斂, convergence)은 공간 H_h와 L_h가, '하한-상한' 조건('下限-上限' 條件, 'inf-sup(infimum-supremum)' condition)을 만족함을 의미하는, '호환(互換, compatible)'이면 곧 보여질 수 있다(예를 들어 Brezzi와 Fortin (1991)).

9.6 MORTAR ELEMENTS

9.6.1 Generalities

9.5절의 영역 분해법은 영역의 삼각화에 의존한다. 생기는 의문(疑問)은: 영역의 분할을 삼각화에 상관없도록 만드는 것이 가능한가? 즉, 먼저 분할하고, 그 다음 각 부분 영역을 삼각화하기를 원한다. 이 삼각화는 실로 병렬로 수행될 수 있다.

삼각화가 계면(界面, interface)에서 서로 맞지 않는 것을 허용한다면, 부분 영역에서 망(網)을 만드는 연산(演算)(meshing operation)이 이제는 독립적이기 때문에, 문제는 매우 단순해진다.

그림 9.1은, 각각이 자신의 삼각화로 된, 2개의 부분 영역으로 분할된 영역을 보인다. 이 삼각화는 두 부분 영역 사이의 계면에서 서로 맞거나(가운데 그림) 또는 맞지 않을 수 있다(오른 쪽 그림).

한쪽 변(邊, side)에 있는 정점이 다른 변에 있는 정점과 일치(一致)하지(coincide) 않을 때, *불일치* 유한요소법(*不一致* 有限要素法, *non-confirming* finite element method)을 다루어야 한다. 이러한 방법은 Bernardi, Maday와 Patera (1994)에 의해 제안

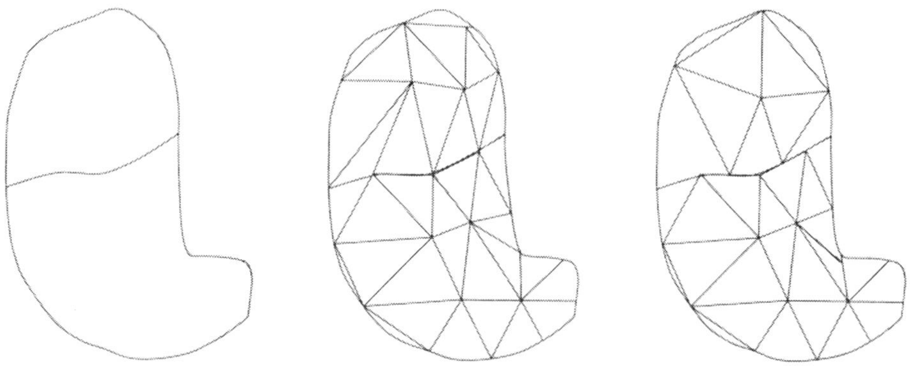

Figure 9.1 Two subdomains with matching (left) and non matching (right) triangulations.

되었다; 이제 그것을 설명할 것이다.

영역 Ω에서 Dirichlet 문제를 다시 고려하자:

$$-\Delta\phi = f \text{ in } \Omega, \quad \phi|_{\partial\Omega} = 0 \tag{9.42}$$

영역과 계면은 다음과 같다:

$$\bar{\Omega} = \bar{\Omega}_1 \cup \bar{\Omega}_2, \quad \Sigma = \bar{\Omega}_1 \cap \bar{\Omega}_2. \tag{9.43}$$

변분 정식화는

$$\int_\Omega (\nabla\phi \cdot \nabla w)(x)dx = \int_\Omega (fw)(x)dx, \ \forall w \in H_0^1(\Omega) \tag{9.44}$$

이고, 그로부터

$$\int_{\Omega_1 \cup \Omega_2} \nabla\phi \cdot \nabla w dx = \int_{\Omega_1 \cup \Omega_2} f w dx, \ \forall w \in H \tag{9.45}$$

이다. 여기서

$$H = \{w \in H^1(\Omega_1 \cup \Omega_2) : [w]_\Sigma = 0, \ w|_{\partial\Omega} = 0\} \tag{9.46}$$

이며, $[w]$는 Ω_1과 Ω_2 사이의 계면(界面, interface) Σ를 가로지르는 w의 도약(跳躍, jump)을 나타낸다.

9.6.2 *Discretization*

이산 문제는 따라서 다음과 같이 될 것이다: 임의의 $\phi_h \in H_h$에 대하여,

$$\int_{\Omega_1 \cup \Omega_2} (\nabla \phi_h \cdot \nabla w_h)(x)dx = \int_{\Omega_1 \cup \Omega_2} (f w_h)(x)dx, \ \forall w_h \in H_h \tag{9.47}$$

를 가진다. 여기서 H_h는 다음과 같다:

$$H_h = \left\{ w_h \in H_h(\Omega_1) \cup H_h(\Omega_2) : \int_\Sigma [w_h] v_h d\gamma = 0, \ \forall v_h \in W_h, \ w_h|_{\partial\Omega} = 0 \right\}. \tag{9.48}$$

$H_h(\Omega_i)$는 Ω_i의 삼각화에서 구분 다항식(區分 多項式, piecewise polynomial)과 연속 함수(連續 函數, continuous function)로 만들어진 유한요소 공간(有限要素 空間, finite element space)이다. 계면 Σ에서의 구분 다항식과 연속 함수의 공간 W_h도 또한 고려하자. 이론(理論, theory)은 선(線) 조각(line segment)으로 만들어진 Σ의 이산화 $\Sigma_h = \cup_{0, \cdots, N-1}[z_j, z_{j+1}]$을 취하는 것과 양 끝(both ends)에 강한 노이만 조건(strong Neumann condition)으로 Σ_h에서의 구분 다항식과 연속 함수의 공간을 고려하는 것을 제시(提示)한다:

$$\begin{aligned} W_h = \{ & w_h \in C^0(\Sigma_h) : w_h|_{[z_j, z_{j+1}]} \in P^k, \ \forall j \in \{0, \cdots, N-1\}, \\ & w_h(z_0) = w_h(z_1), \ w_h(z_{N-1}) = w_h(z_N) \}. \end{aligned} \tag{9.49}$$

따라서, $k = 1$일 때, W_h의 차원(次元, dimension)은 $N - 1$이며 기저 함수(基底 函數, basis function)는 1에서부터 $N - 1$ 까지 지표가 부여된다(indexed).

오차 추정(誤差 推定, error estimate)은 Bernardi *외* (1994)에 의해 얻어졌다. Ω_1과 Ω_2에서 선형 요소(線形 要素, linear element)가 사용되었을 때, 식 (9.49)에서 $k = 1$을 취하는 것이 좋은 선택이다. 그러면 다음을 가진다:

$$\|\phi_h - \phi\|_{H^1(\Omega_1 \cup \Omega_2)} \le Ch. \tag{9.50}$$

9.6.3 Numerical Solution

이 방법은 *구조화되지 않은(unstructured)* 망(網)을 허용한다. 한편, 지불(支拂)되어야 하는 대가(代價)는 안장점 선형 계(鞍裝點 線形 系, saddle point linear system)의 풀이이다:

$$\begin{pmatrix} A^{11} & 0 & B^{1^T} \\ 0 & A^{22} & B^{2^T} \\ B^1 & B^2 & 0 \end{pmatrix} \begin{pmatrix} u^1 \\ u^2 \\ \lambda \end{pmatrix} = \begin{pmatrix} f^1 \\ f^2 \\ 0 \end{pmatrix}. \tag{9.51}$$

실로, M을 Ω_1에 있는 정점의 수(數)(Σ에 있는 정점을 포함)라 하고 $\{w^j\}_{j\le M}$를 영역 Ω에 대한 모자 함수(帽子 函數, hat function)라 하자. 다음을 가진다:

$$\phi_h(x) = I_{\Omega_1}(x)\sum_{j\le M} u_j w^j(x) + I_{\Omega_2}(x)\sum_{j>M} u_j w^j(x) \tag{9.52}$$

여기서 $I_{\Omega_i}, i = 1, 2$는 Ω_i의 특성 함수(特性 函數, characteristic function)이다. 약한 연속성(連續性)(weak continuity)(식 (9.48)에 있는 제약(制約, constraint))은 모든 $k \in \{1, \cdots, N-1\}$에 대해 다음을 요구한다:

$$\sum_{j\le M} u_j \int_\Sigma \left([w^j I_{\Omega_1}]\omega^k\right)(x)d\gamma(x) + \sum_{j>M} u_j \int_\Sigma \left([w^j I_{\Omega_2}]\omega^k\right)(x)d\gamma(x) = 0. \tag{9.53}$$

행렬형(matrix form)으로는, 다음을 가진다:

$$Bu = 0, \text{ with } B_{kj} = \int_\Sigma \left(\left[w^j I_{\Omega_{l(j)}}\right]\omega^k\right)(x)dx. \tag{9.54}$$

여기서 $j \le M$이면 $l(j) = 1$이고 그렇지 않으면 $l(j) = 2$이다. 표현 (9.47)은 식 (9.56)인 임의의 w_h에 대해

$$\sum_{j\le M} u_j \int_{\Omega_1} \nabla w^j \cdot \nabla w_h dx + \sum_{j>M} u_j \int_{\Omega_2} \nabla w^j \cdot \nabla w_h dx = \int_\Omega f w_h dx \tag{9.55}$$

가 된다:

$$w_h|_{\partial\Omega} = 0, \text{ and } \int_\Sigma [w_h]\omega^k d\gamma = 0, \ k = 1, \cdots, N-1. \tag{9.56}$$

w_h를 전개(展開)하자:

$$w_h(x) = I_{\Omega_1}(x)\sum_{j\le M} w_j w^j(x) + I_{\Omega_2}(x)\sum_{j>M} w_j w^j(x). \tag{9.57}$$

$w = \left(\overline{w^1}, \overline{w^2}\right)^T$를, $\overline{w^1}$에 있는 첫 M개의 성분(成分, component)을 가진, 요소(要素, entry) w_j인 열(列) 벡터(a column vector)라 하자. 그러면 식 (9.55)는 다음이 된다:

$$\overline{w^1}^T A^{11}u^1 + \overline{w^2}^T A^{22}u^2 = \overline{w^1}f^1 + \overline{w^2}f^2. \tag{9.58}$$

여기서

$$A_{kj}^{ii} = \int_{\Omega_i} (\nabla w^k \cdot \nabla w^j)(x)dx,$$
$$f^i = \left(\left(f_j^i\right)\right), \quad f_j^i = \int_{\Omega_i} (f w^j)(x)dx \tag{9.59}$$

이며 제약(制約, constraint)은 다음과 같다:

$$B^1\overline{w^1} + B^2\overline{w^2} = 0,$$
$$B^i = \left(\left(B_{kj}^i\right)\right), \quad B_{kj}^i = \int_{\Sigma} [w^j 1_{\Omega_i}]\omega^k d\Sigma. \tag{9.60}$$

제약 (9.60)을 없애기 위해, 라그랑쥬 승수(乘數)(Lagrange multiplier) $\{\lambda_k\}_1^{N-1}$를 사용하며 식 (9.59)와 (9.60)을 임의의 $\overline{w^i}$와 임의의 λ에 대하여

$$\overline{w^1}^T A^{11}u^1 + \overline{w^2}^T A^{22}u^2 + \lambda^T\left(B^1\overline{w^1} + B^2\overline{w^2}\right) = \overline{w^1}f^1 + \overline{w^2}f^2 \tag{9.61}$$

의 형태로 다시 쓴다($\lambda^T = (\lambda_1, \cdots, \lambda_{N-1})$). 이 관계를, 주어진 λ에 대하여, 임의의 $\overline{w^i}$에 대하여 쓰면, 다음을 얻는다:

$$A^{ii}u^i + B^{i^T}\lambda = f^i, \; i = 1, 2. \tag{9.62}$$

u에 제약을 더하면(adding)

$$B^1u^1 + B^2u^2 = 0$$

는 계(系, system) (9.51)을 준다.

9.6.4 Iterative Solution of (9.51)

u를 소거(消去)함으로써 슈르 여집합 법(餘集合 法)(Schur complement method)을 적용할 것이다:

$$\left(B^1\left(A^{11}\right)^{-1}B^{1^T} + B^2\left(A^{22}\right)^{-1}B^{2^T}\right)\lambda = B^1\left(A^{11}\right)^{-1}f^1 + B^2\left(A^{22}\right)^{-1}f^2. \tag{9.63}$$

이 선형 계(linear system)의 행렬은 반정정(半正定, positive semi-definite)이다. 문제는 전처리 공액구배법(前處理 共軛勾配法, preconditioned conjugate gradient method)에 의해 풀어질 수 있다. 여러 가지 전처리기(前處理器, preconditioner)가 문헌

(文獻, literature)에 나와있지만, 이 선택은, 필수적(必須的)이기는 해도, 여전히 어렵다.

Remark 9.7 부분 영역이 전체 영역(global domain)의 경계와 공통(共通)인 경계의 부분을 가지는 한, 대응되는 행렬 블록(matrix block) A^{ii}는 잘 정의된 역(逆)(well defined inverse)을 가진다. 그렇지 않은 경우에는, 이 블록은 Neumann 문제에 대응되며, 역(逆)은 더 이상 잘 정의된 것이 아니다. 수치 풀이(numerical solution)는 연산자(演算子, operator) $-\Delta$를 작은 ϵ에 대한 $\epsilon I-\Delta$로 대체(代替)하는 것이다. □

9.7 PERSPECTIVES

여기에서 주어진 방법은 현재도 여전히 연구의 주제(主題, subject)이다. 영역 분해법 회보(領域 分解法 會報, DDM(Domain Decomposition Method) proceedings)*에서 더 많은 세목(細目, detail)을 찾을 수 있을 것이다. 더욱이, 컴퓨터 구조(構造)는 여전히 발전(發展) 중이다. 따라서 시장(市場, market)은 현재 공유(共有) 메모리 기계(shared memory machine)로 더 지향(指向)되고 있다. 하지만, 연결 모선(連結 母線, connection bus)이 더 빨라질 때까지, 이 종류의 구조로 몇 십 개의 프로세서(a few tens of processors)를 넘어서 가는 것은 가능하지 않을 것이라고 예측(豫測)할 수 있다. 그러나, 다시 한번, 공유 메모리로, 부분 영역법이 최적(最適)일지 아닐지는 명확(明確)하지 않다.

마지막으로, 오류 수정(誤謬 修正, 디버깅, debugging), 부하 균형 기법(負荷 均衡 技法, load balancing technique), 그리고 프로그래밍 방법론(方法論)(programming methodology)은 여전히 미숙(未熟)한 상태에 있다.

APPENDIX 9.A

EXERCISE 슈르 행렬(Schur matrix)의 조건수(條件數, condition number)

$\Omega=]-l,L[\times]0,2\pi[$를 직사각형이라 하자. 슈르 여집합 법(Schur complement method)을 Laplacian에 대한 Dirichlet 문제에 적용한다:

$$-\Delta u=f \text{ in } \Omega,\quad u|_{\partial\Omega}=0.$$

y 내에서 f의 Fourier 전개가 $\cos(y)$의 어떤 항(項, term)도 포함하지 않는다고 가정한다. 영역은 선(線, line) $\Sigma=\{(0,y),\ 0<y<2\pi\}$에 의해 2개로 나누어진다.

* 또한 http://www.ddm.org를 보라.

1. Σ에서 $v(y)$와 같은 $\Omega \setminus \Sigma$에서 $f=0$인 PDE의 풀이(solution)에 관심을 가진다. 이 문제의 해(解, solution)는, $v(y) = \sum_k v^k \sin(ky)$가 v의 Fourier 전개라면,

$$u(x,y) = \sum_k v^k \sin(ky) \frac{\sinh(k(l+x))}{\sinh(kl)} \quad \text{for } x < 0,$$
$$u(x,y) = \sum_k v^k \sin(ky) \frac{\sinh(k(L-x))}{\sinh(kL)} \quad \text{for } x \geq 0$$

임을 보여라.

2. 슈르 여집합 연산자(Schur complement operator)는 Σ 위에서 u의 법선 미분(normal derivative)의 도약(跳躍, jump) $v = u|_\Sigma$에 관련된 것임을, 즉 다음을 보여라:

$$v \to -\sum_k k v^k \sin(ky) \left(\frac{1}{\tanh(kL)} + \frac{1}{\tanh(kl)} \right).$$

3. 이산 수준(離散 水準, discrete level)에서, 격자(格子, grid)가 균일(均一)하며 5점 차분 책략(五點 差分 策略, five point difference scheme)을 사용한다면, $u_{i,j} \approx u(ih, jh)$, $i, j = 1, \cdots, M-1$, $2\pi = Mh$로

$$-\frac{1}{h^2}\left(u_{i+1,j} + u_{i-1,j} + u_{i,j+1} + u_{i,j-1} - 4u_{i,j}\right) = f_{i,j}$$

를 가진다. $k = \{k_1, k_2\}$와 $k_1 = \pm\frac{2}{h}\sinh^{-1}\left[\sin\left(\pm\frac{k_2 h}{2}\right)\right]$로

$$u_h(x,y) = u^k e^{k_1(x+l)+jk_2 y}$$

인 형태의 함수는 $f=0$으로 책략을 만족함을 보여라.

4. k_2가 고정(固定)된 경우, k_1을 k_2에 연결하는 방정식은 항상 해(解)를 가지며 k_1이 해(解)라면, 그러면 $-k_1$도 그러함에 주목하라; 마지막으로, k_2를 $-k_2$로 바꾸는 것은 방정식을 변화시키지 않는다.

$$u_h(x,y) = \sum_{k_2=1}^{M-1} v^{k_2} \frac{\sinh(k_1(x+l))}{\sinh(k_1 l)} \sin(k_2 y), \text{ if } x < 0,$$
$$u_h(x,y) = \sum_{k_2=1}^{M-1} v^{k_2} \frac{\sinh(k_1(L-x))}{\sinh(k_1 L)} \sin(k_2 y), \text{ if } x \geq 0$$

은, 경계에서 없어지며 Σ에서 v와 같은, 책략의 일반해(一般解, general solution)

임을 보여라.

5. Σ의 점(點)에 대한 책략을 쓰면 Schur 여집합 연산자 C에 의한 v의 상(像, image)를 준다:

$$v = \sum_{k_2=1}^{M-1} v^{k_2} \sin(k_2 y), \quad y = jh, \ j = 1, \cdots, M-1,$$

$$Cv = -\sum_{k_2=1}^{M-1} \frac{v^{k_2}}{h^2} \left[\left(\frac{\sinh(k_1(l-h))}{\sinh(k_1 l)} + \frac{\sinh(k_1(L-h))}{\sinh(k_1 L)} - 4 \right) \sin(k_2 y) \right.$$
$$\left. - \left(\sin\left(k_2(y+h)\right) + \sin\left(k_2(y-h)\right) \right) \right].$$

이 연산자의 고유치(固有値, eigenvalue)는 다음과 같다고 추단(推斷)한다:

$$\frac{1}{h^2} \left[\frac{\sinh(k_1(l-h))}{\sinh(k_1 l)} + \frac{\sinh(k_1(L-h))}{\sinh(k_1 L)} - 2 + 4\sin^2 \frac{k_2 h}{2} \right].$$

6. $k_2 = O(1)$로 그 다음 $k_2 = M - 1 = O\left(\frac{1}{h}\right)$로 취하면, C의 조건수는 $O(h^{-1})$임을 보여라. □

Bibliography

AXELSSON O., (1994) *Iterative Solution Methods,* Cambridge University Press.

AXELSSON O. and BARKER V., (1984) *Finite Element Solution of Boundary Value Problems : Theory and Computation,* Computer Science and Applied Mathematics, Academic Press.

BANK R. E., (1983) The Efficient Implementation of Local Mesh Refinement Algorithms, *Adaptive Computational Methods for Partial Differential Equations,* BABUSKA I. ed., SIAM, Philadelphia, PA., 74–81.

BANK R. E., DUPONT T. and YSERENTANT H., (1988) The Hierarchical Basis Multigrid Method, *Num. Math.,* **52**, 427–458.

BERNARDI D., MADAY Y. and PATERA A. T., (1994) New Nonconforming Approach to Domain Decomposition : The Mortar Element Method, in *Collège de France,* Seminar **11**, BRÉZIS H. and LIONS J. L. eds., 13–15.

BESPALOV A., KUZNETSOV Y., PIRONNEAU O. and VALLET M. G., (1992) Fictitious Domains with Separable Preconditioners Versus Unstructured Adapted Meshes, *IMPACT of Computing in Science and Engineering,* **4**, n° 3, 217–249.

BRAMBLE J., PASCIAK J. and XU J., (1990) Parallel Multi-Level Preconditioners, *Math. Comp.,* **55**, 1–22.

BREBBIA C. A., (1978) *The Boundary Element Method for Engineers,* Pentech Press, London.

BRENNER S. C. and SCOTT L. R., (1994) *The Mathematical Theory of Finite Element Methods,* Texts in Applied Mathematics, Springer.

BREZIS H., (1987) *Analyse Fonctionnelle,* Collection Mathématiques Appliquées pour la Maîtrise, Masson.

BREZZI F. and FORTIN M., (1991) *Mixed and Hybrid Finite Element Methods,* Springer Series in Computational Mathematics, Springer.

BROWN P. N. and SAAD Y., (1990) Hybrid Krylov Methods for Nonlinear Systems of Equations, *SIAM J. Sci. Statist. Comput.,* **11**, n° 3, 450–481.

CHAN T. and MATHEW T., (1994) Domain Decomposition Algorithms, in *Acta Numerica,* 61–143.

CIARLET P. G., (1978) *The Finite Element Method for Elliptic Problems,* North Holland, Amsterdam.

CIARLET P. G., (1989) *Introduction to Numerical Linear Algebra and Optimization,* Cambridge University Press

COLTON D. and KRESS R., (1983) *Integral Equation Methods in Scattering Theory,* John Wiley & Sons, New York.

CROUZEIX M. and MIGNOT A. L., (1984) *Analyse Numérique des Équations Différentielles,* Collection Mathématiques Appliquées pour la Maîtrise, Masson.

DAUTRAY R. and LIONS J. L., (1990) *Mathematical Analysis and Numerical Methods for Science and Technology*, Springer.

EUVRARD D., (1990) *Résolution Numérique des Équations aux Dérivées Partielles de la Physique, de la Mécanique at des Sciences de l'Ingénieur*, Masson.

EYMARD R. and GALLOUËT T., (1993) Convergence d'un Schéma de Type Éléments Finis-Volumes Finis pour un Système Forméd'une Équation Elliptique et d'une Équation Hyperbolique, RAIRO Modél, *Math. Anal. Numér.*, **27**, n° 7, 843–861.

EYMARD R., GALLOUËT T. and HERBIN R., (1998) An Introduction to Finite Volume Methods, in preparation for *Handbook of Numerical Analysis*, CIARLET P. G. and LIONS J. L. eds.

GEIST A., BEGUELIN A., DONGARRA J., JIANG W., MANCHEK R. and SUNDERAM V., (1994) *PVM : Parallel Virtual Machine, A User's Guide and Tutorial for Networked Parallel Computing*, MIT Press.

GIRAULT V. and RAVIART P. A., (1986) *Finite Element Methods for the Navier–Stokes Equations*, Springer Verlag, Heidelberg.

GODUNOV S. K. and RYABENKII V. S., (1987) *Difference Schemes*, Studies in Mathematics and its Applications, **19**, North Holland, Amsterdam.

GOLUB G. H. and VAN LOAN C., (1996) *Matrix Computations*, Third edition, Johns Hopkins University Press.

GOLUB G. H. and MEURANT G. A., (1982) *Résolution Numérique des Grands Systèmes Linéaires*, Eyrolles, Paris.

GRISVARD P., (1992) *Singularities in Boundary Value Problems*, Collection Recherche en Mathématiques Appliquées, RMA **22**, Masson.

GUERMOND J. L., (1992) Numerical Quadratures for Layer Potentials over Curved Domains in $\mathbb{R}^3$, *SIAM J. Numer. Anal.*, **29**, n° 5, 1347–1369.

HANOUZET B., (1971) Espaces de Sobolev avec Poids, Application au Problème de Dirichlet dans un Demi-Espace, *Rend. del Sem. Nat. della Univ. di Padova*, **XLVI**, 227–249.

HSIAO G. C. and WENDLAND W. L., (1977) A Finite Element Method for Some Integral Equations of the First Kind, *J. of Math. Anal. And Appl.*, **3**, n° 58, 449–481.

JAMESON A., BAKER J. and WEATHERHILL N., (1986) Calculation of the Inviscid Transonic Flow over a Complete Aircraft, *AIAA*, paper 86–0103.

JOHNSON C. G. L. and SCOTT L. R., (1989) An Analysis of Quadrature Errors in Second-Kind Boundary Integral Methods, *SIAM J. Numer. Anal.*, **26**, n° 6, 1356–1382.

JOLY P., (1990) *Mise en Œuvere de la Méthode des Éléments Finis*, Collection Mathématiques et Applications, Ellipses.

KELLOGG O. D., (1967) *Foundations of Potential Theory*, Springer Verlag, Berlin.

KNUTH D., (1973) *The art of Computer Programming*, **1–3**, Addison-Wesley.

LASCAUX P., (1976) *Lectures on Numerical Methods for Time Dependent Equations, Applications to Fluid Flow Problems*, Tata Institute of Fundamental Research, Bombay.

LASCAUX P. and THEODOR J., (1988) *Analyse Numérique Matricielle Appliquée à l'Art de l'Ingénieur*, 2 tomes, Masson.

LE ROUX M. N., (1977) Méthode d'Éléments Finis pour la Résolution de Problèmes

Extérieurs en Dimension Deux, in *R.A.I.R.O.*, **11**, n° 1, 27–60.

Levesque J. and Williamson R., (1989) *A Guide Book to Fortran on Supercomputers*, Academic Press.

Lions J. L., (1988) On the Schwarz Alternating Method I., in *First International Symposium on Domain Decomposition Methods for Partial Differential Equations* (Paris, 1987), SIAM, Philadelphia, PA, 1–42.

Lucquin B. and Pironneau O., (1997) *Introduction au Calcul Scientifique, Exercices,* To Appear, Collection Mathématiques Appliquées pour la Maîtrise.

Morton K. W., (1996) Finite Volume Method, *Numerical Analysis 1995*, Pitman Res. Notes Math. Ser., **344**, 123–139.

Necas J., (1967) *Les Méthodes Directes en Théorie des Équations Elliptiques,* Masson.

Nedelec J. C., (1976) Curved Finite Element Methods for the Solution of Singular Integral Equations on Surfaces in $\mathbb{R}^3$, *Comput. Meth. Appl. Mech. Energ.*, **8**, 61–80.

Nedelec J. C., (1977) *Approximation des Équations Intégrales en Mécanique et en Physique, Cours de l'École d' été d'Analyse Numérique,* CEA-EDF-INRIA>

Nedelec J. C. and Planchard J., (1973) Une Méthode Variationnelle d'Éléments Finis pour la Résolution Numérique d'un Problème Extérieur dans $\mathbb{R}^3$, *R.A.I.R.O.*, **R3**, 105–129.

Nicolaïdes R. A., (1992) Analysis and Convergence of the MAC Scheme, *SIAM J. Numer. Ana.*, 29, n° 6, 1579–1591.

Pironneau O., (1989) *Finite Element Methods for Fluids,* John Wiley & Sons.

Polak E., (1971) *Computational Methods in Optimization,* Academic Press.

Raviart P. A. and Thomas J. M., (1983) *Introduction à l'Analyse Numérique des Équations aux Dérivées Partiells,* Collection Mathématiques Appliquées pour la Maîtrise.

Richtmyer R. B. and Morton K. W., (1967) *Difference Methods for Initial-Value Problems,* Collection Interscience Tracts in Pure and Applied Mathematics, Number 4, Interscience Publishers, John Wiley & Sons.

Risler J. J., (1991) *Méthodes Mathématiques pour la CAO,* Collection Recherche en Mathématiques Appliquées, RMA **18**, Masson.

Saad Y. and Schultz M., (1986) GMRES : A Generalized Minimum Residual Algorithm for Solving Nonsymmetric Linear Systems, *SIAM J. Sci. Stat. Comp.*, **7**, 856–869.

Schatzman M., (1991) *Analyse Numérique, Cours et Exercices pour la Licence,* Inter-Editions.

Schwarz H. A., (1869) Über einige Abbildungsaufgaben, *Ges. Math. Abh.*, **11**, 65–83.

Smith B., Bjorstad P. and Gropp W., (1996) *Domain Decomposition,* Cambridge University Press.

Strang G., (1986) *Introduction to Applied Mathematics,* Wellesley, Cambridge Press.

Vladimirov V. S., (1971) *Equations of Mathematical Physics,* Marcel Dekker, Inc., New York.

Zienkiewicz O. C., (1971) *The Finite Element Method in Engineering Science,* McGraw-Hill, London.

Index

사

아

자

차

카

타

파

A

C

D

E

F

G

H

K

L

N